TRAITÉ

D'ALGÈBRE

ÉLÉMENTAIRE

TRAITÉ
D'ALGÈBRE

ÉLÉMENTAIRE

À L'USAGE DES LYCÉES, DES COLLÉGES

ET

DES CANDIDATS A L'ÉCOLE MILITAIRE DE SAINT-CYR

CONFORME AU DERNIER PROGRAMME

ET RENFERMANT

Un très-grand nombre d'exercices, de questions d'examens
et de problèmes discutés

PAR

E. BURAT

ANCIEN ÉLÈVE DE L'ÉCOLE NORMALE SUPÉRIEURE, AGRÉGÉ DES SCIENCES,
PROFESSEUR DE MATHÉMATIQUES AU LYCÉE SAINT-LOUIS.

PARIS

LIBRAIRIE CLASSIQUE D'EUGÈNE BELIN
RUE DE VAUGIRARD, Nº 52

—

1876

Tout exemplaire de cet ouvrage non revêtu de ma griffe, sera réputé contrefait.

AVERTISSEMENT

Cet ouvrage répond amplement au programme du *Cours de mathématiques élémentaires* et du *Baccalauréat ès sciences;* nous croyons qu'il sera utile aux candidats qui se présentent à l'École militaire et à l'École navale.

Le livre Ier comprend les règles du calcul algébrique. Après chaque chapitre se trouvent de nombreux exercices qui peuvent servir comme textes de devoirs écrits; la réponse succincte, qui suit chaque énoncé, sera d'un secours précieux pour les élèves réduits à travailler seuls.

Si les commençants savent bien manier les expressions algébriques avant d'aborder la résolution des équations, ils auront plus de liberté d'esprit pour réfléchir aux principes théoriques et à l'enchaînement des idées : le dédain prétentieux que l'on rencontre trop souvent pour la partie mécanique du calcul algébrique, n'est jamais d'un bon augure pour les succès futurs, car les difficultés s'accumuleront et le dégoût surviendra. Pour cette raison, nous avons, dans ce premier livre, multiplié les exemples et les exercices.

Le livre II renferme tout ce qui est relatif aux équations du premier degré et aux problèmes qui en dépendent; il comprend aussi la théorie des inégalités et plusieurs exemples de discussion de problèmes.

Quelques mots sur la variation d'une fonction du premier degré renfermant une seule variable et sur la représentation graphique de cette variation, nous ont semblé utiles comme introduction à l'étude des variations du trinôme du second degré.

La résolution des inégalités renfermant des dénominateurs ou des radicaux est assez délicate; nous avons cru devoir insister sur ce point et montrer sur plusieurs exemples la marche qu'il faut suivre dans ce cas.

Le livre III est consacré aux équations, aux inégalités et aux problèmes de second degré; il renferme aussi de nombreux exemples de discussion de problèmes, et l'étude complète des questions de maximum ou de minimum. C'est la partie la plus importante du Cours, et la plupart des questions d'examen, ou des sujets de composition s'y rattachent; aussi avons-nous cherché à lui donner tous les développements désirables, en insistant beaucoup sur la construction des formules qui donnent les inconnues et sur l'interprétation des solutions étrangères.

Après avoir traité les questions de maximum ou de minimum comme des cas particuliers des problèmes précédents, nous avons exposé avec détails les théorèmes généraux et les méthodes ingénieuses qui permettent de résoudre beaucoup de questions de ce genre dépassant le second degré.

Le livre IV renferme les progressions, les logarithmes et les questions financières.

Pour montrer toute l'importance de la découverte de Néper, il est bon, immédiatement après la définition des logarithmes, de calculer les vingt-cinq premiers termes, la progression géométrique dont la raison est $1 + \frac{1}{10}$ et d'écrire en regard la progression arithmétique ayant $\frac{1}{10}$ pour raison. Cette table, qu'un élève peut improviser en cinq minutes, permet d'accompagner chaque principe fondamental d'un calcul numérique, l'extraction d'une racine cubique avec trois chiffres exacts faite sur-le-champ, laissera chez les auditeurs les moins bien doués un souvenir ineffaçable. L'avantage que présenterait une table de logarithmes dont la base serait 10 est alors évidente et l'on peut s'étendre à loisir sur le calcul des logarithmes de Briggs; il n'y a plus à craindre que les principes fondamentaux soient noyés dans les détails théoriques avant qu'on ait pu les appliquer.

Cette petite innovation, que nous conseillait M. *Hoüel,* professeur à la faculté de Bordeaux, et qui a subie l'épreuve de l'enseignement, permettrait d'introduire, d'une manière usuelle, le calcul logarithmique dans les moindres écoles.

Nous signalons aussi au lecteur (p. 167) le moyen d'obtenir l'incertitude d'un résultat calculé par logarithmes : ce procédé si simple, si naturel que nous indiquait en 1853 notre vénéré maître, M. *Puiseux,* ne se trouve, que nous sachions, dans aucun livre d'enseignement; nous le croyons peu

connu et surtout peu appliqué dans les calculs ordinaires, bien que les astronomes l'emploient cou-
ramment. — Il est pourtant utile de connaître le
degré de confiance que doit inspirer un résultat et
le goût de cette critique, si facile et si rationnelle,
devrait être inspiré de bonne heure aux élèves.
Un calcul doit être conduit avec intelligence et non
pas fait machinalement, toujours avec des tables
à sept décimales, nombre consacré; le choix des
tables doit dépendre du nombre des chiffres exacts
que présentent les données.

Le dernier chapitre est consacré aux opérations
financières : on y trouvera, parmi quelques développements nouveaux, la marche à suivre pour dresser
le tableau d'amortissement d'un emprunt par obligations, puis une méthode sûre et assez rapide pour
calculer le taux dans les questions d'annuités.

PRÉLIMINAIRES

I

Origine de l'algèbre, utilité des formules.

1. L'*algèbre* a pour but de *simplifier* et de *généraliser* la résolution des problèmes. Les exemples suivants feront bien comprendre l'origine de l'algèbre.

1re QUESTION. — *Trouver deux nombres dont la somme soit 78 et la différence soit 20.*

Solution arithmétique. — La somme 78 renferme le plus grand des nombres et le plus petit, ou bien deux fois le plus petit, plus la différence 20 ; il en résulte que le double du plus petit nombre est égal à l'excès de 78 sur 20, c'est-à-dire à 58, et que ce plus petit nombre est égal à 29. Le grand nombre sera par conséquent égal à la différence entre 78 et 29, c'est-à-dire à 49.

Simplification. — Représentons par les lettres x et y les deux inconnues du problème et employons les signes usités en arithmétique : nous simplifierons beaucoup le langage et nous réduirons les raisonnements à des opérations en quelque sorte mécaniques. En effet, d'après l'énoncé, nous avons les deux égalités

$$x + y = 78,$$
$$x - y = 20,$$

et nous obtiendrons en les ajoutant

$$2x = 78 + 20 = 98,$$

ce qui donne

$$x = 49;$$

puis, en les soustrayant,

$$2y = 78 - 20 = 58;$$

d'où

$$y = 29.$$

Généralisation. — Si, dans l'énoncé précédent, on donnait d'autres nombres que 78 et 20, on trouverait, par le même raisonnement, les deux inconnues ; mais, pour ne pas recommencer chaque fois, on a cherché à exprimer le résultat final d'une manière indépendante des nombres qui figurent dans l'énoncé.

On y est parvenu en représentant aussi par des lettres les données du problème. Soient s la somme des deux nombres et d leur différence ; on aura

$$x + y = s,$$
$$x - y = d;$$

par conséquent

$$2x = s + d, \quad \text{d'où} \quad x = \frac{s + d}{2};$$

$$2y = s - d, \quad \text{d'où} \quad y = \frac{s - d}{2}.$$

Ces deux *formules* indiquent avec une grande concision le tableau des calculs à faire pour résoudre immédiatement toutes les questions du même genre ; elles montrent que *le plus grand nombre est égal à la demi-somme, plus la demi-différence, et que le plus petit est égal à la demi-somme, moins la demi-différence.*

C'est un géomètre français, Viète (*), qui le premier fit usage

(*) Né à Fontenay-le-Comte en 1540, mort en 1603, maître des requêtes sous Henri IV.

des lettres a, b, c,... pour représenter les données d'un problème et des dernières lettres x, y, z de l'alphabet pour désigner les inconnues.

2ᵉ QUESTION. — *Trouver l'intérêt de 465 francs placés à 5 pour 100 par an pendant 7 mois.*

Solution arithmétique. — Puisque 100 francs rapportent 5 francs par an, 1 franc produira en un an $0^f,05$ d'intérêt ; en 7 mois il produira

$$\frac{5 \times 7}{100 \times 12},$$

et 465 francs rapporteront dans le même temps

$$\frac{5^f \times 7 \times 465}{100 \times 12} = \frac{35^f \times 155}{100 \times 4} = \frac{54^f,25}{4} = 13^f,56.$$

Solution algébrique. — Ce résultat n'indique pas le système d'opérations à faire sur les données pour en déduire l'inconnue ; représentons au contraire les données par des lettres et résolvons le problème suivant :

Quel est l'intérêt i d'un capital c placé au taux a pendant le temps t ?

L'intérêt de 1 franc pendant un an sera $\frac{a}{100}$ et pendant le temps t exprimé en années il sera $\frac{at}{100}$; l'intérêt du capital c sera donc

$$(1) \qquad\qquad i = \frac{a \cdot c \cdot t}{100}.$$

Cette formule (1) montre que, pour *avoir l'intérêt d'une somme, il faut multiplier le taux par le capital et par la durée du placement exprimée en années ou fraction d'année, puis diviser le résultat par* 100. Elle remplace avec avantage la règle pratique précédente, puisque d'un coup d'œil on voit de suite, sur la formule (1), l'ensemble des opérations à effectuer dans tous les calculs d'intérêt.

Réduire une formule en nombres. — Si dans cette formule nous faisons

$$c = 465, \quad a = 5, \quad t = \frac{7}{12},$$

nous retrouverons la solution du problème particulier qui précède :

$$i = \frac{5^f \times 465 \times \frac{7}{12}}{100} = \frac{5 \times 465 \times 7}{100 \times 12} = 13^f,56.$$

Avantage des formules. — La formule (1), que l'on peut écrire sous la forme (2), en multipliant les deux membres par 100,

(2) $$a.c.t = 100.i,$$

permet encore de résoudre rapidement les trois autres problèmes d'intérêt :

1° Si le taux a est inconnu, on aura, en divisant par $c.t$ les deux membres de l'égalité (2),

$$a = \frac{100.i}{c.t};$$

2° Si le temps t est inconnu, on divisera les deux membres de cette égalité par $a.c$, et l'on aura

$$t = \frac{100.i}{a.c};$$

3° Si le capital c est inconnu, on aura, en divisant par $a.t$,

$$c = \frac{100.i}{a.t}.$$

Les solutions données en arithmétique (*) de ces trois derniers problèmes sont beaucoup plus longues ; ici elles se déduisent immédiatement de la relation (1), entre les quatre quantités c, i, a et t qui figurent dans une quelconque des questions d'intérêt.

(*) Voir *Arithmétique*, 3ᵉ édition, p. 264 et suivantes.

II

Classification des formules et définitions.

Les signes employés en algèbre pour indiquer les opérations que l'on doit effectuer sont les mêmes qu'en arithmétique.

2. Une *expression algébrique* est un ensemble de lettres unies entre elles par des signes d'opérations. Ainsi $5 \times a^3 \times b^2$, ou $5 . a^3 . b^2$, ou bien $5 a^3 b^2$ (*), est une expression algébrique indiquant le produit par 5 du cube du nombre a par le carré du nombre b. L'expression

$$\frac{a^2 \times \sqrt{c+d}}{a-b}$$

renferme les signes de six opérations à effectuer sur les nombres que représentent les lettres a, b, c, d.

3. USAGE DES PARENTHÈSES. — Lorsqu'on met une expression entre parenthèses, on doit considérer comme effectués tous les calculs indiqués dans ces parenthèses. Ainsi l'expression

$$(5a^3 + 4ab^2 + 2b^3) - (4a^2 - 3ab + b^2)$$

signifie que la quantité $4a^2 - 3ab + b^2$ doit être retranchée tout entière de la première. De même l'expression

$$(9a^2 - b^2) : (3a - 4b)$$

signifie que le diviseur est $3a - 4b$ et que l'on ne doit procéder à la division qu'après avoir effectué les deux différences $9a^2 - b^2$ et $3a - 4b$.

(*) Pour abréger on supprime les points.

4. Une expression est *rationnelle* lorsqu'elle ne renferme pas de radical. Ex. :

$$\frac{(3a+4b)c}{d^3};$$

elle est dite *irrationnelle* dans le cas contraire. Ex. :

$$3\sqrt{a+bc}, \quad \sqrt{a^2 b^3}, \quad \sqrt[3]{\frac{a^2}{b}}.$$

5. Une expression est *entière* lorsqu'elle est rationnelle et qu'elle ne contient aucune lettre en dénominateur. Ex. :

$$2a+3b, \quad \frac{2}{3}(a+b)(c+d);$$

elle est *fractionnaire* dans le cas contraire. Ex. :

$$\frac{a+b}{b^2}, \quad \frac{3a^2b}{c^2}.$$

6. Un *monôme* est une expression algébrique qui ne renferme ni le signe de l'addition ni celui de la soustraction. Ex. :

$$3.a^2.b^3.c^4, \quad \frac{4}{9}\frac{ab^2}{c}.$$

7. Un monôme peut contenir à la fois des facteurs numériques et des facteurs littéraux. Le produit des facteurs numériques s'appelle *coefficient;* on l'écrit toujours à la gauche du monôme. — Dans les deux monômes qui précèdent, les coefficients sont 3 et $\frac{4}{9}$.

8. Lorsqu'un monôme ne renferme pas de facteurs numériques, on dit que son coefficient est égal à **1**.

9. Deux monômes sont *semblables* lorsqu'ils ne diffèrent que par les coefficients. Ex. :

$$4a^3b^2c, \quad 15a^3b^2c, \quad \frac{2}{3}a^3b^2c.$$

10. Un *polynôme* est l'ensemble de plusieurs monômes réunis par les signes $+$ ou $-$. Ex. :

$$4a^3 + 5a^2b - 7ab^2 + 3b^3.$$

Chacun des monômes accompagné du signe qui le précède s'appelle *terme* du polynôme ; les termes de l'expression ci-dessus sont donc

$$4a^3, \quad +5a^2b, \quad -7ab^2, \quad +3b^3 ;$$

les deux premiers sont *positifs*, les autres sont *négatifs*. Lorsqu'un terme n'est affecté d'aucun signe, on doit le regarder comme positif.

11. On appelle *binôme* un polynôme qui a deux termes, *trinôme* celui qui en a trois. Ex. :

$$a + b, \quad a^2 - 2ab + b^2.$$

12. Le *degré* d'un monôme entier est égal à la somme des exposants de toutes les lettres qu'il renferme ; ainsi le terme $5a^3b^2c$ est du sixième degré, parce que la somme des exposants est

$$3 + 2 + 1 = 6 ;$$

l'exposant du facteur c n'est pas inscrit au-dessus de c dans $5a^3b^2c$, mais on doit le regarder comme égal à l'unité.

13. Le *degré* d'un monôme *par rapport à une lettre* est égal à l'exposant de cette lettre ; le monôme $5a^3b^2c$ est du troisième degré par rapport à a, du second par rapport à b et du premier par rapport à la lettre c.

14. Le *degré* d'un polynôme *par rapport à une lettre* est marqué par le plus grand exposant de cette lettre dans un terme du polynôme. Ainsi

$$ax^4 - b^2x^3 + c^2x^2 - d^3x + e^4$$

est un polynôme du quatrième degré en x.

15. On dit qu'un polynôme entier est *homogène,* lorsque tous les termes sont du même degré. Ex. :

$$a^2 + 2ab + b^2, \qquad a^3 - 3a^2b + 3ab^2 - b^3.$$

sont des polynômes homogènes du second et du troisième degré.

16. *Ordonner un polynôme par rapport aux puissances croissantes d'une lettre,* c'est ranger ses termes dans un ordre tel que les exposants de cette lettre aillent en augmentant d'un terme au suivant. Ainsi le polynôme

$$a^3b^2 + 5a^4b - 6a^5$$

est ordonné par rapport aux puissances croissantes de la lettre a, qui s'appelle *lettre ordonnatrice.*

17. Si, au contraire, l'ordre des termes est tel que l'exposant d'une même lettre aille en diminuant d'un terme au suivant, on dit que le *polynôme est ordonné suivant les puissances décroissantes de cette lettre.* Ainsi le polynôme

$$a^4 - 3a^3b + 5a^2b^2 - 4ab^3 + b^4$$

est ordonné par rapport aux puissances décroissantes de la lettre a et suivant les puissances croissantes de b.

18. La *valeur numérique d'un monôme* est le résultat que l'on obtient en remplaçant dans ce monôme chaque lettre par le nombre qu'elle représente et en effectuant les opérations indiquées.

Ainsi la valeur numérique de $5a^3b^2c^4$ pour

$$a = 2, \qquad b = 4, \qquad c = 1$$

est

$$5 \times 2^3 \times 4^2 \times 1^4 = 5 \times 8 \times 16 = 640.$$

19. Pour obtenir la *valeur numérique* d'un polynôme, on calcule les valeurs numériques de ses différents termes et l'on effectue sur ces nombres les opérations indiquées par la suite des signes $+$ et $-$.

Ainsi la valeur numérique du polynôme

$$(1) \qquad a^3 - a^2b + 3ab^2 - 5b^3 + b^4,$$

pour $a = 3, b = 2$, est

$$27 - 9 \times 2 + 3 \times 3 \times 4 - 5 \times 8 + 16,$$

ou

$$27 - 18 + 36 - 40 + 16.$$

Pour effectuer ces calculs, on dit :

$$27 - 18 = 9,\ 9 + 36 = 45,\ 45 - 40 = 5,\ 5 + 16 = 21 ;$$

la valeur numérique du polynôme est donc 21.

Ici l'on a pu effectuer toutes les soustractions indiquées, mais cela n'arrive pas toujours : intervertissons l'ordre des termes $+3ab^2$ et $-5b^3$ et cherchons la valeur numérique du polynôme

$$(2) \qquad a^3 - a^2b - 5b^3 + 3ab^2 + b^4$$

pour les mêmes valeurs $a = 3, b = 2$, nous serons conduits à effectuer la suite des opérations

$$27 - 18 - 40 + 36 + 16$$

et nous ne pourrons faire la soustraction $9 - 40$.

De même, la valeur numérique du polynôme (1) pour $a = 1, b = 2$ conduirait à la suite des calculs

$$1 - 2 + 12 - 40 + 16$$

dont le premier ne peut être effectué.

20. Jusqu'à nouvel ordre nous supposerons toujours dans nos démonstrations que les valeurs particulières attribuées aux lettres des polynômes soient telles qu'il ne se présente pas de soustractions impossibles. On peut dire alors que *la valeur* *numérique d'un polynôme est indépendante de l'ordre de ses termes.* Ainsi les tableaux d'opérations

$$27 - 18 + 36 - 40 + 16,$$
$$27 + 16 - 18 + 36 - 40,$$
$$27 + 36 + 16 - 18 - 40,$$

conduisent au même résultat final : supposons, en effet, que ces nombres représentent les recettes et les dépenses d'une personne ; sa fortune finale sera la même quel que soit l'ordre dans lequel elles ont eu lieu et l'on peut supposer que les dépenses aient été faites à la fin ; or deux dépenses de 18 fr. et de 40 fr. faites successivement équivalent à une dépense unique égale à leur somme $18 + 40$ ou 58 fr. ; l'on a donc pour la valeur numérique du polynôme (1)

$$(27 + 36 + 16) - (18 + 40).$$

Donc la *valeur numérique d'un polynôme est égale à l'excès de la somme des valeurs numériques des termes précédés du signe* $+$ *sur la somme des valeurs numériques des termes précédés du signe* $-$.

EXERCICES.

I. Partager le nombre n en trois parties x, y, z, telles que la première surpasse la seconde de a et que la seconde surpasse la troisième de b. Généraliser l'énoncé.

$$R. \quad x = \frac{n + 2a + b}{3}.$$

II. Une somme d'argent s est partagée entre quatre personnes A, B, C, D ; sachant que B reçoit a^f de plus que A, que C reçoit b^f de plus que B et que D reçoit c^f de plus que C, calculer chacune des parts.

$$R. \quad \text{La part de A est } x = \frac{s - 3a - 2b - c}{4}.$$

III. Partager le nombre n en trois parties, x, y, z, telles, que la plus petite z soit le quart de la moyenne y, et que la moyenne soit le tiers de la plus grande. Généraliser l'énoncé.

$$R. \quad x = \frac{12}{17} n.$$

IV. Diviser une somme s en deux parties x et y, proportionnelles aux nombres a et b.

$$R. \quad x = s\,\frac{a}{a+b}, \quad y = s\,\frac{b}{a+b}.$$

V. Trouver deux nombres x et y dont la différence soit d et qui soient entre eux comme les nombres a et b.

$$R. \quad x = d\,\frac{a}{a-b}, \quad y = d\,\frac{b}{a-b}.$$

VI. Trouver deux nombres équidistants de 10 et tels que la dixième partie de leur somme soit égale au quart de leur différence. Généraliser la question.

$$R. \quad x = 14, \quad y = 6.$$

VII. Trouver la valeur numérique du polynôme

$$5ab - 8ac + 15cde - 14aef$$

pour

$$a = 6, \quad b = 5, \quad c = 4, \quad d = 3, \quad e = 2, \quad f = 1.$$
$$R. \quad 150.$$

VIII. Trouver la valeur de

$$3a^2b + 2b^2c - 2a^2c + 3b^2d$$

pour

$$a = 1, \quad b = 3, \quad c = 5, \quad d = 0.$$
$$R. \quad 89.$$

IX. Trouver la valeur de la fraction algébrique

$$\frac{a^2 + b^2 - c^2 + 2ab}{a^2 - b^2 - c^2 + 2bc},$$

lorsque

$$a = 4, \quad b = \frac{1}{2}, \quad c = 1.$$

$$R. \quad \frac{11}{9}.$$

X. Trouver la valeur de

$$\frac{12a^3 - b^2}{3a^2} + \frac{2c^2}{a + b^3} - \frac{a + b^2 + c^3}{5b^3},$$

lorsque

$$a = 1, \quad b = 3, \quad c = 5.$$

$$R. \quad 5.$$

XI. Trouver la valeur de

$$a\sqrt{x^2 - 3a} + x\sqrt{x^2 + 3a},$$

lorsque

$$x = 5, \quad a = 8.$$

$$R. \quad 43.$$

XII. Trouver pour $x = 2$ la valeur de l'expression

$$\sqrt[3]{4x^4 - 12x^3 + 12x^2 - 4},$$

$$R. \quad \sqrt[3]{12} = 2{,}2894.$$

XIII. La durée t d'une oscillation d'un pendule de longueur l est donnée par la formule

$$t = 1^s \times \pi \sqrt{\frac{l}{9{,}81}},$$

dans laquelle π représente le rapport, $3{,}1416$, de la circonférence au diamètre. Calculer, d'après cela : 1° la durée d'une oscillation d'un pendule de 10 mètres de longueur; 2° la longueur du pendule qui bat la seconde.

$$R. \quad t = 3^s{,}17, \quad l = 0^m{,}994.$$

LIVRE I

CALCUL ALGÉBRIQUE

CHAPITRE I

I. — Addition et Soustraction.

21. *Ajouter plusieurs expressions algébriques, c'est en trouver une autre dont la valeur numérique soit égale à la somme des valeurs numériques des expressions proposées,* les mêmes valeurs étant attribuées aux lettres de part et d'autre.

Soustraire deux expressions algébriques, c'est en trouver une troisième dont la valeur numérique soit égale à la différence des valeurs numériques des deux premières expressions.

Il doit y avoir identité entre les résultats pour toute valeur particulière attribuée aux lettres, valeur qui peut être entière, fractionnaire ou incommensurable.

22. Règle I. — *Pour ajouter plusieurs monômes, on les écrit à la suite des autres en les séparant par le signe* $+$.

Ainsi la somme des monômes $4\,a^3 b^2$, $5\,a^2 b^3$ et $14\,a^2 b^2 c$ s'écrit

$$4\,a^3 b^2 + 5\,a^2 b^3 + 14\,a^2 b^2 c.$$

Si les monômes sont semblables (n° 12), cette indication d'opération peut être simplifiée ; la somme se réduit à un seul monôme semblable aux proposées et dont le coefficient est égal à la somme de leurs coefficients. Ex. :

$$4\,a^3 b^2 c + 15\,a^3 b^2 c + \frac{2}{3}\,a^3 b^2 c = \left(4 + 15 + \frac{2}{3}\right) a^3 b^2 c,$$

ou

$$\left(19+\frac{2}{3}\right)a^3b^2c.$$

23. RÈGLE II. — *Pour soustraire deux monômes l'un de l'autre, on écrit le monôme à soustraire à la droite de l'autre en les séparant par le signe —.*

Ainsi l'excès de $4a^3b^2$ sur $7a^2bc$ s'écrit

$$4a^3b^2 - 7a^2bc.$$

Si les monômes sont semblables, la différence se réduit à un monôme semblable ayant pour coefficient la différence de leurs coefficients. Ex. :

$$14a^3b^2c - 5a^3b^2c = (14-5)a^3b^2c = 9a^3b^2c.$$

CAS DES POLYNOMES.

24. RÈGLE I. — *Pour ajouter plusieurs polynômes, on écrit tous leurs termes les uns à la suite des autres en conservant les signes.*

Démonstration. — Soit à trouver la somme S des deux polynômes P et P′

$$P = a + b - c - d + e,$$
$$P' = f - g + h - k - l.$$

La valeur numérique de S doit être égale à la somme des valeurs numériques de P et de P′ ; mais la valeur de P′ s'obtient en calculant la différence

$$(f + h) - (g + k + l);$$

donc la valeur numérique de S s'obtiendra en ajoutant au nombre que représente P la différence des deux nombres $(f + h)$ et $(g + k + l)$. Mais, pour ajouter à un nombre la différence de deux autres, il suffit d'ajouter le premier de ces deux autres et de retrancher le second ; nous ajouterons donc à P la somme $(f+h)$ et nous retrancherons du résultat $(g+k+l)$.

Or, pour ajouter à P la somme $f+h$, il suffit d'ajouter à P successivement chacune des parties f et h; le résultat de cette addition est donc

$$P+f+h;$$

maintenant, pour en retrancher la somme $(g+k+l)$, il suffit d'en retrancher successivement chacune des parties; on aura donc

$$P+P'=P+f+h-g-k-l,$$

ou

$$S=a+b-c-d+e+f+h-g-k-l,$$

et, en rétablissant l'ordre des termes de P',

$$S=a+b-c-d+e+f-g+h-k-l,$$

ce qui démontre la règle ci-dessus.

25. Règle II. — *Pour obtenir la différence de deux polynômes, on écrit tous les termes du polynôme à soustraire à la droite de l'autre en changeant le signe de chacun de ces termes.*

Démonstration. — Remarquons d'abord que, pour retrancher d'un nombre P la différence A — B de deux autres, il suffit de retrancher le premier A de ces deux autres et d'ajouter le second B; on a

$$P-(A-B)=P-A+B.$$

En effet, si de P l'on retranchait A, on aurait retranché une quantité trop forte de B : le résultat P — A serait donc trop petit de B; pour obtenir la différence demandée, il faut donc ajouter B; cette différence est donc

$$P-A+B.$$

Soit maintenant à trouver la différence D des deux polynômes précédents P et P'. La valeur numérique de D doit être égale à la différence des valeurs numériques de P et de P'; elle s'obtiendra donc en retranchant de P la différence des deux nombres $(f+h)$ et $(g+k+l)$, et nous aurons, d'après le principe ci-dessus,

$$P - P' = P - (f+h) + (g+k+l).$$

Or, pour retrancher de P la somme $f+h$, il suffit de retrancher successivement f et h; le résultat de cette soustraction sera donc

$$P - f - h;$$

maintenant, pour y ajouter $(g+k+l)$, il suffit d'ajouter successivement chacune des parties g, k, l; on aura donc

$$P - P' = P - f - h + g + k + l,$$

ou

$$D = a + b - c - d + e - f - h + g + k + l;$$

et, en rétablissant l'ordre primitif des termes de P',

$$D = a + b - c - d + e - f + g - h + k + l,$$

ce qui démontre la règle ci-dessus.

Cette seconde règle est, d'ailleurs, une conséquence forcée de la première : puisqu'en ajoutant P' à D on doit retrouver P, il faut que tous les termes de P' figurent dans D, mais avec des signes contraires.

26. *Conséquence.* — Si l'on met entre parenthèses plusieurs termes d'un polynôme, il faut conserver leurs signes ou bien les changer tous, selon que la première parenthèse est précédée du signe $+$ ou du signe $-$.

Ainsi le polynôme

$$7a^4 + 4a^3 - 5a^2b - ab^2 + b^3$$

peut s'écrire

$$7a^4 + (4a^3 - 5a^2b - ab^2 + b^3),$$

ou bien encore

$$7a^4 + 4a^3 - (5a^2b + ab^2 - b^3).$$

On fait souvent usage de plusieurs paires de parenthèses pour indiquer la suite des opérations à effectuer ; ainsi l'on a :

$$a + \Big(b - (c - d)\Big) = a + (b - c + d) = a + b - c + d,$$

$$a - \Big(b - (c - d)\Big) = a - (b - c + d) = a - b + c - d.$$

Pour indiquer une opération de plus, on se sert d'une autre paire de parenthèses appelées *crochets* ; ainsi l'on a

$$a - \Big[b - \big(c - (d - e)\big)\Big] = a - \Big[b - (c - d + e)\Big]$$

$$= a - (b - c + d - e) = a - b + c - d + e.$$

27. *Réduction des termes semblables.* — Si les polynômes proposés renferment des termes semblables, on peut simplifier les résultats que donnent les règles précédentes et les réduire à un plus petit nombre de termes ; cette opération s'appelle *réduction des termes semblables.*

Soit, par exemple, à ajouter les polynômes

$$2b + 3c - a,$$
$$4a - 8b + 2c,$$
$$7b - 3a - 9c ;$$

leur somme est égale à

$$2b + 3c - a + 4a - 8b + 2c + 7b - 3a - 9c,$$

ou bien, en intervertissant l'ordre des termes de manière à grouper les termes semblables,

$$2b + 7b - 8b + 4a - a - 3a + 3c + 2c - 9c ;$$

mais il est clair que l'on a

$$2b + 7b - 8b = 9b - 8b = b,$$
$$4a - a - 3a = 4a - 4a = 0,$$
$$3c + 2c - 9c = \quad - 4c,$$

c'est-à-dire $4c$ à retrancher; la somme précédente se réduit donc à

$$b - 4c.$$

De là cette règle pour réduire les termes semblables :

On remplace chaque groupe de termes semblables par un seul terme semblable aux précédents; son coefficient est égal à la différence entre la somme des coefficients précédés du signe $+$ et la somme des coefficients précédés du signe $-$; son signe est le même que celui des coefficients dont la somme est la plus grande.

28. Lorsqu'on doit ajouter plusieurs polynômes renfermant des termes semblables, pour opérer plus facilement leur réduction, on peut imiter la disposition adoptée en arithmétique pour ajouter des nombres entiers; on écrit les polynômes les uns au-dessous des autres en disposant les termes semblables dans une même colonne verticale, puis on réduit à un seul les termes de chaque colonne.

Soit à ajouter les polynômes

$$8a^3b^2 - 6a^4b - 10a^2b^3,$$
$$6a^4b - 15ab^4 - 9a^3b^2 + 12a^2b^3,$$
$$8a^3b^2 - 12a^2b^3 + 16ab^4.$$

On les dispose de la manière suivante :

$$
\begin{array}{l}
-6a^4b + 8a^3b^2 - 10a^2b^3 \\
+6a^4b - 9a^3b^2 + 12a^2b^3 - 15ab^4 \\
\qquad\quad + 8a^3b^2 - 12a^2b^3 + 16ab^4 \\
\hline
\qquad\quad + 7a^3b^2 - 10a^2b^3 + ab^4
\end{array}
$$

Parcourant la première colonne verticale, on dira : $-6a^4b$ et $+6a^4b$ se détruisent; puis parcourant la seconde : $+8$ et -9 donnent -1 qui, ajouté à $+8$, donne $7a^3b^2$, et ainsi de suite.

La même disposition peut être usitée pour la soustraction de deux polynômes renfermant des termes semblables.

$$4a^5 - 6a^4b + 8a^3b^2 - 10a^2b^3$$
$$2a^5 + 6a^4b - 9a^3b^2 + 12a^2b^3 - 15ab^4$$
$$\overline{2a^5 - 12a^4b + 17a^3b^2 - 22a^2b^3 + 15ab^4}$$

On dit, en changeant les signes de tous les termes du second polynôme, $4a^5 - 2a^5$ donne $2a^5$; $-6a^4b$ et $-6a^4b$ donnent $-12a^4b$; $8a^3b^2$ et $9a^3b^2$ donnent $17a^3b^2$, et ainsi de suite.

EXERCICES.

I. Ajoutez les polynômes suivants :
$$x^3 + 2x^2 - 3x + 1, \quad 2x^3 - 3x^2 + 4x - 2,$$
$$3x^3 + 4x^2 + 5, \quad 4x^3 - 3x^2 - 5x + 9.$$
$$R.\ 10x^3 - 4x + 13.$$

II. Ajoutez ensemble les polynômes :
$$x^2 - 3xy + y^2 + x + y - 1, \quad 2x^2 + 4xy - 3y^2 - 2x - 2y + 3,$$
$$3x^2 - 5xy - 4y^2 + 3x + 4y - 2, \quad 6x^2 + 10xy + 5y^2 + x + y.$$
$$R.\ 12x^2 + 6xy - y^2 + 3x + 4y.$$

III. Ajoutez
$$y^3 + 2y^2z - 3yz^2, \quad 2y^3 + 2y^2z + 5yz^2, \quad 3y^3 - 4y^2z - 2yz^2.$$
$$R.\ 6y^3.$$

IV. De $\quad 5x^2 + 6xy - 4y^2 - 12xz - 7yz - 5z^2$

retranchez $\quad 2x^2 - 3y^2 + 4xz - 5z^2 + 6yz - 7xy.$
$$R.\ 3x^2 + 13xy - y^2 - 16xz - 13yz.$$

V. De $\quad 8\,a^2 - 2\,a + 6\,b^2 - 5\,ab + 5\,c^2 - 3\,bc + 2$

retranchez $\quad a^2 + a - 2\,b^2 + 2\,ab - 3\,c^2 - 3\,bc + 2.$

$$R.\ 7\,a^2 - 3\,a + 8\,b^2 - 7\,ab + 8\,c^2$$

VI. De $\quad a^4 - 2\,a^3 b + 3\,a^2 b^2 - 4\,ab^3 + 5\,b^4$

retranchez $\quad 2\,ab^3 - 3\,a^2 b^2 + 4\,a^3 b - 5\,a^4,$

puis $\quad 3\,a^4 - 2\,a^3 b + 6\,a^2 b^2 - 2\,ab^3 + 3\,b^4.$

$$R.\ 3\,a^4 - 4\,a^3 b - 4\,ab^3 + 2\,b^4.$$

VII. De $\quad a^5 - 4\,a^3 b^2 - 8\,a^2 b^3 - 17\,ab^4 - 12\,b^5$

retranchez $a^5 - 2\,a^4 b - 3\,a^3 b^2,$ puis $2\,a^4 b - 4\,a^3 b^2 - 6\,a^2 b^3,$

puis $\quad 3\,a^3 b^2 - 6\,a^2 b^3 - 9\,ab^4$ et $4\,a^2 b^3 - 8\,ab^4 - 12\,b^5.$

$$R.\ 0.$$

VIII. Ajoutez les binômes

$$\frac{5\,x^2}{2} - \frac{7\,y^2}{3}, \quad \frac{5\,y^2}{2} - \frac{4\,x^2}{3}, \quad \frac{7\,x^2}{4} - \frac{3\,y^2}{2}.$$

$$R.\ \frac{35}{12}\,x^2 - \frac{4}{3}\,y^2.$$

IX. De l'expression

$$6\,a + 2\,b - (3\,a + b)$$

retranchez la suivante

$$3\,a + 4\,b - (4\,a - b)$$

$$R.\ 4\,a - 4\,b.$$

X. Trouver la différence entre

$$a + b \quad \text{et} \quad \frac{a}{2} - \frac{b}{2}$$

$$R.\ \frac{a}{2} + \frac{3}{2}\,b$$

XI. Calculer la différence

$$\frac{a}{3}+\frac{b}{2}-\frac{c}{4}-\left(\frac{a+b}{4}-\frac{c}{8}\right)$$

$$R.\ \ \frac{a}{12}+\frac{b}{4}-\frac{c}{8}$$

XII. Simplifier l'expression

$$4x^3-2x^2+x+1-(3x^3-x^2-x-7)-(x^3-4x^2+2x+8).$$

$$R.\ 3x^2.$$

XIII. Simplifier

$$a^2-(b^2-c^2)-\left(b^2-(c^2-a^2)\right)+\left(c^2-(b^2-a^2)\right).$$

$$R.\ a^2-3b^2+3c^2.$$

XIV. Simplifier

$$(2x^2-2y^2-z^2)-(3y^2+2x^2-z^2)-(3z^2-2y^2-x^2).$$

$$R.\ x^2-3y^2-3z^2.$$

XV. Réduire l'expression

$$\left(x^3+y^3-(3x^2y+3xy^2)\right)-\left((x^3-3x^2y)-(3xy^2-y^3)\right).$$

$$R.\ 0.$$

XVI. Réduire l'expression

$$(x^3+ax^2+a^2x)-(y^3-by^2+b^2y)+(z^3+cz^2+c^2z)$$
$$-(x^3-y^3+z^3)+(ax^2+by^2+cz^2)-(a^2x-b^2y+c^2z).$$

$$R.\ 2ax^2+2by^2+2cz^2.$$

XVII. Trouver la valeur de

$$a+2x-\left[b+y-\left(a-x-(b-2y)\right)\right]$$

lorsque

$$a=2,\quad b=3,\quad x=6,\quad y=5.$$

$$R.\ 2a+x-2b+y=9.$$

CHAPITRE II

Multiplication.

29. *Multiplier deux expressions algébriques l'une par l'autre, c'est trouver une troisième expression dont la valeur numérique soit égale au produit des valeurs numériques des expressions proposées.*

1° CAS DES MONOMES.

30. RÈGLE. — *Pour multiplier plusieurs monômes entiers, on fait le produit des coefficients; on écrit chaque lettre commune avec un exposant égal à la somme des exposants qu'elle a dans les facteurs, et l'on écrit les autres lettres sans changer leurs exposants.*

Démonstration. — En effet, soit à faire le produit

$$5\,a^3 b^2 c \times 4 a^2 b^2 d.$$

Pour multiplier le premier monôme par $4\,a^2 b^2 d$, qui est un produit de facteurs, il suffit de le multiplier successivement par chacun d'eux; ce principe, démontré en arithmétique (n° 43), est vrai, que les facteurs soient entiers, fractionnaires ou incommensurables; nous pouvons donc l'appliquer ici au produit $4\,a^2 b^2 d$, dans lequel il faut voir à la place des lettres a, b, d des nombres quelconques. — Multipliant d'abord par 4, nous obtenons $20\,a^3 b^2 c$; ce produit doit être multiplié par a^2; or, pour multiplier un produit par un nombre, il suffit de multiplier un de ses facteurs par ce nombre, et ce principe, démontré en arithmétique (n° 44), est vrai, quels que soient les nombres considérés; nous pouvons donc l'appliquer ici et écrire

$$20\,a^3 b^2 c \times a^2 = 20 \times (a^3 \times a^2) \times b^2 c.$$

Mais nous avons vu en arithmétique (n° 46) que le produit de deux puissances d'un même nombre est égal à une puissance de ce même nombre ayant pour exposant la somme des exposants des facteurs; comme ceci est général, nous aurons

$$20\,(a^3 \times a^2) \times b^2 \times c = 20\,a^{3+2}\,b^2 c = 20\,a^5 b^2 c.$$

En multipliant ce résultat par b^2, nous aurons de même

$$20\,a^5 b^4 c,$$

et, pour terminer le produit, il suffira d'écrire à la suite du résultat précédent le facteur d; nous aurons donc

$$5\,a^3 b^2 c \times 4\,a^2 b^2 d = 20\,a^5 b^4 cd.$$

31. *Conséquence.* — *Le degré du produit de plusieurs monômes est égal à la somme des degrés des facteurs.* Ainsi, le produit précédent est du 11ᵉ degré, parce que le multiplicande est du 6ᵉ degré et le multiplicateur du 5ᵉ.

2° MULTIPLICATION D'UN POLYNOME PAR UN MONOME
ET INVERSEMENT.

32. Règle. — *On multiplie successivement par le monôme chacun des termes du polynôme et l'on donne à chacun de ces produits partiels le signe du terme correspondant dans le polynôme.*

Démonstration. — 1° On a

$$(a + b) \times m = am + bm;$$

car, pour multiplier une somme par un nombre entier m, il suffit de multiplier par m chacun de ses termes, et ceci est vrai encore si m est fractionnaire ou incommensurable.

2° On a aussi, quels que soient les nombres a, b, m,

$$(a - b) \times m = am - bm.$$

3° Si l'on considère maintenant un polynôme quelconque, on aura aussi

$$(a - b + c - d - e + f) \times m$$
$$= am - bm + cm - dm - em + fm.$$

En effet, le multiplicande peut s'écrire

$$(a + c + f) - (b + d + e),$$

et, d'après ce qui précède (n° 2), on a

$$(a - b + c - d - e + f) \times m = (a + c + f)m - (b + d + e)m.$$

Si l'on effectue les multiplications et si l'on retranche le second produit du premier, on trouvera

$$am + cm + fm - bm - dm - em,$$

ou bien, en rangeant les termes dans le même ordre que ceux du multiplicande,

$$am - bm + cm - dm - em + fm.$$

Exemples :

$$(x^3 - 3x^2y + 3xy^2 - y^3) \times xy = x^4y - 3x^3y^2 + 3x^2y^3 - xy^4.$$

$$(2a^2 - 5ab + 3b^2) \times 7a^2b = 14a^4b - 35a^3b^2 + 21a^2b^3.$$

$$(a^4 - 10a^2b^2 + b^4) \times 4ac = 4a^5c - 40a^3b^2c + 4ab^4c.$$

33. *Remarque I.* — Pour multiplier un monôme par un polynôme, il faut suivre la règle précédente ; ainsi

$$3a \times (2a^2 - 3ab + 2b^2) = 6a^3 - 9a^2b + 6ab^2 ;$$

en effet, l'on a

$$3a \times (2a^2 - 3ab + 2b^2) = (2a^2 - 3ab + 2b^2) \times 3a,$$

car le produit de deux facteurs n'est pas altéré lorsqu'on intervertit leur ordre ; et ce principe, ayant été généralisé en arithmétique, peut être invoqué ici.

34. *Remarque II.* — Lorsque plusieurs termes d'un polynôme renferment un même facteur, on peut remplacer cet ensemble de termes par le produit d'un monôme par un polynôme. Ainsi

$$4a^5c - 40a^3b^2c + 4ab^4c = 4ac(a^4 - 10a^2b^2 + b^4),$$

et l'on dit que l'*on a mis 4ac en facteur commun.*

Autres exemples :

$1°$ $\qquad 35b^2c^4 - 7bc^3d^2 + 49ab^2c^2d + 343b^3c^3$
peut s'écrire
$$7bc^2(5bc^2 - cd^2 + 7abd + 49b^2c);$$

$2°$ $\qquad 8x^2y^2z^3 - 14x^3yz^3 - 16x^2y^3z^2 + 4xyz^5$
revient à
$$2xyz^2(4xyz - 7x^2z - 8xy^2 + 2z^3).$$

$3°$ $\qquad ax^3 + bx^2 + x = x(ax^2 + bx + 1).$

35. *Remarque III.* — Si plusieurs termes d'un polynôme renferment la même puissance de la lettre ordonnatrice, on peut dans chacun de ces groupes mettre en facteur commun cette même puissance de cette lettre ; ainsi le polynôme

$$a^2x^2 - abx^2 + b^2x^2 + a^3x - b^3x + a^4 + b^4$$

peut s'écrire

$$(a^2 - ab + b^2)x^2 + (a^3 - b^3)x + a^4 + b^4;$$

ou bien encore, en disposant les termes qui renferment x^2 ou bien x en colonnes verticales,

$$\begin{array}{c|c|c} a^2 & x^2 + a^3 & x + a^4 \\ -ab & -b^3 & +b^4 \\ +b^2 & & \end{array}.$$

Le polynôme $a^2 - ab + b^2$ joue, par rapport à x^2, le même rôle qu'un coefficient numérique ; on dit que c'est le *coefficient* de x^2; de même $a^3 - b^3$ est le coefficient de la lettre ordonnatrice x. — Quant au terme $a^4 + b^4$, on dit qu'il est *indépendant* de x, parce qu'il ne renferme pas cette lettre.

Autres exemples : 1° La différence de deux polynômes

$$ax^3 - bx^2 + x,$$
$$px^3 - qx^2 + rx$$

s'écrira

$$(a-p)x^3 - (b-q)x^2 + (1-r)x,$$

ou bien, en changeant les signes qui précèdent les parenthèses,

$$(a-p)x^3 + (q-b)x^2 - (r-1)x.$$

2° Pour faire la somme des deux polynômes

$$2(a+b)x + 3(b+c)y,$$
$$(a-2b)x - (b+3c)y,$$

on ajoutera séparément les coefficients de x et de y, ce qui donnera

$$(2a+2b+a-2b)x + (3b+3c-b-3c)y,$$

ou bien, en réduisant les quantités entre parenthèses,

$$3ax + 2by.$$

3° MULTIPLICATION DE DEUX POLYNOMES.

36. Règle. — *Pour multiplier deux polynômes l'un par l'autre, on multiplie successivement tous les termes du multiplicande par chacun des termes du multiplicateur. On affecte du signe $+$ le produit de deux termes ayant le même signe et du signe $-$ celui de deux termes ayant des signes contraires. On fait ensuite, s'il y a lieu, la réduction des termes semblables.*

Démonstration. — Il est clair que l'on a

1° $\qquad (A + B) \times (C + D) = AC + BC + AD + BD,$

car il faut multiplier A + B d'abord par C, puis par D, et ajouter les résultats;

$$2^o \ (A - B) \times (C - D) = (A - B) \times C - (A - B) \times D,$$

car il faut multiplier A — B d'abord par C, puis par D, et retrancher le second produit du premier.

En effectuant les multiplications, l'on trouve

$$(A - B)(C - D) = AC - BC - (AD - BD),$$

ou bien, en effectuant la soustraction,

$$(A - B) \times (C - D) = AC - BC - AD + BD.$$

Cela posé, formons le produit des deux polynômes

$$P = a - b + c - d,$$
$$P' = e + f - g - h,$$

que l'on peut écrire

$$P = (a + c) - (b + d),$$
$$P' = (e + f) - (g + h).$$

Si l'on pose

$$a + c = A, \quad b + d = B,$$
$$e + f = C, \quad g + h = D,$$

on a
$$P \times P' = (A - B)(C - D)$$

et l'on est ramené au cas précédent; par conséquent on peut écrire de suite

$$P.P' = (a + c)(e + f) - (b + d)(e + f)$$
$$- (a + c)(g + h) + (b + d)(g + h),$$

ou bien, en effectuant les produits indiqués,

$$P.P' = \left\{ \begin{array}{l} ae + ce + af + cf - be - de - bf - df \\ - ag - cg - ah - ch + bg + dg + bh + dh \end{array} \right\}$$

et, en intervertissant l'ordre des termes,

$$\text{P.P}' = \begin{cases} ae - be + ce - de + af - bf + cf - df \\ - ag + bg - cg + dg - ah + bh - ch + dh, \end{cases}$$

ce qui confirme la règle pratique ci-dessus. En effet, le terme ae du produit a le signe $+$ et provient de deux termes, tous deux positifs ; le terme be, qui a le signe $-$, est le produit de deux termes de signes contraires ; enfin le terme bg est positif dans le produit et provient de deux termes, tous deux négatifs. On fera des remarques analogues pour les autres termes du produit.

37. DISPOSITIONS USITÉES. — Pour faciliter la réduction des termes semblables, il est commode d'ordonner le multiplicande et le multiplicateur tous deux suivant les puissances croissantes, ou tous deux suivant les puissances décroissantes d'une lettre commune à ces deux facteurs. Au-dessous de ces deux polynômes, on tire un trait, puis l'on dispose, par lignes horizontales, les produits partiels correspondant à chacun des termes du multiplicateur ; on a soin d'écrire les termes semblables que fournissent ces divers produits partiels dans une même colonne verticale.

$$
\begin{aligned}
\text{Ex.:} \quad & 2a^3 - 3a^2b + 4ab^2 - 5b^3 \\
& 2a^2 + 3ab \; + 4b^2 \\
\hline
& 4a^5 - 6a^4b + 8a^3b^2 - 10a^2b^3 \\
& \qquad\;\; + 6a^4b - 9a^3b^2 + 12a^2b^3 - 15ab^4 \\
& \qquad\qquad\quad + 8a^3b^2 - 12a^2b^3 + 16ab^4 - 20b^5 \\
\hline
\text{Produit} = {} & 4a^5 \qquad\qquad\quad + 7a^3b^2 - 10a^2b^3 + \quad ab^4 - 20b^5.
\end{aligned}
$$

On a effectué chacun de ces produits partiels en allant de gauche à droite et l'on a disposé les termes semblables dans une même colonne verticale pour les réduire facilement. Le résultat de cette réduction, ou le produit cherché, se trouve dans la dernière ligne horizontale.

Autre exemple :
$$x^2 + 2xy + 3y^2$$
$$x^2 - 5xy + 4y^2$$
$$x^4 + 2x^3y + 3x^2y^2$$
$$- 5x^3y - 10x^2y^2 - 15xy^3$$
$$4x^2y^2 + 8xy^3 + 12y^4$$
$$x^4 - 3x^3y - 3x^2y^2 - 7xy^3 + 12y^4.$$

38. Dans les deux facteurs des exemples précédents, les exposants de la lettre ordonnatrice vont en diminuant d'une unité d'un terme à l'autre; alors les divers produits partiels ne présentent pas non plus de lacunes, et le degré de chacun d'eux est inférieur d'une unité au degré du produit précédent. Par suite, pour que les termes semblables se trouvent dans la même colonne verticale, il suffit d'avancer chaque ligne horizontale d'un rang vers la droite.

S'il y avait des lacunes au multiplicateur, il faudrait avancer les produits partiels de deux ou de trois rangs, quand on franchirait une lacune d'un ou de deux termes; et si le multiplicande en présentait aussi, il faudrait, dans chaque produit partiel, laisser la place des produits absents, car ils se rencontreront, peut-être, dans les produits qui suivent.

Exemple :
$$2x^5 - 3x^3 + x^2 - 4$$
$$x^4 - x^2 + x - 1$$
$$2x^9 \quad\quad -3x^7 + x^6 \quad\quad -4x^4$$
$$-2x^7 \quad\quad +3x^5 - x^4 \quad\quad +4x^2$$
$$+2x^6 \quad\quad -3x^4 + x^3 \quad\quad -4x$$
$$-2x^5 \quad\quad +3x^3 - x^2 \quad\quad +4$$
$$2x^9 \quad -5x^7 + 3x^6 + x^5 - 8x^4 + 4x^3 + 3x^2 - 4x + 4.$$

39. Si, dans les deux facteurs, les coefficients de la lettre ordonnatrice sont eux-mêmes des polynômes, on suit encore la règle précédente ; mais il faut effectuer à part les produits des coefficients.

Soit à multiplier

$$x^4 + (2a^2 - b^2)\, x^2 + a^4 + a^2 b^2 \quad \text{par} \quad x^2 + a^2 - b^2.$$

On dispose les deux facteurs et les produits partiels comme ci-dessous :

	$x^4 + 2a^2$	$x^2 + a^4$	
	$-b^2$	$+ a^2 b^2$	
	$x^2 + a^2$		
	$-b^2$		
1er produit partiel.	$x^6 + 2a^2$	$x^4 + a^4$	x^2
	$-b^2$	$+ a^2 b^2$	
2e produit partiel.	a^2	$+ 2a^4$	$+ a^6$
	$-b^2$	$-3a^2 b^2$	$-a^2 b^4$
		$+ b^4$	
Produit cherché.	$x^6 + 3a^2$	$x^4 + 3a^4$	$x^2 + a^6$
	$-2b^2$	$-2a^2 b^2$	$-a^2 b^4$
		$+ b^4$	

Le produit peut aussi s'écrire

$$x^6 + (3a^2 - 2b^2)\, x^4 + (3a^4 - 2a^2 b^2 + b^4) x^2 + a^2 (a^4 - b^4).$$

MULTIPLICATIONS AUXILIAIRES.

$2a^2 - b^2$		$a^4 + a^2 b^2$	
$a^2 - b^2$		$a^2 - b^2$	
$2a^4 - a^2 b^2$		$a^6 + a^4 b^2$	
$-2a^2 b^2 + b^4$		$-a^4 b^2 - a^2 b^4$	
$2a^4 - 3a^2 b^2 + b^4$		a^6	$-a^2 b^4$

40. *Preuve d'une multiplication.* — Il suffit de vérifier que la valeur numérique du résultat est égale au produit des valeurs numériques des facteurs. On supposera, par exemple, que les lettres qui figurent dans ces facteurs soient toutes égales à l'unité; ces facteurs se réduiront alors à la somme algébrique de leurs coefficients, et le produit des nombres ainsi obtenus devra, si l'opération est exacte, être égal à la somme algébrique des coefficients du produit.

Ainsi, dans le second exemple du n° 37, faisons $x = y = 1$, le multiplicateur se réduit à zéro; donc la somme des coefficients du produit doit être nulle : c'est, en effet, ce qui a lieu.

41. REMARQUES. — I. *Le produit de plusieurs polynômes homogènes est un polynôme homogène dont le degré est égal à la somme des degrés des facteurs.* — Ainsi dans le premier exemple du n° 37, les deux facteurs étant, l'un du troisième degré, l'autre du second, le produit est du cinquième degré.

42. II. *Si l'on multiplie deux polynômes ordonnés tous deux suivant les puissances croissantes, ou tous deux suivant les puissances décroissantes de la même lettre, les termes extrêmes du résultat sont les produits des deux premiers termes et des deux derniers termes des facteurs.*

Par exemple, dans le produit

$$(x^3 + 2x^2y + 3y^3) \times (3x^2 - 5xy + 4y^2),$$

le premier terme sera

$$x^3 \times 3x^2 \text{ ou } 3x^5$$

et le dernier terme sera

$$3y^3 \times 4y^2 = 12y^5.$$

En effet, $3x^5$ renfermera la lettre ordonnatrice x avec un exposant plus élevé que dans un quelconque des autres termes, et $12y^5$ sera le seul terme qui ne renferme pas cette lettre. Ces deux termes ne pourront donc pas se réduire avec les autres.

Il résulte de là que *le produit de deux polynômes a toujours au moins deux termes;* mais il peut n'en renfermer que deux, tel est le produit précédent

$$(a^4 + a^2b^2) \times (a^2 - b^2).$$

RÉSULTATS DE MULTIPLICATIONS REMARQUABLES.

43. On trouve en effectuant les calculs :

1° $\quad (a+b)^2 = (a+b)(a+b) = a^2 + 2ab + b^2,$

2° $\quad (a-b)^2 = (a-b)(a-b) = a^2 - 2ab + b^2,$

3° $\quad (a+b)^3 = (a+b)^2 \times (a+b) = a^3 + 3a^2b + 3ab^2 + b^3,$

4° $\quad (a-b)^3 = (a-b)^2 \times (a-b) = a^3 - 3a^2b + 3ab^2 - b^3,$

5° $\quad (a+b) \times (a-b) = a^2 - b^2.$

Le premier et le troisième résultat ont été énoncés en langage ordinaire pages 194 et 214 de l'*Arithmétique;* le deuxième se traduit ainsi :

Le carré de la différence de deux quantités est égal au carré de la première moins le double produit de la première par la seconde plus le carré de la seconde.

La formule (4) remplace l'énoncé suivant :

Le cube de la différence de deux quantités est égal au cube de la première, moins trois fois le carré de la première par la seconde, plus trois fois la première par le carré de la seconde, moins le cube de la seconde.

Enfin la formule (5), dont on a besoin à chaque instant, s'énonce ainsi :

Le produit de la somme de deux quantités par la différence de ces mêmes quantités est égal à la différence de leurs carrés.

6° *Le carré de la somme de plusieurs nombres est égal à la somme des carrés de ces nombres augmentée de la somme de leurs doubles produits.*

Ainsi l'on trouve, en effectuant les calculs,

$$(a+b+c)^2 = a^2+b^2+c^2+2ab+2ac+2bc,$$
$$(a+b+c+d)^2 = a^2+b^2+c^2+d^2+2ab+2ac+2ad$$
$$+2bc+2bd+2cd.$$

Pour démontrer que cette loi est générale, supposons qu'elle ait été vérifiée pour la somme $(a+b+c+\ldots+h+k)$ de n termes et faisons voir qu'elle est également vraie pour une somme $a+b+c+\ldots+h+k+l$ de $n+1$ termes.

Considérons les n premiers termes comme n'en formant qu'un seul et écrivons :

$$(a+b+\ldots+h+k+l)^2 = \left[(a+b+\ldots+h+k)+l\right]^2;$$

appliquons maintenant la formule (1), qui donne le carré d'un binôme, nous aurons pour le carré demandé

$$(a+b+\ldots+h+k)^2+2(a+b+\ldots+h+k).l+l^2;$$

mais, par hypothèse, nous avons déjà vérifié que

$$(a+b+c+\ldots+h+k)^2 = a^2+b^2+\ldots+h^2+k^2$$
$$+2ab+2ac+\ldots+2hk,$$

si donc nous ajoutons à ce premier résultat le carré l^2 et les doubles produits $2al, 2bl, 2cl,\ldots, 2kl$, nous aurons la somme de tous les carrés et la somme des doubles produits de tous les termes pris deux à deux. Ainsi, en supposant le théorème vérifié pour une somme de n termes, il est vrai pour $n+1$ termes; mais la loi a été vérifiée pour le carré d'un binôme, donc elle est vraie pour le carré d'une somme de trois termes; l'étant pour le carré d'un trinôme, elle est vraie aussi pour le carré d'une somme de quatre termes, et ainsi de suite. Cette loi de formation est donc générale.

Pour abréger, on écrit

$$(a+b+c+\ldots+h+k+l)^2 = \Sigma a^2 + 2\Sigma ab,$$

en désignant par $\Sigma\, a^2$ la somme des termes analogues à a^2 et par $\Sigma\, ab$ celle de tous les produits analogues à ab.

7° *Le cube de la somme de plusieurs nombres est égal à la somme de leurs cubes, plus trois fois les produits obtenus en multipliant le carré de chacun d'eux par l'un quelconque des autres, plus six fois les produits de ces nombres pris trois à trois.*

En effet, faisons le cube du trinôme $a + b + c$ en regardant $a + b$ comme un seul terme ; nous aurons, d'après la loi de formation du cube d'un binôme,

$$(a+b+c)^3 = \left[(a+b)+c\right]^3 = (a+b)^3 + 3(a+b)^2 c + 3(a+b)c^2 + c^3,$$

et, en développant les calculs,

$$(a+b+c)^3 = a^3 + 3a^2 b + 3ab^2 + b^3 + (3a^2 + 6ab + 3b^2)c + 3ac^2 + 3bc^2 + c^3,$$

ou

$$a^3 + b^3 + c^3 + 3a^2 b + 3a^2 c + 3b^2 a + 3b^2 c + 3c^2 a + 3c^2 b + 6abc.$$

De même on aurait, pour le cube d'un polynôme de quatre termes,

$$(a+b+c+d)^3 = \left[(a+b+c)+d\right]^3 = (a+b+c)^3 + 3(a+b+c)^2 d + 3(a+b+c)d^2 + d^3,$$

ou, en développant les calculs,

$$(a+b+c+d)^3 = \left\{ \begin{aligned} &a^3 + b^3 + c^3 + 3a^2 b + 3a^2 c \\ &+ 3b^2 a + 3b^2 c + 3c^2 a + 3c^2 b + 6abc \\ &+ 3d(a^2 + b^2 + c^2 + 2ab + 2ac + 2bc), \\ &+ 3(a+b+c)d^2 + d^3 ; \end{aligned} \right.$$

et l'on peut grouper les termes du résultat de la manière suivante :

$$\begin{array}{llll}
a^3 & +\,3a^2b & +\,3c^2a & +\,6abc \\
b^3 & 3a^2c & 3c^2b & 6abd \\
c^3 & 3a^2d & 3c^2d & 6acd \\
d^3 & 3b^2a & 3d^2a & 6bcd \\
 & 3b^2c & 3d^2b & \\
 & 3b^2d & 3d^2c &
\end{array}$$

On aura donc, en employant des notations abrégées,

$$(a+b+c+d)^3 = \Sigma a^3 + 3\Sigma a^2b + 6\Sigma abc.$$

On démontrerait, de proche en proche, que cette loi de formation est générale en faisant voir que, si elle se vérifie pour une somme $(a+b+\ldots+g+h+k)$ de n termes, elle subsiste encore pour une somme $(a+b+\ldots+g+h+k+l)$ de $n+1$ termes.

EXERCICES.

I. Ordonner par rapport à x le polynôme

$$ax^3 - bx^2 - cx - bx^3 + cx^2 - dx + cx^3 - dx^2 - ex.$$

R. $(a-b+c)\,x^3 - (b-c+d)\,x^2 - (c+d+e)\,x$

II. Ajouter les deux polynômes

$$(a+b)\,x + (b+c)\,y \quad \text{et} \quad (a-b)\,x - (b-c)\,y,$$

puis les retrancher l'un de l'autre.

R. $2\,(ax+cy), \quad 2b\,(x+y).$

III. Faire la somme des polynômes

$$ax^3 + bx^2, \quad bx^3 - cx^2 + dx, \quad cx^3 + dx^2 + ex + f$$

et l'ordonner suivant les puissances décroissantes de x.

R. $(a+b+c)\,x^3 + (b-c+d)\,x^2 + (d+e)\,x + f.$

IV. Ordonner, suivant les puissances croissantes de x, la somme des polynômes

$$ax - by, \quad x + y \quad \text{et} \quad (a-1)x - (b+1)y.$$

$$R. \ 2ax - 2by.$$

V. Retranchez les polynômes

$$(a+c)x^2 - 3(a-b)xy + (b+c)y^2,$$
$$(b+c)x^2 + 2(a+b)xy + (a+b)y^2,$$

et ordonnez la différence suivant les puissances décroissantes de x.

$$R. \ (a-b)x^2 - (5a-b)xy - (a-c)y^2.$$

VI. Faire les multiplications suivantes :

1° $(a^4 - 2a^3b + 3a^2b^2 - 2ab^3 + b^4) \times (a^2 + 2ab + b^2).$

$$R. \ a^6 + 2a^3b^3 + b^6.$$

2° $(a^3 + 3a^2b + 3ab^2 + b^3) \times (a^3 - 3a^2b + 3ab^2 - b^3).$

$$R. \ a^6 - 3a^4b^2 + 3a^2b^4 - b^6.$$

3° $\qquad (x^3 - ax^2 + bx - c) \times (x^2 - x + 1).$

$$R. \ x^5 - (1+a)x^4 + (1+a+b)x^3 - (a+b+c)x^2 + (b+c)x - c.$$

4° $\qquad (a^m - 2b^n) \times (a^m - b^n).$

$$R. \ a^{2m} - 3a^m b^n + 2b^{2n}.$$

5° $\qquad (x+1)(x+2)(x+3).$

$$R. \ x^3 + 6x^2 + 11x + 6.$$

6° $\qquad (x+1)(x+2)(x+3)(x+4).$

$$R. \ x^4 + 10x^3 + 35x^2 + 50x + 24.$$

7° $\qquad (x-5)(x+6)(x-7)(x+8).$

$$R. \ x^4 + 2x^3 - 85x^2 - 86x + 1680.$$

8° $\qquad (a^2 + 9b^2)(a+3b)(a-3b)(a^4 - 81b^4).$

$$R. \ a^8 + 6561b^8 - 162a^4b^4.$$

VII. Prouver que l'on a

1° $$(a+b)^2 + (a-b)^2 = 2a^2 + 2b^2.$$

2° $$(a+b)^2 - (a-b)^2 = 4ab.$$

3° $$(a+b)^2 \times (a-b)^2 = a^4 - 2a^2b^2 + b^4.$$

VIII. Prouver que l'on a

1° $$(a+b)^3 + (a-b)^3 = 2a^3 + 6ab^2.$$

2° $$(a+b)^3 - (a-b)^3 = 6a^2b + 2b^3.$$

3° $$(a+b)^3 \times (a-b)^3 = a^6 - 3a^4b^2 + 3a^2b^4 - b^6.$$

IX. Prouver que l'on a

1° $$(x^2 + 2xy + 2y^2) \times (x^2 - 2xy + 2y^2) = x^4 + 4y^4,$$

2° $$(a^2 + ab + b^2) \times (a^2 - ab + b^2) = a^4 + a^2b^2 + b^4.$$

3° $$(2a^2 - 3ab + b^2)(2a^2 + 3ab + b^2) = 4a^4 - 5a^2b^2 + b^4.$$

X. Prouver que

$$(x-a)\ (x+a)\ (x^2 - ax + a^2)\ (x^2 + ax + a^2) = x^6 - a^6.$$

XI. Faire le produit

$$(a+b+c)\ (a+b-c)\ (a+c-b)\ (b+c-a).$$
$$R.\ 2\Sigma a^2b^2 - \Sigma a^4.$$

XII. Ajouter le produit précédent à $(a^2 + b^2 + c^2)^2$.
$$R.\ 4(a^2b^2 + a^2c^2 + b^2c^2).$$

XIII. Le soustraire de $(a^2 + b^2 + c^2)^2$.
$$R.\ 2(a^4 + b^4 + c^4).$$

XIV. De $(a+b+c)^2$ soustraire l'expression

$$a(b+c-a) + b(a+c-b) + c(a+b-c).$$
$$R.\ 2(a^2 + b^2 + c^2)$$

XV. Faire le produit

$$(a+b+c-d)\,(a+b+d-c)\,(a+c+d-b)\,(b+c+d-a).$$
$$R.\ 8\,abcd + 2\Sigma a^2 b^2 - \Sigma a^4.$$

XVI. Prouver que l'expression

$$(a^2+b^2+c^2+d^2)\,(a'^2+b'^2+c'^2+d'^2)-(aa'+bb'+cc'+dd')^2$$

est une somme de carrés.

XVII. Calculer la différence A — B, sachant que

$$A = a(b+c)^2 + b(a+c)^2 + c(a+b)^2,$$
$$B = (a+b)(a-c)(b-c)+(a-b)(a-c)(b+c)-(a-b)(b-c)(a+c)$$
$$R.\ 12\,abc.$$

XVIII. Simplifier

$$3(a-2x)^2+2(a-2x)(a+2x)+(3x-a)(3x+a)-(2a-3x)^2.$$
$$R.\ 4x^2.$$

XIX. Simplifier

$$(x-y)^3+(x+y)^3+3(x-y)^2(x+y)+3(x+y)^2(x-y).$$
$$R.\ 8x^3.$$

XX. Simplifier

$$(a+b+c+d)^2+(a-b-c+d)^2+(a-b+c-d)^2+(a+b-c-d)^2.$$
$$R.\ 4(a^2+b^2+c^2+d^2).$$

XXI. Démontrer que la somme des cubes de trois nombres entiers consécutifs est divisible par trois fois le second d'entre eux.

XXII. Trouver, sans faire la multiplication, les coefficients de x^2 et de x dans le carré de

$$(x+a)(x+b)(x+c).$$

XXIII. Décomposer en facteurs

$$a^4-b^4,\ \ a^8-b^8,\ \ a^{16}-b^{16},\ \ a^{2n}-b^{2n}.$$

XXIV. Décomposer en facteurs le produit

$$4b^2c^2-(b^2+c^2-a^2)^2.$$

CHAPITRE III

Généralisation des règles précédentes.

QUANTITÉS NÉGATIVES.

44. DÉFINITIONS. — On appelle quantité *négative* un nombre isolé et précédé du signe —; ainsi -4, $-\dfrac{2}{3}$, $-\sqrt{5}$, sont des quantités négatives.

La valeur *absolue* d'une quantité négative est le nombre précédé du signe — qui entre dans cette quantité; ainsi 4 est la valeur absolue de la quantité négative -4.

L'expression -4 n'a aucun sens par elle-même, mais on l'introduit en algèbre pour simplifier les énoncés des règles de calcul et pour généraliser les formules.

45. *Le résultat d'une soustraction impossible numériquement est une quantité négative.*

Si l'on ajoute à la quantité P le nombre a, puis que l'on retranche de la somme le nombre b, on obtient pour résultat

$$P + a - b$$

que l'on appelle *somme* de P et de $(a-b)$ quand a est supérieur à b. — Quand a est moindre que b, la quantité $a-b$ n'a pas de sens par elle-même, mais pour rappeler que dans les deux cas la série des opérations a été la même, on conserve encore le nom de *somme* de P et de $(a-b)$ au résultat du calcul précédent; on écrit donc encore, lorsque $a < b$,

$$P + (a - b) = P + a - b.$$

Or, l'on a également dans ce cas (n° 25),

$$P - (b - a) = P + a - b,$$

il faut donc que

$$P + (a - b) = P - (b - a),$$

ou que

$$a - b = - (b - a)\,;$$

par conséquent on doit dire :

Le résultat d'une soustraction impossible numériquement est une quantité négative dont la valeur absolue est égale à l'excès du plus grand des deux nombres sur l'autre.

Exemples :
$$7 - 9 = - (9 - 7) = - 2$$
$$13 - 25 = - (25 - 13) = - 12.$$

46. *Un polynôme a toujours une valeur numérique soit positive soit négative.*

L'introduction des nombres négatifs nous permet de lever la restriction faite au n° 20 : un polynôme, quels que soient les nombres mis à la place des lettres, a toujours une valeur numérique, qu'il y ait ou non des soustractions impossibles.

Ainsi la valeur du polynôme

$$a - b - c - d + e - f,$$

pour $a = 10$, $b = 12$, $c = 1$, $d = 2$, $e = 25$, $f = 4$,

est égale à 16 et s'obtient en disant :

$10 - 12$ donne $- 2$, et $- 1$ donne $- 3$, et $- 2$ donne $- 5$, et $+ 25$ donne 20, et $- 4$ donne 16.

Si $f = 30$, les autres lettres conservant les valeurs ci-dessus, le même polynôme a pour valeur numérique

$$20 - 30 \text{ ou } - 10.$$

Ces valeurs numériques sont indépendantes de l'ordre des termes ; elles sont égales à l'excès de la somme des valeurs numériques des termes positifs sur la somme des valeurs numériques des termes précédés du signe —, ou vice-versa ; dans ce dernier cas on obtient une *valeur numérique négative*.

$$(10 + 25) - (12 + 1 + 2 + 4) = 35 - 19 = 16$$
$$(10 + 25) - (12 + 1 + 2 + 30) = 35 - 45 = -10.$$

47. CALCUL DES QUANTITÉS NÉGATIVES. — 1° *Addition et soustraction.*

Nous avons dit (n° 45) que l'on convient d'étendre la formule

$$P + (a - b) = P + a - b$$

au cas où a est plus petit que b et que cette égalité définit alors le mot *somme* de P et de $(a - b)$; mais, dans ce cas, l'on a aussi

$$P - (b - a) = P - b + a = P + a - b,$$

par conséquent l'on doit écrire

$$P + (a - b) = P - (b - a).$$

Si donc l'on pose

$$b - a = c, \quad \text{ou} \quad a - b = -c,$$

l'on aura

$$P + (-c) = P - c.$$

— De même quand a est plus petit que b, l'on conserve le nom de différence entre P et $(a - b)$ au nombre obtenu en retranchant a de P et ajoutant b au résultat; l'on écrit encore

$$P - (a - b) = P - a + b;$$

et cette égalité définit alors le mot *différence* entre P et $(a - b)$. Mais, dans ce cas, l'on a aussi

$$P + (b - a) = P + b - a = P - a + b;$$

l'on doit donc écrire

$$P - (a - b) = P + (b - a)$$

ou

$$P - (-c) = P + c.$$

De là ces deux règles de calcul :

1° *Pour ajouter à un nombre une quantité négative, il faut retrancher de ce nombre la valeur absolue de cette quantité;*

2° *Pour retrancher d'un nombre une quantité négative, il faut lui ajouter la valeur absolue de cette quantité.*

Remarque. — Cette seconde règle est une conséquence forcée de la première : le reste ajouté à $(-c)$ doit reproduire P ; il est donc égal à $P + c$, puisque, d'après la première règle,

$$P + c + (-c) = P.$$

Conséquence. — Si l'on appelle *terme* d'un polynôme chacun des monômes qui le composent accompagné du signe qui le précède (n° 13), on peut dire qu'un polynôme est la somme algébrique de ses différents *termes*. En effet l'on a

$$a - b - c + d - e = a + (-b) + (-c) + d + (-e).$$

48. 2° *Multiplication des quantités négatives.*
On convient d'étendre la formule

$$P(a - b) = Pa - Pb$$

au cas où a est moindre que b et de conserver le nom de *vroduit* de P par $(a - b)$ au résultat de la soustraction $Pa - Pb$; mais alors on a

$$P(b - a) = Pb - ba = -(Pa - Pb),$$

il faut donc que

$$P(a - b) = -P(b - a),$$

c'est-à-dire que

$$P(-c) = -P \times c.$$

Donc *le changement de signe de l'un des facteurs fait changer le signe du produit.*

L'on aura par conséquent, si les facteurs changent tous deux de signes,

$$(-P) \times (-c) = Pc.$$

Ainsi : *le produit de deux quantités affectées de signes contraires est négatif et le produit de deux quantités affectées du même signe est positif.*

Ces règles de calcul des quantités négatives sont précisément les règles mnémoniques qu'il faut appliquer aux termes soustractifs des polynômes pour obtenir mécaniquement leur produit.

Conséquences. — *I.* — Si, dans un produit, on change les signes d'un nombre pair de facteurs, on ne change pas la valeur numérique du produit (ni en grandeur absolue, ni en signe). Ex. : $(-a) \times (-b) \times (-c) \times (-d) = abcd$.

II. — Si l'on change les signes d'un nombre impair de facteurs, on change seulement le signe du produit et non sa valeur absolue. Ex. : $(-a) \times (-b) \times (-c) = -abc$.

III. — Une puissance d'un nombre négatif est positive ou négative suivant que le degré de cette puissance est pair ou impair.

Ainsi, l'on a :

$$(-a)^2 = (-a) \times (-a) = a^2,$$
$$(-a)^3 = (-a)^2 \times (-a) = a^2 \times (-a) = -a^3,$$
$$(-a)^4 = (-a)^3 \times (-a) = (-a^3) \times (-a) = a^4,$$

et, en général,

$$(-a)^{2k} = a^{2k},$$
$$(-a)^{2k+1} = -a^{2k+1}.$$

IV. — Comme on appelle *quotient* la valeur qu'il faut combiner avec le diviseur par voie de multiplication pour obtenir le dividende, le mot *quotient* reçoit naturellement la même extension que le mot *produit*, et l'on voit que : *le quotient de deux valeurs numériques affectées de signes est positif si le dividende et le diviseur ont le même signe, il est négatif si le dividende et le diviseur ont des signes contraires.* Ex. :

$$(-40) : (-5) = 8, \quad (-40) : 5 = -8, \quad 40 : (-5) = -8.$$

V. — Désormais une lettre a, b,... x pourra représenter, non plus, comme jusqu'ici, seulement un nombre abstrait, tel que 4, $\frac{2}{3}$, $\sqrt{10,5}$, mais encore une quantité négative, par exemple, (-4), $\left(-\frac{2}{3}\right)$, $(-\sqrt{10,5})$. C'est une conséquence naturelle de l'admission des formes négatives dans les calculs.

Application. — Trouver, quand $a = -1$ et $b = -2$, la valeur numérique du polynôme

$$P = a^5 - 8\,a^4 b + 7\,a^3 b^2 - 5\,a^2 b^3 + ab^4 - b^5.$$

L'on a :

$$a^5 = -1,\ a^4 b = 1 \times (-2) = -2,\ a^3 b^2 = (-1) \times 4 = -4,$$
$$a^2 b^3 = 1 \times (-8) = -8,\ ab^4 = (-1) \times 16 = -16,$$
$$b^5 = -32 ;$$

la valeur numérique de P est donc alors

$$-1 - 8 \times (-2) + 7 \times (-4) - 5 \times (-8) + (-16) - (-32)$$

ou

$$-1 + 16 - 28 + 40 - 16 + 32 = 43.$$

49. Utilité des quantités négatives. — 1° Elles permettent de généraliser les règles de calcul pour les trois premières opérations ; les définitions et les démonstrations correspondantes sont affranchies de toute restriction.

2° Elles simplifient les énoncés de ces règles : La règle d'addition des deux polynômes peut s'énoncer plus simplement de la manière suivante :

Pour ajouter deux polynômes, on ajoute successivement au premier tous les termes du second.

En effet, d'après le n° 47, on a :

$$P + a - b - c + d = P + a + (-b) + (-c) + d.$$

La règle de la soustraction des polynômes peut s'énoncer :

Pour soustraire un polynôme, on soustrait successivement ses différents termes.

En effet, on a, d'après le n° 25,

$$P - (a - b - c + d) = P - a + b + c - d,$$

différence que l'on peut écrire

$$P - a - (-b) - (-c) - d.$$

La règle de la multiplication de deux polynômes peut s'énoncer d'une manière plus concise :

Le produit de deux polynômes s'obtient en multipliant chacun des termes du multiplicande par chacun des termes du multiplicateur et en ajoutant les résultats obtenus.

3° L'emploi des quantités négatives permet de comprendre dans un seul énoncé plusieurs propositions qui, sans cela, nécessiteraient autant d'énoncés distincts.

Ainsi les formules (1) et (2) du n° 43 donnent de suite les développements de $(a-b)^2$ et $(a-b)^3$, et la loi de formation du carré et du cube d'une somme de plusieurs nombres s'applique au carré et au cube d'un polynôme quelconque.

En effet, nous pouvons écrire :

$$(a-b)^2 = \left[a+(-b)\right]^2$$
$$= a^2 + 2a \times (-b) + (-b)^2$$
$$= a^2 - 2ab + b^2;$$

$$(a-b)^3 = \left[a+(-b)\right]^3$$
$$= a^3 + 3a^2 \times (-b) + 3a(-b)^2 + (-b)^3$$
$$= a^3 - 3a^2b + 3ab^2 - b^3;$$

$$(a-b-c)^2 = \left[a+(-b)+(-c)\right]^2$$
$$= a^2 + (-b)^2 + (-c)^2 + 2a \times (-b)$$
$$+ 2a \times (-c) + 2(-b) \times (-c)$$
$$= a^2 + b^2 + c^2 - 2ab - 2ac + 2bc;$$

$$(a-b-c)^3 = a^3 - b^3 - c^3 - 3a^2b - 3a^2c + 3b^2a$$
$$- 3b^2c + 3c^2a - 3c^2b + 6abc.$$

A la suite des équations du premier degré nous verrons beaucoup d'autres exemples de ce grand avantage des quantités négatives.

CHAPITRE IV

Division.

50. BUT. — *La division algébrique a pour but, étant don-nées deux expressions algébriques, d'en trouver une troisième dont la valeur numérique soit égale au quotient des valeurs numériques (*) des expressions proposées.*

51. DIVISION DES MONOMES. — RÈGLE. — Pour diviser deux monômes l'un par l'autre : 1° *On divise le coefficient du divi-dende par celui du diviseur et l'on a le coefficient du quotient. — 2° Si une lettre entre au dividende avec un exposant plus fort qu'au diviseur, on l'écrit au quotient avec un exposant égal à la différence de ces exposants. — 3° Lorsqu'une lettre se trouve dans les deux monômes avec le même exposant, on ne l'écrit pas au quotient. — 4° Quand une lettre entre au dividende sans entrer au diviseur, on l'écrit telle qu'elle est au quotient.*

Soit, en effet, à diviser $24a^9b^5c^4d$ par $3a^3b^2c^4$, on dira :

Le coefficient du quotient multiplié par 3 doit donner 24 ; ce coefficient est donc

$$24 : 3 = 8.$$

L'exposant de a au quotient doit être tel qu'en l'ajoutant à l'exposant 3 de a au diviseur on reproduise l'exposant 9 de cette lettre au dividende ; donc le facteur a doit entrer au quo-tient avec un exposant égal à

$$9 - 3 = 6.$$

On verrait de même que b doit entrer avec l'exposant 3, et

(*) Nous avons vu, n° 48, *Conséquence IV*, ce qu'il faut entendre par quotient de deux valeurs numériques affectées de signes.

d à la première puissance; quant au facteur c^4 qui figure avec le même exposant au dividende et au diviseur, il ne doit pas se trouver au quotient; ce quotient est donc

$$8 a^6 b^3 d.$$

Autres exemples :

$1°$ $\qquad 35 a^3 b^2 c : 5 ab^2 = 7 a^2 c;$

$2°$ $\qquad 180 x^3 y^2 z^5 : 30 xyz^3 = 6 x^2 y z^2;$

$3°$ $\qquad 4 x^4 y^5 z^3 : 3 x^4 y^5 z = \dfrac{4}{3} z^2.$

Remarque. — La division de deux monômes n'est possible qu'autant que tous les facteurs littéraux du diviseur entrent au dividende avec un exposant au moins égal; ainsi $14 a^3 b^2 c^2 d$ n'est pas divisible par $7 a^4 b^2 c d^5$; on se borne à indiquer l'opération en séparant les deux termes par une barre horizontale :

$$\frac{14 a^3 b^2 c^2 d}{7 a^4 b^2 c d^5}.$$

Une pareille expression s'appelle *fraction algébrique*. Nous verrons qu'on peut la simplifier en divisant les deux termes par le produit de leurs facteurs communs et que l'on a

$$\frac{14 a^3 b^2 c^2 d}{7 a^4 b^2 c d^5} = \frac{2c}{ad^4}.$$

52. Division des monomes négatifs. — Règle des signes. — Il résulte des règles de calcul données plus haut pour la multiplication de deux nombres négatifs que l'on a

$$a^2 b : (-b) = -a^2,$$
$$(-a^2 b) : (+b) = -a^2,$$
$$(-a^2 b) : (-b) = a^2;$$

en effet, nous avons vu au n° 48 que

$$(-b) \times (-a^2) = a^2 b,$$
$$(+b) \times (-a^2) = -a^2 b,$$
$$(-b) \times (+a^2) = -a^2 b.$$

Ainsi le quotient de deux monômes affectés tous deux du signe $+$ ou tous deux du signe $-$ est positif; le quotient de deux monômes affectés de signes contraires est négatif.

Cette règle des signes est une conséquence forcée des conventions faites précédemment.

53. EXPOSANT ZÉRO. — Nous avons vu, dans le cas où $m > n$,

$$a^m : a^n = a^{m-n};$$

si nous étendons cette règle au cas où $m = n$, nous sommes conduits à l'égalité

$$a^m : a^m = a^0.$$

L'expression a^0 n'a aucun sens par elle-même, mais nous pouvons la conserver dans les calculs dans un but de généralisation; seulement il faut la considérer comme égale à l'unité, puisque l'on a

$$a^0 = \frac{a^m}{a^m} = 1.$$

Application. — Pour montrer l'utilité de cette notation, cherchons une formule qui donne tous les diviseurs de 360. Ces diviseurs (*Arithm.*, page 87) renferment
le facteur 2 avec une puissance égale ou inférieure à 3,
    »   3   »   »   2,
    »   5, à la première puissance, au plus.
On pourra donc représenter tous ces diviseurs par l'expression

$$2^x . 3^y . 5^z,$$

dans laquelle on doit attribuer

à x les valeurs 0, 1, 2, 3,
à y »   0, 1, 2.
à z »   0, 1.

Pour $x = 0,$ $y = 0,$ $z = 0,$ on trouve 1 ;
        $x = 0,$ $y = 0,$ $z = 1,$ »   5 ;
        $x = 0,$ $y = 2,$ $z = 1,$ »   45 ;
        $x = 3,$ $y = 1,$ $z = 1,$ »   120.

54. Exposant négatif. — Si dans la même égalité

$$a^m : a^n = a^{m-n}$$

nous supposons

$$n = m + p,$$

nous aurons

$$a^m : a^{m+p} = a^{m-(m+p)} = a^{-p}.$$

Cette expression n'a pas de sens par elle-même; mais elle résulte de la généralisation d'une règle démontrée quand m était plus grand que n; comme les formules d'algèbre doivent être indépendantes des valeurs numériques que l'on pourra ultérieurement attribuer aux lettres, nous conserverons l'expression a^{-p}, mais il faudra lui attribuer la même valeur qu'à la fraction

$$\frac{1}{a^p}.$$

En effet, l'on a

$$\frac{a^m}{a^{m+p}} = \frac{a^m}{a^m \times a^p} = \frac{1}{a^p},$$

en divisant par a^m les deux termes de la fraction. Ainsi

$$a^{-p} = \frac{1}{a^p};$$

ce qui revient à dire qu'*une lettre affectée d'un exposant négatif est égale à l'unité divisée par la même lettre affectée du même exposant, mais positif.*

Nous verrons plus loin l'avantage que présente l'emploi des exposants négatifs.

55. Division d'un polynome par un monome. — *On divise successivement chacun des termes du polynôme par le monôme en suivant la règle précédente et la règle des signes.*
Ainsi

$$24\,a^4b - 18\,a^2b^3 + 36\,ab^4 : 6\,ab = 4\,a^3 - 3\,ab^2 + 6\,b^3;$$

en effet, c'est ce dernier polynôme qu'il faut multiplier par $6\,ab$ pour reproduire le dividende. — On trouve de même

$$9\,x^2y^2 - 15\,x^3y^4z + 6\,x^5y^3z^2 : 3\,x^2y = 3y - 5\,xy^3z + 2\,x^3y^2z^2.$$

Remarque. — Un polynôme n'est divisible par un monôme que si chacun de ses termes pris isolément est divisible par ce monôme.

56. Division de deux polynomes. — Il est rare que deux polynômes soient exactement divisibles l'un par l'autre ; mais nous supposerons d'abord qu'il existe un *polynôme entier* appelé *quotient* qui, multiplié par le diviseur, reproduise le dividende.

Voici la règle à suivre alors pour obtenir le quotient :

Règle. — *Ayant ordonné les deux polynômes de la même manière par rapport à la même lettre, on divise le premier terme du dividende par le premier terme du diviseur, et l'on a le premier terme du quotient. On multiplie tout le diviseur par ce premier terme et l'on retranche le produit du dividende. Après avoir ordonné le reste de la même manière que les polynômes proposés, on divise son premier terme par le premier terme du diviseur, et l'on obtient le second terme du quotient. On multiplie tout le diviseur par ce terme et l'on retranche le produit du reste précédent ; on opère sur ce nouveau reste comme sur le premier, et l'on continue l'opération jusqu'à ce que l'on soit parvenu à un reste égal à zéro. L'ensemble des termes écrits successivement au quotient représente le polynôme cherché.*

Démonstration. — Soit à chercher le quotient

$$x^3 - 12\,x^2 + 41\,x - 42 : x - 7.$$

Nous pouvons supposer que ce quotient soit ordonné de la même manière que les deux polynômes proposés ; or, par définition, le dividende est la somme des produits partiels obtenus en multipliant tout le diviseur par les termes du quotient ; donc le premier terme x^3 du dividende provient, sans réduction, du produit du premier terme x du diviseur par le premier terme du quotient; ce premier terme est donc

$$x^3 : x = x^2.$$

Multiplions tout le diviseur par x^2 et retranchons le produit du dividende; le reste

$$-5x^2 + 41x - 42$$

sera la somme des produits partiels obtenus en multipliant le diviseur par l'ensemble des autres termes du quotient, et, en s'appuyant encore sur le même théorème (n° 42), on voit que le premier terme $-5x^2$ de ce reste est le produit de x par le second terme du quotient; ce second terme est donc $-5x$. En multipliant le diviseur par $-5x$, on trouve $-5x^2 + 35x$, et en retranchant ce produit du premier reste on obtient $6x - 42$, qui est le produit du diviseur par le troisième terme du quotient; en raisonnant de même, on trouve que ce troisième terme est égal à

$$6x : x = 6,$$

et comme le produit de $x - 7$ par 6 est $6x - 42$, en retranchant ce produit partiel du dernier reste, on obtient zéro et la division s'effectue exactement; le polynôme quotient est

$$x^2 - 5x + 6.$$

Voici comment on dispose les calculs :

$$
\begin{array}{rl|l}
x^3 - 12x^2 + 41x - 42 & & \; x - 7 \\
x^3 - 7x^2 & & \overline{\; x^2 - 5x + 6} \\
\end{array}
$$

1ᵉʳ reste. . . . . . $\quad -5x^2 + 41x - 42$

$\qquad\qquad\qquad\quad -5x^2 + 35x$

2ᵉ reste. . . . . $\quad 6x - 42$

$\qquad\qquad\qquad\qquad\quad 6x - 42$

3ᵉ reste. . . . . $\quad 0$

On voit que la recherche du quotient de deux polynômes ordonnés repose sur les deux remarques suivantes :

1° Le premier terme du dividende ordonné est le produit du premier terme du diviseur par le premier terme du quotient, ces deux derniers polynômes étant ordonnés de la même manière que le dividende;

2° En soustrayant du dividende le produit du diviseur par ce premier terme, on obtient un reste qui, étant divisé par le diviseur, fournira l'ensemble des autres termes du quotient. On opérera donc sur ce reste comme sur le dividende proposé, et de même, aussi, pour les restes suivants.

Autre exemple :

$$
\begin{array}{l|l}
2a^4 - 13a^3b + 31a^2b^2 - 38ab^3 + 24b^4 & 2a^2 - 3ab + 4b^2 \\
2a^4 - 3a^3b + 4a^2b^2 & \\
\cline{1-1} \cline{2-2}
-10a^3b + 27a^2b^2 - 38ab^3 + 24b^4 & a^2 - 5ab + 6b^2 \\
-10a^3b + 15a^2b^2 - 20ab^3 & \\
\cline{1-1}
\ 12a^2b^2 - 18ab^3 + 24b^4 & \\
\ 12a^2b^2 - 18ab^3 + 24b^4 & \\
\cline{1-1}
0 &
\end{array}
$$

57. *Remarque I.* — Pour simplifier l'écriture, on fait en même temps la multiplication et la soustraction qui correspondent à chaque produit partiel; voici le tableau des deux divisions précédentes effectuées de cette manière :

$$
\begin{array}{l|l}
x^3 - 12x^2 + 41x - 42 & x - 7 \\
- 5x^2 + 41x - 42 & \\
\cline{2-2}
+ 6x - 42 & x^2 - 5x + 6 \\
0 &
\end{array}
$$

$$
\begin{array}{l|l}
2a^4 - 13a^3b + 31a^2b^2 - 38ab^3 + 24b^4 & 2a^2 - 3ab + 4b^2 \\
-10a^3b + 27a^2b^2 & \\
\cline{2-2}
+12a^2b^2 - 18ab^3 & a^2 - 5ab + 6b^2 \\
0 &
\end{array}
$$

En faisant le premier calcul, on dit : x^3 divisé par x donne

x^2; $+$ et pour soustraire $-x^3$ et $+x^3$ se détruisent (on barre x^3); $-$ et pour soustraire $+7x^2$ et $-12x^2$ donnent $-5x^2$ (on barre $-12x^2$). Divisant le premier terme $-5x^2$ du reste par x, nous avons $-5x$ pour second terme du quotient; $-$ et pour soustraire $+5x^2$ qui détruisent $-5x^2$; $+$ et pour soustraire $-35x$ et $41x$ donnent $6x$, etc...

Remarque II. — Il est inutile dans chaque soustraction de récrire les termes du dividende qui n'ont pas été employés; tous les termes qui n'ont pas été barrés constituent le reste auquel on est parvenu à un instant quelconque de l'opération.

Remarque III. — Lorsqu'on multiplie le diviseur par un terme du quotient, pour retrancher le produit du reste précédent, le premier terme de ce produit détruit sûrement le premier terme du reste; aussi, dans la pratique, on se contente de barrer le premier terme du reste et l'on commence la multiplication au second terme du diviseur.

58. Si les coefficients de la lettre ordonnatrice dans le dividende et le diviseur sont eux-mêmes des polynômes, il faut encore appliquer la même règle pratique; mais on doit alors effectuer à part les divisions qui fournissent les coefficients de la lettre ordonnatrice dans les divers termes du quotient.

$$
\begin{array}{l|l|l|l||l|l|l}
x^3 & a^3-x^3 & a^2+4x^2 & a-3x & x & a^2-x & a+3 \\
-1 & -x^2 & +3x & -3 & -1 & +1 & \\
   & +2 & +2 & & & & \\
\end{array}
$$

$$
\text{1}^{er}\text{ reste} \ldots
\begin{array}{l|l|l}
-x^2 & a^2+x^2 & a-3x \\
+1 & -1 & -3 \\
\hline
\end{array}
\qquad
\begin{array}{l|l}
x^2 & a-x \\
+x & -1 \\
+1 & \\
\end{array}
$$

$$
\text{2}^{e}\text{ reste} \ldots \quad 0 \mid 0 \mid 0
$$

1re DIVISION PARTIELLE.

$$
\begin{array}{l|l}
x^3-1 & x-1 \\
+x^2 & \hline x^2+x+1 \\
+x & \\
0 & \\
\end{array}
$$

2° DIVISION.

$$
\begin{array}{l|l}
-x^2+1 & x-1 \\
-x & \hline -x-1 \\
0 & \\
\end{array}
$$

59. *Conséquences.* — I. *Lorsque deux polynômes sont exactement divisibles l'un par l'autre, on peut écrire de suite le dernier terme du quotient en divisant le dernier terme du dividende par le dernier terme du diviseur.*

Ainsi, dans la première division, le dernier terme du quotient est

$$(-42) : (-7) = +6;$$

dans la seconde, il doit être

$$24\,b^4 : 4\,b^2 \quad \text{ou} \cdot 6\,b^2.$$

Enfin, dans le dernier exemple, le quotient doit se terminer par

$$(-3x-3) : 3 \quad \text{ou par} \quad -x-1.$$

II. — *Si le dividende et le diviseur sont homogènes, le quotient est un polynôme homogène dont le degré est égal au degré du dividende, moins le degré du diviseur.*

60. Lorsque le diviseur ne renferme pas la lettre ordonnatrice du dividende, on divise successivement par le diviseur tous les coefficients de cette lettre ordonnatrice. En multipliant ces quotients partiels par les puissances correspondantes de la lettre ordonnatrice, on obtient le quotient.

Soit, par exemple, à effectuer la division

$$\left[(a^3-b^3)x^2 - (a^2-b^2)x + (a-b) \right] : (a-b).$$

On a

$$(a^3-b^3) : (a-b) = a^2 + ab + b^2,$$
$$a^2-b^2 : a-b = a+b,$$
$$a-b : a-b = 1;$$

par suite le quotient est

$$(a^2+ab+b^2)x^2 - (a+b)x + 1;$$

c'est, en effet, cette quantité qui, multipliée par $a-b$, reproduit le dividende.

61. DIVISIONS IMPOSSIBLES. — Nous avons dit que deux polynômes en x et *entiers* par rapport à x sont divisibles l'un par l'autre lorsqu'il existe un polynôme de la même forme qui, multiplié par le dividende, reproduise le diviseur; dans le cas contraire la division est *impossible*.

62. 1° Cas où le dividende et le diviseur sont ordonnés suivant les puissances décroissantes de la même lettre.

1ᵉʳ *Caractère d'impossibilité*. — *La division est alors impossible si le premier terme du dividende ou d'un reste quelconque n'est pas divisible par le premier terme du diviseur.*

Ainsi, le quotient de la division suivante

$$\begin{array}{c|c} 4x^3 - 5x + 1 & x^2 - 1 \\ \hline \quad - x & 4x \end{array}$$

n'est pas entier, car on est conduit à diviser $-x$ par x^2.

Ce caractère d'impossibilité se manifestera nécessairement lorsqu'il n'existera pas de quotient entier; en effet, les degrés des restes successifs vont toujours en diminuant d'au moins une unité; on arrivera donc forcément à un reste de degré inférieur à celui du diviseur. — Mais on constate plus vite l'impossibilité de la division à l'aide du caractère suivant; il est fondé sur la remarque déjà faite (n° 59) que l'on peut écrire de suite le dernier terme du quotient lorsqu'il est entier.

2° *Caractère d'impossibilité*. — *La division est encore impossible, si l'on est conduit à mettre au quotient un terme dans lequel l'exposant de la lettre principale soit plus petit que la différence des exposants de cette lettre dans les derniers termes du dividende et du diviseur.*

Ainsi, l'on doit arrêter au second terme la division

$$\begin{array}{c|c} x^5 - 3x^4 + 3x^3 & x - 3 \\ \hline & x^4 + 3x^2 \end{array}$$

En effet, s'il existait un quotient entier, son dernier terme serait $-x^3$; or, nous trouvons $3x^2$ et le quotient est ordonné suivant les puissances décroissantes de x; nous ne pourrons donc jamais trouver $-x^3$ pour dernier terme, et la division est impossible.

De même, on voit immédiatement que la division

$$x^5 + 3x^4 \;\Big|\; \frac{x^2 - 2x}{x^3}$$

est impossible, car le dernier terme du quotient devrait être $-\dfrac{3}{2}\,x^3$, et nous trouvons x^3; l'exposant de la lettre ordonnatrice est bien celui que devrait avoir le dernier terme du quotient, mais le coefficient et le signe sont différents.

63. 2° Supposons maintenant que le dividende et le diviseur soient ordonnés suivant les puissances croissantes de la même lettre.

1*er* *Caractère d'impossibilité.* — Dans ce cas encore, *il n'existe pas de polynôme entier pour quotient, lorsque le premier terme du dividende ou d'un reste quelconque n'est pas exactement divisible par le premier terme du diviseur.* Mais ce premier caractère ne se manifestera pas nécessairement.

Ainsi, la division

$$1 + x - 2x^2 \;\Big|\; \frac{1 + x}{1 - 2x^2 + 2x^3}$$
$$- 2x^2$$
$$+ 2x^3$$

ne se terminera jamais, et il faut avoir recours au caractère suivant, qui est, du reste analogue à celui que nous avons énoncé tout à l'heure.

2° *Caractère.* — *La division est impossible, si l'on est conduit à mettre au quotient un terme dans lequel l'exposant de la lettre principale soit plus grand que la différence des exposants de cette lettre dans les derniers termes du dividende et du diviseur; ou bien encore, lorsque l'exposant, étant convenable, le coefficient ou le signe est différent de celui que doit avoir le dernier terme du quotient.*

Ainsi, dans la dernière division, il faut arrêter le calcul au second terme du quotient, parce que l'on trouve $-2x^2$ et non pas $-2x$ qui devrait terminer le quotient, s'il était entier.

EXEMPLES DE DIVISIONS REMARQUABLES.

64. PROPOSITION I. — *Si l'on divise par $x-a$ un polynôme entier en x et si l'on continue la division jusqu'à ce que l'on obtienne un reste indépendant de x, ce reste est égal au résultat obtenu, en remplaçant x par a dans le dividende.*

Soit, par exemple, à effectuer la division

$$
\begin{array}{l|l}
x^3 + px + q & x - a \\
\cline{2-2}
ax^2 + px + q & x^2 + ax + a^2 + p. \\
a^2x + px + q &
\end{array}
$$

Reste..... $a^3 + pa + q.$

On voit que ce reste est précisément égal au dividende dans lequel on a remplacé la lettre x par la lettre a.

Ceci est général : en effet, soit D le dividende, Q le quotient et R le reste indépendant de x auquel on parvient ; on aura

$$D = (x - a)\, Q + R.$$

Cette égalité est vraie, quelle que soit la valeur que l'on donne à x ; elle sera vraie encore pour $x = a$. Mais alors D devient un polynôme en a que nous représentons par D_a ; le facteur $x - a$ s'annulle et par suite le terme $(x - a).Q$ (*) ; de plus, R qui est indépendant de x ne changera pas ; nous aurons donc

$$D_a = R.$$

Remarque. — *Le reste de la division d'un polynôme par $x + a$ s'obtiendra en remplaçant x par $-a$ dans le dividende.*

(*) Un produit est nul si l'un de ses facteurs est nul, pourvu qu'aucun des autres ne soit infini. Or, ici, aucun des termes de Q ne renferme $x - a$ au dénominateur, donc Q n'est pas infini quand $x = a$ et $(x - a)\,Q$ est nul pour cette valeur de x.

En effet, on peut écrire

$$x + a = x - (- a).$$

65. *Conséquence I. — Si, en changeant x en a dans un polynôme, le résultat de la substitution est nul, le polynôme est divisible par $x - a$.* En effet, le reste de la division est nul.

Ainsi, le polynôme $x^2 - 13x + 42$ est divisible par $x - 7$, car pour $x = 7$ on a

$$49 - 13 \times 7 + 42 = 49 + 42 - 91 = 0.$$

66. *Conséquence II. — Un polynôme est divisible par $x + a$ si, en changeant x en $- a$ dans le dividende, le résultat de la substitution est nul.*

Ainsi, la division $(x^2 + 5x + 6) : (x + 3)$ s'effectuera sans reste, car on a

$$(- 3)^2 + 5 \times (- 3) + 6 = 0.$$

Les théorèmes suivants résultent de celui qui précède.

67. PROPOSITION II. — *La différence des puissances semblables de deux quantités est toujours divisible par la différence de ces quantités.*

Ainsi, $x^m - a^m$ est toujours divisible par $x - a$. En effet, si l'on fait $x = a$ dans le dividende, on a

$$a^m - a^m = 0.$$

La loi de formation des termes du quotient est facile à saisir. Si l'on fait la division

$$
\begin{array}{l|l}
x^m - a^m & x - a \\
ax^{m-1} - a^m & \overline{x^{m-1} + ax^{m-2} + a^2 x^{m-3} \ldots a^{m-2}x + a^{m-1}} \\
a^2 x^{m-2} - a^m & \\
a^3 x^{m-3} - a^m & \\
\phantom{a^3 x^{m-3}} \cdots \, , &
\end{array}
$$

on voit que ce quotient est un polynôme homogène en x et

en a de degré $m-1$, dans lequel tous les termes sont positifs et les coefficients égaux à l'unité.

L'inspection seule de ce tableau de calcul montre bien que la division doit s'effectuer exactement. En effet, quand on passe d'un reste au suivant, l'exposant de a augmente d'une unité dans chacun des premiers termes et celui de x diminue de un ; donc le $m^{\text{ième}}$ reste sera

$$a^m x^{m-m} - a^m = a^m - a^m = 0.$$

68. PROPOSITION III. — *La somme des puissances semblables de deux quantités est divisible par la somme de ces quantités lorsque le degré de la puissance est impair.*

Ainsi, $x^m + a^m$ n'est divisible par $x + a$ que si m est impair.

En effet, le reste indépendant de x, auquel on parvient dans cette division, est

$$(-a)^m + a^m.$$

Si $m = 2k$, on a

$$(-a)^{2k} + a^{2k} = a^{2k} + a^{2k} = 2a^{2k},$$

et la division est impossible.

Si $m = 2k + 1$, on a

$$(-a)^{2k+1} + a^{2k+1} = -a^{2k+1} + a^{2k+1} = 0,$$

et la division s'effectue exactement.

La loi de formation des termes du quotient est encore remarquable :

$$
\begin{array}{l|l}
x^m + a^m & x + a \\
-ax^{m-1} + a^m & \overline{x^{m-1} - ax^{m-2} + a^2 x^{m-3} - a^3 x^{m-4} + \cdots} \\
+ a^2 x^{m-2} + a^m & \qquad\qquad\quad - a^{m-2}x + a^{m-1}. \\
-a^3 x^{m-3} + a^m & \\
\cdots\cdots & \\
\cdots\cdots &
\end{array}
$$

Le quotient est encore un polynôme homogène en a et en x

de degré $m-1$, dans lequel les termes sont alternativement positifs et négatifs et les coefficients égaux à l'unité.

Ce tableau de calcul montre bien aussi que la division doit s'effectuer exactement, si m est impair. En effet, les premiers termes des restes successifs sont alternativement négatifs et positifs; les restes de rang impair commencent par le signe $-$ et les restes de rang pair par le signe $+$; d'ailleurs l'exposant de la lettre x va en diminuant d'une unité et celui de a en augmentant de un dans ces premiers termes quand on passe d'un reste au suivant; donc le $m^{\text{ième}}$ reste sera,

$$\mp a^m x^{m-m} + a^m,$$

ou

$$\mp a^m + a^m \begin{cases} - \text{ si } m \text{ est impair,} \\ + \text{ si } m \text{ est pair;} \end{cases}$$

par suite, si m est impair, le reste se réduit à

$$- a^m + a^m = 0,$$

et la division s'effectue; tandis que, si m est pair, le reste est

$$+ a^m + a^m = 2a^m,$$

et la division ne peut réussir.

69. PROPOSITION IV. — *La différence des puissances semblables de deux quantités est divisible par la somme de ces quantités lorsque le degré de la puissance est pair.*

Ainsi, $x^m - a^m$ n'est divisible par $x + a$ que si m est pair. En effet, le reste indépendant de x est

$$(-a)^m - a^m;$$

si $m = 2k$, le reste est

$$(-a)^{2k} - a^m = a^{2k} - a^{2k} = 0,$$

et la division se termine; tandis que pour $m = 2k+1$, le reste est

$$(-a)^{2k+1} - a^{2k+1} = -2a^{2k+1},$$

et la division est impossible.

On pourrait le voir également en effectuant la division. La loi de formation des termes du quotient est la même que dans le cas précédent.

70. PROPOSITION V. — *La somme des puissances semblables de deux quantités n'est jamais divisible par la différence de ces quantités.*

Ainsi, $x^m + a^m$ n'est jamais divisible par $x + a$; en effet, le reste indépendant de x auquel on parvient est dans ce cas

$$a^m + a^m,$$

et par suite n'est jamais nul, que m soit pair ou impair.

EXERCICES.

I. Effectuer les divisions suivantes :

1. $\quad 6\,a^4x^2y^2 \,:\, 3\,a^2xy^2.\qquad R.\qquad 2\,a^2x.$

2. $\quad 120\,a^4x^5y^6 \,:\, 90\,a^2x^3y^4.\qquad \dfrac{4}{3}\,a^2x^2y^2.$

3. $\quad 165\,x^2y^5 \,:\, -33\,xy^3.\qquad -5\,xy^2.$

4. $\quad -70\,abx^3y \,:\, 2\,ax^2y.\qquad -35\,bx.$

5. $\quad -147\,x^3y^7z^4 \,:\, -7\,xy^2z.\qquad 21\,x^2y^5z^3.$

II. Calculer les quotients

1. $\quad 2a^3 - 2\,a^2b + 4ab^2 \,:\, 2a.\qquad R.\ a^2 - ab + 2\,b^2.$

2. $\quad 24\,a^4b - 18\,a^2b^3 + 36ab^4 \,:\, 6\,ab.\qquad 4a^3 - 3ab^2 + 6\,b^3.$

3. $\quad 9\,x^2y^2 - 15\,x^3y^4z \,:\, 3\,x^2y.\qquad 3\,y - 5xy^3z.$

4. $\quad a^nb^2 - a^{n-1}b^3 + a^2b^n \,:\, ab.\qquad a^{n-1}b - a^{n-2}b^2 + ab^{n-1}.$

III. Calculer les quotients

1. $\quad x^3 + 6\,x^2 + 11\,x + 6 \,:\, x + 2.$

$\qquad\qquad R.\quad x^2 + 4\,x + 3.$

2. $\quad 12\,x^5 - 17\,x^4 - 2\,x^3 + 18\,x^2 - 9\,x \,:\, 4\,x^2 - 3\,x.$

$\qquad\qquad R.\quad 3\,x^3 - 2\,x^2 - 2\,x + 3.$

IV. Diviser $8\,ax^6 - 2\,a^2x^5 + 4\,a^3x^4 + 7\,a^4x^3 + a^5x^2 - 6\,a^6x$

$\qquad$ par $2\,x^3 - 2\,ax^2 + 3\,a^2x.$

$\qquad\qquad R.\quad 4\,ax^3 + 3\,a^2x^2 - a^3x - 2\,a^4.$

V. $56\,a^4 - 59\,a^3 - 73\,a^2 + 95\,a - 25 : 7\,a^3 - 3\,a^2 - 11\,a + 5.$
$$R. \quad 8\,a - 5.$$

VI. Diviser $x^3 + x^2 y + x^2 z + xyz - y^2 z - yz^2$ par $x^2 - yz.$
$$R. \quad x + y + z.$$

VII. Diviser $x^5 - 2x^4 y + 2x^3 y^2 - 4x^2 y^3 - 8xy^4 + 16 y^5$ par $x^2 - 2y^2.$
$$R. \quad x^3 - 2x^2 y + 4xy^2 - 8 y^3.$$

VIII. Diviser $x^6 - 2x^3 + 1$ par $x^2 - 2x + 1.$
$$R. \quad x^4 + 2x^3 + 3x^2 + 2x + 1.$$

IX. Diviser $a^6 + 2a^3 b^3 + b^6$ par $a^2 + 2ab + b^2.$
$$R. \quad a^4 - 2a^3 b + 3a^2 b^2 - 2ab^3 + b^4.$$

X. Calculer les quotients suivants

1. $a^4 + 4b^4 : a^2 - 2ab + 2b^2.$
$$R. \quad a^2 + 2ab + 2b^2.$$

2. $x^6 - y^6 : x^3 + 2x^2 y + 2xy^2 + y^3.$
$$R. \quad x^3 - 2x^2 y + 2xy^2 - y^3.$$

3. $x^3 - (a + p)\,x^2 + (q + ap)\,x - aq : x - a.$
$$R. \quad x^2 - px + q.$$

XI. Calculer les quotients suivants

1. $9x^2 - 1 : 3x - 1.$ $R.\ 3x + 1.$
2. $25x^2 - 1 : 5x + 1.$ $5x - 1.$
3. $4x^2 - 9 : 2x + 3.$ $2x - 3.$
4. $16\,a^4 - b^4 : 4a^2 + b^2.$ $4a^2 - b^2.$

XII. Calculer les quotients

1. $27x^3 - 1 : 3x - 1.\ R.\ 9x^2 + 3x + 1.$
2. $\frac{1}{8}x^3 + y^3 : \frac{1}{2}x + y.$ $\frac{1}{4}x^2 - \frac{1}{2}xy + y^2.$
3. $x^4 - 81\,y^4 : x - 3y.$ $x^3 + 3x^2 y + 9xy^2 + 27 y^3.$
4. $a^4 b^4 - c^4 : ab + c.$ $a^3 b^3 - a^2 b^2 c + abc^2 - c^3.$
5. $a^5 + 32\,b^5 : a + 2b.$ $a^4 - 2a^3 b + 4a^2 b^2 - 8ab^3 + 16\,b^4.$
6. $a^6 - x^6 : a + x.$ $a^5 - a^4 x + a^3 x^2 - a^2 x^3 + ax^4 - x^5.$

XIII. Calculer les quotients

1. $(x+y)^3+z^3 : x+y+z.$ R. $(x+y)^2-(x+y)z+z^2.$

2. $x^3-(y-z)^3 : x-y+z.$ $x^2+xy-xz+y^2-2yz+z^2.$

3. $x^{pq}-1 : x^p-1.$ $x^{pq-p}+x^{pq-2p}+\ldots+x^p+1.$

XIV. Diviser $(a-b)\,x^3+(b^3-a^3)\,x+ab\,(a^2-b^2)$

par $(a-b)\,x+a^2-b^2.$

R. $x^2-(a+b)\,x+ab.$

XV. Diviser $a^2b-bx^2+a^2x-x^3$ par $(a-x)\,(b+x).$

R. $a+x.$

XVI. Diviser $b(x^3+a^3)+ax\,(x^2-a^2)+a^3\,(x+a)$ par $(a+b)\,(a+x).$

R. $x^2-ax+a^2.$

XVII. Démontrer que le polynôme

$$x^m-yxy^m-x^mz+xz^m+y^mz-yz^m$$

est divisible par $(x-y)\,(x-z).$

XVIII. Démontrer que le polynôme

$$a^qb^r+b^qc^r+c^qa^r-a^rb^q-b^rc^q+a^qc^r$$

est divisible par $(a-b)\,(a-c)\,(b-c).$

XIX. Montrer que, dans un système de numération ayant b pour base, les caractères de divisibilité par $b-1$ et par $b+1$ sont analogues aux caractères de divisibilité par 9 et par 11 dans le système décimal.

XX. Montrer que, dans un système de numération ayant b pour base, un nombre est toujours divisible par $b+1$ lorsqu'il a un nombre pair de figures et que ses chiffres équidistants des extrêmes sont égaux.

CHAPITRE V

APPLICATIONS DES THÉORÈMES PRÉCÉDENTS. DÉCOMPOSITION DE QUELQUES
POLYNOMES EN LEURS FACTEURS PREMIERS.

71. On nomme *quantité première* ou *facteur premier* une quantité algébrique qui n'est divisible que par elle-même ou par l'unité.

Ex. : $\qquad a-b, \quad a-2b, \quad a+b^2.$

72. Les théorèmes des n°s 64, 65-69 permettent souvent de décomposer un polynôme en facteurs plus simples.   Ex. :

$$\text{I.} \quad 4x^2 - y^2 = (2x+y)(2x-y).$$

$$\text{II.} \quad x^3 + y^3 + 3xy(x+y)$$
$$= (x+y)(x^2 - xy + y^2 + 3xy) = (x+y)^3.$$

$$\text{III.} \quad 2(a^3 + a^2 b + ab^2) - (a^3 - b^3)$$
$$= (a^2 + ab + b^2)(2a - a + b)$$
$$= (a+b)(a^2 + ab + b^2).$$

73. En groupant les termes d'un polynôme on parvient souvent à mettre en évidence un facteur commun à tous les groupes et par conséquent un facteur du polynôme. Ex. :

I. Transformer en un produit

$$(ac + bd)^2 + (ad + bc)^2.$$

Réduisant, l'on trouve

$$a^2 c^2 + b^2 d^2 + a^2 d^2 + b^2 c^2 ;$$

groupant le 1er et le 3e terme, le 2e et le 4e, l'expression proposée devient

$$a^2(c^2 + d^2) + b^2(c^2 + d^2),$$

et, comme $c^2 + d^2$ est facteur commun, on a la relation remarquable

$$(ac + bd)^2 + (ad + bc)^2 = (a^2 + b^2)(c^2 + d^2).$$

II. Transformer en un produit l'expression

$$a^2 - ab - ac + bc.$$

Groupant les deux premiers termes, puis les deux derniers, on peut écrire

$$a(a - b) - c(a - b),$$

ou bien, en mettant $(a - b)$ en facteur commun,

$$(a - b)(a - c).$$

III. Faire voir que l'expression

$$(a - b)(x - a)(x - b) + (b - c)(x - b)(x - c)$$
$$+ (c - a)(x - c)(x - a)$$

est équivalente au produit

$$(a - b)(a - c)(b - c).$$

En effet, mettant $x - a$ en facteur dans les termes extrêmes, le polynôme proposé peut s'écrire

$$(x - a)\Big[(a - b)(x - b) + (c - a)(x - c)\Big]$$
$$+ (b - c) \times (x - b)(x - c);$$

or, la quantité entre crochets se réduit à

$$b^2 - c^2 - (b - c)x - (b - c)a = (b - c)(b + c - a - x);$$

donc, en mettant $b - c$ en facteur, on obtient

$$(b - c)\Big[(x - a)(b + c - a - x) + (x - b)(x - c)\Big],$$

ou, après réduction,

$$(b - c)(a^2 - ab - ac + bc),$$

ce qui, d'après l'exemple II, revient à

$$(b - c)(a - b)(a - c).$$

74. La remarque faite au n° 42 permet, dans beaucoup de cas, de décomposer en deux facteurs binômes un trinôme qui renferme la seconde et la première puissance de la lettre ordonnatrice. Ainsi l'on trouve de suite

$$1. \qquad x^2 + 7x + 12 = (x+3).(x+4),$$
$$2. \qquad x^2 - 9x + 14 = (x-2).(x-7),$$
$$3. \qquad x^2 - 5x - 14 = (x-7).(x+2),$$
$$4. \quad 6x^2 + x - 12 = (3x-4).(2x+3).$$

Les derniers termes 12 et 14 des deux premiers trinômes sont positifs : donc les seconds termes des facteurs binômes sont de même signe; dans (1) ils sont positifs tous deux, parce que le terme $7x$ du trinôme est positif; dans (2) ils sont négatifs, le terme du milieu étant $-9x$. De plus, dans le premier exemple, les deux facteurs peuvent être $x+2$ et $x+6$, ou bien $x+3$ ou $x+4$, ou bien encore $x+1$ et $x+12$; mais le terme du milieu montre qu'il faut adopter le second mode de décomposition. On peut aussi essayer si la substitution de -2 ou de -3 dans le trinôme donne zéro pour résultat.

Dans le quatrième exemple, il est clair que les premiers termes des deux facteurs binômes peuvent être $6x$ et x ou bien $3x$ et $2x$, puisque leur produit doit faire $6x^2$; quant aux seconds termes de ces binômes, ils doivent être de signes contraires, puisque leur produit est égal à -12, et l'on hésite au premier abord entre les décompositions

$$(6x+3)\ (x-4),\quad (6x+1)\ (x-12)\ldots,$$
$$(6x+4)\ (x-3),\quad (3x-4)\ (2x+3);$$

mais on voit qu'il faut adopter la dernière, parce que le terme du milieu dans le trinôme est égal à x.

Nous verrons plus loin qu'en résolvant une équation du second degré on peut trouver sans tâtonnement les facteurs simples d'un trinôme du second degré.

Quant à la recherche méthodique des facteurs simples d'un polynôme de degré supérieur, elle est liée à la théorie des équations et sort des limites de ce traité; nous serons donc réduits presque toujours, pour trouver les facteurs d'un polynôme à grouper les termes et à faire des essais que suggère l'habitude du calcul. Malgré l'imperfection de ces moyens, les seuls qui soient maintenant à notre disposition, nous engageons beaucoup le lecteur à s'efforcer de résoudre les six premiers groupes d'exercices qui terminent ce chapitre. Ce travail personnel lui donnera l'habitude des transformations algébriques.

DU PLUS GRAND COMMUN DIVISEUR.

75. DÉFINITION. — *On appelle plus grand commun diviseur, ou mieux diviseur commun du plus haut degré de plusieurs quantités algébriques, le produit de tous les facteurs premiers communs, soit numériques, soit monômes, soit polynômes* (*).

76. Si les quantités proposées sont des monômes, on obtient facilement leur p. g. c. d. : on cherche le p. g. c. d. des coefficients (voir *Arithmétique*, page 74) et on le multiplie par chacune des lettres communes affectées du plus petit exposant qu'elles aient dans les monômes proposés.

Soient, par exemple, les expressions

$$45\,a^3 b^2 c, \quad 25\,ab^2 cd \quad \text{et} \quad 30\,ab^3 c^2;$$

leur p. g. c. d. sera

$$5\,ab^2 c.$$

77. Si les quantités proposées sont des polynômes, il est quelquefois facile de trouver leur p. g. c. d. en les décomposant en facteurs premiers; on fait le produit de tous les facteurs premiers communs en affectant chacun d'eux du plus petit exposant.

Ex. I. Le p. g. c. d. de $6\,a^2 x^2 (a^2 - x^2)$ et de $4\,a^3 x (a + x)^2$ est

$$2\,a^2 x (a + x).$$

(*) Pour abréger, on le désigne souvent par p. g. c. d.

II. Le p. g. c. a. de $9(a^2x^2 - 4)$ et de $12(a^2x^2 + 4ax + 4)$ s'obtient de suite en écrivant les deux polynômes sous la forme

$$3^2(ax + 2)(ax - 2) \text{ et } 4 \times 3(ax + 2)^2;$$

on voit qu'il est égal à

$$3(ax + 2).$$

III. Pour obtenir le p. g. c. d. de

$$x^2(x^2y^2 - 3xy^3 + 2y^4) \text{ et de } y^2(x^4 - 4x^2y^2),$$

on écrit le premier polynôme sous la forme

$$x^2y^2(x^2 - 3xy + 2y^2) = x^2y^2(x - 2y)(x - y),$$

et le second sous la forme

$$x^2y^2(x^2 - 4y^2) = x^2y^2(x + 2y)(x - 2y);$$

on voit alors de suite que le p. g. c. d. est

$$x^2y^2(x - 2y).$$

IV. Soit encore à trouver le p. g. c. d. des polynômes

$$x^3 + 1 \text{ et } x^3 + mx^2 + mx + 1;$$

on peut les écrire

$$(x + 1)(x^2 - x + 1) \text{ et } (x + 1)(x^2 - x + 1 + mx);$$

leur p. g. c. d. est donc $x + 1$.

On voit, par ces exemples, qu'il faut attribuer ici au mot p. g. c. d. un autre sens qu'en arithmétique. Il ne s'agit plus, en effet, de trouver le plus *grand nombre* qui divise à la fois les *valeurs numériques* des polynômes proposés, mais la quantité algébrique du plus haut degré qui divise exactement ces polynômes.

La marche à suivre pour trouver le p. g. c. d. de deux polynômes que l'on n'a pu décomposer en facteurs est analogue à celle de l'arithmétique ; mais cette recherche n'est pas comprise dans le programme d'algèbre élémentaire.

DU PLUS PETIT MULTIPLE COMMUN.

78. Définition. — *Si deux ou plusieurs expressions algébriques sont ordonnées suivant les puissances d'une même lettre, leur plus petit multiple commun est l'expression algébrique du degré le moins élevé par rapport à cette lettre, exactement divisible par les expressions proposées* (*).

Si les expressions proposées sont des monômes ou bien sont décomposées en leurs facteurs premiers, on obtient de suite leur p. p. m. c. en suivant la règle déjà donnée en arithmétique : *On forme un produit dans lequel chaque facteur premier entre une fois avec l'exposant le plus élevé qu'il ait dans les expressions proposées.* **Ex. :**

I. Le p. p. m. c. de $4\,a^2bc$ et $6\,ab^2c$ est $12\,a^2b^2c$.

II. Celui de axy et de $a(xy-y^2)$ est $axy(x-y)$.

III. Celui de x^2-a^2 et de (x^3-a^3) est
$$(x^2-a^2)(x^2+ax+a^2)=x^4+ax^3-a^3x-a^4.$$

IV. Celui des polynômes
$$x^3+2x^2y-xy^2-2y^3 \quad \text{et} \quad x^3-2x^2y-xy^2+2y^3$$
s'obtient aussi par la décomposition en facteurs ; le premier peut s'écrire
$$x(x^2-y^2)+2y(x^2-y^2)=(x+2y)(x^2-y^2)$$
et le second
$$x(x^2-y^2)-2y(x^2-y^2)=(x-2y)(x^2-y^2) ;$$

(*) Pour abréger, on désigne souvent le plus petit multiple commun par les initiales p. p. m. c.

par conséquent, le p. p. m. c. est

$$(x^2 - y^2)\,(x + 2y)\,(x - 2y) = (x^2 - y^2)\,(x^2 - 4y^2).$$

Ces notions très-succinctes sur le p. g. c. d. et le p. p. m. c. nous seront utiles pour la simplification des fractions et leur réduction au même dénominateur.

EXERCICES.

I. Décomposer en facteurs les trinômes suivants :

1.	$x^2 + 9x + 20$	$R.\ (x + 4)\,.\,(x + 5).$
2.	$4x^2 + 8x + 3$	$(2x + 3)\,.\,(2x + 1).$
3.	$4x^2 + 13x + 3$	$(4x + 1)\,.\,(x + 3).$
4.	$4x^2 + 11x - 3$	$(4x - 1)\,.\,(x + 3).$
5.	$6x^2 + 5x - 4$	$(3x + 4)\,.\,(2x - 1).$
6.	$12x^2 - 14x + 2$	$2(6x - 1)\,.\,(x - 1).$
7.	$12a^4 + a^2x^2 - x^4$	$(4a^2 - x^2)\,.\,(3a^2 + x^2).$
8.	$6a^4x^2 + a^3x - a^2$	$a^2(3ax - 1)\,.\,(2ax + 1).$
9.	$a^2x^2 - 3a^3x + 2a^4$	$a^2(x - a)\,.\,(x - 2a).$
10.	$9x^2y^2 - 3xy^3 - 6y^4$	$3y^2(3x + 2y)\,.\,(x - y).$

II. Diviser $(a^3 - 2a + 1) \times (a^3 - 3a + 2)$ par $a^3 - 3a^2 + 3a - 1$ en enlevant les facteurs communs au dividende et au diviseur.

$$R.\quad a^3 + 3a^2 + a - 2 \quad \text{ou} \quad (a^2 + a - 1)\,(a + 2).$$

III. Montrer que $x^7 + x^6 + x^5 + x^4 + x^3 + x^2 + x + 1$ peut être mis successivement sous les formes

$$(x^4 + 1)\,(x^3 + x^2 + x + 1) \quad \text{et} \quad (x^4 + 1)\,(x^2 + 1)\,(x + 1).$$

IV. Montrer que $x^7 - x^6 - x^5 + x^4 - x^3 + x^2 + x - 1$ peut s'écrire

$$(x^4 - 1)\,(x^3 - x^2 - x + 1) \quad \text{ou} \quad (x^2 + 1)\,(x + 1)^2\,(x - 1)^3.$$

V. Faire voir que l'expression

$$(a^2 + b^2)\,(ab + cd) - ab\,(a^2 + b^2 - c^2 - d^2)$$

est le produit de deux facteurs binômes.

$$R. \quad (ad + bc)(ac + bd).$$

VI. Montrer que l'expression

$$(a + b + c)^3 - (a^3 + b^3 + c^3)$$

est le produit de trois facteurs binômes du premier degré en a, b et c.

$$R. \quad 3(b + c)(c + a)(a + b).$$

VII. Trouver le p. g. c. d. des expressions suivantes :

1. $\quad 4x^3(a + x)^2 \quad$ et $\quad 10(a^2x - x^3)^2$

$$R. \quad 2x^2(a + x)^2.$$

2. $\quad (a^2 + a)^2 \quad$ et $\quad a^3(a^2 - a - 2).$

$$R. \quad a^2(a + 1).$$

3. $\quad 6(x^2 - 1) \quad$ et $\quad 8(x^2 - 3x + 2).$

$$R. \quad 2(x - 1).$$

4. $\quad 4(x^3 + a^3) \quad$ et $\quad 6(x^2 - 2ax - 3a^2).$

$$R. \quad 2(x + a).$$

5. $a^3(x^2 + 12x + 11) \quad$ et $\quad a^2x^2 - 11a^2x - 12a^2.$

$$R. \quad a^2(x + 1).$$

6. $\quad x^3 - 1, \quad x^2 - 2x + 1, \quad x^2 - 1.$

$$R. \quad x - 1.$$

7. $a^2 + 2ab + b^2, \quad a^2 - b^2, \quad a^3 + 2a^2b + 2ab^2 + b^3.$

$$R. \quad a + b.$$

VIII. Trouver le p. p. m. c. des expressions suivantes :

1. $\quad 3xy, \quad x^2 + xy, \quad y^2 + xy.$

$$R. \quad 3xy(x + y).$$

2. $\quad a^3b^2, \quad a^2b^3, \quad ab - bx, \quad a^2 + ax.$

$$R. \quad a^3b^3(a^2 - x^2).$$

3. $\quad 2x - 1, \quad 4x^2 - 1, \quad 4x^2 + 1.$

$$R. \quad 16x^4 - 1.$$

4. $1+a$, $1-a$, $1+a+a^2$, $1-a+a^2$.

$$R. \quad 1-a^6.$$

5. $1-x$, $1+x$, $1-x^2$, $1-2x+x^2$.

$$R. \quad 1-x-x^2+x^3.$$

6. $4(a^3-ab^2)$, $12(ab^2+b^3)$ et $8(a^3-a^2b)$.

$$R. \quad 24\,a^2b^2\,(a^2-b^2).$$

7. $6(x^2y+xy^2)$, $9(x^3-xy^2)$ et $4(y^3+xy^2)$.

$$R. \quad 36\,xy^2\,(x^2-y^2).$$

8. $6(a^3-b^3).(a-b)^3$, $9(a^4-b^4)(a-b)^2$ et $12(a^2-b^2)^3$.

$$R. \quad 36\,(a^4-b^4)\,(a^2-b^2)^2\,(a^3-b^3).$$

9. x^3-1 et x^2+x-2.

$$R. \quad (x^3-1)\,(x+2).$$

10. $6x^2-x-1$ et $2x^2+3x-2$.

$$R. \quad (3x+1)\,(2x^2+3x-2).$$

11. $3x^2-5x+2$ et $4x^3-4x^2-x+1$.

$$R. \quad (3x-2)\,(4x^3-4x^2-x+1).$$

12. x^2-4a^2, $x^3+2ax^2+4a^2x+8a^3$.

et $x^3-2ax^2+4a^2x-8a^3$.

$$R. \quad x^4-16\,a^4.$$

13. $x^2-(a+b)x+ab$, $x^2-(b+c)x+bc$

ét $x^2-(c+a)x+ca$.

$$R. \quad (x-a)\,(x-b)\,x-c).$$

———

CHAPITRE VI

Fractions algébriques.

79. Définition. — *Une fraction algébrique est le quotient de deux expressions algébriques quelconques.* — Les valeurs numériques de ces expressions peuvent être entières, fractionnaires ou incommensurables, positives ou négatives.

On adopte pour les fractions algébriques la même notation qu'en arithmétique pour les fractions ordinaires; ainsi l'expression

$$\frac{a^2 - 2ab + 3b^2}{\sqrt{a^3 - b^3}}$$

est une fraction algébrique; elle représente le nombre qui, multiplié par le nombre $\sqrt{a^3 - b^3}$, reproduit le nombre $a^2 - 2ab + 3b^2$. Ces deux derniers nombres, qui sont appelés comme en arithmétique *termes* de la fraction, peuvent être des nombres entiers, des fractions telles que $\frac{2}{3}$, des nombres incommensurables tels que $\sqrt{2}$, positifs ou négatifs, d'ailleurs.

Une pareille expression est plus générale que les rapports déjà étudiés en arithmétique, puisque ses deux termes peuvent être négatifs, et il y a lieu de démontrer ici que toutes les propriétés des fractions ordinaires ou des rapports, aussi bien que les règles données pour leur calcul, s'appliquent aux fractions algébriques.

80. Proposition I. — *On peut, sans altérer une fraction algébrique, multiplier ou diviser ses deux termes par une même quantité quelconque.*

Démonstration. — Soit la fraction $\frac{a}{b}$, je dis que l'on peut multiplier ou diviser ses deux termes par une même quantité m, entière, fractionnaire ou incommensurable, positive ou négative, et que l'on a

$$\frac{a}{b} = \frac{ma}{mb}.$$

En effet, désignons par q le quotient de a par b, nous aurons, par définition,

$$a = b.q,$$

et en multipliant par m les deux membres de cette égalité, nous aurons

$$m.a = m.bq.$$

Or, le second membre peut être regardé comme un produit de deux facteurs dont l'un serait $b.m$; si donc l'on divise ma par mb, on obtiendra q pour quotient. Ainsi

$$\frac{ma}{mb} = q = \frac{a}{b}.$$

81. *Conséquence I.—Pour simplifier une fraction, on divise ses deux termes par leur p. g. c. d.*

Exemples :

$$1° \qquad \frac{axy + xy^2}{axy} = \frac{xy(a+y)}{axy} = \frac{a+y}{a};$$

$$2° \qquad \frac{cx + x^2}{a^2c + a^2x} = \frac{x(x+c)}{a^2(x+c)} = \frac{x}{a^2};$$

$$3° \qquad \frac{a^3 + x^3}{a^2 - x^2} = \frac{(a+x)(a^2 - ax + x^2)}{(a+x)(a-x)} = \frac{a^2 - ax + x^2}{a+x};$$

$$4° \qquad \frac{x^3 - b^2x}{x^2 + 2bx + b^2} = \frac{x(x^2 - b^2)}{(x+b)^2} = \frac{x(x+b)(x-b)}{(x+b)^2} = \frac{x(x-b)}{x+b};$$

$$5° \qquad \frac{a^5 - ba^4 - ab^4 + b^5}{a^4 - ba^3 - a^2b^2 + ab^3} = \frac{a^5 + b^5 - ab(a^3 + b^3)}{a\left[a^3 + b^3 - ab(a+b)\right]};$$

supprimant le facteur $a + b$, on obtient, après réduction,

$$\frac{a^4 - 2a^3b + 2a^2b^2 - 2ab^3 + b^4}{a.(a-b)^2};$$

Comme le numérateur peut s'écrire

$$a^4 + 2a^2b^2 + b^4 - 2ab(a^2 + b^2),$$

ou,

$$(a^2 + b^2)(a^2 + b^2 - 2ab) = (a^2 + b^2)(a - b)^2;$$

les deux termes de la fraction sont divisibles par $(a-b)^2$, et, après la suppression de ce nouveau facteur, on obtient

$$\frac{a^2 + b^2}{a};$$

$6°$

$$\frac{(x+y)^5 - (x^5 + y^5)}{(x+y)^3 - (x^3 + y^3)} = \frac{(x+y)^4 - (x^4 - x^3y + x^2y^2 - xy^3 + y^4)}{(x+y)^2 - (x^2 - xy + y^2)};$$

après réduction, l'on trouve

$$\frac{5x^3y + 5x^2y^2 + 5xy^3}{3xy} = \frac{5}{3}(x^2 + xy + y^2).$$

82. *Conséquence II.—Pour réduire plusieurs fractions irréductibles au dénominateur commun le plus simple, on cherche le p. p. m. c. de tous les dénominateurs, puis on le divise successivement par chacun d'eux. Ensuite on multiplie les deux termes de chaque fraction par le quotient correspondant.*

Soit, par exemple, à réduire au même dénominateur

$$\frac{x^2}{2ab}, \quad \frac{y^2}{3ac}, \quad \frac{z^2}{4bc}$$

le p. p. m. c. des dénominateurs est $12abc$ et les quotients obtenus en le divisant par les trois dénominateurs sont respectivement $6c$, $4b$, $3a$.

Si l'on multiplie les deux termes de chacune des fractions par le quotient correspondant, on obtient les fractions

$$\frac{6\,cx^2}{12\,abc}, \quad \frac{4\,by^2}{12\,abc}, \quad \frac{3\,az^2}{12\,abc};$$

elles sont équivalentes aux fractions proposées, puisque, pour les obtenir, on a multiplié les deux termes des premières fractions par un même nombre; de plus, elles ont pour dénominateur commun le p. p. m. c. $12\,abc$ des dénominateurs.

Autres exemples :

$1°$
$$\frac{2\,x^2y}{3\,a^3}, \quad \frac{3\,x^3}{4\,a^2b}, \quad \frac{4\,y^3}{5\,ab^2}, \quad \frac{5\,xy^2}{6\,b^3}.$$

Le dénominateur commun est $60\,a^3b^3$; les quotients obtenus en le divisant successivement par les dénominateurs sont

$$20\,b^3, \quad 15\,ab^2, \quad 12\,a^2b, \quad 10\,a^3.$$

On peut donc remplacer les fractions proposées par les fractions équivalentes

$$\frac{40\,b^3x^2y}{60\,a^3b^3}, \quad \frac{45\,ab^2x^3}{60\,a^3b^3}, \quad \frac{48\,a^2by^3}{60\,a^3b^3}, \quad \frac{50\,a^3xy^2}{60\,a^3b^3}.$$

$2°$ Soit

$$\frac{4\,x^2}{3(a+b)}, \quad \frac{xy}{6(a^2-b^2)};$$

le dénominateur commun est $6(a^2-b^2)$ et les quotients sont

$$2(a-b) \quad \text{et} \quad 1;$$

on a donc, pour les fractions demandées,

$$\frac{8(a-b)x^2}{6(a^2-b^2)}, \quad \frac{xy}{6(a^2-b^2)}.$$

3° Soient encore les fractions

$$\frac{1}{4a^3(a+x)}, \quad \frac{1}{4a^3(a-x)}, \quad \frac{1}{2a^2(a^2-x^2)};$$

le dénominateur commun est

$$4a^3(a^2-x^2)$$

et les quotients sont respectivement

$$a-x, \quad a+x, \quad 2a;$$

par suite, les fractions équivalentes aux proposées sont

$$\frac{a-x}{4a^3(a^2-x^2)}, \quad \frac{a+x}{4a^3(a^2-x^2)}, \quad \frac{2a}{4a^3(a^2-x^2)}$$

83. Proposition II. — *Pour faire la somme ou la différence de plusieurs fractions, on les réduit au même dénominateur, puis on ajoute ou l'on retranche les numérateurs, en conservant le même dénominateur commun.*

Démonstration. — Soit d'abord l'expression

$$\frac{a}{d} + \frac{b}{d} - \frac{c}{d};$$

je dis qu'elle est égale à

$$\frac{a+b-c}{d}.$$

En effet, en la multipliant par d, on obtient

$$\left(\frac{a}{d} + \frac{b}{d} - \frac{c}{d}\right) \times d = \frac{a}{d} \times d + \frac{b}{d} \times d - \frac{c}{d} \times d = a+b-c;$$

donc la somme algébrique des fractions proposées représente bien le quotient de $a+b-c$ par d et l'on peut écrire

$$\frac{a}{d} + \frac{b}{d} - \frac{c}{d} = \frac{a+b-c}{d}.$$

Soit maintenant à simplifier l'expression

$$\frac{1}{a+b} + \frac{b}{a^2-b^2} - \frac{a}{a^2+b^2};$$

après réduction au même dénominateur, cette somme algébrique peut s'écrire

$$\frac{(a-b)(a^2+b^2)+b(a^2+b^2)-a(a^2-b^2)}{(a^2+b^2)(a^2-b^2)} = \frac{2ab^2}{a^4-b^4}.$$

Soit encore à faire la somme algébrique

$$\frac{a+c}{(a-b)(b-c)} - \frac{a+b}{(a-c)(b-c)} - \frac{b+c}{(a-b)(a-c)};$$

le dénominateur commun est $(a-b)(a-c)(b-c)$ et la somme algébrique des numérateurs est

$$(a+c)(a-c) - (a+b)(a-b) - (b+c)(b-c),$$

ou bien

$$(a^2-c^2) - (a^2-b^2) - (b^2-c^2);$$

elle est nulle, donc la somme des fractions proposées se réduit à *zéro*.

84. Proposition III. — *Le produit de plusieurs fractions s'obtient en divisant le produit des numérateurs par celui des dénominateurs.*

Démonstration. — Je dis, par exemple, que

$$\frac{a}{b} \times \frac{a'}{b'} = \frac{aa'}{bb'};$$

en effet, si nous représentons, pour abréger, par q et q' les valeurs numériques des fractions proposées, nous aurons, par définition

$$a = b.q, \quad a' = b'.q'$$

et, en multipliant ces égalités membre à membre, nous obtenons

$$aa' = b \cdot q \times b' \cdot q' = b \cdot b' \cdot q \cdot q'$$

ou

$$aa' = bb' \times qq'.$$

Nous nous appuyons ici sur les principes suivants : 1° on peut intervertir l'ordre des facteurs d'un produit ; 2° pour multiplier un produit $b \cdot b'$ successivement par plusieurs facteurs q et q', il suffit de le multiplier par le produit effectué qq'. Ces deux principes sont vrais pour des nombres quelconques, positifs ou négatifs.

Il résulte de l'égalité précédente que aa' est le produit de deux facteurs et que bb' est l'un de ces facteurs ; on a donc

$$qq' = \frac{aa'}{bb'},$$

ou bien, en substituant à q et q' leurs valeurs,

$$\frac{a}{b} \times \frac{a'}{b'} = \frac{aa'}{bb'}.$$

Remarque. — Ayant obtenu l'expression que fournit la règle précédente, il faut, avant de faire les calculs, supprimer les facteurs communs aux deux termes. On trouve ainsi le résultat sous sa forme la plus simple.

Exemples :

1° Soit

$$\frac{x^2 + xy}{x^2 + y^2} \times \frac{x^3 - y^3}{xy(x+y)}.$$

Ce produit est égal à

$$\frac{x(x+y)(x^3-y^3)}{(x^2+y^2) \cdot xy(x+y)} = \frac{x^3-y^3}{y(x^2+y^2)}.$$

2° Soit

$$\frac{x(a-x)}{a^2 + 2ax + x^2} \times \frac{a(a+x)}{a^2 - 2ax + x^2};$$

ce produit peut s'écrire

$$\frac{ax(a-x)(a+x)}{(a+x)^2 \cdot (a-x)^2} = \frac{ax}{(a+x)(a-x)} = \frac{ax}{a^2-x^2}.$$

$3°$
$$\frac{a^4-b^4}{a^2-2ab+b^2} \times \frac{a-b}{a^2+ab};$$

mettant en évidence les facteurs, on trouve que ce produit est égal à

$$\frac{(a^2+b^2)(a+b)(a-b)(a-b)}{a \cdot (a-b)^2(a+b)} = \frac{a^2+b^2}{a}.$$

85. PROPOSITION IV. — *Pour diviser deux fractions algébriques l'une par l'autre, on multiplie la fraction dividende par la fraction diviseur renversée.*

Démonstration. — Je dis, par exemple, que

$$\frac{a}{b} : \frac{a'}{b'} = \frac{a}{b} \times \frac{b'}{a'} = \frac{ab'}{ba'}.$$

En effet, si l'on multiplie cette dernière fraction par $\frac{a'}{b'}$, on

reproduit le dividende $\frac{a}{b}$, puisque

$$\frac{ab'}{ba'} \times \frac{a'}{b'} = \frac{ab'a'}{bb'a'} = \frac{a}{b}.$$

Remarque. — On doit supprimer tous les facteurs communs aux deux termes de l'expression que fournit cette règle et ne faire les multiplications qu'en dernier lieu.

Exemples :

$1°$
$$\frac{ax-x^2}{(a+x)^2} : \frac{x^2}{a^2-x^2} = \frac{(ax-x^2)(a^2-x^2)}{(a+x)^2x^2},$$

ou

$$\frac{x(a-x)(a-x)(a+x)}{x^2(a+x)^2} = \frac{(a-x)^2}{x(a+x)}.$$

$2°$
$$\left(\frac{x+2y}{x+y} + \frac{x}{y}\right) : \left(\frac{x+2y}{y} - \frac{x}{x+y}\right);$$

le dividende se réduit à

$$\frac{(x+2y)y+x(x+y)}{y(x+y)} = \frac{x^2+2xy+2y^2}{y(x+y)};$$

le diviseur peut s'écrire

$$\frac{(x+2y)(x+y)-xy}{y(x+y)} = \frac{x^2+2xy+2y^2}{y(x+y)};$$

on voit qu'il est égal au dividende et que le quotient demandé se réduit à l'unité.

3e
$$\frac{a^3+3a^2x+3ax^2+x^3}{x^3-y^3} : \frac{(a+x)^2}{x^2+xy+y^2}.$$

Ce quotient est égal à

$$\frac{(a+x)^3}{x^3-y^3} \times \frac{x^2+xy+y^2}{(a+x)^2};$$

il se réduit à

$$\frac{(a+x)(x^2+xy+y^2)}{x^3-y^3}$$

et, après la suppression du facteur x^2+xy+y^2 commun aux deux termes de la fraction, on obtient pour résultat

$$\frac{a+x}{x-y}.$$

86. Proposition V. — *Si plusieurs fractions sont égales, en divisant la somme algébrique de leurs numérateurs par celle de leurs dénominateurs, on obtient une fraction égale à l'une quelconque des proposées.*

Démonstration. —Soit, par exemple,

(1)
$$\frac{a}{b} = \frac{a'}{b'} = \frac{a''}{b''} = \ldots.$$

Je dis que l'on aura

(2)
$$\frac{a}{b} = \frac{a+a'+a''+\ldots}{b+b'+b''+\ldots}.$$

En effet, désignons par q la valeur commune des fractions proposées, nous aurons

$$a = bq, \quad a' = b'q, \quad a'' = b''q, \ldots$$

et, en ajoutant toutes ces égalités membre à membre,

$$a + a' + a'' + \ldots = (b + b' + b'' + \ldots)q,$$

d'où l'on déduit

$$q = \frac{a + a' + a'' + \ldots}{b + b' + b'' + \ldots} = \frac{a}{b}.$$

En ajoutant plusieurs des égalités précédentes et retranchant les autres, on obtient

$$\frac{a}{b} = \frac{a - a' + a'' - a''' - \ldots}{b - b' + b'' - b''' - \ldots};$$

l'énoncé ci-dessus, dans lequel il est question de *somme algébrique*, est donc exact.

Conséquence. — Soient m, m', m'' des nombres *positifs* ou *négatifs* quelconques ; on a aussi

$$(3) \qquad \frac{a}{b} = \frac{ma + m'a' + m''a'' + \ldots}{mb + m'b' + m''b'' + \ldots}.$$

En effet, de l'égalité (1) on déduit

$$\frac{ma}{mb} = \frac{m'a'}{m'b'} = \frac{m''a''}{m''b''} = \ldots,$$

et, en appliquant à ces fractions le théorème précédent, on obtient l'égalité (3).

87. Remarque. — Comme conséquence de ce qui précède, nous retrouvons ici la théorie des proportions (*Arithm.*, p. 246 et suivantes) simplifiée et généralisée tout à la fois, puisqu'elle s'applique encore aux formes négatives.

En effet, on peut dire maintenant qu'une proportion $\frac{a}{b} = \frac{a'}{b'}$ est une égalité dans laquelle figurent seulement deux fractions dont les termes sont quelconques, positifs ou négatifs ; dans une pareille égalité :

1° Le produit des extrêmes est égal à celui des moyens, $ab' = ba'$; c'est une conséquence de la règle (n° 82) qu'il faut suivre pour réduire deux fractions au même dénominateur.

2° On peut intervertir l'ordre des extrêmes et celui des moyens, puisqu'en divisant les deux membres de l'égalité $ab' = ba'$ d'abord par ab, puis par $a'b'$, on obtient

$$\frac{b'}{b} = \frac{a'}{a}, \qquad \frac{a}{a'} = \frac{b}{b'}.$$

3° La somme ou la différence des numérateurs est à la somme ou à la différence des dénominateurs comme un numérateur est au dénominateur correspondant, etc. (*Arithm.*, n°ˢ 319, 320), puisqu'en appliquant la proposition V (n° 86) à l'égalité $\dfrac{a}{b} = \dfrac{a'}{b'}$, on en déduit

$$\frac{a \pm a'}{b \pm b'} = \frac{a}{b}, \qquad \frac{a \pm a'}{a} = \frac{b \pm b'}{b}, \qquad \frac{a + a'}{a - a'} = \frac{b + b'}{b - b'}.$$

4° La somme ou la différence des deux premiers termes est au second comme la somme ou la différence des deux derniers est au quatrième, etc... (*Arithm.*, n°ˢ 316, 317, 318), puisque la même proposition (n° 86), appliquée à l'égalité $\dfrac{a}{a'} = \dfrac{b}{b'}$, fournit les proportions

$$\frac{a \pm b}{a' \pm b'} = \frac{a}{a'}, \qquad \frac{a \pm b}{a} = \frac{a' \pm b'}{a'}, \qquad \frac{a + b}{a - b} = \frac{a' + b'}{a' - b'}.$$

Ces propriétés nous seront utiles pour résoudre rapidement certaines équations.

USAGE DES FRACTIONS POUR COMPLÉTER LE QUOTIENT D'UNE DIVISION QUI NE S'EFFECTUE PAS EXACTEMENT.

88. PROPOSITION I.—*Étant donnée une fraction algébrique* $\dfrac{D}{d}$ *dans laquelle* D *renferme la lettre ordonnatrice* x *avec un* *exposant plus élevé que d, on peut toujours, à l'aide d'une division, la décomposer en deux parties : la première est un polynôme ordonné suivant les puissances décroissantes de x et la seconde est une fraction dont le numérateur est d'un degré moins élevé que le dénominateur.*

Démonstration. — En effet, supposons que D et d soient ordonnés suivant les puissances décroissantes de x ; on pourra toujours leur appliquer la règle de la division et continuer le calcul du quotient jusqu'à ce que l'on soit arrivé à un reste R d'un degré inférieur au diviseur. — Si ce dernier reste n'est pas nul, il n'existe pas de quotient entier par rapport à la lettre ordonnatrice ; mais le quotient trouvé Q est tel, qu'en le multipliant par le diviseur d et ajoutant au produit le reste de l'opération on retrouve le dividende D ; on aura donc

$$D = d \cdot Q + R,$$

et, en divisant par d les deux membres de cette égalité, on a

$$(1) \qquad\qquad \frac{D}{d} = Q + \frac{R}{d}.$$

Exemples :

1° $$\frac{x^2 + xy + y^2}{x - y} = x + 2y + \frac{3y^2}{x - y}.$$

2°

$$\frac{x^4 - 9x^2y^2 + 64y^4}{x^3 - 6x^2y + 13xy^2 - 8y^3} = x + 6y + \frac{14y^2(x^2 - 5xy + 8y^2)}{x^3 - 6x^2y + 13xy^2 - 8y^3}$$

et comme on trouve

$$x^3 - 6x^2y + 13xy^2 - 8y^3 = (x - y)(x^2 - 5xy + 8y^2),$$

la fraction proposée se réduit à

$$x + 6y + \frac{14y^2}{x - y}.$$

89. REMARQUE. — *Cette décomposition ne peut s'effectuer que d'une seule manière.*

En effet, supposons que l'on ait trouvé une autre décomposition

(2)
$$\frac{D}{d} = Q' + \frac{R'}{d},$$

on aurait, en comparant les équations (1) et (2),

$$Q + \frac{R}{d} = Q' + \frac{R'}{d},$$

ou

$$(Q - Q')\, d = R' - R;$$

or $Q - Q'$ n'est pas nul : c'est un nombre, ou bien un polynôme ; donc le degré en x du premier membre est au moins égal à celui de d ; au contraire, les degrés de R et de R' sont inférieurs à celui de d d'au moins une unité, et il en est de même, *à fortiori*, de leur différence R' — R. L'égalité précédente est donc impossible, à moins que l'on ait $Q = Q'$; mais alors $R = R'$ et les deux décompositions sont identiques.

90. PROPOSITION II. — *Si* D *et* d *sont ordonnés suivant les puissances croissantes de* x, *on peut toujours décomposer la fraction en un polynôme entier ordonné suivant les puissances croissantes de* x, *plus une fraction renfermant à son numérateur telle puissance de* x *que l'on voudra.*

Ainsi, la division

$$
\begin{array}{l|l}
3 - 5x + x^2 & \;2 - 5x \\
\quad + \dfrac{5}{2}x & \;\overline{\dfrac{3}{2} + \dfrac{5}{4}x + \dfrac{29}{8}x^2 + \dfrac{145}{16}x^3 + \cdots} \\[2ex]
\qquad\quad + \dfrac{29}{4}x^2 & \\[2ex]
\qquad\qquad\quad + \dfrac{145}{8}x^3 & \\[1ex]
\qquad\qquad\qquad \cdots &
\end{array}
$$

montre que l'on peut écrire

$$\frac{3-5x+x^2}{2-5x}=\frac{3}{2}+\frac{5}{4}x+\frac{29x^2}{4(2-5x)},$$

ou bien

$$\frac{3-5x+x^2}{2-5x}=\frac{3}{2}+\frac{5}{4}x+\frac{29}{8}x^2+\frac{145.x^3}{8(2-5x)}.$$

Les applications suivantes montrent l'utilité de ce mode de décomposition dans les calculs numériques :

PROBLÈME I. — *Soit à calculer avec six chiffres décimaux exacts l'expression*

$$\frac{1+0{,}002}{1-0{,}003}.$$

Posons

$$x=0{,}001;$$

la fraction précédente peut s'écrire

$$\frac{1+2x}{1-3x},$$

et, en effectuant cette division, on trouve pour quotient le polynôme

$$1+5x+15x^2+45x^3+135\,x^4+\ldots,$$

dans lequel la loi des coefficients est facile à saisir.

Si nous bornons le développement au troisième terme, nous avons rigoureusement

$$\frac{1+2x}{1-3x}=1+5x+15x^2+\frac{45x^3}{1-3x},$$

et en prenant pour la valeur de la fraction $\dfrac{1{,}002}{0{,}997}$ la somme

$$1+5\times0{,}001+15\times0{,}000001=1{,}005015,$$

l'erreur commise sera

$$\frac{45}{10^9 \times 0,997} < \frac{1}{10^9 \times 0,022} < \frac{1}{2 \times 10^7};$$

elle n'atteindra donc pas 0,0000001 et nous aurons avec six chiffres exacts

$$\frac{1,002}{0,997} = 1,005015.$$

PROBLÈME II. — *Deux points* A *et* B, *sur la surface de la terre, ont la même cote* h, *c'est-à-dire sont à la même hauteur* h *au-dessus du niveau de la mer; réduire la distance* AB *au niveau de la mer.*

On suppose, par exemple, AB $= 28^{km},958$, la cote ou la hauteur AA$'$ = BB$'$ = h = 2349^m et l'on demande de calculer l'arc de grand cercle A$'$B$'$ intercepté par les deux verticales AO, BO, sur la surface de la mer prolongée par la pensée sous les continents.

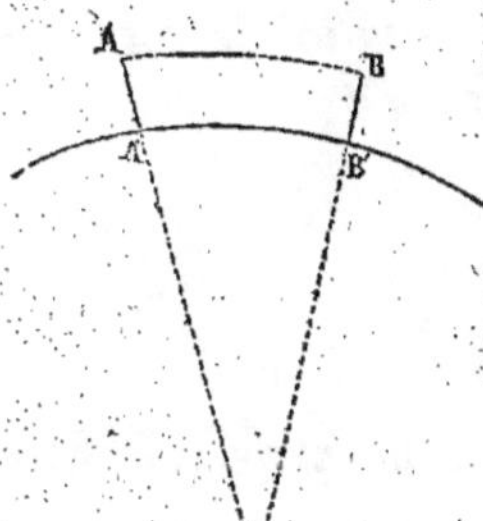

Les arcs AB, A$'$B$'$ étant semblables, on a

$$\frac{A'B'}{AB} = \frac{A'O}{AO},$$

d'où

$$A'B' = AB \times \frac{R}{R+h}.$$

Le rayon R de la terre a 6366^{km}: il faut donc calculer l'expression

$$A'B' = 28^{km},958 \times \frac{6366}{6368,349}.$$

On abrége ce calcul en écrivant

$$\frac{R}{R+h} = 1 - \frac{h}{R} + \frac{\dfrac{h^2}{R}}{R+h} = 1 - \frac{h}{R} + \frac{h^2}{R(R+h)}.$$

et comme la quantité

$$\frac{h^2}{R(R+h)} = \frac{5}{6366 \times 6368} \text{ (sensiblement)}$$

est négligeable, on aura, avec une approximation suffisante,

$$A'B' = 28958^m \left(1 - \frac{2,349}{6366}\right) = 28958\,(1 - 0,00037),$$

ou

$$A'B' = 28958^m - 28958^m \times 0,00037 = 28958^m - 11^m.$$

Si donc il était possible de mesurer la distance A'B', sur le prolongement de la surface des mers, on trouverait

$$28947^m.$$

PROBLÈME III. — *Connaissant la longueur l_t d'une barre métallique à $t°$ et le coefficient de dilatation α du métal, calculer sa longueur $l_{t'}$ à la température t'.*

On a rigoureusement la formule

$$l_{t'} = l_t \times \frac{1 + \alpha t'}{1 + \alpha t},$$

qui est démontrée dans tous les traités de physique. Si l'on fait la division

$$
\begin{array}{r|l}
1 + \alpha t' & \;1 + \alpha t \\
\;\; - \alpha t & \overline{1 + \alpha\,(t' - t)} \\
\cline{1-1}
1^{er}\text{ reste}\quad \alpha\,(t' - t) & \\
2^e\text{ reste} \quad -\alpha^2 t\,(t' - t) & \\
\end{array}
$$

et si l'on se borne aux deux premiers termes du quotient, on aura

$$\frac{1 + \alpha t'}{1 + \alpha t} = 1 + \alpha\,(t' - t) - \frac{\alpha^2 t\,(t' - t)}{1 + \alpha t};$$

or, la fraction complémentaire est très-petite, puisqu'elle renferme le facteur α^2; on peut la négliger sans commettre d'erreur appréciable dans la plupart des calculs pratiques et l'on adopte la formule plus simple

$$l_{t'} = l_t \left[1 + \alpha (t' - t) \right].$$

Soit, par exemple, à calculer la longueur à 60° d'une barre de fer qui aurait $2^m,50$ à 100°.

Ici

$$t = 100, \quad t' = 60, \quad \alpha = 0,0000118;$$

on aura donc, puisque $t' - t = -40$,

$$l_{60} = l_{100} \left(1 - 40 \alpha \right),$$

ce qui donne pour la différence des longueurs

$$l_{100} - l_{60} = 2^m,50 \times 40 \times 0,0000118 = 0^m,00118;$$

par conséquent,

$$l_{60} = 2^m,50 - 0^m,00118 = 2^m,49882.$$

Comme l'on a

$$\alpha^2 = 0,0000000000 13924, \quad \alpha^2 t(t - l') = 4000 \, \alpha^2,$$

la fraction complémentaire est sensiblement égale à

$$\frac{\alpha^2 t(t' - t)}{1 + \alpha t} = 0,000000556$$

et n'atteint pas une unité de l'ordre des millionièmes ; l'exactitude du résultat précédent est donc bien suffisante, et nous avons évité de calculer avec 6 chiffres le quotient de la division

$$\frac{2,50 \times 1,000708}{1,00118},$$

ce qui est une opération assez laborieuse.

EXERCICES SUR LES FRACTIONS.

I. Simplifier les expressions suivantes:

1. $\dfrac{a^{m-1}\, b^{2n}}{a^{2m}\, b^{n-1}}.$ R. $\dfrac{b^{n+1}}{a^{m+1}}.$

2. $\dfrac{a^3+b^3}{(a+b)^2}.$ R. $\dfrac{(a+b)^2-3ab}{a+b}.$

3. $\dfrac{x^8+x^6y^2+x^2y+y^3}{x^4-y^4}.$ R. $\dfrac{x^6+y}{x^2-y^2}.$

4. $\dfrac{acx^2+(ad-bc)x-bd}{a^2x^2-b^2}.$ R. $\dfrac{cx+d}{ax+b}.$

II. Simplifier les fractions suivantes et montrer que l'on a:

1° $\dfrac{x^2+x-2}{2x^2-3x+1}=\dfrac{x+2}{2x-1}.$

2° $\dfrac{x^2+2x-3}{x^2+5x+6}=\dfrac{x-1}{x+2}.$

3° $\dfrac{x^2-9x+20}{x^2+6x-55}=\dfrac{x-4}{x+11}.$

4° $\dfrac{x^2+(a+c)x+ac}{x^2+(b+c)x+bc}=\dfrac{x+a}{x+b}.$

5° $\dfrac{abx^2+(a^2+b^2)xy+aby^2}{abx^2-(a^2-b^2)xy-aby^2}=\dfrac{bx+ay}{bx-ay}.$

6° $\dfrac{a^2-3ab+ac+2b^2-2bc}{a^2-b^2-c^2+2bc}=\dfrac{a-2b}{a+b-c}.$

7° $\dfrac{x^{3m}+x^{2m}-2}{x^{2m}+x^m-2}=\dfrac{x^{2m}+2x^m+2}{x^m+2}.$

III. Simplifier la fraction

$$\frac{a^2(b^2-c^2)-ab(2b^2+bc-c^2)+b^3(b+c)}{a^3(b^2+2bc+c^2)-a^2b(2b^2+3bc+c^2)+ab^3(b+c)}.$$

$$R. \quad \frac{1}{a}\times\frac{a(b-c)-b^2}{a(b+c)-b^2}.$$

IV. Simplifier la fraction

$$\frac{(c-d)a^2 + 6(bc-bd)a + 9(b^2c - b^2d)}{(bc-bd+c^2-cd)a + 3(b^2c + bc^2 - b^2d - bcd)}.$$

$$R. \quad \frac{a+3b}{b+c}.$$

V. Faire les additions et soustractions suivantes :

1. $\dfrac{a+b}{a-b} + \dfrac{a-b}{a+b}.$ $\qquad\qquad$ R. $\quad 2\dfrac{a^2+b^2}{a^2-b^2}.$

2. $\dfrac{a+b}{a-b} - \dfrac{a-b}{a+b}.$ $\qquad\qquad$ R. $\quad \dfrac{4ab}{a^2-b^2}.$

3. $\dfrac{1}{a-b} - \dfrac{1}{a+b}.$ $\qquad\qquad$ R. $\quad \dfrac{2b}{a^2-b^2}.$

4. $\dfrac{3m+2n}{3m-2n} - \dfrac{3m-2n}{3m+2n}.$ $\qquad$ R. $\quad \dfrac{24mn}{9m^2-4n^2}.$

5. $\dfrac{a-b}{ab} + \dfrac{c-a}{ac} + \dfrac{b-c}{bc}.$ $\qquad$ R. $\quad 0.$

6. $\dfrac{a^2+b^2}{a^2-b^2} + \dfrac{a}{a+b} - \dfrac{b}{a-b}.$ $\qquad$ R. $\quad \dfrac{2a}{a+b}.$

7. $\dfrac{1}{4(1+x)} + \dfrac{1}{4(1-x)} + \dfrac{1}{2(1+x^2)}.$ $\quad$ R. $\quad \dfrac{1}{1-x^4}.$

VI. Effectuer les calculs suivants et simplifier autant que possible les résultats :

1. $\dfrac{a}{(1-a)^2} - \dfrac{a^2}{(1-a)^3} + \dfrac{1}{1-a}.$ $\quad$ R. $\dfrac{1-a-a^2}{(1-a)^3}.$

2. $\dfrac{x^{3n}}{x^n-1} - \dfrac{x^{2n}}{x^n+1} - \dfrac{1}{x^n-1} + \dfrac{1}{x^n+1}.$ $\quad$ R. $x^{2n}+2.$

3. $\dfrac{a^m}{(a+b)^n} + \dfrac{a^{m-2}b^2}{(a+b)^{n-1}} - \dfrac{a^{m-3}b^2}{(a+b)^{n-2}}.$

$$R. \quad \frac{a^m - (a+b)a^{m-3}b^3}{(a+b)^n}.$$

4. $\dfrac{1}{20(x^2+3x+2)} + \dfrac{1}{15(x+1)} + \dfrac{1}{20(x+2)}.$

$$R. \quad \frac{7}{60(x+1)}.$$

5.
$$\frac{a+c}{(a-b)(x-a)} - \frac{b+c}{(a-b)(x-b)}.$$

$$R. \quad \frac{x+c}{(x-a)(x-b)}.$$

6.
$$\frac{1}{a(a-b)(a-c)} + \frac{1}{b(b-a)(b-c)} + \frac{1}{c(c-a)(c-b)}.$$

$$R. \quad \frac{1}{abc}.$$

7.
$$\frac{a}{(a-b)(a-c)(x-a)} + \frac{b}{(b-a)(b-c)(x-b)}$$
$$+ \frac{c}{(c-a)(c-b)(x-c)}.$$

$$R. \quad \frac{x}{(x-a)(x-b)(x-c)}.$$

VII. Trouver pour $x = \dfrac{a+b}{2}$ la valeur de l'expression

$$\frac{a}{a-x} + \frac{b}{b-x}. \quad R. \quad 2.$$

VIII. Trouver, lorsque $x = \dfrac{4ab}{a+b}$, la valeur de l'expression

$$\frac{x+2a}{x-2a} + \frac{x+2b}{x-2b}. \quad R. \quad 2.$$

IX. Si la somme de deux fractions est égale à l'unité, leur différence est la même que la différence de leurs carrés.

X. Si la différence de deux fractions est égale à $\dfrac{p}{q}$, p fois leur somme est égale à q fois la différence de leurs carrés.

XI. Réduire les expressions suivantes :

1. $bc\,\dfrac{a+d}{(a-b)(a-c)} + ac\,\dfrac{b+d}{(b-a)(b-c)} + ab\,\dfrac{c+d}{(c-a)(c-b)}.$

$$R. \quad d.$$

2. $\dfrac{a^2-(b-c)^2}{(a+c)^2-b^2} + \dfrac{b^2-(c-a)^2}{(a+b)^2-c^2} + \dfrac{c^2-(a-b)^2}{(b+c)^2-a^2}.$

$$R. \quad 1.$$

3. $$\frac{a+b}{ab}\,(a^2+b^2-c^2)+\frac{b+c}{bc}\,(b^2+c^2-a^2)$$
$$+\frac{a+c}{ac}\,(a^2+c^2-b^2).$$
$$R.\quad 2\,(a+b+c).$$

XII. Montrer que l'on a
$$1+\frac{a^2+b^2-c^2}{2ab}=\frac{(a+b+c)\,(a+b-c)}{2ab};$$
$$1-\frac{a^2+b^2-c^2-d^2}{2\,(ab+cd)}=\frac{(a+c+d-b)\,(b+c+d-a)}{2\,(ab+cd)}.$$

XIII. Faire les produits suivants :

1. $\dfrac{3x}{2}\times\dfrac{2x}{3}\times\dfrac{6a}{x^2}.$ $\qquad$ R. $6a.$

2. $\dfrac{2x}{a}\times\dfrac{3ab}{c}\times\dfrac{3ac}{2b}.$ $\qquad$ R. $9ax.$

3. $\dfrac{5ax}{3by}\times\dfrac{3\,(xy+y^2)}{5\,(x^2+xy)}.$ $\qquad$ R. $\dfrac{a}{b}.$

4. $\dfrac{a}{b}\times\dfrac{a^2-x^2}{c^2-x^2}\times\dfrac{bc+bx}{a^2-ax}.$ $\qquad$ R. $\dfrac{a+x}{c-x}.$

5. $\dfrac{x^2-ax+a^2}{x^2+ax+a^2}\times\dfrac{x+a}{x-a}.$ $\qquad$ R. $\dfrac{x^3+a^3}{x^3-a^3}.$

6. $\dfrac{2a-b}{4a}\times\dfrac{6a-2b}{b^2-2ab}.$ $\qquad$ R. $\dfrac{b-3a}{2ab}.$

7. $\dfrac{x^2-4y^2}{x-y}\times\dfrac{x^3-y^3}{x+2y}.$ $\qquad$ R. $x^3-x^2y-xy^2-2y^3.$

8. $\dfrac{a^2+2ab}{a^2+4b^2}\times\dfrac{ab-2b^2}{a^2-4b^2}.$ $\qquad$ R. $\dfrac{ab}{a^2+4b^2}.$

XIV. Faire les produits suivants :

1. $$\frac{x^3-y^3}{x^3+y^3}\times\frac{x+y}{x-y}\times\left(\frac{x^2-xy+y^2}{x^2+xy+y^2}\right)^2.$$
$$R.\quad \frac{x^2-xy+y^2}{x^2+xy+y^2}.$$

2. $\quad \dfrac{x^2 + xy + y^2}{x^3 - x^2 y + xy^2 - y^3} \times \dfrac{x^2 - xy + y^2}{x + y}$,

$$R. \quad \dfrac{x^4 + x^2 y^2 + y^4}{x^4 - y^4}$$

3. $\quad \dfrac{x^2 - 9x + 20}{x^2 - 6x} \times \dfrac{x^2 - 13x + 42}{x^2 - 5x}.$

$$R. \quad \dfrac{x^2 - 11x + 28}{x^2}.$$

4. $\quad \dfrac{x^2 - (a+b)x + ab}{x^2 - (a-b)x - ab} \times \dfrac{x+b}{x-b}.$ $\quad R.\ 1.$

XV. Faire les divisions suivantes :

1. $\quad \dfrac{54 x^4 y^2}{z} : 9\,\dfrac{x^2 y^2}{z^3}.$ $\qquad\qquad R.\quad 6 x^2 z^2.$

2. $\quad \dfrac{12 a^2 xy}{5 bc^2} : \dfrac{16 x^2 y^3}{25 ab^2 c}.$ $\qquad R.\quad \dfrac{15 a^3 b}{4 cxy^2}.$

3. $\quad \dfrac{3y}{5y - 5} : \dfrac{2y}{y - 1}.$ $\qquad\qquad R.\quad \dfrac{3}{10}.$

4. $\quad \dfrac{a+b}{a+c} : \dfrac{a-c}{a-b}.$ $\qquad\qquad R.\quad \dfrac{a^2 - b^2}{a^2 - c^2}.$

5. $\quad 1 + \dfrac{1}{a} : 1 - \dfrac{1}{a^2}.$ $\qquad\qquad R.\quad \dfrac{a}{a - 1}.$

6. $\quad \left(a + \dfrac{2a}{a-3}\right) : \left(a - \dfrac{2a}{a-3}\right).$ $\quad R.\quad \dfrac{a-1}{a-5}.$

7. $\quad \dfrac{2a(a^2 - b^2)}{5 b(c^2 - b^2)} : \dfrac{a^2 - ab}{bc + b^2}.$ $\qquad R.\quad \dfrac{2}{5}\dfrac{a+b}{c-b}.$

8. $\quad \dfrac{a^2 + b^2}{a^2 - b^2} : \dfrac{a - b}{a + b}.$ $\qquad R.\quad \dfrac{a^2 + b^2}{(a-b)^2}.$

9. $\quad \dfrac{x^3 + y^3}{x^2 - y^2} : \dfrac{x^2 - xy + y^2}{x - y}.$ $\quad R.\ 1.$

10. $\left(1 + \dfrac{1}{x}\right) : \left(x - \dfrac{1}{x}\right)\left(1 - \dfrac{1}{x}\right)^2.$ $\quad R.\quad \dfrac{x^2}{(x-1)^3}.$

XVI. Faire les divisions suivantes :

1.
$$\frac{a^4 - x^4}{a^2 - 2ax + x^2} : \frac{a^2 x + x^3}{a^3 - x^3}.$$

$$R. \quad \frac{a+x}{x}(a^2 + ax + x^2).$$

2.
$$(a^2 - b^2 - c^2 + 2bc) : \frac{a+b-c}{a+b+c}.$$

$$R. \quad a^2 - b^2 + c^2 + 2ac.$$

3. $\left(\dfrac{a+b}{c+d} + \dfrac{a-b}{c-d}\right) : \left(\dfrac{a+b}{c-d} + \dfrac{a-b}{c+d}\right).$ $\quad R. \dfrac{ac-bd}{ac+bd}.$

4. $\left(\dfrac{a+x}{a-x} + \dfrac{a-x}{a+x}\right) : \left(\dfrac{a+x}{a-x} - \dfrac{a-x}{a+x}\right).$ $\quad R. \dfrac{a^2 + x^2}{2ax}.$

5. $\left(\dfrac{x+y}{x-y} + \dfrac{x-y}{x+y}\right) : \left(\dfrac{x^2 + y^2}{x^2 - y^2} - \dfrac{x^2 - y^2}{x^2 + y^2}\right).$

$$R. \quad \frac{(x^2 + y^2)^2}{2x^2 y^2}.$$

XVII. Décomposer les fractions suivantes en un polynôme entier plus une fraction et vérifier que l'on a :

1.
$$\frac{1}{1-x} = 1 + x + x^2 + \frac{x^3}{1-x}.$$

2.
$$\frac{x^3 - y^3}{x+y} = x^2 - xy + y^2 - \frac{2y^3}{x+y}.$$

3.
$$\frac{x^5 + x^4}{x^2 + 2} = x^3 + x^2 - 2x - 2 + \frac{4x+4}{x^2 + 2}.$$

4.
$$\frac{60x^3 - 17x^2 - 4x + 1}{5x^2 + 9x - 2} = 12x - 25 + \frac{49}{x+2}.$$

5.
$$\frac{30x^3 + 11x^2 y - 38xy^2 - 40y^3}{15x^2 - 17xy - 4y^2} = 2x + 3y + \frac{7y^2}{5x+y}.$$

6.
$$\frac{x^4 + 3ax^3 + 9a^4}{x + 2a} = x^3 + ax^2 - 2a^2 x + 4a^3 + \frac{a^4}{x+2a}.$$

7.
$$\frac{1 - 3x - 2x^3}{1 - 4x} = 1 + x + 2x^2 + 8x^3 + 32x^4 + \frac{128x^5}{1 - 4x}.$$

CHAPITRE VII

Calcul des radicaux. — Exposants fractionnaires et négatifs.

§ Ier. — *Principes sur les puissances et les racines.*

91. D$_{ÉFINITIONS}$. I. La puissance $m^{ième}$ d'une quantité a est le produit de m facteurs égaux à cette quantité ; avec la notation des exposants, un pareil produit s'écrit simplement a^m.

II. La racine $m^{ième}$ d'une quantité est une autre quantité qui, élevée à la puissance m, reproduit la première ; ainsi la racine cinquième de 32 est égale à 2.

Pour montrer que l'on doit prendre la racine $m^{ième}$ d'un nombre, on le place sous le signe $\sqrt[m]{\ }$, appelé signe *radical* : ainsi l'on écrira

$$\sqrt[5]{32} = 2, \quad \sqrt[3]{-a^3} = -a, \quad \sqrt[m]{a^m} = a ;$$

chacun des nombres 5, 3, m, placés entre les branches du signe radical et un peu au-dessus, porte le nom d'*indice* de la racine. — Dans l'indication d'une racine carrée, on supprime souvent l'indice 2 et l'on écrit simplement $\sqrt{7}$.

92. R$_{EMARQUES}$. — I. *Une racine d'indice pair d'une quantité à valeur numérique positive a deux valeurs égales et de signes contraires.*

Ainsi $\sqrt[2]{9}$ est égal à $+3$, ou bien à -3, puisque l'on a $(-3) \times (-3) = 9$ aussi bien que $(+3) \times (+3) = 9$ (n° 48) ; pour indiquer cette double valeur on écrit

$$\sqrt[2]{9} = \pm 3.$$

On a de même

$$\sqrt[4]{16} = \pm 2.$$

II. *Une racine d'indice impair a une seule valeur numérique qui est de même signe que la quantité soumise au radical.*

Ainsi

$$\sqrt[3]{8}=2, \quad \sqrt[3]{-8}=-2.$$

III. *Une racine d'indice pair d'une quantité à valeur numérique négative n'a aucune valeur numérique soit positive soit négative.*

Ainsi les expressions $\sqrt[2]{-9}$, $\sqrt[4]{-16}$ n'existent pas comme nombres; ce sont de simples formes algébriques que l'on appelle, pour cette raison, *radicaux imaginaires* et que l'on conserve avec avantage en algèbre dans un but de généralisation.

IV. Par opposition, on appelle *valeur numérique réelle* des radicaux

$$\sqrt[2]{9}, \qquad \sqrt[3]{8}, \qquad \sqrt[3]{-8}$$

les nombres

$$(+3,-3), \quad +2, \quad -2,$$

qui, élevés à une puissance marquée par l'indice, reproduisent le nombre soumis au radical.

Les valeurs numériques positives des radicaux sont appelées *valeurs arithmétiques*; ainsi $+3$ sera la valeur arithmétique du radical $\sqrt[2]{9}$.

Dans ce qui va suivre, il ne sera question que des radicaux à valeurs numériques réelles.

Les transformations que l'on peut faire subir aux radicaux et les règles de leur calcul reposent sur les principes suivants:

93. PRINCIPE I. — *Pour élever un produit de plusieurs facteurs à une certaine puissance, il faut élever chacun des facteurs à cette puissance et faire le produit des résultats.*

Ainsi

$$(abcd)^m = a^m . b^m . c^m . d^m;$$

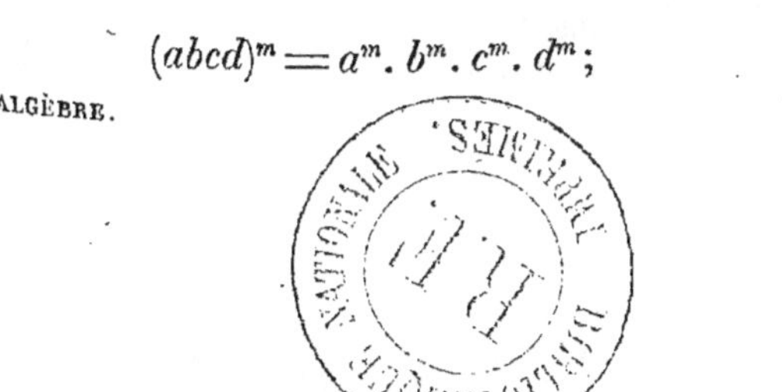

en effet, l'on a

$$(abcd)^m = (abcd) \times (abcd) \times \ldots,$$

et, d'après les principes sur la multiplication (*Arithm.*, n°s 42, 43, 44) qui ont été généralisés (n° 152) et s'appliquent à des nombres quelconques,

$$(abcd)^m = a.a\ldots a \times b.b\ldots b \times c.c\ldots c \times d.d\ldots d = a^m.b^m.c^m.d^m.$$

94. PRINCIPE II. — *Pour élever un nombre successivement à plusieurs puissances, il suffit de l'élever à une puissance marquée par le produit des exposants.*

Ainsi l'on a l'égalité

$$\left(a^m\right)^n = a^{mn};$$

en effet, par définition,

$$\left(a^m\right)^n = a^m \times a^m \times \ldots \times a^m,$$

et, comme le second membre renferme mn facteurs égaux à a, on doit l'écrire, avec la notation des exposants, a^{mn}.

On verrait de même que

$$\left[\left(a^m\right)^n\right]^p = a^{mnp}.$$

Il résulte de là que l'ordre dans lequel a lieu l'élévation des puissances est indifférent et que l'on a

$$\left[\left(a^m\right)^n\right]^p = \left[\left(a^p\right)^m\right]^n = \left[\left(a^n\right)^p\right]^m = a^{mnp}.$$

Conséquence I.— Pour élever un monôme à la puissance m, il suffit d'élever chacun de ses facteurs à la puissance m, et de multiplier les résultats. Ex. :

$$(2a^2b^3c)^4 = 16a^8b^{12}c^4.$$

Conséquence II.— Pour élever une fraction à la puissance m, il suffit d'élever chacun de ses termes à la puissance m, et de diviser les résultats l'un par l'autre.

Ainsi

$$\left(\frac{a}{b}\right)^m = \frac{a^m}{b^m},$$

puisque l'on a

$$\left(\frac{a}{b}\right)^m = \frac{a}{b} \times \frac{a}{b} \times \dots \times \frac{a}{b} = \frac{a \times a \times \dots \times a}{b \times b \times \dots \times b} = \frac{a^m}{b^m}.$$

En appliquant cette règle on trouve

$$\left(\frac{2x^3y^2}{3az^2}\right)^4 = \frac{16}{81}\frac{x^{12}y^8}{a^4z^8},$$

$$\left[\frac{3c\sqrt{a-b}}{2(a^2-b^2)}\right]^2 = \frac{9c^2(a-b)}{4(a+b)^2(a-b)^2} = \frac{9c^2}{4(a+b)^2(a-b)}.$$

95. PRINCIPE III. — *Pour extraire la racine $m^{\text{ième}}$ d'un produit, il suffit d'extraire la racine $m^{\text{ième}}$ de chacun des facteurs et de les multiplier entre elles.*

Ainsi

$$\sqrt[m]{abcd} = \sqrt[m]{a} \times \sqrt[m]{b} \times \sqrt[m]{c} \times \sqrt[m]{d}.$$

En effet, en élevant le second membre à la $m^{\text{ième}}$ puissance, on retrouve $abcd$; ce second membre est (n° 91, définition II), la racine $m^{\text{ième}}$ de $abcd$.

96. *Conséquence I.* — Pour extraire la racine $m^{\text{ième}}$ d'un monôme, on extrait la racine de son coefficient et l'on divise par m les exposants de chacune des lettres. Ex. :

$$\sqrt{4a^4b^2c^2} = 2a^2bc, \qquad \sqrt[4]{16a^4b^8} = 2ab^2.$$

Cette règle ne peut s'appliquer que si les facteurs du monôme sont des puissances $m^{\text{ièmes}}$ exactes; dans le cas contraire, on décompose le monôme en deux facteurs, dont l'un est une puissance $m^{\text{ième}}$ exacte, et l'autre est le produit des facteurs restants. On extrait alors la racine $m^{\text{ième}}$ du premier facteur et on la fait suivre du signe $\sqrt[m]{\ }$ qui porte sur le second groupe de facteurs. Ex. :

$$\text{I.} \quad \sqrt[3]{54\,x^4 y^5 z^6} = \sqrt[3]{27\,x^3 y^3 z^6 \times 2xy^2} = 3xyz^2 \sqrt[3]{2xy^2}.$$

$$\text{II.} \quad \sqrt[4]{32\,a^5 b^8 c^3} = \sqrt[4]{16\,a^4 b^8 \times 2ac^3} = 2ab^2 \sqrt[4]{2ac^3}.$$

$$\text{III.} \quad \sqrt{(a+b)(a^2-b^2)} = \sqrt{(a+b)^2(a-b)} = (a+b)\sqrt{a-b}.$$

$$\text{IV.} \quad \sqrt[3]{(x+y)^2 (x^2+y^2)^2 (x^4-y^4)}$$

$$= \sqrt[3]{(x+y)^2 (x^2+y^2)^2 (x^2+y^2)(x+y)(x-y)}$$

$$= \sqrt[3]{(x+y)^3 (x^2+y^2)^3 (x-y)} = (x+y)(x^2+y^2)\sqrt[3]{x-y}.$$

On dit que l'on a *fait sortir* de dessous les radicaux les facteurs $3xyz^2$, $2ab^2$, $a+b$ et $(x+y)(x^2+y^2)$.

Inversement, il est souvent utile de *faire entrer* un facteur sous le signe radical; il suffit de multiplier la $m^{\text{ième}}$ puissance de ce facteur par la quantité soumise au radical. Ex. :

$$\text{I.} \quad (a-b)\sqrt{\frac{a+b}{a-b}} = \sqrt{\frac{(a+b)(a-b)^2}{a-b}}$$

$$= \sqrt{(a+b)(a-b)} = \sqrt{a^2-b^2}.$$

$$\text{II.}$$

$$\frac{x-y}{x+y}\sqrt[3]{\frac{(x^2-y^2)^2(x+y)}{x^2-2xy+y^2}} = \sqrt[3]{\frac{(x-y)^3(x-y)^2(x+y)^3}{(x+y)^3(x-y)^2}}$$

$$= x-y.$$

97. *Conséquence II.* — On extrait la racine $m^{\text{ième}}$ d'une fraction en divisant la racine du numérateur par celle du dénominateur; ainsi l'on a

$$\sqrt[m]{\frac{a}{b}} = \frac{\sqrt[m]{a}}{\sqrt[m]{b}}.$$

En effet, si l'on élève le second membre à la puissance m, on retrouve $\dfrac{a}{b}$ (n° 94, *conséq. II*); ce second membre est donc, par définition, la racine $m^{\text{ième}}$ de $\dfrac{a}{b}$.

Si le dénominateur n'est pas une puissance $m^{\text{ième}}$ exacte, on multiplie les deux termes de la fraction par un produit de facteurs tels que le nouveau dénominateur soit une puissance $m^{\text{ième}}$ exacte. On divise ensuite la racine du nouveau numérateur par celle du dénominateur. Ex. :

I.
$$\sqrt{\frac{8a^3b^2c}{27xy^3}} = \sqrt{\frac{8a^3b^2c \times 3xy}{27xy^3 \times 3xy}} = \frac{2ab\sqrt{6\,acxy}}{9xy^2}.$$

II.
$$\sqrt[3]{\frac{9x^2y^5}{250a^4b^8}} = \sqrt[3]{\frac{9x^2y^5 \times 4a^2b}{250a^4b^8 \times 4a^2b}} = \frac{y\sqrt[3]{36a^2bx^2y^2}}{10a^2b^3}.$$

III.
$$\sqrt[m]{\frac{a^{mp+3}b^{mq+5}}{c^{mr}d^{mr-2}}} = \sqrt[m]{\frac{a^{mp+3}b^{mq+5}d^2}{c^{mr}d^{mr}}} = \frac{a^pb^q\sqrt[m]{a^3b^5d^2}}{c^rd^r}.$$

98. Principe IV. — *Pour extraire plusieurs racines successives d'une quantité, il suffit d'extraire une seule racine dont l'indice est égal au produit des indices des racines proposées.*

Ainsi :

$$\sqrt[m]{\sqrt[n]{\sqrt[p]{a}}} = \sqrt[mnp]{a}.$$

En effet, si l'on élève le premier membre à la puissance mnp, on a, d'après le n° 94,

$$\left(\sqrt[m]{\sqrt[n]{\sqrt[p]{a}}}\right)^{mnp} = \left\{\left[\left(\sqrt[m]{\sqrt[n]{\sqrt[p]{a}}}\right)^m\right]^n\right\}^p$$

$$= \left[\left(\sqrt[n]{\sqrt[p]{a}}\right)^n\right]^p = \left(\sqrt[p]{a}\right)^p = a;$$

le premier membre est donc tel, qu'en l'élevant à la puissance mnp, on reproduit a; donc, par définition, il est bien la racine $mnp^{\text{ième}}$ de a.

Il résulte de là que, dans ces extractions de racines successives, on peut intervertir arbitrairement l'ordre des indices.

99. *Conséquence.* — On peut, à l'aide d'une succession de racines carrées et de racines cubiques, extraire d'un nombre donné une racine dont l'indice est de la forme

$$2^m \times 3^n.$$

Ainsi $\sqrt[8]{a}$ s'obtiendra à l'aide de 3 racines carrées, puisque l'on a

$$\sqrt{\sqrt{\sqrt{a}}} = \sqrt[8]{a};$$

on calculera $\sqrt[9]{a}$ à l'aide de deux racines cubiques, puisque

$$\sqrt[3]{\sqrt[3]{a}} = \sqrt[9]{a};$$

enfin l'on calculera $\sqrt[12]{a}$ en extrayant deux racines carrées et une racine cubique, puisque

$$\sqrt[3]{\sqrt{\sqrt{a}}} = \sqrt[12]{a}.$$

100. Principe V. — *Deux radicaux sont équivalents lorsque le rapport de leurs indices est égal à celui des exposants des quantités placées sous le radical.*

Ainsi l'on a

$$\sqrt[m]{a^n} = \sqrt[p]{a^q}, \quad \text{lorsque } \frac{p}{m} = \frac{q}{n} = r\,;$$

ce qui revient à démontrer l'égalité

$$\sqrt[m]{a^n} = \sqrt[mr]{a^{nr}}.$$

Pour cela, il suffit de faire voir que la puissance mr du premier membre reproduit bien a^{nr}.

Or on a (n° 94)

$$\left(\sqrt[m]{a^n}\right)^{mr} = \left[\left(\sqrt[m]{a^n}\right)^m\right]^r,$$

et comme, par définition,

$$\left(\sqrt[m]{a^n}\right)^m = a^n,$$

on a bien

$$\left(\sqrt[m]{a^n}\right)^{mr} = a^{nr}.$$

101. *Conséquence I.* — Pour *simplifier un radical,* il faut diviser son indice et tous les exposants des quantités soumises au radical par leur plus grand commun diviseur. Ex. :

$$\sqrt[6]{4x^2y^8} = \sqrt[3]{2xy^4}, \qquad \sqrt[mn]{x^{np}b^n c^{nq}} = \sqrt[m]{a^p bc^q}.$$

102. *Conséquence II.* — Pour *réduire plusieurs radicaux au même indice,* on forme le plus petit commun multiple de leurs indices, on le divise successivement par chacun de ces indices et l'on multiplie, dans chaque radical, l'indice et l'exposant par le quotient correspondant. Ainsi :

1° $\sqrt[2]{a}$ et $\sqrt[3]{b}$ reviennent à $\sqrt[6]{a^3}$ et $\sqrt[6]{b^2}$.

2° $\sqrt[4]{a}$ et $\sqrt[6]{b}$ peuvent être remplacés par $\sqrt[12]{a^3}$ et $\sqrt[12]{b^2}$.

3° Soit à réduire au même indice $\sqrt[2]{a}$, $\sqrt[3]{b}$, $\sqrt[4]{c}$ et $\sqrt[12]{d}$; comme le p. p. c. m. des indices est 12, et que les quotients de 12 par 2, 3, 4 et 12 sont 6, 4, 3 et 1; on écrira à la place des radicaux proposés

$$\sqrt[12]{a^6}, \quad \sqrt[12]{b^4}, \quad \sqrt[12]{c^3}, \quad \sqrt[12]{d}.$$

103. Définition. — Deux radicaux sont *semblables* lorsqu'ils ont même indice et même quantité soumise au radical. Ainsi $2b\sqrt{a}$ et $3c\sqrt{a}$ sont deux radicaux semblables. — Deux radicaux qui, au premier abord, ne paraissent pas remplir ces conditions, peuvent se ramener à des radicaux semblables; il faut les simplifier et les réduire au même indice. Ex. :

I. Les radicaux $\sqrt{27a^4x^3}$ et $\sqrt{12a^2x^5}$ se ramènent à

$$3a^2x\sqrt{3x} \quad \text{et} \quad 2ax^2\sqrt{3x},$$

qui sont semblables.

II. Les radicaux $\sqrt[3]{16ab^2}$ et $\sqrt[12]{16a^4b^8}$ se réduisent à des radicaux semblables ; en effet, le premier peut s'écrire $2\sqrt[3]{2ab^2}$ et le second peut être simplifié : en divisant par 4 l'indice du radical et les exposants des facteurs de $16a^4b^8$, on trouve $\sqrt[3]{2ab^2}$.

§ 2. — *Opérations sur les radicaux.*

Comme toutes les opérations algébriques, les calculs que l'on effectue sur les radicaux consistent à transformer une suite d'opérations indiquées en une autre indication d'opérations.

104. *Addition et soustraction.* — Pour faire la *somme algébrique* de plusieurs radicaux, on les écrit à la suite les uns des autres avec leurs signes. Cette indication d'opérations n'est susceptible de transformations que dans le cas des radicaux semblables. Ex. :

I. La somme $\sqrt{27a^4x^3}+\sqrt{12a^2x^5}+\sqrt{75a^6x}$ revient à

$$3a^2x\sqrt{3x}+2ax^2\sqrt{3x}+5a^3\sqrt{3x},$$

c'est-à-dire à

$$(2x^2+3ax+5a^2)\,a\sqrt{3x}.$$

II. Soit à réduire l'expression

$$\sqrt{10x^3}+\sqrt{20y}-\sqrt{5y}+\sqrt{40x^3}-\sqrt{80y},$$

on a

$$\sqrt{10x^3}+\sqrt{40x^3}=3\sqrt{10x^3}=3x\sqrt{10x},$$
$$\sqrt{20y}-\sqrt{80y}=2\sqrt{5y}-4\sqrt{5y}=-2\sqrt{5y};$$

l'expression proposée se réduit donc à

$$3x\sqrt{10x}-3\sqrt{5y}.$$

III. La différence

$$\sqrt[3]{16ab^2} - \sqrt[12]{16a^4b^8}$$

revient à celle-ci :

$$2\sqrt[3]{2ab^2} - \sqrt[3]{2ab^2} = \sqrt[3]{2ab^2}.$$

105. *Multiplication.* — Le produit de plusieurs radicaux de *même indice* s'obtient en affectant de l'indice commun le produit des quantités placées sous le signe radical; c'est la conséquence immédiate du principe III (n° 94). Ex.:

I. $\qquad \sqrt{2axy^5} \times \sqrt{6a^3xy^3} = \sqrt{12a^4x^2y^8} = 2a^2xy^4\sqrt{3}.$

II. $\qquad \sqrt[3]{a + \sqrt{a^2 - b^3}} \times \sqrt[3]{a - \sqrt{a^2 - b^3}}$

$$= \sqrt[3]{a^2 - (a^2 - b^3)} = \sqrt[3]{b^3} = b.$$

III. $\qquad \sqrt[4]{\dfrac{a}{b}} \times \sqrt{\dfrac{b}{a}} = \sqrt[4]{\dfrac{a}{b} \times \dfrac{b^2}{a^2}} = \sqrt[4]{\dfrac{b}{a}}.$

106. *Division.* — Pour diviser deux radicaux *de même indice*, on affecte de l'indice commun le quotient des quantités placées sous le signe radical. Ainsi l'on a

$$\frac{\sqrt[m]{a}}{\sqrt[m]{b}} = \sqrt[m]{\frac{a}{b}};$$

en effet, en multipliant le second membre par $\sqrt[m]{b}$, on obtient $\sqrt[m]{a}$; il est donc le quotient de $\sqrt[m]{a}$ par $\sqrt[m]{b}$. Ex.:

I. $14\sqrt[3]{9a^4} : 2\sqrt[3]{4a} = 7\sqrt[3]{\frac{9}{4}a^3} = 7a\sqrt[3]{\frac{9}{4}} = \frac{7a}{2}\sqrt[3]{18}.$

II. $\qquad \sqrt[3]{4x^2} : \sqrt{2x} = \sqrt[6]{16x^4} : \sqrt[6]{8x^3} = \sqrt[6]{2x}.$

III. $\qquad a : \sqrt[5]{a^3} = \sqrt[5]{\frac{a^5}{a^3}} = \sqrt[5]{a^2}.$

107. *Élévation aux puissances.* — Pour élever un radical à une certaine puissance, il faut élever à cette puissance la quantité placée sous le signe radical. Ainsi l'on a

$$\left(\sqrt[m]{a}\right)^n = \sqrt[m]{a^n},$$

puisque l'on a vu au n° 105 que

$$\left(\sqrt[m]{a}\right)^n = \sqrt[m]{a} \times \sqrt[m]{a} \times \ldots \times \sqrt[m]{a} = \sqrt[m]{a \times a \ldots \times a} = \sqrt[m]{a^n}.$$

Remarque I. — Si l'indice du radical est divisible par l'exposant de la puissance, on devra le diviser par cet exposant. Ex. :

$$\left(\sqrt[8]{x^2 y^4 z}\right)^4 = \sqrt{x^2 y^4 z} = xy^2 \sqrt{z}.$$

Remarque II. — Si l'indice et l'exposant de la puissance ont un facteur commun, il faudra les diviser par ce facteur. Ex. :

$$\left(\sqrt[6]{\frac{1}{4a^2 - 12a + 9}}\right)^5 = \sqrt[6]{\left(\frac{1}{2a - 3}\right)^{10}}$$

$$= \sqrt[3]{\left(\frac{1}{2a - 3}\right)^5}.$$

108. *Extraction de racine.* — Pour extraire la racine $n^{ième}$ d'un radical, il faut multiplier l'indice du radical par n. Ex. :

I. $\sqrt{\sqrt[3]{81\,a^2}} = \sqrt[6]{81\,a^2} = \sqrt[6]{9^2 \times a^2} = \sqrt[3]{9\,a}.$

II. $\sqrt[3]{8x^4 \sqrt{x^2 - y^2}} = 2x \sqrt[3]{x} \sqrt[6]{x^2 - y^2}$

$$= 2x \sqrt[6]{x^2 (x^2 - y^2)}.$$

§ 3. — *Exposants fractionnaires.*

109. ORIGINE DE CETTE NOTATION. — Nous avons vu (n° 101) que, si les exposants des facteurs d'un monôme sont divisibles par l'indice de la racine à extraire, on obtient cette racine en divisant chacun de ces exposants par l'indice. Lorsque cette division ne se fait pas exactement, il est naturel d'indiquer l'extraction de la racine en affectant les lettres d'exposants fractionnaires et l'on regarde comme équivalentes les expressions

$$\sqrt[4]{a^3} \ \text{ et } \ a^{\frac{3}{4}}, \qquad \sqrt[m]{a^n} \ \text{ et } \ a^{\frac{n}{m}}.$$

110. AVANTAGES DE CETTE NOTATION.— Pour montrer l'avantage de cette notation, traduisons de cette manière les règles trouvées pour le calcul des radicaux :

1° La règle de la multiplication des radicaux est renfermée dans les deux égalités

$$a^m \times \sqrt[r]{a^s} = \sqrt[r]{a^{mr+s}}, \qquad \sqrt[q]{a^p} \times \sqrt[r]{a^s} = \sqrt[qr]{a^{pr+qs}},$$

que l'on peut écrire

$$a^m \times a^{\frac{s}{r}} = a^{\frac{mr+s}{r}} = a^{m+\frac{s}{r}}, \qquad a^{\frac{p}{q}} \times a^{\frac{s}{r}} = a^{\frac{pr+qs}{qr}} = a^{\frac{p}{q}+\frac{s}{r}}.$$

2° La règle pour l'élévation d'un radical à la puissance n revient à l'égalité

$$\left(\sqrt[q]{a^p}\right)^n = \sqrt[q]{a^{nr}},$$

qui s'écrit, avec la notation des exposants fractionnaires,

$$\left(a^{\frac{p}{q}}\right)^n = a^{\frac{np}{q}} = a^{\frac{p}{q} \times n}.$$

Ces résultats sont remarquables, car ce sont précisément ceux que l'on obtiendrait en appliquant immédiatement les formules

$$a^m \times a^n = a^{m+n}, \qquad \left(a^m\right)^n = a^{mn},$$

démontrées quand m et n sont entiers ; il suffit de remplacer dans ces dernières m et n respectivement par $\frac{p}{q}$ et $\frac{s}{r}$ pour obtenir les deux règles de calcul concernant les radicaux.

Cette analogie doit encore avoir lieu pour la division et l'extraction des racines, puisque les règles établies pour ces opérations sur les radicaux se déduisent de celles de la multiplication et de l'élévation aux puissances. D'ailleurs on peut le vérifier directement.

3° La règle de la division fournit l'égalité

$$\sqrt[q]{a^p} : \sqrt[r]{a^s} = \sqrt[qr]{\frac{a^{pr}}{a^{sq}}} = \sqrt[qr]{a^{pr-sq}},$$

et se traduit ainsi :

$$a^{\frac{p}{q}} : a^{\frac{s}{r}} = a^{\frac{pr-sq}{qr}} = a^{\frac{p}{q}-\frac{s}{r}} ;$$

ce qu'on obtient de suite en remplaçant m par $\frac{p}{q}$, n par $\frac{s}{r}$ dans la formule $a^m : a^n = a^{m-n}$, démontrée pour le cas où m et n sont entiers.

4° La règle à suivre pour extraire d'un radical la racine d'indice r revient à l'égalité

$$\sqrt[r]{\sqrt[q]{a^p}} = \sqrt[rq]{a^p},$$

qui se traduit, à l'aide des exposants fractionnaires, par l'égalité

$$\left(a^{\frac{p}{q}}\right)^{\frac{1}{r}} = a^{\frac{p}{rq}} = a^{\frac{p}{q}\times\frac{1}{r}},$$

que l'on déduit de la formule

$$\left(a^m\right)^n = a^{mn},$$

en faisant

$$m = \frac{p}{q} \quad , \quad n = \frac{s}{r}.$$

5° De même, nous avons vu que, si l'on extrait d'un radical

la racine d'indice r, et qu'on élève le résultat à la puissance s, on a

$$\left(\sqrt[r]{\sqrt[q]{a^p}}\right)^s = \sqrt[rq]{a^{ps}}.$$

Cette égalité revient à

$$\left(a^{\frac{p}{q}}\right)^{\frac{s}{r}} = a^{\frac{ps}{qr}},$$

que l'on déduit de la formule

$$\left(a^m\right)^n = a^{mn},$$

en faisant

$$m = \frac{p}{q}, \quad n = \frac{s}{r}.$$

En résumé, *la notation des exposants fractionnaires rend inutiles les règles précédentes pour le calcul des radicaux : elles sont toutes comprises dans les formules*

$$a^m \times a^n = a^{m+n}, \quad a^m : a^n = a^{m-n}, \quad \left(a^m\right)^n = a^{mn},$$

établies d'abord pour le calcul des puissances entières.

§ 4. — *Exposants négatifs, entiers ou fractionnaires.*

111. ORIGINE DE CETTE NOTATION. — Nous avons vu (n° 55) qu'en étendant la règle de la division des puissances d'un même nombre ($a^m : a^n = a^{m-n}$) au cas où n est égal à $m + p$, on est conduit à écrire, pour éviter les restrictions,

$$a^{-p} = \frac{1}{a^p}.$$

112. AVANTAGE DE CETTE NOTATION. — *Avec cette notation, les règles de calcul établies pour les expressions entières s'appliquent encore aux fractions.*

En effet, l'égalité

$$\frac{1}{a^p} \times \frac{1}{a^q} = \frac{1}{a^{p+q}},$$

avec les exposants négatifs, se traduit par

$$a^{-p} \times a^{-q} = a^{-(p+q)} = a^{(-p)+(-q)};$$

donc la formule $a^m \times a^n = a^{m+n}$ s'applique encore quand m et n sont négatifs.

De même, la règle de la division des fractions,

$$\frac{1}{a^p} : \frac{1}{a^q} = \frac{a^q}{a^p},$$

avec les exposants négatifs, se traduit par

$$a^{-p} : a^{-q} = a^{q-p};$$

et c'est précisément le résultat obtenu en remplaçant dans la formule $a^m : a^n = a^{m-n}$ m par $-p$ et n par $-q$, puisque l'on trouve alors

$$a^{m-n} = a^{-p-(-q)} = a^{-p+q} = a^{q-p}.$$

La règle d'élévation aux puissances

$$\left(\frac{1}{a^p}\right)^n = \frac{1}{a^{np}}$$

peut s'écrire

$$\left(a^{-p}\right)^n = a^{-np} = a^{(-p)n},$$

et l'on voit que la formule $(a^m)^n = a^{mn}$, étendue au cas où $m = -p$, indique encore ce qu'il faut faire pour élever une fraction à la puissance n.

Enfin, si l'on doit extraire d'une quantité fractionnaire une racine dont l'indice est r, puis élever le résultat à la puissance s, on aura, en appliquant la même formule,

$$\left(\sqrt[r]{\frac{1}{\sqrt[p]{a^q}}}\right)^s = \left(a^{-\frac{q}{p}}\right)^{\frac{s}{r}} = a^{-\frac{qs}{pr}} = \sqrt[pr]{\frac{1}{a^{qs}}}.$$

Applications. — En faisant usage des exposants fractionnaires, effectuer les calculs suivants sur les radicaux :

I. $\left(\sqrt[3]{x^2} \times \sqrt[7]{x^4} \right)^{42} = \left(x^{\frac{2}{3}} \times x^{\frac{4}{7}} \right)^{42} = x^{\frac{26}{21} \times 42} = x^{52}.$

II. $\sqrt{a} \times \sqrt[3]{\dfrac{1}{a}} \times \sqrt[4]{\dfrac{1}{a}} \times \sqrt[5]{\dfrac{1}{a}}$

$$= a^{\frac{1}{2} - \frac{1}{3} - \frac{1}{4} - \frac{1}{5}} = a^{-\frac{17}{60}} = \sqrt[60]{\dfrac{1}{a^{17}}}.$$

III. $\dfrac{\sqrt{\dfrac{4}{3}\sqrt{a^3}} - \sqrt{\dfrac{3}{4}\sqrt{a^3}}}{\sqrt{3^3} \times \sqrt{\dfrac{1}{a}}} = \dfrac{\left(\dfrac{4}{3}a^{\frac{3}{2}}\right)^{\frac{1}{2}} - \left(\dfrac{3}{4}a^{\frac{3}{2}}\right)^{\frac{1}{2}}}{3^{\frac{3}{2}} \times a^{-\frac{1}{2}}}$

$$= \dfrac{\left(\dfrac{4}{3}\right)^{\frac{1}{2}} - \left(\dfrac{3}{4}\right)^{\frac{1}{2}}}{3^{\frac{3}{2}}} \times a^{\frac{5}{4}} = \dfrac{1}{18}\sqrt[4]{a^5}.$$

Remarque. — En résumé, les notations d'exposants fractionnaires positifs ou négatifs diminuent beaucoup le nombre des règles du calcul algébrique. Les formules distinctes qui sont la traduction de ces règles sont peu nombreuses et de plus sont *générales;* ceci veut dire qu'elles donnent des résultats exacts quelles que soient les valeurs numériques attribuées aux lettres qu'elles renferment. Cette absence de toute restriction est un des principaux avantages de l'algèbre.

§ 5. — *Transformer une fraction qui contient des radicaux en dénominateur.*

113. Il s'agit de remplacer une pareille fraction par une autre équivalente et dont le dénominateur soit rationnel.

Considérons d'abord le cas où le dénominateur renferme des radicaux carrés.

1° Soit l'expression $\dfrac{a}{\sqrt{b}}$; on peut l'écrire, en multipliant les deux termes par $\sqrt{b}$,

$$\frac{a}{\sqrt{b}} = \frac{a\sqrt{b}}{b},$$

et l'on aura remplacé la fraction proposée par une autre à dénominateur rationnel.

2° Si la fraction qu'il s'agit de transformer,

$$\frac{a}{\sqrt{b} + \sqrt{c}},$$

renferme à son dénominateur la somme de deux radicaux, on multiplie ses deux termes par la différence $\sqrt{b} - \sqrt{c}$, et l'on obtient

$$\frac{a(\sqrt{b} - \sqrt{c})}{(\sqrt{b} + \sqrt{c})\,(\sqrt{b} - \sqrt{c})} = \frac{a(\sqrt{b} - \sqrt{c})}{b - c}.$$

On aura de même, si le dénominateur est la différence de deux radicaux,

$$\frac{a}{\sqrt{b} - \sqrt{c}} = \frac{a(\sqrt{b} + \sqrt{c})}{(\sqrt{b} - \sqrt{c})\,(\sqrt{b} + \sqrt{c})} = \frac{(a\sqrt{b} + \sqrt{c})}{b - c}.$$

Autres exemples :

I. $\qquad \dfrac{1}{2\sqrt{2} + \sqrt{3}} = \dfrac{2\sqrt{2} - \sqrt{3}}{8 - 3} = \dfrac{1}{5}\left(2\sqrt{2} - \sqrt{3}\right).$

II. $\qquad \dfrac{3}{\sqrt{5} - \sqrt{2}} = \dfrac{3(\sqrt{5} + \sqrt{2})}{5 - 2} = \sqrt{5} + \sqrt{2}.$

III. $\quad \dfrac{3\sqrt{5} + \sqrt{3}}{\sqrt{5} - \sqrt{3}} = \dfrac{(3\sqrt{5} + \sqrt{3})\,(\sqrt{5} + \sqrt{3})}{5 - 3}$

$$= \frac{18 + 4\sqrt{15}}{2} = 9 + 2\sqrt{15}.$$

$$\text{IV.} \quad \frac{2\sqrt{7}}{2\sqrt{5}-3\sqrt{2}}=\frac{2\sqrt{7}\,(2\sqrt{5}+3\sqrt{2})}{20-18}$$

$$=\sqrt{7}\left(2\sqrt{5}+3\sqrt{2}\right)=2\sqrt{35}+3\sqrt{14}.$$

3° Soit une expression dont le dénominateur renferme trois radicaux, par exemple

$$\frac{1}{\sqrt{2}+\sqrt{3}+\sqrt{7}};$$

en multipliant ses deux termes par $(\sqrt{2}+\sqrt{3})-\sqrt{7}$, nous obtiendrons au dénominateur le produit de la somme $(\sqrt{2}+\sqrt{3})+\sqrt{7}$ par la différence de ces deux quantités et, par suite, l'expression proposée est égale à

$$\frac{\sqrt{2}+\sqrt{3}-\sqrt{7}}{(\sqrt{2}+\sqrt{3})^2-7}=\frac{\sqrt{2}+\sqrt{3}-\sqrt{7}}{2\sqrt{6}-2}=\frac{1}{2}\times\frac{\sqrt{2}+\sqrt{3}-\sqrt{7}}{\sqrt{6}-1}.$$

Pour faire disparaître le radical qui se trouve encore au dénominateur, il suffira de multiplier les deux termes de cette fraction par $\sqrt{6}+1$ et nous obtiendrons ainsi

$$\frac{(\sqrt{2}+\sqrt{3}-\sqrt{7})(\sqrt{6}+1)}{2(6-1)}=\frac{\sqrt{12}+\sqrt{18}-\sqrt{42}+\sqrt{2}+\sqrt{3}-\sqrt{7}}{10},$$

ce qui se réduit à

$$\frac{3\sqrt{3}+4\sqrt{2}-\sqrt{42}-\sqrt{7}}{10}.$$

4° En suivant une marche analogue, on peut transformer une expression renfermant quatre radicaux à son dénominateur en une autre à dénominateur rationnel : il suffit de multiplier les deux termes de la fraction par $(\sqrt{a}+\sqrt{b})-(\sqrt{c}+\sqrt{d})$; le dénominateur devient alors

$$(\sqrt{a}+\sqrt{b})^2-(\sqrt{c}+\sqrt{d})^2$$

et ne renferme plus que deux radicaux.

ALGÈBRE.

S'il y avait cinq radicaux, ou bien quatre radicaux et une quantité rationnelle, ces méthodes seraient en défaut, car on aurait

$$(\sqrt{a}+\sqrt{b}+\sqrt{c}+\sqrt{d}+\sqrt{e})(\sqrt{a}+\sqrt{b}+\sqrt{c}+\sqrt{d}-\sqrt{e})$$
$$=(\sqrt{a}+\sqrt{b}+\sqrt{c}+\sqrt{d})^2-e$$

et le carré d'une somme de quatre radicaux renferme généralement six radicaux distincts; on ne diminue donc pas ainsi le nombre des radicaux du dénominateur. Mais en posant

$$\sqrt{d}+\sqrt{e}=\sqrt{x},$$

il restera en dénominateur quatre radicaux que l'on pourra faire disparaître. Le dénominateur ne contiendra plus alors que x, x^2, x^3,... qui s'expriment au moyen du seul radical $\sqrt{de}$; ce nouveau dénominateur sera donc de la forme $M+N\sqrt{de}$ et l'on achèvera la transformation en multipliant les deux termes de l'expression précédente par $M-N\sqrt{de}$.

114. Considérons maintenant le cas plus général où des radicaux d'indices quelconques figurent au dénominateur :

1° Soit, la fraction

$$\frac{1}{\sqrt[m]{a}+\sqrt[n]{b}}=\frac{1}{a^{\frac{1}{m}}+b^{\frac{1}{n}}};$$

il faut multiplier ses deux termes par un facteur tel que le dénominateur devienne rationnel ; pour cela posons

$$a^{\frac{1}{m}}=x, \qquad b^{\frac{1}{n}}=y,$$

et calculons le plus petit multiple p commun à m et n; comme x^p et y^p sont rationnels, la question revient à chercher par quel facteur il faut multiplier $x+y$ pour obtenir x^p+y^p ou bien x^p-y^p. Or nous savons que l'on a

$$\left(x+y\right)\left(x^{p-1}-x^{p-2}y+x^{p-3}y^2-\ldots\pm y^{p-1}\right)$$
$$=x^p\pm y^p,$$

en prenant le signe $+$ si p est impair, et le signe $-$ s'il est pair; le facteur cherché est donc

$$x^{p-1} - x^{p-2} y + x^{p-3} y^2 - \ldots \pm y^{p-1}.$$

Soit, par exemple, à transformer la fraction

$$\frac{1}{\sqrt{a} + \sqrt[3]{b}};$$

ici $m = 2$, $n = 3$, $p = 6$; le facteur cherché sera

$$a^{\frac{5}{2}} - a^{\frac{4}{2}} b^{\frac{1}{3}} + a^{\frac{3}{2}} b^{\frac{2}{3}} - a^{\frac{2}{2}} b^{\frac{3}{3}} + a^{\frac{1}{2}} b^{\frac{4}{3}} - b^{\frac{5}{3}};$$

la fraction équivalente à la proposée sera donc

$$\frac{a^{\frac{5}{2}} - a^2 b^{\frac{1}{3}} + a^{\frac{3}{2}} b^{\frac{2}{3}} - ab + a^{\frac{1}{2}} b^{\frac{4}{3}} - b^{\frac{5}{3}}}{a^3 - b^2}.$$

2° Si l'on avait la fraction

$$\frac{1}{\sqrt[m]{a} - \sqrt[n]{b}} = \frac{1}{a^{\frac{1}{m}} - b^{\frac{1}{n}}},$$

le facteur cherché serait

$$x^{p-1} + x^{p-2} y \ldots + y^{p-1},$$

puisque

$$(x - y)\left(x^{p-1} + x^{p-2} y + x^{p-3} y^2 + \ldots + y^{p-1}\right) = x^p - y^p.$$

Ainsi la fraction

$$\frac{1}{\sqrt[3]{a} - \sqrt[3]{b}}$$

est équivalente à

$$\frac{a^{\frac{2}{3}} + a^{\frac{1}{3}} b^{\frac{1}{3}} + b^{\frac{2}{3}}}{a - b} = \frac{\sqrt[3]{a^2} + \sqrt[3]{ab} + \sqrt[3]{b^2}}{a - b}.$$

EXERCICES SUR LES RADICAUX.

I. Simplifier les radicaux suivants :

1. $\sqrt{a^2 b + 2ab^2 + b^3}.$ $R.\ (a+b)\sqrt{b}.$

2. $\sqrt{3a^2 b + 6ab^2 + 3b^3}.$ $R.\ (a+b)\sqrt{3b}.$

3. $\sqrt{\dfrac{2a^3 - 3a^2 b}{(x^2 - 2ax + a^2)^3}}.$ $R.\ \dfrac{a}{(x-a)^3}\sqrt{2a - 3b}.$

4. $\sqrt{\dfrac{ax^2 - 2ax + a}{x^3 + 2x^2 + x}}.$ $R.\ \dfrac{x-1}{x(x+1)}\sqrt{ax}.$

5. $\sqrt{\dfrac{a^2 b^2 c^2 - a^2 c^4}{a^2 b - 2ab^2 + b^3}}.$ $R.\ \dfrac{ac}{b(a-b)}\sqrt{b(b+c)(b-c)}.$

II. Réduire les expressions suivantes :

1. $\sqrt{96} + \sqrt{24} - \sqrt{54}.$ $R.\ 3\sqrt{6}.$

2. $\sqrt{98} + \sqrt{32} + \sqrt{72}.$ $R.\ 17\sqrt{2}.$

3. $\sqrt{243} + \sqrt{27} + \sqrt{48}.$ $R.\ 16\sqrt{3}.$

4. $3\sqrt{\dfrac{2}{3}} + 7\sqrt{\dfrac{27}{50}}.$ $R.\ \dfrac{31}{10}\sqrt{6}.$

5. $\dfrac{3}{3 - \sqrt{3}} - \dfrac{3}{3 + \sqrt{3}}.$ $R.\ \sqrt{3}.$

6. $\sqrt{x^3 - ax^2} - \sqrt{a^2 x - a^3}.$ $R.\ \sqrt{(x-a)^3}.$

7. $\sqrt{a^3} + \sqrt{ax^2 - 2a^2 x + a^3}.$ $R.\ x\sqrt{a}.$

8. $2\sqrt{8a^3} - 7a\sqrt{18a} + 5\sqrt{72a^3} - \sqrt{50ab^2}.$

        $R.\ (13a - 5b)\sqrt{2a}.$

9. $\sqrt{x^3 + 2x^2 y + xy^2} + \sqrt{x^3 - 2x^2 y + xy^2}.$

$$R.\ 2x\sqrt{x}.$$

10. $\sqrt{x^3 + 2x^2 y + xy^2} - \sqrt{x^3 - 2x^2 y + xy^2}.$

$$R.\ 2y\sqrt{x}.$$

III. Simplifier les expressions suivantes :

1. $\dfrac{\sqrt{x^2 + 1} + \sqrt{x^2 - 1}}{\sqrt{x^2 + 1} - \sqrt{x^2 - 1}} + \dfrac{\sqrt{x^2 + 1} - \sqrt{x^2 - 1}}{\sqrt{x^2 + 1} + \sqrt{x^2 - 1}}.$

$$R.\ 2x^2.$$

2. $\dfrac{1}{4(1 + \sqrt{x})} + \dfrac{1}{4(1 - \sqrt{x})} + \dfrac{1}{2(1 + x)}.$　$R.\ \dfrac{1}{1 - x^2}.$

3. $\left(\dfrac{\sqrt{x} + \sqrt{y}}{\sqrt{x} - \sqrt{y}}\right)^2 + \left(\dfrac{\sqrt{x} - \sqrt{y}}{\sqrt{x} + \sqrt{y}}\right)^2.$　$R.\ \dfrac{2x^2 + 12xy + 2y^2}{(x - y)^2}.$

4. $\left(\dfrac{\sqrt{x} + \sqrt{y}}{\sqrt{x} - \sqrt{y}}\right)^2 - \left(\dfrac{\sqrt{x} - \sqrt{y}}{\sqrt{x} + \sqrt{y}}\right)^2.$　$R.\ \dfrac{8(x + y)\sqrt{xy}}{(x - y)^2}.$

IV. Faire les produits suivants :

1. $(7 + 2\sqrt{6})(9 - 5\sqrt{6})$　　$R.\ 3 - 17\sqrt{6}.$

2. $(2\sqrt{8} + 3\sqrt{5} - 7\sqrt{2})(\sqrt{72} - 5\sqrt{20} - 2\sqrt{2}).$

$$R.\ 42\sqrt{10} - 174.$$

3. $\left(4\sqrt{\dfrac{7}{3}} + 5\sqrt{\dfrac{1}{2}}\right) \times \left(\sqrt{\dfrac{7}{3}} + 2\sqrt{\dfrac{1}{2}}\right).$

$$R.\ \dfrac{43}{3} + 13\sqrt{\dfrac{7}{6}}.$$

4. $\sqrt{x^2 - ax + a^2} \times \sqrt{x^2 + ax + a^2}.$

$$R.\ \sqrt{x^4 + a^2 x^2 + a^4}.$$

5. $(\sqrt{x + 2} + 1) \times (\sqrt{x + 2} - 1).$　　$R.\ x + 1.$

6. $\qquad (x^2 - x\sqrt{2} + 1) \times (x^2 + x\sqrt{2} + 1)$.   R. $x^4 + 1$.

7. $\qquad (x^2 + 1) \times (x^2 - x\sqrt{3} + 1) \times (x^2 + x\sqrt{3} + 1)$.

$$R.\ x^6 + 1.$$

V. Calculer les quotients suivants :

1. $\qquad \sqrt{\dfrac{x+1}{x-1}} : \sqrt{\dfrac{x-1}{x+1}}.$ R. $\dfrac{x+1}{x-1}.$

2. $\qquad \left(\sqrt{2} + 3\sqrt{\dfrac{1}{2}}\right) : \dfrac{1}{2}\sqrt{\dfrac{1}{2}}.$ R. $10.$

3. $\qquad \dfrac{a - \sqrt{a^2 - b^2}}{\sqrt{a^2 + b^2} + b} : \dfrac{\sqrt{a^2 + b^2} - b}{a + \sqrt{a^2 - b^2}}.$ R. $\dfrac{b^2}{a^2}.$

4. $\qquad (\sqrt{3} + \sqrt{2}) : (\sqrt{3} - \sqrt{2}).$ R. $5 + 2\sqrt{6}.$

5. $\qquad (3\sqrt{5} - 2\sqrt{2}) : (2\sqrt{5} - \sqrt{18}).$ R. $\dfrac{18 + 5\sqrt{10}}{2}.$

6. $\qquad \left(\sqrt{\dfrac{1+x}{1-x}} - \sqrt{\dfrac{1-x}{1+x}}\right) : \left(\sqrt{\dfrac{1+x}{1-x}} + \sqrt{\dfrac{1-x}{1+x}}\right).$

$$R.\ x.$$

VI. Trouver le carré de

$$\sqrt{\dfrac{a + \sqrt{a^2 - b}}{2}} + \sqrt{\dfrac{a - \sqrt{a^2 - b}}{2}}. \qquad R.\ a + \sqrt{b}.$$

VII. Transformer les fractions suivantes renfermant des radicaux au dénominateur et montrer que l'on a

1. $\qquad \dfrac{a\sqrt{a+x}}{\sqrt{a+x} - \sqrt{x}} = a + x + \sqrt{ax + x^2}.$

2. $\qquad \dfrac{a\,(x + a + \sqrt{x^2 - a^2})}{x + a - \sqrt{x^2 - a^2}} = x + \sqrt{x^2 - a^2}.$

3. $$\frac{(3+\sqrt{3})\,(3+\sqrt{5})\,(\sqrt{5}-2)}{(5-\sqrt{5})\,(1+\sqrt{3})}=\frac{1}{5}\sqrt{15}.$$

4. $$\frac{15}{\sqrt{10}+\sqrt{20}+\sqrt{40}-\sqrt{5}-\sqrt{80}}=\sqrt{5}\,(1+\sqrt{2}).$$

5. $$\frac{1}{\sqrt{5}-\sqrt{10}+\sqrt{20}-\sqrt{40}+\sqrt{80}}=\frac{7\sqrt{5}+3\sqrt{10}}{155}.$$

6. $$\frac{a\sqrt{a}+3a\sqrt{b}+3b\sqrt{a}+b\sqrt{b}}{\sqrt{a}+\sqrt{b}}=\left(\sqrt{a}+\sqrt{b}\right)^{2}.$$

7. $$\frac{\sqrt{1+a^{2}}-\sqrt{1-a^{2}}}{a^{2}+2-2\sqrt{1-a^{4}}}=\frac{3\sqrt{1+a^{2}}+\sqrt{1-a^{2}}}{5a^{2}+4}.$$

8. $$\frac{1-\sqrt{2}+\sqrt{3}}{1+\sqrt{2}-\sqrt{3}}=\frac{\sqrt{2}+\sqrt{6}}{2}.$$

9. $$\frac{3+4\sqrt{3}}{\sqrt{6}+\sqrt{2}-\sqrt{5}}=\sqrt{6}+\sqrt{2}+\sqrt{5}.$$

10. $$\frac{1}{\sqrt{2}+\sqrt{3}+\sqrt{5}}=\frac{3\sqrt{2}+2\sqrt{3}-\sqrt{30}}{12}.$$

11. $$\frac{1}{\sqrt{2}+\sqrt{3}-\sqrt{5}}=\frac{\sqrt{30}+3\sqrt{2}+2\sqrt{3}}{12}.$$

VIII. Trouver la valeur de

$$\left(\frac{1}{x-1}\right)^{2}+\left(\frac{x}{x+1}\right)^{2}\quad\text{pour }x=\sqrt{\frac{n-1}{n+1}}.\qquad R.\ \ n\,(n-1).$$

IX. Quand $x=\dfrac{2ab}{b^{2}+1}$, trouver la valeur de l'expression

$$\frac{\sqrt{a+x}+\sqrt{a-x}}{\sqrt{a+x}-\sqrt{a-x}}.\qquad R.\ \ b.$$

X. Montrer que l'on a

$$\frac{2+\sqrt{3}}{\sqrt{2}+\sqrt{2+\sqrt{3}}} + \frac{2-\sqrt{3}}{\sqrt{2}-\sqrt{2-\sqrt{3}}} = \sqrt{2}.$$

XI. Próuver que

$$\frac{\sqrt[3]{5,12}+\sqrt[3]{0,03375}}{\sqrt[3]{80}+\sqrt[3]{0,01}} = \frac{1}{2}.$$

XII. Trouver les fractions à dénominateurs rationnels et équivalentes à

1. $\dfrac{1}{\sqrt[3]{4}-\sqrt[3]{3}}.$ $R.\ \dfrac{\sqrt[3]{16}+\sqrt[3]{12}+\sqrt[3]{9}}{1}.$

2. $\dfrac{1}{\sqrt[3]{5}+\sqrt[3]{2}}.$ $R.\ \dfrac{\sqrt[3]{25}-\sqrt[3]{10}+\sqrt[3]{4}}{7}.$

3. $\dfrac{1}{\sqrt[3]{x^2}+\sqrt[3]{ax}+\sqrt[3]{a^2}}.$ $R.\ \dfrac{\sqrt[3]{x}-\sqrt[3]{a}}{x-a}.$

4. $\dfrac{3-\sqrt{2}}{\sqrt{3}-\sqrt[4]{2}}.$ $R.\ \sqrt{3}+\sqrt[4]{2}.$

5. $\dfrac{1}{3\sqrt[3]{5}-2}.$ $R.\ \dfrac{9\sqrt[3]{25}+6\sqrt[3]{5}+4}{127}.$

6. $\dfrac{a-b}{\sqrt[4]{a}-\sqrt[4]{b}}.$ $R.\ a^{\frac{3}{4}}+a^{\frac{1}{2}}b^{\frac{1}{4}}+a^{\frac{1}{4}}b^{\frac{1}{2}}+b^{\frac{3}{4}}.$

7. $\dfrac{1}{a+\sqrt[5]{b}}.$ $R.\ \dfrac{a^4-a^3\sqrt[5]{b}+a^2\sqrt[5]{b^2}-a\sqrt[5]{b^3}+\sqrt[5]{b^4}}{a^5+b}.$

XIII. Faire les multiplications suivantes :

1. $\left(x^{\frac{3}{2}}-xy^{\frac{1}{2}}+x^{\frac{1}{2}}y-y^{\frac{3}{2}}\right)\times\left(x+x^{\frac{1}{2}}y^{\frac{1}{2}}+y\right).$

$$R.\ x^{\frac{5}{2}}+x^{\frac{3}{2}}y-xy^{\frac{3}{2}}-y^{\frac{5}{2}}.$$

2. $\left(x+2y^{\frac{1}{2}}+3z^{\frac{1}{3}}\right)\times\left(x-2y^{\frac{1}{2}}+3z^{\frac{1}{3}}\right).$

$$R.\ x^2+6xz^{\frac{1}{3}}+9z^{\frac{2}{3}}-4y.$$

3. $\left(a^{\frac{3}{4}}+a^{\frac{1}{2}}b^{\frac{1}{2}}+a^{\frac{1}{4}}b+b^{\frac{3}{2}}\right)\times\left(a^{\frac{1}{4}}-b^{\frac{1}{2}}\right).$

$$R.\ a-b^2.$$

4. $\left(x^{\frac{3}{2}}-1+x^{-\frac{3}{2}}\right)\times\left(x^{\frac{3}{2}}+1+x^{-\frac{3}{2}}\right).$

$$R.\ x^3+1+x^{-3}.$$

5. $\left(a^{\frac{3}{2}}-a^{\frac{2}{3}}+a^{-\frac{1}{3}}-a^{-\frac{3}{2}}\right)\times\left(a^{\frac{3}{2}}+a^{\frac{2}{3}}-a^{-\frac{1}{3}}-a^{-\frac{3}{2}}\right).$

$$R.\ a^3-a^{\frac{4}{3}}+2a^{\frac{1}{3}}-2-a^{-\frac{2}{3}}+a^{-3}.$$

XIV. Faire les cubes des binômes suivants :

1. $a^{\frac{1}{2}}-b^{\frac{1}{2}}.$ $R.\ \left(a+3b\right)a^{\frac{1}{2}}-\left(b+3a\right)b^{\frac{1}{2}}.$

2. $x^{\frac{1}{3}}-y^{\frac{1}{3}}.$ $R.\ x-y-3x^{\frac{1}{3}}y^{\frac{1}{3}}\left(x^{\frac{1}{3}}-y^{\frac{1}{3}}\right).$

3. $x-x^{-1}.$ $R.\ x^3-x^{-3}-3\left(x-x^{-1}\right).$

4. $e^x-e^{-x}.$ $R.\ e^{3x}-e^{-3x}-3\left(e^x-e^{-x}\right).$

5. $a^{\frac{1}{3}}b^{-1}+a^{-\frac{1}{3}}b.$ $R.\ ab^{-3}+3a^{\frac{1}{3}}b^{-1}+3a^{-\frac{1}{3}}b+a^{-1}b^3.$

6. $\dfrac{2}{3}x^{\frac{2}{3}}y^{-\frac{1}{3}}-\dfrac{3}{2}x^{-\frac{1}{3}}y^{\frac{2}{3}}.$ $R.\ \dfrac{8x^2}{27y}-2x-\dfrac{9y}{2}-\dfrac{27y^2}{8x}.$

XV. Montrer que, si l'on a $x+x^{-1}=p$, on aura

$$x^3+x^{-3}=p^3-3p.$$

XVI. Faire les divisions suivantes :

1. $\left(a^{\frac{3}{4}} - b^{\frac{3}{4}}\right) : \left(a^{\frac{1}{4}} - b^{\frac{1}{4}}\right).$ **R.** $a^{\frac{1}{2}} + a^{\frac{1}{4}} b^{\frac{1}{4}} + b^{\frac{1}{2}}.$

2. $\left(a^{\frac{3}{5}} - b^{\frac{3}{5}}\right) : \left(a^{\frac{1}{5}} - b^{\frac{1}{5}}\right).$ **R.** $a^{\frac{2}{5}} + a^{\frac{1}{5}} b^{\frac{1}{5}} + b^{\frac{2}{5}}.$

3. $\left(x - a\right) : \left(x^{\frac{1}{n}} - a^{\frac{1}{n}}\right).$

R. $x^{1-\frac{1}{n}} + a^{\frac{1}{n}} x^{1-\frac{2}{n}} + \ldots + a^{1-\frac{2}{n}} x^{\frac{1}{n}} + a^{1-\frac{1}{n}}.$

4. $\left(x - 2x^{\frac{1}{2}} + 1\right) : \left(x^{\frac{1}{3}} - 2x^{\frac{1}{6}} + 1\right).$

R. $x^{\frac{2}{3}} + 2x^{\frac{1}{2}} + 3x^{\frac{1}{3}} + 2x^{\frac{1}{6}} + 1.$

5. $\left(16x - y^2\right) : \left(2x^{\frac{1}{4}} - y^{\frac{1}{2}}\right).$

R. $8x^{\frac{3}{4}} + 4x^{\frac{1}{2}} y^{\frac{1}{2}} + 2x^{\frac{1}{4}} y + y^{\frac{3}{2}}.$

6. $\left(x^{-1} - y^{-1}\right) : \left(x^{-\frac{1}{3}} - y^{-\frac{1}{3}}\right).$

R. $x^{-\frac{2}{3}} + x^{-\frac{1}{3}} y^{-\frac{1}{3}} + y^{-\frac{2}{3}}.$

7. $x^{\frac{3n}{2}} - x^{-\frac{3n}{2}} : x^{\frac{n}{2}} - x^{-\frac{n}{2}}.$ **R.** $x^n + 1 + x^{-n}.$

XVII. Montrer que l'on a

$$\sqrt{a^2 + \sqrt[3]{a^4 b^2}} + \sqrt{b^2 + \sqrt[3]{a^2 b^4}} = \left(a^{\frac{2}{3}} + b^{\frac{2}{3}}\right)^{\frac{3}{2}}.$$

LIVRE II

RÉSOLUTION DES ÉQUATIONS DU PREMIER DEGRÉ.

CHAPITRE I

Généralités sur les équations.

115. DÉFINITIONS. — I. On appelle *égalité* l'ensemble de deux expressions de même valeur séparées par le signe $=$.

Ex. : $$7+5+2=3+4+1+6.$$

L'ensemble des quantités qui précèdent le signe $=$ forme le *premier membre* de l'égalité; celles qui le suivent composent le *second membre*.

On distingue les *égalités numériques*, telles que $5+2=7$, et les *égalités littérales*, telles que l'égalité $a^2=b^2+c^2$. qui lie les valeurs numériques des trois côtés d'un triangle rectangle; dans cette dernière, à la place de chaque lettre il faut concevoir le nombre qui mesure le côté correspondant; les nombres que représentent les lettres a, b, c, ne sont donc pas complétement arbitraires.

II. Une *identité* est une égalité évidente; ainsi

$$7=7, \qquad (a+b)^2=(a+b)^2$$

sont des identités.

Toute égalité numérique conduit à une identité numérique quand les calculs sont achevés dans les deux membres; par exemple, les égalités

$$7+5+2=3+4+1+6, \qquad 2-4=3-5$$

fournissent les identités

$$14 = 14, \qquad -2 = -2,$$

lorsque l'on a fait les additions et les soustractions indiquées.

On appelle aussi *identité* une égalité littérale vraie, quelles que soient les valeurs attribuées aux lettres qui s'y trouvent. Ainsi

$$(a+b)^2 = a^2 + 2ab + b^2,$$
$$(a+b)^2 + (a-b)^2 = 2(a^2 + b^2)$$

sont des identités ; on peut bien les appeler aussi des *égalités*, mais le mot ne dit pas assez ; elles diffèrent de $a^2 = b^2 + c^2$, puisqu'elles subsistent toujours quelles que soient les valeurs numériques attribuées à chaque lettre.

III. — On appelle *équation* une égalité qui renferme une ou plusieurs lettres représentant des quantités inconnues et qui ne se réduit à une identité que pour certaines valeurs attribuées à ces inconnues.

Ainsi les égalités

$$x + 1 = 7, \qquad a + b = 2x - c$$

sont des équations, car la première n'est vraie que pour $x = 6$, et la seconde ne devient une identité que pour $x = \dfrac{a+b+c}{2}$; on trouve alors en effet

$$a + b = 2 \frac{a+b+c}{2} - c,$$

ou bien, en effectuant les calculs indiqués,

$$a + b = a + b.$$

Les valeurs particulières qu'il faut attribuer aux inconnues d'une équation, pour qu'elle se réduise à une identité, s'appellent *racines* ou *solutions* de l'équation.

Ainsi les racines de l'équation $4x + 3y = 22$ sont

$$x = 4, \quad y = 2;$$

on dit aussi que 4 et 2 forment une solution de l'équation.

Résoudre une équation, c'est en trouver les racines.

IV. On dit qu'une *équation est entière* lorsque ses deux membres sont des polynômes à termes et à coefficients entiers; dans le cas contraire, elle est *fractionnaire*. Ainsi

$$(1) \qquad x = 15x - 42$$

est une équation entière; tandis que les équations

$$(2) \qquad \frac{x}{a} + \frac{x}{b} = c,$$

$$(3) \qquad \frac{3x}{4} + \frac{7x}{15} + \frac{11x}{6} = 366$$

sont fractionnaires.

Une équation est *irrationnelle* si l'inconnue entre sous un radical. Telle est l'équation

$$(4) \qquad \sqrt{5x + 10} = \sqrt{5x} + 2.$$

Une équation est *numérique* lorsque les coefficients de l'inconnue ainsi que les termes tout connus sont des nombres; telles sont les équations (1), (3), (4).

Une équation est *littérale* lorsqu'elle renferme, outre les inconnues, d'autres lettres représentant des quantités données; telle est l'équation (2).

V. On dit que deux *équations sont équivalentes* lorsque toute solution de la première est une solution de la seconde; et que, de plus, toute solution de la seconde est une solution de la première.

116. PROPOSITION I. — *On peut, sans altérer les solutions d'une équation, augmenter ou diminuer les deux membres d'une même quantité.*

Démonstration. — Nous pouvons, pour abréger l'écriture, représenter l'équation proposée par

$$(1) \qquad\qquad P = P',$$

P et P′ étant deux polynômes quelconques renfermant une ou plusieurs inconnues, par exemple, de la forme

$$P = ax^2 + bxy + cy^2 + f,$$
$$P' = a'x + b'y + k.$$

Je dis que l'équation

$$(2) \qquad\qquad P + m = P' + m,$$

dans laquelle m représente un nombre positif ou négatif quelconque, admet les mêmes solutions que la première, et réciproquement.

En effet, soit

$$x = \alpha, \quad y = \beta$$

une solution de l'équation (1), nous aurons identiquement

$$(3) \qquad a\alpha^2 + b\alpha\beta + c\beta^2 + f = a'\alpha + b'\beta + k$$

et, en ajoutant un même nombre m aux deux membres de cette identité, nous aurons encore une identité :

$$(4) \qquad a\alpha^2 + \cdots + f + m = a'\alpha + b'\beta + k + m;$$

mais cette identité (4) n'est autre chose que le résultat de la substitution de α à la place de x, et de β à la place de y dans l'équation (1); donc toute solution de (1) est une solution de (2). — Réciproquement, toute solution de (2) est une solution de (1) : en effet, si nous représentons encore par $x = \alpha$, $y = \beta$ une solution de (2), nous aurons l'identité (4); d'où nous déduirons, en retranchant m aux deux membres, l'identité (3), laquelle exprime que l'équation (1) est satisfaite.

117. *Conséquence I.* — On peut faire passer un terme d'une équation d'un membre dans l'autre, sans altérer les solutions.

Soit, par exemple, l'équation

$$3x - 4 = 26 + x;$$

on peut ajouter 4 aux deux membres, ce qui donne

$$3x = 26 + 4 + x,$$

puis retrancher le nombre x aux deux membres et écrire

$$3x - x = 26 + 4, \quad \text{ou} \quad 2x = 30.$$

On voit donc que, *pour faire passer un terme d'un membre dans un autre, il suffit de l'effacer dans le membre où il se trouve et de l'écrire dans l'autre avec un signe contraire.*

118. *Conséquence II.* — On peut changer les signes de tous les termes d'une équation.

Ainsi l'équation

$$7 + \frac{x}{6} - \frac{3x}{4} = 5x - 13$$

peut s'écrire

$$\frac{3}{4}x - \frac{x}{6} - 7 = 13 - 5x.$$

Ceci revient, en effet, à faire passer tous les termes d'un membre dans l'autre et à écrire le second membre le premier.

119. PROPOSITION II. — *On peut, sans altérer les solutions d'une équation, multiplier ou diviser ses deux membres par une même quantité, pourvu que cette quantité ne puisse devenir ni nulle, ni infinie.*

Démonstration. — Soit l'équation

$$(1) \qquad P = P';$$

je multiplie ses deux membres par la quantité m, et je dis que l'équation

$$(2') \qquad mP = mP'$$

est équivalente à l'équation (1).

En effet, toute solution $x = \alpha$, $y = \beta$ de (1) fournit l'identité (3), de laquelle on déduit, en multipliant par m ses deux membres, l'identité

$$(5) \qquad m(a\alpha^2 + \cdots + f) = m(a'\alpha + \cdots k),$$

laquelle exprime que l'équation (2') est satisfaite.

Réciproquement, toute solution $(x = \alpha, y = \beta)$ de l'équation (2') satisfait à l'équation (1); car on a l'identité (5) d'où l'on déduit, en divisant ses deux membres par m, l'identité (3); donc $x = \alpha$, $y = \beta$ vérifient bien l'équation (1) et les deux équations sont équivalentes.

On démontrerait de même que les équations

$$P = P' \qquad \text{et} \qquad \frac{P}{n} = \frac{P'}{n}$$

sont équivalentes.

120. *Remarque.* — Mais il faut ajouter cette restriction que, pour les valeurs $x = \alpha$, $y = \beta$, m ne doit devenir ni nul ni infini; on ne pourrait passer, dans ce cas, de l'identité (3) à l'identité (5) ou réciproquement; nous ignorons, en effet, ce que signifie la division d'un nombre par zéro ou la multiplication par une quantité supérieure à tout nombre imaginable, quelque grand qu'il soit.

Multiplions, par exemple, les deux membres de l'équation

$$2x - 3 = 7.$$

par la quantité $x-2$, nous obtiendrons l'équation

$$(2x-3)(x-2)=7(x-2)$$

qui est *plus générale* que la première. En effet, nous pouvons l'écrire

$$(x-2)(2x-3-7)=0;$$

or, pour qu'un produit soit nul, il faut et il suffit que l'un de ses facteurs le soit; nous satisferons donc à cette dernière équation en posant

$$x-2=0, \quad \text{d'où} \quad x=2,$$

ou bien encore en écrivant

$$2x-3-7=0, \quad \text{d'où} \quad x=5.$$

Cette seconde solution, seule, convient à l'équation proposée.

Ainsi, l'on voit qu'en multipliant les deux membres d'une équation par un polynôme en x qui peut s'annuler pour certaines valeurs de x, on augmente la généralité de l'équation en introduisant comme solutions toutes celles qui peuvent annuler le multiplicateur.

La propriété inverse est évidente : lorsqu'on divise les deux membres par un polynôme en x qui peut s'annuler pour certaines valeurs de cette inconnue, on supprime dans l'équation proposée toutes les solutions qui rendent ce facteur nul.

121. *Conséquence.* — On peut faire disparaître les dénominateurs d'une équation ; pour cela, on réduit tous les termes au même dénominateur et l'on multiplie les deux membres de l'équation par le dénominateur commun.

Soit, par exemple, à résoudre l'équation

$$\frac{5x}{2} - \frac{4x}{3} - 13 = \frac{5}{8} + \frac{x}{32};$$

le dénominateur commun le plus simple est 96 et l'équation peut s'écrire

$$\frac{5 \times 48 \times x}{96} - \frac{4 \times 32 \times x}{96} - \frac{13 \times 96}{96} = \frac{5 \times 12}{96} + \frac{3x}{96};$$

si l'on multiplie les deux membres par 96, on a l'équation

$$240x - 128x - 1248 = 60 + 3x,$$

qui ne renferme plus de terme fractionnaire ; on dit que l'on a *chassé* les dénominateurs. Comme il est inutile d'écrire partout le dénominateur commun 96 pour l'effacer ensuite, on déduit de ce qui précède la règle suivante :

RÈGLE. *Pour chasser les dénominateurs d'une équation, on réduit tous les termes au plus petit dénominateur commun, mais on n'écrit pas ce dénominateur.*

122. PROPOSITION III. — *On augmente, en général, le nombre des solutions d'une équation en élevant ses deux membres à la même puissance.*

DÉMONSTRATION. — Considérons l'équation

$$(1) \qquad\qquad P = P',$$

dans laquelle P et P′ sont des polynômes en x ; élevons ses deux membres au carré, nous aurons l'équation

$$(2) \qquad\qquad P^2 = P'^2$$

qui est plus générale que la première. En effet, on peut écrire cette dernière

$$P^2 - P'^2 = 0, \qquad \text{ou} \qquad (P + P') \times (P - P') = 0.$$

Or, pour qu'un produit soit nul, il faut et il suffit que l'un de ses facteurs soit nul, nous satisferons donc à l'équation (2) en posant

$$P - P' = 0, \qquad \text{ou} \qquad P + P' = 0.$$

Ainsi, l'équation (2) admet pour solutions les valeurs des inconnues qui rendent nulle la différence $P - P'$ et, de plus, les valeurs qui annulent la somme $P + P'$. Les premières valeurs sont les solutions de la question, les autres sont des solutions étrangères.

Exemple. Soit, à résoudre l'équation

$$5 + \sqrt{5 - x} = x.$$

Si on l'écrit

$$\sqrt{5 - x} = x - 5,$$

on fera disparaître le radical en l'élevant au carré, et l'on obtiendra l'équation

$$5 - x = x^2 - 10x + 25,$$

ou

$$x^2 - 9x + 20 = 0,$$

qui admet pour racines

$$x = 4, \quad x = 5;$$

la seconde solution seule convient à l'équation proposée et la première est une solution étrangère satisfaisant à l'équation

$$5 - \sqrt{5 - x} = x,$$

qui ne diffère de l'équation proposée que par le signe $-$ du radical. Ceci s'explique facilement, car cette nouvelle équation revient à

$$-\sqrt{5 - x} = x - 5,$$

et en élevant les deux membres au carré, toute différence entre les deux calculs disparaît; l'équation finale doit donc fournir à la fois les solutions des deux équations.

Malgré cet inconvénient, on élève souvent au carré ou au cube les deux membres d'une équation, afin de faire disparaître les radicaux qu'elle renferme; mais il faut examiner ultérieurement si les racines obtenues satisfont bien à l'équation proposée.

123. On classe les équations d'après le nombre d'inconnues qu'elles renferment et d'après leur degré.

DÉFINITION. — On appelle *degré* d'une équation à une seule inconnue, la plus haute puissance de cette inconnue, lorsque l'on a chassé les dénominateurs et les radicaux qui la renferment.

Ainsi, quand on a multiplié les deux membres de l'équation

$$\frac{5}{2x+1} = \frac{2}{5x-8}$$

par le produit $(2x+1)(5x-8)$ des dénominateurs, l'on obtient

$$5(5x-8) = 2(2x+1);$$

et comme x n'entre qu'à la première puissance, cette équation est du premier degré.

De même l'équation

$$\sqrt{12+x} = 2 + \sqrt{x}.$$

conduit à une équation du premier degré; car elle devient, après l'élévation au carré,

$$12 + x = 4 + x + 4\sqrt{x}$$

puis, après les simplifications,

$$8 = 4\sqrt{x}, \qquad 2 = \sqrt{x}, \qquad x = 4.$$

CHAPITRE II

Résolution d'une équation du premier degré à une seule inconnue.

124. Pour résoudre une équation on la remplace successivement par une série d'équations *équivalentes* de plus en plus simples, jusqu'à ce que l'on soit arrivé à une équation dont la solution soit évidente; les principes démontrés dans le chapitre précédent permettent d'opérer ces substitutions.

Soit, par exemple, à résoudre l'équation

$$\frac{5x}{2} - \frac{4x}{3} - 13 = \frac{5}{8} + \frac{x}{32}.$$

Nous avons vu (n° 121) qu'elle devenait, après l'évanouissement des dénominateurs,

$$240\,x - 128\,x - 1248 = 60 + 3\,x;$$

et que cette dernière équation était équivalente à l'équation proposée. En faisant passer tous les termes inconnus dans le premier membre et les autres dans le second, nous obtenons l'équation

$$240\,x - 128\,x - 3\,x = 60 + 1248,$$

qui peut s'écrire

$$x(240 - 128 - 3) = 1308,$$

et qui est encore équivalente à l'équation proposée (n° 117). Il suffira donc de résoudre cette dernière : elle revient à

$$109\,x = 1308,$$

et admet pour solution unique

$$x = \frac{1308}{109} = 12;$$

la seule racine de l'équation proposée est donc 12.

De ce qui précède on déduit la règle suivante :

Règle. — *Pour résoudre une équation du premier degré à une inconnue on chasse les dénominateurs, et l'on effectue les calculs indiqués ; puis, on fait passer les termes qui renferment l'inconnue dans un membre et les termes connus dans l'autre ; on met l'inconnue en facteur commun et l'on divise la quantité connue par le coefficient de l'inconnue ; ce quotient est l'unique solution de l'équation proposée.*

125. EXEMPLES DE RÉSOLUTION D'ÉQUATIONS NUMÉRIQUES.

Ex. I.
$$\frac{x+1}{2}+\frac{1}{3}(x+2)=16-\frac{1}{4}(x+3),$$

en multipliant les deux membres par 12, l'on obtient

$$6(x+1)+4(x+2)=192-3(x+3),$$

ou

$$6x+6+4x+8=192-3x-9,$$

et, en rassemblant les termes inconnus dans le premier membre,

$$6x+4x+3x=192-9-6-8,$$

c'est-à-dire

$$13x=169, \quad \text{d'où} \quad x=\frac{169}{13}=13.$$

Ex. II. Soit encore à résoudre l'équation

$$\frac{3x^2+x}{2}-\frac{2x^2+x}{3}+\frac{x^2+x}{12}=x^2+\frac{2}{15}-\frac{x^2+5x}{12}$$

Le plus petit dénominateur commun est 60 ; nous aurons donc, en multipliant tous les termes par 60,

$$90\,x^2 + 30\,x - 40\,x^2 - 20\,x + 5\,x^2 + 5\,x = 60\,x^2 + 8$$
$$- 5\,x^2 - 25\,x;$$

comme les termes en x^2 se détruisent, l'équation se réduit au premier degré

$$30\,x - 20\,x + 5\,x + 25\,x = 8,$$

$$40\,x = 8, \quad \text{donc } x = \frac{1}{5}.$$

126. EXEMPLES DE RÉSOLUTION D'ÉQUATIONS LITTÉRALES.

Ex. I. Résoudre l'équation

$$\frac{x}{a} - \frac{x}{a-b} + \frac{a}{a+b} = 0.$$

Le dénominateur commun est $a\,(a-b)\,(a+b)$ et si l'on multiplie les deux membres de l'équation par ce produit, on obtient

$$x\,(a^2 - b^2) - x\,(a+b)\,a + a^2\,(a-b) = 0;$$

puis, mettant x en facteur commun,

$$x\,(a^2 - a^2 - ab - b^2) + a^2\,(a-b) = 0;$$

ce qui se réduit à

$$x\,(ab + b^2) = a^2\,(a-b);$$

l'on aura donc

$$x = \frac{a^2\,(a-b)}{b\,(a+b)}.$$

Ex. II. Résoudre l'équation

$$\frac{ax}{a+b} + 2ab - a^2 = \frac{bx}{a-b} - b^2.$$

Chassant le dénominateur, l'on a

$$ax\,(a-b) + (2ab - a^2)\,(a+b)\,(a-b) = bx\,(a+b)$$
$$- b^2\,(a+b)\,(a-b);$$

réunissant dans le premier membre les termes en x, il vient

$$x\left[a^2 - 2ab - b^2\right] = \left(a^2 - b^2\right)\left(a^2 - 2ab - b^2\right);$$

et si l'on divise les deux membres par le facteur commun $a^2 - 2ab - b^2$, l'équation se réduit à

$$x = a^2 - b^2.$$

127. *Remarque I.* — Il est quelquefois plus commode de ne chasser que partiellement les dénominateurs et de faire d'abord diverses réductions.

Ex. I. Soit, à résoudre l'équation :

$$\frac{x+7}{11} - \frac{2x-16}{3} + \frac{2x+5}{4} = \frac{16}{3} + \frac{3x+7}{12};$$

multipliant par 12 les deux membres, nous aurons

$$\frac{12(x+7)}{11} - 4(2x-16) + 3(2x+5) = 16 \times 4 + 3x + 7,$$

ou

$$\frac{12(x+7)}{11} - 8x + 64 + 6x + 15 = 64 + 3x + 7,$$

ou

$$\frac{12(x+7)}{11} + 8 = 5x.$$

Multiplions maintenant les deux membres par 11, nous aurons

$$12(x+7) + 88 = 55x,$$

d'où

$$84 + 88 = 55x - 12x,$$

et par conséquent

$$x = \frac{172}{43} = 4.$$

128. *Remarque II.* — Les théorèmes sur les égalités de rapports, que nous avons généralisés au n° 87, abrègent souvent la résolution des équations.

1° Soit, à résoudre l'équation

$$\frac{\sqrt{a+x}+\sqrt{a-x}}{\sqrt{a+x}-\sqrt{a-x}} = \frac{b}{c};$$

on la simplifie en se rappelant que dans toute proportion la somme des deux premiers termes est à leur différence, comme la somme des deux derniers est à leur différence, ce qui donne

$$\frac{\sqrt{a+x}}{\sqrt{a-x}} = \frac{b+c}{b-c},$$

ou bien, en élevant au carré les deux membres,

$$\frac{a+x}{a-x} = \frac{(b+c)^2}{(b-c)^2}.$$

Appliquant le même théorème, on a

$$\frac{a}{x} = \frac{(b+c)^2+(b-c)^2}{(b+c)^2-(b-c)^2} = \frac{b^2+c^2}{2bc},$$

d'où

$$x = \frac{2abc}{b^2+c^2}.$$

2° On résout de même l'équation

$$\frac{x-1-\sqrt{2x+x^2}}{x-1+\sqrt{2x+x^2}} = \frac{\sqrt{x-2}-\sqrt{x}}{\sqrt{x-2}+\sqrt{x}}.$$

On en tire

$$\frac{x-1}{\sqrt{2x+x^2}} = \frac{\sqrt{x-2}}{\sqrt{x}},$$

ce que l'on peut écrire

$$\frac{x-1}{\sqrt{x-2}} = \frac{\sqrt{2x+x^2}}{\sqrt{x}}, \quad \text{ou} \quad \frac{x-1}{\sqrt{x-2}} = \sqrt{\frac{2x+x^3}{x}},$$

ou bien

$$\frac{x-1}{\sqrt{x-2}} = \sqrt{x+2};$$

et en chassant le dénominateur,

$$x-1 = \sqrt{x^2-4}.$$

Si on élève au carré les deux membres de cette équation, on trouve

$$x^2 - 2x + 1 = x^2 - 4,$$

d'où

$$2x = 5 \quad \text{ou} \quad x = \frac{5}{2}.$$

3° Soit, enfin, à résoudre l'équation

$$\frac{\sqrt{36x+1} + 6\sqrt{x}}{\sqrt{36x+1} - 6\sqrt{x}} = 9.$$

Comme le second membre est égal au rapport $\frac{9}{1}$, l'on peut encore suivre la marche précédente, ce qui donne

$$\frac{\sqrt{36x+1}}{6\sqrt{x}} = \frac{10}{8} = \frac{5}{4}, \quad \text{ou} \quad \frac{36x+1}{36x} = \frac{25}{16}.$$

or, nous savons que, dans toute proportion, la différence des deux premiers termes est au second comme la différence des deux derniers est au quatrième ; nous aurons donc de suite :

$$\frac{1}{36x} = \frac{9}{16} \quad \text{d'où} \quad x = \frac{16}{9 \times 36} = \frac{4}{81}.$$

Dans chacune des équations précédentes, nous avons été obligés, pour chasser les radicaux, d'élever au carré les deux membres d'une des équations intermédiaires; l'équation finale ainsi obtenue peut donc admettre, outre les racines de l'équation proposée, des solutions étrangères; mais cette équation finale se réduit au premier degré, donc chacune des équations proposées admet pour solution unique la valeur ci-dessus et il ne peut y avoir de solutions étrangères.

CAS D'IMPOSSIBILITÉ ET D'INDÉTERMINATION QUI SE PRÉSENTENT DANS LA RÉSOLUTION D'UNE ÉQUATION DU PREMIER DEGRÉ A UNE SEULE INCONNUE.

129. Une équation littérale du premier degré à une inconnue peut toujours se mettre sous la forme

$$(1) \qquad ax = b$$

a désignant le coefficient de l'inconnue x et b l'ensemble des termes connus; trois cas peuvent alors se présenter :

1° *Une solution unique et finie.* Si a est différent de zéro, il est permis de diviser par a les deux membres de (1) et l'équation proposée admet pour solution unique

$$(2) \qquad x = \frac{b}{a}.$$

2° *Une solution infinie.* Supposons $a = 0$, et b différent de zéro; nous n'avons plus le droit de diviser par a les deux membres de l'équation (1), car diviser par zéro n'offre aucun sens. Cependant, pour éviter les restrictions, appliquons encore ici la formule (2), elle donnera dans ce cas

$$x = \frac{b}{0},$$

résultat qui n'a pas de sens par lui-même et cela est naturel ; mais l'équation (1), qui se réduit à $0 \times x = b$, est alors absurde ;

on est donc conduit à dire que *l'expression $\dfrac{b}{0}$ indique l'impossibilité.*

Au lieu de supposer que a devienne brusquement égal à zéro, donnons-lui des valeurs de plus en plus petites, par exemple, les valeurs 0,1, 0,01, 0,001, ..., nous trouverons

$$x = \frac{b}{0,1} = 10\,b, \quad x = 100\,b, \quad x = 1000\,b, \ldots$$

c'est-à-dire, des résultats de plus en plus grands. Donc lorsque a devient rigoureusement nul, la valeur de x est plus grande que toute quantité donnée ; on est ainsi conduit à dire que *l'expression $\dfrac{b}{0}$ représente l'infini,* ou bien que l'équation admet une racine infinie. Lorsqu'il s'agit de trouver un résultat numérique le problème est donc impossible.

3° *Une infinité de solutions.* Supposons que l'on ait à la fois

$$a = 0, \qquad b = 0,$$

la formule (2) donne, dans ce cas particulier,

$$x = \frac{0}{0},$$

ce qui n'a aucun sens ; mais l'équation (1) qui se réduit à $0 \times x = 0$ est satisfaite alors par une infinité de valeurs de x, puisque tout nombre multiplié par 0 donne 0 pour résultat ; on est donc conduit à dire qu'un *résultat de la forme $\dfrac{0}{0}$ indique l'indétermination dans le problème.*

130. Remarque. — *L'indétermination qui se présente dans la résolution des équations du premier degré peut n'être qu'apparente, et tenir seulement à l'existence d'un facteur commun aux deux termes de la valeur de x.*

Ex. I. Soit à résoudre l'équation

$$(a^3 - 7a + 6)\,x = a^2 - 3a + 2\,;$$

l'on en tire

$$x = \frac{a^2 - 3a + 2}{a^3 - 7a + 6},$$

et, pour $a = 2$, l'on trouve

$$x = \frac{0}{0}\,;$$

mais puisque les deux termes s'annulent pour $a = 2$, ils sont divisibles par $a - 2$ (n° 65) ; l'on trouve, en effet,

$$a^2 - 3a + 2 = (a - 1)(a - 2),$$
$$a^3 - 7a + 6 = (a^2 + 2a - 3)(a - 2),$$

et l'expression générale de x se réduit à

$$x = \frac{a - 1}{a^2 + 2a - 3}\,;$$

pour $a = 2$, l'on trouve pour véritable valeur de l'inconnue,

$$x = \frac{1}{5}.$$

Ex. II. Chercher ce que devient quand $a = 1$, l'expression

$$x = \frac{a^4 - 2a^2 + 1}{a^3 - a^2 - a + 1}.$$

En divisant les deux termes par $a - 1$, l'on trouve

$$x = \frac{a^3 + a^2 - a - 1}{a^2 - 1}\,;$$

et cette nouvelle valeur se réduit encore à $\dfrac{0}{0}$ quand on y fait $a = 1$. Les deux termes sont donc divisibles encore par $a - 1$; l'on trouve, après la suppression de ce facteur,

$$x = \frac{(a+1)^2}{a+1} = a + 1;$$

par conséquent, pour $a = 1$, la vraie valeur de la fraction est

$$x = 2.$$

On pouvait du reste, dans cet exemple, mettre de suite en évidence le facteur commun $(a-1)^2$; en effet l'on a

$$a^4 - 2a^2 + 1 = (a^2 - 1)^2 = (a+1)^2 (a-1)^2,$$
$$a^3 - a^2 - a + 1 = a^2(a-1) - (a-1) = (a-1)(a^2-1)$$
$$= (a+1)(a-1)^2;$$

supprimant ce facteur, on trouve $x = a + 1$.

De ce qui précède résulte la règle suivante :

RÈGLE. — *Lorsque pour une certaine hypothèse faite sur les lettres qui entrent dans une formule, on trouve un résultat de la forme* $\frac{0}{0}$*, il faut d'abord supprimer tous les facteurs communs aux deux termes de la fraction; dans la formule ainsi simplifiée, on fait ensuite sur les lettres qu'elle renferme l'hypothèse dont il s'agit, et l'on obtient la véritable valeur de l'inconnue qui était cachée sous la forme* $\frac{0}{0}$.

APPLICATION DE CE QUI PRÉCÈDE AU CAS OU L'INCONNUE ENTRE
EN DÉNOMINATEUR.

131. Lorsqu'une équation a des termes fractionnaires qui renferment l'inconnue au dénominateur, on peut réduire au même dénominateur tous les termes de l'équation et les faire passer dans le premier membre ; l'équation à résoudre se présente alors sous la forme $\frac{A}{B} = 0$, A et B désignant des polynômes en x. La question se trouve ramenée à trouver les valeurs de l'inconnue qui rendent nulle la fraction $\frac{A}{B}$. Or, pour qu'une fraction soit nulle, il faut, ou que son numérateur soit nul sans que son dénominateur le soit, ou que son dénominateur devienne infini tandis que le numérateur ne prend pas des valeurs croissant au delà de toutes limites.

1° On trouvera la valeur de x qui annule le numérateur en posant l'équation $A = 0$ et si la racine α de cette équation n'annule pas B, ce sera une solution de la proposée. — Si, au contraire, cette valeur de x annule à la fois B et A, elle fera prendre à la fraction $\dfrac{A}{B}$ la forme $\dfrac{0}{0}$ et l'on sera conduit à chercher la vraie valeur de la fraction $\dfrac{A}{B}$ quand $x = \alpha$. Si cette vraie valeur est zéro la racine $x = \alpha$ conviendra, sinon elle devra être rejetée comme étrangère.

2° La fraction $\dfrac{A}{B}$ tendrait aussi vers zéro si, pour une certaine valeur de x, le dénominateur B augmentait indéfiniment, pourvu qu'il n'en fût pas de même du numérateur ; mais B ne peut devenir infini que pour $x = \infty$ et l'on rejette généralement ces valeurs infinies de x.

Exemples : I. Résoudre l'équation

$$\frac{6x + 7}{15} - \frac{2x - 2}{7x - 6} = \frac{2x + 1}{5}.$$

Elle peut s'écrire en réunissant les termes extrêmes

$$\frac{6x + 7 - 3(2x + 1)}{15} = \frac{2x - 2}{7x - 6},$$

ou bien

$$\frac{4}{15} = \frac{2x - 2}{7x - 6}, \quad \text{c'est-à-dire} \quad \frac{2}{15} = \frac{x - 1}{7x - 6},$$

chassant les dénominateurs on trouve

$$14x - 12 = 15x - 15, \quad \text{ou} \quad x = 3.$$

Comme cette valeur $x = 3$ ne rend pas nul le dénominateur

$7x - 6$, l'équation admet 3 pour racine et n'en admet pas d'autres.

II. Résoudre l'équation

$$\frac{1}{x-6a} + \frac{2}{x+3a} + \frac{3}{x-2a} - \frac{6}{x-a} = 0.$$

Si l'on réduit au même dénominateur toutes ces fractions, on obtient une équation de la forme

$$\frac{A}{B} = 0,$$

dans laquelle les deux termes de la fraction sont respectivement

$$A = (x+3a)(x-2a)(x-a) + 2(x-6a)(x-2a)(x-a)$$
$$+ 3(x-6a)(x+3a)(x-a) - 6(x-6a)(x+3a)(x-2a).$$

et $\qquad B = (x-6a)(x+3a)(x-2a)(x-a).$

Le numérateur A peut se simplifier : en réunissant les deux premiers termes, puis les deux derniers, on trouve

$$A = (x-a)(x-2a)(3x-9a) - 3(x-6a)(x+3a)(x-3a),$$

ou bien

$$A = 3(x-a)(x-2a)(x-3a) - 3(x-6a)(x+3a)(x-3a),$$

et comme $x - 3a$ peut être mis en facteur commun, on a

$$A = 3(x-3a)\big[(x-a)(x-2a) - (x-6a)(x+3a)\big].$$

Or, l'expression entre crochets se réduit à $20a^2$; l'équation proposée revient donc à

$$\frac{60a^2(x-3a)}{(x-6a)(x+3a)(x-2a)(x-a)} = 0.$$

La seule valeur de x qui annule le numérateur est $x = 3a$ et comme cette valeur ne rend pas le dénominateur égal à zéro, $3a$ est la seule solution de l'équation. On le vérifie d'ailleurs facilement, car le résultat de la substitution de $3a$ à la place de x dans le premier membre est

$$-\frac{1}{3a}+\frac{2}{6a}+\frac{3}{a}-\frac{6}{2a}, \quad \text{ou} \quad -\frac{1}{3a}+\frac{1}{3a}+\frac{3}{a}-\frac{3}{a},$$

expression identiquement nulle.

Ex. III. Soit à résoudre l'équation

$$1+\frac{1}{x-1}=\frac{x^2}{x-1}-6.$$

Cette équation se réduit à

$$\frac{x^2-7x+6}{x-1}=0, \quad \text{ou bien à} \quad \frac{(x-1)(x-6)}{x-1}=0.$$

Les valeurs de x qui annulent le numérateur sont 1 et 6; comme $x=6$ ne rend pas le dénominateur nul, 6 est la racine de l'équation proposée. Quant à $x=1$, c'est une racine étrangère, car elle annule à la fois les deux termes de la fraction, et la vraie valeur du premier membre de l'équation pour $x=1$ est -5. D'ailleurs, en simplifiant tout d'abord l'équation proposée, elle se réduit à $x-6=0$, et n'admet évidemment que 6 pour racine.

De ce qui précède on déduit la règle suivante :

RÈGLE. — *Pour résoudre une équation qui renferme l'inconnue en dénominateur, on réduit tous les termes au même dénominateur, on supprime ce dénominateur et l'on résout l'équation ainsi obtenue. On s'assure ensuite que ces valeurs de x ne rendent pas nul le dénominateur supprimé : s'il en est ainsi, les valeurs trouvées sont convenables; dans le cas contraire, il faut les rejeter.*

EXERCICES SUR LES ÉQUATIONS DU PREMIER DEGRÉ A UNE INCONNUE.

I. Résoudre les équations suivantes dont tous les termes sont entiers.

$$3x + 47 = 9x + 5. \qquad\qquad R. \ x = 7.$$

$$15 - 2x + 6 = 3x + 1. \qquad\qquad R. \ x = 4.$$

$$3(x - 2) + 4 = 4(3 - x). \qquad\qquad R. \ x = 2.$$

$$5 - 3(4 - x) + 4(3 - 2x) = 0. \qquad R. \ x = 1.$$

$$3(x - 3) - 2(x - 2) + (x - 1) = x + 3 + 2(x + 2) + 3(x + 1).$$
$$R. \ x = -4.$$

II. Montrer que les équations suivantes se ramènent à des équations du premier degré et trouver les racines.

$$12x^2 + 13x = 23x^2 - 9x. \qquad R. \ 0, \quad 2.$$

$$5x^2 - 15x = 2x^2 + 6x. \qquad R. \ 0, \quad 7.$$

$$3ax^3 - 10ax^2 = 8ax^2 + ax^3. \qquad R. \ 0. \quad 9.$$

III. Équations à termes fractionnaires dont les dénominateurs sont premiers entre eux.

$$x - \frac{3x - 2}{5} = 3 - \frac{2x - 5}{3}. \qquad\qquad R. \ x = 4.$$

$$\frac{5x - 1}{7} + \frac{9x - 5}{11} = \frac{9x - 7}{5}. \qquad\qquad R. \ x = 3.$$

$$\frac{2x - 6}{5} - \frac{x - 4}{9} - \frac{3x}{13} = 0. \qquad\qquad R. \ x = 13.$$

$$\frac{7x - 8}{11} + \frac{15x + 8}{13} = 3x - \left(1 + \frac{1}{9}\right). \qquad R. \ x = 9.$$

$$\frac{7x + 5}{3} - \frac{16 + 4x}{5} + 6 = \frac{3x + 9}{2}. \qquad R. \ x = 1.$$

IV. Équations à termes fractionnaires dont les dénominateurs ne sont pas premiers entre eux.

1. $$\frac{x+1}{4}+\frac{x-1}{6}=8.$$ R. $x=19.$

2. $$\frac{x}{2}+\frac{x}{3}=\frac{x}{4}+7.$$ R. 12.

3. $$\frac{x-3}{8}+\frac{x+9}{12}=\frac{3x+7}{20}+3.$$ R. $x=51.$

4. $$\frac{3x+1}{2}-2=\frac{9x+3}{4}-\frac{5x+1}{3}.$$ R. $\frac{23}{11}.$

5. $$\frac{5}{6}x-\frac{24-8x}{3}=4,5+\frac{3x-1}{2}.$$ R. 6.

6. $$\frac{x}{2}-\frac{2x}{3}+\frac{3x}{4}-\frac{4x}{5}=\frac{5x}{6}-\frac{6x}{7}-81.$$ R. $x=420.$

7. $$\frac{1}{27}\left(2x+7\right)-\frac{1}{15}\left(2x-7\right)=\frac{11}{6}-\frac{3x+4}{20}.$$ R. 10.

8. $$\frac{4x-21}{7}+\frac{7}{3}\left(x-4\right)+\frac{47}{6}=x+\frac{23}{6}-\frac{9-7x}{8}.$$

R. 7.

V. Équations à termes fractionnaires renfermant l'inconnue au dénominateur.

$$\frac{10x+17}{18}-\frac{12x+2}{11x-8}=\frac{5x-4}{9}.$$ R. 4.

$$\frac{6x+13}{15}-\frac{3x+5}{5x-25}=\frac{2x}{5}.$$ R. $x=20.$

$$\frac{1}{x-1}-\frac{2}{x+7}=\frac{1}{7(x-1)}.$$ R. $x=7.$

$$\frac{1+x+x^2}{1-x+x^2}=\frac{62}{63}\frac{1+x}{1-x}.$$ R. $x=\frac{1}{5}.$

$$\frac{x}{x-2}+\frac{x-9}{x-7}=\frac{x+1}{x-1}+\frac{x-8}{x-6}. \qquad R. \ x=4.$$

$$\frac{4x-17}{x-4}+\frac{10x-13}{2x-3}=\frac{8x-30}{2x-7}+\frac{5x-4}{x-1}. \qquad R. \ x=2,5.$$

VI. Résoudre les équations littérales suivantes :

1. $a^2x+b^3=b^2x+a^3.$ $R. \ x=\dfrac{a^2+ab+b^2}{a+b}.$

2. $\dfrac{ax}{b}+\dfrac{bx}{a}=x+c.$ $R. \ x=\dfrac{abc}{a^2+b^2-ab}.$

3. $\dfrac{x}{a}+\dfrac{x}{b}+\dfrac{x}{c}=1.$ $R. \ x=\dfrac{abc}{ab+ac+bc}.$

4. $\dfrac{a}{bx}+\dfrac{b}{ax}=a^2+b^2.$ $R. \ x=\dfrac{1}{ab}.$

5. $\dfrac{a}{b+x}+\dfrac{a}{b-x}=c.$ $R. \ x^2=b^2-\dfrac{2ab}{c}.$

6. $\dfrac{1}{ab-ax}+\dfrac{1}{bc-bx}=\dfrac{1}{ac-ax}.$ $R. \ x=\dfrac{b}{a}\left(a-b+c\right).$

7. $\dfrac{a}{x}+\dfrac{b}{x}+\dfrac{c}{x}=1.$ $R. \ x=a+b+c.$

8. $\dfrac{a+b}{x-c}=\dfrac{a}{x-a}+\dfrac{b}{x-b}.$ $R. \ x=\dfrac{ab(a+b-2c)}{a^2+b^2-ac-bc}.$

VII. Résoudre les équations suivantes qui renferment des radicaux :

1. $a+x+\sqrt{2ax+x^2}=b.$ $R. \ x=\dfrac{(a-b)^2}{2b}.$

2. $\dfrac{1-ax}{1+ax}\sqrt{\dfrac{1+bx}{1-bx}}=1.$ $R. \ x^2=\dfrac{2a-b}{a^2b}.$

3. $\sqrt{2x-3a}+\sqrt{2x}=3\sqrt{a}.$ $R. \ x=2a.$

4. $\sqrt{x-4}=\dfrac{x}{\sqrt{1+x}+1}.$ $R. \ x=8.$

5. $\sqrt{4a+x} = 2\sqrt{b+x} - \sqrt{x}.$ $R.\ x = \dfrac{(a-b)^2}{2a-b}.$

6. $\sqrt{x^2+ax+a^2} + \sqrt{x^2-ax+a^2} = \sqrt{2a^2-2b^2}.$

$$R.\ x^2 = \frac{b^4-a^4}{a^2-2b^2}.$$

7. $\sqrt{\dfrac{x+a}{x-a}} + \sqrt{\dfrac{x-a}{x+a}} = b.$ $R.\ x^2 = \dfrac{a^2 b^2}{b^2-4}.$

8. $\dfrac{4a+\sqrt{x}}{3b+\sqrt{x}} = \dfrac{2a+\sqrt{x}}{b+\sqrt{x}}.$ $R.\ x = \left(\dfrac{ab}{a-b}\right)^2.$

9. $\dfrac{a+x}{\sqrt{a}+\sqrt{a+x}} + \dfrac{a-x}{\sqrt{a}+\sqrt{a-x}} = \sqrt{a}.$ $R.\ x^2 = \dfrac{3}{4}a^2.$

10. $\sqrt[3]{a+x} + \sqrt[3]{a-x} = \sqrt[3]{b}.$ $R.\ x^2 = a^2 - \dfrac{(b-2a)^3}{27b}.$

VIII. Ramener la résolution des équations suivantes à celle d'équations du premier degré :

1. $\dfrac{4}{x+2} + \dfrac{7}{x+3} = \dfrac{37}{x^2+5x+6}.$ $R.\ x=1.$

2. $\dfrac{3+2x}{1+2x} - \dfrac{5+2x}{7+3x} = 1 - \dfrac{4x^2-2}{7+16x+4x^2}.$ $R.\ x = \dfrac{7}{8}.$

3. $46{,}1 - \dfrac{28}{5x} + \dfrac{45x}{2(5x-1)} = \dfrac{483}{50} \times \dfrac{6x-2}{x},$

$$R.\ x=2 \quad \text{et} \quad \frac{393}{1840}.$$

4. $\dfrac{(x-a)^3}{(x+b)^3} = \dfrac{x-2a-b}{x+a+2b}.$ $R.\ x = \dfrac{a-b}{2}.$

IX. Tirer des équations suivantes la vraie valeur de x :

1. $x-1+a^2x-2a^3 = 2ax-3a^2,$ quand $a=1.$

$$R.\ 3.$$

2. $a - b = x\sqrt{a^2 - b^2} - \sqrt{2ab - 2b^2}$,   quand $a = b$.

$$R.\ 1.$$

3. $a^n\left(a^{m-n} - x\right) = b^n\left(b^{m-n} - x\right)$,   quand $a = b$.

$$R.\ \frac{m}{n}a^{m-n}.$$

4. $a^n\left(a + b^{n+1}x\right) = b^n\left(b + a^{n+1}x\right)$,   quand $a = b$.

$$R.\ \frac{n+1}{a^n}.$$

X. Quelles sont les vraies valeurs des fractions suivantes ?

1. $\dfrac{x^3 + a^5}{x^3 + a^3}$,   quand $x = -a$. $R.\ \dfrac{5}{3}a^2$.

2. $\dfrac{x^3 + 5ax^2 - 4a^2x - 2a^3}{x^2 - a^2}$,   quand $x = a$. $R.\ \dfrac{9a}{2}$.

3. $\dfrac{x^5 + ax^4 - a^4x - a^5}{x^4 + 2ax^3 - 2a^2x^2 - 2a^3x + a^4}$,   quand $x = a$.

$$R.\ 2a.$$

4. $\dfrac{x^2 + x}{x^3 + x^2}$,   quand $x = 0$. $R.\ \infty$.

5. $\dfrac{1 - 6x + 5x^2}{1 - 4x - 5x^2}$,   quand $x = \dfrac{1}{5}$. $R.\ \dfrac{2}{3}$.

6. $\dfrac{1 - (n+1)x^n + nx^{n+1}}{1 - x}$,   quand $x = 1$. $R.\ 0$.

7. $\dfrac{x.e^{2x} + 1 - e^{2x} - x}{e^{2x} - 1}$,   quand $x = 0$. $R.\ -1$.

8. $\dfrac{a(x^2 + c^2) - 2acx}{b(x^2 + c^2) - 2bcx}$,   quand $x = c$. $R.\ \dfrac{a}{b}$.

9. $\dfrac{2}{x^2 - 1} - \dfrac{1}{x - 1}$,   quand $x = 1$. $R.\ -\dfrac{1}{2}$.

CHAPITRE III

Résolution de plusieurs équations à plusieurs inconnues.

132. Définitions. — I. Plusieurs équations à plusieurs inconnues sont *simultanées*, lorsqu'elles doivent être vérifiées par les mêmes valeurs de ces inconnues.

II. Deux systèmes formés chacun de plusieurs équations à plusieurs inconnues sont *équivalents* lorsque toute solution du premier système est une solution du second, et que, réciproquement, toute solution du second est une solution du premier.

§ I. Cas de deux équations a deux inconnues.

133. Supposons d'abord que l'une des équations ne renferme qu'une seule inconnue; c'est le cas le plus simple auquel on ramène le cas général.

Soit, par exemple, à résoudre les deux équations

$$(1) \qquad 2x + 3y = 13$$
$$(2) \qquad 39 - 9y = 42 - 10y.$$

La seconde, qui ne renferme que l'inconnue y, revient à

$$y = 3,$$

et comme cette valeur $y = 3$, associée à une certaine valeur de x, doit satisfaire à l'équation (1), cette valeur inconnue de x est donnée par l'équation

$$2x + 9 = 13,$$

d'où

$$2x = 4, \quad \text{ou} \quad x = 2.$$

La seule solution du système proposé est donc

$$x = 2, \quad y = 3.$$

134. Considérons maintenant le cas où les deux inconnues entrent à la fois dans les deux équations, et soit à résoudre le système

$$(1) \qquad 6x + 7y = 46,$$
$$(2) \qquad 5x + 3y = 27.$$

On le remplace par un autre système équivalent formé de l'une des équations primitives et d'une équation à une seule inconnue.

Pour obtenir cette dernière équation, l'on peut suivre, ou la méthode par *substitution*, ou la méthode par *comparaison*, ou bien la méthode par *réduction*.

135. Méthode par substitution. — On résout la première équation par rapport à y comme si x était connu, ce qui donne

$$(3) \qquad y = \frac{46 - 6x}{7},$$

et, en substituant cette valeur dans la seconde équation, l'on trouve

$$(4) \qquad 5x + 3\frac{46 - 6x}{7} = 27,$$

équation à une seule inconnue ; on dit que y a été *éliminé*. A partir de là, le calcul revient au précédent : on trouve, en résolvant l'équation (4),

$$x = 3,$$

et, en substituant dans (3),

$$y = 4.$$

Pour démontrer que le système $\big[(3), (4)\big]$ est équivalent au système $\big[(1), (2)\big]$, nous ferons voir, d'abord, que toute solution

$$x = \alpha, \qquad y = \beta$$

du premier système est une solution du second. En effet, ces valeurs des inconnues réduisent, par hypothèse, les deux premières équations à des identités; nous avons donc identiquement

(5)
$$6\alpha + 7\beta = 46,$$

(6)
$$5\alpha + 3\beta = 27;$$

de l'identité (5) on déduit, en retranchant 6α aux deux membres et divisant par 7, l'identité

(7)
$$\beta = \frac{46 - 6\alpha}{7}.$$

Si nous remplaçons dans (6) β par la valeur précédente, nous aurons encore une identité :

(8)
$$5\alpha + 3\,\frac{46 - 6\alpha}{7} = 27.$$

Mais ces identités (7) et (8) ne sont autre chose que les résultats de la substitution de α à x et de β à y dans les équations (3) et (4); elles expriment donc que les solutions du premier système satisfont au second.

La réciproque est vraie : toute solution du second système est une solution du premier. En effet, si nous désignons encore par α et β une solution du second système, nous aurons, par hypothèse, les identités (7) et (8). Or, de l'identité (7), en multipliant par 7 et transposant le terme 6α, on tire l'identité (5); et si dans l'identité (8) on remplace $\frac{46 - 6\alpha}{7}$ par sa valeur β, l'on obtient l'identité (6). Comme ces identités (5) et (6) expriment que le premier système d'équation est satisfait, on voit que toute solution du second système est une solution du premier, et que les deux systèmes sont équivalents.

136. Méthode par comparaison. — De chacune des équations proposées l'on tire y comme si x était connu, ce qui donne

$$(3) \qquad y = \frac{46 - 6x}{7},$$

$$y = \frac{27 - 5x}{3};$$

on égale ces deux valeurs de y et l'on obtient une équation en x seulement

$$(9) \qquad \frac{46 - 6x}{7} = \frac{27 - 5x}{3}.$$

Je dis que le système des équations (3) et (9) est équivalent au système proposé : en effet, si $x = \alpha$, $y = \beta$ forment une solution du premier système, on a les identités (5) et (6), desquelles on tire les identités

$$(7) \qquad \beta = \frac{46 - 6\alpha}{7} \qquad \beta = \frac{27 - 5\alpha}{3},$$

et, par suite, l'identité

$$(10) \qquad \frac{46 - 6\alpha}{7} = \frac{27 - 5\alpha}{3};$$

mais ces identités (7) et (10) ne sont autre chose que les résultats de la substitution de α et de β à la place de x et de y dans les équations (3) et (9). — Donc toute solution du premier système est une solution du second.

La réciproque est vraie : en effet, si $x = \alpha$, $y = \beta$ forment une solution du second système, on a les identités (7), desquelles on déduit immédiatement l'identité (10). Or les identités (7) et (10) reviennent aux identités (5) et (6), lesquelles expriment que le premier système est satisfait.

137. MÉTHODE PAR RÉDUCTION. — *Pour éliminer l'une des inconnues par la méthode de réduction, on multiplie cha-*

cune des équations par le coefficient de cette inconnue dans l'autre ; puis on ajoute les deux équations ainsi modifiées, ou bien on les retranche, suivant que les coefficients de l'inconnue à éliminer ont des signes contraires ou bien le même signe.

Appliquons cette règle aux mêmes équations (1) et (2) du n° 134 : nous multiplierons la première équation par 3, qui est le coefficient de y dans l'autre, et la seconde par 7, coefficient de y dans la première, ce qui donnera

$$(11) \qquad 18x + 21y = 138, \quad 35x + 21y = 189,$$

équations dans lesquelles y a le même coefficient. En retranchant membre à membre la première de la seconde, y sera éliminé et nous obtiendrons l'équation

$$(12) \qquad (35 - 18)x = 189 - 138,$$

qui, jointe à (1), forme un système équivalent au proposé.

En effet, si $x = \alpha$, $y = \beta$ forment une solution du système proposé, on a les identités (5) et (6), desquelles on déduit, en multipliant les deux membres par 3 et par 7,

$$(13) \qquad 18\alpha + 21\beta = 138,$$
$$(14) \qquad 35\alpha + 21\beta = 189 ;$$

retranchant ces deux dernières identités, on obtient l'identité

$$(15) \qquad (35 - 18)\alpha = 189 - 138,$$

laquelle exprime que l'équation (12) est satisfaite.

La réciproque est vraie : en effet, si $x = \alpha$, $y = \beta$ représentent une solution du second système, on a les identités (5) et (12) ; de l'identité (5) on déduit facilement l'identité (13), et, si l'on ajoute (13) et (15), on obtient l'identité (14), qui se réduit à l'identité (6) lorsqu'on a divisé par 7 ses deux membres. Ainsi, toute solution du second système substituée dans les équations proposées les ramène à des identités et l'équivalence des deux systèmes est démontrée.

138. Si les coefficients de l'inconnue à éliminer ont un facteur commun, il faut préférer la règle suivante qui donne des calculs plus simples :

On cherche le p. p. c. m. des coefficients de l'inconnue que l'on veut éliminer, puis on le divise par chacun d'eux; on multiplie ensuite les deux membres de chaque équation par le quotient correspondant; enfin, l'on ajoute, ou bien l'on retranche les deux équations ainsi modifiées.

Soit, par exemple, à résoudre le système

$$60x - 17y = 146,$$
$$48x + 5y = 154.$$

Le p. p. c. m. de 60 et 48 est 240, et les quotients obtenus en divisant 240 par 60 et 48 sont respectivement 4 et 5; nous multiplierons donc la première équation par 4 et la seconde par 5, ce qui donnera

$$240x - 68y = 584,$$
$$240x + 25y = 770;$$

retranchant la première de la seconde, nous obtiendrons

$$93y = 186, \quad \text{d'où} \quad y = 2;$$

en substituant cette valeur dans l'une des équations proposées, nous trouverons la valeur de x, qui est égale à 3.

La méthode par réduction porte aussi le nom de *méthode par addition et soustraction.*

APPLICATION A LA RÉSOLUTION DE DEUX ÉQUATIONS LITTÉRALES.

139. Appliquons la méthode précédente à la résolution des deux équations littérales à deux inconnues :

$$ax + by = c,$$
$$a'x + b'y = c'.$$

Pour éliminer y, nous multiplierons la première équation par b', la seconde par b, et nous retrancherons la seconde de la première; nous aurons ainsi

$$(ab' - ba')x = cb' - bc',$$

d'où

$$x = \frac{cb' - bc'}{ab' - ba'}.$$

Pour éliminer x, nous multiplierons la première équation par a' et la seconde par a, puis nous retrancherons la première de la seconde; il reste alors

$$(ab' - ba')y = ac' - ca',$$

d'où

$$y = \frac{ac' - ca'}{ab' - ba'}.$$

Il est facile de retrouver ces valeurs de x et de y : *le dénominateur commun est égal à la différence des produits en croix des coefficients de x et de y, et le numérateur de chaque inconnue s'obtient, en remplaçant dans ce dénominateur les coefficients de cette inconnue par les termes tout connus correspondants.*

§ II. Cas de trois équations a trois inconnues.

140. Si deux des équations ne renfermaient que deux des inconnues, on les résoudrait séparément, et portant ensuite les valeurs trouvées pour ces deux inconnues dans la troisième équation, l'on obtiendrait facilement la valeur de la dernière inconnue.

Soit, par exemple,

$$2x + 3y + 4z = 16,$$
$$5y + 22z = 32,$$
$$27y + 14z = 68.$$

Résolvant les deux dernières, on trouve

$$y=2, \quad z=1,$$

et comme ces valeurs de y et de z, associées à une certaine valeur de x, doivent satisfaire à la première équation, l'on obtiendra cette valeur particulière de x en résolvant l'équation à une seule inconnue

$$2x+3\times 2+4\times 1=16,$$

qui donne

$$2x=16-10, \quad \text{ou} \quad x=3.$$

C'est à ce cas simple que l'on ramène le cas général.

141. CAS GÉNÉRAL. — Soit à résoudre les trois équations

$$(1) \qquad x-2y+3z=2,$$
$$(2) \qquad 2x-3y+z=1,$$
$$(3) \qquad 3x-y+2z=9.$$

On remplace ce système par un autre équivalent formé de la première équation et de deux autres, renfermant seulement les inconnues y et z. — Pour cela, on peut opérer par substitution ou bien par réduction.

Méthode par substitution. — De l'équation (1) nous tirons x, comme si y et z étaient connus, ce qui donne

$$(4) \qquad x=2+2y-3z,$$

et, portant cette valeur dans les équations (2) et (3), nous aurons

$$4+4y-6z-3y+z=1,$$
$$6+6y-9z-y+2z=9,$$

ou, en réduisant,

$$(5) \qquad y-5z=-3,$$
$$(6) \qquad 5y-7z=3.$$

Je dis que le système $[(1), (2), (3)]$ est équivalent au système $[(4), (5), (6)]$: en effet, soit $x = \alpha$, $y = \beta$, $z = \gamma$ une solution du premier système, on aura identiquement

$$(7) \qquad \alpha - 2\beta + 3\gamma = 2,$$
$$(8) \qquad 2\alpha - 3\beta + \gamma = 1,$$
$$(9) \qquad 3\alpha - \beta + 2\gamma = 9;$$

on tirera de l'identité (7) l'identité

$$(10) \qquad \alpha = 2 + 2\beta - 3\gamma ;$$

et, en remplaçant dans (8) et (9) la lettre α par cette valeur, on obtiendra les identités

$$(11) \qquad 2(2 + 2\beta - 3\gamma) - 3\beta + \gamma = 1,$$
$$(12) \qquad 3(2 + 2\beta - 3\gamma) - \beta + 2\gamma = 9,$$

qui reviennent, après réduction, à

$$(13) \qquad \beta - 5\gamma = -3,$$
$$(14) \qquad 5\beta - 7\gamma = 3.$$

Or, ces identités (10), (13), (14) ne sont autre chose que les résultats de la substitution de α, β, γ à x, y, z dans le second système; elles expriment donc que le second système est satisfait pour les mêmes valeurs que le premier.

La réciproque est vraie : si α, β, γ représentent une solution des équations (4), (5) et (6), on a les identités (10), (13) et (14), ou, ce qui revient au même, les identités (7), (11) et (12). Mais si, dans ces deux dernières, on remplace $2 + 2\beta - 3\gamma$ par sa valeur α, on retrouve les identités (8) et (9), qui montrent que le premier système est satisfait.

La résolution des équations (5) et (6) donne

$$y = 2, \qquad z = 1,$$

et, en substituant dans (4), on trouve $x = 3$.

Méthode par réduction. — En multipliant la première équation par 2, on obtient

$$2x - 4y + 6z = 4;$$

la retranchant de (2), on trouve

$$(5) \qquad\qquad y - 5z = -3.$$

De même, en multipliant la première par 3, on trouve

$$3x - 6y + 9z = 6,$$

et, la retranchant de (3), on a

$$(6) \qquad\qquad 5y - 7z = 3.$$

On prouverait, comme plus haut, que le système $[(1), (5), (6)]$ est équivalent au proposé.

142. MÉTHODE DES INDÉTERMINÉES. — Elle repose sur ce principe général : *Dans un système d'équations simultanées, on peut remplacer l'une d'elles par la somme algébrique de cette équation et de l'une des autres ou de toutes les autres, ces équations ayant été multipliées à l'avance par des nombres quelconques.*

Soient les 3 équations littérales à trois inconnues

$$(1) \qquad\qquad ax + by + cz = d,$$
$$(2) \qquad\qquad a'x + b'y + c'z = d',$$
$$(3) \qquad\qquad a''x + b''y + c''z = d''.$$

Si nous multiplions la première par m, la seconde par m', nous aurons, en ajoutant les trois équations membre à membre

$$(4) \qquad (am + a'm' + a'')x + (bm + b'm' + b'')y$$
$$+ (cm + c'm' + c'')z = dm + d'm' + d'',$$

et cette équation peut remplacer l'une quelconque des proposées. Je dis, par exemple, que le système $\big[(1), (2), (4)\big]$ est équivalent au système $\big[(1), (2), (3)\big]$.

En effet, si $x = \alpha$, $y = \beta$, $z = \gamma$ est une solution du premier système, on a les identités

$$(5) \quad a\alpha + b\beta + c\gamma = d \quad \text{ou} \quad am\alpha + bm\beta + cm\gamma = dm,$$
$$(6) \quad a'\alpha + b'\beta + c'\gamma = d' \quad \text{ou} \quad a'm'\alpha + b'm'\beta + c'm'\gamma = d'm',$$
$$(7) \quad a''\alpha + b''\beta + c''\gamma = d'' ;$$

d'où l'on déduit par addition l'identité

$$(8) \qquad (am + a'm' + a'')\alpha + (bm + b'm'' + b'')\beta$$
$$+ (cm + c'm' + c'')\gamma = dm + d'm' + d'',$$

laquelle exprime que l'équation (4) est satisfaite.

La réciproque est vraie : toute solution $(x = \alpha, y = \beta, z = \gamma)$ du système $\big[(1), (2), (4)\big]$ est aussi une solution de l'équation (3). En effet, on a, par hypothèse, les identités (5), (6) et (8), et, en retranchant de (8) la somme des identités (5) et (6), on aura l'identité (7), laquelle exprime que l'équation (3) est satisfaite.

Cette équation (4) est plus compliquée que les proposées, mais si nous disposons des indéterminées m et m', de telle sorte que les coefficients de y et de z s'annulent, nous obtiendrons une équation à une seule inconnue facile à résoudre.

Ces valeurs de m et de m' sont données par les deux équations

$$bm + b'm' + b'' = 0,$$
$$cm + c'm' + c'' = 0,$$

desquelles on tire

$$m = \frac{b'c'' - c'b''}{bc' - cb'}, \quad m' = \frac{cb'' - bc''}{bc' - cb'};$$

l'équation (4) devient alors

$$\left(a\frac{b'c'' - c'b''}{bc' - cb'} + a'\frac{cb'' - bc''}{bc' - cb'} + a'' \right)x$$
$$= d\frac{b'c'' - c'b''}{bc' - cb'} + d'\frac{cb'' - bc''}{bc' - cb'} + d'',$$

d'où l'on tire

$$x = \frac{d(b'c'' - c'b'') + d'(cb'' - bc'') + d''(bc' - cb')}{a(b'c'' - c'b'') + a'(cb'' - bc'') + a''(bc' - cb')}.$$

On voit que le numérateur de cette expression s'obtient en changeant dans le dénominateur les coefficients a, a', a'' de x en d, d', d'' qui sont les termes connus correspondants.

Pour retrouver facilement le dénominateur de x

$$D = ab'c'' - ac'b'' + ca'b'' - ba'c'' + bc'a'' - cb'a''$$

on écrit les deux permutations

$$ab, \qquad ba,$$

puis on met la lettre c à toutes les places dans chacun de ces groupes, ce qui donne

$$abc, \qquad acb, \qquad cab$$

pour le premier, et

$$bac, \qquad bca, \qquad cba$$

pour le second; on accentue ensuite une fois chaque seconde lettre et deux fois chaque troisième, puis on met alternativement le signe $+$ et le signe $-$ devant ces termes.

Il est facile de voir que D ne fait que changer de signe, si l'on remplace a, a', a'' par b, b', b'' et réciproquement, ou a, a', a'' par c, c', c'' et réciproquement.

Cette remarque permet d'écrire de suite, et sans recommencer le calcul, les valeurs de y et de z. En effet, pour obtenir y, il faudrait déterminer m et m' de telle sorte que les coefficients de x et de z soient nuls; or, ce nouveau calcul se déduirait du précédent en changeant partout a, a', a'' en b, b', b'' et réciproquement; mais D ne fait que changer de signe lorsque l'on fait ces permutations : on retrouvera donc encore pour y le même dénominateur, au signe près.

Quant au numérateur de y, il s'obtiendra en substituant, dans D changé de signe, aux coefficients b, b', b'' de y les termes connus d, d', d''; par conséquent, en changeant les signes des deux termes de la fraction, on trouvera

$$y = \frac{ad'c'' - ac'd'' + ca'd'' - da'c'' + dc'a'' - cd'a''}{ab'c'' - ac'b'' + ca'b'' - ba'c'' + bc'a'' - cb'a''};$$

on aura de même

$$z = \frac{ab'd'' - ad'b'' + da'b'' - ba'd'' + bd'a'' - db'a''}{ab'c'' - ac'b'' + ca'b'' - ba'c'' + bc'a'' - cb'a''}.$$

De là cette règle appelée règle de *Cramer* (1) : *Pour obtenir les valeurs de x, y, z, on forme d'abord le dénominateur* D *d'après la règle mnémonique indiquée plus haut. On y remplace ensuite, tour à tour, les coefficients de chacune des inconnues par les quantités connues correspondantes, et l'on obtient ainsi les trois numérateurs.*

(1) Cramer, géomètre né à Genève en 1704, mort en 1752, fit partie de l'académie de Berlin.

§ III. Cas général de m équations a m inconnues.

143. Règle. — *Pour résoudre m équations à m inconnues, on élimine d'abord entre elles une des inconnues, soit par la méthode de substitution, soit par réduction ; le système formé de ces m — 1 équations à m — 1 inconnues et de l'une des premières équations est équivalent au proposé. — Pour résoudre ces m — 1 équations à m — 1 inconnues, on suit la même marche : on élimine une nouvelle inconnue et le système équivalent auquel on parvient alors se compose de m — 2 équations à m — 2 inconnues, une équation à m — 1 inconnues et une équation à m inconnues. En continuant de la sorte, on parviendra à un système formé d'une équation à une inconnue, d'une équation renfermant cette inconnue et une seconde, d'une équation renfermant ces deux inconnues et une troisième,..., et ainsi de suite ; enfin une équation à m inconnues. En résolvant successivement ces équations, on obtiendra de proche en proche toutes les inconnues.*

Soit à résoudre les équations

$$
\left.
\begin{aligned}
(1) \qquad & 3x - 4y + 3z + 3v - 6u = 11, \\
(2) \qquad & 3x - 5y + 2z \phantom{{}+3v} - 4u \phantom{{}+3v} = 11, \\
(3) \qquad & 10y - 3z + 3u - 2v \phantom{{}-2x} = 2, \\
(4) \qquad & 5z + 4u + 2v - 2x \phantom{{}-2y} = 3, \\
(5) \qquad & 6u - 3v + 4x - 2y \phantom{{}-2x} = 6.
\end{aligned}
\right\} \text{(I)}
$$

Éliminant, par substitution, x entre l'équation (1) et chacune des autres, on remplace le système proposé par le suivant :

$$
\left.
\begin{aligned}
x &= \frac{11 + 4y - 3z - 3v + 6u}{3}, \\
&-y - z - 3v + 2u = 0, \\
&10y - 3z + 3u - 2v = 2, \\
&-8y + 21z + 12v = 31, \\
&10y - 12z - 21v + 42u = -26.
\end{aligned}
\right\} \text{(II)}
$$

Éliminant y encore par substitution, entre la seconde des équations (II) et chacune des suivantes, nous aurons le nouveau système équivalent au proposé

$$\left.\begin{aligned}
x &= \frac{11 + 4y - 3z - 3v + 6u}{3}, \\
y &= -z - 3v + 2u, \\
-13z &- 32v + 23u = 2, \\
29z &+ 36v - 16u = 31, \\
-22z &- 51v + 62u = -26.
\end{aligned}\right\}\ \text{(III)}$$

Éliminant z entre les trois dernières, nous obtiendrons

$$\left.\begin{aligned}
x &= \frac{11 + 4y - 3z - 3v + 6u}{3}, \\
y &= -z - 3v + 2u, \\
z &= \frac{23u - 32v - 2}{13}, \\
459u &- 460v = 461, \\
300u &+ 41v = -382.
\end{aligned}\right\}\ \text{(IV)}$$

Enfin éliminant u entre ces deux dernières équations, on trouve

$$\left.\begin{aligned}
x &= \frac{11 + 4y - 3z - 3v + 6u}{3}, \\
y &= -z - 3v + 2u, \\
z &= \frac{23u - 32v - 2}{13}, \\
u &= -\frac{382 + 41v}{300}, \\
156819v &= -313638.
\end{aligned}\right\}\ \text{(V)}$$

Ce dernier système donne immédiatement

$$v = -2, \quad u = -1, \quad z = 3, \quad y = 1, \quad x = 2.$$

144. *Remarque I.* — On aurait pu faire l'élimination précédente en employant la méthode d'addition ou de soustraction ; la seconde des équations (II) s'obtient de suite en retranchant membre à membre (1) de (2) ; la quatrième s'obtient en ajoutant le double de (1) à 3 fois (4), et ainsi des autres.

Ce procédé conduit même à des calculs plus symétriques et permet d'abréger l'écriture quand on a un peu d'habitude ; mais, si les coefficients des inconnues sont de grands nombres ou bien des nombres décimaux, il vaut mieux opérer par substitution ; les chances d'erreur sont moindres. — Quelle que soit, d'ailleurs, la marche adoptée, il est bon de mettre en évidence la suite des systèmes équivalents que l'on substitue aux équations proposées.

145. *Remarque II.* — Si dans l'une des équations proposées, la première, par exemple, l'une des inconnues a pour coefficient l'unité, on élimine de préférence cette inconnue ; le calcul est alors plus simple que pour les autres, soit que l'on opère par *substitution*, soit que l'on procède par réduction. Dans le premier cas, en effet, la valeur de cette inconnue en fonction des autres n'a pas de dénominateur, ce qui rend plus simples les transformations des autres équations ; — et si l'on prend la seconde méthode, on n'a pas à multiplier les autres équations avant de les ajouter algébriquement à la première.

146. *Remarque III.* — Si toutes les inconnues n'entrent pas dans chaque équation du système proposé, on doit éliminer d'abord l'inconnue qui se trouve dans le plus petit nombre d'équation, afin d'avoir moins de substitutions à faire.

Soit, par exemple, à résoudre le système

$$(1) \qquad 7x - 2z + 3u = 17,$$
$$(2) \qquad 4y - 2z + t = 11,$$
$$(3) \qquad 5y - 3x - 2u = 8,$$
$$(4) \qquad 4y - 3u + 2t = 9,$$
$$(5) \qquad 3z + 8u = 33.$$

Éliminons t qui se trouve seulement dans les équations (2) et (4), et pour cela retranchons (4) du double de (2), nous aurons

$$(6) \qquad 4y - 4z + 3u = 13.$$

Cette équation, jointe aux équations (1), (3), (5), forme un système de quatre équations à quatre inconnues que nous allons résoudre. Comme x n'entre que dans les équations (1) et (3), nous l'éliminerons de préférence : pour cela, multiplions par 3 l'équation (1) et par 7 l'équation (3), puis ajoutons (1) à (3) :

$$(7) \qquad 35y - 6z - 5u = 107.$$

La question revient à résoudre les équations (5), (6), (7), qui ne renferment plus que trois inconnues.

L'élimination de y entre (6) et (7) conduit à l'équation

$$(8) \qquad 125u - 116z = 27,$$

qui, jointe à l'équation (5), donne deux équations à deux inconnues. En éliminant z entre ces équations, on obtient

$$1303u = 3909,$$

d'où l'on tire

$$u = 3;$$

et par suite de (5)

$$z = 3;$$

puis de (6) $y = 4$;

de (2) $t = 1$;

et enfin de (3) $x = 2.$

§ IV. — CAS D'IMPOSSIBILITÉ ET D'INDÉTERMINATION.

147. Si, en suivant la marche indiquée (n° 143), on ne trouve aucune équation absurde ou identique, le système proposé est remplacé par un système équivalent d'où l'on pourra tirer les valeurs de toutes les inconnues; chacune d'elles aura une seule valeur, et le système est alors *déterminé*.

148. *Équations incompatibles*. — Si l'une des équations intermédiaires, ou bien l'équation finale est absurde, on en conclut que le système proposé est formé d'équations *incompatibles*. En effet, s'il existait une solution pour les équations proposées, ces valeurs de x, y, z satisferaient aussi au système équivalent que l'on a substitué à ces équations, et dans le courant du calcul on ne trouverait pas d'équation absurde. *Ex.*:

$$x + 2y = 5,$$
$$2x + 6y = 2.$$

En multipliant la première équation par 3 et retranchant la seconde, on trouve

$$0 = 13,$$

équation absurde, qui montre que les équations proposées sont contradictoires.

149. *Indétermination.*— On peut trouver une ou plusieurs équations identiques sans équations absurdes : alors le système proposé est *indéterminé*.

En effet, si on laisse de côté les équations identiques, deux cas seulement peuvent se présenter : ou bien la dernière équation renferme au moins deux inconnues et alors, en donnant successivement diverses valeurs à l'une d'elles, on tirera les valeurs correspondantes pour les autres et le système admettra une infinité de solutions, — ou bien cette dernière équation ne renfermera qu'une inconnue ; mais en remontant on trouvera toujours une équation qui renferme au moins deux inconnues de plus que la précédente ; à partir de là, les inconnues que l'on n'a pas encore calculées pourront recevoir une infinité de valeurs dépendant des hypothèses que l'on fera sur l'une d'entre elles.

Soient, par exemple, les équations

(1)
$$2x + y - 8z = 10,$$
(2)
$$3x - 2y + 5z = 14,$$
(3)
$$8x - 3y + 2z = 38.$$

Éliminant y entre (1) et (2) on trouve

(4)
$$7x - 11z = 34 ;$$

Éliminant de même y entre (1) et (3) on obtient

(5)
$$14x - 22z = 68 ;$$

mais cette équation ne diffère pas de la précédente, puisque l'on obtient (5) en multipliant par 2 les deux membres de l'équation (4) ; nous n'avons donc pour déterminer x et z que la seule condition

$$7x - 11z = 34.$$

Si l'on fait $z = 1$ on trouve

$$x = \frac{45}{7} = 6 + \frac{3}{7},$$

et, en substituant ces deux valeurs dans (1), on en tire

$$y = 10 + 8 - 12 - \frac{6}{7} = 5 + \frac{1}{7};$$

si l'on fait $z = 2$, on trouvera de la même manière

$$x = \frac{56}{7} = 8 \quad \text{et} \quad y = 10 + 16 - 16 = 10,$$

et ainsi de suite ; les trois valeurs des inconnues sont donc indéterminées.

Autre exemple : Soit à résoudre les trois équations

(1) $$3x - 2y + 5z = 14,$$

2) $$6x - 4y - 3z = 15,$$

(3) $$9x - 6y - 7z = 20.$$

Si l'on élimine x entre (1) et (2), puis entre (1) et (3), on trouve que y disparaît en même temps et les deux équations résultantes

$$13z = 13,$$

$$22z = 22$$

donnent toutes deux pour z la valeur 1 ; donc cette inconnue est bien déterminée, mais les deux autres peuvent recevoir une infinité de valeurs satisfaisant à l'équation

$$3x - 2y = 9.$$

§ V. — ARTIFICES DE CALCUL.

150. Au lieu de suivre, en résolvant un système d'équations, un ordre invariable pour l'élimination des inconnues, il faut, dans chaque cas particulier, profiter des valeurs numériques et des signes que peuvent avoir les coefficients, afin d'arriver plus rapidement au résultat. On peut combiner d'une manière quelconque les équations proposées en ayant soin de les employer toutes et de ne pas former de combinaisons qui rentrent les unes dans les autres.— Si l'on forme ainsi un nouveau système d'équations qui n'admette qu'une seule solution, on peut être certain qu'il est équivalent au système proposé.

En effet, soit α, β, γ,... une solution du système final ainsi trouvé; la substitution de ces valeurs à la place de x, y, z,... réduit ces équations à des identités et, en combinant ces identités de manière à détruire les combinaisons faites dans le courant du calcul, on arrivera certainement à des identités qui exprimeront que les équations proposées sont satisfaites pour $x=\alpha$, $y=\beta$,.... Cela tient à ce que chaque opération du calcul algébrique, l'addition par exemple, a son opération inverse, qui est la soustraction, de sorte que, si l'on fait entre plusieurs quantités une combinaison quelconque, on pourra toujours défaire à l'aide de l'opération inverse de celle que l'on avait employée d'abord.

Soit à résoudre les 5 équations suivantes à 5 inconnues :

$$
\begin{aligned}
(1) \quad & 2x - 3y + 4z - 2t + 3v = 15, \\
(2) \quad & 3x + 5y - 7z - 3t + 2v = -10, \\
(3) \quad & 4x + 2y - z + 3t - 3v = 2, \\
(4) \quad & 20x + 3y - 3z - 4t - v = -4, \\
(5) \quad & x - 10y + 7z - t + 2v = 8.
\end{aligned}
$$

Éliminons d'abord v, nous aurons

$$
\begin{aligned}
(6) \quad & 6x - y + 3z + t = 17, && \text{au lieu de } (1), \\
(7) \quad & 28x - 4z - 5t = -4, && \text{»} \quad (2), \\
(8) \quad & -13x + 4y - 5z + 4t = -4, && \text{»} \quad (3), \\
(9) \quad & -2x - 15y + 14z + 2t = 18, && \text{»} \quad (5).
\end{aligned}
$$

Nous avons obtenu l'équation (6) en ajoutant (1) et (3);

l'équation (7) résulte de l'addition de (2), (3), (4) et (5); (8) provient de $(2) + (3) - (4)$; (9) de $(5) - (2)$.

Ces équations, jointes à l'équation (4), formeront un système équivalent au proposé.

Éliminons ensuite y, nous trouverons

$$(10) \qquad 11x + 7z + 8t = 64, \quad \text{au lieu de (8)},$$

$$(11) \qquad 59x + 10z - 11t = 45, \qquad \text{»} \qquad (9)$$

$$(7) \qquad 28x - 4z - 5t = -4, \text{ que l'on conserve.}$$

Nous avons obtenu l'équation (10) en ajoutant (8) à 4 fois (6), l'équation (11) en multipliant par 3 la différence $(6) - (8)$ et en retranchant (9) du résultat.

Ces équations, jointes aux équations (4) et (6), forment un système équivalent au proposé.

Éliminant t entre les équations (10), (11) et (7) il vient :

$$(12) \qquad 109x + 20z = 169, \quad \text{au lieu de (11)},$$

$$(13) \qquad 93x + z = 96, \qquad \text{»} \qquad (7);$$

et, en joignant à ces équations (4), (6), (10), nous aurons un système équivalent.

Éliminant z, nous obtenons

$$(14) \qquad 1751x = 1751, \quad \text{d'où} \quad x = 1.$$

On tire de l'équation (13)

$$z = 3;$$

puis, de (10), ... $t = 4$;

puis, de (6), ... $y = 2$;

enfin, de (4), ... $v = 5$.

151. Les propriétés des proportions abrégent souvent les calculs.

Exemples : 1° Soit à résoudre les équations

$$\frac{x}{a} = \frac{y}{b} = \frac{z}{c}, \quad mx + ny + pz = q.$$

Les trois premiers rapports peuvent s'écrire

$$\frac{mx}{ma} = \frac{ny}{nb} = \frac{pz}{pc},$$

et l'on sait (n° 86) que chacun d'eux est égal à

$$\frac{mx + ny + pz}{ma + nb + pc},$$

ou bien, en vertu de la dernière équation, à

$$\frac{q}{ma + nb + pc}.$$

On aura donc, en égalant successivement ce rapport à chacun des trois premiers, $\frac{x}{a}$, $\frac{y}{b}$, $\frac{z}{c}$,

$$x = \frac{aq}{ma + nb + pc},$$

$$y = \frac{bq}{ma + nb + pc},$$

$$z = \frac{cq}{ma + nb + pc}.$$

2° Soit à résoudre encore les trois équations

$$\frac{x}{a} = \frac{y}{b} = \frac{z}{c},$$

$$mx^2 + ny^2 + pz^2 = r.$$

On déduira successivement des premiers rapports

$$\frac{x^2}{a^2} = \frac{y^2}{b^2} = \frac{z^2}{c^2},$$

$$\frac{mx^2}{ma^2} = \frac{ny^2}{nb^2} = \frac{pz^2}{pc^2} = \frac{mx^2 + ny^2 + pz^2}{ma^2 + nb^2 + pc^2} = \frac{r}{ma^2 + ab^2 + pc^2},$$

d'où l'on déduira

$$x^2 = \frac{a^2 r}{ma^2 + nb^2 + pc^2},$$

$$y^2 = \frac{b^2 r}{ma^2 + nb^2 + pc^2},$$

$$z^2 = \frac{c^2 r}{ma^2 + nb^2 + pc^2}.$$

VI. — Usage d'inconnues auxiliaires.

152. L'emploi d'inconnues auxiliaires conduit souvent à des calculs plus simples et plus symétriques. Ex. :

I. Trouver quatre nombres x, y, z, u, connaissant leurs sommes trois à trois. Nous aurons à résoudre les quatre équations

$$x + y + z = a,$$
$$y + z + u = b,$$
$$z + u + x = c,$$
$$u + x + y = d.$$

Si nous connaissions la somme des quatre inconnues, il nous serait facile de trouver chacune d'elles en retranchant successivement de cette somme les quantités a, b, c, d. Or, si nous ajoutons membre à membre ces quatre équations, nous avons

$$3x + 3y + 3z + 3u = a + b + c + d,$$

d'où

$$x + y + z + u = \frac{a + b + c + d}{3},$$

et l'on en tire

$$x = \frac{a + c + d - 2b}{3},$$

$$y = \frac{a + b + d - 2c}{3},$$

$$z = \frac{a + b + c - 2d}{3},$$

$$u = \frac{b + c + d - 2a}{3}.$$

II. Soit à résoudre les équations

(1)
$$ax + b\,(y + z) = c,$$

(2)
$$a'y + b'\,(x + z) = c',$$

(3)
$$a''z + b''(x + y) = c''.$$

Si nous prenons pour inconnue auxiliaire la somme

(4)
$$x + y + z = s,$$

les équations proposées deviennent

$$ax + b\,(s - x) = c, \qquad \text{d'où} \qquad x = \frac{c - bs}{a - b};$$

$$a'y + b'\,(s - y) = c', \qquad \text{d'où} \qquad y = \frac{c' - b's}{a' - b'};$$

$$a''z + b''(s - z) = c'', \qquad \text{d'où} \qquad z = \frac{c'' - b''s}{a'' - b''}.$$

Substituant ces valeurs de x, y, z dans l'équation (4), nous obtiendrons

$$\frac{c}{a - b} + \frac{c'}{a' - b'} + \frac{c''}{a'' - b''}$$

$$= s\left(1 + \frac{b}{a - b} + \frac{b'}{a' - b'} + \frac{b''}{a'' - b''}\right),$$

d'où, en employant des notations abrégées,

$$s = \frac{\sum \dfrac{c}{a-b}}{1 + \sum \dfrac{b}{a-b}},$$

et en substituant cette valeur de s dans les expressions précédentes de x, y, z, nous aurons les valeurs de ces inconnues.

153. On évite souvent les équations de degré supérieur en employant des inconnues auxiliaires. Ex. :

I. Soit à résoudre le système d'équations

$$(1) \qquad \frac{1}{y} + \frac{1}{z} - \frac{1}{x} = \frac{1}{a},$$

$$(2) \qquad \frac{1}{z} + \frac{1}{x} - \frac{1}{y} = \frac{1}{b},$$

$$(3) \qquad \frac{1}{x} + \frac{1}{y} - \frac{1}{z} = \frac{1}{c}.$$

Prenons pour inconnues auxiliaires $\dfrac{1}{x}$, $\dfrac{1}{y}$, $\dfrac{1}{z}$ et posons

$$\frac{1}{x} = x', \qquad \frac{1}{y} = y', \qquad \frac{1}{z} = z';$$

les équations (1), (2), (3) deviennent

$$(4) \qquad y' + z' - x' = \frac{1}{a},$$

$$(5) \qquad z' + x' - y' = \frac{1}{b},$$

$$(6) \qquad x' + y' - z' = \frac{1}{c}.$$

Si on les ajoute, on trouve

$$x' + y' + z' = \frac{1}{a} + \frac{1}{b} + \frac{1}{c},$$

Retranchant successivement de cette équation chacune des équations (4), (5), (6), on obtient

$$2x' = \frac{1}{b} + \frac{1}{c}, \quad \text{d'où} \quad x' = \frac{b+c}{2bc};$$

$$2y' = \frac{1}{a} + \frac{1}{c}, \quad \text{d'où} \quad y' = \frac{a+c}{2ac};$$

$$2z' = \frac{1}{a} + \frac{1}{b}, \quad \text{d'où} \quad z' = \frac{a+b}{2ab}.$$

On aura donc finalement

$$x = \frac{2bc}{b+c},$$

$$y = \frac{2ac}{a+c},$$

$$z = \frac{2ab}{a+b}.$$

Soit à résoudre les équations

$$\frac{xyz}{y+z} = a, \quad \frac{xyz}{x+z} = b, \quad \frac{xyz}{x+y} = c.$$

Elles reviennent à

$$\frac{y+z}{xyz} = \frac{1}{a}, \quad \frac{x+z}{xyz} = \frac{1}{b}, \quad \frac{x+y}{xyz} = \frac{1}{c},$$

ou bien, en décomposant les fractions qui forment les premiers membres, à

$$\frac{1}{xy} + \frac{1}{xz} = \frac{1}{a},$$

$$\frac{1}{yz} + \frac{1}{xy} = \frac{1}{b},$$

$$\frac{1}{xz} + \frac{1}{yz} = \frac{1}{c}.$$

Nous pouvons prendre pour inconnues auxiliaires les quantités

$$\frac{1}{xy}, \quad \frac{1}{xz}, \quad \frac{1}{yz};$$

elles sont faciles à déterminer puisque nous connaissons leurs sommes deux à deux. Nous aurons, en ajoutant membre à membre les équations précédentes et prenant la moitié de cette somme,

$$\frac{1}{xy} + \frac{1}{xz} + \frac{1}{yz} = \frac{1}{2}\left(\frac{1}{a} + \frac{1}{b} + \frac{1}{c}\right);$$

par suite

$$\frac{1}{yz} = \frac{1}{2}\left(\frac{1}{b} + \frac{1}{c} - \frac{1}{a}\right), \quad \text{ou} \quad yz = \frac{2}{\frac{1}{b} + \frac{1}{c} - \frac{1}{a}} = p,$$

$$\frac{1}{xz} = \frac{1}{2}\left(\frac{1}{a} + \frac{1}{c} - \frac{1}{b}\right), \quad \text{ou} \quad xz = \frac{2}{\frac{1}{a} + \frac{1}{c} - \frac{1}{b}} = q,$$

$$\frac{1}{xy} = \frac{1}{2}\left(\frac{1}{a} + \frac{1}{b} - \frac{1}{c}\right), \quad \text{ou} \quad xy = \frac{2}{\frac{1}{a} + \frac{1}{b} - \frac{1}{c}} = r;$$

on déduit de là, en multipliant membre à membre ces trois égalités,

$$x^2 y^2 z^2 = pqr \qquad \text{ou} \qquad xyz = \sqrt{pqr};$$

et, par suite,

$$x = \frac{\sqrt{pqr}}{p} = \sqrt{\frac{qr}{p}} = \sqrt{2\frac{\frac{1}{b} + \frac{1}{c} - \frac{1}{a}}{\left(\frac{1}{a} + \frac{1}{c} - \frac{1}{b}\right)\left(\frac{1}{a} + \frac{1}{b} - \frac{1}{c}\right)}},$$

$$y = \frac{\sqrt{pqr}}{q} = \sqrt{\frac{pr}{q}} = \sqrt{2\,\frac{\frac{1}{a}+\frac{1}{c}-\frac{1}{b}}{\left(\frac{1}{a}+\frac{1}{b}-\frac{1}{c}\right)\left(\frac{1}{b}+\frac{1}{c}-\frac{1}{a}\right)}},$$

$$z = \frac{\sqrt{pqr}}{r} = \sqrt{\frac{pq}{r}} = \sqrt{2\,\frac{\frac{1}{a}+\frac{1}{b}-\frac{1}{c}}{\left(\frac{1}{b}+\frac{1}{c}-\frac{1}{a}\right)\left(\frac{1}{a}+\frac{1}{c}-\frac{1}{b}\right)}}.$$

§ VII. — CAS OU LE NOMBRE DES ÉQUATIONS DIFFÈRE DE CELUI DES INCONNUES.

154. *Si l'on a* $m + n$ *équations entre* m *inconnues, le système est généralement incompatible.*

En effet, parmi les équations proposées, choisissons-en m contenant les m inconnues, nous formerons ainsi un système qui admettra généralement une solution et une seule; substituons les valeurs de x, y, z,... ainsi obtenues dans les n équations restantes, elles devront se réduire à des identités pour que le système soit compatible; quand cette vérification n'aura pas lieu, les équations seront contradictoires. Ex. :

(1)
(2)
(3)

$$6x + 7y = 46,$$
$$5x + 3y = 27,$$
$$x + 2y = 14.$$

Les deux premières admettent pour solution $x = 3$, $y = 4$ et ces valeurs ne vérifient pas la troisième équation.

Remarque. — Si les équations proposées renferment des coefficients littéraux, on peut chercher les relations qui doivent lier ces coefficients pour que le système proposé soit compatible. Ex. :

I. Les équations précédentes (1), (2) et l'équation (4)

(4)

$$ax + 2y = 14$$

ne sont compatibles que si

$$3a + 8 = 14 \quad \text{ou} \quad a = 2.$$

II. Le système formé de (1), (2) et de l'équation

$$(5) \qquad ax + by = 14$$

ne sera compatible que si a et b sont liés entre eux par la relation

$$3a + 4b = 14.$$

155. *Si l'on a m équations entre m + n inconnues, le système est indéterminé.*

En effet, si l'on se donne arbitrairement les valeurs de n des inconnues, on obtient m équations à m inconnues qui détermineront ces dernières. En associant les valeurs ainsi trouvées à celles des n premières inconnues, on obtiendra une solution du système proposé.

Soit, par exemple, à résoudre les équations simultanées

$$x - 2y + 3z = 2,$$
$$2x - 3y + z = 1,$$

faisons $z = 0$; les valeurs correspondantes de x et de y seront fournies par les deux équations à deux inconnues

$$x - 2y = 2,$$
$$2x - 3y = 1,$$

qui donnent

$$x = -4, \quad y = -3.$$

Ainsi

$$x = -4, \quad y = -3, \quad z = 0$$

forment une solution du système proposé.

On trouverait de même que

$$x = 3, \quad y = 2, \quad z = 1$$

forment une seconde solution et que l'on en peut trouver de cette manière une infinité.

CAS PARTICULIER D'UNE SEULE ÉQUATION A DEUX INCONNUES.

156. On peut toujours ramener une pareille équation à la forme

$$y = mx + n;$$

elle admettra une infinité de solutions puisque à chaque valeur, arbitraire du reste, attribuée à x, correspond une valeur de y. On dit que x est la *variable indépendante* et y la *variable dépendante*, ou bien encore que y est *fonction* de x.

157. PROPOSITION I. — *Si l'on fait varier x d'une manière continue, y variera aussi d'une valeur continue et les accroissements de y sont proportionnels à ceux de x.*

Démonstration. — Il faut montrer que étant donnée une valeur particulière x' de x et la valeur correspondante y' de y, on peut attribuer à x un accroissement h assez petit pour que l'accroissement k de y soit moindre qu'un nombre donné, quelque petit qu'il soit.

En effet, on a par hypothèse les deux égalités

$$y' = mx' + n,$$
$$y' + k = m(x' + h) + n,$$

et l'on en déduit, par soustraction,

$$k = mh;$$

donc k est proportionnel à h et tend vers zéro en même temps que h. Si l'on veut, par exemple, que k soit inférieur à $\frac{1}{1000}$, il suffira de donner à x l'accroissement

$$h = \frac{1}{m} \times \frac{1}{1000}.$$

Nous allons voir que cette loi, qui lie les variations de y à celles de x dans le cas actuel, peut se représenter graphiquement d'une manière très-simple.

158. *Interprétation géométrique.* — Sur une ligne horizontale X'OX (*fig.* 2), appelée *axe des x* ou *axe des abscisses,*

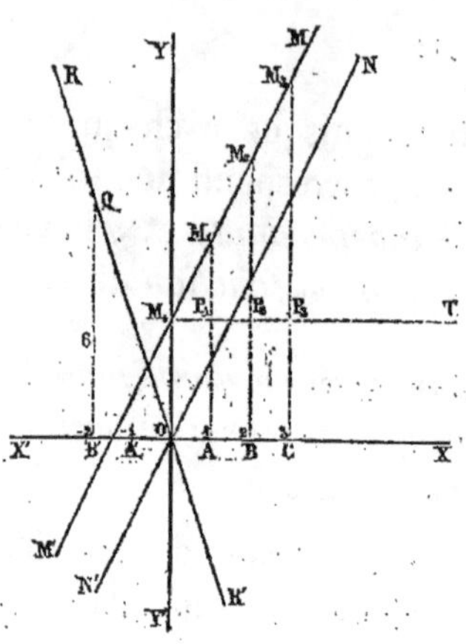

Fig. 2.

portons, à droite d'une origine fixe O, les distances OA, OB, OC..., égales à une, deux, trois,... fois l'unité de longueur; ces distances que l'on nomme *abscisses*, représentent les valeurs positives 1, 2, 3,... attribuées à la variable indépendante x; des longueurs OA', OB', OC', égales à une, deux, trois fois la même unité et comptées à gauche de O, représenteront les valeurs négatives de x.

Aux points A, B, C,... élevons maintenant des perpendiculaires OM_0, AM_1, BM_2, CM_3,... égales aux valeurs n, $m+n$, $2m+n$, $3m+n$, ... que prend y quand x est égal à 0, 1, 2, 3,...; ces perpendiculaires, que l'on nomme *ordonnées*, doivent être tracées au dessus de OX, ou bien au-dessous suivant que les valeurs de y qu'elles représentent sont positives ou négatives.

En effectuant ces constructions, à chaque groupe de valeurs de x et de y, répond un point M dans le plan. La ligne obtenue en réunissant par un trait continu tous les points en nombre infini ainsi déterminés s'appelle *ligne figurative* de la marche de la fonction $y = mx + n$.

159. PROPOSITION II. — *La ligne figurative de la marche de la fonction* $y = mx + n$ *est une ligne droite.*

Démonstration. — Cela revient à dire que les points M_0, M_1, M_2,... sont en ligne droite. En effet, menons par le point M_0

la parallèle MT à l'axe OX; elle coupe les diverses ordonnées aux points P_1, P_2, P_3,... et nous aurons

$$M_1 P_1 = m, \qquad M_2 P_2 = 2m, \qquad M_3 P_3 = 3m,...$$
$$M_0 P_1 = 1, \qquad M_0 P_2 = 2, \qquad M_0 P_3 = 3,...;$$

par conséquent

$$\frac{M_1 P_1}{M_0 P_1} = \frac{M_2 P_2}{M_0 P_2} = \frac{M_3 P_3}{M_0 P_3},....$$

Il résulte de là que les triangles rectangles $M_0 M_1 P_1$, $M_0 M_2 P_2$, $M_0 M_3 P_3$,... sont semblables, puisqu'ils ont un angle égal compris entre côtés homologues proportionnels. — Donc tous les angles ayant leur sommet au point M sont égaux et, comme les côtés $M_0 P_1$, $M_0 P_2$,... coïncident avec la direction MT, leurs seconds côtés sont aussi en ligne droite.

Donc la ligne figurative de la variation de y est une ligne droite. Cette droite indéfinie MM' rencontre la perpendiculaire OY élevée sur OX à une distance n de l'origine; on dit que son *ordonnée à l'origine* est égale à n: la figure (2) représente la droite $y = 2x + 3$.

Considérons le cas où $n = 0$: l'équation se réduit à $y = mx$, et la droite correspondante NON' passe par l'origine. — Si m est positif, la droite NON' est située dans les angles YOX, Y'OX'; si m est négatif on obtient une droite ROR' contenue dans les angles YOX', Y'OX.

Sur la figure (2) on a tracé les droites

$$y = 2x \quad (\text{NON'}), \qquad y = -3x \quad (\text{ROR'}).$$

Quand $m = 1$, l'équation devient $y = x$ et la droite correspondante est la bissectrice de l'angle YOX; si $m = -1$, l'équation devient $y = -x$ et la droite correspondante est la bissectrice de l'angle supplémentaire X'OY.

EXERCICES SUR LES ÉQUATIONS A PLUSIEURS INCONNUES.

I. Résoudre les équations suivantes à deux inconnues :

1. $x + y = 15$ et $x - y = 3$. R. $x = 9$, $y = 6$.

2. $2x - y = 8$ et $2y + x = 9$. R. $x = 5$, $y = 2$.

3. $x(y + 7) = y(x + 1)$ et $2x - 3y + 19 = 0$.
R. $x = 1$, $y = 7$.

4. $x + 10y = 123$ et $y + 10x = 141$.
R. $x = 13$, $y = 11$.

5. $5x + 3y = 74$ et $3x + 2y = 46$.
R. $x = 10$, $y = 8$.

6. $13x - 17y + 54 = 0$ et $7x + 28 - 9y = 0$.
R. $x = 5$, $y = 7$.

7. $4x - 11y = 9$ et $2x + 3y = 13$. R. $x = 5$, $y = 1$.

8. $17x + 30y = 59$ et $19x + 28y = 77$.
R. $x = 7$, $y = -2$.

9. $21y + 20x = 165$ et $77y - 30x = 295$.
R. $x = 3$, $y = 5$.

II. Résoudre les équations suivantes :

1. $\dfrac{x}{7} + 7y = 99$ et $\dfrac{y}{7} + 7x = 51$. R. $x = 7$, $y = 14$.

2. $\dfrac{x}{2} - y = 1$ et $x - \dfrac{y}{2} = 8$. R. $x = 10$, $y = 4$.

3. $\dfrac{x + y}{10} + \dfrac{x - y}{2} = 0$ et $\dfrac{x + y}{5} + \dfrac{x - y}{2} = 1$.
R. $x = 4$, $y = 6$.

4. $\begin{cases} \dfrac{7+x}{5} - \dfrac{2x-y}{4} = 3y-5, \\[2mm] \dfrac{5y-7}{2} + \dfrac{4x-3}{6} = 18-5x. \end{cases}$

$$R.\ x=3,\quad y=2.$$

5. $\begin{cases} \dfrac{2x}{3} + \dfrac{y+2x}{2} = 8 - \dfrac{9y-10}{12} + \dfrac{3x+7}{4}, \\[2mm] \dfrac{y-3x}{6} = \dfrac{25}{6} - 2x. \end{cases}$

$$R.\ x=2,\quad y=7.$$

6. $\begin{cases} y + \dfrac{x}{4} = 10 - \dfrac{y-2x-1}{3}, \\[2mm] \dfrac{2x-1}{10} - \dfrac{6x-2y}{5} = \dfrac{x-y}{10}. \end{cases}$

$$R.\ x=4,\quad y=9.$$

7. $\begin{cases} \dfrac{3x+4y+3}{10} - \dfrac{2x+7-y}{15} = 5 + \dfrac{y-8}{5}, \\[2mm] \dfrac{9y+5x-8}{12} - \dfrac{x+y}{4} - \dfrac{7x+6}{11}. \end{cases}$

$$R.\ x=7,\quad y=9.$$

III. Résoudre les équations littérales suivantes :

1. $\dfrac{x}{a} + \dfrac{y}{b} = 1$ et $\dfrac{x}{b} - \dfrac{y}{a} = 1.$

$$R.\ x = ab\,\frac{a+b}{a^2+b^2},\quad y = ab\,\frac{a-b}{a^2+b^2}.$$

2. $\dfrac{x}{a} + \dfrac{y}{b} = 1 - \dfrac{x}{c}$ et $\dfrac{y}{a} + \dfrac{x}{b} = 1 + \dfrac{y}{c}.$

$$R.\ x = abc\,\frac{bc-ab-ac}{b^2c^2-a^2b^2-a^2c^2},\quad y = abc\,\frac{ab+bc-ac}{b^2c^2-a^2b^2-a^2c^2}.$$

3. $\dfrac{x}{a} + \dfrac{y}{b} = 1$ et $\dfrac{x}{3a} + \dfrac{y}{6b} = \dfrac{2}{3}.$

$$R.\ x = 3a,\quad y = -2b.$$

4. $ax + by = c^2$ et $\dfrac{a}{b+y} = \dfrac{b}{a+x}$.

$$R. \quad x = \frac{b^2 + c^2 - a^2}{2a}, \quad y = \frac{a^2 + c^2 - b^2}{2b}.$$

5. $\begin{cases} ax - by = a^2, \\ (x + a)(y + b) = (x - b)(y + a) + ab. \end{cases}$

$$R. \quad x = a\frac{a^2 + ab - b^2}{a^2 + b^2}, \quad y = a^2 \frac{a - 2b}{a^2 + b^2}.$$

6. $axy = c(bx + ay)$ et $bxy = c(ax - by)$.

$$R. \quad x = c\frac{a^2 + b^2}{a^2 - b^2}, \quad y = c\frac{a^2 + b^2}{2ab}.$$

7. $\begin{cases} a(x^2 + y^2) - b(x^2 - y^2) = 2a, \\ (a^2 - b^2)(x^2 - y^2) = 4ab. \end{cases}$

$$R. \quad x^2 = \frac{a+b}{a-b}, \quad y^2 = \frac{a-b}{a+b}.$$

8. $\begin{cases} (a^2 - b^2)x + b(a + b + c)y = ab(a + 2b) + \dfrac{ab^2 c}{a + b}, \\ (a^2 - b^2)(3x + 5y) = 8a^2 b - 2ab^2. \end{cases}$

$$R. \quad x = \frac{ab}{a - b}, \quad y = \frac{ab}{a + b}.$$

9. $\begin{cases} x^m y^n = a, \\ x^p y^q = b. \end{cases}$ $R. \quad x = \left(\dfrac{a^q}{b^n}\right)^{\frac{1}{mq - np}}, \quad y = \left(\dfrac{b^m}{a^p}\right)^{\frac{1}{mq - np}}.$

IV. Résoudre les équations numériques suivantes à trois inconnues :

1. $\begin{cases} x + y + z = 11520, \\ 9x + 2y - 7z = 0. \quad R.\; x = 2880,\; y = 3840,\; z = 4800 \\ 8y - 9x - z = 0. \end{cases}$

2. $\begin{cases} 2x - 2y + 3z = 16, \\ 3x + 5y - 2z = 6. \quad R.\; x = 3,\; y = 1,\; z = 4. \\ 4x + 3y - 4z = -1. \end{cases}$

$$3. \quad \begin{cases} 3x + 2y - 4z = 15, \\ 5x - 3y + 2z = 28, \\ 3y + 4z - x = 24. \end{cases} \quad R. \ x = 7, \ y = 5, \ z = 4.$$

$$4. \quad \begin{cases} 30x + 20y + 10z = 230, \\ 15x + 6y + 12z = 138, \\ 10x + 5y + 4z = 75. \end{cases} \quad R. \ x = 4, \ y = 3, \ z = 5.$$

$$5. \quad \begin{cases} \dfrac{x}{3} + \dfrac{y}{4} + \dfrac{z}{5} = 47, \\[2mm] \dfrac{x}{4} + \dfrac{y}{5} + \dfrac{z}{6} = 38, \\[2mm] \dfrac{x}{2} + \dfrac{y}{3} + \dfrac{z}{4} = 26. \end{cases} \quad R. \ x = 24, \ y = 60, \ z = 120.$$

V. Résoudre les équations littérales suivantes :

$$1. \quad \begin{cases} y + z - x = a, \\ z + x - y = b, \\ x + y - z = c. \end{cases} \quad R. \ x = \dfrac{b + c}{2}.$$

$$2. \quad xy = a, \quad xz = b, \quad yz = c. \quad R. \ x = \sqrt{\dfrac{ab}{c}}.$$

$$3. \quad x^2 yz = a, \quad xy^2 z = b, \quad xyz^2 = c. \quad R. \ x = \dfrac{a}{\sqrt[3]{abc}}.$$

$$4. \quad \begin{cases} xy = a(x + y), \\ xz = b(x + z), \\ yz = c(y + z). \end{cases} \quad R. \ \begin{cases} x = \dfrac{2abc}{ac + bc - ab}, \\[2mm] y = \dfrac{2abc}{ab + bc - ac}, \\[2mm] z = \dfrac{2abc}{ab + ac - bc}. \end{cases}$$

$$5. \quad \begin{cases} x - ay + a^2 z = a^3, \\ x - by + b^2 z = b^3, \\ x - cy + c^2 z = c^3. \end{cases} \quad R. \ \begin{cases} x = abc, \\ y = ab + ac + bc, \\ z = a + b + c. \end{cases}$$

$$6. \quad \begin{cases} x + y + z = 0, \\ (b + c)\,x + (a + c)\,y + (a + b)\,z = 0, \\ bcx + acy + abz = 1. \end{cases}$$

$$R. \quad \frac{1}{(a - b)\,(a - c)}.$$

$$7. \quad \begin{cases} x + y + z = a + b + c, \\ bx + cy + az = cx + ay + bz = a^2 + b^2 + c^2. \end{cases}$$

$$R. \quad x = b + c - a.$$

VI. Résoudre les quatre équations numériques suivantes à quatre inconnues.

$$xyz = 40, \qquad xyv = 80,$$
$$yzv = 200, \qquad xzv = 100.$$
$$R. \quad x = 2, \quad y = 4, \quad z = 5, \quad v = 10.$$

VII. Résoudre les équations suivantes :

$$1. \quad \begin{cases} x + 2y + 3z + 4u = 27, \\ 3x + 5y + 7z + u = 48, \\ 5x + 8y + 10z - 2u = 65, \\ 7x + 6y + 5z + 4u = 53. \end{cases} \qquad R. \begin{cases} x = 1, \\ y = 3, \\ z = 4, \\ u = 2. \end{cases}$$

$$2. \quad \begin{cases} 7x - 2z + 3u = 17, \\ 4y - 2z + t = 11, \\ 5y - 3x - 2u = 8, \\ 4y - 3u + 2t = 9, \\ 3z + 8u = 33. \end{cases} \qquad R. \begin{cases} x = 2, \\ y = 4, \\ z = 3, \\ u = 3, \\ t = 1. \end{cases}$$

VIII. Montrer que le système formé des trois équations suivantes est indéterminé :

$$\frac{x + y}{z} = 5, \qquad \frac{y - z}{x} = 1, \qquad \frac{x - z}{y} = \frac{1}{3}.$$

IX. Quelle relation doit-il exister entre les coefficients A, B, C, a, b, c, dans les trois équations

$$bz - cy = A,$$
$$cx - az = B,$$
$$ay - bx = C,$$

pour que x, y, z soient indéterminées?

$$R. \quad Aa + Bb + Cc = 0.$$

X. Faire voir que les équations

$$(a + b)x + (ap + bq)y = ap^2 + bq^2,$$
$$(ap + bq)x + (ap^2 + bq^2)y = ap^3 + bq^3,$$
$$(ap^2 + bq^2)x + (ap^3 + bq^3)y = ap^4 + bq^4,$$
$$(ap^3 + bq^3)x + (ap^4 + bq^4)y = ap^5 + bq^5,$$

$$\ldots\ldots\ldots\ldots\ldots\ldots\ldots\ldots\ldots$$

sont compatibles et admettent toutes pour solutions

$$x = p + q, \quad y = -pq.$$

XI. L'expérience a montré qu'aux températures

$$x = 0°, \quad 18°, \quad 25°, \quad 45°, \quad 50°, \quad 97°$$

il faut pour saturer 100 grammes d'eau des poids de salpêtre respectivement égaux à

$$y = 14^{gr}, \quad 29^{gr}, \quad 39^{gr}, \quad 74^{gr}, \quad 85^{gr}, \quad 236^{gr}.$$

D'après cela, on demande quelles valeurs il faut attribuer aux coefficients a, b, c, dans l'expression

$$y = a + bx + cx^2,$$

pour qu'elle puisse représenter la loi de solubilité du salpêtre.

On calculera ces coefficients en partant des observations faites à 0°, 25°, 50° et l'on vérifiera si la formule obtenue satisfait bien aux trois autres expériences.

$$R. \quad a = 14, \quad b = 0,58, \quad c = 0,0168.$$

CHAPITRE IV

Inégalités du premier degré.

§ I. — PRINCIPES.

160. On écrit que deux quantités sont de grandeur différente en les séparant par le signe $>$ dont l'ouverture est tournée vers la plus grande quantité. Les expressions

$$5 > 3, \qquad a > b$$

portent le nom d'*inégalités*.

Les deux principes suivants sur les inégalités sont analogues à ceux qui ont été démontrés pour les équations.

161. PRINCIPE I. — *On peut ajouter ou retrancher une même quantité aux deux membres d'une inégalité, sans qu'elle cesse d'avoir lieu dans le même sens.*

Si l'on a, par exemple, l'inégalité $4 < 7$, on en déduira les suivantes :

$$4 + 5 < 7 + 5,$$
$$4 - 2 < 7 - 2.$$

On obtiendrait de même des inégalités vraies en retranchant 3 ou 4 aux deux membres de la première; mais la quantité que l'on retranche de part et d'autre ne doit pas être supérieure à la plus petite des deux quantités que l'on compare.

Conséquence. — Pour faire passer un terme d'un membre dans un autre, on l'efface dans le membre où il se trouve et on l'écrit dans l'autre avec un signe contraire. Ainsi l'inégalité

$$4 + 3x > 7x - 32$$

peut s'écrire, en ajoutant 32 aux deux membres.

$$4 + 32 + 3x > 7x$$

et, en retranchant $3x$ des deux côtés,

$$36 > 4x.$$

162. *Remarque I.* — Considérons l'inégalité $4 < 7$; si nous faisons passer 7 dans le premier membre, ce qui revient à retrancher 7 de part et d'autre, nous obtiendrons

$$4 - 7 < 0 \quad \text{ou} \quad -3 < 0,$$

inégalité qui n'a pas de sens par elle-même, mais que nous conserverons parce que, à l'aide d'une transformation permise, elle permet de revenir à l'inégalité $4 < 7$ qui est exacte.

Ainsi, dans le but de généraliser le principe précédent et sa conséquence, *on est conduit à dire qu'une quantité négative est plus petite que zéro.*

163. *Remarque II.* — Si, dans la même inégalité, nous faisons passer 7 dans le premier membre et 4 dans le second, ce qui revient à retrancher 11 des deux membres, nous aurons

$$-7 < -4,$$

inégalité qui n'a pas de sens par elle-même, mais que l'on conserve dans le but de généraliser la règle de transposition des termes et de lever la restriction indiquée plus haut. On est donc conduit à dire que *de deux quantités négatives la plus petite est celle dont la valeur absolue est la plus grande.*

Avec ces deux conventions la restriction qui a été faite au n° 161 se trouve levée; et de l'inégalité $a > b$ on peut déduire dans tous les cas l'inégalité

$$a - m > b - m,$$

quelles que soient les valeurs numériques que l'on attribuera ultérieurement aux lettres a, b, m.

164. *Conséquence.* — Voici, rangées par ordre de grandeur croissante, les valeurs numériques, soit positives, soit négatives, que l'on peut attribuer à une lettre x :

$$\dots -100, \ \dots -10, \ \dots -1, \ 0, \ 1, \ \dots 10, \ \dots 1000, \dots$$

Si l'on fait passer la *variable* x par toutes ces valeurs, on dit que x varie de l'infini négatif à l'infini positif et l'on écrit en abrégé : « x croît de $-\infty$ à $+\infty$ », le signe ∞ représentant un nombre plus grand que tout nombre donné quelque grand qu'il soit.

165. PRINCIPE II. — *On ne trouble pas une inégalité en multipliant ou en divisant ses deux membres par une même quantité positive ; mais, si l'on multiplie ou si l'on divise les deux membres par une quantité négative, il faut renverser le signe de l'inégalité.*

Soit l'inégalité $a > b$; on en déduira les suivantes :

$$am > bm, \quad \frac{a}{m} > \frac{b}{m},$$

m étant un nombre positif ; mais si l'on multiplie ou si l'on divise les deux membres par la quantité négative $-m$, on aura, d'après la remarque du n° 163,

$$-am < -bm, \quad -\frac{a}{m} < -\frac{b}{m}.$$

§ II. — COMBINAISONS DES INÉGALITÉS ENTRE ELLES.

166. ADDITION. — *On peut ajouter entre elles plusieurs inégalités qui ont lieu dans le même sens ; l'inégalité résultante a lieu dans le même sens que les proposées.*

Ainsi, des inégalités

$$a > b, \quad c > d, \quad e > f,$$

on déduit

$$a + c + e > b + d + f.$$

Si les inégalités proposées étaient de sens contraires, on ne pourrait dire si la somme des premiers membres est plus grande ou plus petite que celle des seconds.

167. SOUSTRACTION. — *On ne peut pas soustraire deux inégalités de même sens. Quand elles sont de sens contraires, on peut les retrancher l'une de l'autre; alors l'inégalité obtenue et celle dont on retranche sont de même sens.*

Ainsi, étant données les inégalités

$$a > b, \quad c > d,$$

on ne peut en conclure l'ordre de grandeur des différences

$$a - c, \quad b - d;$$

mais, si l'on avait

$$a > b, \quad c < d,$$

on en conclurait

$$a - c > b - d.$$

168. MULTIPLICATION. — *On peut multiplier membre à membre des inégalités de même sens ayant lieu entre quantités positives; l'inégalité résultante a le même sens que les proposées. — Si les inégalités de même sens ont lieu entre quantités négatives, on peut les multiplier si elles sont en nombre impair; si leur nombre est pair, le sens de l'inégalité résultante est contraire à celui des proposées.*

Ainsi, des inégalités

$$a > b, \quad c > d, \quad e > f,$$

on déduit

$$ace > bdf.$$

Si l'on a les trois inégalités

$$-a > -b, \quad -c > -d, \quad -e > -f,$$

on en déduit

$$-ace > -bdf;$$

car les inégalités proposées reviennent (n° 163) à

$$a < b, \quad c < d, \quad e < f,$$

desquelles il résulte

$$ace < bdf$$

et, par suite (n° 163),

$$-ace > -bdf.$$

Si l'on avait les deux inégalités

$$-a > -b, \quad -c > -d,$$

on en conclurait

$$ac < bd.$$

169. DIVISION. — *On peut diviser l'une par l'autre deux inégalités de sens contraires et entre quantités positives; l'inégalité obtenue a le même sens que l'inégalité dividende. — Si les inégalités proposées sont de sens contraires et ont lieu entre quantités négatives, en les divisant membre à membre on obtient une inégalité de même sens que l'inégalité diviseur.*

Ainsi, des inégalités

$$a > b, \quad c < d,$$

on conclut

$$\frac{a}{c} > \frac{b}{d}.$$

Des inégalités

$$-a > -b, \quad -c < -d,$$

qui reviennent à

$$a < b, \quad c > d,$$

on conclut

$$\frac{a}{c} < \frac{b}{d}.$$

170. Puissances. — *On peut élever à une même puissance les deux membres d'une inégalité qui a lieu entre quantités positives. — Lorsque l'inégalité a lieu entre quantités négatives, on peut élever les deux membres à une même puissance de degré impair ; mais, si ce degré est pair, il faut changer le sens de l'inégalité.*

Ainsi, de l'inégalité entre quantités positives

$$a > b,$$

on déduit

$$a^m > b^m,$$

quel que soit m.

Si l'on a, entre quantités négatives, l'inégalité

(1)
$$-a > -b,$$

on en conclura, en élevant les deux membres à une puissance impaire,

(2)
$$(-a)^{2k+1} > (-b)^{2k+1}.$$

En effet, l'inégalité proposée équivaut à celle-ci :

$$a < b ;$$

on aura, par conséquent,

$$a^{2k+1} < b^{2k+1}$$

et, par suite,

$$-a^{2k+1} > -b^{2k+1} ;$$

ce qui n'est autre chose que l'inégalité (2), puisque

$$(-a)^{2k+1} = -a^{2k+1}, \quad (-b)^{2k+1} = -b^{2k+2}.$$

En élevant les deux membres de l'inégalité (1) à une puissance paire, on aura

$$(3) \qquad\qquad (-a)^{2k} < (-b)^{2k};$$

car, l'inégalité proposée revenant à l'inégalité $a < b$, on en déduit

$$a^{2k} < b^{2k};$$

ce qui n'est autre chose que l'inégalité (3), puisque

$$(-a)^{2k} = a^{2k}, \quad (-b)^{2k} = a^{2k}.$$

171. RACINES. — *Étant donnée une inégalité entre quantités positives, on peut extraire de ses deux membres une racine d'indice quelconque en conservant le sens de l'inégalité primitive. — Si l'inégalité a lieu entre quantités négatives, on ne peut extraire de ses deux membres qu'une racine d'indice impair.*

Ainsi, de l'inégalité $a > b$, on déduit

$$\sqrt{a} > \sqrt{b}, \qquad \sqrt[3]{a} > \sqrt[3]{b}.$$

Mais, si l'on a l'inégalité

$$-125 > -729,$$

on ne pourra extraire la racine carrée de ses deux membres, car $\sqrt{-125}$, $\sqrt{-729}$ n'existent pas : ce sont des quantités imaginaires.

Au contraire, on pourra extraire des deux membres une racine d'indice impair ; ainsi, de l'inégalité précédente, on peut conclure

$$\sqrt[3]{-125} > \sqrt[3]{-729} \quad \text{ou} \quad -5 > -9.$$

§ III. — RÉSOLUTION DES INÉGALITÉS DU PREMIER DEGRÉ A UNE INCONNUE.

172. DÉFINITION. — *Résoudre une inégalité qui renferme une inconnue, c'est la transformer en une autre équivalente et telle que l'inconnue soit isolée dans l'un des membres; on obtient ainsi une limite supérieure ou bien une limite inférieure de cette inconnue.*

Pour résoudre une inégalité à une inconnue, on suit la même marche que pour résoudre une équation : *on fait passer dans un même membre les termes qui renferment l'inconnue et les termes indépendants dans l'autre; on met ensuite l'inconnue en facteur commun et l'on divise par le coefficient de x la quantité toute connue.*

Soit, par exemple, à résoudre l'inégalité

$$(1) \qquad 2x + \frac{3}{4} - \frac{5}{6}x > 2;$$

en multipliant par 12 les deux membres, on obtient

$$24x + 9 - 10x > 24,$$

ou bien, en isolant dans le premier membre les termes en x,

$$24x - 10x > 24 - 9;$$

en réduisant l'on trouve

ou

$$14x > 15,$$

$$x > \frac{15}{14}.$$

Ainsi l'inconnue n'est pas déterminée, elle est simplement assujettie à cette condition d'être supérieure à $\frac{15}{14}$; on peut donc lui attribuer une infinité de valeurs : 2, 3, 5,... par exemple. Le nombre $\dfrac{15}{14}$ est la *limite inférieure* de x.

Soit encore à résoudre l'inégalité

$$(2) \qquad 5x - 4 + \frac{2}{3}x < 35 ;$$

on en déduira

$$15x - 12 + 2x < 105,$$

ou

$$17x < 117,$$

ou

$$x < \frac{117}{17} \qquad \text{ou} \qquad 6 + \frac{15}{17} = \frac{117}{17}.$$

On dit que $\dfrac{117}{17}$ est la *limite supérieure* de l'inconnue.

On verrait de même que l'inégalité

$$(3) \qquad 27 - 6x < 3 - 9x$$

revient à

$$x < -8 ;$$

on ne peut donner à x que des valeurs négatives ayant des valeurs absolues supérieures à 8.

173. *Remarque.* — L'inconnue peut être assujettie à satisfaire à la fois à plusieurs inégalités. — Supposons que x doive vérifier à la fois les inégalités (1) et (2), on ne pourra lui donner que des valeurs comprises entre $\dfrac{15}{14}$ et $6 + \dfrac{15}{17}$; les seules valeurs entières que l'on puisse lui attribuer seront donc 2, 3, 4, 5 et 6.

Si cette inconnue x devait vérifier à la fois les inégalités (2) et (3), il suffirait que x fût inférieur à -8.

Enfin il n'y a aucune valeur de x qui puisse satisfaire à la fois aux inégalités (1) et (3); on dit que ces inégalités sont incompatibles.

174. PRÉCAUTIONS A PRENDRE POUR CHASSER LES DÉNOMINATEURS ET LES RADICAUX. — Quand on chasse les dénominateurs d'une inégalité, il faut faire attention au signe du multiplicateur; s'il est négatif, il faut renverser le signe de l'inégalité primitive, n° 164.

Il peut arriver que le signe de ce multiplicateur puisse changer avec les valeurs numériques attribuées aux lettres; alors il faudra bien distinguer le cas où cette quantité est positive de celui où elle est négative et résoudre l'inégalité successivement dans ces deux hypothèses.

De même, quand on élève au carré les deux membres d'une inégalité pour chasser les radicaux, il faut examiner le signe de chacun d'eux et ne pas oublier que, s'ils sont tous deux négatifs, la seconde inégalité et la proposée doivent être de signes contraires, n° 179.

Exemple I. Soit à résoudre l'inégalité

$$\frac{2c^2 x}{a^2} - \frac{a^2}{2b} > \frac{3x}{2} + \frac{b^2}{a},$$

qui renferme des coefficients littéraux. Comme on ignore si les lettres a, b, c recevront ultérieurement des valeurs positives ou négatives, il ne faut pas prendre $2a^2 b$ pour dénominateur commun : le signe de ce produit n'est pas connu à l'avance ; mais, la quantité $2a^2 b^2$ étant toujours positive, on pourra multiplier les deux membres de l'inégalité par $2a^2 b^2$, ce qui donnera

$$4b^2 c^2 x - a^4 b > 3a^2 b^2 x + 2ab^4,$$

ou bien

$$b^2(4c^2 - 3a^2)x > 2ab^5 + ba^4;$$

et ici l'on doit distinguer deux cas:

1° $4c^2 > 3a^2$; on peut alors diviser les deux membres de l'inégalité par le coefficient de x qui est positif, et l'on obtient une limite inférieure de l'inconnue

$$x > \frac{ab(a^3 + 2b^3)}{b^2(4c^2 - 3a^2)} = \frac{a(a^3 + 2b^3)}{b(4c^2 - 3a^2)}.$$

2° $4c^2 < 3a^2$; alors le coefficient de x est négatif et il faut renverser le signe de l'inégalité; la limite supérieure de l'inconnue est donc

$$x < \frac{ab(a^3 + 2b^3)}{b^2(4c^2 - 3a^2)} = \frac{a(a^3 + 2b^3)}{b(4c^2 - 3a^2)}.$$

Exemple II. Trouver la relation entre p et q pour que l'on ait à la fois

$$x = \sqrt{\frac{p}{3}} \quad \text{et} \quad x^3 - px + q < 0,$$

p étant une quantité positive.

En substituant à x sa valeur dans l'inégalité, elle devient

$$\frac{p}{3}\sqrt{\frac{p}{3}} - p\sqrt{\frac{p}{3}} + q < 0,$$

ou bien, après réduction,

$$-\frac{2}{3}p\sqrt{\frac{p}{3}} < -q.$$

Si q est négatif, cette inégalité a toujours lieu, quelle que soit la relation de grandeur entre p et q, et il en sera de même de l'inégalité proposée.

Si q est positif, les deux membres de l'inégalité sont négatifs et il faudra, en élevant au carré pour se débarrasser des radicaux, renverser le signe de l'inégalité, ce qui donnera

$$\frac{4}{27}p^3 > q^2,$$

ou

$$27q^2 - 4p^3 < 0.$$

Donc, lorsque cette condition sera satisfaite, l'inégalité proposée le sera également, quel que soit le signe de q.

Exemple III. Trouver les valeurs de x qui satisfont à l'inégalité

$$(1) \qquad \frac{x+2}{\sqrt{x^2+4}} > \frac{x+1}{\sqrt{x^2+1}}.$$

(A) Supposons d'abord $x+1 > 0$, c'est-à-dire $x > -1$; les deux membres de l'inégalité sont alors positifs et, en les élevant au carré, il faudra conserver le signe de l'inégalité proposée, ce qui donne

$$\frac{x^2+4x+4}{x^2+4} > \frac{x^2+2x+1}{x^2+1},$$

ou bien, en retranchant l'unité de part et d'autre,

$$(2) \qquad \frac{4x}{x^2+4} > \frac{2x}{x^2+1}.$$

1° Si, parmi les valeurs de x supérieures à -1, on considère d'abord les valeurs positives, on peut diviser par $2x$ les deux membres de cette dernière inégalité, qui se réduit ainsi à

$$(3) \qquad \frac{2}{x^2+4} > \frac{1}{x^2+1},$$

ou bien, en chassant le dénominateur, à

$$x^2 - 2 > 0, \quad \text{c.-à-d. à} \quad (x + \sqrt{2})(x - \sqrt{2}) > 0$$

et, comme $x + \sqrt{2}$ est positif, il suffit que l'on ait

$$x > \sqrt{2}$$

pour que les inégalités (3), (2) et, par suite, (1) soient satis-faites.

2° Considérons maintenant les valeurs de x comprises entre 0 et -1; puisque x est négatif, en divisant par $2x$ les deux membres de l'inégalité (2), il faudra renverser son signe et satisfaire à l'inégalité

$$\frac{2}{x^2 + 4} < \frac{1}{x^2 + 1},$$

d'où

$$x^2 - 2 < 0, \quad \text{c.-à-d.} \quad (x + \sqrt{2})(x - \sqrt{2}) < 0,$$

et, comme le second facteur est négatif, il faut que l'on ait

$$x + \sqrt{2} > 0 \quad \text{ou} \quad x > -\sqrt{2}.$$

Cette condition se trouvant remplie, puisque les valeurs de x que nous étudions sont comprises entre 0 et -1, on voit que l'inégalité (1) est satisfaite pour toutes ces valeurs.

(B) Supposons maintenant que l'on ait $x + 1 < 0$ ou $x - < 1$ et, parmi les valeurs négatives,

$$-1,001, -1,002, \ldots, -1,01, \ldots, -2, -3, \ldots, -100, -\cdots$$

cherchons celles qui satisferont à l'inégalité (1). Il y aura deux cas à distinguer:

1° Si l'on donne à x des valeurs comprises entre -1 et -2, $x + 2$ sera positif et il en sera de même du premier membre de l'inégalité (1), tandis que le second sera négatif : l'inégalité sera donc satisfaite pour toutes ces valeurs de x sans exception.

2° Si l'on donne à x des valeurs inférieures à —2, x—1 et x—2 seront tous les deux négatifs; il faudra, en élevant au carré, renverser le signe de l'inégalité et satisfaire à la condition

$$\frac{4x}{x^2+4} < \frac{2x}{x^2+1};$$

en divisant par la quantité négative $2x$, il faudra renverser encore l'inégalité; la condition à remplir deviendra donc

$$\frac{2}{x^2+4} > \frac{1}{x^2+1} \quad \text{ou} \quad (x+\sqrt{2})(x-\sqrt{2}) > 0.$$

Or $x-\sqrt{2}$ est, pour les valeurs de x que nous considérons ici, toujours négatif : on devra donc avoir

$$x+\sqrt{2} < 0 \quad \text{ou} \quad x < -\sqrt{2};$$

comme cette condition est remplie d'elle-même ici, l'inégalité (1) est satisfaite pour toutes les valeurs négatives de x inférieures à —2.

En *résumé*, l'inégalité (1) est satisfaite par toutes les valeurs négatives et par les valeurs positives supérieures à $\sqrt{2}$; il n'y a que les valeurs comprises entre 0 et $\sqrt{2}$ qui, substituées à x, rendent le premier membre moindre que le second.

§ IV. — Résolution d'inégalités simultanées a deux inconnues.

175. Considérons maintenant le cas où l'on a, entre deux inconnues x et y, deux inégalités qui ne les contiennent qu'au premier degré :

$$5x - 3y > 4,$$
$$8x + 2y > 25.$$

Méthode par comparaison. — On tire de la première

$$x > \frac{4 + 3y}{5},$$

et de la seconde

$$x > \frac{25 - 2y}{8};$$

et comme on a deux limites inférieures de l'inconnue, on ne peut dire laquelle des deux est la plus grande et l'on ne peut ainsi éliminer x; mais il est possible d'éliminer y, car on tire des inégalités proposées

$$y < \frac{5x - 4}{3},$$

$$y > \frac{25 - 8x}{2},$$

d'où l'on conclut

$$\frac{25 - 8x}{2} < \frac{5x - 4}{3}.$$

En résolvant cette inégalité, l'on trouve

$$x > \frac{83}{34} \quad \text{ou} \quad x > 2 + \frac{15}{34}.$$

Ainsi l'on peut attribuer à x les valeurs entières 3, 4, 5,... et à chacune d'elles correspondent deux limites pour y; par exemple, pour $x = 3$, on a

$$y < \frac{11}{3} \quad \text{et} \quad y > \frac{1}{2},$$

tandis que, pour $x = 4$, on a

$$y < \frac{16}{3} \quad \text{et} \quad y > -\frac{7}{2};$$

les inégalités proposées peuvent donc être satisfaites par une infinité de valeurs de x et de y.

Méthode par réduction. — Au lieu d'opérer par comparaison, on aurait pu éliminer y en ajoutant le double de la première inégalité au triple de la seconde ; on obtient ainsi

$$34x > 83, \quad \text{ou} \quad x > \frac{83}{34}.$$

Mais, par ce procédé, il eût été impossible d'éliminer x. En effet, multipliant la première inégalité par 8 et la seconde par 5, on eût trouvé

$$40x - 24y > 32,$$
$$40x + 10y > 125,$$

et, comme il n'est pas permis de retrancher les inégalités de même sens, on n'eût pu obtenir une inégalité contenant y seul.

Lorsque les inégalités proposées sont de sens contraires, on peut, par la méthode de réduction, éliminer l'inconnue qui a le même signe dans les deux inégalités. Soit, par exemple,

$$(1) \qquad 2x + 3y > 23,$$
$$(2) \qquad 3x + 2y < 22;$$

on éliminera x en retranchant le double de la seconde du triple de la première, et l'on obtiendra

$$(3) \qquad y > 5.$$

Donnant à y une valeur arbitraire, mais supérieure à 5, par exemple 7, on en déduira deux limites pour x :

$$x > 1, \quad x < \frac{8}{3}.$$

On aurait pu également éliminer y; en retranchant le triple de la seconde inégalité du double de la première, on eût trouvé une limite supérieure pour x :

$$(4) \qquad\qquad x < 4.$$

Remarque. — Les inégalités (3) et (4) obtenues par réduction ne forment pas un système équivalent au système proposé (1), (2); elles sont bien une conséquence de ces dernières, mais la réciproque n'est pas vraie, car des inégalités (3) et (4), que l'on peut écrire

$$3y > 15, \qquad 2x < 8,$$

on ne peut pas conclure par addition l'inégalité (1).

Aussi, en associant une valeur quelconque de y supérieure à 5 et une valeur quelconque de x plus petite que 4, on n'a pas nécessairement une solution des inégalités proposées; il faut opérer comme nous l'avons fait plus haut, adopter pour y une valeur particulière supérieure à 5, la reporter dans les inégalités proposées et en déduire deux limites correspondantes pour la seconde inconnue. On est certain *à priori* que ces limites ne seront pas contradictoires avec la limite $x < 4$.

176. *Interprétation géométrique.* — Construisons (*fig.* 3) les deux équations

$$2x + 3y = 23, \qquad 3x + 2y = 22;$$

elles représentent les droites AB et A'B' qui se coupent au point M pour lequel

$$x = 4, \qquad y = 5.$$

Je dis que l'inégalité (1) représente tous les points du plan situés au-dessus de AB. — En effet, soit N un point quelconque de cette région; menons son ordonnée NP, elle coupe AB au point N_1, et l'on a

$$2\,OP + 3N_1P = 23,$$

par conséquent

$$2\,OP + 3NP > 23.$$

On verra, de même, que l'inégalité (2) représente tous les points du plan situés au-dessous de A'B'; donc *tous les points dont les coordonnées satisfont à la fois aux inégalités* (1) *et* (2) *sont compris dans l'angle* BMB' *commun aux deux régions ci-dessus.*

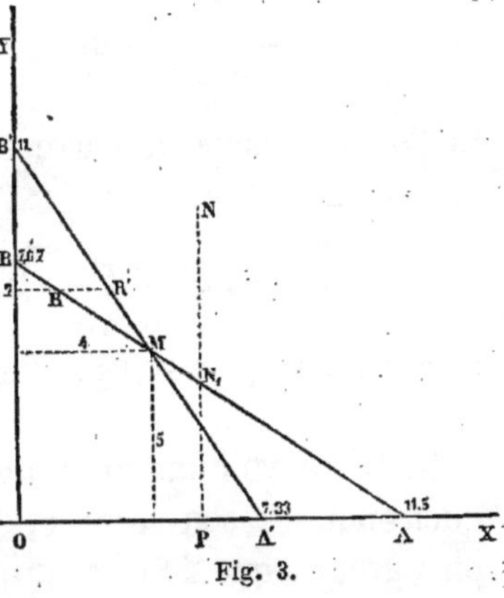

Fig. 3.

Si l'on donne à y une valeur particulière 7, pour trouver les points du plan qui satisfont à la fois aux inégalités (1) et (2) ainsi qu'à la condition $y = 7$, on tracera la parallèle RR' à OX à la distance 7; les seuls points du segment RR' de cette parallèle compris entre AB et A'B' satisferont à ces conditions.

§ V. — Vérification d'inégalités.

177. *Pour démontrer une inégalité, on cherche à déduire de l'inégalité proposée une série d'inégalités de plus en plus simples, jusqu'à ce que l'on obtienne une inégalité évidente; ou bien, on montre que l'inégalité proposée est la conséquence d'égalités ou d'inégalités déjà démontrées.* Ex. :

I. Démontrer que la moyenne arithmétique entre deux nombres est plus grande que leur moyenne géométrique; c.-à-d. que l'on a

$$\frac{a+b}{2} > \sqrt{ab}.$$

De cette inégalité on déduit, en élevant les deux membres au carré,

$$\frac{(a+b)^2}{4} > ab, \quad \text{ou} \quad (a+b)^2 > 4ab.$$

Si l'on développe le carré et si l'on fait passer $4\,ab$ dans le premier membre, on a

$$a^2 - 2ab + b^2 > 0, \quad \text{ou} \quad (a-b)^2 > 0;$$

ce qui est toujours vrai, que a soit plus grand que b, ou plus petit que b.

II. Faire voir qu'en ajoutant une expression fractionnaire quelconque à son inverse, on obtient toujours une somme plus grande que 2; c.-à-d. que

$$\frac{a}{b} + \frac{b}{a} > 2.$$

En effet, en chassant les dénominateurs, on obtient

$$a^2 + b^2 > 2ab, \quad \text{ou} \quad a^2 - 2ab + b^2 > 0, \quad \text{ou} \quad (a-b^2) > 0,$$

ce qui est vrai.

III. Montrer que l'on a toujours

$$ab(a+b) + bc(b+c) + ac(a+c) > 6\,abc.$$

En effet, divisant par abc les deux membres de cette inégalité, elle devient

$$\frac{a+b}{c} + \frac{b+c}{a} + \frac{a+c}{b} > 6,$$

ou

$$\left(\frac{a}{c} + \frac{c}{a}\right) + \left(\frac{b}{c} + \frac{c}{b}\right) + \left(\frac{a}{b} + \frac{b}{a}\right) > 6;$$

ce qui est vrai, puisque chacune des sommes entre parenthèses est supérieure à 2.

IV. Montrer que si a, b, c sont positifs, on a

$$a^3 + b^3 + c^3 > 3\,abc.$$

En effet, on sait que

$$a^2 + b^2 > 2\,ab, \quad b^2 + c^2 > 2\,bc, \quad c^2 + a^2 > 2\,ac,$$

on aura donc, en ajoutant ces inégalités,

$$a^2 + b^2 + c^2 > ab + bc + ac;$$

si l'on multiplie les deux membres de cette dernière inégalité par la quantité $a + b + c$, qui est positive, on trouve, après réduction,

$$a^3 + b^3 + c^3 > 3\,abc.$$

V. Faire voir que, si $x + y$ est égal ou supérieur à $2\,a$, $x^m + y^m$ est égal ou supérieur à $2\,a^m$.

Supposons que l'on ait vérifié la proposition par une certaine valeur n attribuée à m et que l'on ait démontré l'inégalité

$$(1) \qquad x^n + y^n > 2\,a^n;$$

nous allons faire voir que la proposition est également vraie pour la puissance $n + 1$ et que l'on a aussi

$$(2) \qquad x^{n+1} + y^{n+1} > 2\,a^{n+1}.$$

En effet, multiplions par $x + y$ le premier membre de (1) et par $2\,a$ le second, nous aurons

$$(x^n + y^n)(x + y) > 4\,a^{n+1},$$

ou bien,

$$(3) \qquad x^{n+1} + y^{n+1} + xy^n + yx^n > 4\,a^{n+1}.$$

Or, $(x^n - y^n)(x - y) > 0$, puisque ces deux facteurs sont de même signe, ce qui revient à dire que l'on a

$$x^{n+1} + y^{n+1} > xy^n + yx^n;$$

donc l'inégalité (3) revient à celle-ci :

$$2(x^{n+1} + y^{n+1}) > 4\,a^{n+1},$$

c'est-à-dire à l'inégalité (2). La proposition est donc démontrée *de proche en proche.*

VI. Montrer que l'on a toujours

$$2(a^2 + b^2) > (a + b)^2,$$

$$4(a^3 + b^3) > (a + b)^3,$$

$$8(a^4 + b^4) > (a + b)^4,$$

$$\cdot \quad \cdot \quad \cdot \quad \cdot \quad \cdot \quad \cdot \quad \cdot$$

et en général

$$2^{n-1}(a^n + b^n) > (a + b)^n;$$

cette dernière inégalité peut s'écrire

$$\frac{a^n + b^n}{2} > \left(\frac{a + b}{2}\right)^n$$

et s'énoncer ainsi : *La moyenne arithmétique des $n^{\text{ièmes}}$ puissances de deux nombres est plus grande que la $n^{\text{ième}}$ puissance de la moyenne arithmétique de ces nombres.*

Solution. — Il est facile de démontrer la première inégalité, elle revient à

$$a^2 + b^2 > 2ab \quad \text{ou} \quad (a - b)^2 > 0,$$

ce qui est vrai.

La seconde inégalité se réduit à

$$3a^3 + 3b^3 > 3a^2 b + 3ab^2,$$

ou bien, en supprimant le facteur 3, à

$$a^3 + b^3 > a^2 b + ab^2,$$

ou bien, en groupant les termes, à

$$a^3 - a^2 b + b^3 - ab^2 > 0,$$

ce qui revient à

$$a^2(a - b) + b^2(b - a) > 0,$$

ou bien, en mettant $a - b$ en facteur commun, à

$$(a^2 - b^2)(a - b) > 0,$$

inégalité qui est toujours vraie, car les deux facteurs $a^2 - b^2$ et $a - b$ sont de même signe.

Il est facile de voir que la loi est générale ; pour cela je suppose que l'on ait vérifié l'inégalité

(1)
$$2^{n-1}(a^n + b^n) > (a + b)^n,$$

et je dis que l'on a aussi

(2)
$$2^n(a^{n+1} + b^{n+1}) > (a + b)^{n+1};$$

en effet, multipliant les deux membres de (1) par $a + b$, l'on aura

(3)
$$2^{n+1}(a^n + b^n)(a + b) > (a + b)^{n+1}.$$

Il suffira donc de faire voir que

$$2^n(a^{n+1} + b^{n+1}) > 2^{n-1}(a^n + b^n)(a + b).$$

Après réduction, on trouve que cette inégalité revient à

$$a^{n+1} + b^{n+1} > ab^n + ba^n,$$

ou bien à

$$a^n(a - b) - b^n(a - b) > 0,$$

ce qui peut s'écrire

$$(a^n - b^n)(a - b) > 0,$$

inégalité évidente, puisque les deux facteurs $a^n - b^n$ et $a - b$ ont toujours le même signe.

Ainsi, l'inégalité (1) étant vérifiée pour une certaine valeur de n, on en conclut qu'elle est vraie aussi pour la valeur de n immédiatement supérieure. Or, on l'a vérifiée pour $n = 2$; donc elle est aussi vraie pour $n = 3$; l'étant pour $n = 3$, elle sera vraie pour $n = 4$, et ainsi de suite.

EXERCICES SUR LES INÉGALITÉS.

I. Quelles valeurs entières faut-il attribuer à x pour que l'on ait à la fois :

1° $\qquad 2x - 5 > 31 \quad$ et $\quad 3x - 7 < 2x + 13.$

$$R. \quad x = 19.$$

2° $\qquad 7x - 15 > 4x + 30 \quad$ et $\quad \dfrac{x}{2} - \dfrac{x}{3} < 3.$

$$R. \quad x = 16 \quad \text{ou} \quad 17.$$

3° $\qquad \dfrac{x-4}{2} + 3 > \dfrac{x+2}{4} + \dfrac{x}{3} > \dfrac{x+1}{2} + \dfrac{1}{3}.$

$$R. \quad x = 5.$$

II. Si $\dfrac{a}{b}, \dfrac{c}{d}, \dfrac{e}{f}$ représentent des fractions inégales, rangées par ordre de grandeur et dont les dénominateurs ont le même signe, la fraction $\dfrac{a+c+e}{b+d+f}$ sera comprise entre $\dfrac{a}{b}$ et $\dfrac{e}{f}.$

III. Montrer que l'on a

1° $\qquad \sqrt{11} + \sqrt{7} > \sqrt{19} + \sqrt{2},$

2° $\qquad \sqrt{10} + \sqrt{7} < \sqrt{3} + \sqrt{19}.$

IV. Démontrer les inégalités

1° $\qquad \dfrac{a+b}{2} > \dfrac{2ab}{a+b}, \quad \dfrac{a^3+b^3}{a^2+b^2} > \dfrac{a^2+b^2}{a+b},$

2° $\qquad n^3 + 1 > n^2 + n,$

3° $\qquad a^3 + b^3 > a^2 b + ab^2,$

4° $\qquad a^5 + b^5 > a^4 b + ab^4.$

5° $\qquad \dfrac{a}{b^2} + \dfrac{b}{a^2} > \dfrac{1}{a} + \dfrac{1}{b}.$

V. Faire voir que l'on a toujours

$$a^2 + b^2 + c^2 > ab + ac + bc,$$

et que, si a, b, c représentent les trois côtés d'un triangle rectangle,

$$a^2 + b^2 + c^2 < 2(ab + ac + bc).$$

VI. Si $x^2 = a^2 + b^2$, $\quad y^2 = c^2 + d^2$, faire voir que

$$xy > ac + bd \quad \text{ou} \quad ad + bc.$$

VII. Si $x > y$, montrer que l'on a

$$x - y > \frac{x^4 - y^4}{4x^3}, \quad \text{mais} \quad < \frac{x^4 - y^4}{4y^3}.$$

VIII. Des égalités

$$a^2 + b^2 + c^2 = 1, \quad a'^2 + b'^2 + c'^2 = 1,$$

déduire

$$aa' + bb' + cc' < 1.$$

IX. Démontrer les inégalités suivantes :

1° $ab(a + b) + bc(b + c) + ac(a + c) < 2(a^3 + b^3 + c^3).$

2° $(a + b + c)(ab + bc + ac) < 3(a^3 + b^3 + c^3).$

3° $8(a^3 + b^3 + c^3) > 3(a + b)(b + c)(c + a).$

4° $\dfrac{2a}{b + c} + \dfrac{2b}{a + c} + \dfrac{2c}{a + b} > 3.$

5° $(a + b - c)^2 + (a + c - b)^2 + (b + c - a)^2 > ab + bc + ac.$

6° $(a + b)(b + c)(c + a) > 8abc.$

7° $(a + b + c)(a^2 + b^2 + c^2) > 9abc.$

8° $(a + b - c)(a + c - b)(b + c - a) < abc.$

9° $a^4 + b^4 + c^4 > abc(a + b + c).$

10° $(a + b + c)^3 > 27abc \quad \text{mais} \quad < 9(a^3 + b^3 + c^3).$

CHAPITRE V

Résolution des problèmes qui conduisent à des équations du premier degré.

§ Ier. — Mise en équation.

178. Définition. — *Mettre un problème en équation, c'est* exprimer à l'aide d'une ou plusieurs équations toutes les conditions que renferme l'énoncé.

179. Règle pour mettre un problème en équation. — On indique à l'aide des signes algébriques les opérations qu'il faudrait effectuer sur les données et sur les inconnues, représentées par x, y, z, pour vérifier ces inconnues si elles étaient trouvées. L'égalité ou les égalités ainsi obtenues en suivant l'énoncé phrase par phrase sont les équations du problème; on les résout ensuite. Il résulte de ce qui a été vu aux n°s 154, 155, que l'on doit avoir autant d'équations que d'inconnues pour que le problème soit déterminé.

180. Problème I. — *On a coulé dans une usine 360 plaques de fonte pesant, les unes 16 kilogrammes, les autres 11 kilogrammes. Leur poids total est 4850 kilogrammes. On demande le nombre de plaques de chaque espèce.*

Solution. — Soit x le nombre des plaques de 11^{kg}; celui des autres sera

$$360 - x,$$

et les poids des deux groupes de plaques seront respectivement

$$11^{kg} \times x \quad \text{et} \quad 16^{kg} \times (360 - x);$$

leur somme étant égale à 4850^{kg}, l'équation du problème est

$$11x + 16(360 - x) = 4850;$$

on l'obtient donc en suivant la règle précédente.

Si l'on résout cette équation, on trouve

$$5x = 16 \times 360 - 4850 = 910,$$

ou

$$x = 182, \quad 360 - x = 178;$$

il y avait donc 182 plaques de 11^{kg} et 178 de 16^{kg}.

181. PROBLÈME II. — *On veut connaître le chemin qu'a parcouru une voiture à quatre roues, sachant que la roue de devant, qui a $2^m,20$ de tour, a fait 2000 tours de plus que la roue de derrière, dont la circonférence a 4^m.*

Solution. — Soit x le chemin parcouru exprimé en mètres; chacune des petites roues aura fait un nombre de tours égal au quotient $\dfrac{x}{2,20}$ et chacune des grandes un nombre de tours égal à $\dfrac{x}{4}$. Comme la différence de ces deux nombres est, d'après l'énoncé, égal à 2000, l'équation du problème est

$$\frac{x}{2,20} - \frac{x}{4} = 2000.$$

En la résolvant, on obtient

$$x = \frac{2000 \times 4 \times 2,20}{4 - 2,20} = \frac{8000 \times 2,20}{1,80} = 9777^m,7.$$

Généralisation. — Désignons par C et c les circonférences des roues, par n le nombre de tours que la grande roue a fait de plus que la petite, nous aurons l'équation

$$\frac{x}{c} - \frac{x}{C} = n,$$

de laquelle nous tirerons

$$x = \frac{n.C.c.}{C - c}.$$

Appliquant cette formule au cas particulier qui précède, nous trouverons

$$x = \frac{2000.4.2,20}{4 - 2,20} = \frac{8000 \times 2,20}{1,80} = 9777^{\text{m}},7.$$

82. PROBLÈME III. — *Deux mobiles (fig. 4) parcourent dans le même sens et d'un mouvement uniforme deux circonférences concentriques, les durées d'une révolution complète sont respectivement t et t'. En supposant que les trois points A, A' et O soient d'abord en ligne droite, au bout de combien de temps les rayons AO, A'O coïncideront-ils de nouveau ?*

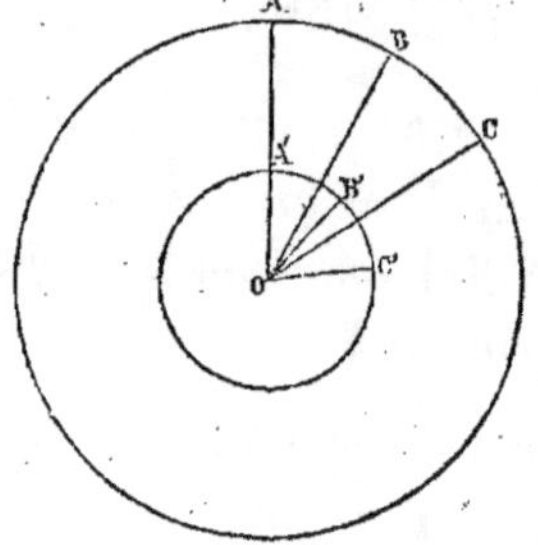

Fig. 4.

Solution. — Soit AOB l'angle parcouru dans l'unité de temps par le mobile A, il renferme un nombre de degrés égal à

$$\frac{360°}{t},$$

De même l'angle A'OB' parcouru dans l'unité de temps par A' est égal à

$$\frac{360°}{t'};$$

donc, au bout de l'unité de temps, les deux rayons OB, OB' font entre eux un angle égal à

$$\frac{360}{t'} - \frac{360}{t},$$

cet angle sera double au bout de deux unités de temps, triple au bout de trois ; au bout du temps x, il sera donc égal à

$$x\left(\frac{360}{t'} - \frac{360}{t}\right).$$

Mais alors le rayon OA′ ayant alors tourné de 360° par rapport à OA, on doit avoir

$$x\left(\frac{360}{t'} - \frac{360}{t}\right) = 360,$$

d'où l'on tire

$$x = \frac{360}{\dfrac{360}{t'} - \dfrac{360}{t}} = \frac{tt'}{t - t'}.$$

REMARQUE I. — Cette formule donne la durée de la révolution *synodique* de deux planètes, en admettant qu'elles décrivent dans un même plan et d'un mouvement uniforme des cercles concentriques dont le Soleil occuperait le centre.

Soient A′ la Terre et A la planète Mars, par exemple. Quand Mars se trouve sur le prolongement de la droite OA′ qui va du Soleil à la Terre, il est en *conjonction* et la durée de la révolution synodique est l'intervalle de temps qui sépare deux conjonctions consécutives. La durée de la révolution de Mars étant de 687^j et celle de la Terre de 365^j,25, on trouve pour la durée de la révolution synodique

$$x = \frac{687 \times 365,25}{321,75} = 779^j,8.$$

Pendant ce temps, la planète Mars a décrit un nombre de degrés égal à

$$\frac{360 \times 779,8}{687} = 408°,6,$$

et la Terre

$$\frac{360 \times 779,8}{365,25} = 768°,6.$$

REMARQUE II. — Cette même formule donne l'heure de la plus prochaine rencontre des deux aiguilles d'une montre qui étaient primitivement sur midi.

En effet, ici, l'heure étant prise pour unité, nous avons

$$t = 12^{\text{h}}, \qquad t' = 1^{\text{h}},$$

et, par conséquent

$$x = \frac{12^{\text{h}}}{11} = 1^{\text{h}}5^{\text{m}}27^{\text{s}}\frac{3}{11}.$$

183. Problème IV. — *Une montre porte trois aiguilles; trouver entre 7^{h} et 8^{h} à quel instant l'aiguille des secondes sera la bissectrice de l'angle formé par les deux autres aiguilles.*

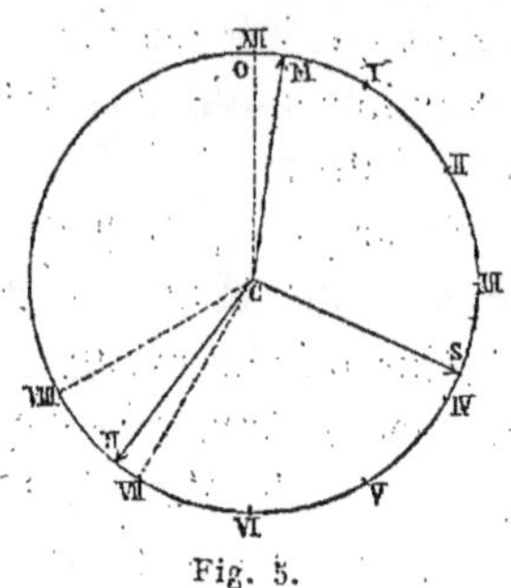

Fig. 5.

Solution. — Prenons l'heure pour unité de temps et le tour du cadran pour unité de longueur; les vitesses des trois aiguilles seront respectivement

$$\frac{1}{12}, \qquad 1, \qquad 60.$$

Soit x l'époque demandée comptée à partir de 7 heures du soir et désignons par OH, OM et OS les positions des trois aiguilles à cet instant; nous aurons (*fig.* 5)

$$\text{OM} + \text{OH} = 2\text{OS};$$

mais

$$\text{OM} = x, \qquad \text{OH} = \frac{x}{12} + \frac{7}{12}, \qquad \text{OS} = 60x:$$

l'équation du problème est donc

$$x + \frac{x+7}{12} = 120x,$$

ou

$$13x + 7 = 1440x;$$

on en tire

$$x = \frac{7^{\text{h}}}{1427} = \frac{25200^{\text{s}}}{1427} = 17^{\text{s}} + \frac{941}{1427},$$

ainsi à $7^h17^s,66$ environ, l'aiguille des secondes sera la bissectrice de l'angle formé par les deux autres; cet angle est alors plus grand que deux droits.

Cherchons à quelle heure une circonstance analogue se présentera de nouveau. Si l'on désigne par H', M', S' les neuvelles positions des trois aiguilles, on aura alors

$$OM' + OH' = 2\left(OS' - \frac{1}{2}\right) = 2OS' - 1 :$$

l'équation du problème est donc

$$x + \frac{x+7}{12} = 120\,x - 1,$$

d'où

$$x = \frac{7}{1427} + \frac{12}{1427};$$

l'intervalle de temps qui séparera cette seconde position de la première sera donc

$$\frac{12^h}{1427} = 30^s,27;$$

alors l'aiguille des secondes sera la bissectrice de l'angle obtus formé par les deux autres. Au bout de $30^s,27$, une circonstance analogue se présentera encore, et ainsi de suite indéfiniment.

184. PROBLÈME V. — *Trouver, entre 4 heures et 5 heures, l'instant précis où les deux aiguilles d'une montre sont séparées par sept divisions du cadran.*

Solution. — Prenons encore l'heure pour unité de temps et le tour du cadran pour unité de longueur ; la vitesse de l'aiguille des heures sera $\frac{1}{12}$ et celle de l'aiguille des minutes sera 1. Soit, de plus, x l'époque cherchée comptée à partir de 4 heures ; la condition imposée dans l'énoncé peut être remplie, ou bien avant 4^h20^m, ou bien après 4^h20^m.

Dans le premier cas on a (*fig.* 6)

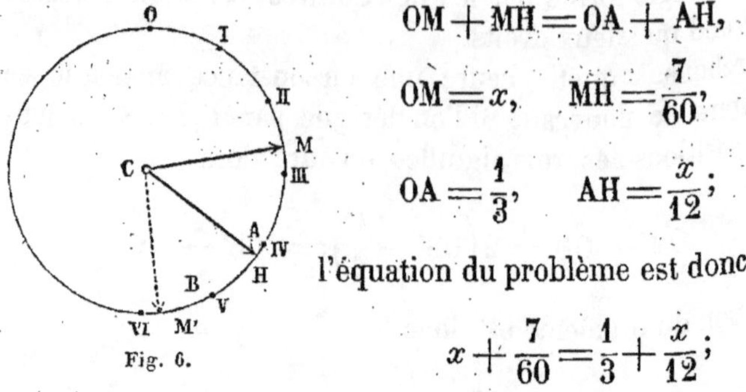

Fig. 6.

$$OM + MH = OA + AH,$$

$$OM = x, \qquad MH = \frac{7}{60},$$

$$OA = \frac{1}{3}, \qquad AH = \frac{x}{12};$$

l'équation du problème est donc

$$x + \frac{7}{60} = \frac{1}{3} + \frac{x}{12};$$

on en tire

$$x = \frac{13^{\text{h}}}{55} = 14^{\text{m}} + \frac{2}{11} = 14^{\text{m}}\,10^{\text{s}} + \frac{10^{\text{s}}}{11}.$$

Dans le second, on a

$$OM' - M'H' = OA + AH',$$

et comme

$$OM' = x, \qquad M'H' = \frac{7}{60}, \qquad AH' = \frac{x}{12},$$

l'équation du problème est

$$x - \frac{7}{60} = \frac{1}{3} + \frac{x}{12},$$

d'où l'on tire

$$x = \frac{27^{\text{h}}}{55} = 29^{\text{m}} + \frac{5^{\text{m}}}{11} = 29^{\text{m}}\,27^{\text{s}}\,\frac{3}{11}.$$

Ainsi les deux époques demandées sont

$$4^{\text{h}}\,14^{\text{m}}\,10^{\text{s}} + \frac{10}{11} \quad \text{et} \quad 4^{\text{h}}\,29^{\text{m}}\,27^{\text{s}}\,\frac{3}{11}.$$

185. Problème **VI.** — *Un renard poursuivi par un lévrier a 60 sauts d'avance, et il fait 9 sauts pendant que le lévrier en fait 6 ; mais 3 sauts du lévrier en valent 7 du renard. On demande combien le lévrier aura fait de sauts avant d'atteindre le renard.*

Solution. — Soient (*fig.* 7) L et R les positions initiales du

$$\text{L} \quad\quad\quad \text{R} \quad\quad\quad \text{O}$$

Fig 7.

lévrier et du renard, O leur point de rencontre ; on aura

$$\text{LO} = \text{LR} + \text{RO},$$

et il faut exprimer chacune de ces longueurs au moyen d'une même unité. Si nous prenons pour unité la longueur du saut du lévrier, nous aurons

$$\text{LO} = x, \quad \text{LR} = \frac{3}{7} \times 60.$$

Il reste à évaluer RO ; or, pendant que le lévrier fait x sauts, le renard en fait

$$\frac{9}{6}\, x,$$

et leur valeur en sauts de lévrier est

$$\text{RO} = \frac{3}{7} \times \frac{9}{6}\, x = \frac{9}{14}\, x ;$$

l'équation du problème est donc

$$x = \frac{3}{7} \times 60 + \frac{9}{14}\, x.$$

On en déduit

$$14x = 360 + 9x,$$

ou

$$5x = 360, \quad x = 72.$$

Si l'on avait pris le saut du renard pour unité, on eût trouvé

$$LO = \frac{7}{3} x, \quad LR = 60, \quad RO = \frac{9}{6} x,$$

et, par suite, l'équation du problème eût été

$$\frac{7}{3} x = 60 + \frac{9}{6} x;$$

elle donne encore

$$x = 72.$$

186. PROBLÈME VII. — *Trois joueurs conviennent qu'à chaque partie le perdant doublera l'argent des deux autres. Après trois parties perdues successivement par chacun d'eux, ils se retirent avec la même somme a. On demande quelles étaient leurs mises.*

Solution. — Soit x, y, z les mises des joueurs; après la première partie perdue par le premier, ils possèdent

$$\text{le 1}^{\text{er}} \ldots \ldots x - y - z,$$
$$\text{le 2}^{\text{e}} \ldots \ldots 2y,$$
$$\text{le 3}^{\text{e}} \ldots \ldots 2z.$$

A la fin de la seconde partie que le second a perdue, l'état de leurs fortunes est,

$$\text{pour le 1}^{\text{er}} \ldots 2(x - y - z),$$
$$— \quad 2^{\text{e}} \ldots 2y - (x - y - z) - 2z = 3y - x - z,$$
$$— \quad 3^{\text{e}} \ldots 4z.$$

Après la troisième partie les joueurs possèdent,

le 1er . . $4(x-y-z)$,

le 2e . . $6y-2x-2z$,

le 3e . . $4z-2(x-y-z)-(3y-x-z)=7z-x-y$.

Les équations du problème sont donc

(1)
$$4(x-y-z)=a,$$

(2)
$$6y-2x-2z=a,$$

(3)
$$7z-x-y=a.$$

Pour les résoudre rapidement, ajoutons-les membre à membre, nous aurons

(4)
$$x+y+z=3a,$$

ce qui est d'ailleurs une conséquence de l'énoncé, puisque la somme des enjeux est restée la même pendant les trois parties. En divisant par 4 les deux membres de (1) et l'ajoutant à cette dernière équation, nous éliminons y et z et nous trouvons

$$2x=3a+\frac{a}{4}=\frac{13a}{4},$$

d'où

$$x=\frac{13a}{8};$$

de même, divisant par 2 la seconde équation et l'ajoutant à (4), nous éliminerons x et z et nous aurons

$$4y=3a+\frac{a}{2}=\frac{7a}{2},$$

d'où

$$y=\frac{7a}{8}.$$

Enfin, en ajoutant membre à membre (3) et (4), il vient

$$z = \frac{4a}{8} = \frac{a}{2}.$$

187. PROBLÈME VIII. — *En se mettant au jeu, n joueurs conviennent qu'à chaque partie le perdant doublera l'argent des $n-1$ autres. Après n parties perdues successivement par chacun d'eux, ils se retirent avec des sommes respectivement égales à a_1, a_2, a_3,..., a_n. On demande de déterminer leurs mises x_1, x_2, x_3,..., x_n. (Généralisation du problème précédent.)*

Solution. — Suivons le joueur de rang p : sa mise était x_p; après la première partie il a devant lui $2x_p$, après la seconde il possède $2^2 x_p$, ... après la $(p-1)^{\text{ième}}$, $2^{p-1} x_p$. Comme il perd la $p^{\text{ième}}$ partie il donne aux autres joueurs autant d'argent qu'ils en possédaient, c'est-à-dire

$$(a_1 + a_2 + \ldots + a_n) - 2^{p-1} x_p;$$

il lui reste alors

$$2^{p-1} x_p - (a_1 + a_2 + \cdots + a_n) + 2^{p-1} x_p$$
$$= 2^p x_p - (a_1 + a_2 + \cdots + a_n).$$

A partir de cet instant, le $p^{\text{ième}}$ joueur gagne, et son avoir est doublé à la fin de chacune des $n-p$ parties qui suivent; il possède donc à la fin

$$2^{n-p} . 2^p . x_p - (a_1 + a_2 + \cdots + a_n) 2^{n-p};$$

mais cette somme est, d'après l'énoncé, égale à a_p: l'équation du problème est donc

$$2^n x_p - 2^{n-p}(a_1 + a_2 + \cdots + a_n) = a_p,$$

et l'on en tire

$$x_p = \frac{a_p + 2^{n-p}(a_1 + a_2 + \cdots + a_n)}{2^n}.$$

En faisant successivement dans cette formule générale $p=1, 2, 3, \ldots, n$, on obtiendra les mises de tous les joueurs.

Si nous supposons, en particulier,

$$n=3, \quad a_1=a_2=a_3=\ldots=a,$$

nous retrouverons les résultats du problème VII :

$$x_1=\frac{a+2^{3-1}\times 3a}{2^3}=\frac{13a}{8},$$

$$x_2=\frac{a+2^{3-2}\times 3a}{2^3}=\frac{7a}{8},$$

$$x_3=\frac{a+2^{0}\times 3a}{2^3}=\frac{4a}{8}.$$

§ 2. — USAGE D'INCONNUES AUXILIAIRES.

188. Il est souvent commode de recourir à des inconnues auxiliaires qui ont avec les données, d'une part, et avec les inconnues véritables, de l'autre, des relations faciles à saisir. Ayant, par ce moyen, établi les équations du problème, il faut éliminer ces inconnues auxiliaires, introduites seulement pour faciliter la mise en équation.

189. PROBLÈME I. — *Un puits de mine reçoit l'eau d'une source dont le débit est constant et des pompes d'épuisement le vident toutes les fois que l'eau, arrivant à une hauteur déterminée, commence à gêner les travaux. Une première fois les pompes qui enlevaient n hectolitres par heure l'ont vidé en t heures; une seconde fois elles l'ont vidé en t' heures, leur débit étant de n' hectolitres. Quel doit être le volume d'eau débité par les pompes pour qu'elles puissent vider la mine une troisième fois en t″ heures?*

Solution. — Désignons par x le débit cherché et prenons pour inconnues auxiliaires : 1° le volume d'eau V que renferme le puits au commencement de chacune des trois opérations; 2° le volume d'eau v que la source fournit dans une heure.

Le volume d'eau enlevé la première fois a pour expression $n \times t$, mais il est aussi égal à V plus le volume d'eau fourni par la source en t heures; la première équation du problème est donc

$$(1) \qquad nt = V + vt,$$

et l'on trouvera, de même, pour les deux autres

$$(2) \qquad n't' = V + vt',$$
$$(3) \qquad xt'' = V + vt''.$$

Si l'on résout (1) et (2) par rapport à V et v, l'on trouve

$$v = \frac{nt - n't'}{t - t'}, \quad V = \frac{tt'(n' - n)}{t - t'},$$

et en substituant ces valeurs dans (3) l'on a

$$x = \frac{nt(t'' - t') - n't'(t'' - t)}{t''(t - t')}.$$

Application numérique. — Si l'on a

$$n = 40^{\text{Hl}}, \quad n' = 50^{\text{Hl}}, \quad t = 48^{\text{h}}, \quad t' = 36^{\text{h}}, \quad t'' = 54,$$

alors

$$t - t' = 12, \quad t'' - t = 6, \quad t'' - t' = 18,$$

et l'on trouve

$$v = \frac{40 \times 48 - 50 \times 36}{12} = 40 \times 4 - 50 \times 3 = 10^{\text{Hl}},$$

$$V = \frac{48 \times 36 \times 10}{12} = 4 \times 360 = 1440^{\text{Hl}},$$

$$x = \frac{40 \times 4 \times 18 - 50 \times 3 \times 6}{54} = \frac{160 - 50}{3} = 36^{\text{Hl}} + \frac{2}{3}.$$

190. Problème II. — *Trouver le volume d'un tronc de cône dont la hauteur est h et les rayons des bases R et R'; on connaît l'expression du volume d'un cône.*

Solution. — Le volume du tronc ABA'B' (*fig.* 8) est égal à la différence des deux cônes

$$\text{ASB} \quad \text{et} \quad \text{A'SB'};$$

on a donc

(1)
$$V = \frac{1}{3} SO \times \pi R^2 - \frac{1}{3} SO' \times \pi R'^2,$$

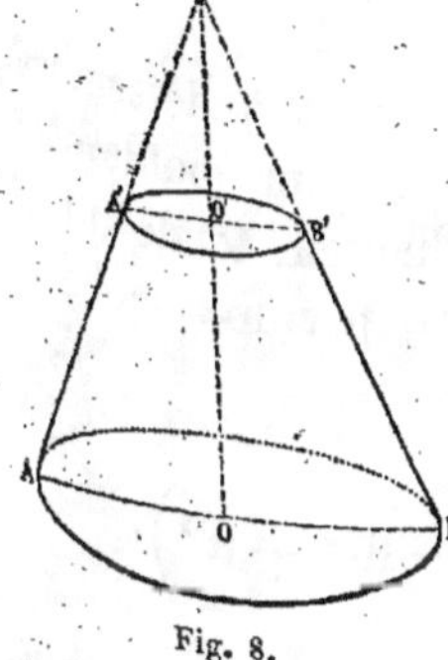
Fig. 8.

en prenant SO et SO' pour inconnues auxiliaires; entre ces inconnues et les données on a d'ailleurs les deux relations

(2)
$$SO - SO' = h,$$

(3)
$$\frac{SO}{SO'} = \frac{R}{R'},$$

qui permettront de les déterminer; substituant leurs valeurs dans (1) on obtiendra l'expression du volume en fonction de R, R' et h.

De l'équation (3) l'on tire

$$\frac{SO - SO'}{SO} = \frac{R - R'}{R}, \quad \text{ou} \quad \frac{h}{SO} = \frac{R - R'}{R},$$

d'où l'on déduit la première inconnue auxiliaire

$$SO = \frac{h.R}{R - R'}.$$

De même on obtient

$$\frac{SO - SO'}{SO'} = \frac{R - R'}{R'}, \quad \text{ou} \quad \frac{h}{SO'} = \frac{R - R'}{R'},$$

d'où l'on tire la seconde inconnue auxiliaire

$$SO' = \frac{h.R'}{R - R'}.$$

En substituant ces valeurs dans (1) l'on trouve

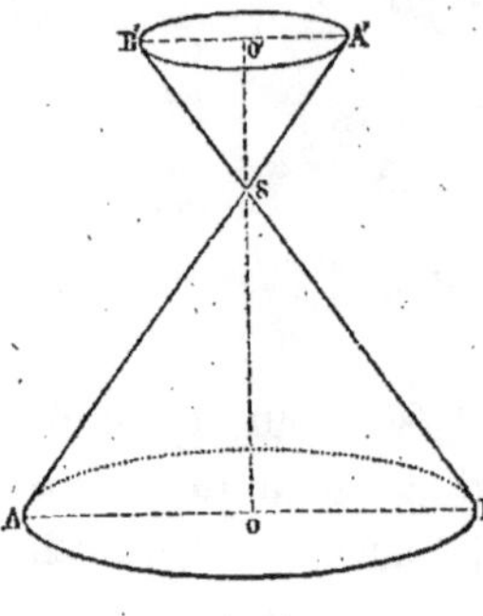

Fig. 9.

$$V = \frac{\pi h}{3} \times \frac{R^3 - R'^3}{R - R'},$$

ou bien, en effectuant la division,

$$V = \frac{\pi.h}{3}\left(R^2 + RR' + R'^2\right).$$

Remarque. — Soit à déterminer (*fig. 9*) le volume d'un double cône connaissant sa hauteur totale OO' et les rayons de ses deux bases; on trouvera, par un calcul analogue au précédent,

$$V' = \frac{\pi.h}{3} \times \frac{R^3 + R'^3}{R + R'} = \frac{\pi h}{3}\left(R^2 - RR' + R'^2\right).$$

191. PROBLÈME III. — *Partager un trapèze en n parties équivalentes par des parallèles aux bases.*

Solution. — Désignons par a et b les deux bases du trapèze, par h sa hauteur; soient (*fig. 10*) EF, GH,... les lignes qui opèrent la division demandée; si nous connaissions leurs longueurs le problème serait résolu, car il est facile d'inscrire dans un angle, parallèlement à une direction fixe, une ligne de longueur donnée.

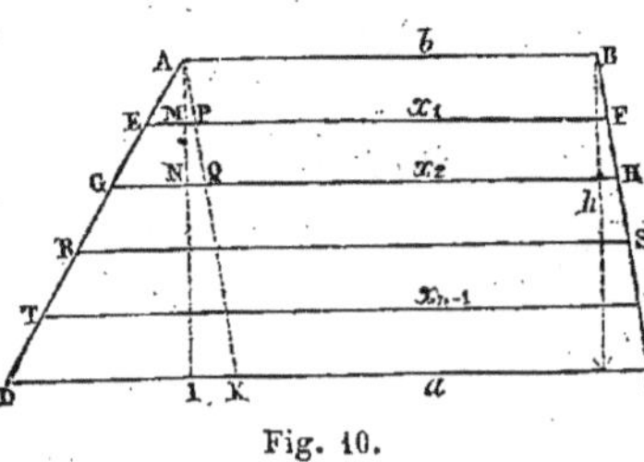

Fig. 10.

Nous poserons donc

$$EF = x_1, \quad GH = x_2, \ldots, \quad RS = x_{n-2}, \quad TU = x_{n-1}.$$

La surface du trapèze ABEF a pour expression

$$\frac{b + x_1}{2} \times AM.$$

Pour trouver la valeur de cette inconnue auxiliaire AM en fonction des données, traçons la parallèle AK à BC et considérons les triangles semblables ADK, AEP; ils donnent

$$\frac{AI}{AM} = \frac{DK}{EP}, \quad \text{ou} \quad \frac{h}{AM} = \frac{a-b}{x_1-b}, \quad \text{d'où} \quad AM = h\frac{x_1-b}{a-b};$$

la surface du trapèze ABEF est donc égale à

$$\frac{b+x_1}{2} \times h\frac{x_1-b}{a-b} = \frac{h}{2}\frac{x_1^2-b^2}{a-b}.$$

Comme on a supposé que

$$ABEF = \frac{ABCD}{n},$$

l'équation qui déterminera x_1 sera

$$\frac{h}{2}\frac{x_1^2-b^2}{a-b} = \frac{h}{2}\frac{a+b}{n}, \quad \text{d'où} \quad x_1^2-b^2 = \frac{a^2-b^2}{n},$$

et l'on en tire

$$x_1^2 = \frac{a^2+(n-1)b^2}{n}.$$

Pour déterminer x_2, nous considérerons le trapèze ABGH qui est égal à $\frac{2}{n} \times ABCD$; sa surface a pour expression

$$\frac{b+x_2}{2} \times AN,$$

AN étant une nouvelle inconnue auxiliaire fournie par la proportion

$$\frac{AI}{AN} = \frac{DK}{GQ}, \quad \text{ou} \quad \frac{h}{AN} = \frac{a-b}{x_2 - b}, \quad \text{d'où} \quad AN = h\frac{x_2 - b}{a-b}.$$

L'équation qui donne x_2 sera donc

$$h\frac{b+x_2}{2} \times \frac{x_2 - b}{a-b} = \frac{2}{n}\, h\, \frac{a+b}{2},$$

ou

$$x_2{}^2 - b^2 = \frac{2}{n}(a^2 - b^2),$$

ce qui donne

$$x_2{}^2 = \frac{2a^2 + (n-2)b^2}{n}.$$

On trouverait d'une manière analogue

$$x_3{}^2 = \frac{3a^2 + (n-3)b^2}{n},$$

$$\cdot \quad \cdot \quad \cdot \quad \cdot \quad \cdot \quad \cdot \quad \cdot \quad ,$$

$$x^2{}_{n-2} = \frac{(n-2)a^2 + 2b^2}{n},$$

$$x^2{}_{n-1} = \frac{(n-1)a^2 + b^2}{n}.$$

§ 3. — PARTICULARITÉS QUI SE PRÉSENTENT DANS LA RÉSOLUTION DES PROBLÈMES.

I. — *Solutions infinies.*

192. On trouve quelquefois, en résolvant l'équation d'un problème, un résultat de la forme $x = \dfrac{m}{0}$ et nous avons vu (n° 129) qu'une pareille solution représente l'infini. — Si le problème proposé est numérique, ce résultat indique l'impossibilité ; mais s'il s'agit d'un problème de géométrie, on peut souvent interpréter cette solution qui correspond à une disposition particulière de la figure.

Exemple I. — Deux substances A et B coûtent respectivement a' et b' le kilogramme ; on veut les mélanger de telle manière que le mélange revienne à c' le kilogramme. Quel poids de chacune de ces substances doit-on prendre pour obtenir n kilogrammes de mélange ?

Solution. — Désignons par x et y les nombres de kilogrammes inconnus, nous aurons les équations

$$x + y = n,$$
$$ax + by = nc,$$

qui admettent pour solution

$$x = \frac{n(c-b)}{a-b}, \quad y = \frac{n(a-c)}{a-b}.$$

Si $a = b$ et $c > b$, l'on a $x = \infty$, ce qui veut dire que le problème est impossible. Ce résultat était évident, d'ailleurs, puisqu'en mélangeant deux vins du même prix on ne peut obtenir un mélange dont le prix de revient soit différent.

Exemple II. — Les rayons de deux cercles O et O' (fig. 11) sont R et R' et la distance de leurs centres est d ; trouver sur OO' le point T de rencontre des tangentes communes extérieures.

Solution. — Soit $O'T = x$; en menant les deux rayons de contact OA, O'A', on obtient les

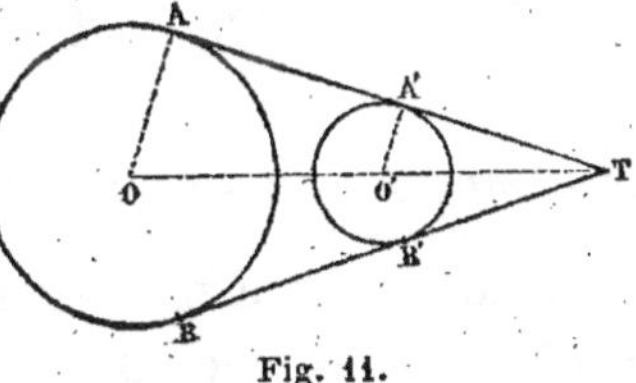

Fig. 11.

deux triangles rectangles semblables OAT, O'A'T, qui donnent

$$\frac{OA}{O'A'} = \frac{OT}{O'T}, \quad \text{ou} \quad \frac{R}{R'} = \frac{d+x}{x}.$$

On en déduit

$$\frac{R - R'}{R'} = \frac{d}{x}, \qquad x = d\frac{R'}{R - R'},$$

et, si l'on suppose $R = R'$, on trouve $x = d\dfrac{R'}{0} = \infty$, ce qui

veut dire que la tangente commune extérieure est alors parallèle à la ligne des centres.

II. — *De l'indétermination.*

193. Lorsqu'en résolvant l'équation d'un problème on trouve pour l'inconnue une expression de la forme $x = \dfrac{0}{0}$, le problème admet, en général, une infinité de solutions; on dit qu'il est *indéterminé*.

Reprenons les deux exemples qui précèdent : si, dans le problème de mélange, on suppose $a = b = c$, les deux termes de la valeur de x s'annulent et l'on trouve $x = \dfrac{0}{0}$; il est évident d'ailleurs que, dans ce cas, on peut mélanger les deux substances dans un rapport quelconque et que le problème est indéterminé. — De même, dans le problème de la tangente commune aux deux cercles, si l'on suppose

$$R = R', \qquad d = 0,$$

x se présente aussi sous la forme $\dfrac{0}{0}$; ce résultat indéterminé s'explique très-bien, car les deux cercles étant égaux et concentriques ont une infinité de tangentes communes qui coupent la ligne des centres en une infinité de points.

Dans ces deux exemples, l'indétermination indiquée par l'algèbre est véritable; on pouvait la prévoir.

Mais il peut arriver que l'indétermination manifestée par

les formules ne soit qu'apparente ; c'est ce qui a lieu lorsque les deux termes de la valeur de x ont un facteur commun qui s'annule par une certaine hypothèse faite sur les données. Nous avons trouvé, par exemple, pour le volume du tronc de cône,

$$V = \pi \frac{h}{3} \times \frac{R^3 - R'^3}{R - R'} ;$$

cette formule, pour $R = R'$, prend la forme indéterminée $V = \frac{0}{0}$ et l'indétermination ne peut être qu'apparente, puisque le tronc de cône devient alors un cylindre ayant pour volume $V = \pi.h.R^2$. On retrouve cette véritable valeur en supprimant le facteur $R - R'$ qui est commun aux deux termes de l'expression $\frac{R^3 - R'^3}{R - R'}$ et l'on obtient alors la formule bien connue

$$V = \pi \frac{h}{3} \times (R^2 + RR' + R'^2) ;$$

si l'on fait maintenant dans cette formule simplifiée $R = R'$, on trouve l'expression du volume d'un cylindre

$$V = \pi \frac{h}{3} \times 3R^2 = \pi.h.R^2.$$

Il faut donc avoir bien soin, lorsque l'on rencontre une expression de la forme $\frac{0}{0}$, de suivre la règle indiquée à la page 142.

III. — *Solutions négatives.*

194. Souvent l'inconnue d'un problème est une grandeur comptée à partir d'une origine fixe et susceptible d'être prise dans deux sens opposés. Ex. :

1° L'inconnue est une date rapportée à la naissance de

J.-C.; elle peut être antérieure ou bien postérieure à cet événement.

2° Cette inconnue est une température; elle peut être plus haute ou plus basse que la température de la glace fondante et, par suite, mesurée par une colonne de mercure comptée au-dessus du point zéro, ou bien au-dessous de ce point fixe pris pour origine.

3° L'inconnue est une longueur comptée sur un axe XX′ à partir d'un point fixe O (*fig.* 14); elle peut être comptée dans le sens OX, ou bien dans le sens opposé OX′. Le premier sens, de O vers X, est appelé sens *positif*, le second, de O vers X′, est le sens *négatif*.

195. Une solution négative indique le plus souvent une erreur commise sur le sens dans lequel doit être comptée l'inconnue. — Dans les problèmes de ce genre on rencontre une solution négative lorsque l'on s'est trompé sur le sens dans lequel l'inconnue devait être comptée. Cette erreur peut avoir été commise dans l'énoncé du problème ou bien dans la mise en équation.

Exemple I. (Erreur dans l'énoncé.) — *Un père a aujourd'hui* 60 *ans, son fils en a* 26; *on demande à quelle époque,* x, *l'âge du père sera triple de celui du fils.*

Solution. — Dans x années, l'âge du père sera $60 + x$ et celui du fils $26 + x$; l'équation du problème est donc

$$(1) \qquad 60 + x = 3 \times (26 + x),$$

d'où

$$x = -9.$$

Cette solution négative tient à un vice dans l'énoncé, car le rapport $\dfrac{60}{26}$, étant compris entre 1 et 3, ne pourra jamais devenir égal à 3 lorsque l'on ajoutera un même nombre à ses deux termes. (*Arithmétique,* n° 128.)

Exemple II. (Erreur dans la mise en équation.) — *Dans un* triangle rectangle ABC (*fig. 12*) *les côtés de l'angle droit*, AB *et* AC, *ont respectivement* 8^m *et* 20^m ; *on veut mener parallè-lement à* AB *une droite* DE *ayant* 10^m *de longueur. Calculer la distance* AD.

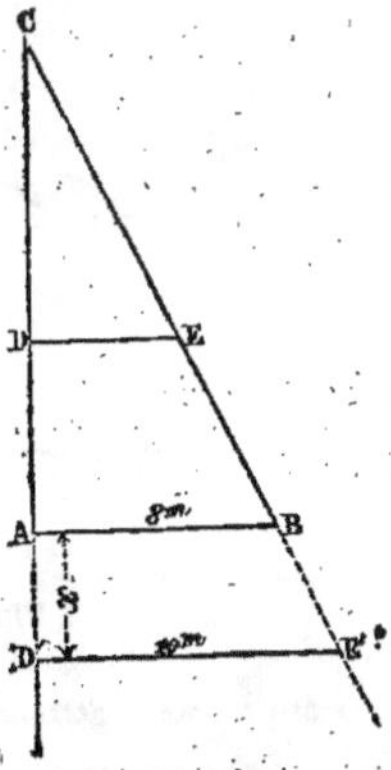

Si l'on suppose que le point D soit au-dessus de A, on a la proportion

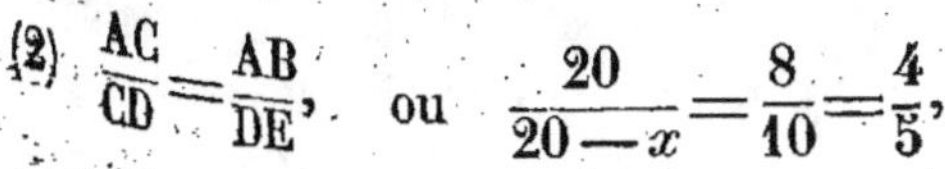

$$(2) \quad \frac{AC}{CD} = \frac{AB}{DE}, \quad \text{ou} \quad \frac{20}{20-x} = \frac{8}{10} = \frac{4}{5},$$

de laquelle on tire

$$\frac{20}{x} = \frac{4}{-1}, \quad x = -\frac{20}{4} = -5.$$

Fig. 12.

Cette solution négative montre qu'en met-tant le problème en équation on s'est trompé sur le sens dans lequel il faut compter x ; puisque DE est plus grand que AB, la parallèle à AB doit être comptée au-dessous de cette ligne.

196. *On peut tirer parti de ces résultats négatifs ;* ils mettent sur la voie des modifications qu'il faut faire subir à l'énoncé ou bien aux équations.

Reprenons l'*Exemple I* : la solution $x = -9$ réduit l'équa-tion (1) à une identité ; mais, au lieu de changer x en -9, changeons d'abord x en $-x$, ce qui donne

$$(3) \quad 60 - x = 3 \times (26 - x),$$

puis remplaçons x par 9, nous aurons encore une identité. Donc $x = 9$ est une solution de l'équation (3), c'est-à-dire de ce nouveau problème :

Un père a 60 ans, son fils en a 26 ; quand l'âge du père *a-t-il été* triple de celui du fils ?

Dans l'*Exemple II*, $x = -5$ satisfaisant à l'équation (2), $x = 5$ est racine de l'équation

$$(4) \quad \frac{20}{20+x} = \frac{4}{5},$$

obtenue en changeant x en $-x$ dans l'équation (2). Mais on eût trouvé cette équation (4) en menant la parallèle D'E' au-dessous de AB et posant AD' $= x$; donc, pour obtenir une parallèle ayant 10^m de longueur, il faut se placer à 5^m au-dessous du point A.

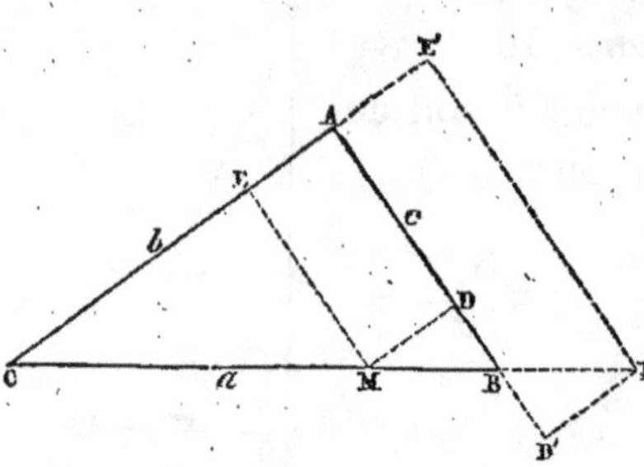

Fig. 13.

Exemple III. — Les deux côtés de l'angle droit d'un triangle rectangle ABC *sont* b *et* c (*fig.* 13); *trouver sur son hypoténuse* BC (BC $= a$) *un point* M *tel que la somme de ses distances aux deux autres côtés soit égale à une longueur donnée* m.

Solution. — Posons BM $= x$; les deux triangles semblables ABC, BMD donnent la proportion

$$\frac{MD}{AC} = \frac{MB}{BC}, \quad \text{c'est-à-dire} \quad \frac{MD}{b} = \frac{x}{a}; \quad \text{d'où} \quad MD = \frac{bx}{a}.$$

De même, les triangles semblables ABC, CME donnent

$$\frac{ME}{AB} = \frac{CM}{CB}, \quad \text{c'est-à-dire} \quad \frac{ME}{c} = \frac{a-x}{a}; \quad \text{d'où} \quad ME = \frac{c(a-x)}{a}.$$

L'équation du problème est donc

$$(1) \qquad \frac{bx}{a} + \frac{c(a-x)}{a} = m;$$

d'où l'on tire pour la valeur de l'inconnue

$$(2) \qquad x = \frac{a(m-c)}{b-c}.$$

Si $b > c$, x sera positif quand $m > c$ et négatif quand $m < c$. La solution négative indique alors l'impossibilité du problème tel qu'il a été posé, impossibilité évidente d'ailleurs sur la figure ; en effet, quand M se déplace sur BC de B en C, la somme MD $+$ ME est toujours comprise entre c et b.

Il est facile de voir à quel énoncé répond la valeur absolue de ce résultat négatif : cette valeur absolue satisfait à l'équation

$$(3) \qquad \frac{c(a+x)}{a} - \frac{bx}{a} = m,$$

obtenue en changeant dans (1) x en $-x$; mais (3) exprime que, pour un point M' du prolongement de CB, on a

$$M'E' - M'D' = m ;$$

donc, lorsque $m < c$, l'expression

$$x = \frac{a(c-m)}{b-c}$$

répond à cet énoncé :

Trouver sur le prolongement de l'hypoténuse BC un point tel que la différence de ses distances aux deux côtés de l'angle droit soit égale à une longueur donnée.

Soit I le point où la bissectrice AI de l'angle BAE' extérieur au triangle BAC rencontre CB prolongé ; il est visible que la différence M'E' — M'D' varie d'une manière continue entre c et O quand M se déplace entre B et I ; donc, quand $m < c$, ce nouveau problème admettra toujours une solution.

197. INTERPRÉTATION DES RÉSULTATS NÉGATIFS. — Des exemples précédents résulte la règle suivante pour *interpréter* les résultats négatifs.

RÈGLE : *On change x en $-x$ dans les équations, puis on cherche un autre énoncé qui soit la traduction des équations ainsi obtenues et qui se rapproche autant que possible de l'énoncé primitif. Ce nouveau problème admet pour solution la valeur absolue de la quantité négative trouvée d'abord.*

198. UNE SOLUTION NÉGATIVE PEUT INDIQUER L'IMPOSSIBILITÉ.

— Quelquefois on ne peut interpréter une solution négative; elle indique simplement l'impossibilité du problème.

Exemple I. — Dans le problème de mélange (page 231) nous avons trouvé

$$x = \frac{n(c-b)}{a-b}, \quad y = \frac{n(a-c)}{a-b};$$

supposons $a > b$; x et y seront positifs si $a > c > b$; x sera négatif si $c < b$ et, quand on aura $c > a$, y sera négatif. Dans ces deux cas le problème sera impossible.

Exemple II. — Une corde de chanvre de $8^{mm.q.}$ *de section pèse 12 grammes par mètre courant; elle est complétement enroulée sur le treuil d'un puits et supporte à son extrémité libre un poids de* 50^{kg}*. Quelle longueur faut-il dérouler pour que la corde se rompe sous l'action de son propre poids et la charge qu'elle supporte? On sait que le poids capable de rompre une corde de* $1^{mm.q.}$ *de section est* 5^{kg}*.*

La charge de rupture est pour cette corde égale à $5^{kg} \times 8$ ou 40^{kg}; le poids de la longueur x qu'il faut dérouler est $0^{kg},012 \times x$; l'équation du problème est donc

$$0^{kg},012 \times x + 50^{kg} = 40;$$

on en tire

$$x = -\frac{10}{0,012} = -\frac{1000}{12} = -83^{m},$$

résultat négatif que l'on ne peut interpréter; le poids suspendu à l'extrémité de la corde doit être moindre que la charge de rupture et il faut changer ce nombre dans l'énoncé.

129. *Remarque.* — Une solution fractionnaire, ou bien une solution qui n'est pas comprise entre des limites données par la nature de la question, indique souvent une impossibilité du même genre.

Exemple I. — Un nombre a deux chiffres dont la somme est 14; si on lui ajoute 27, on obtient le nombre renversé. Trouver ce nombre.

Soit u le chiffre des unités, d celui des dizaines, on a les équations

(1)
$$u + d = 14,$$
$$10d + u + 27 = 10u + d;$$

la dernière se réduit à

(2)
$$9u - 9d = 27 \quad \text{ou} \quad u - d = 3;$$

en résolvant les équations (1) et (2) on trouve pour les deux chiffres u et d les valeurs fractionnaires

$$u = 8 + \frac{1}{2}, \quad d = 5 + \frac{1}{2};$$

le problème est donc impossible.

Exemple II. — La somme des deux chiffres d'un nombre est 14, et, en ajoutant 72 à ce nombre, on obtient le nombre renversé; quels sont ces deux chiffres?

Les équations sont

$$u + d = 14, \quad u - d = 8;$$

on en tire

$$u = 11, \quad d = 3,$$

et, comme u est supérieur au plus grand des chiffres significatifs, 9, la question est impossible.

§ 4. — USAGE DES QUANTITÉS NÉGATIVES POUR GÉNÉRALISER LA SOLUTION D'UN PROBLÈME.

200. Une question est *particulière* lorsque les mesures de toutes les grandeurs qui y figurent sont données en chiffres, excepté seulement les inconnues; tels sont les deux premiers problèmes du n° 226.

201. Une question est *générale* si les mesures de certaines grandeurs ne sont pas actuellement fixées par des nombres, mais représentées par des lettres qui peuvent recevoir des valeurs numériques quelconques; tel est l'exemple III de la page 236.

On généralise une question particulière par rapport à une, deux, trois grandeurs en représentant par des lettres les valeurs chiffrées attribuées d'abord à ces grandeurs.

220. Nous dirons que deux questions générales sont *analogues* lorsque, pareilles au fond, elles diffèrent en ce que certaines grandeurs viennent à être comptées en sens contraire par rapport à l'origine correspondante.

203. *Descartes* (*) a eu l'idée d'affecter de signes différents les données d'une question lorsqu'elles sont comptées dans des sens opposés à partir d'une origine déterminée. Cette introduction des nombres négatifs dans l'énoncé offre ce grand avantage de réduire à une seule formule les solutions de tous les problèmes analogues.

204. *Exemple I. — Les dates de deux événements sont a et b ; combien s'est-il écoulé de temps dans l'intervalle ?*

1er *cas*. — Si les deux événements ont eu lieu après le commencement de l'ère chrétienne, l'intervalle de temps cherché est

$$(1) \qquad x = a - b,$$

a étant la date la plus voisine de notre époque.

2e *cas*. — Le premier événement est postérieur à la naissance de J.-C., le second est antérieur ; l'intervalle cherché est égal alors à la somme des deux dates. C'est précisément ce que donne la formule (1) si l'on y considère b comme négatif ; posons en effet $b = - b'$, elle devient

$$(2) \qquad x = a - (-b') = a + b'.$$

3e *cas*. — Les deux événements sont antérieurs à l'époque choisie pour origine ; l'intervalle de temps cherché est alors égal à la différence des deux dates, mais il faut soustraire

(*) Descartes, célèbre philosophe français, naquit en Touraine en 1596, mourut à Stockholm en 1650. Il appliqua le premier l'algèbre à la géométrie et fit plusieurs découvertes importantes en physique.

la date de l'événement le plus rapproché de nous. C'est le résultat obtenu en remplaçant, dans la formule (1), a par $-a'$, et b par $-b'$,

$$(3) \qquad x = (-a') - (-b') = b' - a'.$$

Ainsi une même formule (1) convient dans tous les cas si l'on considère comme négatives les dates des événements antérieurs à J.-C.

205. *Exemple II.* — CHANGEMENT D'ORIGINE. — *On donne sur une droite indéfinie* XX' *deux points fixes* O *et* O' *dont la distance est* d *et un point* A *mobile sur cette droite (fig. 14). Connaissant la distance* OA $= x$ *du point mobile à l'origine* O, *trouver sa distance* O'A $= x'$ *au second point fixe* O' *considéré comme nouvelle origine.*

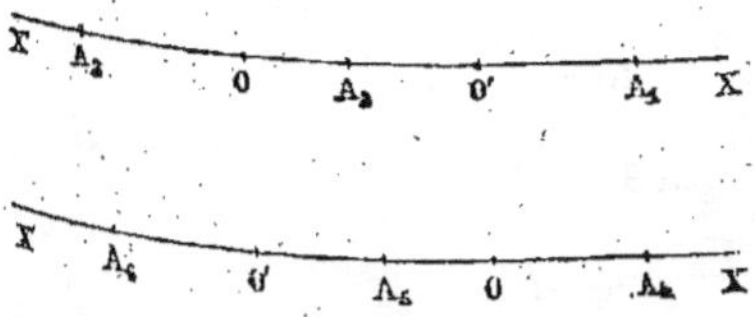

Fig. 14.

Si O' est à droite de O, le point A peut occuper les trois positions A_1, A_2, A_3, auxquelles correspondent les inégalités

$$(1) \qquad O'A_1 = OA_1 - OO',$$

$$(2) \qquad O'A_2 = OO' - OA_2,$$

$$(3) \qquad O'A_3 = OO' + OA_3.$$

Si O' est à gauche de O, le point A peut également occuper les trois positions A_4, A_5, A_6, et l'on a les égalités

$$(4) \qquad O'A_4 = OO' + OA_4,$$

$$(5) \qquad O'A_5 = OO' - OA_5,$$

$$(6) \qquad O'A_6 = OA_6 - OO'.$$

Ces six égalités sont toutes comprises dans la formule unique

$$(7) \qquad x' = x - d,$$

si l'on considère comme positives les distances OA, O'A, OO' lorsqu'elles sont comptées vers la droite (de X' vers X), et comme négatives ces mêmes distances lorsqu'elles sont comptées vers la gauche (de X vers X').

En adoptant ces conventions, il faudra, en effet, dans l'égalité (2), poser

$$O'A_2 = -x', \qquad OA_2 = +x;$$

cette égalité deviendra donc

$$-x' = d - x,$$

ou bien, en changeant les signes,

$$x' = x - d.$$

De même, dans l'égalité (6), il faudra poser

$$O'A_6 = -x', \qquad OA_6 = -x, \qquad OO' = -d,$$

et l'on aura

$$-x' = -x - (-d), \quad \text{ou} \quad x' = x + (-d) = x - d.$$

On vérifierait facilement que les égalités (3), (4), (5) rentrent aussi dans la formule (7) quand on adopte les conventions précédentes. Cette formule représente donc, *dans tous les cas*, la distance du point mobile à la nouvelle origine; on dit qu'elle est *générale*.

206. *Exemple III.* — FORMULE DU MOUVEMENT UNIFORME. — *Un mobile* M *se meut sur une droite indéfinie* XX' *(fig.* 15)

Fig. 15.

avec une vitesse v et passe à midi (origine du temps) en un point O *(origine des espaces). Quelle est sa position à l'époque t?*

L'époque donnée t peut être antérieure à midi ou bien postérieure; de plus, la vitesse peut être dirigée de O vers X ou dans le sens opposé OX'. L'énoncé général comprend donc quatre problèmes distincts, mais une seule formule fournit leurs quatre solutions si l'on adopte les conventions suivantes :

1° Le temps t sera *positif* ou *négatif* suivant que l'époque donnée sera *postérieure* ou bien *antérieure* à midi.

2° La vitesse v et l'espace parcouru $OM = x$ seront *positifs* lorsqu'ils seront dirigés de O vers X et *négatifs* lorsqu'ils seront comptés dans la direction opposée de O vers X'.

1er *cas*. — Si t et v sont positifs, la distance OM s'obtiendra en multipliant le chemin parcouru dans l'unité de temps par le nombre d'unités de temps et l'on aura

$$x = vt.$$

2° *cas*. — Si t est négatif et v positif, le mobile était à gauche du point O et à une distance OM' de ce point égale au produit de v par la valeur absolue de t ; l'on aura donc

$$x = v \times (-t), \quad \text{ou} \quad x = -vt.$$

3° *cas*. — Si t est positif et v négatif, le mobile est encore à gauche du point O, et l'on a

$$x = (-v) \times t, \quad \text{ou} \quad x = -vt.$$

4° *cas*. — Si t et v sont négatifs, le mobile était à droite de l'origine ; x est donc positif et l'on a

$$x = (-v) \times (-t), \quad \text{ou} \quad x = vt.$$

Ainsi, la formule $x = vt$ convient à tous les cas : elle est générale.

Remarque. — Si le mobile n'était passé au point O qu'à l'époque h, sa position à l'époque t serait donnée, dans tous les cas, par la formule

$$x = v(t - h),$$

dans laquelle il faut considérer h comme positif ou négatif suivant que l'époque correspondante est postérieure ou bien antérieure à midi : nous avons vu, en effet (n° 204), que l'intervalle de temps qui sépare les deux époques t et h est toujours représenté par $t - h$ quand on suit les conventions indiquées.

207. *Exemple IV.* — PROBLÈME DES MOBILES. — *Deux mobiles* M *et* M′ *se meuvent sur une droite indéfinie* XX′ (*fig.* 16).

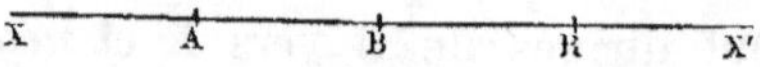

$$\overline{\quad \underset{\text{X}}{\quad} \qquad \underset{\text{A}}{\quad} \qquad \underset{\text{B}}{\quad} \qquad \underset{\text{R}}{\quad} \qquad \underset{\text{X}'}{\quad}}$$

Fig. 16.

Le premier, dont la vitesse est a, *passe au point* A (*origine des espaces*) *à midi* (*origine du temps*); *le second dont la vitesse est* b, *passe au point* B *à l'heure* h. *Sachant que la distance* AB *est égale à* d, *trouver la distance* x *du point de rencontre* R *au point* A.

Cet énoncé général renferme un grand nombre de problèmes *analogues* (202) : en effet, l'époque h peut être antérieure à midi ou bien postérieure; de plus, à chacune de ces hypothèses il faut en associer quatre autres, suivant que les vitesses a et b sont dirigées toutes deux vers la droite, ou toutes deux vers la gauche, ou sont de sens contraires. Mais une seule formule fournira les solutions de tous ces problèmes, si l'on a soin, comme ci-dessus, de traduire algébriquement les oppositions de sens par des oppositions de signes.

En effet, nous venons de voir (n° 206) que at représentera dans tous les cas, pour sa grandeur et sa direction, la distance AM qui sépare, à l'époque quelconque t, le mobile M de l'origine A.

Quant au mobile M′, sa distance au point B sera toujours $b \times (t - h)$ et sa distance AM′ à l'origine sera $d + b(t - h)$ (n° 205); mais, à l'époque T de la rencontre, AM = AM′ = x; nous aurons donc, pour déterminer T et x, les deux équations

$$x = a\mathrm{T} = d + b\,(\mathrm{T} - h),$$

desquelles on tire

$$\mathrm{T} = \frac{d - bh}{a - b}, \quad x = a\,\frac{d - bh}{a - b},$$

en supposant $a - b$ différent de zéro.

Ces formules ayant été déduites d'équations dont nous avons démontré la généralité sont elles-mêmes générales ; nous les réduirons en nombres dans plusieurs cas particuliers pour bien montrer l'avantage que présente l'introduction des nombres négatifs.

Si l'on pose $a = 20^m$, $b = 4^m$, $d = 88^m$, $h = 2$, on trouve

$$T = \frac{88 - 4 \times 2}{20 - 4} = \frac{80}{16} = 5^h, \quad x = 20^m \times 5 = 100^m.$$

Si la vitesse du mobile M′ est dirigée de X vers X′, il faut faire $b = -4$ dans les formules précédentes et l'on trouve

$$T = \frac{88 + 8}{20 + 4} = \frac{96}{24} = 4^h, \quad x = 20^m \times 4 = 80^m.$$

Si le mobile M′ a passé en B avant midi, à 10 heures du matin, il faut faire $h = -2$; on trouve alors, si $b = +4$,

$$T = \frac{88 - 4 \times (-2)}{20 - 4} = \frac{88 + 8}{16} = \frac{96}{16} = 6^h,$$

$$x = 20^m \times 6 = 120^m$$

Enfin si l'on a, à la fois,

$$h = -2, \quad b = -4,$$

$$T = \frac{88 - (-4) \times (-2)}{20 - (-4)} = \frac{88 - 8}{24} = \frac{80}{24} = \frac{10^h}{3},$$

$$x = \frac{200}{3} = 66^m,67.$$

Ces formules donnent pour T et pour x des valeurs infinies, quand $a = b$ et $d \gtrless bh$; cela doit être, car les deux mobiles n'étant pas ensemble à midi ne pourront jamais se rencontrer puisqu'ils ont la même vitesse.

Si l'on a $d = bh$ et $a = b$, x et T se présentent sous la forme $\dfrac{0}{0}$, et l'indétermination est ici réelle puisque les deux mobiles sont toujours ensemble. La restriction qui a été faite plus haut, pour réserver le cas où $a - b$ serait nul, est donc inutile.

208. *Exemple V.*—Équation de la ligne droite.—*Sur deux droites rectangulaires* XOX′, YOY′ *(fig. 17) on prend, à partir du point* O *d'intersection, la distance* OA $= a$, OB $= b$ *et l'on joint les points* A *et* B. *Faire voir que les distances*

$$MQ = OP = x,$$
$$MP = OQ = y$$

d'un point quelconque M *de la droite* AB *aux deux axes* OX, OY *satisfont à la relation*

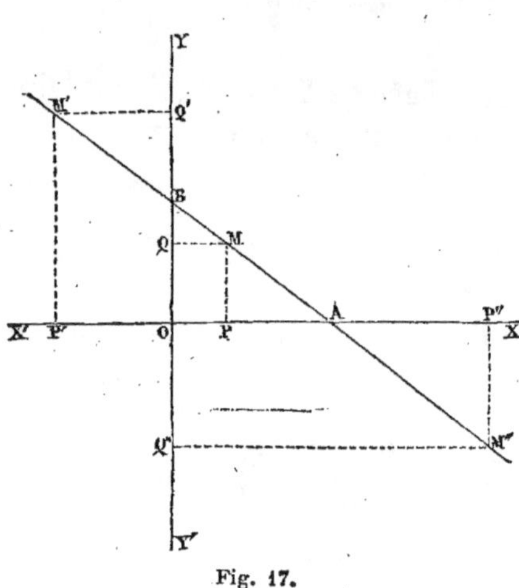

Fig. 17.

$$(1) \qquad \frac{x}{a} + \frac{y}{b} = 1.$$

Solution. — Soit M un point de AB compris entre A et B, les triangles semblables BMQ, AOB donnent la proportion

$$\frac{MQ}{AO} = \frac{BQ}{BO}, \quad \text{ou bien} \quad \frac{x}{a} = \frac{b - y}{b},$$

ce qui n'est autre que l'équation (1).

Cette relation convient également aux distances M′Q′, M′P′ d'un point M′ de AB situé dans l'angle X′OY, pourvu que l'on regarde comme négatives les distances horizontales comptées à gauche de OY et que l'on pose M′Q′ $= - x$. En effet, dans ce cas, les triangles semblables BM'Q', BOA fournissent la proportion

$$\frac{M'Q'}{AO} = \frac{BQ'}{BO}, \quad \text{c.-à-d.} \quad \frac{-x}{a} = \frac{y-b}{b},$$

et, en transposant les termes, on retrouve la relation (1).

Elle convient encore aux distances M''Q'', M''P'' d'un point M'' de AB situé dans l'angle XOY', pourvu que l'on regarde comme négatives les distances verticales comptées au-dessous de OX et que l'on pose $M''P'' = -y$. En effet, on a la proportion

$$\frac{M''Q''}{AO} = \frac{BQ''}{BO}, \quad \text{c.-à-d.} \quad \frac{x}{a} = \frac{-y+b}{b},$$

ce qui revient à la relation (1).

Nous venons de supposer que le segment AB de la droite était compris dans l'angle XOY, mais il peut se trouver, dans l'un des trois autres angles YOX', X'OY', Y'OX, en A_1B_1 ou bien en A_2B_2, ou bien en A_3B_3 (*fig.* 18), et à chacun de ces cas correspondent trois positions du point M. Il est facile de voir que la relation (1) est *générale*, c.-à-d. qu'elle convient encore à ces 9 dispositions nouvelles de la figure, si l'on a soin de considérer:

1° les distances a et x comme positives lorsqu'elles sont comptées de O vers X, et

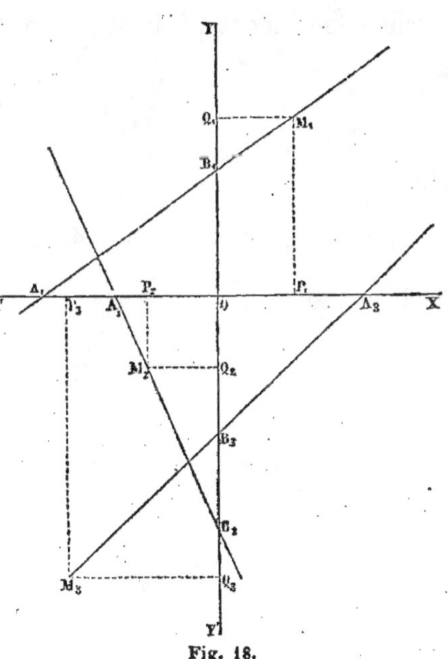

Fig. 18.

comme négatives lorsqu'elles sont comptées de O vers X';
2° les distances b et y comme positives ou négatives, suivant qu'elles sont portées sur OY ou sur son prolongement OY'.

Considérons d'abord le point M_1, la proportion

$$\frac{M_1Q_1}{OA_1} = \frac{B_1Q_1}{OB_1}$$

devient, en posant $OA_1 = -a$,

$$\frac{x}{-a} = \frac{y-b}{b},$$

ou bien, après la transposition des termes,

$$\frac{x}{a} + \frac{y}{b} = 1.$$

Pour la position M_2, il faudra, dans la proportion

$$\frac{M_2Q_2}{OA_2} = \frac{B_2Q_2}{OB_2},$$

poser

$$OA_2 = -a, \quad OB_2 = -b, \quad M_2Q_2 = -x, \quad M_2P_2 = -y;$$

elle devient alors

$$\frac{-x}{-a} = \frac{-b-(-y)}{-b}, \quad \text{ou} \quad \frac{x}{a} = 1 - \frac{y}{b};$$

elle se réduit donc à la relation (1).

Enfin, pour la position M_3, il faudra, dans la proportion

$$\frac{M_3Q_3}{OA_3} = \frac{B_3Q_3}{OB_3} = \frac{OQ_3 - OB_3}{OB_3},$$

poser

$$OA_3 = a, \quad OB_3 = -b, \quad OP_3 = -x, \quad OQ_3 = -y,$$

ce qui donne

$$\frac{-x}{a} = \frac{-y-(-b)}{-b}, \quad \text{ou} \quad -\frac{x}{a} = \frac{y}{b} - 1,$$

ou bien encore la relation (1).

Nous avons ici un exemple frappant de l'avantage que présente l'emploi des quantités négatives : une même formule s'applique aux douze dispositions que peut présenter la figure ; deux conventions très-simples et les règles de calcul des quantités négatives fournissent immédiatement les relations qu'il faudrait, sans cela, rechercher sur la figure dans chaque cas particulier.

209. *Exemple VI. — On donne deux axes rectangulaires* XOX', YOY' *(fig. 19), deux points* A *et* A' *sur le premier, deux points* B *et* B' *sur le second ; on trace les droites* AB, A'B' *qui se rencontrent au point* M ; *calculer les distances* MP, MQ *du point* M *aux deux axes.*

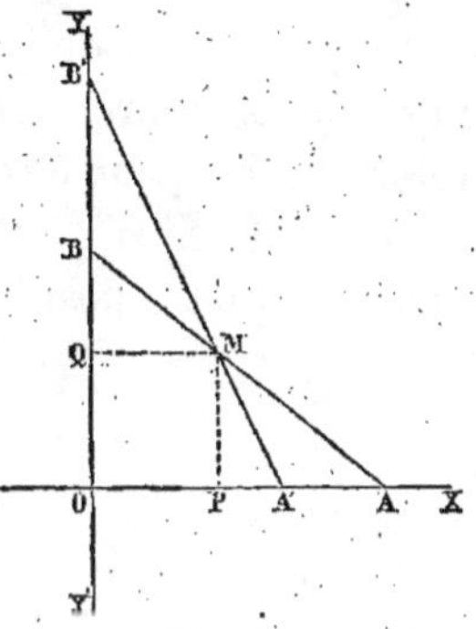

Fig. 19.

Solution. — Les données de la question sont

$$OA = a, \quad OA' = a', \quad OB = b, \quad OB' = b',$$

et les inconnues sont

$$x = OP = MQ, \quad y = OQ = MP.$$

Comme les triangles AOB, BMQ sont semblables, on a la proportion

$$\frac{AO}{MQ} = \frac{BO}{BQ}, \quad \text{ou} \quad \frac{a}{x} = \frac{b}{b-y},$$

ce qui revient à l'équation déjà trouvée (n° 208)

$$(1) \qquad \frac{x}{a} + \frac{y}{b} = 1.$$

En considérant de même les triangles A'OB', B'MQ, on trouverait pour seconde équation du problème

$$(2) \qquad \frac{x}{a'} + \frac{y}{b'} = 1.$$

Si l'on résout les équations (1) et (2), l'on obtient, dans l'hypothèse où le dénominateur $ab' - ba'$ n'est pas nul,

$$(3) \qquad x = \frac{aa'(b' - b)}{ab' - ba'}, \quad y = \frac{bb'(a - a')}{ab' - ba'}.$$

On peut varier de bien des manières la disposition des données sur la figure précédente, car le segment AB de la première droite peut être compris dans l'un des quatre angles XOY, X'OY, X'OY', Y'OX, et à chacune de ces positions correspondent quatre positions analogues de A'B'; de plus, si les droites AB, A'B' sont situées dans le même angle (*fig.* 19 et 20), le point M peut se trouver soit dans cet angle, soit dans l'un des angles adjacents, tandis que si AB et A'B' se trouvent dans deux angles adjacents la rencontre a lieu dans l'une ou l'autre de ces deux régions (*fig.* 21); enfin, lorsque AB et A'B' sont comprises dans deux angles opposés par le sommet, le point M se trouve dans l'un des deux autres (*fig.* 22).

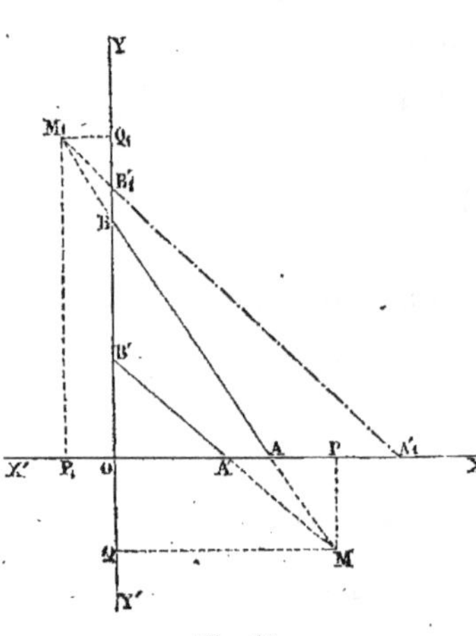

Fig. 20.

Il est facile de voir que les valeurs de x et de y obtenues dans le cas particulier de la figure 19 conviennent à tous les autres, pourvu que l'on regarde : 1° les distances a, a', x comme positives lorsqu'elles sont comptées de O vers X, et comme négatives quand elles sont comptées de O vers X'; 2° les distances b, b', y comme positives ou négatives suivant qu'elles sont portées sur OY ou sur OY'.

En effet, nous avons vu (n° 208) qu'en adoptant ces conventions, l'équation (1) était satisfaite par les coordonnées x et y d'un quelconque des points de AB, quelle que soit la position de cette droite par rapport aux axes OX et OY; l'équation (2) est également générale sous les mêmes conditions; donc les valeurs (3) de x et de y, que l'on trouve en résolvant ces deux équations simultanées, conviennent à tous les cas particuliers énumérés ci-dessus.

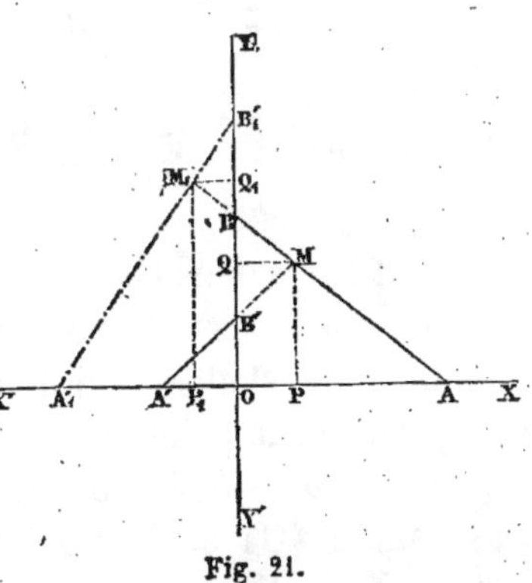

Fig. 21.

Si donc on remplace dans les formules (3) a, a', b, b' par leurs valeurs numériques affectées des signes correspondant à la figure particulière que l'on étudie, les signes qui affecteront les valeurs numériques trouvées par x et y indiqueront la *région* qui contiendra le point de rencontre M.

Supposons, par exemple,

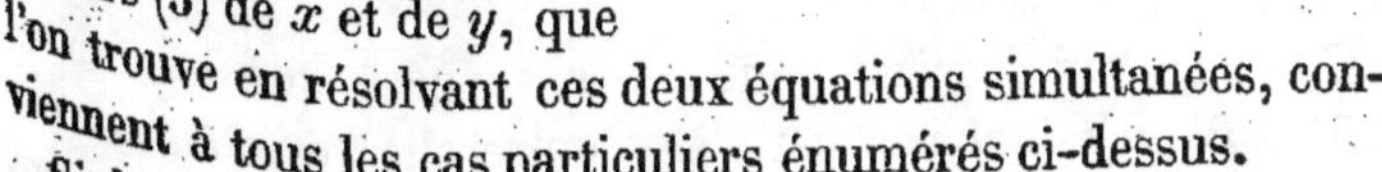

Fig. 22.

$$a = 2, \quad b = 5, \quad a' = -4, \quad b' = -1,$$

le dénominateur commun est alors

$$ab' - ba' = 2 \times (-1) - 5 \times (-4) = -2 + 20 = 18;$$

on aura donc pour les coordonnées du point de rencontre

$$x = \frac{2 \times (-4) \times (-6)}{18} = \frac{48}{18} = \frac{8}{3},$$

$$y = \frac{5 \times (-1) \times 6}{18} = \frac{-30}{18} = -\frac{5}{3},$$

et le point M est dans l'angle X'OY (*fig.* 22).

Considérons encore le cas dans lequel a' seul est négatif : le dénominateur est alors positif, ainsi que le facteur $a - a'$; donc y est positif et le point M est toujours situé au-dessus de XX'. Comme x et $b' - b$ sont de signes contraires, le point M sera dans l'angle XOY si $b' < b$, et dans l'angle YOX' si $b' > b$; c'est le cas de la figure 21.

Dans ce qui précède nous avons supposé que les droites AB, A'B' n'étaient pas parallèles entre elles et n'étaient pas parallèles aux axes OX, OY. — Si nous examinons maintenant ces différents cas particuliers, nous trouverons que les valeurs trouvées plus haut pour x et pour y conviennent également à ces dispositions particulières de la figure.

1° Si AB et A'B' sont parallèles, les triangles AOB, A'OB' (*fig.* 20) sont semblables et l'on a

$$\frac{a}{a'} = \frac{b}{b'} \quad \text{avec} \quad a \gtrless a' \quad \text{et} \quad b \gtrless b';$$

par suite, le dénominateur commun $ab' - ba'$ est nul et l'on a

$$x = \frac{m}{0} = \infty, \qquad y = \frac{n}{0} = \infty;$$

résultats d'accord avec la figure, puisque le point M de rencontre des deux droites est alors situé à l'infini.

2° Si l'on a

$$\frac{a}{a'} = \frac{b}{b'} \quad \text{et} \quad a = a',$$

les deux droites se confondent et l'on trouve

$$x = \frac{0}{0}, \quad y = \frac{0}{0},$$

indétermination qui s'explique fort bien, puisque l'on peut dire qu'il y a une infinité de points de rencontre.

3° Si l'une des droites AB est quelconque et l'autre parallèle à l'axe OX, les équations (1) et (2) se réduisent à

$$\frac{x}{a} + \frac{y}{b} = 1, \quad y = b',$$

puisque $a' = \infty$; les résolvant on trouve

$$x = \frac{a(b - b')}{b},$$

résultat que l'on obtient si, dans la valeur générale de x, on fait l'hypothèse $a' = \infty$. Mais pour cela il faut mettre cette valeur sous une forme plus commode en *divisant ses deux termes par le facteur a' qui devient infini;* on obtient ainsi

$$x = \frac{a(b' - b)}{\dfrac{ab'}{a'} - b},$$

et si, dans cette expression, on fait $a' = \infty$, on trouve l'expression ci-dessus

$$x = \frac{a(b - b')}{b}.$$

4° Si AB est parallèle à OY, et A'B' parallèle à OX, le point M de rencontre a pour coordonnées

$$x = a, \quad y = b',$$

et les valeurs générales de x et de y donnent ces résultats, si l'on y fait $b = \infty$, $a' = \infty$, après avoir *divisé les deux termes de chaque fraction par le produit des quantités qui deviennent infinies.*

En effet, nous pouvons écrire

$$x = \frac{\dfrac{aa'(b'-b)}{a'b}}{\dfrac{ab'-ba'}{a'b}} = \frac{a\left(\dfrac{b'}{b}-1\right)}{\dfrac{ab'}{a'b}-1}, \quad y = \frac{b'\left(\dfrac{a}{a'}-1\right)}{\dfrac{ab'}{a'b}-1}.$$

Faisons maintenant, dans ces nouvelles expressions de x et de y, les deux hypothèses $a' = \infty$, $b = \infty$, les fractions

$$\frac{b'}{b}, \quad \frac{a}{a'}, \quad \frac{ab'}{a'b}$$

se réduisent à 0 et nous retrouverons

$$x = \frac{a(-1)}{-1} = a, \quad y = \frac{b'(-1)}{-1} = b'.$$

Ainsi l'on peut dire que les formules (3) sont générales : convenablement interprétées, elles fournissent les solutions de tous les cas particuliers que présente l'énoncé général du problème.

EXERCICES

PROBLÈME I. — Une personne peut disposer d'un temps t pour faire une promenade ; au départ, elle monte dans une voiture qui suit la même direction et dont la vitesse est V ; à quelle distance cette personne doit-elle quitter la voiture pour que, revenant à pied avec la vitesse v, elle soit de retour à l'heure indiquée ?

$$R. \quad x = V \times \frac{vt}{V+v}.$$

PROBLÈME II. — Trouver sur la ligne LT qui va de la Lune à la

Terre le point O également attiré par ces deux astres. On sait que les forces d'attraction sont proportionnelles aux masses des corps attirants et en raison inverse des carrés des distances; de plus la Lune est distante de la Terre de 60 rayons terrestres et sa masse est $\frac{1}{81}$ de celle de la Terre.

$$R. \quad LO = 6 \times 6366^{km} = 38196^{km}.$$

PROBLÈME III. — Un ouvrier mettrait un temps t pour moissonner seul un champ de blé, sa femme un temps t' et son fils un temps égal à la moyenne arithmétique entre t et t'; combien mettront-ils de temps pour faire la récolte s'ils travaillent tous les trois ensemble? *Application :* $t = 48^h$, $t' = 60^h$.

$$R. \quad \frac{tt'(t+t')}{t^2 + 4tt' + t'^2} = \frac{2160^h}{421} + 17^h 51^m.$$

PROBLÈME IV. Sur une ligne droite, en allant de gauche à droite, on a marqué quatre points A, B, C, D. La distance AD est de 34^{cm}, AB est les $\frac{2}{3}$ de CD et 3 BC surpasse le quart de AB de la moitié de CD.

Calculer les distances respectives de ces points.

$$R. \quad AB = 12^{cm}, \quad BC = 4^{cm}, \quad CD = 18^{cm}.$$

PROBLÈME V. — Une montre avance de m minutes par jour; aujourd'hui à midi précis elle marque h heures; au bout de combien de jours marquera-t-elle l'heure exacte?

Application numérique : $m = 5$, $h = 3^h 40^m$.

$$R. \quad x = 60^j \times \frac{h}{m} = 44^j, \text{ si } h \text{ est moindre que midi};$$

$$x = 60^j \times \frac{12 - h}{m} = 100^j, \text{ si } h \text{ surpasse midi}.$$

PROBLÈME VI. — On a un lingot formé d'argent et de cuivre dont le titre est t (0,840); on le fond en y ajoutant un poids p ($112^{gr},8$) de cuivre et l'on obtient un nouveau lingot dont le titre est t' (0,750). Quel était le poids du premier lingot?

$$R. \quad x = p \frac{t'}{t - t'} = 940^{gr}.$$

PROBLÈME VII.—On a un lingot d'argent et de cuivre dont le titre est t (0,840) et le poids P. On veut, en le refondant, obtenir un lingot dont le titre soit plus élevé et égal à t' (0,920) ; quel poids d'argent faut-il ajouter ? *Application.*

$$R. \quad x = P\frac{t'-t}{1-t'}, \quad \frac{x}{P} = 1.$$

PROBLÈME VIII. — Un lingot d'argent et de cuivre est au titre t (0,825) ; on le fond en y ajoutant un poids p (2^{kg},025) d'argent pur et, par suite de cette addition, le lingot résultant est au titre t' (0,950) ; on demande le poids du lingot primitif.

$$R. \quad x = p\frac{1-t'}{t'-t} = 0^{kg},81.$$

PROBLÈME IX. — Un parallélipipède rectangle ABCD a pour hauteur $AB = c = 1^{dm}$, ses deux autres dimensions sont $AC = a = 2^{dm}$, $AD = b = 1^{dm}$; il flotte sur un liquide dont le poids spécifique est inconnu, la base supérieure ACD étant horizontale ; la hauteur de la partie émergée est $AE = d = 43^{mm}$. On charge alors le corps jusqu'à ce que la face supérieure soit au niveau même du liquide et l'on reconnaît qu'il faut un poids $p = 11^{kg}$,8. On demande la densité x du liquide et celle y du parallélipipède.

$$R. \quad x = \frac{p}{abd} = 13,7, \quad y = \frac{p(c-d)}{abcd} = 7,8.$$

PROBLÈME X. — Un aréomètre de Baumé pour les liquides plus denses que l'eau marque zéro dans l'eau pure et 15° dans une dissolution saline dont la densité est 1,116 ; l'instrument plongé dans un autre liquide marque 32°. On demande la densité du liquide.

$$R. \quad 1,285.$$

PROBLÈME XI. — Une fraction devient égale à l'unité lorsque l'on ajoute 3 à son numérateur et, si l'on ajoute 2 à son dénominateur, elle devient égale à $\frac{1}{2}$. Quelle est cette fraction ?

$$R. \quad \frac{5}{8}$$

Problème XII. — Un nombre N a pour facteurs premiers deux nombres entiers consécutifs. Si l'on augmente l'exposant du premier facteur de deux unités et celui du second de quatre, le nouveau nombre N' aura 50 diviseurs de plus. Si l'on diminue le premier exposant de trois en augmentant le second de cinq, le nouveau nombre N'' aura seulement 10 diviseurs de plus que N. Trouver N, N', N''.

$$R. \quad N = 2^7 \times 3^4 = 10368.$$

Problème XIII. — Trouver un nombre de deux chiffres sachant 1° qu'il est égal à trois fois la somme de ses chiffres ; 2° qu'en le multipliant par 3 on trouve pour résultat le carré de la somme de ses chiffres.

$$R. \quad 27.$$

Problème XIV. — Un nombre de deux chiffres est égal à 4 fois la somme de ses chiffres et à 2 fois leur produit. Quel est ce nombre ?

$$R. \quad 36.$$

Problème XV. — En descendant un fleuve, un bateau à vapeur met un temps t pour parcourir une distance AB égale à d. Pour remonter de B en A il emploie un temps t', et sa machine a fonctionné dans les deux cas avec la même énergie. Calculer 1° la vitesse que la machine seule imprimerait au bateau ; 2° la vitesse du courant.

$$R. \quad x = \frac{d}{2}\left(\frac{1}{t} + \frac{1}{t'}\right), \quad y = \frac{d}{2}\left(\frac{1}{t} - \frac{1}{t'}\right).$$

Problème XVI. — Une personne place une partie de sa fortune à 5 pour cent et l'autre partie à 3 p. cent ; de cette manière elle se fait 2587 fr. de revenu. Quelles sont les deux sommes ainsi placées, sachant que si la somme qui rapporte 3 pour cent avait été placée à 5, et *vice versa*, le revenu eût diminué de 334 francs ?

$$R. \quad 38600 \text{ fr.}, \quad 21900 \text{ fr.}$$

Problème XVII. — Une personne place une partie de sa fortune chez un banquier et le reste dans une entreprise. Le second capital, qui surpasse le premier de 17500 fr., rapporte 2 pour cent de plus et la différence des revenus est de 1725 fr. ; enfin, si l'on augmentait le second capital de 7500 fr. et le taux de son placement de

3 pour cent, le second revenu surpasserait le premier de 3 750 fr. Quels sont les deux capitaux et les taux des placements ?

$R.$ 25 000 fr.,   42 500 fr.;   le premier taux est 5 %.

PROBLÈME XVIII. — Deux ouvriers A et B pourraient creuser un fossé en m jours; ils travaillent ensemble pendant n jours au bout desquels B reste seul et termine le fossé en p jours. Combien faudrait-il de jours à chacun des ouvriers pour creuser séparément le fossé tout entier ?

$$R. \quad 1^j \times \frac{pm}{p+n-m} \quad \text{et} \quad 1^j \times \frac{pm}{m-n}.$$

PROBLÈME XIX. — Une locomotive se meut d'un mouvement uniforme et fait entendre une pulsation (bruit produit par l'expulsion de la vapeur qui agit sur les pistons) à chaque demi-tour de roue, tandis qu'un piéton qui fait 100^m par minute parcourt dans la même direction un sentier parallèle à la voie. Dans la minute qui précède le passage de la locomotive à côté du piéton, cette personne a compté 142 pulsations de la machine et dans la minute qui a suivi ce passage, elle en a compté seulement 136. On demande de calculer la vitesse de la locomotive, celle du son étant de 340^m par seconde. (Prendre pour inconnue auxiliaire la circonférence de la roue motrice.)

$R.$ Vitesse $= 32\,400^m$ à l'heure, circ. de la roue motrice $= 7^m,77$.

PROBLÈME XX. — Les roues de devant d'une voiture font n tours $(n=6)$ de plus que les roues de derrière, tandis que la voiture parcourt un chemin égal à d $(d=40^m)$; si la circonférence des grandes roues était augmentée de la fraction $\frac{1}{p}$ de sa valeur et celle des petites roues de la fraction $\frac{1}{q}$ de sa valeur $\left(\frac{1}{p}=\frac{1}{8}, \frac{1}{q}=\frac{1}{4}\right)$, les roues de devant feraient seulement n' tours de plus que celles de derrière $(n'=4)$, tandis que la voiture parcourt le même chemin. — Calculer les circonférences de chacune des roues.

$$R. \quad x = d\,\frac{p-q}{p+1} \times \frac{1}{(n-n')q-n'} = 4^m,444,$$

$$y = d\,\frac{p-q}{q+1} \times \frac{1}{(n-n')p-n'} = 2^m,666.$$

Problème XXI. — Une personne qui possède deux billets à ordre du même souscripteur échange ces deux effets contre un seul de 980 fr. à 115 jours de date. La somme des valeurs nominales des deux premiers effets est égale à la valeur nominale du dernier et il en est de même pour les valeurs actuelles. On demande les valeurs nominales des deux premiers billets, sachant que le premier était payable au bout de 91 jours et le second au bout de 147 jours.

$$R. \quad 560 \text{ fr. et } 420 \text{ fr.}$$

Problème XXII. — On a deux billets dont les valeurs nominales sont n et n' et qui sont payables aux époques t et t' ; on les remplace par un billet unique dont la valeur nominale est N et qui est payable à l'époque T. Trouver le taux a de l'escompte, en supposant que l'on opère comme les banquiers.

$$R. \quad \frac{a}{100} = \frac{N - n - n'}{NT - nt - n't'}.$$

Problème XXIII. — Les données restant les mêmes que dans le problème XXII, calculer le taux de l'escompte quand on suit $N = n + n'$ et quand on suit la méthode rationnelle et que $N = n + n'$.

Application : $n = 12600 \text{ fr.}, \quad n' = 27400 \text{ fr.}, \quad N = 40000 \text{ fr.},$

$$t = 4^a 6^m, \quad t' = 5^a 8^m, \quad T = 5^a 3^m 14^j.$$

$$R. \quad \frac{a}{100} = -\frac{n(t - T) + n'(t' - T)}{nt'(t - T) + n't(t' - T)}; \quad a = 4^f,22.$$

Problème XXIV. — Des sommets d'un triangle pris pour centres, on décrit trois circonférences qui se touchent mutuellement. Calculer les rayons de ces circonférences en fonction des côtés a, b, c du triangle.

$$R. \quad x_a = \frac{b + c - a}{2}.$$

Problème XXV. — Trouver un nombre de trois chiffres satisfaisant aux conditions suivantes : le chiffre des dizaines est la demi-somme des deux autres ; si l'on divise ce nombre par la somme de ses chiffres on a 48 pour quotient ; enfin si de ce nombre on retranche 198, on trouve pour reste le nombre renversé. Quel est ce nombre ?

R. 432.

PROBLÈME XXVI. — Chercher un nombre de trois chiffres satisfaisant aux conditions suivantes : 1° le chiffre des dizaines est égal à celui des unités ; 2° en ajoutant 42 au double de ce nombre on obtient le nombre renversé ; 3° si l'on met le chiffre des dizaines à la place de celui des centaines, on obtient un nombre qui, augmenté de 27, est égal au nombre renversé.

R. 255.

PROBLÈME XXVII. — On demande un nombre de trois figures dans lequel le chiffre des unités soit double de celui des centaines et satisfaisant de plus à ces deux conditions : 1° lorsqu'on divise le nombre par la somme de ses chiffres le quotient est 22 ; 2° quand on le divise par le produit des chiffres des unités et des dizaines on obtient 11 pour quotient.

R. 264.

PROBLÈME XXVIII. — Trouver, en jours moyens, la durée de la révolution de la planète Neptune, d'après les données suivantes : 1° elle est exprimée par un nombre de cinq figures dont les chiffres extrêmes sont égaux ; 2° le chiffre des dizaines est double de celui des centaines ; 3° le chiffre des unités est égal au double de la somme des deux suivants ; 4° la somme des cinq chiffres est égale à 15 ; 5° si l'on ajoute 1980 à ce nombre, on obtient le nombre renversé.

R. 60126$^{j.m.}$

PROBLÈME XXIX. — Quatre enfants ont, le premier 11 ans, le deuxième 17, le troisième 19 et le quatrième a 20 ans ; on doit partager entre eux un héritage de 46200 fr., de telle sorte qu'en plaçant leur part à intérêt simple et à 5 pour cent dès aujourd'hui ils aient la même somme à leur majorité, c'est-à-dire à 21 ans. Calculer chacune des parts.

R. 9162^f,65, 11453^f,31, 12494^f,52, 13089^f,50.

CHAPITRE VI

Discussion des équations du premier degré.

§ Ier. — DISCUSSION DES FORMULES QUI DONNENT LA SOLUTION DE
DEUX ÉQUATIONS LITTÉRALES A DEUX INCONNUES.

210. Nous avons vu au n° 139 que les équations littérales

(1)
$$ax + by = c,$$

(2)
$$a'x + b'y = c'$$

ont pour solution

(3)
$$x = \frac{cb' - bc'}{ab' - ba'},$$

(4)
$$y = \frac{ac' - ca'}{ab' - ba'};$$

si les transformations que l'on fait subir aux équations proposées pour obtenir les valeurs des inconnues étaient toujours permises, les valeurs précédentes formeraient un système équivalent au premier; mais il peut arriver que, pour certaines valeurs particulières des coefficients, quelques-uns des multiplicateurs ou diviseurs employés pour résoudre les équations deviennent nuls; dans ce cas, les transformations cessent d'être permises et il n'est plus évident que le système des valeurs (3) et (4) trouvées pour x et y soit équivalent au système proposé. Ainsi pour éliminer y entre les équations (1) et (2), par la méthode d'addition, nous avons multiplié la première par b' et la seconde par b, ce qui suppose implicitement que ces deux coefficients ne sont pas nuls; ensuite, pour obtenir x, nous avons divisé par $ab' - ba'$ les deux membres de l'équation

$$(ab' - ba')x = cb' - bc',$$

opération qui ne peut se faire lorsque le coefficient de x est égal à zéro.

Il s'agit maintenant d'étudier ces cas particuliers, que nous avons d'abord laissés de côté : la discussion suivante montrera que, si les équations proposées ont une solution et une seule, cette solution sera toujours donnée par les formules précédentes ; que si les équations proposées tombent dans un cas d'impossibilité ou d'indétermination, ces formules en avertiront : leur généralité sera ainsi démontrée.

On peut réduire cette discussion aux trois principes suivants.

211. PROPOSITION I. — *Si le dénominateur commun $ab' - ba'$ n'est pas nul, les équations proposées ont une solution et n'en ont qu'une seule qui est donnée par les formules générales.*

DÉMONSTRATION. — En effet, puisque $ab' - ba'$ n'est pas nul, l'un *au moins* des quatre coefficients a, b, a', b' n'est pas égal à zéro, car, s'ils étaient nuls tous les quatre, le dénominateur serait nul, ce qui est contraire à l'hypothèse.

Supposons que a soit différent de zéro ; on peut déduire de (1) la valeur de x, car la division par a est permise, et l'on a

$$(5) \qquad x = \frac{c - by}{a} ;$$

remplaçant x par cette valeur dans (2), on trouve

$$(6) \qquad a'\frac{c - by}{a} + b'y = c',$$

et le système des équations (5) et (6) est équivalent au système (1) et (2) ; or, il est facile de voir que ces dernières équations n'admettent qu'une seule solution : en effet, on peut multiplier par a les deux membres de (6) puisque a n'est pas nul, ce qui donne

$$ca' - ba'y + ab'y = ac',$$

ou bien, en mettant y en facteur,

$$(ab' - ba')y = ac' - ca'.$$

Mais, par hypothèse, $ab' - ba'$ n'est pas nul; donc on pourra diviser les deux membres de cette équation par le coefficient de y, et l'on aura

$$y = \frac{ac' - ca'}{ab' - ba'};$$

si l'on remplace y par cette valeur unique, on trouvera par des transformations permises celle de l'autre inconnue

$$x = \frac{cb' - bc'}{ab' - ba'}.$$

Ainsi le système [(5), (6)] admet une solution et une seule; par suite, il en est de même du système (1), (2) qui lui est équivalent.

212. Proposition II. — *Si le dénominateur commun* $ab' - ba'$ *est nul et si l'un des numérateurs ne l'est pas, c.-à-d. si l'une des inconnues se présente sous la forme* $\dfrac{m}{0}$, *les équations proposées n'ont aucune solution.*

Démonstration. — Par hypothèse, on a

$$1°\ ab' - ba' = 0, \quad \text{et}\quad 2°\ ac' - ca' \gtrless 0.$$

La dernière inégalité montre que l'un au moins des coefficients a ou a' n'est pas nul, car, s'ils étaient nuls tous deux, le binôme $ac' - ca'$ serait égal à zéro, ce qui est contre l'hypothèse.

Supposons a différent de zéro; de l'équation (1) on pourra tirer la valeur de x, la division par a étant permise, et l'on aura

(5)
$$x = \frac{c - by}{a};$$

remplaçant x par cette valeur dans l'équation (2) on aura

$$(6) \qquad a' \frac{c - by}{a} + b'y = c',$$

et le système $[(5), (6)]$ est équivalent au système $[(1), (2)]$ puisque l'on n'a fait que des transformations permises. — Or, je dis que les équations (5) et (6) forment un système impossible. En effet, considérons l'équation (6) qui ne renferme qu'une seule inconnue ; on pourra chasser le dénominateur a qui n'est pas nul et l'équation (6) prendra la forme

$$(ab' - ba')\, y = ac' - ca'.$$

Or $ab' - ba'$ est nul par hypothèse ; d'ailleurs $ac' - ca'$ ne l'est pas : donc l'équation (6) ne peut être satisfaite par aucune valeur finie de y, ce qui revient à dire qu'elle est impossible ; le système $[(5), (6)]$ n'admet donc aucune solution et il en est de même du système $[(1), (2)]$.

On peut mettre en évidence l'incompatibilité des équations proposées. En effet, puisque a n'est pas nul, de l'égalité

$$ab' - ba' = 0$$

on peut tirer la valeur du coefficient b' en fonction des autres

$$b' = \frac{ba'}{a},$$

et si l'on remplace, dans l'équation (2), b' par cette valeur, on a

$$a'x + \frac{ba'}{a} y = c',$$

ou bien, en multipliant par a, ce qui est permis,

$$aa'x + ba'y = ac'.$$

Cette équation peut s'écrire

$$a'(ax + by) = ac',$$

et sous cette forme on voit que le premier membre de l'équation (2) n'est autre que celui de (1) multiplié par a'; il faudrait donc, pour qu'il n'y ait pas contradiction, que le second membre de (2), ac', fût aussi égal au second membre de (1), multiplié par a', c'est-à-dire que l'on eût

$$ac' = ca';$$

or ceci n'a pas lieu, par hypothèse; donc (1) et (2) sont incompatibles.

213. PROPOSITION III. — *Lorsque le dénominateur commun est nul et que les deux numérateurs sont nuls en même temps, c'est-à-dire quand les valeurs de x et de y se présentent sous la forme $\dfrac{0}{0}$, il y a toujours indétermination si, parmi les quatre coefficients a, b, a', b', il y en a au moins un qui n'est pas nul; et s'ils sont tous nuls, il y a indétermination ou bien impossibilité.*

DÉMONSTRATION. — 1° Par hypothèse on a

$$ab' - ba' = 0,$$

$$ac' - ca' = 0,$$

$$cb' - bc' = 0.$$

Supposons que parmi les coefficients a, b, a', b' il y en ait un qui ne soit pas nul et soit $a \gtrless 0$. De l'équation (1) on peut tirer x, la division par a étant permise, ce qui donne

$$(5) \qquad x = \frac{c - by}{a},$$

et en remplaçant dans l'équation (2), on aura

$$(6) \qquad a'\frac{c - by}{a} + b'y = c'.$$

Le système [(5), (6)] est équivalent à [(1), (2)]; or, je dis que le système [(5), (6)] est indéterminé : en effet, considérons l'équation (6) qui ne renferme qu'une inconnue, on peut chasser le dénominateur a qui n'est pas nul et l'équation devient

$$ca' - ba'y + ab'y = ac',$$

ou

$$(ab' - ba')y = ac' - ca';$$

or, $ab' - ba'$ est nul par hypothèse et le second membre $ac' - ca'$ est aussi nul; donc cette équation se réduit à $0 \times y = 0$; elle sera donc vérifiée quel que soit y. Par suite, si l'on donne à y une valeur arbitraire et si, dans (5) on remplace y par cette valeur, on aura pour x une valeur correspondante, donc le système [(5), (6)] admet une infinité de solutions et il en est de même du système [(1), (2)].

On peut montrer directement que les équations proposées sont indéterminées : en effet, puisque a n'est pas nul, de l'égalité

$$ab' - ba' = 0$$

on peut tirer

$$b' = \frac{ba'}{a},$$

et remplacer b' par cette valeur dans l'équation (2), ce qui donne

$$a'x + \frac{ba'}{a}y = c',$$

ou, chassant le dénominateur a,

$$aa'x + ba'y = ac',$$

c'est-à-dire

$$a'(ax + by) = ac'.$$

Mais, de l'égalité $ac' - ca' = 0$, on tire $ac' = ca'$; par suite l'équation (2) devient

$$a'(ax + by) = ca'.$$

Cette dernière forme donnée à l'équation (2) montre qu'elle n'est autre chose que l'équation (1) dont les deux membres ont été multipliés par le même nombre a' ; (2) est donc une conséquence de (1) et en réalité l'on a une seule équation à deux inconnues. Il y a donc indétermination dans ce cas.

2° Supposons maintenant que les quatre coefficients a, b, a', b' soient tous nuls ; les valeurs des inconnues sont encore $\frac{0}{0}$: d'ailleurs les équations se réduisent à

$$0.x + 0.y = c,$$

$$0.x + 0.y = c'.$$

Si c et c' sont nuls, les équations se réduisent à des identités qui n'établissent aucune relation entre x et y, et il y a indétermination ; mais si c et c' ne sont pas nuls, il y a impossibilité évidente.

214. REMARQUE I. — *Lorsque les coefficients des inconnues sont différents de zéro, si l'une des inconnues se présente sous la forme $\frac{m}{0}$, l'autre se présentera sous la même forme; et si une des inconnues se présente sous la forme $\frac{0}{0}$ l'autre se présentera aussi sous la même forme.*

En effet, pour que l'une des inconnues se présente sous l'une des formes $\frac{m}{0}$, $\frac{0}{0}$, il faut que l'on ait $ab' - ba' = 0$, c'est-à-dire $b' = \dfrac{ba'}{a}$; substituant cette valeur dans l'expression de x on trouve

$$x = \frac{c\dfrac{ba'}{a} - bc'}{ab' - ba'} = \frac{-\dfrac{b}{a}(ac' - ca')}{ab' - ba'} = -\frac{b}{a}y,$$

et cette forme donnée à la valeur de x montre que cette inconnue sera infinie ou indéterminée en même temps que y.

215. Remarque II. — *Lorsque $ab' - ba'$ est nul, si les seconds membres c et c' sont nuls, les valeurs des inconnues se présentent sous la forme $\dfrac{0}{0}$; dans ce cas, si parmi les coefficients des inconnues il y en a au moins un qui ne soit pas nul, il y a indétermination, mais le rapport des inconnues est parfaitement déterminé.*

En effet, dans le cas actuel, les équations se réduisent à

$$ax + by = 0, \qquad a'x + b'y = 0,$$

et si l'on suppose a différent de zéro, on peut tirer de la condition $ab' - ba' = 0$ la valeur du coefficient b'

$$b' = \frac{ba'}{a};$$

si l'on remplace b' par cette valeur, l'équation (2) se réduit à

$$a'x + \frac{ba'}{a} = 0,$$

c'est-à-dire à

$$aa'x + ba'y = 0,$$

ou bien à

$$a'(ax + by) = 0;$$

l'équation (2) n'est donc autre que (1) dont les deux membres ont été multipliés par le même nombre ; l'équation (2) est donc une conséquence de (1) et l'on n'a en réalité qu'une seule équation.

Bien que les deux inconnues soient indéterminées, leur rapport est parfaitement déterminé, car on a

$$x = -\frac{by}{a}, \quad \text{ou} \quad \frac{x}{y} = -\frac{b}{a} = -\frac{b'}{a'}.$$

§ II. — Discussion des formules qui donnent la solution de trois équations littérales a trois inconnues.

216. Nous avons résolu (n° **142**) le système des trois équations

$$
\begin{align}
(1) \quad & ax + by + cz = d, \\
(2) \quad & a'x + b'y + c'z = d', \\
(3) \quad & a''x + b''y + c''z = d''
\end{align}
$$

en employant la méthode des coefficients indéterminés, et nous avons trouvé

$$x = \frac{db'c'' - dc'b'' + cd'b'' - bd'c'' + bc'd'' - cb'd''}{ab'c'' - ac'b'' + ca'b'' - ba'c'' + bc'a'' - cb'a''} = \frac{N_x}{D},$$

$$y = \frac{ad'c'' - ac'd'' + ca'd'' - da'c'' + dc'a'' - cd'a''}{ab'c'' - ac'b'' + ca'b'' - ba'c'' + bc'a'' - cb'a''} = \frac{N_y}{D},$$

$$z = \frac{ab'd'' - ad'b'' + da'b'' - ba'd'' + bd'a'' - db'a''}{ab'c'' - ac'b'' + ca'b'' - ba'c'' + bc'a'' - cb'a''} = \frac{N_z}{D}.$$

Nous avons indiqué (pages 162, 163) la règle à suivre pour retrouver le dénominateur commun à ces valeurs et la manière d'en déduire les numérateurs. (*Règle de Cramer.*)

Ce dénominateur commun aux valeurs de x, y, z

$$D = ab'c'' - ac'b'' + ca'b'' - ba'c'' + bc'a'' - cb'a''$$

s'appelle le *déterminant* du système des neuf coefficients

$$\begin{array}{ccc} a & b & c \\ a' & b' & c'; \\ a'' & b'' & c'' \end{array}$$

il joue un rôle important dans la discussion suivante.

217. Proposition I. — *Si le déterminant* D *n'est pas nul, les équations proposées ont une solution et n'en ont qu'une seule qui est donnée par la règle de Cramer.*

Démonstration. — Puisque D n'est pas nul, l'un au moins des neuf coefficients des inconnues, a par exemple, est différent de zéro ; nous pourrons tirer de la première équation la valeur de x,

$$(4) \qquad x = \frac{d - by - cz}{a},$$

et la substituer dans les deux autres équations, ce qui donne, après réduction, les deux équations suivantes en y et z :

$$(5) \qquad (ab' - ba')y + (ac' - ca')z = ad' - da',$$

$$(6) \qquad (ab'' - ba'')y + (ac'' - ca'')z = ad'' - da''.$$

Comme le système des équations (1, 2, 3) est équivalent au système (4, 5, 6), il suffira de résoudre les équations (5) et (6) pour trouver les valeurs de y et z qui conviennent aux équations proposées. Or, le déterminant de ces deux équations à deux inconnues est

$$(ab' - ba')(ac'' - ca'') - (ac' - ca')(ab'' - ba''),$$

et la suppression des termes $+ bca'a''$, $- bca'a''$ le réduit à

$$a^2 b'c'' - aba'c'' - acb'a'' - a^2 c'b'' + aca'b'' + abc'a'' = aD ;$$

ce déterminant n'est donc pas nul ; par suite (n° 211), les

équations (5) et (6) admettent une solution ; si l'on porte cette valeur unique de y et celle de z dans (4), on obtiendra la valeur correspondante de x ; le système (1, 2, 3) admet donc une solution et une seule.

On peut vérifier directement que les valeurs de x, y, z reproduites plus haut satisfont aux équations (1), (2), (3).

En effet substituons ces valeurs dans l'une quelconque de ces équations, dans la première par exemple, et mettons au numérateur d, d', d'' en facteur commun ; nous aurons, en représentant par k, k', k'' les coefficients de ces trois lettres,

$$\frac{kd + k'd' + k''d''}{D} = d.$$

Or, les valeurs de ces coefficients sont

$$k = a(b'c'' - c'b'') + b(c'a'' - a'c'') + c(a'b'' - b'a'') = D,$$
$$k' = a(cb'' - bc'') + b(ac'' - ca'') + c(ba'' - ab'') = 0,$$
$$k'' = a(bc' - cb') + b(ca' - ac') + c(ab' - ba') = 0 ;$$

le résultat de la substitution des valeurs trouvées précédemment pour x, y, z se réduit donc à l'identité

$$\frac{D.d}{D} = d ;$$

Ces valeurs satisfont, par conséquent, à la première des équations, quelles que soient les hypothèses que l'on puisse faire sur les coefficients. Par un calcul analogue on verrait qu'elles satisfont aux deux autres équations ; les formules trouvées plus haut sont donc générales.

218. Proposition II. — *Si le déterminant* D *est nul et si l'un des numérateurs ne l'est pas, c'est-à-dire si l'une des inconnues se présente sous la forme* $\frac{m}{0}$, *les équations proposées n'ont aucune solution.*

DÉMONSTRATION. — Par hypothèse on a

$$1°\ D = 0, \qquad 2°\ N_z = \gtreqless 0.$$

Cette dernière inégalité montre d'abord que d, d', d'' ne sont pas nuls à la fois, et de plus que l'un au moins des trois coefficients a, a', a'' est différent de zéro ; car s'ils étaient nuls tous les trois, on aurait

$$N_z = d''(ab' - ba') - d'(ab'' - ba'') + d(a'b'' - b'a'') = 0,$$

ce qui est contraire à l'hypothèse.

Supposons a différent de zéro ; nous pourrons procéder comme plus haut (n° 217), et remplacer le système (1, 2, 3) par le système équivalent (4, 5, 6). Or, le déterminant des deux équations (5) et (6) est $a \times D$; il est donc nul, puisque $D = 0$; les deux équations (5) et (6) sont par conséquent contradictoires (n° 212), et le système proposé n'admet aucune solution.

Il est facile de vérifier que, dans ce cas, les équations (1), (2), (3) sont incompatibles. En effet, de l'équation $D = 0$ on tire

$$(7) \qquad c'' = \frac{c'(ab'' - ba'') + c(b'a'' - a'b'')}{ab' - ba'},$$

et si l'on substitue cette valeur dans l'équation (3), on voit qu'elle revient à

$$(8) \quad \left\{ \begin{aligned} &a''(ab' - ba')x + b''(ab' - ba')y \\ &\quad + c'(ab'' - ba'') + c(b'a'' - a'b'')z \\ &\qquad = d''(ab' - ba'). \end{aligned} \right.$$

Mais, d'autre part, si l'on multiplie le premier membre de (1) par $(b'a'' - a'b'')$, celui de (2) par $(ab'' - ba'')$, et si l'on ajoute, on trouve, après simplification,

$$(9) \quad \begin{aligned} &a''(ab' - ba')x + b''(ab' - ba')y \\ &\quad + \left[c'(ab'' - ba'') + c(b'a'' - a'b'') \right]z \\ &\qquad = d(b'a'' - a'b'') + d'(ab'' - ba'') ; \end{aligned}$$

Comme ces deux équations (8) et (9) ont les mêmes premiers membres, il faudrait, pour qu'il n'y eût pas contradiction, que les seconds membres fussent égaux; or ceci n'a pas lieu, puisque leur différence

$$d''(ab' - ba') - d'(ab'' - ba'') + d(a'b'' - b'a'')$$

est précisément égale à N_z et par conséquent différente de zéro. — Ainsi l'équation (3) contredit l'ensemble des deux premières et le système [1, 2, 3] est incompatible, lorsque, les binômes $ab' - ba'$, $ab'' - ba''$, étant différents de zéro, on a $D = 0$, $N_z \gtrless 0$. Nous étudions plus loin le cas où ces binômes sont nuls.

219. PROPOSITION III. — *Lorsque* $D = 0$ *et que les numérateurs sont nuls en même temps, c'est-à-dire si les valeurs de* x, y, z *se présentent sous la forme* $\dfrac{0}{0}$, *il y a toujours indétermination si, parmi les neuf coefficients* a, b, c, a', b', c', a'', b'', c'', *il y en a un au moins qui n'est pas nul.*

DÉMONSTRATION. — Par hypothèse on a

$$D = 0, \quad N_x = 0, \quad N_y = 0, \quad N_z = 0,$$

et l'un des numérateurs, a par exemple, n'est pas nul; on pourra donc remplacer le système [1, 2, 3] par le système [4, 5, 6]; or, le déterminant de ce système est $a \times D$: il est donc nul; les numérateurs de y et de z sont respectivement $a \times N_y$, $a \times N_z$, et sont nuls aussi dans le cas actuel: donc (n° 244) ces deux équations en y et z sont indéterminées, et, d'après (4), il y aura aussi une infinité de valeurs pour x.

Dans le cas actuel, l'équation (3) est une conséquence de (1) et de (2): en effet, l'équation (3), mise sous la forme (8), est identique à l'équation (9), qui résulte des deux premières. Ici encore nous réservons le cas où les binômes $ab' - ba'$ et $ab'' - ba''$ sont nuls.

220. PROPOSITION IV. — *Quand* $D = 0$ *et que les coefficients des inconnues ne sont pas proportionnels, x, y et z se présenteront à la fois sous l'une des formes* $\dfrac{m}{0}$ *ou* $\dfrac{0}{0}$.

DÉMONSTRATION. — De la relation $D = 0$, l'on peut tirer, puisque $ab' - ba'$ est différent de zéro,

$$c'' = \frac{c'(ab'' - ba'') + c(b'a'' - a'b'')}{ab' - ba'};$$

substituant cette valeur dans N_x, il vient

$$N_x = c(d'b'' - b'd'') + c'(bd'' - db'')$$

$$+ \frac{c'(ab'' - ba'') + c(b'a'' - a'b'')}{(ab' - ba')}(db' - bd').$$

Si l'on réduit au même dénominateur, on trouve que le coefficient de c est égal à

$$\frac{(ab' - ba')(d'b'' - b'd'') + (a'b'' - b'a'')(bd' - db')}{ab' - ba'}$$

$$= \frac{-b' \times N_z}{ab' - ba'},$$

et que celui de c' est égal à

$$\frac{(ab' - ba')(bd'' - db'') + (ab'' - ba'')(db' - bd')}{ab' - ba'}$$

$$= \frac{b \times N_z}{ab' - ba'};$$

on a donc

$$N_x = \frac{bc' - cb'}{ab' - ba'} \times N_z,$$

et l'on trouverait de la même manière que

$$N_y = \frac{ca' - ac'}{ab' - ba'} \times N_z.$$

Sous cette forme, on voit que les deux premiers numérateurs N_x et N_y se présenteront sous la même forme que le troisième, puisque nous supposons que les trois binômes

$$ab' - ba', \qquad ac' - ca', \qquad bc' - cb'$$

sont différents de zéro.

221. Cas où les coefficients de x, y, z sont proportionnels.

1° Si l'on a

$$ab' - ba' = 0, \qquad ab'' - ba'' = 0,$$

on en conclut

$$a'b'' - b'a'' = 0$$

et, par suite,

$$D = 0, \qquad N_z = 0;$$

l'inconnue z se présente donc sous la forme indéterminée.

Si l'on remonte d'ailleurs aux trois équations et si l'on y introduit les conditions

$$\frac{a}{b} = \frac{a'}{b'} = \frac{a''}{b''} = r, \quad \text{d'où} \quad a = br, \quad a' = b'r, \quad a'' = b''r,$$

elles deviennent

$$
\begin{aligned}
b\,(rx + y) + cz &= d, \\
b'\,(rx + y) + c'z &= d', \\
b''\,(rx + y) + c''z &= d'';
\end{aligned}
$$

on voit qu'elles ne renferment plus en réalité que deux inconnues $rx + y$ et z; elles fourniront ou bien une seule et même valeur pour z, ou bien des valeurs différentes : dans le premier cas, z sera déterminé, tandis que x et y pourront recevoir une infinité de valeurs; dans le second, les équations seront incompatibles.

Pour retrouver, à l'aide des formules générales, la véritable valeur de z cachée dans le premier cas sous la forme $\frac{0}{0}$, il faut d'abord écrire

$$\frac{d - cz}{b} = \frac{d' - c'z}{b'} = \frac{d'' - c''z}{b''},$$

ou bien, en éliminant z,

$$\frac{\dfrac{d}{b} - \dfrac{d'}{b'}}{\dfrac{c}{b} - \dfrac{c'}{b'}} = \frac{\dfrac{d}{b} - \dfrac{d''}{b''}}{\dfrac{c}{b} - \dfrac{c''}{b''}};$$

on trouve ainsi la condition

$$(db' - bd')(cb'' - bc'') = (db'' - bd'')(cb' - bc'),$$

qui se réduit à

$$N_x = d(b'c'' - c'b'') - d'(bc'' - cb'') + d''(bc' - cb') = 0.$$

Si l'on tire de cette relation la valeur de d''

$$d'' = \frac{d'(bc'' - cb'') - d(b'c'' - c'b'')}{bc' - cb'},$$

et qu'on la substitue dans N_z, on trouve

$$d(a'b'' - b'a'') - d'(ab'' - ba'')$$
$$+ (ab' - ba') \frac{d(c'b'' - b'c'') + d'(bc'' - cb'')}{bc' - cb'}.$$

En faisant les calculs, on voit que les coefficients de d et de d' sont respectivement égaux à

$$\frac{-b' \times D}{bc' - cb'} \quad \text{et} \quad \frac{b \times D}{bc' - cb'};$$

la valeur générale de z devient donc

$$z = \frac{(bd' - db')\mathrm{D}}{(bc' - cb')\mathrm{D}},$$

et c'est ce facteur commun D qui, se réduisant à zéro dans l'hypothèse actuelle, donnait à z la forme $\frac{0}{0}$; si l'on enlève ce facteur, on trouvera la véritable valeur de z

$$z = \frac{bd' - db'}{bc' - cb'}.$$

2° Si $a' = ar$, $b' = br$, $c' = cr$, les deux premières équations sont incompatibles lorsque d' sera différent de dr, ou rentreront l'une dans l'autre si $d' = dr$. On devra donc trouver dans le premier cas des valeurs de la forme $\frac{m}{0}$ et dans le second des valeurs de la forme $\frac{0}{0}$. C'est ce qui a lieu, puisque l'on a

$$\mathrm{D} = a''(bc - cb') - b''(ac' - ca') + c''(ab' - ba'),$$

ou

$$\mathrm{D} = a''(bcr - cbr) - b''(acr - car) + c''(abr - bar) = 0.$$

Quant au numérateur de x, on peut l'écrire

$$\mathrm{N}_z = d''(bc' - cb') - b''(dc' - cd') + c''(db' - bd'),$$

et il se réduit à zéro, si l'on a $d' = dr$, puisque l'on a alors

$$\mathrm{N}_z = d''(bcr - cbr) - b''(dcr - cdr) + c''(dbr - bdr).$$

3° Lorsque l'on a

$$a' = ar, \ b' = br, \ c' = cr \text{ et } a'' = ar', \ b'' = br', \ c'' = cr',$$

les deux dernières équations sont incompatibles avec la première si $d' \gtrless dr$, $d'' \gtrless dr'$; si au contraire $d' = dr$, $d'' = dr'$, les équations (2) et (3) rentrent dans la première. On devra donc trouver pour x, y, z des valeurs infinies dans le premier cas et des valeurs indéterminées dans le second; c'est ce que donnent, en effet, les formules générales.

222. CAS OU LES SECONDS MEMBRES SONT NULS. — Si l'on a

$$d = d' = d'' = 0,$$

les formules générales donnent, lorsque D n'est pas nul,

$$x = y = z = 0,$$

et il est évident que ces valeurs satisfont aux équations

$$ax + by + cz = 0,$$
$$a'x + b'y + c'z = 0,$$
$$a''x + b''y + c''z = 0.$$

Si, au contraire, on a $D = 0$, les trois inconnues se présentent sous la forme $\dfrac{0}{0}$, ce qui indique l'indétermination.

Il est facile de vérifier que dans ce cas la troisième équation est une conséquence des deux premières; car de l'équation $D = 0$, qui lie les neuf coefficients, on peut tirer pour c'' la valeur (7) et la substituer dans la troisième équation; elle devient alors

$$a''(ab' - ba')x + b''(ab' - ba')y$$
$$+ \left[c'(ab'' - ba'') + c(b'a'' - a'b'') \right]z = 0.$$

Or c'est précisément le résultat qu'on eût obtenu en ajoutant les deux premières équations multipliées d'abord, la première par $(b'a'' - a'b'')$, et la seconde par $(ab'' - ba'')$; donc, lorsque $D = 0$, la troisième équation est une conséquence des deux autres et le problème est indéterminé.

223. *Remarque I.* — Les rapports $\dfrac{x}{z}$, $\dfrac{y}{z}$ de deux des inconnues à la troisième sont parfaitement déterminés quand $D = 0$. En effet, en divisant par z les deux membres de ces équations, on obtient

$$a\frac{x}{z} + b\frac{y}{z} + c = 0,$$

$$a'\frac{x}{z} + b'\frac{y}{z} + c' = 0,$$

$$a''\frac{x}{z} + b''\frac{y}{z} + c'' = 0;$$

des deux premières on tire

$$\frac{x}{z} = \frac{bc' - cb'}{ab' - ba'},$$

$$\frac{y}{z} = \frac{ca' - ac'}{ab' - ba'},$$

et, pour que ces valeurs satisfassent à la troisième équation, il faut que l'on ait

$$a''(bc' - cb') + b''(ca' - ac') + c''(ab' - ba') = 0,$$

c'est-à-dire $D = 0$, condition que l'on suppose remplie.

On peut écrire les résultats précédents sous la forme

$$\frac{x}{bc' - cb'} = \frac{y}{ca' - ac'} = \frac{z}{ab' - ba'},$$

et, en égalant à m chacun de ces rapports, on en déduit

$$x = m(bc' - cb'),$$

$$y = m(ca' - ac'),$$

$$z = m(ab' - ba');$$

expressions qui donnent une infinité de solutions correspondantes aux diverses valeurs attribuées à m.

224. *Remarque II.*—Étant données trois équations du premier degré en x, y, z dans lesquelles les seconds membres sont égaux à zéro, on peut toujours éliminer ces trois inconnues. Le résultat de cette élimination s'obtient en égalant à zéro le dénominateur commun aux valeurs de x, y, z.

EXERCICES.

I. Pour que les équations

$$ax + a' = bx + b' = cx + c'$$

soient compatibles, il faut que l'on ait entre les coefficients a, a', b, b', c, c' la relation

$$a'(b-c) + b'(c-a) + c'(a-b) = 0,$$

et la valeur de x peut se mettre sous la forme

$$x = \frac{aa'(b-c) + bb'(c-a) + cc'(a-b)}{(a-b)(b-c)(c-a)}.$$

II. Chercher la condition qui doit être remplie pour que les équations

$$y = ax + b,$$
$$y = a'x + b',$$
$$y = a''x + b''$$

aient une solution commune.

$$R. \quad ab' - ba' + ba'' - ab'' + a'b'' - b'a'' = 0.$$

III. Éliminer x, y, z entre les équations

$$\frac{x}{y} + \frac{y}{z} + \frac{z}{y} = a,$$

$$\frac{x}{z} + \frac{y}{x} + \frac{z}{y} = b,$$

$$\left(\frac{x}{y} + \frac{y}{z}\right)\left(\frac{y}{z} + \frac{z}{x}\right)\left(\frac{z}{x} + \frac{x}{y}\right) = c.$$

$$R.\ ab = 1 + c.$$

IV. Quelle relation doit-il exister entre les coefficients a, b, c, $a', b', c', a'', b'', c''$, pour que les équations

$$ax + by + c = 0,$$
$$a'x + b'y + c' = 0,$$
$$a''x + b''y + c'' = 0$$

soient compatibles ?

$$R.\ D = 0.$$

V. Étant données trois équations générales du premier degré à trois inconnues, montrer que, si l'on a

$$a'' = ma + m'a', \qquad b'' = mb + m'b',$$
$$c'' = mc + m'c', \qquad d'' = md + m'd',$$

les valeurs de x, y, z sont indéterminées.

VI. Montrer que l'on ne peut déterminer x, y, z à l'aide des trois équations

(1)
$$2x - y + 2z = 8,$$

(2)
$$6y + 14 = \frac{9}{2}x + 3z,$$

(3)
$$\frac{x}{4} + z - y = \frac{5}{6}z - \frac{2y}{3} - \frac{1}{2}.$$

VII. Étant données les formules qui fournissent les valeurs de x, y, z dans la résolution de trois équations littérales du premier degré à trois inconnues, faire voir que, si deux numérateurs sont nuls, le dénominateur commun et le troisième numérateur le sont aussi. On laissera de côté le cas où plusieurs coefficients seraient proportionnels.

VIII. Quelle relation doit-il exister entre A, B, A', B', pour que la fraction

$$\frac{Ax + B}{A'x + B'}$$

soit indépendante de x?

$$R. \quad \frac{A}{A'} = \frac{B}{B'}.$$

IX. Trouver de même la condition qui doit être remplie pour que la fraction

$$\frac{Ax + By + C}{A'x + B'y + C'}$$

soit indépendante de x et de y.

$$R. \quad \frac{A}{A'} = \frac{B}{B'} = \frac{C}{C'}.$$

X. Sachant que l'on a entre les variables x, y, z, u et t les relations

$$2t - tu = 2u - uz = 2z - zy = 2y - yx = 2,$$

trouver la valeur de t en fonction de x.

$$R. \quad t = x.$$

XI. Une quantité variable y est la somme de trois quantités : la première est constante, la seconde est proportionnelle à x et la troisième est proportionnelle à x^2; de plus, quand

$$x \text{ prend les valeurs } a, \quad 2a, \quad 3a,$$
$$y \dots \dots \dots 0, \quad a, \quad 4a,$$

faire voir que l'on a

$$y = \frac{(x - a)^2}{a}.$$

XII. Une quantité variable y est la somme de deux autres;

l'une est proportionnelle à x, tandis que la seconde varie en raison inverse de x. Trouver la relation qui lie x à y, sachant que, pour $x=1$, on a $y=4$ et que, pour $x=2$, on a $y=5$.

$$R. \quad y = 2x + \frac{2}{x}.$$

XIII. Éliminer x, y, z entre les équations

$$\frac{x}{y+z} = a, \qquad \frac{y}{x+z} = b, \qquad \frac{z}{x+y} = c.$$

$$R. \quad 2abc + ab + ac + bc = 1.$$

XIV. Éliminer x, y, z, u entre les équations

$$x = by + cz + du,$$
$$y = ax + cz + du,$$
$$z = ax + by + du,$$
$$u = ax + by + cz,$$

$$R. \quad 3abcd + 2(abc + abd + acd + bcd) + ab$$
$$+ ac + ad + bc + bd + cd = 1,$$

égalité qui peut s'écrire

$$\frac{a}{1+a} + \frac{b}{1+b} + \frac{c}{1+c} + \frac{d}{1+d} = 1.$$

XV. Si deux polynômes du second degré

$$ax^2 + bx + c, \qquad a'x^2 + b'x + c'$$

sont égaux pour trois valeurs x_0, x_1, x_2 attribuées à la variable x, ces polynômes sont identiques.

Cette proposition est générale : si deux polynômes de degré m, entiers par rapport à x, sont égaux pour plus de m valeurs de x, ces polynômes sont identiques, c'est-à-dire que les coefficients des mêmes puissances de x sont égaux.

CHAPITRE VII

Discussion des problèmes du premier degré.

225. Quand les données d'un problème sont des nombres, il n'y a pas autre chose à faire pour le résoudre qu'à trouver les valeurs numériques des inconnues; mais si les données sont représentées par des lettres, ou bien s'il s'agit d'une question de géométrie dans laquelle les données, points ou lignes, peuvent avoir des dispositions relatives très-variées, il y a lieu de faire une étude plus approfondie de la question.

Il faut chercher les conditions que doivent remplir ces données pour que le problème soit possible dans le sens précis de son énoncé; puis examiner ce que deviennent les inconnues quand les données, *variant d'une manière continue*, prennent toutes les grandeurs ou toutes les dispositions possibles.

Cette étude porte le nom de *Discussion;* nous en donnerons d'abord quelques exemples; ils feront bien comprendre ce que nous dirons plus tard de général sur la marche à suivre pour discuter les problèmes, et ces généralités seront mieux placées vers la fin de ce chapitre, à titre de résumé.

226. PROBLÈME I. — *Étant donnés quatre nombres a, b, c, d, quel nombre x faut-il ajouter à chacun d'eux pour obtenir une proportion?*

Solution. — Il est clair que l'équation du problème est

$$(1) \qquad \frac{a+x}{b+x} = \frac{c+x}{d+x};$$

chassant les dénominateurs, elle devient

$$(a+x)(d+x) = (b+x)(c+x),$$

et l'on en tire

$$(2) \qquad x = \frac{bc-ad}{a+d-b-c};$$

les quatre termes de la seconde proportion sont :

$$a + x = \frac{(a-b)(a-c)}{a-c-b+d},$$

$$b + x = \frac{(a-b)(b-d)}{a-c-b+d},$$

$$c + x = \frac{(a-c)(c-d)}{a-c-b+d},$$

$$d + x = \frac{(c-d)(b-d)}{a-c-b+d}.$$

Discussion. — 1° Si l'on a en même temps

$$bc > ad \quad \text{et} \quad b+c < a+d,$$

ou bien

$$bc < ad \quad \text{et} \quad b+c > a+d,$$

on trouve pour x une valeur positive, et la question est résolue dans le sens de l'énoncé.

2° Si l'on a en même temps

$$bc > ad \quad \text{et} \quad b+c > b+d,$$

ou bien

$$bc < ad \quad \text{et} \quad b+c < a+d,$$

x est négatif et sa valeur absolue satisfait au problème suivant :

Quel nombre faut-il retrancher aux quatre nombres a, b, c, d pour que les restes forment une proportion?

3° Si l'on a

$$ad = bc \quad \text{et} \quad a+d \gtrless b+c,$$

il vient

$$x = 0,$$

ce qui devait avoir lieu, puisque les quatre nombres forment déjà une proportion.

4° Si l'on a en même temps

$$ad = bc, \quad a + d = b + c,$$

la valeur de x se présente sous la forme indéterminée $\dfrac{0}{0}$; il est facile de s'en rendre compte : en effet, les deux équations précédentes entre les quatre nombres donnés déterminent deux d'entre eux en fonction des deux autres ; on a

$$(a + d)^2 = (b + c)^2,$$
$$4ad = 4bc,$$

et, en retranchant membre à membre,

$$(a - d)^2 = (b - c)^2, \quad \text{ou} \quad (c - b)^2.$$

On déduit de là

$$a - d = b - c,$$

ou

$$a - d = c - b.$$

La première de ces égalités, jointe à $a + d = b + c$, fournit

$$a = b, \quad d = c,$$

et la seconde

$$a = c, \quad d = b.$$

Dans le cas actuel, les quatre nombres donnés sont donc

$$a, \ a, \quad c, \ c,$$
$$a, \ b, \quad a, \ b;$$

ils forment donc l'une ou l'autre des proportions

$$\frac{a}{a} = \frac{c}{c}, \quad \frac{a}{b} = \frac{a}{b},$$

et, quel que soit le nombre (m) ajouté à chacun d'eux, on aura toujours une proportion

$$\frac{a + m}{a + m} = \frac{c + m}{c + m}, \quad \frac{a + m}{b + m} = \frac{a + m}{b + m}.$$

L'indétermination que donne la formule est donc véritable.

Application numérique. — 1° Soient donnés les nombres

$$a=13, \quad b=9, \quad c=5, \quad d=3;$$

on a

$$bc=45, \quad ad=39, \quad bc-ad=6,$$
$$a+d=16, \quad b+c=14, \quad a+d-b-c=2,$$

et, par conséquent,

$$x=\frac{6}{2}=3;$$

la proportion cherchée est donc

$$16:12=8:6.$$

2° Soient donnés maintenant les nombres

$$a=19, \quad b=15, \quad c=11, \quad d=9;$$

on trouvera

$$bc=165, \quad ad=171, \quad bc-ad=-6,$$
$$a+d=28, \quad b+c=26, \quad a+d-b-c=+2,$$

par suite

$$x=-3,$$

et les termes de la proportion cherchée seront 16, 12, 8, 6.

227. Problème II. — *Dans un triangle ABC dont la base est b et la hauteur h, inscrire un rectangle DEFG de périmètre donné 2p.*

Solution.—Deux des sommets du rectangle doivent se trouver sur la base BC du triangle et les deux autres sommets sur les côtés AB, AC ou bien sur leurs prolongements ; les figures 23, 24 et 25 montrent les trois dispositions qui peuvent se présenter et nous calculerons en fonc-

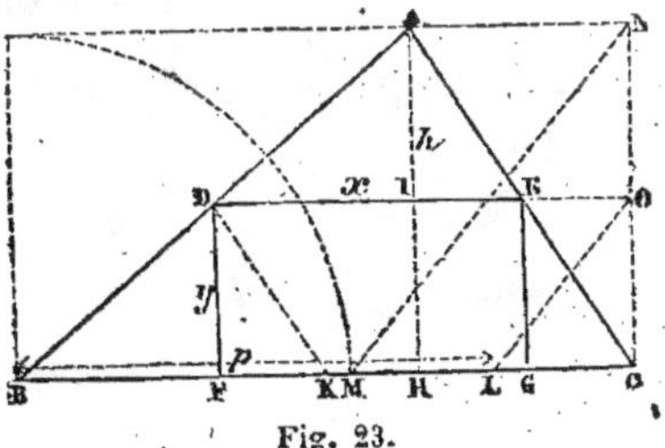

Fig. 23.

tion de b et de h les dimensions x et y que doit avoir le rectangle dans chacun de ces cas pour que son périmètre soit égal à $2p$.

$\mathrm{I^{er}}$ CAS. Lorsque les sommets D et E du rectangle sont sur les côtés AB, AC, les triangles semblables ABC, ADE donnent la proportion

$$\frac{\mathrm{BC}}{\mathrm{DE}} = \frac{\mathrm{AH}}{\mathrm{AI}} \quad \text{ou} \quad \frac{b}{x} = \frac{h}{h-y};$$

les deux équations du problème sont donc

$$(1) \qquad\qquad hx + by = bh,$$

$$(2) \qquad\qquad x + y = p;$$

on en tire

$$(3) \qquad\qquad x = b\,\frac{p-h}{b-h}, \qquad y = h\,\frac{b-p}{b-h}.$$

Conditions de possibilité. — Ces dimensions sont positives lorsque b étant $> h$, on a $p > h$ et $p < b$, ou bien lorsque b étant $< h$, on a $p < h$ et $p > b$; alors on peut construire avec les données une figure présentant la première disposition.

On retrouve d'ailleurs ces conditions par la géométrie : en effet, menons par le point D la parallèle DK au côté AC, nous aurons $\mathrm{KC} = \mathrm{DE}$, et par conséquent

$$p = \mathrm{DE} + \mathrm{DF} = \mathrm{CK} + \mathrm{DF}.$$

Comme les triangles ABC, DBK sont semblables, on a en même temps

$$b > h \quad \text{et} \quad \mathrm{BK} > \mathrm{DF},$$

par suite

$$p < \mathrm{CK} + \mathrm{BK} = b,$$

$$b < h \quad \text{et} \quad \mathrm{BK} < \mathrm{DF},$$

par suite

$$p > \mathrm{CK} + \mathrm{BK} = b.$$

On a, d'autre part,

$$p = DF + DE = HI + DE,$$

et les triangles semblables ADE, ABC montrent que l'on a en même temps

par suite
$$b > h \quad \text{et} \quad DE > AI,$$

$$p > HI + AI = h;$$

par suite
$$b < h \quad \text{et} \quad DE < AI,$$

$$p < HI + AI = h.$$

Ainsi, pour que cette première solution existe, il faut et il suffit que le demi-périmètre du rectangle soit compris entre la base et la hauteur du triangle donné.

Construction géométrique.—On peut construire les valeurs de x et de y trouvées plus haut : la valeur de y, par exemple, est une quatrième proportionnelle aux lignes $b - h$, $b - p$ et h; si l'on porte sur BC les longueurs $BM = h$, $BL = p$, on aura

$$b - h = CM, \quad b - p = CL;$$

il suffira donc de prendre sur la perpendiculaire à la base élevée au point C une distance CN égale à h, de joindre MN et de lui mener la parallèle LO; on aura $OC = y$ et, en menant par le point O la parallèle OD à BC, on obtiendra la base supérieure DE du rectangle.

Carré inscrit. — Si p diffère très-peu de h, on obtient un rectangle très-allongé dans le sens de la hauteur AH; si p est, au contraire, très-voisin de b, le rectangle est aplati et, en faisant varier p entre ces limites, on obtient toutes les formes intermédiaires : on pourra donc avoir un carré; il suffit pour cela que l'on ait

ALGÈBRE. $$x = y, \quad \text{ou} \quad b(p - h) = h(b - p),$$

c'est-à-dire

$$p = \frac{2\,bh}{b+h};$$

dans ce cas

$$x = y = \frac{2\,bh}{b+h}.$$

IIe CAS. Lorsque les sommets D et E du rectangle sont sur les directions BA, CA et au delà du point A, on a le rectangle D'E'F'G' (*fig.* 24) et les équations du problème sont

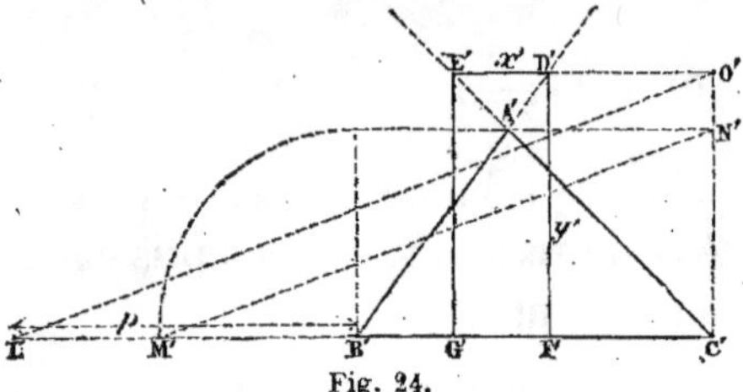

Fig. 24.

$$x' + y' = p,$$
$$\frac{b}{x'} = \frac{h}{y'-h},$$

x' et y' désignant les dimensions du nouveau rectangle, et l'on en tire

$$x' = b\,\frac{p-h}{b+h}, \quad y' = h\,\frac{b+p}{b+h}.$$

Conditions de possibilité. — Pour que cette seconde figure puisse être construite, il suffit que l'on ait

$$p > h,$$

quelle que soit la relation de grandeur entre b et h, ce que montre immédiatement la figure.

Construction géométrique. — Pour construire la valeur de y', on prendra sur la base B'C' prolongée

$$B'M' = h, \quad B'L' = p;$$

ce qui donnera

$$C'M' = b+h, \quad C'L' = b+p;$$

on mènera M'N', puis L'O' parallèle à cette droite; le point O'

obtenu appartiendra au prolongement de la base supérieure du rectangle cherché.

Carré inscrit. — Pour que le rectangle soit un carré, il faut
que l'on ait $x' = y'$, c'est-à-dire

$$b(p - h) = h(b + p),$$

$$p = \frac{2bh}{b - h};$$

$$x' = y' = \frac{bh}{b - h};$$

on ne pourra donc pas obtenir de carré *exinscrit* si $b < h$.

IIIe CAS. Quand les sommets D et E du rectangle sont sur les

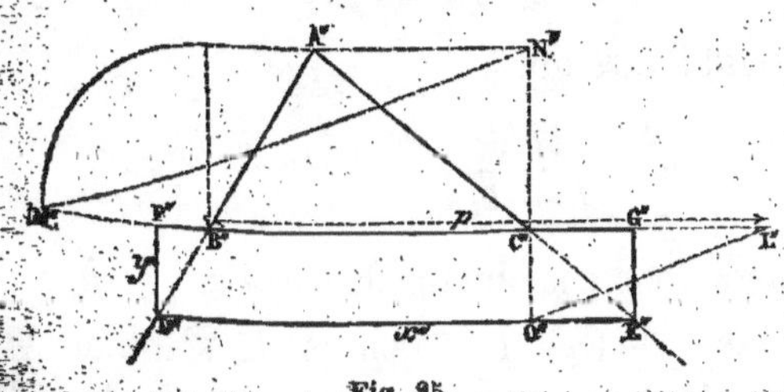

Fig. 25.

côtés AB, AC prolongées au-dessous de la base BC, on a
le rectangle D'E''F''G'' (*fig.* 25); si l'on désigne par x'' et y'' les
dimensions de cette nouvelle figure, les équations du problème
sont alors

$$x'' + y'' = p, \qquad \frac{b}{x''} = \frac{h}{h + y''};$$

on en tire

$$x'' = b\frac{p + h}{b + h}, \qquad y'' = h\frac{p - b}{b + h}.$$

Condition de possibilité. — Pour que cette troisième figure puisse être construite, il suffit que l'on ait

$$p > b,$$

comme le montre d'ailleurs la figure.

Construction géométrique. — Pour construire y'', on prend

$$B''M'' = h, \quad B''L'' = p,$$

ce qui donne

$$C''M'' = b + h, \quad C''L'' = p - b;$$

on joint $M''N''$, et par le point L'' on mène $L''O''$ parallèle à cette droite. Le point O'' ainsi déterminé fait partie du côté $E''D''$ du rectangle cherché.

Carré inscrit. — Pour que le rectangle puisse être un carré, il faut que

$$x'' = y'';$$

ce qui revient à dire que

$$p = \frac{2bh}{h - b}, \quad x'' = y'' \frac{bh}{h - b}.$$

On ne pourra donc pas obtenir de carré si $b > h$.

Remarque 1. — Les trois genres de solutions ne peuvent avoir lieu en même temps et, dans un triangle donné, on ne peut inscrire ou exinscrire que deux rectangles dont le demi-périmètre soit égal à une ligne donnée p.

En effet, faisons croître p d'une manière continue et mettons en regard les unes des autres les conditions de possibilité obtenues plus haut, nous verrons :

1° Que le problème n'admet aucune solution si p est inférieur à la plus petite des quantités h et b ;

2° Qu'il en admet deux lorsque p est compris entre b et h, savoir :

les solutions I et III quand $b < h$,

les solutions I et II quand $b > h$;

3° Que les solutions II et III conviennent à la fois quand p surpasse la plus grande des dimensions b et h.

Remarque II. — Les valeurs de p pour lesquelles le rectangle inscrit devient un carré sont différentes d'un groupe de solutions à l'autre; on trouvera donc pour chacune de ces valeurs particulières de p un rectangle et un carré, mais jamais deux carrés.

Remarque III. — Lorsque $b = h$ et $p \gtrless b$, on trouve pour les dimensions du rectangle présentant la première disposition

$$x = \frac{b(p-h)}{0}, \qquad y = \frac{h(b-p)}{0},$$

c'est-à-dire des valeurs infinies qui indiquent l'impossibilité; et si l'on a $b = h = p$, on trouve

$$x = \frac{0}{0}, \qquad y = \frac{0}{0},$$

c'est-à-dire des valeurs indéterminées.

Ces résultats étaient faciles à prévoir : en effet, la figure no peut être construite que si p est compris entre b et h; si donc $b = h$, il faut que l'on ait $p = b = h$. Mais alors tous les rectangles inscrits dans le triangle ont même périmètre et le problème admet une infinité de solutions de ce genre.

Quant aux deux autres dispositions que peut avoir la figure, elles se réduisent chacune à une ligne droite, savoir :

(II)
$$x = \frac{p-b}{2} = 0, \qquad y = \frac{b+p}{2} = h,$$

(III)
$$x = \frac{p+b}{2} = b, \qquad y = \frac{p-b}{2} = 0;$$

on retrouve ainsi la hauteur et la base du triangle proposé que l'on peut considérer comme des rectangles dont une dimension est devenue très-petite : ce sont les figures limites des dispositions (II) et (III).

INTERPRÉTATION DES SOLUTIONS NÉGATIVES. — Supposons $b > h$ et $p < h$; les formules (3) établies dans le cas de la figure 23 donnent pour x une valeur négative, et pour y une valeur positive; il n'est donc pas possible de tracer la première figure. Pour interpréter la solution négative, changeons x en $-x$ dans les équations (1) et (2); elles deviennent

$$-x + y = p, \qquad \frac{b}{x} = \frac{h}{y - h},$$

et conviennent à l'énoncé suivant, dans lequel on traduit le changement de signe de x par une opposition de sens.

Tracer dans le plan d'un triangle un rectangle dont la hauteur surpasse la base de p; deux sommets du rectangle doivent être sur la base BC du triangle et les autres sur les prolongements des côtés AB, AC situés au delà du sommet A.

Si l'on avait $b > h$ et $p > b$, les mêmes formules (3) fourniraient pour x une valeur positive et pour y une valeur négative; on interprète cette solution négative en changeant y en $-y$ dans les équations (1) et (2); elles deviennent

$$x - y = p, \qquad \frac{b}{x} = \frac{h}{h + y},$$

et sont la traduction de l'énoncé suivant :

Tracer dans le plan d'un triangle un rectangle dont la base surpasse la hauteur de p, deux des sommets du rectangle devant se trouver sur les prolongements des côtés AB, AC situés au-dessous de la base.

Dans la figure correspondante à ce nouvel énoncé, la dimension y est comptée dans un sens contraire, c'est-à-dire au-dessous de la base BC, et l'opposition de signes se traduit encore par une opposition de sens.

On ferait des remarques analogues dans le cas où $b < h$.

228. PROBLÈME III. — *Dans un triangle ABC de base b et de hauteur h, inscrire un rectangle DEFG semblable à un rectangle donné dont les dimensions sont m et n.*

Solution. — Ici encore la figure peut être construite de trois manières différentes :

1ᵉʳ CAS. Si le rectangle est placé dans l'intérieur du triangle (*fig. 26*), on a d'abord

$$\frac{DE}{DF} = \frac{m}{n}, \quad \text{ou} \quad \frac{x}{y} = \frac{m}{n};$$

puis, à cause des triangles semblables ABC, ADE,

$$\frac{BC}{DE} = \frac{AH}{AI}, \quad \text{ou} \quad \frac{b}{x} = \frac{h}{h-y}.$$

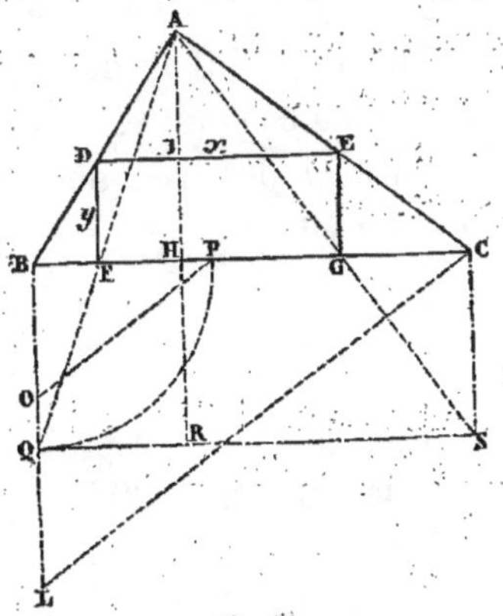

De ces équations on tire

Fig. 26.

$$x = b\,\frac{mh}{mh+nb}, \quad y = h\,\frac{nb}{mh+nb},$$

et l'on voit que le problème sera toujours possible quelles que soient les valeurs des données.

Construction. — La valeur de y peut s'écrire

$$y = h\,\frac{\dfrac{bn}{m}}{\dfrac{bn}{m}+h}.$$

Comme $\dfrac{bn}{m}$ représente une quatrième proportionnelle aux lignes m, n, b, on la construira en prenant sur la perpendiculaire à BC les distances $BL = m$, $BO = n$; joignant ensuite CL, on tracera, par le point O, OP parallèle à CL, et l'on aura

$$\frac{BL}{BC} = \frac{BO}{BP}, \quad \text{d'où} \quad BP = \frac{bn}{m}.$$

On construira ensuite très-simplement l'expression

$$y = h\,\frac{BP}{BP+h},$$

en rabattant par un arc de cercle BP en BQ sur la perpendiculaire à BC, et en joignant le point A au point Q; cette droite coupe BC au point F; la perpendiculaire DF à la base menée en ce point sera la hauteur du rectangle cherché.

En effet, les triangles semblables ADF, ABQ fournissent la proportion

$$\frac{DF}{BQ} = \frac{AF}{AQ};$$

d'autre part, si l'on prolonge AH jusqu'à sa rencontre en R avec la parallèle à BC menée par le point Q, on a

$$\frac{AF}{AQ} = \frac{AH}{AR} = \frac{h}{h + BQ},$$

par conséquent

$$\frac{DF}{BQ} = \frac{h}{h + BQ}, \quad \text{ou} \quad DF = h\frac{BQ}{BQ + h};$$

donc $DF = y$.

La théorie de la similitude fournit d'ailleurs la même construction : en effet, sur BC pris pour la base et au-dessous du triangle ABC, traçons un rectangle BCQS semblable au rectangle donné (m, n); les figures BCQS et DEFG seront semblables et semblablement placées; donc les droites joignant les sommets homologues concourront au même point (le centre de similitude externe). Mais déjà les droites BD, CE se coupent en A : donc A est le centre de similitude et le sommet F doit se trouver sur la direction AQ. — Comme la hauteur BQ du rectangle auxiliaire BCQS est précisément égale à $\frac{bn}{m}$, on voit que la géométrie et l'algèbre conduisent à la même série d'opérations graphiques.

IIe cas. Si le rectangle est disposé comme dans la figure 27, les équations du problème sont

$$\frac{x'}{y'} = \frac{m}{n}, \quad \frac{x'}{b} = \frac{y' - h}{h},$$

et l'on en tire

$$x' = b\,\frac{mh}{nb - mh}, \quad y' = h\,\frac{nb}{nb - mh}.$$

Condition de possibilité. — Il faut que l'on ait

$$nb - mh > 0, \quad \text{ou} \quad \frac{m}{n} < \frac{b}{h}.$$

Il résulte de là que, si l'on construisait sur la base b du triangle un rectangle B'C'Q'S' semblable au rectangle (m, n), sa hauteur $B'Q' = \dfrac{nb}{m}$ serait plus grande que la hauteur h du triangle : en effet, de la condition précédente on déduit

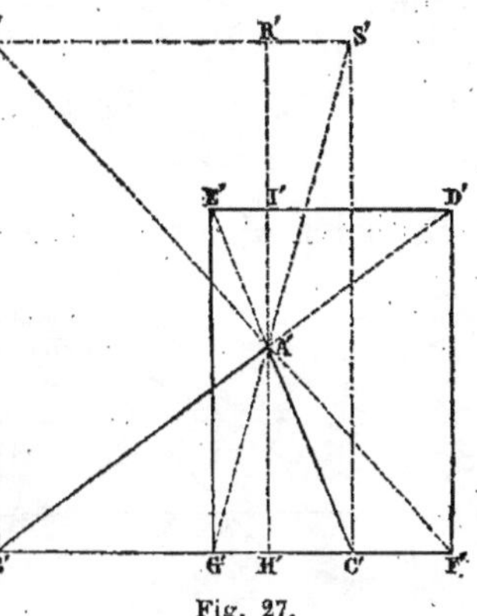

Fig. 27.

$$\frac{n}{m} > \frac{h}{b} \quad \text{et} \quad \frac{nb}{m} > h.$$

Construction. — Écrivons la valeur de y sous la forme

$$y' = h\,\frac{\dfrac{nb}{m}}{\dfrac{nb}{m} - h},$$

et élevons sur B'C' pris pour base un rectangle B'C'Q'S' semblable au rectangle donné (m, n); sa hauteur B'Q' sera égale à $\dfrac{nb}{m}$ et il est facile de voir qu'en prolongeant A'Q' jusqu'à sa rencontre avec B'C', on aura le sommet F' du rectangle cherché. En effet, les triangles semblables A'D'F', A'B'Q' fournissent la proportion

$$\frac{D'F'}{B'Q'} = \frac{A'F'}{A'Q'}.$$

D'ailleurs, on a

$$\frac{A'F'}{A'Q'} = \frac{A'H'}{A'R'} = \frac{h}{B'Q' - h};$$

donc

$$D'F' = B'Q' \frac{h}{B'Q' - h} = y'.$$

Le point A' est alors le centre de similitude interne des figures $B'C'Q'S'$ et $D'EF'G'$, puisque $\dfrac{nb}{m}$ est, dans ce cas, plus grand que h.

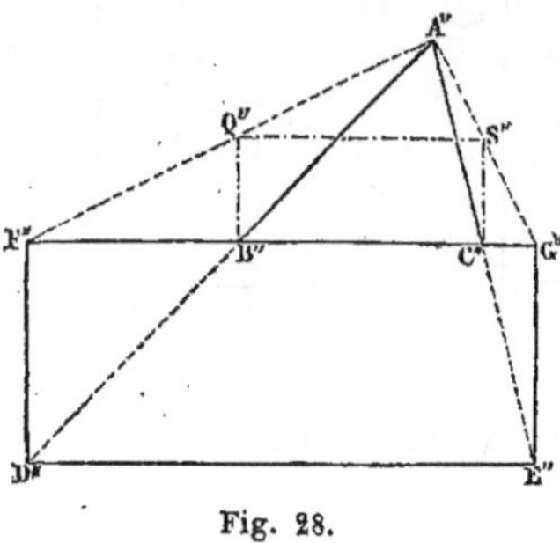

Fig. 28.

IIIe CAS. On peut avoir aussi disposé le rectangle comme l'indique la figure 28. Les équations du problème sont alors

$$\frac{x''}{y''} = \frac{m}{n}, \qquad \frac{x''}{b} = \frac{y'' + h}{h},$$

et l'on en tire

$$x'' = b \frac{mh}{mh - nh}, \qquad y'' = h \frac{nb}{mh - nb}.$$

On voit que ces dernières équations ne diffèrent des équations obtenues dans le second cas que par le changement de x' en $-x''$, et de y' en $-y''$. L'opposition de sens dans la figure se traduit ici encore par une opposition de signes.

Condition de possibilité. — Il faut que l'on ait

$$mh - nb > 0, \quad \text{ou} \quad \frac{m}{n} > \frac{b}{h}.$$

Si l'on construisait sur b un rectangle semblable au rectangle (m, n), sa hauteur $B''Q'' = \dfrac{nb}{m}$ serait plus petite que la hauteur

h du triangle ; en effet, de la condition précédente on déduit

$$\frac{n}{m} < \frac{h}{b} \quad \text{et} \quad \frac{nb}{m} < h.$$

Construction. — On élève en B″ et au-dessus de B″C″ la perpendiculaire B″Q″ égale à $\frac{nb}{m}$, on joint A″Q″ et, en prolongeant cette droite, on obtient sur B″C″ le sommet F″ du rectangle cherché. Le point A″ est ici le centre de similitude externe des figures B″C″Q″S″ et D″E″F″G″, puisque nous venons de voir que B″Q″ est, dans le cas actuel, moindre que h.

Remarque. — On ne peut avoir en même temps les trois genres de solutions et, dans un triangle donné, on ne peut construire que deux rectangles semblables à un rectangle donné.

En effet, la première solution est toujours possible quel que soit le rapport $\frac{m}{n}$, la seconde suppose $\frac{m}{n} < \frac{b}{h}$ et la troisième figure exige que l'on ait $\frac{m}{n} > \frac{b}{h}$. Comme ces deux conditions sont contradictoires, on ne peut jamais avoir avec le rectangle intérieur que l'un des deux autres rectangles exinscrits.

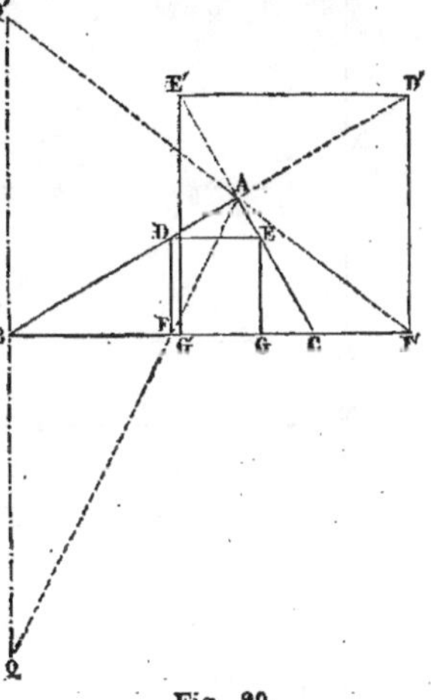

Fig. 29.

Pour obtenir les deux figures demandées, il suffit, après avoir construit $BQ = \frac{nb}{m}$, de prolonger cette ligne au-dessus de BC en BQ′, et de joindre A aux points Q et Q′. La figure 29 représente les deux carrés que l'on peut inscrire dans un triangle.

229. Problème IV. — *On donne deux rectangles* ABCD, EFGH *ayant respectivement pour dimensions*

$$b \text{ et } h \; (b > h), \quad m \text{ et } n \, (m > n);$$

trouver sur les côtés AB, BC, CD, DA *du premier quatre points* P, Q, R, S *tels que la figure* PQRS *soit un rectangle semblable à* EFGH.

Solution. I. — Pour construire le rectangle PQRS (*fig.* 30), il suffit de connaître les distances

$$AP = x, \quad AS = y$$

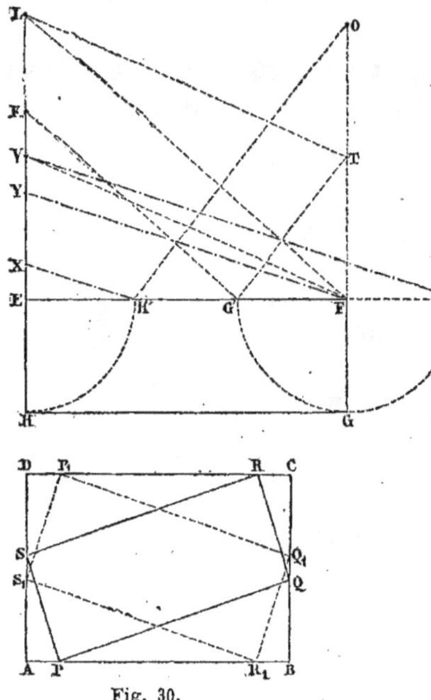

des points P et S au sommet A; en effet, la figure étant symétrique par rapport au point O, on a

$$CQ = AS, \quad CR = AP,$$

égalités qui déterminent les points Q et R.

Puisque l'angle SPQ est droit, les angles APS, BPQ sont complémentaires et les triangles ASP, BPQ sont semblables; ils fournissent la suite des rapports égaux

Fig. 30.

$$\frac{AP}{BQ} = \frac{AS}{BP} = \frac{PS}{PQ},$$

c'est-à-dire

$$\frac{x}{h-y} = \frac{y}{b-x} = \frac{n}{m}.$$

En écrivant que chacun des deux premiers rapports est égal au troisième, on obtient les deux équations à deux inconnues :

(1)
$$mx + ny = nh,$$

(2)
$$nx + my = nb,$$

desquelles on tire

$$x = \frac{n(mh - nb)}{m^2 - n^2},$$

$$y = \frac{n(mb - nh)}{m^2 - n^2};$$

par suite

$$BP = b - x = \frac{m(mb - nh)}{m^2 - n^2},$$

$$BQ = h - y = \frac{m(mh - nb)}{m^2 - n^2}.$$

Si l'on pose $\frac{m}{n} = k$, les valeurs précédentes peuvent s'écrire

$$x = \frac{kh - b}{k^2 - 1}, \qquad b - x = \frac{k(kb - h)}{k^2 - 1},$$

$$y = \frac{kb - h}{k^2 - 1}, \qquad h - y = \frac{k(kh - b)}{k^2 - 1}.$$

Condition de possibilité. — Ces valeurs sont toutes positives si l'on a

$$k = \frac{m}{n} > \frac{b}{h}.$$

Ainsi tous les rectangles que l'on peut inscrire dans un rectangle donné sont plus allongés que le premier (1).

---

(1) Pour abréger, nous appellerons *allongement d'un rectangle* le rapport de sa base à sa hauteur, ou bien la base d'un rectangle semblable ayant pour hauteur l'unité.

Si $k = \dfrac{m}{n} = \dfrac{b}{h}$, les formules précédentes donnent

$$x = 0, \quad h - y = 0, \quad \text{c'est-à-dire} \quad y = h;$$

le rectangle PQRS se confond avec ABCD.

Interprétation de la solution négative. — Lorsque $k = \dfrac{m}{n} < \dfrac{b}{h}$, x et $h - y$ sont négatifs; on en conclut que le point P est à gauche du point A et le point S au-dessus de C;

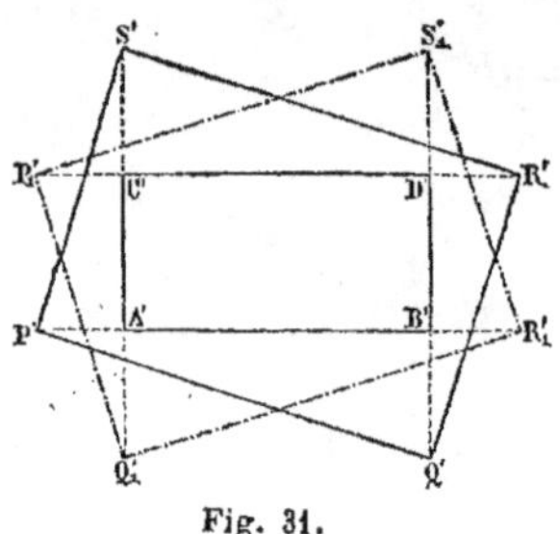

le rectangle demandé a donc la position P′ Q′ R′ S′ (*fig.* 31).

D'ailleurs, si l'on met directement en équation ce nouveau problème de géométrie, on trouve, en posant A′P′ $= x'$, A′S′ $= y'$,

$$\frac{x'}{y' - h} = \frac{y'}{x' + b} = \frac{n}{m},$$

Fig. 31.

équations qui ne diffèrent des premières que par le changement de x' en $-x$. On voit donc que les équations (1) et (2) fourniront toujours une réponse au problème proposé : le rectangle inscrit PQRS si EFGH est plus allongé que ABCD, et le rectangle *exinscrit* P′Q′R′S′ si EFGH est moins allongé que ABCD.

Il est bon de remarquer qu'en prenant

$$DP_1 = AP, \quad DS_1 = AS,$$

on obtient (*fig.* 30) un second rectangle $P_1Q_1R_1S_1$, satisfaisant aux conditions de l'énoncé; mais, comme il est égal à PQRS, nous ne le considérerons pas comme une solution nouvelle. — Il en sera de même du rectangle exinscrit $P'_1Q'_1R'_1S'_1$ symétrique de P′Q′R′S′ (*fig.* 31).

Cas particuliers remarquables. — 1° Si l'on a

$$k = \frac{b}{h},$$

on trouve

$$x=0, \quad h-y=0, \quad \text{d'où} \quad y=h,$$

et le rectangle PQRS se confond avec le rectangle ABCD.

2° Si $b=h$ et $k=1$, les formules donnent

$$x=\frac{0}{0}, \quad y=\frac{0}{0},$$

et ces valeurs indiquent une véritable indétermination, puisque dans un carré on peut inscrire une infinité de carrés : on démontre facilement, en effet, que si l'on porte à partir de chaque sommet d'un carré sur chacun des côtés une même longueur arbitraire, on obtient les sommets d'un nouveau carré.

3° Si $b>h$ et $k=1$, on trouve

$$x=-\infty, \quad y=\infty,$$

ce qui indique que les rectangles exinscrits, tels que P'Q'R'S', ne pourront jamais être des carrés, mais s'approcheront d'autant plus de cette forme que leurs dimensions seront plus grandes.

4° Si k augmente indéfiniment, x et y tendent vers zéro : en effet, on peut diviser par k^2 les deux termes des valeurs de x et de y, ce qui donne

$$x=\frac{\dfrac{h}{k}-\dfrac{b}{k^2}}{1-\dfrac{1}{k^2}}, \quad y=\frac{\dfrac{b}{k}-\dfrac{h}{k^2}}{1-\dfrac{1}{k^2}},$$

et ces valeurs se réduisent à zéro pour $k=\infty$. Alors le rectangle PQRS se réduit à la diagonale AD.

Construction géométrique. — Les valeurs de x et de $h-y$ peuvent s'écrire

$$x = \frac{n}{m+n}\left(\frac{m}{m-n}h - \frac{n}{m-n}b\right),$$

$$h-y = \frac{m}{m+n}\left(\frac{m}{m-n}h - \frac{n}{m-n}b\right),$$

et se construisent à l'aide de quatrièmes proportionnelles. Pour obtenir d'abord la ligne

$$\frac{mh}{m-n} = z,$$

il suffit de prendre (*fig.* 30), sur le prolongement de HE, EK $= h$, puis, sur EF, de porter FG$'$ = FG $= n$; joignant G$'$K et menant par le point F la parallèle FL à G$'$K, on aura

$$\frac{\text{EG}'}{\text{EF}} = \frac{\text{EK}}{\text{EL}},\ \text{c.-à-d.}\ \frac{m-n}{m} = \frac{h}{\text{EL}};\ \text{d'où EL} = \frac{mh}{m-n} = z.$$

De même, pour construire la portion de droite

$$\frac{nb}{m-n} = u,$$

on prendra FO $= b$, EH$'$ = EH $= n$; joignant alors H$'$O on lui mènera par le point G$'$ la parallèle G$'$T, et l'on aura

$$\frac{\text{H}'\text{F}}{\text{G}'\text{F}} = \frac{\text{FO}}{\text{FT}},\ \text{c.-à-d.}\ \frac{m-n}{n} = \frac{b}{\text{FT}},\ \text{d'où FT} = \frac{nb}{m-n} = u.$$

Si l'on porte FT de L en V, on aura

$$\text{EV} = \text{EL} - \text{LV} = z - u,$$

et les valeurs de x et de $h-y$ se réduiront à

$$x = \frac{n}{m+n} \times \text{EV}, \quad h-y = \frac{m}{m+n} \times \text{EV}.$$

Il suffira donc, pour obtenir x, de prendre FG$''$ = FG $= n$, de joindre G$''$V et de lui mener par le point H$'$ la parallèle H$'$X;

Pour obtenir $h - y$ on mènera par le point F la ligne FY parallèle à YG''; on aura $EX = x$, $EY = h - y$.

Si l'on reporte maintenant sur les côtés du rectangle ABCD

$$AP = EX, \quad DS = YE,$$

on achèvera facilement le rectangle EFGH.

La figure P'Q'R'S' se construirait de la même manière, puisque l'on a

$$x' = \frac{n}{m+n}(u-z), \quad y' - h = \frac{m}{m+n}(u-z).$$

II. Les sommets P et S peuvent se trouver en P'' et S'' sur les prolongements des directions BA, CA; le rectangle ex-inscrit prend alors la position P''Q''R''S'' (fig. 32). Si l'on pose

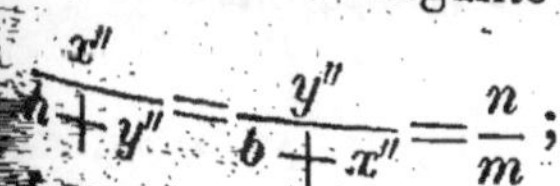

$$A''P'' = x'', \quad A''S'' = y'',$$

les triangles semblables P''A''S'', B''Q'' fournissent l'égalité

$$\frac{x''}{h+y''} = \frac{y''}{b+x''} = \frac{n}{m};$$

les équations du nouveau problème sont donc

$$mx'' - ny'' = bn,$$
$$my'' - nx'' = bn;$$

d'où

$$x'' = \frac{n(mh+nb)}{m^2-n^2}, \quad y'' = \frac{n(mb+nh)}{m^2-n^2},$$

ou

$$x'' = \frac{kh+b}{k^2-1}, \quad y'' = \frac{kb+h}{k^2-1}.$$

Le problème est toujours possible, quelle que soit la valeur de k comprise entre ∞ et 1, et la même remarque que précédemment s'applique au cas particulier où $k = 1$.

Quant aux valeurs de x'' et de $h + y''$, on les construira d'une manière analogue en les mettant sous la forme

$$x'' = \frac{n}{m+n}(z+u), \quad h+y'' = \frac{m}{m+n}(z+u),$$

z et u ayant les valeurs indiquées plus haut; de plus, les constructions déjà effectuées pour trouver x et $h-y$ ou x' et $y'-h$ permettront de construire rapidement x'' et $h+y''$ qui déterminent la nouvelle solution P''Q''R''S''.

En *résumé*, le problème proposé pris dans le sens le plus général admet donc toujours deux solutions : 1° un rectangle *exinscrit*, tel que P''Q''R''S''; 2° un rectangle tel que PQRS, ou bien tel que P'Q'R'S', suivant que le rapport $\frac{m}{n}$ est plus grand ou plus petit que $\frac{b}{h}$.

230. PROBLÈME V. — *On donne une circonférence O et un point intérieur A, considéré comme une bille élastique. Dans quelle direction faut-il lancer cette bille pour que, après une réflexion sur la circonférence, elle vienne passer par l'extrémité C du diamètre AO?*

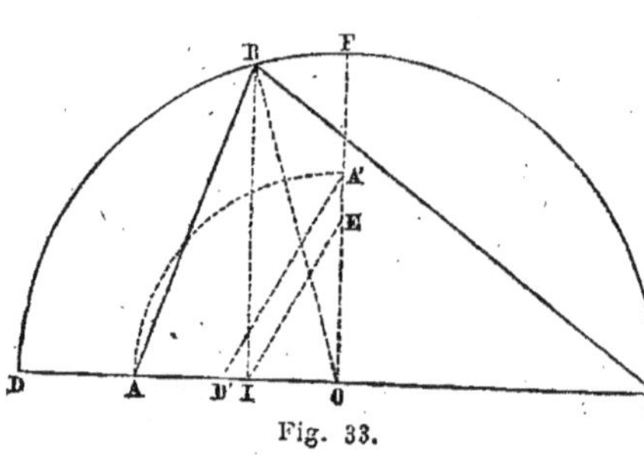

Fig. 33.

Solution. — Soit OC $=$ R, OA $=a$, B le point cherché et OI la projection du rayon OB; le chemin parcouru par la bille est AB $+$ BC et le rayon OB est, d'après la loi de réflexion, la bissectrice de l'angle ABC.

Posons OI $=x$. La propriété de la bissectrice donne la proportion

$$(1) \qquad\qquad \frac{AB}{BC} = \frac{AO}{OC};$$

on aura donc, en élevant ses deux membres au carré,

$$(2) \qquad \frac{AB^2}{BC^2} = \frac{a^2}{R^2};$$

d'ailleurs les théorèmes sur le carré d'un côté dans un triangle donnent

$$AB^2 = AO^2 + BO^2 - 2.AO.OI, \text{ ou } AB^2 = a^2 + R^2 - 2ax,$$
$$BC^2 = OC^2 + OB^2 + 2.OC.OI, \text{ ou } BC^2 = 2R^2 + 2Rx;$$

nous aurons donc, en substituant ces valeurs dans la proportion (2),

$$\frac{a^2 + R^2 - 2ax}{2R^2 + 2Rx} = \frac{a^2}{R^2};$$

on tire de cette équation, en supprimant d'abord le facteur R, puis le facteur R — a,

$$x = \frac{R(R - a)}{2a},$$

cette valeur est facile à construire.

Construction géométrique. — On prend sur le diamètre perpendiculaire à OA

$$OA' = OA = a, \quad \text{et} \quad OE = \frac{R}{2},$$

puis sur le diamètre OD qui passe par le point A

$$OD' = AD = R - a;$$

on joint D'A' et par le point E on mène EI parallèle à A'D'; cette parallèle détermine le pied I de l'ordonnée du point B.

En effet, l'on a

$$\frac{OA'}{OE} = \frac{OD'}{OI}, \quad \text{c'est-à-dire} \quad a : \frac{R}{2} = R - a : OI;$$

on tire de cette proportion

$$OI = \frac{R(R-a)}{2a} = x.$$

Condition de possibilité. — La valeur précédente de x sera toujours positive si l'on suppose le point A à l'intérieur du cercle, puisque a est alors moindre que R; mais cela ne suffit pas : il faut, pour que le problème soit possible, que l'on ait aussi $x < R$, ou bien

$$\frac{R(R-a)}{2a} < R, \quad \text{c'est-à-dire} \quad a > \frac{R}{3}.$$

Lorsque a varie d'une manière continue depuis R jusqu'à $\frac{R}{3}$, on voit que x varie d'une manière continue depuis 0 jusqu'à R et que l'on a :

Pour $\quad a = R, \quad x = 0$, la bille décrit la moitié du contour d'un carré;

Pour $\quad a = \frac{R}{2}, \quad x = \frac{R}{2}$, la figure est un demi-triangle équilatéral;

Pour $\quad a = \frac{R}{3}, \quad x = R$, la bille décrit le diamètre DC.

Il est clair que le problème proposé revient à celui-ci : *Dans quelle direction faut-il lancer une bille sur un billard circulaire pour que après trois réflexions, elle revienne au point de départ?* Cette question est donc impossible quand la bille est à l'intérieur d'un cercle concentrique à la bande et dont le rayon est le tiers de celui du billard.

Généralisation de l'énoncé. — Quand la bille A est en dehors du cercle, en A' par exemple (*fig.* 34), le problème est encore possible, pourvu que l'on supprime le demi-cercle matériel D'F'G' qui tourne sa convexité vers la bille. En effet, la bille A' peut alors frapper la seconde moitié du cercle en un point B' tellement choisi que la bille passe au point C' après la réflexion.

Pour obtenir ce point, on posera $O'I' = x'$ et l'on trouvera, en suivant la même marche que précédemment,

$$\frac{a^2 + R^2 + 2ax'}{2R^2 - 2Rx'} = \frac{a^2}{R^2}$$

pour l'équation de ce nouveau problème.

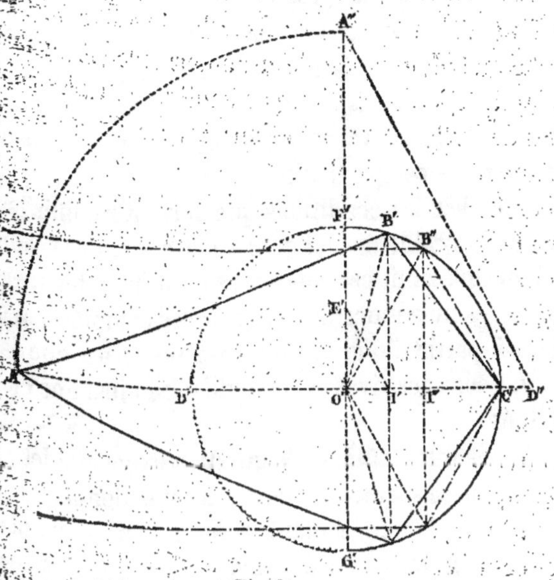

Fig. 34.

Or, (2) ne diffère de (1) que par le changement de x en $-x'$; nous pourrons donc écrire de suite

$$x' = \frac{R}{2} \times \frac{a - R}{a} = \frac{R}{2}\left(1 - \frac{R}{a}\right).$$

Cette expression conduit à une construction semblable à la précédente ; elle montre de plus que, si a varie d'une manière continue depuis R jusqu'à ∞, x' variera depuis 0 jusqu'à $\frac{R}{2}$; ainsi, à mesure que le point A s'éloigne du point D, le point d'incidence B' se rapproche du point B″ situé à 60° du point C'.

On voit que l'équation (1) fournit toujours une solution du

problème quand la bille est extérieure au cercle et que le signe — qui accompagne le résultat indique la région qui renferme le point d'incidence.

231. Marche a suivre pour discuter un problème. — Des exemples qui précèdent on peut déduire la règle générale suivante pour discuter un problème.

1° Il faut d'abord, et pour fixer les idées, admettre qu'il existe telle ou telle relation de grandeur entre les données ou bien telle ou telle disposition particulière entre les points ou les lignes de la figure en question; on résout ensuite le problème dans ce cas particulier.

2° Chercher les conditions que doivent remplir les données pour que le problème, tel qu'il vient d'être posé, admette une solution. On établit ces conditions de différentes manières:

(*a*) Si les inconnues ne peuvent être comptées en deux sens opposés à partir d'une origine fixe, on écrira que les valeurs de x, y, z sont positives et l'on obtiendra ainsi une ou plusieurs inégalités.

(*b*) Souvent la nature de la question exige que les inconnues soient comprises entre certaines limites données à l'avance; par exemple x représentant l'abscisse d'un point inconnu d'une circonférence, on doit avoir $x < R$ (problème VI); on obtiendra ainsi de nouvelles inégalités qu'il y aura lieu quelquefois de joindre aux précédentes.

(*c*) On étudiera les circonstances dans lesquelles les valeurs des inconnues deviennent infinies ou bien indéterminées.

Ayant ainsi trouvé les inégalités qui expriment les conditions de possibilité du problème, il faut les comparer entre elles, s'assurer si elles sont bien distinctes, si elles ne sont pas contradictoires, et cette comparaison constitue assurément la partie la plus délicate de la discussion.

3° Quand on traitera une question de géométrie, les valeurs de $x, y, z,\ldots$ seront toujours homogènes; on les construira presque toujours facilement à l'aide des théorèmes sur les lignes proportionnelles, et si l'on arrive ainsi à une construction que fournissent, d'ailleurs, de simples considérations géométriques, il sera bon de faire ressortir cet accord de la géométrie et de l'algèbre.

4° Ayant ainsi résolu et étudié avec soin la question choisie pour type, on changera de toutes les manières possibles les relations de grandeur ou les dispositions relatives des données et des inconnues; on dressera ainsi le tableau de tous les problèmes analogues, mais distincts, qui peuvent se présenter. Les équations qui seront la traduction algébrique de ces nouveaux énoncés pourront être quelquefois tout à fait différentes des premières (Problème II, *fig.* 23, 24 et 25); mais le plus souvent elles s'en déduiront par le simple changement de signes des quantités qui auront changé de sens (Problème III, *fig.* 27 et 28), ou bien en supposant nulle ou infinie telle ou telle des données (n° 209, pages 253, 254). On parviendra ainsi à grouper autour de l'énoncé pris pour type de comparaison le plus grand nombre de cas particuliers; leurs solutions se déduiront des formules trouvées dans le premier cas pour les inconnues et les constructions géométriques se déduiront de la première en ne lui faisant subir que de légers changements.

EXERCICES.

I. Trouver les côtés x et y d'un rectangle sachant qu'ils sont entre eux comme les nombres m et n et que, en altérant ces côtés des quantités a et b, la surface est altérée de la quantité p^2.—Discussion.

$$R. \quad x = \frac{p^2 - ab}{na + mb}.$$

II. Trois mobiles M, M', M'' partent au même instant de trois points A, B, C situés sur une même droite; ils se meuvent tous de droite à gauche avec des vitesses respectivement égales à $V, V', V + V'$. Sachant que V est plus grand que V' et posant

$$CA = a, \quad CB = b \ (a > b),$$

trouver la relation qui doit lier a, b, V et V' pour que les trois mobiles se rencontrent au même point.

$$R. \quad \frac{V}{V'} = \frac{b}{a}.$$

III. On donne un trapèze ABCD dans lequel $AB = a$, $CD = b$ sont les deux bases et dont la hauteur est h. Trouver sur la grande base AB un point M tel, que la droite CM divise le trapèze en deux parties CAM, BDCM, qui soient entre elles dans le rapport $m : n$. — Examiner le cas où $a = b$.

$$R. \quad AM = x = \frac{m(a+b)}{m+n}, \quad \text{si M est entre A et B,}$$

$$AM' = x' = \frac{a^2 n + b^2 m}{m+n}, \quad \text{si M' est au delà de B.}$$

IV. On donne deux triangles ABC, A'B'C' dont les bases $AC = b$, $A'C' = b'$ sont sur une même droite XY et dont les hauteurs sont h et h'. A quelle hauteur y faut-il mener une parallèle MN M'N' à XY pour que les deux segments MN et M'N', interceptés à l'intérieur des deux triangles, soient égaux? Calculer aussi la longueur x de ces segments égaux. — Discussion.

$$R. \quad x = \frac{bb'(h-h')}{b'h - bh'}, \quad y = \frac{hh'(b'-b)}{b'h - bh'}.$$

V. Étant donnés un cercle O de rayon R, une droite XY et un point A sur cette droite, calculer le rayon x d'un cercle C tangent au cercle O et à XY au point A.

On connaît : 1° la distance $OB = d$ du centre O à XY; 2° la distance $AB = a$ du point A au pied B de la perpendiculaire OB. — Discussion.

$$R. \quad 2x = \frac{a^2 + d^2 - R^2}{d+R}, \quad \text{si C et O tang}^{\text{tes}} \text{ extér}^t,$$

$$2x = \frac{a^2 + d^2 - R^2}{d-R}, \quad \text{si C et O tang}^{\text{tes}} \text{ intér}^t,$$

VI. Étant donnés une droite XY, un cercle O de rayon R et un point A sur ce cercle, calculer le rayon x d'un cercle C tangent au cercle O au point A et tangent à xy.

On connaît : 1° la distance $OB = d$ du centre O à la droite XY ;
2° la distance $BD = a$ du point B au point de rencontre D de OA
avec XY ; on pose de plus $c^2 = a^2 + d^2$. — Discussion.

$$R. \quad x = \frac{d(c - R)}{c + d}, \quad \text{quand circ. tang}^{\text{tes}} \text{ extérieur}^t,$$

$$x = \frac{d(c - R)}{c - d}, \quad \text{quand circ. tang}^{\text{tes}} \text{ intérieur}^t.$$

VII. On donne un cercle O, une droite XY tangente au cercle en
un point C et, sur XY, deux points A et B dont la distance est $2b$;
on connaît aussi la distance du point D, milieu de AB, au point C ;
elle est égale à d. Calculer avec ces données le rayon x du cercle
tangent à O et passant par les deux points A et B. — Discussion.

$$R. \quad x = R \frac{b^2}{d^2 - b^2} + \frac{d^2 - b^2}{4R}.$$

VIII. Sur une droite AB on prend un point C compris entre A
et B et sur les segments $AB = 2R$, $AC = 2R'$, $BC = 2R''$, considérés comme diamètres, on décrit trois demi-circonférences
O, O', O''. On demande le rayon r du cercle I qui serait inscrit dans
le triangle curviligne compris entre O, O' et O''. Cas particulier où
$R' = R'' = \dfrac{R}{2}$.

$$R. \quad r = \frac{RR'R''}{R^2 - R'R''}.$$

En prenant pour inconnues auxiliaires les coordonnées $OP = x$,
$IP = y$ du point I, on arrive aux équations

$$r \frac{R + R'}{R - R'} - x = R, \quad r \frac{R + R''}{R - R''} + x = R, \quad y^2 = (R - r)^2 - x^2.$$

On en déduit ce résultat remarquable : $y = 2r$.

IX. On donne trois cercles O, O', O'' dont les rayons sont
15^{cm}, 10^{cm}, 12^{cm} ; leurs centres sont en ligne droite et l'on a

$$OO' = 30^{\text{cm}}, \quad OO'' = 58^{\text{cm}}.$$

Calculer le rayon du cercle qui les touche extérieurement. Examiner les autres cas.

$$R.\ 101^{cm},2.$$

X. Soient A, B, C, D quatre aiguilles semblables à celles d'une montre qui tournent autour d'un même centre, dans le même sens et d'un mouvement uniforme. Les temps employés par chacune des aiguilles pour faire un tour sont respectivement

$$a = 3^h, \quad b = 7^h, \quad c = 10^h, \quad d = 12^h.$$

On suppose que toutes les aiguilles partent en même temps du même point O et l'on demande la *période synodique* de tout le système, c'est-à-dire le temps au bout duquel les aiguilles se retrouveront ensemble pour la première fois. — Considérer le cas où les aiguilles ne tournent pas toutes dans le même sens.

$$R.\ 420^h.$$

XI. Montrer que, si les quantités A, B, C sont respectivement proportionnelles à a, b, c, on aura

$$\sqrt{Aa} + \sqrt{Bb} + \sqrt{Cc} = \sqrt{(A+B+C)(a+b+c)}.$$

XII. On sait que le volume d'une tranche sphérique à une seule base est équivalent au volume d'une sphère dont le diamètre est égal à la hauteur de la tranche, plus la moitié du volume d'un cylindre ayant même base et même hauteur h que la tranche; partant de là, calculer l'expression du volume d'une tranche sphérique à deux bases parallèles de rayons R et r.

$$R.\ V = \frac{\pi}{6} h^3 + \pi h \frac{R^2 + r^2}{2}.$$

XIII. Que devient la fraction

$$y = \frac{ax^m + bx^{m-1} + \cdots}{a'x^n + b'x^{n-1} + \cdots}$$

quand on y fait $x = \infty$?

R. En divisant les deux termes par la plus haute puissance de x, on trouve

$$\text{Si } m > n, \quad y = \infty;$$

$$\text{Si } m = n, \quad y = \frac{a}{a'};$$

$$\text{Si } m > n, \quad y = 0.$$

XIV. Vers quelle limite tend l'expression

$$\frac{2x+3}{5x+\sqrt{x^2-7}},$$

lorsque x augmente indéfiniment?

$$R.\ \frac{1}{3}.$$

XV. Vers quelle limite tend l'expression

$$5x - \sqrt{25\,x2 - 3},$$

lorsque x prend des valeurs de plus en plus grandes?

$$R.\ 0.$$

XVI. Quand $x = \infty$, que devient la différence

$$x - \sqrt{x^2 - x - 1}?$$

$$R.\ \frac{1}{2}.$$

LIVRE III

—

ÉQUATIONS DU SECOND DEGRÉ.

—

CHAPITRE Ier

§ I. — FORMULES QUI DONNENT LES RACINES.

232. DÉFINITION. — *Une équation est du second degré lorsque, après avoir chassé les dénominateurs et les radicaux qui renferment l'inconnue, la plus haute puissance de cette inconnue est égale à deux.*

Ex. I. Soit $\dfrac{21\,x^3 - 16}{3\,x^2 - 4} - 7x = 5$; chassant le dénominateur, cette équation devient

$$21\,x^3 - 16 - 21\,x^3 + 28x = 15\,x^2 - 20,$$

ce qui se réduit à

$$15\,x^2 - 28x - 4 = 0 ;$$

cette équation est donc du second degré.

Ex. II. Soit l'équation $x + 5 = \sqrt{x + 5} + 6$; en faisant passer 6 dans le premier membre, on isole le radical et l'on obtient

$$x - 1 = \sqrt{x + 5} ;$$

élevant au carré les deux membres il vient

$$x^2 - 2x + 1 = x + 5,$$

ou

$$x^2 + 3x - 4 = 0.$$

On voit que toute équation du second degré peut être mise sous la forme

$$ax^2 + bx + c = 0,$$

a et b désignant la somme algébrique des coefficients de x^2 et de x, tandis que c représente l'ensemble des termes connus. On suppose toujours a positif; en effet, s'il était négatif, en changeant tous les signes, on ramènerait l'équation proposée à une équation dont le premier terme serait précédé du signe $+$.

233. RÉSOLUTION DE L'ÉQUATION PRIVÉE DU SECOND TERME. — Dans le cas particulier où b est égal à zéro, l'équation générale du second degré se réduit à

$$ax^2 + c = 0,$$

et peut être facilement résolue. On obtient

$$x^2 = -\frac{c}{a};$$

si le second membre est positif, on pourra en extraire la racine carrée, ce qui donnera

$$x = \pm \sqrt{-\frac{c}{a}};$$

l'inconnue aura deux valeurs, parce que le carré de

$-\sqrt{-\dfrac{c}{a}}$ donne $-\dfrac{c}{a}$ aussi bien que le carré de $+\sqrt{-\dfrac{c}{a}}$.

Soit, par exemple, l'équation

$$4x^2 - 64 = 0,$$

on aura

$$x^2 = \frac{64}{4} = 16,$$

$$x = \pm \sqrt{16} = \pm 4;$$

les deux solutions que l'on désigne par x' et x'' seront donc

$$x' = 4, \quad x'' = -4.$$

234. CAS DES RACINES IMAGINAIRES. — Si le second membre est négatif, aucun nombre, soit positif, soit négatif, ne pourra satisfaire à la condition $x^2 = -\dfrac{c}{a}$; on est convenu néanmoins d'extraire encore ici les racines carrées des deux membres de l'équation et d'écrire toujours

$$x = \pm \sqrt{-\frac{c}{a}};$$

les valeurs de x sont alors de simples formes algébriques dont il est impossible de calculer les valeurs numériques; de pareilles expressions, indiquant l'extraction de la racine carrée d'une quantité négative, s'appellent *quantités imaginaires*; par opposition, les nombres positifs ou négatifs s'appellent *quantités réelles*.

Soit, par exemple, l'équation

$$5x^2 + 125 = 0,$$

on en déduit

$$x^2 = -25,$$

et l'on écrit

$$x = \pm \sqrt{-25};$$

l'équation proposée est donc impossible; on dit aussi qu'elle a ses racines imaginaires.

On est convenu d'appliquer à ces expressions imaginaires

les mêmes règles qu'aux nombres positifs et négatifs; ainsi le carré de $\sqrt{-25}$ s'obtiendra par la suppression du radical; il sera donc -25 et l'on voit que, en substituant à x la valeur $\sqrt{-25}$, l'équation proposée est satisfaite; elle se réduit à l'identité

$$5 \times (-25) + 125 = 0.$$

Cette même extension des règles démontrées plus haut permet de mettre l'expression imaginaire précédente sous une autre forme; on a

$$\sqrt{-25} = \sqrt{25 \times (-1)} = \sqrt{25} \times \sqrt{-1} = 5\sqrt{-1};$$

en faisant une transformation analogue pour une expression imaginaire quelconque, on pourra toujours écrire

$$\sqrt{-k^2} = k\sqrt{-1}.$$

235. RÉSOLUTION DE L'ÉQUATION COMPLÈTE. — Résolvons maintenant l'équation complète

$$ax^2 + bx + c = 0;$$

en divisant par a les deux membres, nous obtenons

$$x^2 + \frac{b}{a}x + \frac{c}{a} = 0;$$

si nous posons, pour la simplicité de l'écriture,

$$\frac{b}{a} = p, \quad \frac{c}{a} = q,$$

l'équation proposée se réduit à

$$x^2 + px + q = 0,$$

ou bien à

$$x^2 + px = -q.$$

Dans le premier membre figurent les deux premiers termes du carré de $x + \frac{p}{2}$, puisque

$$\left(x + \frac{p}{2}\right)^2 = x^2 + px + \frac{p^2}{4};$$

si donc nous ajoutons $\frac{p^2}{4}$ aux deux membres de l'équation proposée, nous pourrons l'écrire

$$x^2 + px + \frac{p^2}{4} = \frac{p^2}{4} - q,$$

ou bien

$$\left(x + \frac{p}{2}\right)^2 = \frac{p^2}{4} - q.$$

Nous savons résoudre cette dernière équation, qui est de la forme $ax^2 + c = 0$; en extrayant les racines carrées des deux membres, nous aurons

$$x + \frac{p}{2} = \pm \sqrt{\frac{p^2}{4} - q}$$

et, par suite,

$$(1) \qquad x = -\frac{p}{2} \pm \sqrt{\frac{p^2}{4} - q}.$$

Si la quantité $\frac{p^2}{4} - q$ est positive, on pourra calculer numériquement les deux racines x' et x'' à l'aide des formules

$$x' = -\frac{p}{2} + \sqrt{\frac{p^2}{4} - q},$$

$$x'' = -\frac{p}{2} - \sqrt{\frac{p^2}{4} - q},$$

et, si la quantité soumise au radical est négative, les racines seront imaginaires.

236. Règles. — Les formules précédentes peuvent se traduire en langage ordinaire de cette manière :

1° Les racines d'une équation du second degré ramenée à la forme $x^2 + px + q = 0$ sont égales à la moitié du coefficient de x changé de signe, plus ou moins la racine carrée du carré de cette moitié diminué du terme tout connu.

Si l'on remplace dans la formule (1) p et q par leurs valeurs $\dfrac{b}{a}$, $\dfrac{c}{a}$, on obtient

$$x = -\frac{b}{2a} \pm \sqrt{\frac{b^2}{4a^2} - \frac{c}{a}} = -\frac{b}{2a} \pm \sqrt{\frac{b^2 - 4ac}{4a^2}},$$

ou

$$(2) \qquad x = \frac{-b \pm \sqrt{b^2 - 4ac}}{2a},$$

et cette formule se traduit ainsi en langage ordinaire :

2° Les racines de l'équation $ax^2 + bx + c = 0$ s'obtiennent en divisant par le double du coefficient de x^2 le coefficient de x changé de signe, plus ou moins la racine carrée du carré de ce coefficient diminué de quatre fois le produit des coefficients extrêmes.

Les racines sont réelles lorsque

$$b^2 - 4ac > 0;$$

elles sont imaginaires si

$$b^2 - 4ac < 0.$$

Remarque. — Si le coefficient de x est pair, la formule précédente peut se simplifier.

Posons $b = 2b'$, nous obtiendrons

$$x = \frac{-2b' \pm \sqrt{4b'^2 - 4ac}}{2a} = \frac{-2b' \pm 2\sqrt{b'^2 - ac}}{2a},$$

ce qui se réduit, par la suppression du facteur commun 2, à

$$(3) \qquad x = \frac{-b' \pm \sqrt{b'^2 - ac}}{a}.$$

Ce résultat s'énonce ainsi :

3° *Les racines d'une équation du second degré de la forme* $ax^2 + 2b'x + c = 0$ *s'obtiennent en divisant par le coefficient de* x^2 *la moitié du coefficient de* x *changé de signe, plus ou moins la racine carrée du carré de cette moitié diminué du produit des coefficients extrêmes.*

Exemples : 1° Résoudre l'équation $3x^2 - 39x + 108 = 0$. Divisant par 3 les deux membres on la réduit à

$$x^2 - 13x + 36 = 0,$$

d'où l'on tire, en appliquant la seconde formule,

$$x = \frac{13 \pm \sqrt{13^2 - 4 \times 36}}{2},$$

$$x = \frac{13 \pm \sqrt{169 - 144}}{2} = \frac{13 \pm \sqrt{25}}{2},$$

$$x' = \frac{13 + 5}{2} = 9,$$

$$x'' = \frac{13 - 5}{2} = 4.$$

2° Résoudre $6x^2 - 37x + 57 = 0$.

$$x = \frac{37 \pm \sqrt{37^2 - 4 \times 6 \times 57}}{2 \times 6},$$

$$x = \frac{37 \pm \sqrt{1369 - 1368}}{12},$$

$$x' = \frac{37 + 1}{12} = \frac{38}{12} = \frac{19}{6},$$

$$x'' = \frac{37 - 1}{12} = \frac{36}{12} = 3.$$

3° Résoudre $3x^2 + 2x - 8 = 0$.

$$x = \frac{-1 \pm \sqrt{1 + 3 \times 8}}{3},$$

$$x = \frac{-1 \pm \sqrt{25}}{3} = \frac{-1 \pm 5}{3},$$

$$x' = \frac{4}{3}, \qquad x'' = -2.$$

4°

$$(a - b) x^2 - (a + b) x + 2b = 0.$$

$$x = \frac{a + b \pm \sqrt{(a + b)^2 - 4(a - b) \times 2b}}{2(a - b)},$$

$$x = \frac{a + b \pm \sqrt{a^2 + 2ab + b^2 - 8ab + 8b^2}}{2(a - b)},$$

$$x = \frac{a + b \pm \sqrt{a^2 - 6ab + 9b^2}}{2(a - b)};$$

et, comme la quantité sous le radical est un carré parfait

$$a^2 - 6ab + 9b^2 = (a - 3b)^2,$$

l'expression de x est rationnelle :

$$x = \frac{a + b \pm (a - 3b)}{2(a - b)},$$

$$x' = \frac{2a - 2b}{2(a - b)} = 1,$$

$$x'' = \frac{4b}{2(a - b)} = \frac{2b}{a - b}.$$

5° $(a + b)^2 x^2 - (a + b)^2 x + 5ab - 2a^2 - 2b^2 = 0.$

$$x = \frac{(a + b)^2 \pm \sqrt{(a + b)^4 - 4(a + b)^2 (5ab - 2a^2 - 2b^2)}}{(a + b)^2},$$

$$x = \frac{(a+b)^2 \pm (a+b)\sqrt{(a+b)^2 + 4(2a^2 + 2b^2 - 5ab)}}{2(a+b)^2},$$

$$x = \frac{a+b \pm \sqrt{9a^2 - 18ab + 9b^2}}{2(a+b)},$$

$$x' = \frac{a+b+(3a-3b)}{2(a+b)} = \frac{4a-2b}{2(a+b)} = \frac{2a-b}{a+b},$$

$$x'' = \frac{a+b-(3a-3b)}{2(a+b)} = \frac{4b-2a}{2(a+b)} = \frac{2b-a}{a+b}.$$

237. *Remarque.* — Il faut toujours appliquer l'une des deux dernières règles pratiques ; la première ne doit être suivie que si, le coefficient de x^2 étant égal à l'unité, celui de x est un nombre pair.

Ainsi, pour résoudre l'équation

$$x^2 - 5x + 4 = 0,$$

on écrira de suite, en suivant la deuxième règle pratique,

$$x = \frac{5 \pm \sqrt{25 - 4 \times 4}}{2} = \frac{5 \pm 3}{2} \quad \begin{cases} x' = 4, \\ x'' = 1, \end{cases}$$

et non pas, en suivant la première,

$$x = \frac{5}{2} \pm \sqrt{\frac{25}{4} - 4} = \frac{5}{2} \pm \sqrt{\frac{9}{4}},$$

on serait obligé d'effectuer, sur cet exemple numérique, une réduction qui est toute faite lorsqu'on emploie la formule (2).

Au contraire, pour résoudre l'équation

$$x^2 - 8x + 15 = 0,$$

on peut employer indistinctement la formule (1) ou la formule (3) ; toutes deux donnent

$$x = 4 \pm \sqrt{16 - 15},$$

et les racines sont

$$x' = 5, \quad x'' = 3.$$

§ II. — Discussion des formules.

238. *1er cas.* $b^2 - 4ac > 0$; *racines réelles et inégales.* — Lorsque c est négatif, cette condition est toujours remplie : en effet, le produit $4ac$ est alors négatif, puisque a est positif; la quantité $b^2 - 4ac$ devient une somme arithmétique.

De plus, la racine x' est positive et x'' est négative, puisque le radical est plus grand que b et, par suite, donne son signe au numérateur. — *La racine dont la valeur absolue est la plus grande est celle qui est de signe contraire à b*; si b est positif, c'est x'', et si b est négatif, c'est x'.

Lorsque c est positif, *les deux racines sont de signe contraire à b.* En effet, $\sqrt{b^2 - 4ac}$ est moindre que b et le numérateur $-b + \sqrt{b^2 - 4ac}$ de x' a le même signe que son premier terme; il en est de même du numérateur de x''.

Lorsque $c = 0$, le radical se réduit à b, et l'on a

$$x' = 0, \quad x'' = -\frac{2b}{2a} = -\frac{b}{a},$$

ce que l'on pouvait prévoir, car l'équation se réduit alors à

$$ax^2 + bx = 0, \quad \text{ou} \quad x \times (ax + b) = 0.$$

Or, pour qu'un produit soit nul, il faut et il suffit que l'un de ses facteurs soit nul; les solutions de cette équation particulière sont donc données par les deux équations

$$x = 0, \quad \text{et} \quad ax + b = 0.$$

Tableau résumant cette partie de la discussion.

$$b^2 - 4ac > 0 \begin{cases} c < 0 \begin{cases} b > 0 & x' + \quad x'' - \\ b < 0 & x' + \quad x'' - \end{cases} \\ c > 0 \begin{cases} b > 0 & x' - \quad x'' - \\ b < 0 & x' + \quad x'' + \end{cases} \\ c = 0, \ \ldots \ x' = 0, \ x'' = -\dfrac{b}{a}. \end{cases}$$

239. *2ᵉ cas. $b^2 - 4ac = 0$; les racines sont réelles et égales.* — En effet, le radical disparaissant, les formules qui donnent x' et x'' se réduisent à

$$x' = x'' = -\frac{b}{2a}.$$

Dans ce cas, on dit encore qu'il y a deux racines, parce que, si l'on suppose b^2 de très-peu supérieur à $4ac$, le radical est très-petit; la différence entre x' et x'' l'est aussi et cette différence tend vers zéro en même temps que $b^2 - 4ac$. On peut dire, par conséquent, que si $b^2 = 4ac$ il y a encore deux racines et que ces racines sont égales.

240. *3ᵉ cas. $b^2 - 4ac < 0$; les racines sont imaginaires.* — Si l'on pose

$$b^2 - 4ac = -k^2,$$

on a

$$x = \frac{-b \pm \sqrt{-k^2}}{2a} = \frac{-b \pm k\sqrt{-1}}{2a},$$

d'où

$$x' = \frac{-b + k\sqrt{-1}}{2a}, \quad x'' = \frac{-b - k\sqrt{-1}}{2a};$$

ces deux expressions imaginaires ne diffèrent que par le signe du facteur $\sqrt{-1}$; on dit que ce sont deux expressions imaginaires *conjuguées*.

241. *Cas particulier où $a = 0$.* — Supposons que a soit très-petit et tende vers zéro, la première racine

$$x' = \frac{-b + \sqrt{b^2 - 4ac}}{2a}$$

se présente à la limite sous la forme $\dfrac{0}{0}$,

et la seconde

$$x'' = \frac{-b - \sqrt{b^2 - 4ac}}{2a}$$

est, à la limite, égale à

$$x'' = \frac{-2b}{0} = -\infty.$$

Il est facile de voir que l'indétermination de x' n'est qu'apparente ; en effet, si nous multiplions les deux termes de la fraction par $-b - \sqrt{b^2 - 4ac}$, nous aurons

$$x' = \frac{(-b + \sqrt{b^2 - 4ac})(-b - \sqrt{b^2 - 4ac})}{2a(-b - \sqrt{b^2 - 4ac})}$$

$$= \frac{b^2 - (b^2 - 4ac)}{2a(-b - \sqrt{b^2 - 4ac})},$$

ou

$$x' = \frac{4ac}{2a(-b - \sqrt{b^2 - 4ac})} = \frac{-2c}{b + \sqrt{b^2 - 4ac}}$$

en supprimant le facteur $2a$ commun aux deux termes.

La forme indéterminée trouvée plus haut était due à l'existence de ce facteur commun qui s'annulait pour $a = 0$; et, si nous faisons cette hypothèse dans la nouvelle expression trouvée pour x',

$$x' = \frac{-2c}{b + \sqrt{b^2 - 4ac}},$$

nous obtiendrons

$$x' = -\frac{2c}{2b} = -\frac{c}{b}.$$

Ce résultat est bien conforme à ce que l'on trouve en faisant directement $a = 0$ dans l'équation proposée ; elle se réduit alors à l'équation du premier degré

$$bx + c = 0,$$

d'où l'on tire

$$x = -\frac{c}{b}.$$

Ainsi, *lorsque le coefficient de x^2 tend vers zéro, l'une des racines s'approche de* $-\frac{c}{b}$ *et l'autre racine devient de plus en plus grande*. On dit souvent que si a est nul l'une des racines de l'équation du second degré devient égale à $-\frac{c}{b}$ et que l'autre est infinie.

Exemple. Considérons l'équation

$$0{,}001\,x^2 + x - 1 = 0;$$

les racines sont

$$x = \frac{-1 \pm \sqrt{1 + 0{,}004}}{0{,}002} = \left(-1 \pm \sqrt{1{,}004}\right) \times 500.$$

Si l'on veut avoir chacune d'elles à moins d'un dix-millième près, il faudra calculer le radical à moins d'un dix-millionième, car, en multipliant l'erreur par 500, l'erreur du produit n'atteindra pas le chiffre des dix-millièmes.

On trouve

$$\sqrt{1{,}004} = 1{,}0019980,$$

par suite

$$x' = 0{,}001998 \times 500 = 0{,}999,$$
$$x'' = -2{,}001998 \times 500 = -1000{,}999.$$

L'une des racines est très-voisine de l'unité, c'est-à-dire de la racine de l'équation du premier degré, $x - 1 = 0$, obtenue en négligeant le terme en x^2, et l'autre est très-grande. — On voit par cet exemple que la formule générale exige une extraction de racine carrée très-laborieuse, si l'on veut avoir les résultats avec une approximation suffisante ; nous indiquons plus loin la manière de calculer rapidement la racine voisine de $-\dfrac{c}{b}$ par la méthode des approximations successives.

§ III. — RELATIONS ENTRE LES COEFFICIENTS ET LES RACINES D'UNE ÉQUATION DU SECOND DEGRÉ.

242. PROPOSITION I. — *La somme des racines d'une équation du second degré est égale au coefficient de la première puissance de x changé de signe et divisé par le coefficient de x^2.*

Démonstration. — En effet, la somme des racines est

$$x' + x'' = \frac{-b + \sqrt{b^2 - 4ac} - b - \sqrt{b^2 - 4ac}}{2a},$$

ce qui se réduit à

$$-\frac{2b}{2a} = -\frac{b}{a}.$$

243. PROPOSITION II. — *Le produit des racines d'une équation du second degré est égal au terme tout connu divisé par le coefficient du terme en x^2.*

Démonstration. — En effet, le produit des racines est

$$x' \times x'' = \frac{\left(-b + \sqrt{b^2 - 4ac}\right)\left(-b - \sqrt{b^2 - 4ac}\right)}{4a^2},$$

et, comme le numérateur est le produit de la somme de deux quantités par la différence de ces mêmes quantités, on a

$$x' x'' = \frac{b^2 - (b^2 - 4ac)}{4a^2} = \frac{4ac}{4a^2} = \frac{c}{a}.$$

Remarque. — Si l'équation du second degré est de la forme

$$x^2 + px + q = 0,$$

les deux propositions précédentes montrent que

$$x' + x'' = -p,$$
$$x' \times x'' = q.$$

244. APPLICATIONS DE CES THÉORÈMES. — 1° *Former une équation du second degré dont les racines soient des nombres donnés.*

Si les racines doivent être 5 et 7, on aura

$$-p = 5 + 7, \quad \text{d'où} \quad p = -12,$$
$$q = 5 \times 7, \quad \text{d'où} \quad q = 35;$$

l'équation demandée est donc

$$x^2 - 12x + 35 = 0.$$

245. 2° *Calculer deux nombres connaissant leur somme et leur produit.*

Ces nombres sont les racines d'une équation du second degré ayant l'unité pour le coefficient de x^2; dans cette équation, le coefficient de x est égal à la somme prise en signe contraire et le terme tout connu est égal au produit donné.

Soit proposé, par exemple, de calculer deux nombres ayant pour somme 17 et pour produit 60; on écrira de suite l'équation

$$x^2 - 17x + 60 = 0;$$

en la résolvant on trouvera

$$\frac{17 \pm \sqrt{17^2 - 4 \times 60}}{2},$$

c'est-à-dire 12 et 5 pour les deux nombres cherchés.

246. 3° *Sans résoudre une équation du second degré ayant des racines réelles, dire à l'avance les signes de ces racines.*

Soit l'équation

$$x^2 - 5x + 6 = 0;$$

le produit des racines est $+6$; elles sont donc de même signe, toutes deux positives ou toutes deux négatives; mais leur somme est égale à 5: elles sont donc positives l'une et l'autre.

Soit l'équation

$$x^2 + 5x + 6 = 0;$$

ses racines sont encore de même signe, mais leur somme est -5: elles sont donc négatives.

Soit l'équation

$$x^2 - 9x - 36 = 0;$$

ses racines sont de signes contraires, puisque leur produit est -36; mais leur somme est 9: la racine négative a donc une valeur absolue moindre que l'autre racine.

En prenant l'équation générale

$$ax^2 + bx + c = 0,$$

on retrouverait, en suivant la même marche, les résultats obtenus déjà, au n° 238, dans la discussion des formules.

247. 4° *Étant donnée une équation du second degré, trouver, sans la résoudre, la somme des carrés de ses racines, la somme des cubes et en général la somme des puissances semblables de ses racines* (*).

Prenons l'équation du second degré sous la forme

$$ax^2 + bx + c = 0,$$

et cherchons la somme $x'^2 + x''^2$; puisque

(*) Les élèves qui commencent l'algèbre peuvent laisser de côté, dans une première lecture, les applications n°s 4, 5, 6 et 7.

$$(1) \qquad x' + x'' = -\frac{b}{a},$$

$$(2) \qquad x'\,x'' = \frac{c}{a},$$

il suffit, pour introduire la quantité $x'^2 + x''^2$, d'élever au carré la première de ces égalités, ce qui donne

$$x'^2 + x''^2 + 2x'x'' = \frac{b^2}{a^2},$$

d'où

$$x'^2 + x''^2 = \frac{b^2}{a^2} - 2 \times \frac{c}{a} = \frac{b^2 - 2ac}{a^2}.$$

Cherchons de même la somme des cubes : en élevant au cube l'égalité (1), nous aurons

$$x'^3 + x''^3 + 3x'^2 x'' + 3x' x''^2 = -\frac{b^3}{a^3},$$

d'où

$$x'^3 + x''^3 = -\frac{b^3}{a^3} - 3x'x''(x' + x''),$$

et par suite

$$x'^3 + x''^3 = -\frac{b^3}{a^3} - 3\frac{c}{a} \times \left(-\frac{b}{a}\right),$$

$$x'^3 + x''^3 = -\frac{b^3}{a^3} + \frac{3bc}{a^2} = \frac{3abc - b^3}{a^3}.$$

Nous aurions pu aussi nous appuyer sur le résultat précédent

$$x'^2 + x''^2 = \frac{b^2 - 2ac}{a^2},$$

et multiplier par $x' + x''$ les deux membres de cette égalité, ce qui donne

$$(x'^2 + x''^2)(x' + x'') = \frac{b^2 - 2ac}{a^2} \times \left(-\frac{b}{a}\right),$$

ou

$$x'^3 + x''^3 + x'x''^2 + x''x'^2 = -\frac{b^3 - 2abc}{a^3},$$

ou

$$x'^3 + x''^3 = -\frac{b^3 - 2abc}{a^3} - x'x''(x' + x''),$$

$$x'^3 + x''^3 = -\frac{b^3 - 2abc}{a^3} + \frac{c}{a} \times \frac{b}{a} = \frac{3abc - b^3}{a^3}.$$

Plus généralement cherchons l'expression de la somme

$$x'^m + x''^m,$$

que nous désignerons par S_m.

Supposons que nous ayons déjà trouvé la somme précédente

$$x'^{m-1} + x''^{m-1} = S_{m-1};$$

en multipliant par $x' + x''$ les deux membres de cette égalité, nous aurons

$$(x'^{m-1} + x''^{m-1}) \times (x' + x'') = -\frac{b}{a} S_{m-1},$$

ou

$$x'^m + x''^m + x'x''^{m-1} + x''x'^{m-1} = -\frac{b}{a} S_{m-1},$$

ou

$$x'^m + x''^m + x'x''(x'^{m-2} + x''^{m-2}) = -\frac{b}{a} S_{m-1};$$

par suite,

$$x'^m + x''^m = -\frac{b}{a} S_{m-1} - \frac{c}{a} S_{m-2},$$

ou

$$S_m = -\frac{b}{a} S_{m-1} - \frac{c}{a} S_{m-2}.$$

Cette formule permettra de calculer de proche en proche les sommes des puissances semblables des racines.

Si $m = 2$, la formule devient

$$S_2 = -\frac{b}{a} S_1 - \frac{c}{a} S_0.$$

Or $S_1 = -\dfrac{b}{a}$, $S_0 = x'^0 + x''^0 = 1 + 1 = 2$; donc

$$S_2 = \frac{b^2}{a^2} - \frac{2c}{a} = \frac{b^2 - 2ac}{a^2}.$$

Si $m = 3$, on a

$$S_3 = -\frac{b}{a} S_2 - \frac{c}{a} S_1,$$

$$S_3 = -\frac{b}{a} \times \frac{b^2 - 2ac}{a^2} - \frac{c}{a} \times \left(-\frac{b}{a}\right),$$

$$S_3 = \frac{2abc - b^3}{a^3} + \frac{bc}{a^2} = \frac{3abc - b^3}{a^3}.$$

Nous retrouvons ainsi les mêmes résultats que plus haut.

248. 5° *Étant donnée une équation du second degré, trouver, sans la résoudre, la somme des puissances semblables des inverses de ses racines.*

On demande

$$\left(\frac{1}{x'}\right)^m + \left(\frac{1}{x''}\right)^m = \frac{1}{x'^m} + \frac{1}{x''^m};$$

or cette somme est égale à

$$\frac{x'^m + x''^m}{x'^m \times x''^m} = \frac{x'^m + x''^m}{\left(\dfrac{c}{a}\right)^m} = \frac{a^m}{c^m} \times (x'^m + x''^m);$$

on a donc généralement

$$\left(\frac{1}{x'}\right)^m + \left(\frac{1}{x''}\right)^m = \frac{a^m}{c^m} \times S_m.$$

249. 6° *Déterminer les coefficients p et q de l'équation $x^2 + px + q = 0$, de telle sorte que ses racines vérifient une relation donnée $dx' + ex'' = k$, par exemple.*

Il suffit d'éliminer x' et x'' entre les trois équations

$$(1)\ x' + x'' = -p, \quad (2)\ x'x'' = q, \quad (3)\ dx' + ex'' = k;$$

en résolvant les équations (1) et (3), on trouve

$$x'' = -\frac{dp + k}{d - e}, \qquad x' = \frac{ep + k}{d - e},$$

et, substituant ces valeurs dans l'équation (2), on obtient, pour la relation cherchée,

$$(4) \qquad (dp + k)(ep + k) + q(d - e)^2 = 0.$$

Comme application, cherchons la relation qui doit exister entre p et q, *pour que l'une des racines soit double de l'autre.* Ici l'on a $x' = 2x''$; par conséquent

$$d = 1, \quad e = -2 \quad \text{et} \quad k = 0;$$

substituant ces valeurs, la relation (4) devient

$$2p^2 = 9q,$$

et l'équation du second degré, dont les racines satisfont à la relation donnée, est

$$x^2 + px + \frac{2}{9}p^2 = 0;$$

on trouve que ses racines sont $-\dfrac{p}{3}$ et $-\dfrac{2}{3}p.$

250. 7° *Quelle relation doit-il exister entre les coefficients a, b, c, a', b', c' pour que les équations*

$$ax^2 + bx + c = 0,$$
$$a'x^2 + b'x + c' = 0$$

aient une solution commune?

Première solution.— Si l'on désigne par x' la racine commune, par x'' et x''' les deux autres, on a les quatre équations

$$(1) \quad x' + x'' = -\frac{b}{a}, \qquad (3) \quad x' + x''' = -\frac{b'}{a'},$$

$$(2) \quad x'\,x'' = \frac{c}{a}, \qquad\qquad (4) \quad x'\,x''' = \frac{c'}{a'},$$

et la question revient à éliminer x', x'', x''' entre ces quatre équations.

En retranchant d'abord (3) de (1), on obtient

$$(5) \qquad\qquad x'' - x''' = \frac{ab' - ba'}{aa'},$$

puis, en divisant (2) par (4), on a

$$(6) \qquad\qquad \frac{x''}{x'''} = \frac{ca'}{ac'};$$

ces deux dernières équations (5) et (6), jointes aux équations (3) et (4), forment un système équivalent au premier ; elles ne renferment que x'' et x''', et permettent de les déterminer facilement : on trouve, en éliminant x'',

$$x'''\,\frac{ca'}{ac'} - x''' = \frac{ab' - ba'}{aa'},$$

d'où

$$x''' = \frac{ab' - ba'}{ca' - ac'} \times \frac{c'}{a'}$$

et, par suite,

$$x'' = \frac{ab' - ba'}{ca' - ac'} \times \frac{c}{a}.$$

Si l'on substitue dans (3), on trouve

$$x' = \frac{bc' - cb'}{ca' - ac'},$$

En remplaçant x' et x''' par leurs valeurs dans l'équation on trouve pour la relation demandée

$$\frac{ab' - ba'}{ca' - ac'} \times \frac{bc' - cb'}{ca' - ac'} = 1,$$

$$(ac' - ca')^2 = (ab' - ba')(bc' - cb').$$

Autre solution. — Multiplions la première équation par a' et la seconde par a; puisque x' est la racine commune, nous devons avoir à la fois

$$aa'x'^2 + ba'x' + ca' = 0,$$
$$aa'x'^2 + b'ax' + c'a = 0;$$

en retranchant ces deux égalités membre à membre, nous obtiendrons

$$x'(ba' - ab') = ac' - ca';$$

la racine commune est donc

$$x' = \frac{ac' - ca'}{ba' - ab'}.$$

Éliminons, au contraire, le terme tout connu; nous aurons

$$ac'x'^2 + bc'x' + cc' = 0,$$

$$\frac{a'cx'^2 + b'cx' + cc'}{(ac' - ca')x'^2 + (bc' - cb')x'} = 0,$$

ou

$$x' = \frac{cb' - bc'}{ac' - ca'};$$

or, ces deux valeurs de x' doivent être égales; la relation demandée est donc

$$(ac' - ca')^2 = (ab' - ba')(bc' - cb').$$

§ IV. — FORMES REMARQUABLES SOUS LESQUELLES ON PEUT METTRE LE PREMIER MEMBRE DE L'ÉQUATION DU SECOND DEGRÉ.

251. PROPOSITION I. — *Le premier membre d'une équation du second degré de la forme $ax^2 + bx + c = 0$ est égal au produit du coefficient a par le produit de deux facteurs binômes du premier degré en x. On obtient chacun d'eux en retranchant de x successivement chacune des racines.*

DÉMONSTRATION. — Le premier membre $ax^2 + bx + c$ de l'équation peut s'écrire, en mettant a en facteur,

$$a\left(x^2 + \frac{b}{a}x + \frac{c}{a}\right).$$

Or on a

$$x^2 + \frac{b}{a}x = \left(x + \frac{b}{2a}\right)^2 - \frac{b^2}{4a^2};$$

on obtiendra donc, en faisant cette substitution,

$$a\left[\left(x + \frac{b}{2a}\right)^2 - \left(\frac{b^2}{4a^2} - \frac{c}{a}\right)\right],$$

ce que l'on peut écrire

$$a\left[\left(x + \frac{b}{2a}\right)^2 - \frac{b^2 - 4ac}{4a^2}\right],$$

ou bien encore

$$a\left[\left(x + \frac{b}{2a}\right)^2 - \left(\frac{\sqrt{b^2 - 4ac}}{2a}\right)^2\right];$$

comme la quantité entre parenthèses est égale à la différence de deux carrés, l'expression précédente est égale à

$$a\left(x + \frac{b}{2a} + \frac{\sqrt{b^2 - 4ac}}{2a}\right)\left(x + \frac{b}{2a} - \frac{\sqrt{b^2 - 4ac}}{2a}\right),$$

c'est-à-dire à

$$a\left(x - \frac{-b - \sqrt{b^2 - 4ac}}{2a}\right)\left(x - \frac{-b + \sqrt{b^2 - 4ac}}{2a}\right),$$

ou bien à

$$a(x - x'')(x - x').$$

Ainsi l'on a toujours, aussi bien dans le cas des racines réelles que dans le cas des racines imaginaires,

$$ax^2 + bx + c = a(x - x')(x - x'').$$

252. *Remarque.* — Dans le cas des racines égales, on a

$$ax^2 + bx + c = a(x - x')^2.$$

253. *Applications.* — 1° On peut former immédiatement une équation du second degré dont les racines soient données. Si les racines doivent être 5 et 7, par exemple, on écrira de suite

$$(x - 5)(x - 7) = 0,$$

ou bien, en effectuant la multiplication,

$$x^2 - 12x + 35 = 0.$$

2° Ce théorème permet souvent de simplifier une fraction algébrique. Soit, par exemple, la fraction

$$\frac{x^2 - 12x + 35}{x^2 - 10x + 21},$$

résolvons les deux équations auxiliaires

$$x^2 - 12x + 35 = 0,$$
$$x^2 - 10x + 21 = 0;$$

nous trouverons 5 et 7 pour racines de la première, 3 et 7

pour celles de la seconde ; nous pourrons donc écrire
$$x^2 - 12x + 35 = (x-5)(x-7),$$
$$x^2 - 10x + 21 = (x-3)(x-7),$$
et par conséquent, en enlevant le facteur commun $x-7$,
$$\frac{x^2 - 12x + 35}{x^2 - 10x + 21} = \frac{x-5}{x-3}.$$

Autre exemple. Soit à simplifier la fraction
$$\frac{6x^2 - 5x - 6}{4x^3 - 9x} ;$$
le numérateur peut s'écrire
$$6\left(x - \frac{3}{2}\right)\left(x + \frac{2}{3}\right) = (2x-3)(3x+2) ;$$
d'autre part, le dénominateur peut s'écrire
$$x(4x^2 - 9) = x(2x+3)(2x-3) ;$$
on aura donc, en supprimant le facteur commun $2x-3$,
$$\frac{6x^2 - 5x - 6}{4x^3 - 9x} = \frac{3x+2}{2x^2 + 3x}.$$

Autre exemple. Soit encore à simplifier la fraction
$$\frac{x^3 - 19x^2 + 119x - 245}{3x^2 - 38x + 119},$$
on trouve 7 et $\frac{17}{3}$ pour racines de l'équation auxiliaire
$$3x^2 - 38x + 119 = 0 ;$$
on peut donc écrire
$$3x^2 - 38x + 119 = 3(x-7)\left(x - \frac{17}{3}\right) = (x-7)(3x-17),$$
et, pour simplifier cette fraction, il faut essayer si le numérateur est divisible par $x-7$ ou par $3x-17$; on trouve
$$x^3 - 19x^2 + 119x - 245 = (x^2 - 12x + 35)(x-7) ;$$

par conséquent, en supprimant le facteur $(x-7)$, on obtient la fraction plus simple

$$\frac{x^2-12x+35}{3x-17},$$

qui est irréductible.

254. PROPOSITION II. — *Suivant qu'une équation du second degré a ses racines réelles et inégales, égales ou bien imaginaires, son premier membre est égal au produit du coefficient de x^2 par une différence de deux carrés, ou bien par un carré, ou bien par une somme de deux carrés.*

Démonstration. — En effet, nous avons vu (n° 251) que l'on pouvait écrire

$$ax^2+bx+c=a\left[\left(x+\frac{b}{2a}\right)^2-\frac{b^2-4ac}{4a^2}\right].$$

Si les racines sont réelles et inégales, on a

$$b^2>4ac,$$

et l'on peut poser

$$\frac{b^2-4ac}{4a^2}=k^2,$$

pour indiquer que cette fraction est nécessairement positive ; on a donc, dans ce premier cas,

$$ax^2+bx+c=a\left[\left(x+\frac{b}{2a}\right)^2-k^2\right],$$

ce qui revient à dire que le premier membre de l'équation est égal au produit de a par la différence de deux carrés.

Si les racines sont réelles et égales

et l'on a $$b^2=4ac,$$

$$ax^2+bx+c=a\left(x+\frac{b}{2a}\right)^2,$$

le premier membre s'obtient donc en multipliant a par un carré parfait.

Si les racines sont imaginaires, $b^2 - 4ac$ étant négatif, on peut poser

$$\frac{b^2 - 4ac}{4a^2} = -k^2;$$

on aura donc

$$ax^2 + bx + c = a\left[\left(x + \frac{b}{2a}\right)^2 + k^2\right],$$

et le premier membre de l'équation est égal au produit du premier coefficient a par une somme de deux carrés.

On peut arriver aussi à ce dernier résultat en s'appuyant sur la proposition I (n° 251) : les racines imaginaires d'une équation du second degré, ne différant que par le signe du radical, sont nécessairement de la forme

$$x' = \alpha + \beta\sqrt{-1},$$
$$x'' = \alpha - \beta\sqrt{-1},$$

expressions dans lesquelles α et β représentent des quantités réelles.

Nous aurons donc

$$ax^2 + bx + c = a\left[x - (\alpha + \beta\sqrt{-1})\right]\left[x - (\alpha - \beta\sqrt{-1})\right]$$

ou bien

$$ax^2 + bx + c = a\left[(x - \alpha) - \beta\sqrt{-1}\right]\left[(x - \alpha) + \beta\sqrt{-1}\right].$$

et comme

$$\left[(x - \alpha) - \beta\sqrt{-1}\right]\left[(x - \alpha) + \beta\sqrt{-1}\right] = (x - \alpha)^2 + \beta^2,$$

on a

$$ax^2 + bx + c = a\left[(x - \alpha)^2 + \beta^2\right],$$

ce qui démontre la dernière partie du théorème.

§ V. — Étude des variations du trinôme du second degré.

255. Dans le trinôme $y = ax^2 + bx + c$, considérons x non plus comme une inconnue, mais comme une quantité variable qui peut prendre toutes les valeurs négatives ou positives depuis $-\infty$ jusqu'à $+\infty$; à chaque valeur de x répondra une valeur de y, et l'on peut se proposer d'étudier la marche des variations de y quand x varie d'une manière continue. La résolution de l'équation

$$ax^2 + bx + c = 0$$

est un cas particulier de cette recherche, puisqu'il s'agit de trouver les valeurs de x pour lesquelles le trinôme prend une valeur égale à zéro.

Ces valeurs particulières, que l'on désigne par *racines* du *trinôme*, nous seront utiles dans l'étude de ses variations.

256. PROPOSITION I. — *Le trinôme y varie d'une manière continue quand x varie lui-même d'une manière continue, mais les accroissements de y ne sont plus exactement proportionnels à ceux de x.*

DÉMONSTRATION. — Il faut montrer que l'on peut donner à x un accroissement h assez petit pour que l'accroissement k, correspondant de y, soit plus petit que toute quantité donnée. En effet, pour $x = x_1$, on a

$$y_1 = ax_1^2 + bx_1 + c ;$$

pour $x = x_1 + h$, on a

$$y_1 + k = a(x_1 + h)^2 + b(x_1 + h) + c ;$$

retranchant membre à membre ces égalités, on obtient

$$k = 2ax_1 h + ah^2 + bh,$$

ou bien, en mettant h en facteur commun,

$$k = h\,(2\,ax_1 + b + ah);$$

ainsi k tend vers zéro en même temps que h; mais il n'est plus rigoureusement proportionnel à h, comme cela avait lieu pour une fonction du premier degré (n° 157). L'accroissement de y dépend non-seulement de h, mais encore de la valeur initiale x_1, à partir de laquelle est compté l'accroissement donné à la variable indépendante.

Si l'on donne à x l'accroissement $2h$ à partir de la valeur x_1 de x, on aura

$$k' = 2\,h\,(2\,ax_1 + b + 2\,ah);$$

on n'aura donc pas rigoureusement $k' = 2\,k$; de même, quand l'accroissement de y sera $3h$, $4h$,..., celui de y ne sera pas $3k$, $4k$,....

Si maintenant l'on donne à x l'accroissement h à partir d'une valeur x_2 très-différente de x_1, on aura

$$k'' = h\,(2\,ax_2 + b + ah)$$

et k'' pourra différer beaucoup de k, bien que l'accroissement h donné à x n'ait pas varié.

257. Proposition II. — *Lorsque les racines du trinôme y sont réelles et inégales, pendant que la variable indépendante x passe de $-\infty$ à $+\infty$, y conserve le même signe que son premier terme toutes les fois que x n'est pas compris dans l'intervalle des racines; il est de signe contraire quand x est compris entre ces racines; enfin il passe deux fois par zéro pour les valeurs de x égales à ces racines.*

Démonstration. — Nous avons vu que le trinôme peut se mettre sous la forme

$$y = a\,(x - x')\,(x - x''),$$

x' et x'' désignant ses deux racines.

Supposons que x varie de $-\infty$ jusqu'à la plus petite racine x''; les deux facteurs $x - x'$ et $x - x''$ sont négatifs, leur produit est positif et, par suite, y est de même signe que a. Si x atteint la valeur x'', le trinôme est nul. Si x dépassant cette racine est compris entre x'' et x'; le facteur $x - x'$ est négatif et le second $x - x''$ est positif : le trinôme est donc de signe contraire à a. Si $x = x'$, le trinôme est nul; enfin, si x dépasse la valeur x'', les deux facteurs sont positifs et le trinôme a le même signe que son premier terme.

258. Proposition III. — *Lorsque les racines du trinôme sont réelles et égales, x variant d'une manière continue depuis $-\infty$ jusqu'à $+\infty$, y conserve toujours le même signe que a et ne passe qu'une seule fois par zéro.*

Démonstration. — On a, dans ce cas,

$$y = a(x - x')^2,$$

et l'on voit que, pour des valeurs de x différentes de x', le trinôme est toujours de même signe que a.

259. Proposition IV. — *Lorsque les racines du trinôme sont imaginaires, y est toujours de même signe que a, quel que soit x, et ne passe jamais par zéro.*

Démonstration. — Nous avons vu que l'on avait, dans ce cas,

$$y = a\left[\left(x + \frac{b}{2a}\right)^2 + k^2\right],$$

et, par suite, la quantité entre parenthèses ne sera jamais nulle ou négative; donc y aura toujours le même signe que a sans jamais passer par zéro. — Le minimum de y aura lieu pour

$$x_1 = -\frac{b}{2a},$$

et sera égal à

$$y_1 = ak^2 = \frac{4ac - b^2}{4a}.$$

260. Interprétation géométrique. — *Courbes qui représentent les variations du trinôme.* — En effectuant les constructions indiquées au n° 158, à chaque groupe de valeurs de x et de y répond un point M dans le plan, et, si l'on fait varier x d'une manière continue, la suite *continue* des points M ainsi obtenus forme une courbe qui représente la marche de la fonction y. Elle est analogue à celles que l'on construit en physique, pour montrer comment varie avec la température la tension de la vapeur d'eau ou bien la solubilité d'un sel. Ces courbes figuratives tiennent lieu d'une table qui renfermerait les valeurs correspondantes des deux variables; elles sont même préférables, parce qu'elles peignent aux yeux toutes les circonstances de la variation de y. L'inspection seule de l'allure et des sinuosités de la courbe en apprend plus sur la marche de la fonction que la lecture toujours pénible d'une table numérique.

1° *Cas des racines réelles et inégales.* — Si a est positif, pour toutes les valeurs de x comprises entre $-\infty$ et x'', la courbe figurative reste au-dessus de l'axe OX (*fig.* 35); elle passe au-dessous de cet axe pour les valeurs de x comprises entre x'' et x', puis elle remonte au-dessus quand x est supérieur à x'.

Le point le plus bas de la courbe a pour abscisse la demi-somme des racines. En effet, on a vu que, dans ce cas,

$$y = a\left[\left(x + \frac{b}{2a}\right)^2 - \frac{b^2 - 4ac}{4a^2}\right];$$

la valeur négative la plus grande de y a lieu lorsque

$$x + \frac{b}{2a} = 0;$$

elle correspond donc à la valeur

$$x = -\frac{b}{2a} = \frac{x' + x''}{2}.$$

Cette valeur négative de l'ordonnée qui a la plus grande valeur absolue est

$$y = a \times \left(-\frac{b^2 - 4ac}{4a^2}\right) = -\frac{b^2 - 4ac}{4a}.$$

Si l'on donne à x des valeurs équidistantes de la demi-somme des racines, le trinôme prend des valeurs égales et de même signe.

En effet, posons

$$x = -\frac{b}{2a} + h,$$

y devient

$$y_1 = a\left[h^2 - \frac{b^2 - 4ac}{4a^2}\right],$$

et pour

$$x = -\frac{b}{2a} - h,$$

on a

$$y_2 = a\left[(-h)^2 - \frac{b^2 - 4ac}{4a^2}\right] = y_1.$$

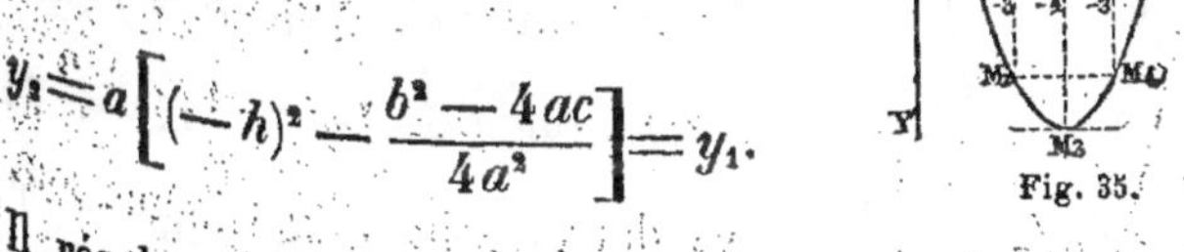

Fig. 35.

Il résulte de là que la courbe est symétrique par rapport à la perpendiculaire menée sur l'axe OX par le point le plus bas.

On peut remarquer aussi que pour des valeurs très-grandes de x, soit positives, soit négatives, y est aussi très-grand, ce qui montre que la courbe figurative s'élève indéfiniment au-dessus de l'axe horizontal.

Exemple. Soit le trinôme

$$y = x^2 - 6x + 5.$$

Ses racines sont 1 et 5; la courbe (*fig.* 35) rencontrera donc OX en ces deux points; son point le plus bas a pour abscisse $\dfrac{1+5}{2}$ ou 3 et son ordonnée est — 4; au point M_3 ainsi obtenu, la tangente est parallèle à OX. Il est très-facile de construire la courbe à l'aide du tableau suivant :

x	—2, —1, 0, 1, 2, 3, 4, 5, 6, 7
y	21, 12, 5, 0, —3, —4, —3, 0, 5, 12

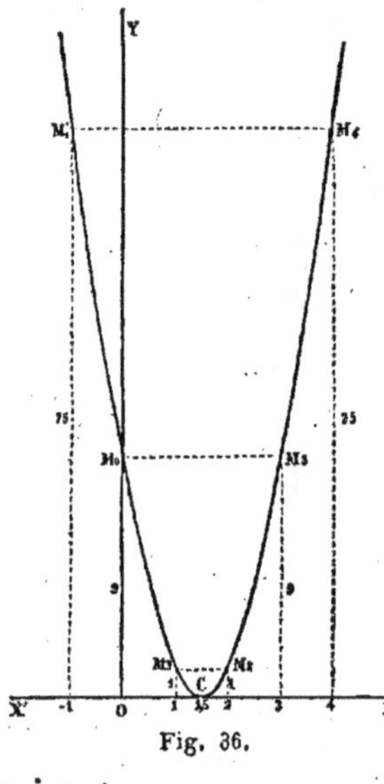

Fig. 36.

sur lequel on vérifie que les ordonnées équidistantes du point M_3 sont égales.

2° *Cas des racines égales.* — La courbe figurative touche l'axe OX au point C correspondant à la racine $x' = x''$. Elle reste toujours au-dessus de cet axe si a est positif et la perpendiculaire à OX menée par le point le plus bas est encore un axe de symétrie (*fig.* 36).

Exemple. $y = 4x^2 - 12x + 9$;

les deux racines du trinôme sont $\dfrac{3}{2}$; on dresse d'abord le tableau suivant :

x	—1, 0, 1, 1,5, 2, 3, 4
y	25, 9, 1, 0, 1, 9, 25

puis on construit la courbe qui doit toucher OX au point C correspondant à $x = 1,5$.

3° Cas des racines imaginaires. — La courbe figurative

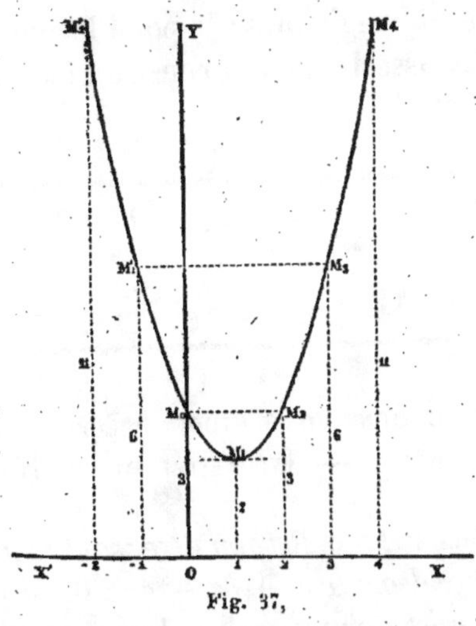

Fig. 37.

reste alors toujours au-dessus de l'axe OX et ne le rencontre pas ; le point le plus bas de cette courbe correspond à l'abscisse

$$OC = -\frac{b}{2a};$$

en effet, puisque l'on a

$$y = a\left[\left(x + \frac{b}{2a}\right)^2 + \frac{4ac - b^2}{4a^2}\right],$$

le minimum de y répond à l'abscisse

$$x = -\frac{b}{2a},$$

et a pour valeur

$$y = a \times \frac{4ac - b^2}{4a^2} = \frac{4ac - b^2}{4a}.$$

En ce point, la tangente à la courbe est parallèle à OX.

Exemple. $y = x^2 - 2x + 3$.

Les racines sont imaginaires; le point le plus bas de la courbe répond à l'abscisse 1 et on la construit facilement à l'aide du tableau suivant :

x	−2,	−1,	0,	1,	2,	3,	4
y	11,		6,	3,	2,	3,	6, 11

§ VI. — APPLICATIONS DE L'ÉTUDE PRÉCÉDENTE DES VARIATIONS DU TRINÔME. — INÉGALITÉS DU SECOND DEGRÉ.

261. PROBLÈME I. — *Reconnaître, sans résoudre une équation du second degré $ax^2 + bx + c = 0$, si les deux racines sont plus grandes qu'un nombre donné n, ou bien sont plus petites, ou bien comprennent ce nombre dans leur intervalle.*

Solution. — Remplaçons x par le nombre n dans le premier membre de l'équation; *si le résultat de cette substitution, $an^2 + bn + c$, est négatif, le nombre n est compris entre les deux racines.* C'est une conséquence du n° 257.

Si ce résultat est positif, le nombre n est en dehors de l'intervalle des racines, et il ne reste plus qu'à examiner s'il est plus grand que ces racines ou bien inférieur à toutes les deux. — On distingue facilement ces deux cas à l'aide de la remarque suivante.

Si le nombre n est plus grand que les deux racines, il est aussi supérieur à leur demi-somme; s'il est plus petit que toutes les deux, il est moindre que leur demi-somme.

Comme la demi-somme des racines est égale à $-\dfrac{b}{2a}$ et s'obtient immédiatement, il n'y aura pas besoin de résoudre l'équation pour décider si le nombre n, qui rend le premier membre positif, est plus grand que les deux racines ou bien inférieur à chacune d'elles.

Exemple. Soit l'équation

$$x^2 - 18x + 32 = 0,$$

dont les racines sont réelles et positives; on demande si le nombre 15 est compris entre ces racines.

En substituant ce nombre, on a

$$225 - 18 \times 15 + 32 = 225 - 270 + 32 = -13$$

et ce résultat négatif montre que 15 est compris dans l'intervalle des racines.

Si l'on substituait au contraire le nombre 17, on aurait un résultat positif

$$289 - 18 \times 17 + 32 = 15;$$

comme la demi-somme des racines de l'équation est 9, qui est inférieur à 15, le nombre 17 est supérieur à chacune d'elles.

262. PROBLÈME II. — *Résoudre une inégalité du second degré.*

Solution. — Une inégalité du second degré peut toujours se mettre sous l'une des deux formes

$$(1) \qquad Ax^2 + Bx + C > 0,$$
$$(2) \qquad Ax^2 + Bx + C < 0.$$

Considérons d'abord l'inégalité (1) et supposons que A soit positif; son premier membre peut s'écrire

$$A(x - x')(x - x''),$$

x' et x'' représentant les racines du trinôme que nous supposons d'abord réelles; nous avons vu que ce produit ne sera positif que si x est en dehors de l'intervalle des racines. Ainsi l'on pourra attribuer à x deux séries de valeurs : la première série s'étendant de $-\infty$ à x'', et la seconde depuis

x' jusqu'à $+ \infty$. On voit que x'' est la plus grande des valeurs de la première série, et que x' est la plus petite des valeurs de la seconde. On dit que x'' est un maximum et x' un minimum.

Si A était négatif, les seules valeurs de x qui puissent satisfaire à l'inégalité (1) sont comprises entre x' et x''; x'' est le minimum de ces valeurs; x' leur maximum.

L'inégalité (2) se résout de même et l'on trouve que la variable x doit être comprise entre x'' et x' si $A > 0$, et qu'elle ne peut recevoir de valeurs comprises entre x'' et x' quand $A < 0$.

Remarque I. — Si les racines du trinôme sont réelles et égales, l'inégalité (1) est satisfaite pour toutes les valeurs de x, sauf pour $x = x'$, quand $A > 0$; elle est impossible quand $A < 0$.

Remarque II. — Si les racines du trinôme sont imaginaires, l'inégalité (1) est vérifiée, quel que soit x, quand $A > 0$; elle est impossible quand $A < 0$.

Exemples : I. Soit l'inégalité $x^2 - 5x + 6 > 0$; elle se ramène à

$$(x - 3)(x - 2) > 0 :$$

x ne doit donc pas être compris dans l'intervalle de 2 à 3.

II. Résoudre $-x^2 + 3x + 40 > 0$;

cette inégalité revient à

$$-(x - 8)(x + 5) > 0 :$$

x doit donc être compris entre -5 et 8.

III. Résoudre $x^2 - 14x + 49 < 0$;

cette inégalité est impossible, puisqu'elle revient à

$$(x - 7)^2 < 0.$$

IV. — L'inégalité $x^2 - 14x + 54 > 0$

est satisfaite pour toutes les valeurs de x, puisqu'on peut l'écrire

$$(x-7)^2 + 5 > 0.$$

263. Problème III. — *Trouver les valeurs de x qui satisfont à deux inégalités simultanées du second degré.*

Solution. — On résout chacune d'elles séparément ; les seules valeurs que l'on puisse attribuer à x doivent convenir à la fois aux séries de valeurs ainsi obtenues : les inégalités sont incompatibles quand aucun nombre ne peut se trouver à la fois dans ces séries. *Exemples :*

I.
$$x^2 - 7x + 6 > 0,$$
$$x^2 - 15x + 56 < 0.$$

Les solutions de la première inégalité sont comprises entre

$$-\infty \text{ et } +1, \quad \text{puis entre} \quad +6 \text{ et } +\infty ;$$

celles de la seconde sont comprises entre 7 et 8. — Donc les seules valeurs de x qui puissent satisfaire à la fois aux deux inégalités ci-dessus sont comprises entre $+7$ et $+8$.

II. Soient
$$x^2 - 7x + 6 > 0,$$
$$x^2 - 13x + 30 < 0.$$

Les solutions de la seconde doivent être comprises entre 3 et 10 ; donc les valeurs de x qui satisfont à la fois à ces deux inégalités sont comprises entre 6 et 10.

III. Les inégalités
$$x^2 - 7x + 6 < 0,$$
$$x^2 - 13x + 30 < 0$$

ne seront satisfaites à la fois que pour des valeurs de x comprises entre 3 et 6.

IV. Les inégalités simultanées

$$x^2 - 7x + 6 > 0,$$
$$x^2 - 13x + 30 > 0$$

seront satisfaites pour toutes les valeurs de x supérieures à 10 et pour toutes les valeurs de x moindres que 1.

V. Les inégalités

$$x^2 - 7x + 6 < 0,$$
$$x^2 - 25x + 150 < 0$$

sont incompatibles : en effet, la première exige que x soit compris entre 1 et 6, et la seconde que x soit compris entre 10 et 15; ces conditions sont contradictoires.

264. Problème IV. — *Trouver les valeurs de x pour lesquelles la fraction*

$$y = \frac{ax^2 + bx + c}{a'x^2 + b'x + c'}$$

est positive, ou bien les valeurs de x qui la rendent négative.

Solution. — La fraction y sera positive si l'on a, à la fois,

$$ax^2 + bx + c > 0, \qquad \text{ou bien} \qquad ax^2 + bx + c < 0,$$
$$a'x^2 + b'x + c' > 0, \qquad\qquad a'x^2 + b'x + c' < 0.$$

On résoudra donc séparément ces deux groupes d'inégalités simultanées et les valeurs de x qui vérifient chacun d'eux rendront y positif.

Pour que y fût négatif, il faudrait que l'on eût

$$ax^2 + bx + c > 0, \qquad \text{ou bien} \qquad ax^2 + bx + c < 0,$$
$$a'x^2 + b'x + c' < 0, \qquad\qquad a'x^2 + b'x + c' > 0.$$

et la question se trouve encore ramenée au problème précédent.

Exemple. Résoudre l'inégalité

$$\frac{x^2 - 7x + 6}{x^2 - 13x + 30} > 0.$$

Nous avons vu que les deux termes sont positifs si x est plus grand que 10, ou bien s'il est moindre que 1. — Ses deux termes sont négatifs si x est compris entre 3 et 6; y sera donc positif pour toutes les valeurs de x comprises dans les intervalles

$$-\infty \text{ et } +1, \quad 3 \text{ et } 6, \quad 10 \text{ et } +\infty.$$

265. PROBLÈME V. — *Résoudre l'inégalité*

$$\frac{ax^2 + bx + c}{a'x^2 + b'x + c'} < n.$$

Solution. — Si nous multiplions ses deux membres par

$$(a'x^2 + b'x + c')^2,$$

qui est toujours positive, nous obtiendrons l'inégalité

$$(ax^2 + bx + c)(a'x^2 + b'x + c') < n(a'x^2 + b'x + c')^2,$$

ou bien, en mettant $a'x^2 + b'x + c'$ en facteur,

$$(a'x^2 + b'x + c')\left[(a - na')x^2 + (b - b'n)x + (c - c'n)\right] < 0.$$

On cherchera donc les valeurs de x qui donnent des signes différents aux deux facteurs.

Si la fraction devait être supérieure au nombre donné n, il faudrait écrire que les deux facteurs précédents sont de même signe.

Exemple. Résoudre l'inégalité

$$\frac{x^2 - 7x + 6}{x^2 - 8x + 15} < 2.$$

On en tire, en multipliant par $(x^2 - 8x + 15)^2$,

$$(x^2 - 7x + 6)(x^2 - 8x + 15) < 2(x^2 - 8x + 15)^2,$$

ou

$$(x^2 - 8x + 15)(x^2 - 9x + 24) > 0.$$

Comme le trinôme $x^2 - 9x + 24$ a ses racines imaginaires, il restera toujours positif, quel que soit x ; il faudra donc que le premier facteur soit aussi positif, ce qui n'a lieu que pour les valeurs de x supérieures à 5 et pour les valeurs de x plus petites que 3.

§ VII. — Construction des racines d'une équation du second degré.

266. En résolvant par l'algèbre une question de géométrie, on rencontre toujours des équations homogènes ; nous ne considérerons que de pareilles équations.

267. 1° L'équation est privée de son second terme et l'on a

$$x^2 = mn ;$$

alors x est une moyenne proportionnelle entre les lignes m et n que l'on sait construire.

268. 2° L'équation est complète. Les lettres p et k représentant les longueurs de deux lignes, l'équation est de l'une des quatre formes

$$(1) \quad x^2 + px + k^2 = 0, \qquad (3) \quad x^2 + px - k^2 = 0,$$
$$(2) \quad x^2 - px + k^2 = 0, \qquad (4) \quad x^2 - px - k^2 = 0 ;$$

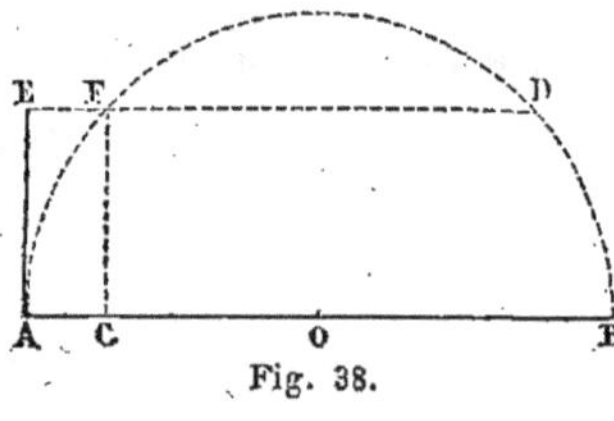

comme (1) se déduit de (2) et (3) de (4), par le changement de x en $-x$, il nous suffira de construire les racines de (2) et de (4). Ces équations peuvent s'écrire

$$(2) \quad x(p - x) = k^2, \qquad (4) \quad x(x - p) = k^2,$$

et le problème revient à trouver les côtés d'un rectangle équivalent à un carré donné ; connaissant la somme ou bien la différence de ses dimensions, on résout ces problèmes en géométrie.

Pour construire les racines de (2), on décrira (*fig.* 38) sur $AB = p$ une demi-circonférence ; au point A on élèvera sur AB une perpendiculaire AE égale à k et par le point E l'on mènera une parallèle ED à AB ; elle coupera la circonférence aux points D et F et l'on aura

$$EF = AC = x'', \qquad DE = BC = x'.$$

En effet,

$$AC + BC = AB = p \quad \text{et} \quad AC \times BC = CF^2 = AE^2 = k^2.$$

Le problème sera impossible si $AE > \dfrac{AB}{2}$, ou $k > \dfrac{p}{2}$, puisque la parallèle ED ne coupe plus le cercle ; alors les racines sont imaginaires puisque la quantité

$$\frac{p^2}{4} - k^2,$$

soumise au radical, est négative.

Pour construire les racines de (4) sur $AB = p$ comme diamètre (*fig.* 39) on décrira une demi-circonférence ; au point A on élèvera une tangente AE égale à k, et l'on tracera le diamètre EO qui rencontre la circonférence aux points C et D. On aura

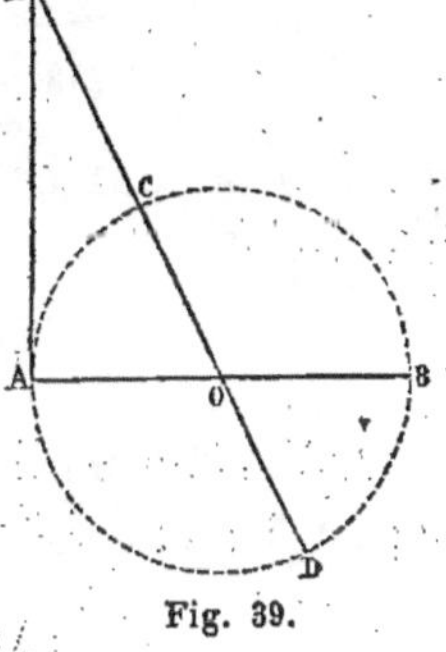

Fig. 39.

$$ED = x', \qquad EC = -x'',$$

puisque

$$DE - CE = DC = AB = p,$$

$$EC \times ED = AE^2 = k^2.$$

Cette construction réussira toujours; d'ailleurs l'équation (4) a toujours ses racines réelles, puisque son dernier terme est négatif.

Autre solution. — Si les équations (2) et (4), que nous supposons toujours homogènes, se présentaient sous la forme

(2) $$x^2 - px + m.n = 0,$$

(4) $$x^2 - px - m.n = 0,$$

il faudrait, avant d'exécuter les constructions précédentes, tracer la moyenne proportionnelle k entre m et n. On peut éviter cette recherche préalable à l'aide de la construction suivante, qui s'applique, du reste, à tous les cas.

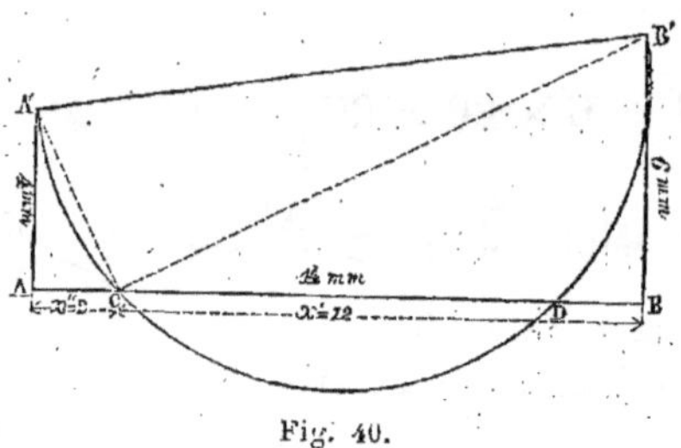

Fig. 40.

Pour obtenir les racines de (2), on prend (*fig.* 40) $AB = p$, et aux extrémités de cette droite on élève les perpendiculaires

$$AA' = m, \quad BB' = n;$$

sur A'B' comme diamètre on décrit une circonférence qui coupe AB aux points C et D; je dis que

$$x' = AD = BC, \quad x'' = AC = BD.$$

En effet, si l'on joint A'C, B'C, les deux triangles AA'C, BB'C sont semblables et donnent la proportion

$$\frac{AA'}{AC} = \frac{BC}{BB'}, \quad \text{ou} \quad AC \times BC = AA' \times BB' = mn;$$

on a, d'ailleurs, par construction,

$$AC + BC = p;$$

par conséquent AC et BC représentent bien les deux racines. On verrait de même, en considérant les triangles semblables AA'D. BB'D, que l'on a aussi

$$x' = \text{AD}, \qquad x'' = \text{BD}.$$

La figure 40 donne les racines de l'équation $x^2 - 14x + 24 = 0$; on a considéré 24 comme le produit des facteurs 4 et 6.

Pour obtenir les racines de l'équation (4), aux extrémités de $\text{AB} = p$, on élèvera la perpendiculaire $\text{AA}' = m$, puis, dans la direction opposée, la perpendiculaire $\text{BB}' = n$. Sur A'B' comme diamètre, on décrira une demi-circonférence qui coupera le prolongement de AB au point C; les racines de l'équation sont

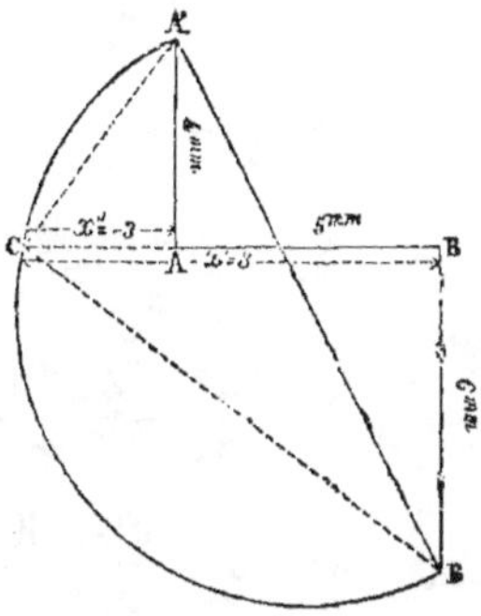

$$\text{BC} = x' \quad \text{et} \quad \text{AC} = -x''.$$

En effet, la différence des valeurs absolues de ces lignes (ou leur somme algébrique) est

$$\text{BC} - \text{AC} = \text{AB} = p,$$

et leur produit est mn, car les triangles semblables AA'C, BB'C donnent

$$\frac{\text{AA}'}{\text{BC}} = \frac{\text{AC}}{\text{BB}'}, \quad \text{ou} \quad \text{AC} \times \text{BC} = \text{AA}' \times \text{BB}' = mn.$$

Fig. 41.

La figure 41 donne les racines de l'équation $x^2 - 5x - 24 = 0$.

Ainsi, en changeant la direction de la perpendiculaire correspondant à celui des facteurs m et n, qui est négatif, la même construction donne toujours les deux racines de l'équation du second degré et la racine négative est comptée sur le prolongement de AB. Nous retrouvons ici encore une opposition de sens correspondant à l'opposition de signe.

EXERCICES

I. Résoudre les équations du second degré suivantes, qui sont privées du terme du milieu :

$$1. \quad \frac{3}{1+x} + \frac{3}{1-x} = 8. \qquad\qquad R. \ \pm\frac{1}{2}.$$

$$2. \quad 8x + \frac{7}{x} = \frac{65x}{7}. \qquad\qquad R. \ \pm\frac{7}{3}.$$

$$3. \quad \frac{3}{4x^2} - \frac{1}{6x^2} = \frac{7}{3}. \qquad\qquad R. \ \pm\frac{1}{2}.$$

$$4. \quad x - \frac{44}{x} = \frac{198}{x} - x. \qquad\qquad R. \ \pm 11.$$

$$5. \quad \frac{7x^2}{4} - \frac{4x^2+5}{2} + \frac{2x^2-15}{4} = 0. \qquad R. \ \pm 5.$$

$$6. \quad 35 - \frac{x^2+50}{5} = x^2 - \frac{x^2-10}{3}. \qquad R. \ \pm 5.$$

$$7. \quad \frac{7x^2+8}{21} - \frac{x^2+4}{8x^2-11} = \frac{x^2}{3}. \qquad R. \ \pm 2.$$

$$8. \quad \frac{x+a}{x-a} + \frac{x-a}{x+a} = b. \qquad R. \ \pm a\sqrt{\frac{b+2}{b-2}}.$$

$$9. \quad \frac{x^2+ax+b}{x^2+bx+c} = \frac{a}{b}. \qquad R. \ \pm\sqrt{\frac{b^2-ac}{a-b}}.$$

$$10. \quad \frac{a+x+\sqrt{a^2-x^2}}{a+x-\sqrt{a^2-x^2}} = \frac{b}{x}. \qquad R. \ \pm\sqrt{b(2a-b)}.$$

$$11. \quad \frac{2}{x+\sqrt{2-x^2}} + \frac{2}{x-\sqrt{2-x^2}} = x. \quad R. \ \pm\sqrt{3}.$$

II. Résoudre les équations suivantes qui sont complètes :

$$1. \quad 14x - x^2 = 33. \qquad\qquad R. \ 3, \ 11.$$

$$2. \quad x^2 - 5x = 6. \qquad\qquad R. \ 6, \ -1.$$

$$3. \quad x^2 + 8x = 20. \qquad\qquad R. \ 2, \ -10.$$

4. $x^2 + 3x - 16 = 92.$ $\qquad$ R. 9, — 12.

5. $x^2 - 5(x + 89) = 5555.$ $\qquad$ R. 80, — 75.

6. $3x^2 - 2x = 65.$ $\qquad$ R. 5, $-\dfrac{13}{3}$.

7. $x^2 - 3 = \dfrac{1}{6}(x - 3).$ $\qquad$ R. $\dfrac{5}{3}$, $-\dfrac{3}{2}$.

III. Équations renfermant des dénominateurs :

1. $\dfrac{12}{x} + \dfrac{10}{x - 1} = 9.$ $\qquad$ R. 3, $\dfrac{4}{9}$.

2. $8 + x - \dfrac{26}{8 - x} = 1.$ $\qquad$ R. 6, — 5.

3. $\dfrac{1}{x - 1} + \dfrac{1}{x - 2} + \dfrac{1}{x - 3} = 0.$ $\qquad$ R. $2 \pm \dfrac{\sqrt{3}}{3}$.

4. $\dfrac{1}{x + 1} - \dfrac{2}{x + 2} - \dfrac{3}{x + 3} + \dfrac{4}{x + 4} = 0.$ R. 0, $-\dfrac{5}{2}$.

5. $\dfrac{3x + 4}{5} - \dfrac{30 - 2x}{x - 6} = \dfrac{7x - 14}{10}.$ $\qquad$ R. 36, 12.

6. $\dfrac{2x}{9} - 2 = \dfrac{3x - 16}{48} - \dfrac{4x - 3}{4x + 3}.$ $\qquad$ R. 6, $\dfrac{19}{4}$.

7. $\dfrac{21x^3 - 16}{3x^2 - 4} - 7x = 5.$ $\qquad$ R. 2, $-\dfrac{2}{15}$.

8. $\dfrac{x + 1}{x - 1} + \dfrac{x - 2}{x + 2} + \dfrac{x - 3}{x + 3} + \dfrac{x + 4}{x - 4} = 4.$

$\qquad$ R. $x = 1,3574$, — 2,3574.

9. $\dfrac{x + \dfrac{1}{x}}{x - \dfrac{1}{x}} + \dfrac{1 + \dfrac{1}{x}}{1 - \dfrac{1}{x}} = \dfrac{13}{4}.$ $\qquad$ R. 3, $-\dfrac{7}{5}$.

10. $\dfrac{3x - 2}{x - 4} + \dfrac{2x - 1}{x - 2} = 6 + \dfrac{50}{x^2 - 6x + 8}.$ $\qquad$ R. 10, 9.

IV. Résoudre les équations littérales suivantes :

1. $x^2 - 2ax + a^2 - b^2 = 0.$ R. $a \pm b.$

2. $adx^2 - abx + cdx - bc = 0.$ R. $x' = \dfrac{b}{d}, \quad x'' = -\dfrac{c}{a}.$

3. $\dfrac{x^2}{a^2} + \dfrac{x}{b} = 2\dfrac{a^2}{b^2}.$ R. $\dfrac{a^2}{b}, \quad -\dfrac{2a^2}{b}.$

4. $\dfrac{2x(a-x)}{3a-2x} = \dfrac{a}{4}.$ R. $\dfrac{3a}{4}, \dfrac{a}{2}.$

5. $\dfrac{x^2+x+1}{x^2-x+1} = \dfrac{3a^2+b^2}{3b^2+a^2}.$ R. $\dfrac{a+b}{a-b}, \dfrac{a-b}{a+b}.$

6. $ax^2 - \dfrac{a^3-b^2}{ab}x = 1.$ R. $\dfrac{a}{b}, \quad -\dfrac{b}{a^2}.$

7. $8(a^2+ab+x^2) - x(20a+4b) = 0.$ R. $2a, \dfrac{a+b}{2}.$

8. $\dfrac{1}{a} + \dfrac{1}{b} + \dfrac{1}{x} = \dfrac{1}{a+b+x}.$ R. $-a, -b.$

9. $\dfrac{1}{a} + \dfrac{1}{x+a} + \dfrac{1}{2x+a} = 0.$ R. $\dfrac{a}{2}\left(-3 \pm \sqrt{3}\right).$

V. Équations qui renferment des radicaux; distinguer les solutions étrangères introduites en élevant au carré :

1. $x + \sqrt{5x+10} = 8,$ R. $3, (18\,\text{sol. étr.})$

2. $\sqrt{\dfrac{a}{x}} + \sqrt{\dfrac{x}{a}} = \sqrt{\dfrac{2a-x}{x}}.$ R. $0{,}3027.a.$

3. $\dfrac{a - \sqrt{2ax-x^2}}{a + \sqrt{2ax-x^2}} = \dfrac{x}{a-x}.$ R. $\dfrac{a}{5}.$

4. $\sqrt{\dfrac{x^2-2x+3}{x^2+2x+4}} + \sqrt{\dfrac{x^2+2x+4}{x^2-2x+3}} = 2 + \dfrac{1}{2}.$ R. $2, \dfrac{4}{3}.$

5. $\sqrt{(x-1)(x-2)} + \sqrt{(x-3)(x-4)} = \sqrt{2}.$ R. $3, 2.$

6. $\sqrt{x} + \dfrac{4}{\sqrt{x}} = 5.$ $\qquad\qquad$ $R.\ 16,\ 1.$

7. $\dfrac{\sqrt{x}+1}{\sqrt{x}-1} + 5\,\dfrac{\sqrt{x}-1}{\sqrt{x}+1} = \dfrac{9}{2}.$ $\qquad$ $R.\ 9,\ \dfrac{49}{9}.$

8. $8\sqrt{x} + 21\sqrt[4]{x} = 74.$ $\qquad\qquad$ $R.\ 16.$

VI. Quelle valeur faut-il attribuer à m dans l'équation

$$9\,x^2 - (2 - m)\,x - 6 + m = 0$$

pour que les racines soient : 1° égales et de même signe ; 2° égales et de signes contraires ?

$$R.\ 1°\ m = 2\,(10 \pm 3\sqrt{5}).$$
$$2°\ m = 2.$$

VII. Faire voir que les racines de l'équation

$$x^2 + \left(B + \dfrac{C}{B}\right)x + C = 0$$

sont rationnelles.

$$R.\ \text{Cette équation a pour racines } -\dfrac{C}{B} \text{ et } -B.$$

VIII. Montrer que les équations du second degré

$$x^2 + px + q = 0 \quad \text{et} \quad ax^2 + p(a + b)x + q(a + 2b) = 0$$

ont une racine commune quand les racines de la première sont égales.

IX. Démontrer que les racines de l'équation

$$ax^2 + bx + c = 0$$

sont toujours rationnelles quand $b = am + \dfrac{c}{m}$, a, c, m étant d'ailleurs des quantités rationnelles.

X. Démontrer que l'équation

$$\dfrac{x}{x - a} + \dfrac{x}{x - b} = 3$$

a toujours ses racines réelles quels que soient a et b.

XI. Démontrer que, si m et n désignent deux coefficients de même signe, l'équation

$$\frac{m}{x-a} + \frac{n}{x-b} + b = 0$$

a toujours ses racines réelles, quels que soient a, b et c.

R. La quantité soumise au radical peut s'écrire

$$\left[(m-n) - c\,(a-b)\right]^2 + 4mn,$$

elle est donc toujours positive si m et n sont de même signe.

On peut aussi étudier les signes des résultats obtenus quand on fait dans le premier membre de l'équation $x = a$, puis $x = b$.

XII. Montrer que si les racines de l'équation

$$(a^2 + b^2)\, x^2 - 2acx - b^2 + c^2 = 0$$

sont réelles, elles sont toutes deux plus petites que l'unité.

XIII. Les racines de l'équation $ax^2 + bx + c = 0$ étant x' et x'', former une équation dont les racines soient $\dfrac{1}{x'}$ et $\dfrac{1}{x''}$.

$$R. \quad cx^2 + by + a = 0.$$

XIV. Étant donnée l'équation du second degré $x^2 + px + q = 0$ dont les racines sont x' et x'', calculer la somme

$$\frac{x'}{x''} + \frac{x''}{x'}.$$

$$R. \quad \frac{p^2 - 2q}{q}.$$

XV. Si x' et x'' désignent les racines de l'équation

$$ax^2 + bx + c = 0,$$

on a

$$\frac{2ax + b}{ax^2 + bx + c} = \frac{1}{x-x'} + \frac{1}{x-x''}.$$

XVI. Si x' et x'' désignent les racines de l'équation

$$x^2 + px + q = 0,$$

trouver la valeur de

$$x'^2 + x'x'' + x''^2,$$

puis celle de

$$x'^4 + x'^2 x''^2 + x''^4.$$

$$R.\ p^2 - q,\quad (p^2 - q)(p^2 - 3q).$$

XVII. Trouver une équation du second degré dont les racines surpassent de h les racines d'une équation donnée

$$ax^2 + bx + c = 0.$$

$$R.\ ax^2 + (b^2 - 2ah)x + (c - bh + ah^2) = 0.$$

XVIII. Quelle relation doit-il exister entre les coefficients a, b, c de l'équation $ax^2 + bx + c = 0$ pour que l'une des racines soit le carré de l'autre ?

$$R.\ \sqrt[3]{\left(\frac{c}{a}\right)^2} + \sqrt[3]{\frac{c}{a}} = -\frac{b}{a}.$$

XIX. Quelle valeur faut-il attribuer à b dans l'équation

$$ax^2 + bx + ad^4 = 0$$

pour que l'une des racines soit le cube de l'autre ?

$$R.\ b = -a(d + d^3).$$

XX. Résoudre l'équation du second degré en remplaçant x par $y + h$ et donnant à h une valeur telle que l'équation en y n'ait pas de second terme.

XXI. Étant donnée l'équation du second degré $x^2 + px + q = 0$, trouver une seconde équation qui ait pour racines les carrés des inverses des racines de l'équation proposée.

$$R.\ X^2 - \frac{p^2 - 2q}{q^2} X + \frac{1}{q^2} = 0.$$

XXII. Quelle relation doit-il exister entre les coefficients a, b et c de l'équation $ax^2 + bx + c = 0$ pour que les racines soient entre elles comme les nombres m et n ?

$$R.\ \frac{b^2}{ac} = \frac{(m + n)^2}{mn}.$$

XXIII. Quelle est l'équation du second degré dont les racines sont

$$5 + 2\sqrt{3} \quad \text{et} \quad 5 - 2\sqrt{3}, \qquad R.\ x^2 - 10x + 13 = 0,$$
$$3 + \sqrt{5} \qquad\quad 3 - \sqrt{5}, \qquad\qquad x^2 - 6x + 4 = 0,$$
$$2 + \sqrt{3} \qquad\quad 2 - \sqrt{3}? \qquad\qquad x^2 - 4x + 1 = 0.$$

XXIV. Simplifier les fractions suivantes :

$$\frac{3x^2 - 14x + 8}{3x^2 - 8x + 4}. \qquad\qquad R.\ \frac{x - 4}{x - 2},$$

$$\frac{15x^2 + 41x + 28}{20x^2 + 43x + 21}, \qquad\qquad R.\ \frac{3x + 4}{4x + 3},$$

$$\frac{2x^3 - 28x^2 + 90x}{10x^4 - 150x^3 + 590x^2 - 450x}, \qquad R.\ \frac{1}{5(x - 1)}.$$

XXV. Si $a = 0$, $b = 0$, l'équation $ax^2 + bx + c = 0$ a deux racines infinies ; cela veut dire que les deux racines de cette équation augmentent de plus en plus et au delà de toute limite à mesure que a et b se rapprochent de zéro. Montrer que la condition est nécessaire et suffisante.

$$R.\ \text{Pour } x = \frac{1}{y} \quad \text{et substituer.}$$

XXVI. Trouver la relation qui doit avoir lieu entre les coefficients du polynôme

$$ay^2 + bxy + cx^2 + dy + ex + f$$

pour qu'on puisse le décomposer en deux facteurs rationnels du premier degré en x et en y.

$$ae^2 + cd^2 + fb^2 = bde + 4acf.$$

XXVII. Décomposer en deux facteurs du premier degré en x et en y le polynôme

$$6x^2 - 13xy + 6y^2 - x - y - 1.$$
$$R.\ (2x - 3y - 1)(3x - 2y + 1).$$

XXVIII. Quelles sont les valeurs entières de x qui satisfont à l'inégalité $x^2 < 10x - 16$?

$$R.\ 3,\ 4,\ 5,\ 6,\ 7.$$

XXIX. Résoudre les inégalités

$$6x^2 - 7x + 2 < 0, \qquad R.\ x > \frac{1}{2},\ x < \frac{2}{3}.$$

$$12x^2 - 17x + 6 > 0, \qquad R.\ x > \frac{3}{4},\ x < \frac{2}{3}.$$

$$8x^2 - 6x + 1 < 0, \qquad R.\ x > \frac{1}{4},\ x < \frac{1}{2}.$$

XXX. Pour jauger les tonneaux on emploie les formules suivantes :

$$V_1 = \pi l \frac{R^2 + Rr + r^2}{3} \qquad \text{(deux troncs de cône ayant une base commune).}$$

$$V_2 = \pi l \left(\frac{5R + 3r}{8}\right)^2 \qquad \text{(Formule de Dez).}$$

$$V_3 = \pi l \left(\frac{2R + r}{3}\right)^2 \qquad \text{(Formule des octrois).}$$

$$V_4 = \pi l \frac{2R^2 + r^2}{3} \qquad \text{(Formule d'Ougthred ; c'est le volume d'un tronc d'ellipsoïde de révolution limité par deux parallèles équidistants de l'équateur).}$$

Dans ces formules R désigne le rayon du bouge, r celui des fonds et l la longueur de la pièce.

On demande de trouver, parmi ces formules, celle qui donne toujours le plus grand volume, et celle qui donne le plus petit.

$$R.\ \ V_1 < V_2 < V_3 < V_4.$$

CHAPITRE II

Équations qui se ramènent au second degré.

§ Ier. — ÉQUATIONS BICARRÉES.

269. *Définition.* — On appelle *équations bicarrées* des équations de la forme

$$ax^4 + bx^2 + c = 0,$$

c'est-à-dire des équations du quatrième degré qui ne renferment ni le terme en x^3, ni le terme en x.

270. *Résolution des équations bicarrées.* — On ramène facilement une équation bicarrée à une équation du second degré en posant

$$x^2 = y;$$

elle devient alors

$$ay^2 + by + c = 0,$$

et l'on en tire pour y deux valeurs que nous désignerons par y' et y''; les quatre racines de l'équation bicarrée, qui sont égales deux à deux et de signes contraires, seront donc

$$x_1 = + \sqrt{y'}, \quad x_2 = - \sqrt{y'},$$
$$x_3 = + \sqrt{y''}, \quad x_4 = - \sqrt{y''};$$

elles sont toutes comprises dans l'expression

$$x = \pm \sqrt{\frac{-b \pm \sqrt{b^2 - 4ac}}{2a}};$$

car cette formule renferme quatre combinaisons de signes.

271. *Discussion.* — Pour que les valeurs de x soient toutes réelles, il faut que leurs carrés, c'est-à-dire y' et y'', soient positifs; si y'' est négatif, les deux valeurs de x correspondantes sont imaginaires; si les deux racines y' et y'' sont négatives, ou bien imaginaires, les quatre valeurs de x sont imaginaires. Les résultats de cette discussion sont renfermés dans le tableau suivant ; on suppose toujours a positif.

$$1° \ b^2 - 4ac > 0 \begin{cases} c > 0 \begin{cases} b < 0, \ \text{4 racines réelles.} \\ b > 0, \ \text{4 racines imaginaires.} \end{cases} \\ c = 0 \begin{cases} b < 0, \ \text{2 racines nulles, 2 racines réelles.} \\ b > 0, \ \text{2 racines nulles, 2 racines imaginaires.} \end{cases} \\ c < 0 \quad b \gtrless 0, \ \text{2 racines réelles, 2 racines imaginaires.} \end{cases}$$

$$2° \ b^2 - 4ac = 0 \begin{cases} b < 0, \ \text{4 racines réelles 2 à 2 égales.} \\ b > 0, \ \text{4 racines imaginaires 2 à 2 égales.} \end{cases}$$

$3° \ b^2 - 4ac < 0$, les 4 racines sont imaginaires.

Conséquence. — Pour qu'une équation bicarrée ait ses racines réelles, il faut et il suffit que l'on ait à la fois

$$b^2 - 4ac \geqslant 0, \quad c \geqslant 0, \quad b < 0 ;$$

272. *Exemples :* 1° Soit à résoudre l'équation

$$x^4 - 25x^2 + 144 = 0,$$

posant $x^2 = y$, on a

$$y^2 - 25y + 144 = 0,$$

$$y = \frac{25 \pm \sqrt{625 - 4 \times 144}}{2} = \frac{25 \pm \sqrt{49}}{2},$$

$$y' = 16, \quad y'' = 9,$$

$$x_1 = 4, \quad x_2 = -4, \quad x_3 = 3, \quad x_4 = -3.$$

2° Soit à résoudre l'équation bicarrée

$$x^4 - 8x^2 - 9 = 0 ;$$

on a

$$y^2 - 8y - 9 = 0,$$

$$y = 4 \pm \sqrt{16 + 9} = 4 \pm 5,$$

$$y' = 9, \quad y'' = -1,$$

$$x_1 = 3, \quad x_2 = -3, \quad x_3 = +\sqrt{-1}, \quad x_4 = -\sqrt{-1}.$$

3° Soit encore l'équation

$$5x^4 + 7x^2 = 6732.$$

Les racines de l'équation en y sont

$$y' = -37,4, \qquad y'' = 36 ;$$

par conséquent deux des racines de l'équation proposée sont imaginaires et l'on a

$$x = \pm 6, \qquad x = \pm \sqrt{-37,4}.$$

273. *Remarque.* — On peut résoudre par un procédé analogue les équations trinômes de la forme

$$ax^{2n} + bx^n + c = 0 ;$$

en posant

$$x^n = y,$$

on est ramené à la résolution d'une équation du second degré.

Exemples : 1° Résoudre

$$9x^6 - 11x^3 = 488.$$

On pose $y = x^3$ et l'on résout l'équation

$$9y^2 - 11y - 488 = 0,$$

qui a pour racines 8 et $-\dfrac{61}{9}$; les racines de l'équation proposée sont donc

$$x = 2, \qquad x = \sqrt[3]{-\frac{61}{9}} = -1,89.$$

2° L'équation

$$(1) \qquad x^3 - 26 = 9\sqrt{x^3 - 4}$$

se ramène, quand on a élevé ses deux membres au carré, à

$$x^6 - 133x^3 + 1000 = 0 ;$$

en posant

$$x^3 = y,$$

on est conduit à résoudre l'équation

$$y^2 - 133y + 1000 = 0,$$

qui a pour racines

$$y' = 8, \quad x'' = 125;$$

on trouve donc

$$x = 2, \quad x = 5.$$

La seconde solution $x = 5$ satisfait à l'équation proposée, mais $x = 2$ est une solution étrangère qui convient à l'équation

(2)
$$x^3 - 26 = -9\sqrt{x^3 - 4}.$$

Un même calcul a fourni à la fois les racines des équations (1) et (2), parce qu'on a élevé au carré les deux membres de la première équation.

Autre solution plus simple. — L'équation (1) peut s'écrire

$$x^3 - 4 - 9\sqrt{x^3 - 4} = 22,$$

et si l'on pose

$$\sqrt{x^3 - 4} = z,$$

il faut résoudre l'équation du second degré

$$z^2 - 9z - 22 = 0,$$

qui a pour solution

$$z' = 11, \quad z'' = -2.$$

Ainsi,

$$x^3 - 4 = 121, \quad \text{ou} \quad x^3 = 125, \quad \text{par suite} \quad x = 5;$$

ou bien

$$x^3 - 4 = 4, \quad \text{ou} \quad x^3 = 8, \quad \text{par suite} \quad x = 2.$$

Mais cette dernière solution convient seulement à l'équation (2), et voici pourquoi : les racines de l'équation en z correspondante à (2) eussent été — 11 et + 2 ; or, il faut les élever au carré pour obtenir là valeur de $x^3 - 4$; donc les deux calculs sont identiques à partir de là pour les deux équations.

3° Résoudre l'équation

$$x^3 - x\sqrt{x} = 15500.$$

En posant $y = \sqrt{x^3}$, on obtient l'équation du second degré

$$y^2 - y - 15500 = 0 ;$$

elle a pour racines 125 et —124 ; on obtiendra donc x en résolvant les deux équations

$$x^3 = 125^2, \quad \text{ou} \quad x^3 = 5^6,$$
$$x^3 = 124^2, \quad \text{ou} \quad x^3 = 2^3 \cdot 1922 ;$$

elles fournissent pour x les valeurs

$$x = 25, \quad x = 2\sqrt[3]{1922} = 24{,}88.$$

Il est facile de voir que la première seule convient à l'équation proposée ; la seconde, 24,88, satisfait à l'équation

$$x^3 + x\sqrt{x} = 15500.$$

VARIATIONS D'UN TRINÔME DU QUATRIÈME DEGRÉ BICARRÉ.

274. Proposition. — *Le premier membre d'une équation bicarrée est le produit du coefficient de x^4 par quatre facteurs binômes du premier degré en x ; on les obtient en retranchant successivement de x les quatre racines de l'équation.*

Démonstration.—En effet, le premier membre $ax^4 + bx^2 + c$ peut s'écrire

$$a(x^2 - y')(x^2 - y''),$$

ainsi qu'on l'a vu au n° 251, ou bien

$$a(x + \sqrt{y'})(x - \sqrt{y'})(x + \sqrt{y''})(x - \sqrt{y''}),$$

c'est-à-dire

$$a(x - x_2)(x - x_1)(x - x_4)(x - x_3) ;$$

on aura donc

$$ax^4 + ba^2 + c = a(x - x_1)(x - x_2)(x - x_3)(x - x_4).$$

275. *Conséquence.* — Cette décomposition permet de résoudre les inégalités de la forme

$$y = ax^4 + bx^2 + c \gtrless 0.$$

En effet, les quatre racines de trinôme rangées par ordre de grandeur croissante sont x_2, x_4, x_3, x_1, et si l'on fait varier x depuis $-\infty$ jusqu'à x_2, qui est la plus petite racine, le trinôme du quatrième degré y sera de même signe que a, car les quatre facteurs binômes en x seront négatifs.

Pour $x = x_2, \quad y = 0.$

Pour x compris entre x_2 et x_4, le facteur $x - x_2$ est positif et les trois autres négatifs ; donc y est de signe contraire à a.

Pour $x = x_4, \quad y = 0.$

Lorsque x varie entre x_4 et x_3, les deux facteurs $x - x_2$, $x - x_4$ sont positifs et les deux autres sont négatifs, donc y a le même signe que a.

Pour $x = x_3, \quad y = 0.$

Lorsque x est compris entre x_3 et x_1, les trois facteurs $x - x_2$, $x - x_4$, $x - x_3$ sont positifs ; y est donc de signe contraire à a.

Pour $x = x_1, \quad y = 0.$

Enfin pour des valeurs de x supérieures à x_1, y est positif.

276. *Courbes figuratives.* —On peut représenter par une courbe les variations de grandeur de y ; la figure 42 représente les variations du trinôme $y = x^4 - 25x^2 + 144$ dont les racines sont 4, 3, —3 et —4 (n° 272) ; on voit que la

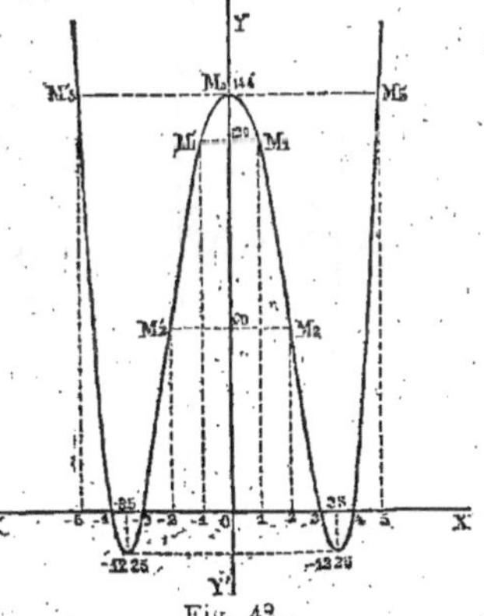

Fig. 42.

courbe coupe quatre fois l'axe des x; elle reste au-dessous de cet axe pour les valeurs de x comprises entre 4 et 3, puis entre -4 et -3. Pour toutes les autres, y est positif et la courbe reste au-dessus de l'axe horizontal. Si donc on devait satisfaire à l'inégalité

$$x^4 - 25x^2 + 144 < 0,$$

il ne faudrait donner à x que des valeurs comprises entre 3 et 4, ou bien entre -3 et -4.

2° Soit à résoudre l'inégalité

$$x^4 - 8x^2 - 9 > 0.$$

Nous avons vu (n° 272) que les racines du premier membre sont ± 3, $\pm\sqrt{-1}$; on a donc, en décomposant le trinôme en facteurs,

$$x^4 - 8x^2 - 9 = (x-3)(x+3)(x-\sqrt{-1})(x+\sqrt{-1})$$

ou

$$x^4 - 8x^2 - 9 = (x-3)(x+3)(x^2+1);$$

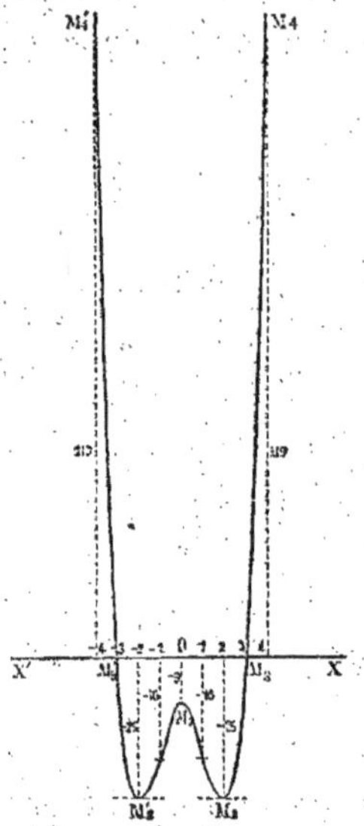

comme le facteur $x^2 + 1$ est toujours positif quel que soit x, pour que y soit positif il suffit d'attribuer à x des valeurs non comprises entre -3 et $+3$. La courbe figurative ci-jointe (*fig. 43*) montre également que l'inégalité est satisfaite seulement pour des valeurs de x comprises entre $-\infty$ et -3 ou bien pour des valeurs comprises entre $+3$ et $+\infty$.

Fig. 43.

277. SIMPLIFICATION DES RACINES DE L'ÉQUATION BICARRÉE. — Nous avons vu que les racines de cette équation, se présentant sous la forme

$$\sqrt{A \pm \sqrt{B}},$$

renferment deux radicaux superposés.

On peut souvent simplifier des expressions de ce genre et les mettre sous la forme de deux radicaux simples.

Pour trouver dans quels cas cette simplification est possible, posons

$$(1) \qquad \sqrt{A \pm \sqrt{B}} = \sqrt{x} \pm \sqrt{y},$$

x et y étant des inconnues qui doivent être commensurables.

En élevant les deux membres de cette équation au carré, nous aurons

$$(2) \qquad A \pm \sqrt{B} = x + y \pm 2\sqrt{xy}.$$

Il est facile de voir que cette équation entre quantités commensurables et entre quantités incommensurables se décompose en deux ; il faut que l'on ait séparément

$$A = x + y,$$
$$\sqrt{B} = 2\sqrt{xy} ;$$

en effet, l'équation (2) peut s'écrire

$$A - x - y \pm \sqrt{B} = \pm 2\sqrt{xy},$$

et, en élevant au carré ses deux membres, on trouve

$$(A - x - y)^2 + B \pm 2(A - x - y)\sqrt{B} = 4xy ;$$

comme, par hypothèse, x et y doivent être commensurables, cette égalité est impossible, à moins que le coefficient de $\sqrt{B}$ ne soit nul ; on doit donc avoir, comme conséquence de l'équation (2),

$$A = x + y,$$

et, par suite,

$$B = 4xy \quad \text{ou} \quad xy = \frac{B}{4}.$$

Ainsi la recherche des quantités x et y revient à celle de deux nombres dont la somme et le produit sont connus ; ces quantités x et y seront donc racines de l'équation du second degré

$$z^2 - Az + \frac{B}{4} = 0,$$

d'où

$$z = \left\{ \begin{matrix} x \\ y \end{matrix} \right\} = \frac{A \pm \sqrt{A^2 - B}}{2};$$

par conséquent *la transformation précédente n'est possible que si* $A^2 - B$ *est carré parfait.*

Supposons cette condition remplie et posons

$$A^2 - B = k^2;$$

nous aurons

$$z = \frac{A \pm k}{2},$$

d'où

$$x = \frac{A + k}{2}, \quad y = \frac{A - k}{2},$$

et

$$\sqrt{A \pm \sqrt{B}} = \sqrt{\frac{A + k}{2}} \pm \sqrt{\frac{A - k}{2}}.$$

Applications. — 1° Transformer $\sqrt{8 - 2\sqrt{15}};$

$$A = 8, \quad B = 4 \times 15, \quad A^2 - B = 64 - 60 = 4, \quad k = 2;$$

on a donc

$$\sqrt{8 - 2\sqrt{15}} = \sqrt{\frac{8 + 2}{2}} - \sqrt{\frac{8 - 2}{2}} = \sqrt{5} - \sqrt{3}.$$

2°

$$\sqrt{a^2 + 2x\sqrt{a^2 - x^2}};$$

Ici $A = a^2$, $B = 4a^2x^2 - 4x^4$, $A^2 - B = a^4 - 4a^2x^2 + 4x^4$,

$$k = a^2 - 2x^2,$$

$$\sqrt{a^2 + 2x\sqrt{a^2 - x^2}} = \sqrt{\frac{2a^2 - 2x^2}{2}} + \sqrt{\frac{2x^2}{2}}$$

$$= x + \sqrt{a^2 - x^2}.$$

3º On a vu en géométrie que le côté x d'un polygone régulier de $2n$ côtés inscrit dans un cercle de rayon R se déduit du côté c du polygone de n côtés à l'aide de la formule

$$x = \sqrt{2R\left(R - \sqrt{R^2 - \frac{c^2}{4}}\right)};$$

on peut transformer le second membre en une somme de deux radicaux simples :

$$A = 2R^2, \quad B = 4R^4 - c^2R^2, \quad A^2 - B = c^2R^2, \quad k = cR,$$

$$x = \sqrt{\frac{2R^2 + cR}{2}} - \sqrt{\frac{2R^2 - cR}{2}}$$

$$= \sqrt{R\left(R + \frac{c}{2}\right)} - \sqrt{R\left(R - \frac{c}{2}\right)}.$$

278. *Remarque.* — Si l'on impose, comme plus haut, cette condition que x et y aient des valeurs rationnelles, l'équation (2) se décompose nécessairement en deux autres. — Si x et y ne sont plus rationnels, c'est-à-dire si $A^2 - B$ n'est pas un carré parfait, la séparation de cette équation en deux autres n'est plus forcée, mais elle est toujours permise, parce que, les inconnues x et y n'étant assujetties à vérifier qu'une seule équation (1), on peut les astreindre à la condition $x + y = A$. Toute la suite du calcul peut donc s'appliquer encore dans le cas général et l'on aura toujours

$$\sqrt{A \pm \sqrt{B}} = \sqrt{\frac{A + \sqrt{A^2 - B}}{2}} \pm \sqrt{\frac{A - \sqrt{A^2 - B}}{2}}.$$

§ II. — ÉQUATIONS DU QUATRIÈME DEGRÉ RÉCIPROQUES.

279. *Définition.* — *Une équation est réciproque lorsque ses racines sont deux à deux inverses ou réciproques l'une de l'autre; c'est-à-dire lorsqu'à chaque racine* α *correspond également la racine* $\frac{1}{\alpha}$.

280. PROPOSITION. — *Une équation du quatrième degré dans laquelle les coefficients à égale distance des extrêmes sont égaux et de mêmes signes est réciproque.*

Soit l'équation

$$(1) \qquad ax^4 + bx^3 + cx^2 + bx + a = 0;$$

il est facile de voir que, si α est racine, $\dfrac{1}{\alpha}$ le sera aussi. En effet, si α est racine de l'équation (1), on a l'identit

$$(2) \qquad a\alpha^4 + b\alpha^3 + c\alpha^2 + b\alpha + a = 0,$$

et, en divisant les deux membres par α^4, on obtient une nouvelle identité

or, ceci n'est autre chose que le résultat de la substitution de

$$(3) \quad a + b \times \frac{1}{\alpha} + c \times \left(\frac{1}{\alpha}\right)^2 + b \times \left(\frac{1}{\alpha}\right)^3 + a \times \left(\frac{1}{\alpha}\right)^4 = 0;$$

$\dfrac{1}{\alpha}$ à la place de x dans (1). Donc (1) admet aussi la solution $\dfrac{1}{\alpha}$

281. PROBLÈME. — *Résoudre une équation réciproque de la forme $ax^4 + bx^3 + cx^2 + bx + a = 0$.*

Solution. — On divise les deux membres par x^2 et l'on a

$$ax^2 + bx + c + \frac{b}{x} + \frac{a}{x^2} = 0,$$

ou

$$a\left(x^2 + \frac{1}{x^2}\right) + b\left(x + \frac{1}{x}\right) + c = 0.$$

Si l'on pose

$$x + \frac{1}{x} = y,$$

on a, par l'élévation au carré,

$$x^2 + \frac{1}{x^2} + 2 = y^2, \qquad \text{ou} \qquad x^2 + \frac{1}{x^2} = y^2 - 2,$$

et, en substituant, on trouve

$$a(y^2 - 2) + by + c = 0,$$

ou

$$ay^2 + by - 2a + c = 0.$$

Cette équation donnera deux valeurs, y' et y'', pour y ; en les substituant successivement dans l'équation

$$x + \frac{1}{x} = y, \quad \text{ou} \quad x^2 - xy + 1 = 0,$$

on obtiendra les deux équations du second degré

$$x^2 - xy' + 1 = 0, \quad x^2 - xy'' + 1 = 0,$$

qui, résolues, donneront les quatre racines de l'équation proposée.

Exemple. Soit à résoudre l'équation

$$2x^4 + x^3 - 11x^2 + x + 2 = 0;$$

on peut l'écrire

$$2\left(x^2 + \frac{1}{x^2}\right) + \left(x + \frac{1}{x}\right) - 11 = 0,$$

et l'équation en y est

$$2y^2 + y - 15 = 0;$$

elle a pour racines

$$y' = \frac{5}{2}, \quad y'' = -3,$$

et l'on n'a plus qu'à résoudre les deux équations

$$x^2 - \frac{5}{2}x + 1 = 0, \quad x^2 + 3x + 1 = 0;$$

elles ont pour racines

$$x_1 = 2, \quad x_2 = \frac{1}{2}, \quad x_3 = \frac{-3 + \sqrt{5}}{2}, \quad x_4 = \frac{-3 - \sqrt{5}}{2};$$

ce sont les racines de la proposée.

282. PROPOSITION. — *Une équation du quatrième degré privée du terme en x^2 est réciproque, lorsque les coefficients à égale distance des extrêmes sont égaux et de signes contraires.*

Ainsi l'équation

$$ax^4 + bx^3 - bx - a = 0$$

est réciproque. En effet, si α est racine de cette équation, on a l'identité

$$a\alpha^4 + b\alpha^3 - b\alpha - a = 0,$$

de laquelle on déduit, en divisant par α^4 ses deux membres, l'identité

$$a + b\frac{1}{\alpha} - b \times \left(\frac{1}{\alpha}\right)^2 - a \times \left(\frac{1}{\alpha}\right)^4 = 0,$$

qui revient à

$$a\left(\frac{1}{\alpha}\right)^4 + b \times \left(\frac{1}{\alpha}\right)^2 - b \times \frac{1}{\alpha} - a = 0.$$

Or, c'est précisément le résultat de la substitution de $\frac{1}{\alpha}$ à la place de x dans l'équation proposée, et, comme ce résultat est nul, $\frac{1}{\alpha}$ est racine de cette équation.

283. PROBLÈME. — *Résoudre une équation réciproque du quatrième degré, privée du terme du milieu.*

Solution. — On peut écrire cette équation

$$a(x^4 - 1) + bx(x^2 - 1) = 0;$$

son premier membre est divisible par $x^2 - 1$; on peut donc écrire l'équation proposée sous la forme

$$(x^2 - 1)\left[a(x^2 + 1) + bx\right] = 0.$$

Ainsi les solutions cherchées sont celles des deux équations

$$x^2 - 1 = 0, \quad ax^2 + bx + a = 0,$$

c'est-à-dire

$$x = \pm 1, \qquad x = \frac{-b \pm \sqrt{b^2 - 4a^2}}{a}.$$

Exemple. Soit à résoudre l'équation

$$x^4 - 3x^3 + 3x - 1 = 0;$$

on peut l'écrire

$$(x^2 - 1)(x^2 - 3x + 1) = 0.$$

Égalant à zéro chacun des facteurs, on obtient

$$x^2 - 1 = 0, \quad \text{d'où} \quad x = \pm 1,$$

$$x^2 - 3x + 1 = 0, \quad \text{d'où} \quad x = \frac{3 \pm \sqrt{5}}{2}.$$

§ III. — Inconnues auxiliaires et artifices de calcul.

284. Nous avons ramené au second degré les équations bicarrées et les équations réciproques du quatrième degré, en prenant pour inconnues auxiliaires x^2 et $x + \dfrac{1}{x}$, c'est-à-dire des fonctions de l'inconnue. Un artifice analogue réussit pour les équations du quatrième degré qui peuvent être mises sous la forme

$$A(ax^2 + bx + c)^2 + B(ax^2 + bx + c) + C = 0.$$

En effet, posant

$$ax^2 + bx + c = y,$$

on obtient l'équation

$$Ay^2 + By + C = 0,$$

qui donne pour y deux valeurs y' et y''. On résoudra donc séparément les deux équations

$$ax^2 + bx + c = y', \qquad ax^2 + bx + c = y'',$$

et l'on obtiendra les quatre racines de l'équation du quatrième degré.

Exemples : 1° $4x^4 + \dfrac{x}{2} = 4x^3 + 33$.

Ajoutant et retranchant x^2, on peut écrire cette équation

$$4x^4 - 4x^3 + x^2 - x^2 + \frac{x}{2} = 33$$

ou

$$(2x^2 - x)^2 - \frac{1}{2}(2x^2 - x) - 33 = 0.$$

Posant

$$y = 2x^2 - x,$$

on a l'équation

$$2y^2 - y - 66 = 0,$$

qui a pour racines

$$y' = 6, \quad y'' = -\frac{11}{2}.$$

On aura donc à résoudre les équations

$$2x^2 - x - 6 = 0, \quad \text{d'où} \quad x_1 = 2, \quad x_2 = -\frac{3}{2},$$

$$2x^2 - x + \frac{11}{2} = 0, \quad \text{d'où} \quad x = \frac{1 \pm \sqrt{-43}}{4}.$$

2° Soit à résoudre

$$x^2 - 7x + \sqrt{x^2 - 7x + 18} = 24.$$

Cette équation peut s'écrire

$$x^2 - 7x + 18 + \sqrt{x^2 - 7x + 18} = 42,$$

et, en posant

$$x^2 - 7x + 18 = y^2,$$

elle devient

$$y^2 + y - 42 = 0.$$

Les racines de cette équation sont

$$y' = 6, \quad y'' = 7,$$

et la question revient à résoudre les équations

$$x^2 - 7x + 18 = 36, \quad \text{ou} \quad x^2 - 7x - 18 = 0,$$
$$x^2 - 7x + 18 = 49, \quad \text{ou} \quad x^2 - 7x - 31 = 0;$$

leurs solutions sont

$$9, \quad -2, \quad \frac{7 \pm \sqrt{173}}{2};$$

mais les deux premières 9 et —2 conviennent seules à l'équation proposée ; les deux autres répondent à une seconde équation dans laquelle le radical serait précédé du signe —. Il est facile de s'en rendre compte en remarquant que cette seconde équation conduirait à l'équation $y^2 - y - 42 = 0$, qui aurait pour racines —6 et 7 ; les carrés de ces racines sont encore 36 et 49 et les deux calculs sont identiques à partir de ce point.

3° Soit encore à résoudre

$$(x+2)^2 + 2\sqrt{x}(x+2) - 3\sqrt{x} = 46 + 2x;$$

cette équation se réduit à la suivante :

$$x^2 + 2x\sqrt{x} + 2x + \sqrt{x} = 42,$$

que l'on peut écrire

$$(x + \sqrt{x})^2 + (x + \sqrt{x}) = 42.$$

Si l'on pose

$$x + \sqrt{x} = y,$$

on obtient l'équation

$$y^2 + y - 42 = 0,$$

qui a pour solutions

$$y' = 6, \quad y'' = -7.$$

On résoudra donc les deux équations

$$x + \sqrt{x} = 6, \qquad \text{ou} \qquad x^2 - 13x + 36 = 0,$$
$$x + \sqrt{x} = -7, \qquad \text{ou} \qquad x^2 + 13x + 49 = 0;$$

la première a pour racines

$$9 \text{ et } 4,$$

les racines de la seconde sont imaginaires

$$\frac{-13 \pm 3\sqrt{-3}}{2}.$$

On peut vérifier que 4 et $\dfrac{-13 - 3\sqrt{-3}}{2}$ conviennent seules à l'équation proposée ; les deux autres racines satisfont à une équation qui ne diffère de la première que par le signe de $\sqrt{x}$.

§ IV. — DÉCOMPOSITION DU PREMIER MEMBRE DE L'ÉQUATION EN FACTEURS.

285. Toutes les fois que l'on peut décomposer en facteurs le premier membre d'une équation, on ramène sa résolution à celle d'équations de degré moindre et souvent les formules établies pour le second degré permettent de terminer le calcul.

Exemples : 1. L'équation

$$x^3 + x^2 - 4x - 4 = 0$$

revient à

$$x^2(x + 1) - 4(x + 1) = 0, \quad \text{ou à} \quad (x^2 - 4)(x + 1) = 0;$$

les racines seront donc

$$\pm 2 \quad \text{et} \quad -1.$$

2. L'équation

$$8x^3 + 16x - 9 = 0$$

revient à

$$8x^3 - 1 + 16x - 8 = 0;$$

son premier membre peut donc s'écrire

$$(2x)^3 - 1 + 2x - 1 = (2x - 1)(4x^2 + 2x + 2)$$
$$= 2(2x - 1)(2x^2 + x + 1);$$

ce premier membre sera donc nul pour les valeurs de x qui satisfont aux équations

$$2x - 1 = 0, \quad \text{d'où} \quad x = \frac{1}{2},$$

$$2x^2 + x + 1 = 0, \quad \text{d'où} \quad x = \frac{-1 \pm \sqrt{-7}}{4}.$$

3. L'équation

$$2x^5 - x^4 - 4x^3 - 4x^2 - x + 2 = 0$$

peut s'écrire

$$2(x^5 + 1) - x(x^3 + 1) - 4x^2(x + 1) = 0,$$

ou

$$(x + 1)\left[2(x^4 - x^3 + x^2 - x + 1) - x(x^2 - x + 1) - 4x^2\right] = 0,$$

ou

$$(x + 1)(2x^4 - 3x^3 - x^2 - 3x + 2) = 0;$$

elle admet donc d'abord la solution

$$x + 1 = 0, \quad \text{ou} \quad x = -1,$$

puis les racines de l'équation réciproque

$$2x^4 - 3x^3 - x^2 - 3x + 2 = 0,$$

c'est-à-dire

$$2, \quad \frac{1}{2}, \quad \frac{1}{2}(-1 \pm \sqrt{-3}).$$

4. On résoudrait de même l'équation

$$16x^6 - 64x^5 - x^4 + x^3 + 64x - 16 = 0,$$

dont le premier membre peut se mettre sous la forme

$$16(x^6-1)-64x(x^4-1)-x^2(x^2-1);$$

on voit qu'il est divisible par x^2-1 et est égal à

$$(x^2-1)(16x^4-64x^3+15x^2-64x+16).$$

Par suite, les racines de la proposée sont celles des équations

$$x^2-1=0, \quad \text{d'où} \quad x=\pm1,$$

et

$$16x^4-64x^3+15x^2-64x+16=0, \quad \text{d'où}$$

$$x=4, \ \frac{1}{4}, \quad \frac{1}{8}(-1\pm\sqrt{-63}).$$

5. L'équation

$$x^4+2x^3-11x^2+4x+4=0$$

peut s'écrire

$$x^2(x^2+2x+1)+4x(x+1)+4=16x^2,$$

ou

$$x^2(x+1)^2+4x(x+1)+4=16x^2,$$

ou

$$\left[x(x+1)+2\right]^2-16x^2=0.$$

Le premier membre étant la différence de deux carrés, on peut le décomposer en deux facteurs ; en égalant chacun d'eux à zéro, on aura la solution de l'équation proposée

$$x^2+5x+2=0, \quad \text{d'où} \quad x=\frac{-5\pm\sqrt{17}}{2},$$

$$x^2-3x+2=0, \quad \text{d'où} \quad x=2, \quad x=1.$$

6. Soit encore à résoudre l'équation

$$x^4+4a^3x=a^4;$$

on peut l'écrire

$$x^4 + a^4 + 2a^2x^2 = 2a^4 + 2a^2x^2 - 4a^3x,$$

ce qui revient à

$$(x^2 + a^2)^2 - 2a^2(x - a)^2 = 0;$$

on décompose en deux facteurs cette différence de deux carrés et l'on obtient, en égalant à zéro chacun d'eux, les équations

$$x^2 + a^2 + a\sqrt{2}(x - a) = 0,$$
$$x^2 + a^2 - a\sqrt{2}(x - a) = 0,$$

dont les racines conviennent à l'équation proposée.

EXERCICES

I. Résoudre les équations bicarrées suivantes :

1. $x^4 - 74x^2 + 1225 = 0$.   R. ± 7, ± 5.

2. $5x^4 + 7x^2 - 6732 = 0$.   R. ± 6.

3. $x^4 - 25x^2 + 144 = 0$.   R. ± 3, ± 4.

4. $x + 4 + \sqrt{\dfrac{x+4}{x-4}} = \dfrac{12}{x-4}$.   R. ± 5, $\pm 4\sqrt{2}$.

5. $\left(x - \dfrac{ab}{x}\right)^2 = \dfrac{a}{2}(a + b)\left(1 + \dfrac{a^2}{x^2}\right)$.

$$R.\ x = \pm\sqrt{a(a + 2b)}\quad \text{ou}\quad \pm\sqrt{\dfrac{a(b - a)}{2}}.$$

6. $(x + 1)^5 + (x - 1)^5 = 19\,[(x + 1)^3 + (x - 1)^3]$.

$$R.\ 0,\ \pm\sqrt{13},\ \pm 2\sqrt{-1}.$$

7. $\dfrac{5}{x-1} + \dfrac{4}{x+2} + \dfrac{21}{x-3} = \dfrac{5}{x+1} + \dfrac{4}{x-2} + \dfrac{21}{x+3}$.

$$R.\ \pm\sqrt{2},\ \pm\sqrt{3}.$$

II. Trouver les cinq racines de l'équation

$$x^5 + 4x = 5x^3. \qquad R.\ 0,\ 1,\ -1,\ 2,\ -2.$$

III. Former une équation bicarrée dont les racines soient $\pm 3,\ \pm 5$.

$$R.\ x^4 - 34x^2 + 225 = 0.$$

IV. Simplifier l'expression

$$\frac{x^4 - 34x^2 + 225}{x^4 - 25x^2 + 144}.$$

$$R.\ \frac{x^2 - 25}{x^2 - 16}.$$

V. Quelle valeur faut-il attribuer à m pour que l'équation

$$x^4 - x^2 - m = 0$$

ait ses quatre racines réelles?

$$R.\ m \text{ doit être compris entre } 0 \text{ et } -\frac{1}{4}.$$

VI. Étant donnée l'équation $Ax^4 + Bx^2 + C = 0$, trouver la somme des racines, celle de leurs carrés et celle de leurs quatrièmes puissances. — Plus généralement, trouver la somme d'une puissance quelconque, paire ou impaire, des racines d'une équation bicarrée.

VII. Résoudre l'équation réciproque du troisième degré

$$x^3 + px^2 - px - 1 = 0.$$

Quelle est la condition pour que ses racines soient réelles?

$$R.\ x = 1,\ \frac{-(p+1) \pm \sqrt{p^2 + 2p - 3}}{2}.$$

VIII. Résoudre les équations réciproques suivantes :

1. $\qquad x^4 + px^3 + qx^2 + px + 1 = 0.$

2. $\qquad x^5 + px^4 + qx^3 + qx^2 + px + 1 = 0.$

3.
$$x^5 + px^4 + qx^3 - qx^2 - px - 1 = 0.$$

4. $x^4 + 4x^3 + 4x + 1 = \dfrac{57x^2}{4}.$ $R.\ 2,\ \dfrac{1}{2},\ \dfrac{-13 \pm \sqrt{153}}{4}.$

5. $x^4 - 10x^3 + 26x^2 - 10x + 1 = 0.$

$$R.\ 3 \pm 2\sqrt{2},\ 2 \pm \sqrt{3}.$$

6. $x^4 + 5x^3 + 2x^2 + 5x + 1 = 0.$

$$R.\ \frac{1}{2}(-5 \pm \sqrt{21}),\ \pm\sqrt{-1}.$$

7. $x^4 - \dfrac{5}{2}x^3 + 2x^2 - \dfrac{5}{2}x + 1 = 0.$

$$R.\ 2,\ \frac{1}{2},\ \pm\sqrt{-1}.$$

8. $2x^4 - 5x^3 + 6x^2 - 5x + 2 = 0.$

$$R.\ 1,\ 1,\ \frac{1}{4}(1 \pm \sqrt{-15}).$$

9. $x^4 - 3x^3 - 2x^2 - 3x + 1 = 0.$

$$R.\ 2 \pm \sqrt{3},\ -\frac{1}{2} \pm \frac{1}{2}\sqrt{-3}.$$

10. $3x^4 + 2x^3 - 34x^2 + 2x + 3 = 0.$

$$R.\ 3,\ \frac{1}{3},\ -2 \pm \sqrt{3}.$$

IX. Résoudre par le second degré en employant des inconnues auxiliaires les équations suivantes :

1. $60 - 4\sqrt{x^2 + x + 6} = x^2 + x + 6.$

$$R.\ 5,\ 6,\ \frac{-1 \pm \sqrt{377}}{2},$$

2. $x^2 - 2x + 6\sqrt{x^2 - 2x + 5} = 11.$

$R.\ 1,\ 1$; on prend $\sqrt{x^2 - 2x + 5}$ pour inconnue auxiliaire; les solutions $1 \pm 2\sqrt{15}$ conviendraient si le radical était négatif.

$$3. \qquad x + 4 + \sqrt{\frac{x+4}{x-4}} = \frac{12}{x-4}.$$

R. Prenant $\sqrt{x^2 - 16}$ pour inconnue auxiliaire, on trouve

$$\pm 5, \ \pm 4\sqrt{2}.$$

$$4. \qquad 2x^2 - 2x + 10\sqrt{x^2 - 5x + 6} = 3(x + 11).$$

$$\textit{R. } 3, \ -\frac{1}{2}, \ \frac{5 \pm \sqrt{1329}}{4}.$$

$$5. \qquad \frac{x}{a+x} + \frac{a}{\sqrt{a+x}} = \frac{6a^2}{x}.$$

R. On pose $\dfrac{x}{\sqrt{a+x}} = 2y$ et l'on est conduit à résoudre les équations

$$x^2 = 9\,a^2\,(a+x), \quad x^2 = 4\,a^2\,(a+x).$$

$$6. \qquad \sqrt{a+x} + \sqrt{a-x} = \sqrt{\frac{3b^2 + x^2}{a+b}}.$$

R. Prenant $\sqrt{a^2 - x^2}$ pour inconnue auxiliaire, on trouve

$$x = \pm\sqrt{2ab - b^2}, \ \text{ou} \ \pm\sqrt{-6ab - 9b^2}.$$

$$7. \qquad x^3 - (\sqrt{x})^3 = 15500.$$

R. 25, la seconde racine 24,87 convient à l'équation

$$x^3 + (\sqrt{x})^3 = 15\,500.$$

$$8. \qquad 5^x + \frac{125}{5^x} = 30. \qquad \textit{R. } 1, \ 2.$$

$$9. \qquad 5x - 7x^2 + 8\sqrt{7x^2 - 5x + 1} = 8.$$

$$\textit{R. } 3, \ -\frac{16}{7}, \ 0, \ \frac{5}{7}.$$

10. Résoudre l'équation

$$\frac{x}{3+x} + \frac{3}{\sqrt{3+x}} = \frac{4}{x}.$$

R. Prenant $\dfrac{x}{\sqrt{3+x}}$ pour inconnue auxiliaire, on trouvera

$$x_1 = 2{,}303, \quad x_2 = -1{,}303, \quad x_3 = 18{,}583, \quad x_4 = -2{,}583.$$

On vérifiera que x_1 et x_4 conviennent seules, que x_2 et x_3 satisfont à l'équation

$$\frac{x}{3+x} - \frac{3}{\sqrt{3+x}} = \frac{4}{x}.$$

11.
$$(x+1)(x+2)(x+3)(x+4)$$
$$= (x+1)^2 + (x+2)^2 + (x+3)^2 + (x+4)^2.$$

R. Posant $x + \dfrac{5}{2} = y$, on trouvera $y^2 = \dfrac{13}{4} \pm \sqrt{15}$.

X. Résoudre l'équation exponentielle

$$5^{2x} + 625 = 26.5^{x+1}. \qquad R.\ 1 \text{ et } 3.$$

XI. Résoudre les deux équations du troisième degré

$$6x^3 - 5x^2 + x = 0. \qquad R.\ 0,\ \frac{1}{2},\ \frac{1}{3}.$$

$$ax^3 + x + a + 1 = 0. \qquad R.\ -1,\ \frac{1}{2} \times \left(1 \pm \sqrt{-3 - \frac{4}{a}}\right).$$

XII. Transformer les expressions numériques suivantes en une somme de deux radicaux simples :

1. $\sqrt{4 + 2\sqrt{3}}.$ $\qquad R.\ 1 + \sqrt{3}.$

2. $\sqrt{8 + 2\sqrt{15}}.$ $\qquad R.\ \sqrt{5} + \sqrt{3}.$

3. $\sqrt{7 - 4\sqrt{3}}.$ $\qquad R.\ 2 - \sqrt{3}.$

4. $\sqrt{52 + 30\sqrt{3}}.$ $\qquad R.\ 5 + 3\sqrt{3}.$

5. $\sqrt{7+2\sqrt{10}}.$ $R.\ \sqrt{5}+\sqrt{2}.$

6. $\sqrt{76+32\sqrt{3}}.$ $R.\ 8+2\sqrt{3}.$

7. $\sqrt{18+8\sqrt{5}}.$ $R.\ \sqrt{10}+2\sqrt{2}.$

8. $\sqrt{49+12\sqrt{13}}.$ $R.\ 6+\sqrt{13}.$

9. $\sqrt{75-12\sqrt{21}}.$ $R.\ 3\sqrt{7}-2\sqrt{3}.$

10. $\sqrt{39\pm6\sqrt{42}}.$ $R.\ \sqrt{21}\pm3\sqrt{2}.$

XIII. Transformer les expressions littérales suivantes en une somme de deux radicaux simples :

1. $\sqrt{1+\sqrt{1-m^2}}.$ $R.\ \sqrt{\dfrac{1+m}{2}}+\sqrt{\dfrac{1-m}{2}}.$

2. $\sqrt{2a+2\sqrt{a^2-b^2}}.$ $R.\ \sqrt{a+b}+\sqrt{a-b}.$

3. $\sqrt{mn-2m\sqrt{mn-m^2}}.$ $R.\ m-\sqrt{mn-m^2}.$

4. $\sqrt{a+b+c+2\sqrt{ac+bc}}.$ $R.\ \sqrt{a+b}+\sqrt{c}.$

5. $\sqrt{2+2(1-x)\sqrt{1+2x-x^2}}.$ $R.\ 1-x+\sqrt{1+2x-x^2}.$

6. $\sqrt{(a+b)^2-4(a-b)\sqrt{ab}}.$ $R.\ a-b-2\sqrt{ab}.$

7. $\sqrt{ab+c^2+\sqrt{(a^2-c^2)(b^2-c^2)}}.$

$$R.\ \sqrt{\frac{(a+c)(b+c)}{2}}+\sqrt{\frac{(a-c)(b-c)}{2}}.$$

8. $\sqrt{bc+2b\sqrt{bc-b^2}}+\sqrt{bc-2b\sqrt{bc-b^2}}.$ $R.\ 2b.$

CHAPITRE III

Équations simultanées du second degré à deux inconnues.

§ Ier.—CAS D'UNE ÉQUATION DU SECOND DEGRÉ ET D'UNE DU PREMIER.

286. Soient les équations

(1)
(2)
$$ax^2 + bxy + cy^2 + dx + ey + f = 0,$$
$$mx + ny = p;$$

on tirera de la seconde

(3)
$$y = \frac{p - mx}{n},$$

et, substituant cette valeur dans la première équation, on obtiendra

$$ax^2 + bx\frac{p - mx}{n} + c\left(\frac{p - mx}{n}\right)^2 + dx + e\frac{p - mx}{n} + f = 0,$$

équation du second degré à une inconnue qui donnera pour x deux valeurs x' et x''. En les substituant dans l'équation (3), on obtiendra les valeurs correspondantes de y.

Ainsi, le système précédent admet en général deux solutions.

Exemple. Soit à résoudre

$$x^2 + y^2 + 4x - 6y = 13,$$
$$3x - 2y = 1.$$

Éliminant y, on trouve l'équation du second degré

$$13x^2 - 26x - 39 = 0, \quad \text{ou} \quad x^2 - 2x - 3 = 0,$$

qui a pour solutions

$$x' = 3, \quad x'' = -1;$$

les valeurs correspondantes de y sont

$$y' = 4, \quad y'' = -2.$$

§ II. — CAS DE DEUX ÉQUATIONS DU SECOND DEGRÉ A DEUX INCONNUES.

287. Soit à résoudre les deux équations simultanées

$$(1) \qquad ax^2 + bxy + cy^2 + dx + ey + f = 0,$$

$$(2) \qquad a'x^2 + b'xy + c'y^2 + d'x + e'y + f' = 0.$$

1° *L'une des équations peut se décomposer en deux facteurs rationnels du premier degré.* Dans ce cas on peut toujours achever le calcul à l'aide des formules du second degré.

En effet, résolvons la première par rapport à y comme si x était connu, nous aurons

$$y = \frac{-(bx + e) \pm \sqrt{(bx + e)^2 - 4c(ax^2 + dx + f)}}{2c}.$$

La quantité soumise au radical peut s'écrire

$$(b^2 - 4ac)x^2 + 2(be - 2cd)x + e^2 - 4cf;$$

pour qu'elle soit un carré parfait il faut que l'on ait

$$(be - 2cd)^2 = (b^2 - 4ac)(e^2 - 4cf).$$

Lorsque cette condition sera remplie, les valeurs de y seront rationnelles et l'on aura

$$y = \frac{-bx - e \pm (Ax + B)}{2c},$$

$Ax + B$ désignant la racine carrée de la quantité soumise au radical; on en déduira

$$y' = \frac{(A - b)x + B - e}{2c}, \quad y'' = -\frac{(A + b)x + B + e}{2c},$$

et le premier membre de l'équation (1) sera le produit de deux facteurs rationnels du premier degré (n° 251)

$$c(y - y')(y - y'') = 0;$$

cette équation sera donc satisfaite d'abord par les valeurs de x et de y qui vérifient l'équation

$$(3) \qquad y = \frac{(A - b)x + B - e}{2c},$$

puis par celles qui, annulant le second facteur, satisfont à l'équation

$$(4) \qquad y = -\frac{(A + b)x + B + e}{2c}.$$

La question revient donc à résoudre successivement les deux systèmes $\big[(2), (3)\big]$ et $\big[(2), (4)\big]$; chacun d'eux, étant formé d'une équation du premier degré et d'une du second, conduira (n° 286) à une équation finale du second degré en x et l'on trouvera quatre valeurs pour cette inconnue; en les substituant dans les équations (3) et (4), on tirera les valeurs correspondantes de y.

Application numérique. — Soit à résoudre les équations

$$2x^2 - 5xy + 3y^2 + 3x - 2y - 5 = 0,$$
$$x^2 + xy - y^2 + x - y - 6 = 0.$$

De la première on tire

$$y = \frac{5x + 2 \pm \sqrt{x^2 - 16x + 64}}{6} = \frac{5x + 2 \pm (x - 8)}{6},$$

d'où

$$y = x - 1, \quad y = \frac{2x + 5}{3}.$$

Substituant ces valeurs de y dans la seconde des équations proposées, on trouve d'abord, pour $y = x - 1$, l'équation

$$x^2 + x - 6 = 0,$$

dont les racines sont

$$x_1 = 2, \quad x_2 = -3,$$

et les valeurs correspondantes de y sont

$$y_1 = 1, \quad y_2 = -4;$$

puis, pour $y = \dfrac{2x+5}{3}$, on trouve l'équation

$$x^2 - 2x - 94 = 0 :$$

ses racines sont

$$x_3 = 3{,}015, \quad x_4 = -2{,}834,$$

et fournissent les valeurs de y

$$y_3 = 3{,}677, \quad y_4 = -0{,}224.$$

Ainsi le système proposé admet les quatre solutions :

$$x_1 = 2, \quad x_2 = -3, \quad x_3 = 3{,}015, \quad x_4 = -2{,}834.$$
$$y_1 = 1, \quad y_2 = -4, \quad y_3 = 3{,}677, \quad y_4 = -0{,}224.$$

288. *Cas général.* — Dans la plupart des cas l'expression de y en fonction de x n'est pas rationnelle ; en substituant cette valeur dans la seconde équation, il restera un radical et, pour le faire disparaître, il faudra l'isoler, puis élever au carré les deux membres de l'équation obtenue.

Pour éliminer y d'une manière plus simple, multiplions la première équation par c', la seconde par c, et retranchons les équations membre à membre ; nous obtiendrons l'équation

$$(ac' - ca')x^2 + (bc' - cb')xy$$
$$+ (dc' - cd')x + (ec' - ce')y + fc' - cf = 0,$$

qui forme avec l'équation (1) un système équivalent au proposé et qui ne renferme que la première puissance de y ; nous en tirerons donc

$$(3) \qquad y = \frac{Mx^2 + Nx + P}{Qx + R},$$

et, en substituant dans l'équation (1), nous trouverons, après avoir chassé le dénominateur, une équation du quatrième degré :

$$Ax^4 + Bx^3 + Cx^2 + Dx + E = 0.$$

Admettons que cette équation soit bicarrée, ou réciproque, nous pourrons la résoudre et en tirer quatre valeurs pour x ; en substituant chacune d'elles successivement dans (3), nous obtiendrons quatre valeurs correspondantes pour y.

Ainsi un système formé de deux équations du second degré à deux inconnues admet en général quatre solutions ; ces solutions peuvent être, d'ailleurs, réelles ou imaginaires, égales ou inégales ; de plus, quelques-unes d'entre elles pourront disparaître si l'équation du quatrième degré s'abaisse au troisième degré ou bien au second.

Exemple I.

$$\text{(1)} \qquad x^2 + xy + 4y^2 = 6,$$
$$\text{(2)} \qquad 3x^2 + 8y^2 = 14 ;$$

multiplions la première par 2 et retranchons-la de la seconde, nous aurons une équation du premier degré en y :

$$\text{(3)} \qquad x^2 - 2xy = 2, \qquad \text{d'où} \qquad y = \frac{x^2 - 2}{2x} ;$$

substituant cette valeur dans l'équation (2), nous obtenons l'équation bicarrée

$$5x^4 - 22x^2 + 8 = 0,$$

dont les racines sont

$$\pm 2, \quad \pm \sqrt{\frac{2}{5}} ;$$

les valeurs correspondantes de y sont

$$\pm \frac{1}{2}, \quad \mp 2\sqrt{\frac{2}{5}}.$$

Exemple II. Soit à résoudre les équations

$$x^2 + y^2 + 4x - 6y = 13,$$
$$xy - 3x + 2y = 11 ;$$

comme la seconde équation renferme y à la première puissance, on en tire de suite

$$y = \frac{11 + 3x}{x + 2},$$

et, substituant dans la première, on trouve l'équation du quatrième degré

$$x^4 + 8x^3 - 2x^2 - 72x - 63 = 0;$$

son premier membre peut s'écrire

$$(x^2 - 9)(x^2 + 8x + 7),$$

et, en égalant séparément à zéro chacun des deux facteurs, on trouve que ses racines sont

$$3, \quad -1, \quad -3, \quad -7;$$

les valeurs correspondantes de y sont égales à

$$4, \quad 8, \quad -2, \quad 2.$$

§ III. — Résolution de plusieurs systèmes remarquables.

289. *Trouver deux nombres connaissant leur somme a et la somme b^2 de leurs carrés.*

Solution. — Il faut résoudre les deux équations simultanées

$$(1) \qquad x + y = a,$$
$$(2) \qquad x^2 + y^2 = b^2.$$

Si l'on élimine y, on obtient l'équation du second degré

$$2x^2 - 2ax + a^2 - b^2 = 0,$$

mais on peut aussi prendre pour inconnue auxiliaire le produit xy des inconnues : élevant l'équation (1) au carré, on obtient

$$x^2 + y^2 + 2xy = a^2$$

et, à cause de (2),

$$2xy = a^2 - b^2, \quad \text{ou} \quad xy = \frac{a^2 - b^2}{2};$$

connaissant ainsi la somme et le produit des deux inconnues, on obtiendra x et y (n° 245), en résolvant l'équation du second degré

$$X^2 - aX + \frac{a^2 - b^2}{2} = 0.$$

On aura donc

$$x = \frac{a + \sqrt{2b^2 - a^2}}{2}, \quad y = \frac{a - \sqrt{2b^2 - a^2}}{2},$$

ou bien

$$x = \frac{a - \sqrt{2b^2 - a^2}}{2}, \quad y = \frac{a + \sqrt{2b^2 - a^2}}{2};$$

car, x et y entrant de la même manière dans les équations (1) et (2), on peut prendre pour x la valeur de y et réciproquement.

Remarque. — La condition de réalité des racines est

$$2b^2 > a^2, \quad \text{ou} \quad b^2 > \frac{a^2}{2}:$$

la plus petite valeur de b^2 est donc $\frac{a^2}{2}$; si $b^2 = \frac{a^2}{2}$, on a $x = y = \frac{a}{2}$; de là ce théorème :

La somme des carrés de deux nombres dont la somme est constante est le plus petit possible quand ces deux nombres sont égaux.

290. Résoudre les équations

$$x^2 + y^2 = a^2,$$
$$xy = b^2.$$

Si l'on ajoute la première au double de la seconde on obtient

$$x^2 + y^2 + 2xy = a^2 + 2b^2,$$

c'est-à-dire

$$(x+y)^2 = a^2 + 2b^2,$$

d'où l'on tire

$$x + y = \pm \sqrt{a^2 + 2b^2} = \pm A.$$

Si, au contraire, on retranche de la première le double de la seconde, on obtient

$$x - y = \pm \sqrt{a^2 - 2b^2} = \pm B.$$

La question revient donc à trouver deux nombres, connaissant leur somme et leur différence. Comme on peut associer A d'abord avec $+B$, puis avec $-B$, ensuite $-A$ avec $+B$ et $-B$, ces quatre combinaisons de signes fournissent les solutions

$$x' = \frac{A+B}{2}, \ x'' = \frac{A-B}{2}, \ x''' = \frac{-A+B}{2}, \ x^{\text{iv}} = \frac{-A-B}{2}.$$

$$y' = \frac{A-B}{2}, \ y'' = \frac{A+B}{2}, \ y''' = \frac{-A-B}{2}, \ y^{\text{iv}} = \frac{-A+B}{2}.$$

Les quatre valeurs trouvées ainsi pour y sont, dans un autre ordre, les valeurs de x; ainsi $y' = x''$, $y'' = x'$, $y''' = x^{\text{iv}}$, $y^{\text{iv}} = x'''$, ce que l'on pouvait prévoir à cause de la symétrie des équations par rapport à x et à y.

Il est bon de remarquer aussi que les deux dernières solutions $(x''' \text{ et } y''')$, $(x^{\text{iv}} \text{ et } y^{\text{iv}})$ sont égales et de signes contraires aux deux premières, ce qui doit être d'après la forme des équations proposées.

Autre solution. — On eût pu calculer seulement la somme $x+y$, car, le produit xy étant connu, x et y sont racines des deux équations du second degré

$$X^2 \pm \sqrt{a^2 + 2b^2}\, X + b^2 = 0;$$

elles ont pour racines

$$x = \frac{\pm\sqrt{a^2 + 2b^2}}{2} \pm \frac{\sqrt{a^2 - 2b^2}}{2}$$

et les quatre combinaisons de signes que l'on peut faire reproduisent les valeurs ci-dessus.

291. Soit à résoudre les deux équations

(1)
$$x + y = a,$$

(2)
$$x^3 + y^3 = b^3.$$

Si l'on élève la première au cube, on a

$$x^3 + y^3 = a^3 - 3x^2y - 3xy^2 ;$$

la seconde équation devient donc

ou
$$3x^2y + 3xy^2 = a^3 - b^3,$$

$$3xy(x + y) = a^3 - b^3.$$

On en tire

(3)
$$xy = \frac{a^3 - b^3}{3a};$$

et la question revient à trouver deux nombres, connaissant leur somme a et leur produit $\dfrac{a^3 - b^3}{3a}$. Ces nombres sont, par conséquent, les racines de l'équation du second degré

(4)
$$X^2 - aX + \frac{a^3 - b^3}{3a} = 0.$$

La condition de réalité des racines est

$$\frac{a^2}{4} - \frac{a^3 - b^3}{3a} > 0, \quad \text{ou} \quad b^3 > \frac{a^3}{4};$$

la plus petite valeur que puisse avoir b^3 est donc $\dfrac{a^3}{4}$, et alors les racines de l'équation (4) sont égales. De là ce théorème :

La somme des cubes de deux nombres ayant une somme constante est la plus petite possible lorsque ces deux nombres sont égaux.

Application numérique. — Si $a = 17$, $b^3 = 1343$. l'équation qui donne x et y devient

$$X^2 - 17X + 70 = 0,$$

d'où

$$x = 7, \quad y = 10.$$

292. Résoudre le système

$$(1) \qquad x + y = a,$$

$$(2) \qquad x^4 + y^4 = b^4.$$

En élevant la première à la quatrième puissance, on trouve

$$x^4 + 4x^3y + 6x^2y^2 + 4xy^3 + y^4 = a^4,$$

ce qui revient, en tenant compte de (2), à

$$(3) \qquad 6x^2y^2 + 4xy(x^2 + y^2) = a^4 - b^4;$$

mais, en élevant (1) au carré, on trouve

$$x^2 + y^2 = a^2 - 2xy;$$

l'équation (3) devient donc

$$6x^2y^2 + 4a^2xy - 8x^2y^2 = a^4 - b^4;$$

si l'on pose $xy = z$, cette inconnue auxiliaire est donnée par l'équation du second degré

$$(4) \qquad 2z^2 - 4a^2z + a^4 - b^4 = 0,$$

qui a toujours ses racines réelles, car la quantité soumise au radical, se réduisant à

$$2 a^4 + 2 b^4,$$

est toujours positive.

On connaît maintenant la somme a de x et de y, ainsi que leur produit xy; ces deux inconnues sont donc les racines de l'équation du second degré

(5)
$$X^2 - a X + z = 0.$$

Pour que ses racines soient réelles, il faut que l'on ait

$$\frac{a^2}{4} - z > 0, \quad \text{ou} \quad \frac{a^2}{4} > z.$$

Ainsi $\frac{a^2}{4}$ doit être plus grand que les deux racines de l'équation en z, ou au moins égal à la plus petite. Or, il est clair que $\frac{a^2}{4}$ ne peut surpasser les deux racines, puisque leur demi-somme est a^2; donc le problème n'est possible que si $\frac{a^2}{4}$ est compris entre z' et z'', et par conséquent la substitution de $\frac{a^2}{4}$ à la place de z dans (4) doit donner un résultat négatif. Ainsi, le problème n'est possible que si l'on a

ou
$$2 \frac{a^4}{16} - 4 \frac{a^4}{4} + a^4 - b^4 < 0,$$

$$a^4 < 8 b^4, \quad b^4 > \frac{a^4}{8}.$$

Si $a^4 = 8 b^4$, l'équation (5) a ses racines égales et $x = y$; de là ce théorème :

Si deux nombres ont une somme constante, la somme de leurs quatrièmes puissances est le plus petite possible lorsque ces nombres sont égaux.

Autre solution. — Prenons pour inconnue auxiliaire la différence $x - y$ et posons

$$x - y = u;$$

nous aurons

$$x = \frac{a+u}{2}, \qquad y = \frac{a-u}{2};$$

$$x^4 = \frac{a^4 + 4a^3u + 6a^2u^2 + 4au^3 + u^4}{16},$$

$$y^4 = \frac{a^4 - 4a^3u + 6a^2u^2 - 4au^3 + u^4}{16},$$

et, par suite,

$$x^4 + y^4 = \frac{a^4 + 6a^2u^2 + u^4}{8};$$

u sera donc racine de l'équation bicarrée

$$u^4 + 6a^2u^2 + a^4 - 8b^4 = 0.$$

Les valeurs de u^2 seront toujours réelles, car la quantité soumise au radical est

$$9a^4 - (a^4 - 8b^4) = 8a^4 + 8b^4.$$

Mais il faut de plus que l'une des deux valeurs de u^2, au moins, soit positive; elles ne peuvent être positives toutes les deux puisque leur somme est $- 6a^2$, et, pour que l'une d'elles soit positive, il faut que le produit des racines soit négatif, c'est-à-dire que

$$a^4 < 8b^4;$$

nous retrouvons donc la condition ci-dessus.

293. Résoudre le système

$$(1) \qquad x + y = a,$$

$$(2) \qquad x^5 + y^5 = b^5.$$

En élevant la première équation à la cinquième puissance, nous trouvons

$$x^5 + 5x^4y + 10x^3y^2 + 10x^2y^3 + 5xy^4 + y^5 = a^5,$$

ce qui revient à

$$(3) \qquad 5xy(x^3 + y^3) + 10x^2y^2(x + y) = a^5 - b^5,$$

Or, en élevant l'équation (1) au cube, on trouve

$$x^3 + y^3 = a^3 - 3x^2y - 3xy^2 = a^3 - 3xy(x + y) = a^3 - 3axy;$$

l'équation (3) devient donc

$$5xy(a^3 - 3axy) + 10ax^2y^2 = a^5 - b^5,$$

ou bien, en posant $xy = z$,

$$(4) \qquad 5az^2 - 5a^3z + a^5 - b^5 = 0.$$

Pour que cette équation ait ses racines réelles, il faut que l'on ait

$$5a(a^5 + 4b^5) > 0,$$

condition qui sera toujours remplie si a et b sont de même signe. Alors cette équation (4) donnera le produit des inconnues et, comme leur somme est a, les deux nombres x et y seront les racines de l'équation

$$(5) \qquad X^2 - aX + z = 0.$$

La condition de réalité des racines de (5) est

$$\frac{a^2}{4} > z;$$

ainsi, pour que le problème soit possible, il faut que $\frac{a^2}{4}$ soit supérieur aux racines de (4) ou, au moins, à l'une d'elles; or, $\frac{a^2}{4}$ ne peut dépasser à la fois les deux, puisque leur demi-somme est $\frac{a^2}{2}$; donc $\frac{a^2}{4}$ doit être compris entre les deux racines de l'équation (4). En substituant ce nombre dans le premier membre de (4), on doit donc trouver un résultat négatif; la condition de possibilité est par conséquent

$$5a\frac{a^4}{16} - 5a^3\frac{a^2}{4} + a^5 - b^5 < 0 \quad \text{ou} \quad b^5 > \frac{a^5}{16}.$$

Lorsque l'on a $b^5 = \dfrac{a^5}{16}$,

$$z'' = \frac{1}{10a}\left(5a^3 - \frac{5a^3}{2}\right) = \frac{1}{10a} \times \frac{5a^3}{2} = \frac{a^2}{4},$$

et l'équation (5) devient

$$X^2 - aX + \frac{a^2}{4} = 0 \quad \text{ou} \quad \left(X - \frac{a}{2}\right)^2 = 0;$$

donc $x = y$; par conséquent, *si deux nombres ont une somme constante, la somme de leurs cinquièmes puissances est le plus petite possible quand ces deux nombres sont égaux.*

Application. — Soit

$$x + y = 10,$$
$$x^5 + y^5 = 17050;$$

on trouve

$$z^2 - 100z + 1659 = 0,$$

d'où

$$z' = 79, \qquad z'' = 21.$$

La première valeur de z donne pour x et y des valeurs imaginaires et la seconde donne

$$x = 7, \qquad y = 3.$$

EXERCICES

I. Résoudre les équations suivantes; l'une des inconnues, au moins, entre au premier degré dans l'une des équations.

1.
$$2x + 3y = 60,$$
$$3x^2 + 3y^2 = 840.$$
R. $x = 6, 18,$ $y = 16, 8.$

2.
$$2(x+4)^2 - 5(y-7)^2 = 75,$$
$$7(x+4)^2 + 15(y-7)^2 = 1075.$$
R. $x = 6, y = 12.$

3.
$$x^2 + xy = 12.$$
$$xy - 2y^2 = 1.$$
R. $x = \pm 3, \pm \frac{4}{3}\sqrt{6}; \; y = \pm 1, \pm \frac{\sqrt{6}}{6}.$

4.
$$2x^2 - 2xy = 3y,$$
$$3xy - 3y^2 = 2x.$$
R. $x = 3, \; -0,6; \; y = 2, \; 0,4.$

5.
$$3x^2 - 2xy - 24 = 0,$$
$$y^2 - xy + 3 = 0.$$
R. $x = \pm 4, \pm 2\sqrt{3}; \; y = \pm 3, \pm \sqrt{3}.$

6.
$$\frac{x}{y} - \frac{y}{x} = \frac{11}{30},$$
$$x^2 + xy = 66.$$
R. $x = \pm 6, \; y = \pm 5.$

II. Résoudre les équations à deux inconnues suivantes; les deux inconnues entrent au second degré dans les deux équations.

1.
$$x - y + x^2 - y^2 = 22,$$
$$x + y + x^2 + y^2 = 242.$$
R. $x = 11, 11, -12, -12; \; y = 10, -11, 10, -11.$

2.
$$x - y + x^2 - y^2 = 14,$$
$$x + y + x^2 + y^2 = 26.$$
R. $x = 4, \; 4, -5, -5; \; y = 2, -3, \; 2, -3.$

3.
$$2x^2 - 3xy + y^2 = 4,$$
$$x^2 - 2xy + 3y^2 = 9.$$
R. $x = \pm 3, \pm 0,2357; \; y = \pm 2, \pm 1,65.$

$$4. \quad \begin{cases} x^2 + 2xy - 8y^2 - 6x + 18y - 7 = 0, \\ 2x^2 - 5xy - 10y^2 - 3x + 9y + 7 = 0. \end{cases}$$

$$R. \quad \begin{cases} x_1 = -1, \quad x_2 = -3, \quad x_3 = 1, \quad x_4 = 3, \\ y_1 = 2, \qquad y_2 = -1, \quad y_3 = 1, \quad y_4 = 1. \end{cases}$$

$$5. \quad \begin{cases} 6x^2 - 13xy + 6y^2 - x - y - 1 = 0, \\ x^2 - y^2 + y - 5x + 6 = 0. \end{cases}$$

$$R. \quad x = 1 \text{ ou } 5, \quad y = 2 \text{ ou } 3.$$

$$6. \quad \begin{cases} 2x^2 - 3xy + y^2 = 24, \\ 3x^2 - 5xy + 2y^2 = 33. \end{cases} \qquad R. \quad x = \pm 5, \quad y = \pm 2.$$

III. Résoudre les équations suivantes, en prenant pour inconnues auxiliaires la somme, la différence, le produit, ou le rapport des inconnues.

$$1. \quad \begin{cases} x^2 + xy + y^2 = a^2, \\ xy = b^2. \end{cases} \qquad R. \quad x = \frac{\pm\sqrt{a^2 + b^2} \pm \sqrt{a^4 - 3b^4}}{2}.$$

$$2. \quad \begin{cases} x^2 + xy + y^2 = a^2, \\ x + y = b. \end{cases} \qquad R. \quad x = \frac{b \pm \sqrt{4a^2 - 3b^2}}{2}.$$

$$3. \quad \begin{cases} x + y = xy, \\ x + y + x^2 + y^2 = 12. \end{cases} \qquad R. \quad \begin{cases} x = 2, \\ y = 2. \end{cases}$$

$$4. \quad \begin{cases} x + y + xy = 34, \\ x^2 + y^2 - x - y = 42. \end{cases} \qquad R. \quad \begin{cases} x = 4, \\ y = 6. \end{cases}$$

$$5. \quad \begin{cases} x^2 + xy = a^2, \\ y^2 + xy = b^2. \end{cases} \qquad R. \quad x = \pm \frac{a^2}{\sqrt{a^2 + b^2}}, \quad y = \pm \frac{b^2}{\sqrt{a^2 + b^2}}.$$

IV. Trouver deux nombres tels que leur somme, leur quotient et la différence de leurs carrés soient égaux entre eux.

$$R. \quad 1 + \frac{\sqrt{2}}{2} \quad \text{et} \quad \frac{1}{2}\sqrt{2}.$$

V. Existe-t-il deux nombres tels que leur somme, leur produit et la somme de leurs carrés soient égaux?

$$R. \quad x = 0, \quad y = 0.$$

VI. Résoudre par le second degré et à l'aide d'inconnues auxiliaires les équations suivantes, qui sont de degré supérieur :

1. $x + y = 12,$
$x^3 + y^3 = 18xy.$
     $R.\ x = 8$ ou $4,\quad y = 4$ ou $8.$

2. $x - y = 1,$
$x^3 - y^3 = 19.$
     $R.\ \begin{array}{ll} x = 3, & -2; \\ y = 2, & -3. \end{array}$

3. $x + y = 11,$
$x^4 + y^4 = 2657.$
     $R.\ x = 4,\quad y = 7.$

4. $x^3 + y^3 = 189,$
$x^2 y + xy^2 = 180.$
     $R.\ \begin{array}{ll} x = 5 & \text{ou}\ \ 4, \\ y = 4 & \text{ou}\ \ 5. \end{array}$

5. $x^3 y + xy^3 = 546560,$
$x^4 + y^4 = 1086992.$
     $R.\ x = 32,\quad y = 14.$

6. $x + y = 4,$
$(x^2 + y^2)(x^3 + y^3) = 280.$
     $R.\ x = 3,\quad y = 1$ (poser $x = 2 + z,\ y = 2 - z$).

7. $x^2 - y\sqrt{xy} = 336,$
$y^2 - x\sqrt{xy} = 112.$
     $R.\ x = -18,\quad y = -2.$

VII. Éliminer x et y entre les équations
$$x + y = a,\quad x^2 + y^2 = b^2,\quad x^3 + y^3 = c^3.$$
$$R.\ a^3 - 3ab^2 + 2c^3 = 0.$$

VIII. Si l'on multiplie la somme de deux nombres par la somme de leurs carrés, on obtient 1484, tandis que leur différence multipliée par la différence de leurs carrés donne 224. Quels sont ces deux nombres ?

$$R.\ 9\ \text{et}\ 5.$$

IX. Résoudre les trois équations suivantes à trois inconnues :

1.
$$x + y + z = 20,$$
$$x + 2y + 3z = 53,$$
$$x^2 + y^2 + z^2 = 266.$$

$$R.\ x = 3\ \text{ou}\ -\frac{8}{3},\quad y = 1\ \text{ou}\ \frac{37}{3},\quad z = 16\ \text{ou}\ \frac{31}{3}.$$

$$x(y+z)=a,$$

$$2.\quad y(x+z)=b, \qquad R.\quad x=\pm\sqrt{\dfrac{(a+b-c)(a+c-b)}{2(b+c-a)}}.$$

$$z(x+y)=c.$$

$$xy+n(x+y)=a^2,$$

$$3.\qquad xz+n(x+z)=b^2,$$

$$yz+n(y+z)=c^2.$$

$$R.\quad x=-n\pm\sqrt{\dfrac{(a^2+n^2)(b^2+n^2)}{c^2+n^2}}.$$

$$xz=y^2,$$

$$4.\qquad (x+y)(z-x-y)=3,$$

$$(x+y+z)(z-x-y)=3.$$

$$R.\quad z=4,\quad x=1 \text{ ou } 9,\quad y=2 \text{ ou } -6.$$

X. Résoudre les équations suivantes à quatre inconnues :

$$tx=yz,$$

$$1.\quad\begin{aligned} &x+t=a,\\ &x+z=b,\\ &x^2+y^2+z^2+t^2=c^2.\end{aligned}$$

$$R.\quad tx=yz=\dfrac{a^2+b^2-c^2}{4},$$

de là t et x, puisque l'on a leur somme et leur produit; de même pour les autres inconnues.

$$2.\quad\begin{aligned} &xu=yz,\\ &x+y+z+u=4s=60,\\ &x^2+y^2+z^2+u^2=4q=1040,\\ &x^3+y^3+z^3+u^3=4c=20160.\end{aligned}$$

$$R.\quad\begin{aligned}&x=12,\quad y=8,\\ &z=24,\quad u=16.\end{aligned}$$

Prendre pour inconnues auxiliaires

$$xu=p \quad\text{et}\quad (x+u)-(y+z)=4d;$$

on obtiendra $x+u$ et $y+z$ en fonction de s et de d et l'on écrira l'équation du second degré qui a pour racines x et u, puis celle qui donnera y et z. Si l'on fait la somme des carrés et la somme des cubes des quatre racines de ces deux équations, on aura, en substituant ces sommes dans les équations (2) et (3), deux relations entre p, d et les données; elles détermineront ces inconnues auxiliaires p et d et alors le calcul se terminera facilement.

CHAPITRE IV

Problèmes du second degré.

294. PROBLÈME I. — *Partager une droite en moyenne et extrême raison.*

Solution.—Soit (*fig.* 44) $AB = a$ et C le point qui partage cette ligne en moyenne et extrême raison; on doit avoir, par définition,

$$AC^2 = AB \times BC,$$

et si l'on pose $AC = x$, l'équation du problème est

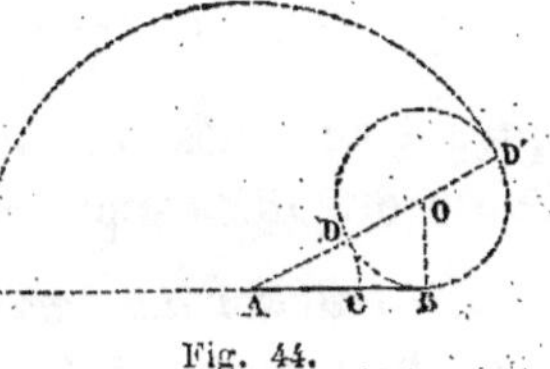

Fig. 44.

(1)
$$x^2 = a(a - x), \quad \text{ou} \quad x^2 + ax - a^2 = 0;$$

ses racines sont de signes contraires et égales à

$$x' = -\frac{a}{2} + \sqrt{\frac{a^2}{4} + a^2} = -\frac{a}{2} + \frac{a}{2}\sqrt{5} = \frac{a}{2}(-1 + \sqrt{5}),$$

$$x'' = -\frac{a}{2} - \sqrt{\frac{a^2}{4} + a^2} = -\frac{a}{2}(1 + \sqrt{5}).$$

Interprétation de la racine négative. — Changeons x en $-x$ dans l'équation (1), nous aurons

(2)
$$x^2 = a(a + x),$$

équation qui correspond à cette nouvelle question :

Trouver sur le prolongement de AB *et à gauche de* A *un point* C' *tel, que le carré de sa distance au point* A *soit égal au produit de sa distance au point* B *par la ligne* AB.

Ces deux énoncés sont compris dans le suivant:

Partager une droite AB *en deux segments soit additifs soit soustractifs tels, que le carré du segment contigu au point* A

soit égal au produit du second multiplié par la ligne entière.
Le point C divise la droite en deux segments additifs et le
point C′ la divise en deux segments soustractifs; l'opposition
de sens des lignes AC, AC′ est caractérisée par l'opposition
de signe des racines $x' = $ AC et $x'' = $ AC′.

Il n'existe pas sur AB d'autre point que C et C′ satisfaisant à la condition indiquée; en effet, si l'on avait supposé,
dans la mise en équation, que le point C se trouvât sur le prolongement de AB et à droite de B, on eût trouvé l'équation

$$x^2 = a(x - a) \qquad \text{ou} \qquad x^2 - ax + a^2 = 0,$$

qui a des racines imaginaires, et cette circonstance eût montré
l'absurdité de la supposition.

Construction des racines. — Pour construire les racines de
l'équation du second degré obtenue plus haut, élevons au
point B la perpendiculaire BO égale à $\dfrac{\text{AB}}{2}$; joignons AO, nous
aurons

$$\text{AO} = \sqrt{\text{AB}^2 + \text{BO}^2} = \sqrt{a^2 + \frac{a^2}{4}};$$

si donc du point O comme centre avec OB pour rayon nous
décrivons une circonférence, nous aurons

$$\text{AD} = \text{AO} - \text{OD} = \sqrt{a^2 + \frac{a^2}{4}} - \frac{a}{2} = x',$$

$$\text{AD}' = \text{AO} + \text{OD} = \sqrt{a^2 + \frac{a^2}{4}} + \frac{a}{2} = -x'';$$

du point A comme centre avec des rayons égaux à AD et AD′,
nous décrirons des circonférences: elles détermineront sur AB
les points cherchés C et C′.

295. PROBLÈME II. — *Trouver sur la ligne qui joint deux
lumières le point également éclairé par chacune d'elles; on*

sait que *l'intensité d'une même lumière varie en raison in-verse du carré de sa distance.*

Solution. — Soient A et B les deux lumières dont les intensités sont a et b; d la distance AB et x la distance AC à laquelle l'écran doit être du point A pour que ses deux faces soient également éclairées par les deux lumières. Nous supposerons que A ait la plus forte intensité et, par suite, $a > b$.

L'intensité de la lumière A est a à la distance 1, elle sera $\frac{a}{2^2}$ à la distance 2, $\frac{a}{3^2}$ à la distance 3, et $\frac{a}{x^2}$ à la distance x; de même l'intensité de la lumière B à la distance $d - x$ est $\frac{b}{(d-x)^2}$; l'équation du problème est donc

$$(1) \qquad \frac{a}{x^2} = \frac{b}{(d-x)^2} \quad \text{ou} \quad \frac{x^2}{(d-x)^2} = \frac{a}{b}.$$

En extrayant les racines carrées des deux membres, on substitue à l'équation du second degré deux équations du premier degré :

$$\frac{x}{d-x} = \pm \frac{\sqrt{a}}{\sqrt{b}};$$

si l'on prend le signe $+$ dans le second membre, on obtient

$$\frac{x}{d-x} = \frac{\sqrt{a}}{\sqrt{b}}, \quad \text{d'où} \quad \frac{x}{x+d-x} = \frac{\sqrt{a}}{\sqrt{a}+\sqrt{b}},$$

$$x'' = d\,\frac{\sqrt{a}}{\sqrt{a}+\sqrt{b}};$$

et si l'on prend le signe $-$, on trouve pour seconde solution

$$\frac{x}{d-x} = \frac{-\sqrt{a}}{\sqrt{b}}, \quad \text{d'où} \quad \frac{x}{d+x-x} = \frac{-\sqrt{a}}{-\sqrt{a}+\sqrt{b}},$$

$$x' = d \times \frac{\sqrt{a}}{\sqrt{a}-\sqrt{b}}.$$

On serait arrivé au même résultat en résolvant l'équation (1); développée elle devient

$$(a-b)\,x^2 - 2adx + ad^2 = 0,$$

et ses racines sont

$$x = \frac{ad \pm \sqrt{a^2 d^2 - (a-b)\,ad^2}}{a-b},$$

c'est-à-dire

$$x = \frac{ad \pm d\sqrt{ab}}{a-b} = d\,\frac{a \pm \sqrt{ab}}{a-b}.$$

Si l'on prend d'abord le signe $+$ du radical, on a

$$x' = d\,\frac{\sqrt{a}\sqrt{a} + \sqrt{a}\sqrt{b}}{(\sqrt{a}+\sqrt{b})(\sqrt{a}-\sqrt{b})} = d\,\frac{\sqrt{a}(\sqrt{a}+\sqrt{b})}{(\sqrt{a}+\sqrt{b})(\sqrt{a}-\sqrt{b})},$$

et en enlevant le facteur commun, $\sqrt{a}+\sqrt{b}$,

$$x' = d\,\frac{\sqrt{a}}{\sqrt{a}-\sqrt{b}}.$$

Si, au contraire, on prend le signe $-$ du radical, on trouve

$$x'' = d\,\frac{\sqrt{a}(\sqrt{a}-\sqrt{b})}{(\sqrt{a}+\sqrt{b})(\sqrt{a}-\sqrt{b})} = \frac{d\sqrt{a}}{\sqrt{a}+\sqrt{b}}.$$

Remarque I. — On pouvait prévoir que le problème admet deux solutions : il est clair, en effet, que les deux faces de l'écran peuvent être également éclairées si on le place en un certain point C situé entre A et B et plus rapproché de B que de A ; si on le transporte à droite de B on pourra trouver aussi un point C' pour lequel les deux lumières éclaireront également une même face de l'écran. — Le point C sera d'autant plus voisin du milieu O de AB que les lumières différeront moins d'intensité, tandis que le point C' s'éloignera de plus en plus quand $a-b$ tendra vers zéro

On retrouve ces résultats à l'aide des formules précédentes.

En effet, x'', qui correspond à OC, est supérieur à $\dfrac{d}{2}$ puisque,

$$\frac{\sqrt{a}}{\sqrt{a}+\sqrt{b}} > \frac{\sqrt{a}}{\sqrt{a}+\sqrt{a}} \qquad \text{ou} \qquad \frac{1}{2},$$

et, si $a=b$, on a

$$x' = d \times \frac{\sqrt{a}}{2\sqrt{a}} = \frac{d}{2}.$$

Si, au contraire, dans x' qui correspond à OC', on fait $a=b$, on trouve

$$x' = d\,\frac{\sqrt{a}}{\sqrt{a}-\sqrt{a}} = \frac{d\sqrt{a}}{0} = \infty.$$

Remarque II. — On peut se proposer de trouver le lieu des points du plan de la figure également éclairés par les deux lumières.

On doit avoir, M étant un point quelconque du lieu,

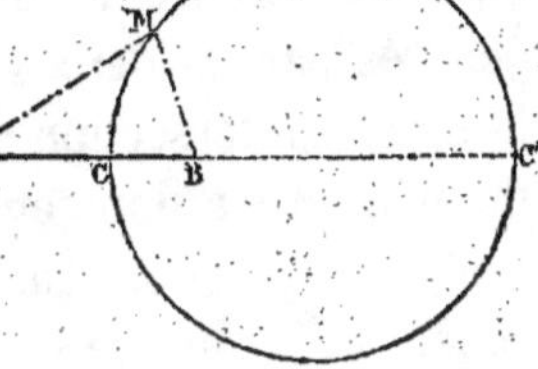

Fig. 45.

$$\frac{a}{\mathrm{AM}^2} = \frac{b}{\mathrm{BM}^2}, \quad \text{ou} \quad \frac{\mathrm{AM}^2}{\mathrm{BM}^2} = \frac{a}{b},$$

ou bien, en extrayant les racines carrées des deux membres,

$$\frac{\mathrm{AM}}{\mathrm{BM}} = \frac{\sqrt{a}}{\sqrt{b}}.$$

Le lieu demandé est donc le même que le lieu des points tels que le rapport de leurs distances à deux points fixes soit égal à un rapport donné. — On sait que ce lieu est une circonférence que l'on obtient de la manière suivante : 1° on partage AB au point C en deux segments additifs dont le rapport soit égal à celui de $\sqrt{a}$ à $\sqrt{b}$, ce qui donne

$$\mathrm{AC} = d\,\frac{\sqrt{a}}{\sqrt{a}+\sqrt{b}};$$

2° On détermine le point C′ qui divise AB en deux segments soustractifs AC′, BC′ dont le rapport est encore égal à $\dfrac{\sqrt{a}}{\sqrt{b}}$, ce qui donne

$$AC' = d\,\frac{\sqrt{a}}{\sqrt{a}-\sqrt{b}}.$$

3° Sur CC′ comme diamètre, on décrit une circonférence.

Remarque III. — Si l'on demandait le lieu des points de l'espace également éclairés par A et par B, il suffirait de faire tourner la circonférence précédente autour de son diamètre, CC′; les points de la surface sphérique ainsi obtenue seraient également éclairés par les deux lumières, les points situés à l'intérieur recevraient plus de lumière de B que de A, les points situés en dehors seraient plus éclairés par A que par B.

On pourrait chercher, sur une surface donnée située dans le voisinage de A et de B, quels sont les points également éclairés par les deux lumières. — Ces points se trouvent sur la ligne d'intersection de la sphère précédente avec la surface donnée ; il y a donc en général une infinité de points satisfaisant à la question, mais il peut n'y en avoir qu'un seul si la sphère et la surface sont tangentes, ou bien ne pas y en avoir du tout si la sphère ne rencontre pas cette surface.

296. **PROBLÈME III.** — *Une pierre tombe dans un puits et il s'est écoulé un temps t entre l'instant où l'on abandonne la pierre et celui où l'on entend le choc à la surface de l'eau. — Trouver la profondeur du puits, sachant : 1° que le son se propage d'un mouvement uniforme dont la vitesse est v et 2° que les espaces parcourus par les corps qui tombent librement sont proportionnels aux carrés des temps employés à les décrire.*

Solution. — Le temps t se compose de deux parties, du temps t' que la pierre met à descendre, du temps t'' que le son met pour remonter ; on a donc

$$(1) \qquad\qquad t = t' + t''.$$

Soit x la profondeur du puits; on aura, d'après la formule du mouvement uniforme,

$$(2) \qquad x = vt'';$$

et, comme on désigne en mécanique par $\frac{1}{2}g$ l'espace, $4^m,904$, que décrit un corps dans la première seconde de sa chute, la troisième équation du problème sera

$$(3) \qquad x = \frac{1}{2}gt'^2.$$

Ces trois équations permettront de déterminer les inconnues auxiliaires t' et t'', ainsi que l'inconnue principale x; pour déterminer x, éliminons t' et t''. Des équations (2) et (3) nous tirons

$$t'' = \frac{x}{v}, \quad t' = \sqrt{\frac{2x}{g}};$$

substituant dans la troisième, nous aurons

$$(4) \qquad t = \frac{x}{v} + \sqrt{\frac{2x}{g}}.$$

Pour faire disparaître le radical, nous l'isolerons dans un membre et nous élèverons au carré les deux membres de l'équation (4), ce qui donnera

$$\frac{2x}{g} = t^2 + \frac{x^2}{v^2} - \frac{2tx}{v},$$

ou bien

$$(5) \qquad \frac{x^2}{v^2} - 2\left(\frac{t}{v} + \frac{1}{g}\right)x + t^2 = 0.$$

Les racines de cette équation sont

$$x = \frac{\dfrac{t}{v} + \dfrac{1}{g} \pm \sqrt{\left(\dfrac{t}{v} + \dfrac{1}{g}\right)^2 - \dfrac{t^2}{v^2}}}{\dfrac{1}{v^2}},$$

ou bien, en multipliant par v^2 le numérateur,

$$x = vt + \frac{v^2}{g} \pm \sqrt{\left(\frac{t}{v} + \frac{1}{g}\right)^2 v^4 - t^2 v^2},$$

ou

$$x = vt + \frac{v^2}{g} \pm \sqrt{\left(vt + \frac{v^2}{g}\right)^2 - t^2 v^2}.$$

Solution étrangère. — Les racines de cette équation sont réelles et positives et, comme la question ne comporte qu'une seule solution, il faut examiner laquelle des deux racines on doit choisir. On y parvient à l'aide de la remarque suivante : la profondeur du puits est inférieure à vt, chemin parcouru par le son pendant le temps t tout entier. Comme on a

$$x' = vt + \frac{v^2}{g} + \sqrt{\left(vt + \frac{v^2}{g}\right)^2 - t^2 v^2} > vt,$$

cette solution doit être rejetée et l'on doit prendre pour x

$$x'' = vt + \frac{v^2}{g} - \sqrt{\left(vt + \frac{v^2}{g}\right)^2 - t^2 v^2}.$$

La solution étrangère à la question proposée correspond au problème dont les équations seraient

$$t = t' - t'', \quad x = vt'', \quad x = \frac{1}{2} gt'^2,$$

car on tirerait de ces équations

$$t = \frac{x}{v} - \sqrt{\frac{2x}{g}}, \qquad \text{ou} \qquad \sqrt{\frac{2x}{g}} = \frac{x}{v} - t,$$

et, en élevant au carré, on retrouverait la même équation (5). On voit par cet exemple que l'équation obtenue est plus générale que l'énoncé : elle donne, outre la solution du problème proposé, celle du problème suivant, qui est analogue au proposé, mais dans lequel le temps t serait la différence entre la durée de la chute et le temps nécessaire à la propagation du son :

Une personne placée à l'orifice d'un puits y laisse tomber une pierre et dit un mot au même instant; un observateur placé dans le puits, à la surface de l'eau, entend le choc de la pierre t' après le signal. Calculer la profondeur du puits.

Application numérique :

$$v^2 = 115600, \qquad t = 7^s, \qquad v = 340, \qquad g = 9,8088,$$

$$\begin{aligned}
vt &= 2380 \\
\frac{v^2}{g} &= 11785,3 \\
\hline
vt + \frac{v^2}{g} &= 14165,3
\end{aligned}
\qquad
\begin{aligned}
\left(vt + \frac{v^2}{g}\right)^2 &= 200\,655\,724 \\
v^2 t^2 &= 5\,664\,400 \\
\hline
\text{différence} &= 194\,991\,324
\end{aligned}$$

$$\sqrt{194\,991\,324} = 13964$$

$$x = 201,3$$

Méthode des approximations successives. — On voit que cette méthode exige l'extraction d'une racine carrée un peu longue; on peut arriver plus rapidement au même résultat par la méthode des approximations successives.

Comme le coefficient de x^2 dans (5) est $\dfrac{1}{v^2} = \dfrac{1}{115600}$, et par conséquent très-petit, l'une des racines de l'équation du second degré est très-grande: c'est la solution x' étrangère à la question (n° 241); l'autre racine x'' est voisine de la solution de l'équation du premier degré obtenue en négligeant le terme $\dfrac{x^2}{v^2}$: ainsi la profondeur du puits ne diffère pas beaucoup de la valeur x_1 donnée par l'équation

$$2\left(\frac{t}{v} + \frac{1}{g}\right)x_1 = t^2,$$

c'est-à-dire de

$$x_1 = \frac{t^2}{2\left(\dfrac{t}{v} + \dfrac{1}{g}\right)}.$$

Appliquons cette méthode à l'exemple précédent, nous aurons

$$\frac{t}{v} = \frac{7}{340} = 0,0205882$$

$$\frac{1}{g} = \frac{1}{9,8088} = 0,1019493 \qquad x_1 = \frac{49}{0,245075} = 199^{m},94.$$

$$\frac{t}{v} + \frac{1}{g} = 0,1225375$$

Pour obtenir une valeur plus approchée x_2 de la profondeur du puits, ne négligeons plus, dans l'équation du second degré, le terme $\dfrac{x^2}{v^2}$, mais remplaçons-le par la valeur très-voisine

$$\left(\frac{200}{340}\right)^2;$$

nous aurons ainsi

$$x_2 = 199,94 + \frac{\left(\dfrac{200}{340}\right)^2}{0,245\,075}$$

ou

$$x_2 = 196,94 + \frac{0,346}{0,245} = 199,94 + 1,41,$$

$$x_2 = 201^{m},35,$$

résultat peu différent du nombre obtenu en résolvant l'équation du second degré. On pourrait obtenir une approximation plus grande en substituant à x ce nouveau nombre $201,35$ dans le terme $\dfrac{x^2}{v}$, et ainsi de suite.

297. PROBLÈME IV. — *Un manomètre à air comprimé est formé d'un tube ABCD bien cylindrique et deux fois recourbé; la branche EB est fermée et contient de l'air sec; la courbure B contient du mercure et la branche CD est en communication avec la chaudière d'une machine à vapeur. Lorsque les niveaux du mercure sont sur le même plan horizontal AO, la* pression de l'air dans le manomètre est égale à celle de l'atmosphère; si la pression augmente dans la chaudière, le mercure monte dans la branche BE et descend d'une quantité égale dans BC. — Sachant que $AE = l$, que la pression atmosphérique est mesurée par une colonne de mercure de hauteur H ($H = 76^{cm}$), calculer la hauteur x du niveau A' au-dessus du point A lorsque la pression dans la chaudière est de n atmosphères.

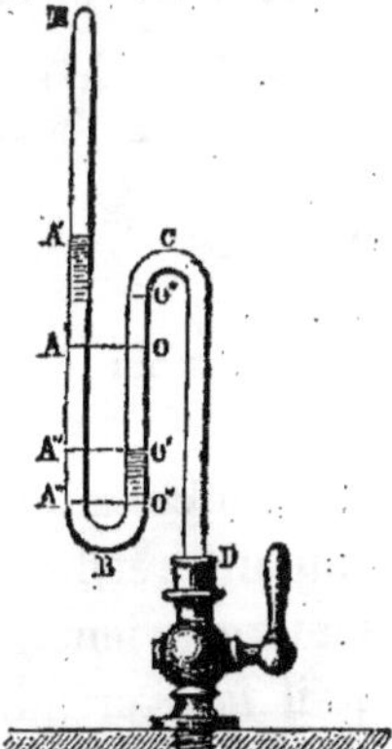

Fig. 46.

Solution. — Le mercure cessera de monter dans le tube BE et s'arrêtera en A' lorsque l'élasticité de l'air emprisonné dans cette branche, augmentée de la colonne de mercure soulevé, fera équilibre à la pression dans la chaudière. La hauteur de cette colonne de mercure soulevé dans BE s'obtient en menant par le point O', où s'arrête le liquide dans la branche BC, un plan horizontal; il rencontre en A″ l'axe du tube BE et l'on a

$$A'A'' = 2AA' = 2x.$$

Quant à la nouvelle pression y de l'air comprimé dans A'E, elle est donnée par la loi de *Mariotte* : on sait que, la température restant la même, les pressions exercées par une même masse de gaz sont en raison inverse des volumes qu'elle occupe. Ici les volumes occupés successivement par l'air sont des cylindres de même base ayant l et $l - x$ pour hauteurs; on aura donc

$$\frac{l}{l-x} = \frac{y}{H}, \quad \text{d'où} \quad y = H \times \frac{l}{l-x}.$$

D'ailleurs la pression dans la chaudière est nH; l'équation du problème est par conséquent :

$$nH = 2x + H\frac{l}{l-x},$$

ou bien

(1) $$2x^2 - (2l + nH)x + l(n-1)H = 0.$$

En la résolvant, on trouve

$$x = \frac{2l + nH \pm \sqrt{(2l + nH)^2 - 8l(n-1)H}}{4},$$

ou

$$x = \frac{2l + nH \pm \sqrt{(nH - 2l)^2 + 8lH}}{4}.$$

Sous cette forme on voit que les racines de l'équation sont toujours réelles ; de plus, si $n > 1$, elles sont positives. Une seule convient au problème proposé et, pour distinguer celle qu'il faut prendre, il suffit de remarquer que l'inconnue du problème doit être moindre que l. Si l'on substitue l à x dans le premier membre de l'équation, on trouve

$$2l^2 - 2l^2 - nHl + lnH - lH = -lH,$$

c'est-à-dire un résultat négatif ; ainsi l est compris entre les deux racines et c'est la valeur

(2) $$x'' = \frac{2l + nH - \sqrt{(nH - 2l)^2 + 8lH}}{4},$$

qui convient au problème.

Remarque I. — Si n augmente indéfiniment, x'' se présente sous la forme indéterminée $\infty - \infty$, et pour obtenir sa véritable valeur il faut multiplier les deux termes de la fraction par

$$2l + nH + \sqrt{(nH - 2l)^2 + 8lH}.$$

Le numérateur est alors égal au produit de la somme de deux quantités par la différence de ces mêmes quantités ; il se réduit donc à la différence de leurs carrés, c'est-à-dire à

$$8l(n-1)H,$$

et l'on obtient l'expression

$$x'' = \frac{2l(n-1)\mathrm{H}}{2l + n\mathrm{H} + \sqrt{(n\mathrm{H} - 2l)^2 + 8l\mathrm{H}}}$$

qui devient $\frac{\infty}{\infty}$ quand n augmente au delà de toute limite. Pour trouver la vraie valeur de x cachée sous cette forme indéterminée, divisons par n les deux termes de x''; nous obtenons ainsi

$$x'' = \frac{2l\left(1 - \dfrac{1}{n}\right)\mathrm{H}}{\dfrac{2l}{n} + \mathrm{H} + \sqrt{\left(\mathrm{H} - \dfrac{2l}{n}\right)^2 + \dfrac{8l\mathrm{H}}{n^2}}},$$

et si, dans cette expression, nous faisons $n = \infty$, tous les termes qui renferment n en dénominateur s'annulent et l'inconnue se réduit à

$$x'' = \frac{2l\mathrm{H}}{\mathrm{H} + \mathrm{H}} = \frac{2l\mathrm{H}}{2\mathrm{H}} = l.$$

Ainsi, à mesure que la pression augmente, le niveau de la colonne de mercure se rapproche de plus en plus du sommet E du tube BE.

Remarque II. — Si la pression dans la chaudière devient moindre qu'une atmosphère, le niveau du mercure descendra en A''' au-dessous du point A dans la branche EB et montera en O'' dans BC; on aura AA''' = OO''. L'équilibre aura lieu quand la pression y de l'air du manomètre sera égale à la pression de la vapeur plus la colonne de mercure O''O''', qui est égale à 2AA'''. Si l'on désigne par z la nouvelle inconnue AA''', y sera donné par la proportion

$$\frac{l}{l+z} = \frac{y}{\mathrm{H}}, \qquad \text{d'où} \qquad y = \mathrm{H}\frac{l}{l+z};$$

l'équation du nouveau problème est donc

$$n\mathrm{H} = \mathrm{H}\frac{l}{l+z} - 2z,$$

ou

$$(3) \qquad 2z^2 + (2l + nH)z + l(n-1)H = 0;$$

elle ne diffère de (1) que par le changement de x en $-z$; les racines de (3) sont donc égales et de signes contraires à celles de (1). Comme ici n est moindre que 1, les racines de (3) sont l'une positive, l'autre négative, et c'est la positive

$$z' = \frac{-(2l + nH) + \sqrt{(2l - nH)^2 + 8lH}}{4}$$

qui convient à la nouvelle question.

On voit donc que la solution x'' (2) convient aux deux cas $n > 1$, $n < 1$; il suffit de porter les valeurs négatives que peut avoir l'expression (2) au-dessous du point A.

298. PROBLÈME V. — *Étant donnés la base, la hauteur et le volume d'un tronc de cône, trouver l'autre base.*

Solution. — Soit R le rayon de la base, h la hauteur, x le rayon inconnu; le volume du tronc de cône sera

$$\frac{1}{3}\pi h(R^2 + Rx + x^2),$$

et si, pour simplifier le calcul, nous supposons qu'il soit égal à $\frac{1}{3}\pi h m^2$, c'est-à-dire au volume d'un cône de hauteur h et dont m serait le rayon de base, le facteur $\frac{1}{3}\pi h$ disparaîtra et nous aurons pour déterminer x l'équation du second degré

$$(1) \qquad x^2 + Rx + R^2 - m^2 = 0;$$

elle a pour racines

$$x = \frac{-R \pm \sqrt{4m^2 - 3R^2}}{2}.$$

Si l'on avait supposé que le tronc de cône fût formé de deux cônes opposés par le sommet (*fig.* 9), on eût trouvé l'équation (n° 190)

$$(2) \qquad x^2 - \mathrm{R}x + \mathrm{R}^2 - m^2 = 0,$$

qui ne diffère de la première que par le changement de x en $-x$; les racines négatives de l'équation (1) sont donc les racines positives de l'équation (2).

Discussion. — La condition de réalité des racines est

$$m^2 > \frac{3}{4}\,\mathrm{R}^2$$

et la plus petite valeur de m^2 est $\frac{3}{4}\,\mathrm{R}^2$; elle correspond à

$$x = -\frac{\mathrm{R}}{2},$$

ce qui veut dire que de tous les troncs de cônes de première ou de seconde espèce que l'on peut construire avec une même base et une même hauteur, celui de plus petit volume est un double cône ABS_1 (*fig.* 47) ayant son sommet aux deux tiers de la hauteur, à partir de la base inférieure ; l'opposition de sens dans lequel sont comptés les rayons $O'A'$ et $O'A_1$ des deux sortes de troncs de cônes correspond algébriquement à l'opposition des signes.

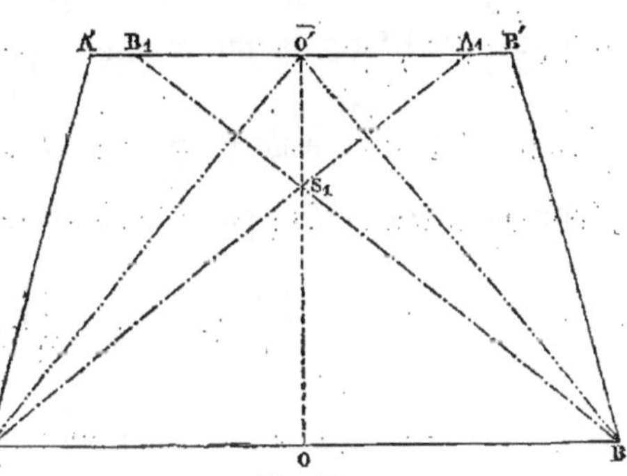

Fig. 47.

Faisons maintenant varier m d'une manière continue depuis ∞ jusqu'à 0 et étudions les valeurs correspondantes de x.

Si $m^2 > \mathrm{R}^2$, l'équation (1) a ses racines réelles et l'une d'elles est négative : le problème admet donc deux solutions, un tronc de cône de première espèce et un de la seconde.

Si $m^2 = R^2$, l'équation (1) a pour racines

$$x = 0, \quad x = -R:$$

le double cône a donc son sommet au milieu de la hauteur et la seconde solution est un tronc de cône dont la petite base est réduite à zéro, c'est-à-dire un cône.

Si $m^2 < R^2$, mais supérieur à $\frac{3}{4} R^2$, l'équation (1) a deux racines négatives et le problème n'admet pour solutions que deux troncs de cônes de la seconde espèce dont les sommets sont disposés de part et d'autre du point S_1.

Ces résultats pouvaient être prévus: en effet, si $O'A'$ varie d'une manière continue de $+\infty$ à 0, le volume du tronc de cône de première espèce varie de ∞ à $\frac{1}{3} \pi h R^2$; celui du tronc de cône de seconde espèce diminue d'abord jusqu'au minimum $\frac{1}{4} \pi h R^2$, puis augmente depuis ce minimum jusqu'à $\frac{1}{3} \pi h R^2$. Il résulte de là que le volume de ce dernier tronc de cône passe deux fois par toutes les valeurs comprises entre

$$\frac{1}{4} \pi h R^2 \quad \text{et} \quad \frac{1}{3} \pi h R^2,$$

et l'on retrouve ainsi tous les résultats indiqués plus haut.

299. PROBLÈME VI. — *Inscrire dans un cercle une corde telle que la somme de sa longueur et de sa distance au centre soit égale à une longueur donnée l.*

Solution. — Soit x la demi-longueur de la corde AB; sa distance au centre sera (*fig.* 48)

$$OC = \sqrt{AO^2 - AC^2} = \sqrt{R^2 - x^2};$$

l'équation du problème est donc

$$2x + \sqrt{R^2 - x^2} = l;$$

en isolant le radical et élevant les deux membres au carré, on obtient

$$R^2 - x^2 = (l - 2x)^2,$$

ou bien

$$(1) \quad 5x^2 - 4lx + l^2 - R^2 = 0.$$

Les deux racines de cette équation sont positives si $l^2 > R^2$ et de signes contraires si $l^2 < R^2$. La résolvant, on trouve

$$x = \frac{2l \pm \sqrt{5R^2 - l^2}}{5}.$$

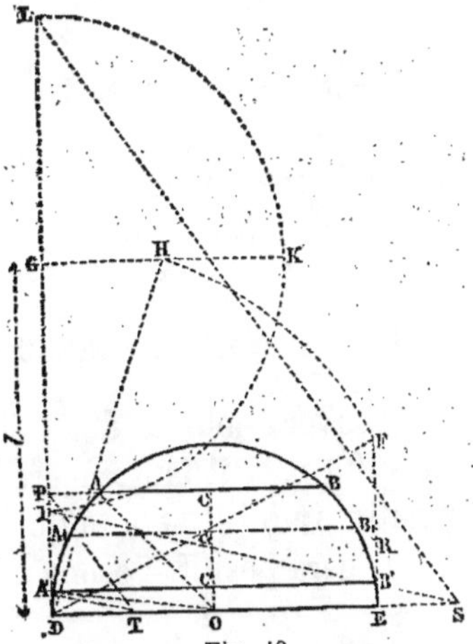

Fig. 48.

Il est facile d'en déduire la distance de la corde au centre :

$$OC = y = l - 2x = l - \frac{4l \pm 2\sqrt{5R^2 - l^2}}{5},$$

ou

$$y = \frac{l \mp 2\sqrt{5R^2 - l^2}}{5},$$

et le problème proposé admet en général les deux solutions

$$x' = \frac{2l + \sqrt{5R^2 - l^2}}{5}, \qquad y' = \frac{l - 2\sqrt{5R^2 - l^2}}{5},$$

$$x'' = \frac{2l - \sqrt{5R^2 - l^2}}{5}, \qquad y'' = \frac{l + 2\sqrt{5R^2 - l^2}}{5}.$$

Discussion. — Si l'on a

$$l^2 < 5R^2,$$

les racines x' et x'' sont réelles, et le maximum de l^2 est

$$l^2 = 5R^2, \quad \text{d'où} \quad l = R \times 2{,}236\,;$$

alors

$$x' = x'' = \frac{2l}{5} = 0{,}894R, \quad \text{et} \quad y' = y'' = \frac{l}{5} = 0{,}447R.$$

Ainsi le maximum de l correspond au rectangle inscrit pour lequel la base serait double de la hauteur. Il résulte de là que si

$$2{,}236 . R > l > R,$$

on trouvera pour x des valeurs réelles et positives; mais cela ne suffit pas, il faut encore que les valeurs de y soient aussi positives; y'' le sera toujours; il suffit donc de voir dans quel cas y' sera positif. Posons pour cela l'inégalité

$$l > 2\sqrt{5R^2 - l^2}\,;$$

nous trouverons, en élevant au carré ses deux membres,

$$l^2 > 4\,(5R^2 - l^2), \quad \text{d'où} \quad l > 2R.$$

Ainsi, lorsque

$$2{,}236R > l > 2R,$$

les deux valeurs de x et de y sont positives; le problème admet deux solutions et en particulier, lorsque $l = 2R$,

$$x' = R, \quad y' = 0,$$

$$x'' = \frac{3}{5}R, \quad y'' = \frac{4}{5}R.$$

Lorsque

$$2R > l > R,$$

la solution correspondante à x' et y' ne satisfait plus à l'énoncé proposé; il ne reste plus que la solution qui répond à x'' et y''.

Enfin si $l < R$, y' est négatif, x'' est négatif : donc aucune des solutions ne convient au problème proposé, ce que l'on pouvait prévoir de suite, puisque l'on ne saurait avoir

$$AC + OC < R.$$

On retrouve aisément sur la figure les résultats de cette discussion : en effet, supposons que la corde AB, confondue d'abord avec le diamètre horizontal, s'éloigne du centre en restant parallèle à elle-même ; la somme AB + OC, d'abord égale à 2R, augmente ensuite jusqu'à un certain maximum 2,236R correspondant à la corde A_1B_1 ; puis elle diminue jusqu'à devenir égale à R, valeur qu'elle atteint lorsque la corde est tangente au cercle. On voit donc que, si l a une valeur comprise entre le maximum et 2R, deux cordes satisferont à la condition imposée, l'une plus voisine du centre que A_1B_1, l'autre plus éloignée ; tandis que, si l est moindre que 2R, il n'y a plus qu'une seule solution, et, si l est inférieur à R, le problème est impossible.

Interprétation des solutions négatives. — Les solutions négatives que l'on a trouvées se rapportent à un problème voisin du proposé, celui dans lequel on devrait avoir

$$AB - OC = l,$$

ou

$$2x - \sqrt{R^2 - x^2} = l;$$

on voit qu'en isolant le radical et élevant au carré les deux membres, on retrouve la même équation (1).

Construction géométrique. — On peut construire par la géométrie les valeurs de y trouvées plus haut. D'abord, en élevant sur le diamètre DE la perpendiculaire EF égale à R, on aura $DF^2 = 5R^2$; soit maintenant DG perpendiculaire à DE et égale à l, puis GH parallèle à DE ; en prenant DH = DF, ce que l'on indique par l'arc de cercle FH, on aura

$$GH = \sqrt{5R^2 - l^2} \qquad \text{et} \qquad GK = 2\sqrt{5R^2 - l^2}.$$

Il suffira de rabattre GK suivant GI et GL pour obtenir

$$DI = 5y' \quad \text{et} \quad DL = 5y'';$$

il est facile de prendre le cinquième de ces lignes : soit $DT = ES = \dfrac{R}{2}$, on joindra SI, SL et par le point T on mènera les parallèles TP, TP'; elles détermineront les points P et P' par lesquels doivent être menées les cordes AB, A'B'.

300. Problème VII. — *Dans un triangle donné de base b et de hauteur h, inscrire un rectangle de surface donnée m^2.*

Solution. — Soit MNPQ (*fig.* 49) le rectangle cherché, x sa base MN, y sa hauteur MP; on doit avoir

$$(1) \qquad\qquad xy = m^2.$$

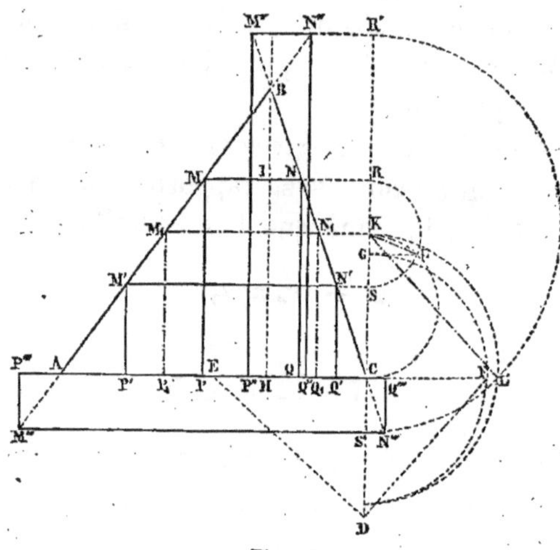

Fig. 49.

De plus, MN étant parallèle à AC, les triangles ABC, BMN sont semblables et donnent la proportion

$$(2) \qquad \frac{MN}{AC} = \frac{BI}{BH} \quad \text{ou} \quad \frac{x}{b} = \frac{h-y}{h}.$$

En résolvant les équations (1) et (2), nous obtiendrons les

dimensions du rectangle cherché; l'élimination de x fournit pour y l'équation du second degré

(3)
$$by^2 - bhy + hm^2 = 0,$$

qui, résolue, donne

$$y = \frac{bh \pm \sqrt{b^2h^2 - 4bhm^2}}{2b} = \frac{h}{2} \pm \sqrt{\frac{h^2}{4} - \frac{hm^2}{b}}.$$

Discussion. — Pour que le problème soit possible, il faut que l'on ait

$$4bhm^2 < b^2h^2 \quad \text{ou} \quad m^2 < \frac{bh}{4};$$

la plus grande valeur que l'on puisse attribuer à m^2 est donc $\frac{bh}{4}$ et les valeurs correspondantes de y et de x sont

$$y = \frac{h}{2}, \qquad x = \frac{b}{2}.$$

Ainsi, de tous les rectangles inscrits dans un triangle, le plus grand est celui dont les dimensions sont moitié de celles du triangle.

Construction. — Supposons $m^2 > \frac{bh}{4}$; les racines de l'équation (3) sont réelles et positives, de plus elles sont toutes deux moindres que h, car, substituant h à la place de x, on trouve hm^2, résultat positif, et h est supérieur à la demi-somme des racines. Il résulte de là que le problème admet deux solutions telles que MNPQ, M'N'P'Q'; pour les construire on peut écrire y sous la forme

$$y = \frac{h}{2} \pm \sqrt{\frac{h}{2}\left(\frac{h}{2} - \frac{2m^2}{b}\right)} = \frac{h}{2} \pm \sqrt{\frac{h}{2}\left(\frac{h}{2} - \frac{m^2}{\frac{b}{2}}\right)}.$$

La quantité $m^2 : \frac{b}{2}$ est une troisième proportionnelle à $\frac{b}{2}$ et à

m; pour l'obtenir, on prend $CD = m$ sur la perpendiculaire à la base, on joint D au milieu E de AC et l'on élève en D la perpendiculaire DF sur ED; on a ainsi

$$CF = \frac{2m^2}{b}.$$

En rabattant CF en CG et prenant $CK = \frac{1}{2}h$, on aura

$$GK = \frac{h}{2} - \frac{2m^2}{b};$$

le radical sera donc une moyenne proportionnelle entre CK et KG; pour la construire on décrira un demi-cercle sur KC, on élèvera la perpendiculaire GL et l'on joindra KL; en rabattant la corde KL en KS et en KR, on aura

$$CR = CK + KL = \frac{h}{2} + \sqrt{\frac{h^2}{4} - \frac{hm^2}{b}} = y',$$

$$CS = CK - KL = \frac{h}{2} - \sqrt{\frac{h^2}{4} - \frac{hm^2}{b}} = y''.$$

Remarque. — Si les sommets du rectangle étaient situés sur les prolongements des côtés AB, BC, on trouverait l'équation

$$(4) \qquad by^2 - bhy - m^2h = 0,$$

qui a toujours ses racines réelles et de signes contraires :

$$y = \frac{h}{2} \pm \sqrt{\frac{h}{2}\left(\frac{h}{2} + \frac{2m^2}{b}\right)}.$$

La racine positive donne la hauteur du triangle M″N″P″Q″ et la racine négative celle du triangle M‴N‴P‴Q‴. A l'opposition de sens des lignes M″P″, M‴P‴ correspond encore ici une opposition de signe; de plus, le problème étant toujours possible quelle que soit la valeur attribuée à m^2, les racines de l'équation (4) ne peuvent être imaginaires. — Elles fournissent une construction analogue à celle qui précède et la *fig.* 49

représente les quatre rectangles de surface m^2 inscrits ou exinscrits dans un même triangle ABC et les constructions qui les fournissent.

On a rabattu CF sur le prolongement de CK en CG, et obtenu ainsi

$$KG' = \frac{h}{2} + \frac{2m^2}{b};$$

ayant décrit sur KG' une demi-circonférence et tiré KL', on a eu

$$KL' = \sqrt{\frac{h}{2}\left(\frac{h}{2} + \frac{2m^2}{b}\right)};$$

il a donc suffi de rabattre KL' en KR' et KS' pour obtenir les hauteurs des deux rectangles M″N″P″Q″ et M‴N‴P‴Q‴.

301. PROBLÈME VIII. — *Étant donné un angle droit XOY*

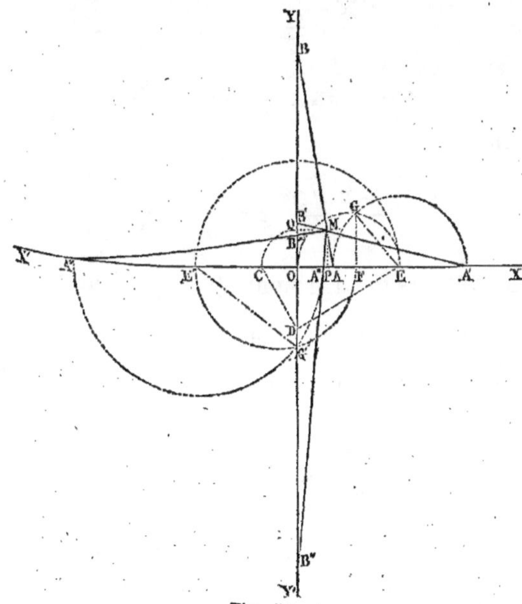

Fig. 50.

(fig. 50) et un point M *dans l'intérieur, mener par ce point*

une sécante AB telle que le triangle ABO ainsi déterminé soit équivalent à un carré donné m^2.

Solution. — Soient a et b les distances MQ, MP du point donné M aux axes OY, OX; en posant

$$OA = x, \qquad OB = y,$$

on a pour première équation du problème

$$(1) \qquad xy = 2m^2,$$

puis, la similitude des triangles AOB, AMP donne la proportion

$$(2) \qquad \frac{BO}{MP} = \frac{AO}{AP}, \qquad \text{ou} \qquad \frac{y}{b} = \frac{x}{x-a}.$$

Si l'on élimine y entre ces deux équations, on obtient l'équation du second degré en x

$$x \times \frac{bx}{x-a} = 2m^2,$$

ou

$$(3) \qquad bx^2 - 2m^2 x + 2am^2 = 0;$$

on en déduit

$$x = \frac{m^2 \pm \sqrt{m^4 - 2abm^2}}{b} = \frac{m^2}{b} \pm \sqrt{\frac{m^4}{b^2} - \frac{2am^2}{b}}.$$

Pour que les valeurs de x soient réelles, il faut que

$$m^4 > 2abm^2, \qquad \text{ou} \qquad m^2 > 2ab;$$

par conséquent le minimum de m^2 est $2ab$ et la valeur de x correspondante est

$$\frac{m^2}{b} = \frac{2ab}{b} = 2a.$$

Si donc on prend sur OX, OF $= 2$OP $= 2a$, on obtiendra, en joignant FM, le triangle minimum; sa surface est double de celle du rectangle OPMQ.

Ainsi, de toutes les droites menées par un point M dans l'in-

térieur de l'angle YOX, celle qui intercepte le plus petit triangle est partagée par ce point en deux parties égales.

Construction. — Supposons remplie la condition $m^2 > 2ab$, les deux valeurs x' et x'' de x sont réelles et positives; on peut facilement les construire :

Le radical peut s'écrire

$$\sqrt{\frac{m^2}{b}\left(\frac{m^2}{b} - 2a\right)};$$

cherchons d'abord une troisième proportionnelle à b et à m: pour cela prenons $OC = b$, $OD = m$, joignons CD et élevons au point D sur CD la perpendiculaire DE, nous aurons

et

$$OE = \frac{OD^2}{OC} = \frac{m^2}{b}$$

$$\frac{m^2}{b} - 2a = OE - OF = EF;$$

nous avons donc à construire

$$\sqrt{OE \times EF},$$

c'est-à-dire une moyenne proportionnelle entre OE et EF ; il suffira donc de décrire sur OE comme diamètre une demi-circonférence, d'élever en F une perpendiculaire sur OX qui rencontre en G la demi-circonférence OE; nous aurons

$$EG = \sqrt{OE \times EF} = \sqrt{\frac{m^4}{b^2} - \frac{2am^2}{b}},$$

et il ne restera plus qu'à rabattre EG en EA d'abord, puis en EA' pour obtenir les deux solutions. En effet, on aura

$$OA = OE - EG = \frac{m^2}{b} - \sqrt{\frac{m^4}{b^2} - \frac{2am^2}{b}},$$

$$OA' = OE + EG = \frac{m^2}{b} + \sqrt{\frac{m^4}{b} - \frac{2am^2}{b}}.$$

Autres solutions. — Ce problème admet encore deux autres

solutions, car on peut se proposer de tracer par le point M deux autres sécantes A″B″, A‴B‴ qui déterminent dans les angles XOY′, YOX′ deux triangles de surface m^2.

Considérons, par exemple, la sécante MA″B″; en posant OA″ $= x$, OB″ $= y$, nous aurons pour équations du problème

$$xy = 2m^2, \qquad \frac{y}{b} = \frac{x}{a-x},$$

d'où nous tirerons l'équation du second degré en x

$$(4) \qquad bx^2 + 2m^2x - 2am^2 = 0.$$

Ses racines sont toujours réelles et de signes différents :

$$x' = -\frac{m^2}{b} + \sqrt{\frac{m^4}{b^2} + \frac{2am^2}{b}} = -\frac{m^2}{b} + \sqrt{\frac{m^2}{b}\left(\frac{m^2}{b} + 2a\right)},$$

$$x'' = -\frac{m^2}{b} - \sqrt{\frac{m^4}{b^2} + \frac{2am^2}{b}} = -\frac{m^2}{b} - \sqrt{\frac{m^2}{b}\left(\frac{m^2}{b} + 2a\right)};$$

la première donne la position du point A″ qui détermine la sécante A″B″; l'autre détermine le point A‴ de la sécante A‴B‴ et l'opposition de sens des distances OA″, OA‴ correspond encore ici à une opposition de signe.

On peut construire ces distances en prenant (*fig.* 50)

$$OE' = OE = \frac{m^2}{b}; \text{ on a}$$

$$FE' = \frac{m^2}{b} + 2a;$$

la circonférence décrite sur E′F comme diamètre coupe OY′ en G′ et E′G′ est égal au nouveau radical. En rabattant par un arc de cercle E′G′ en E′A″, puis en E′A‴, on aura les deux nouvelles solutions MA″B″, MA‴B‴; car

$$OA'' = E'G' - E'O = \sqrt{\frac{m^4}{b^2} + \frac{2am^2}{b}} - \frac{m^2}{b} = x',$$

$$OA''' = E'G' + E'O = \sqrt{\frac{m^4}{b^2} + \frac{2am^2}{b}} + \frac{m^2}{b} = -x''.$$

802. PROBLÈME IX. — *Étant donné un angle droit YOX et un point M dans l'intérieur de cet angle, mener par ce point une sécante AB telle, que le produit* AM × BM *des deux segments* AM *et* BM, *déterminés par le point M sur la sécante, soit égal à un carré donné* m^2.

Solution. — Soient (*fig.* 51) a et b les distances MQ, MP du point donné aux deux axes OY, OX et OA $= x$; on a d'abord

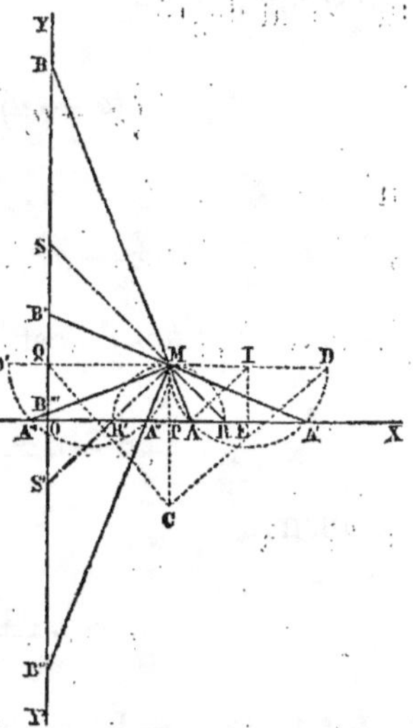

Fig. 51.

$$\text{(1)} \qquad \text{AM} \times \text{MB} = m^2;$$

puis les triangles semblables AMP, BMQ donnent

$$\text{(2)} \qquad \frac{\text{AM}}{\text{BM}} = \frac{\text{AP}}{\text{MQ}} \qquad \text{ou} \qquad \frac{\text{AM}}{\text{BM}} = \frac{x-a}{a}.$$

Enfin la droite AM étant l'hypoténuse du triangle rectangle APM, on a

$$\text{(3)} \qquad \text{AM}^2 = \text{MP}^2 + \text{AP}^2, \qquad \text{ou} \qquad \text{AM}^2 = b^2 + (x-a)^2.$$

Les trois équations (1), (2), (3) permettent de déterminer les deux inconnues auxiliaires AM et BM, ainsi que x.

Éliminons AM et BM : de l'équation (1) nous tirons

$$\text{BM} = \frac{m^2}{\text{AM}};$$

substituant dans (2) il vient

$$\frac{\text{AM}^2}{m^2} = \frac{x-a}{a}, \qquad \text{ou} \qquad \text{AM}^2 = \frac{x-a}{a} m^2;$$

en égalant cette valeur de AM^2 à celle que donne l'équation (3), nous aurons, pour déterminer l'inconnue $x-a$, l'équation du second degré

$$(x-a)^2 + b^2 = \frac{x-a}{a} m^2,$$

ou

$$(4) \qquad a(x-a)^2 - m^2(x-a) + ab^2 = 0.$$

Les deux racines de cette équation sont positives et égales à

$$x-a = \frac{m^2 \pm \sqrt{m^4 - 4a^2b^2}}{2a},$$

ou bien à

$$x-a = \frac{m^2}{2a} \pm \sqrt{\frac{m^4}{4a^2} - b^2}.$$

Discussion. — Le problème n'est possible que si

$$\frac{m^4}{4a^2} > b^2, \quad \text{ou} \quad m^4 > 4a^2b^2, \quad \text{ou} \quad m^2 > 2ab.$$

On voit donc que le minimum de m^2 est

$$m^2 = 2ab ;$$

alors les deux valeurs de $x-a$ sont égales et se réduisent à

$$x-a = \frac{m^2}{2a} = \frac{2ab}{2a} = b,$$

le triangle MPA est donc isocèle et, par suite, le triangle AOB l'est également.

Ainsi, de toutes les droites issues du point M, celle qui correspond au produit maximum est l'hypoténuse du triangle rectangle isocèle et la sécante RMS correspondante à ce minimum s'obtiendra en prenant PR = PM et en joignant RM.

Construction. — Supposons remplie la condition $m^2 > 2ab$; les deux racines de l'équation (4) étant réelles et positives, le problème admettra deux solutions : il y aura deux sécantes AB, A'B' satisfaisant à l'énoncé.

Les valeurs x' et x'' sont faciles à construire : cherchons d'abord la troisième proportionnelle $\dfrac{m^2}{a}$ à a et m ; pour cela, sur MP, prenons MC $= m$, joignons CQ et élevons sur CQ, au point C, la perpendiculaire CD ; nous aurons MD $= \dfrac{m^2}{a}$, puisque le triangle rectangle QCD fournit l'égalité

d'où
$$\mathrm{QM} \times \mathrm{MD} = \mathrm{MC}^2,$$

$$\mathrm{MD} = \frac{\mathrm{MC}^2}{\mathrm{QM}} = \frac{m^2}{a}.$$

Sur MD comme diamètre décrivons une demi-circonférence I ; elle coupe OX aux points A et A' : ce sont les deux points cherchés : en effet, E étant le milieu de la corde AA', on a

or
$$\mathrm{PA} = \mathrm{PE} - \mathrm{AE}, \quad \mathrm{PA'} = \mathrm{PE} + \mathrm{AE} ;$$

$$\mathrm{PE} = \frac{\mathrm{MD}}{2} = \frac{m^2}{2a}, \quad \text{et} \quad \mathrm{AE} = \sqrt{\overline{\mathrm{AI}^2} - \overline{\mathrm{IE}^2}} = \sqrt{\frac{m^4}{4a^2} - b^2} ;$$

il vient donc, en substituant,

et
$$\mathrm{PA} = \frac{m^2}{2a} - \sqrt{\frac{m^4}{4a^2} - b^2},$$

$$\mathrm{PA'} = \frac{m^2}{2a} + \sqrt{\frac{m^4}{4a^2} - b^2}.$$

Cette construction montre bien que le problème n'admet qu'une solution si $m^2 = 2ab$ et n'en admet aucune si $m^2 < 2ab$; en effet, le cercle MD est, dans le premier cas, tangent à OX, et ne coupe pas cet axe dans le second.

Autres solutions. — Ce problème admet deux autres solutions. On peut se proposer de mener par le point M une sécante telle que le produit des segments soustractifs que déterminent les points de rencontre avec les axes rectangulaires OX et OY soit égal à m^2.

Supposons d'abord que cette sécante MA″B″ coupe OX et le prolongement de OY : en désignant encore par x la distance OA″, les équations de ce problème seront

$$A''M \times B''M = m^2,$$

$$\frac{A''M}{B''M} = \frac{a-x}{a},$$

$$A''M^2 = b^2 + (a-x)^2.$$

On en déduira, par l'élimination des inconnues auxiliaires A″M et B″M, l'équation du second degré en $(a-x)$

$$(5) \qquad a(a-x)^2 - m^2(a-x) + ab^2 = 0;$$

ses racines sont égales à celles de (4) et l'on a

$$a - x = \frac{m^2 \pm \sqrt{m^4 - 4a^2b^2}}{2a} = \frac{m^2}{2a} \pm \sqrt{\frac{m^4}{4a^2} - b^2}.$$

Si nous supposons maintenant que la sécante MA‴B‴ coupe l'axe OY et le prolongement OX′ de OX, nous aurons, en désignant par $-x$ la distance OA‴,

$$A'''M \times B'''M = m^2,$$

$$\frac{A'''M}{B'''M} = \frac{a-x}{a},$$

$$A'''M^2 = b^2 + (a-x),$$

équations identiques aux précédentes et qui conduisent encore à l'équation (5).

Cette équation (5) fournit donc les deux solutions MA″B″ et

MA‴B‴; or (5) ne diffère de (4) que par le changement de $(x-a)$ en $(a-x)$; par conséquent

$$PA''=PA, \quad PA'''=PA',$$

ce qui revient à dire que les deux dernières solutions sont symétriques des premières par rapport à MP.

Sur la *fig. 51*, on a pris $MD'=MD$ et décrit sur MD' un demi-cercle qui coupe XX' aux points cherchés A″ et A‴.

La condition de réalité des racines de l'équation (5) est encore

$$m^4 > 4a^2b^2, \quad \text{ou} \quad m^2 > 2ab;$$

pour $m^2=2ab$, m^2 est minimum et l'on trouve

$$a-x=\frac{m^2}{2a}; \quad \text{ou} \quad a-x=b:$$

on obtiendra donc la position de la seconde sécante MR'S' correspondante au produit minimum en portant sur PO à partir du point P la longueur PR' égale à PM, et en joignant ensuite MR'.

303. PROBLÈME X. — *Inscrire dans un cercle donné O, de rayon R, un triangle isocèle, connaissant la somme l de sa base et de sa hauteur.*

Solution. — Soit ABC (*fig.* 52) le triangle isocèle demandé dans lequel

$$BC+AI=l;$$

posons

$$BC=2x, \quad OI=y,$$

nous aurons pour équations du problème

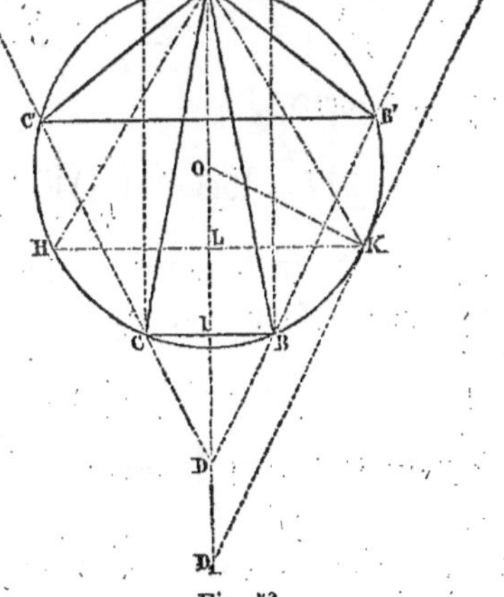

Fig. 52.

$$(1) \quad 2x+y+R=l, \qquad (2) \quad x^2+y^2=R^2.$$

Éliminant y entre ces deux équations, nous obtenons, pour déterminer x l'équation du second degré,

$$(3) \qquad 5x^2 - 4(l-R)x + l^2 - 2lR = 0;$$

ses racines sont

$$(4) \qquad x = \begin{Bmatrix} x' \\ x'' \end{Bmatrix} = \frac{2(l-R) \pm \sqrt{-l^2 + 2lR + 4R^2}}{5}.$$

On peut déterminer y en substituant à x ces deux valeurs dans (1), ce qui donne

$$(5) \qquad y = \begin{Bmatrix} y'' \\ y' \end{Bmatrix} = \frac{l-R \pm 2\sqrt{-l^2 + 2lR + 4R^2}}{5},$$

ou bien encore éliminer x entre les équations (1) et (2) : on trouve ainsi l'équation du second degré en y

$$(6) \qquad 5y^2 - 2y(l-R) + l^2 + 2lR - 3R^2 = 0,$$

qui fournit les valeurs (5) trouvées plus haut.

Discussion. — Pour que le problème soit possible, il faut d'abord que les valeurs de x et de y soient réelles, c'est-à-dire que l satisfasse à l'inégalité

$$l^2 - 2lR - 4R^2 < 0;$$

on peut l'écrire

$$\left[l - R(1+\sqrt{5})\right]\left[l - R(1-\sqrt{5})\right] < 0,$$

donc l doit être compris entre les racines du trinôme; sa plus grande valeur est par conséquent

$$l_1 = R(1+\sqrt{5}) = 3,236.R,$$

et les valeurs correspondantes de x et de y sont

$$x_1 = \frac{2}{5}R\sqrt{5} = 0,8944.R,$$

$$y_1 = \frac{1}{5}R\sqrt{5} = 0,4472.R;$$

ces expressions déterminent le triangle AKH pour lequel l est maximum.

Lorsque la condition

$$l < R(1 + \sqrt{5})$$

est remplie, x et y sont réels; il faut de plus que x soit positif, car cette inconnue n'est pas susceptible d'être comptée dans deux sens opposés. L'équation (3) aura deux racines positives si

$$l^2 > 2lR, \quad \text{ou} \quad l > 2R:$$

donc, quand l sera supérieur à 2R, il y aura deux solutions qui correspondent aux valeurs

$$x' \text{ et } y'', \quad x'' \text{ et } y';$$

tandis que, pour l plus petit que 2R, le problème n'admet que la solution

$$x' \quad \text{et} \quad y'',$$

car la racine x'' étant négative ne convient pas au problème tel qu'il a été posé.

Pour nous rendre compte de ce résultat étudions sur la figure la variation de la somme BC + AI lorsque le triangle ABC prend toutes les grandeurs possibles, sa hauteur variant d'une manière continue entre 2R et 0.

D'abord, si la hauteur AI est très-voisine de 2R, la base BC est très-petite et l surpasse de très-peu 2R; si AI diminue, la somme BC + AI augmente jusqu'à un certain maximum qui est 3,236 R; à partir de là cette somme diminue toujours jusqu'à 0, en passant par la valeur 3R, qu'elle atteint lorsque la base BC est un diamètre.

Il résulte de là que, si l'on assigne à l une valeur intermédiaire entre 2R et 3,236 R, le problème admet deux solutions : 1° le triangle ABC plus haut que AKH, 2° le triangle AB'C' de hauteur moindre. Si, au contraire, l est inférieur à 2R, un seul triangle satisfait à la question proposée.

Dans chacune de ces solutions la base BC est au-dessous

du centre ou bien au-dessus, suivant que y est positif ou négatif. Pour que les racines de l'équation (6) soient positives, il faut que l'on ait

$$l^2 - 2lR - 3R^2 > 0,$$

ou

$$(l - 3R)(l + R) > 0, \quad \text{ou} \quad l > 3R.$$

Ainsi, quand l est compris entre 3R et 3,236R, les deux valeurs de x et de y sont positives et les bases des deux triangles sont au-dessous du centre ; pour $l = 3R$, on trouve

$$x' = R, \qquad y'' = 0,$$
$$x'' = \frac{3}{5}R, \qquad y' = \frac{4}{5}R.$$

Si l est compris entre 3R et 2R, la distance y'' est négative et y' positive ; les bases des triangles ABC, AB'C' sont situées de part et d'autre du centre ; pour $l = 2R$ on a

$$x' = \frac{4}{5}R, \qquad y'' = -\frac{3}{5}R,$$
$$x'' = 0, \qquad y' = R.$$

Enfin, si l est inférieur à 2R, la base du seul triangle satisfaisant à l'énoncé est toujours au-dessus du centre.

Interprétation de la solution négative. — Pour interpréter la solution négative que fournit l'équation (3) quand $l < 2R$, changeons x en $-x$ dans les équations (1) et (2) ; la première seule est modifiée et devient

$$(7) \qquad\qquad y + R - 2x = l ;$$

la solution négative convient donc à ce nouvel énoncé :

Inscrire dans un cercle un triangle isocèle connaissant la différence l entre sa hauteur et sa base.

En résolvant les équations (2) et (7) on trouverait d'abord l'équation

$$(8) \qquad 5x^2 - 4(R - l)x + l^2 - 2lR = 0,$$

qui ne diffère de (3) que par le changement de x en $-x$ et dont les racines sont par conséquent égales et de signes contraires aux racines (4); puis les mêmes valeurs (5) pour y. Il résulte de là que les conditions de réalité des valeurs de x et de y sont les mêmes que précédemment et que l'on doit avoir

$$R(1 + \sqrt{5}) > l > R(1 - \sqrt{5}).$$

D'ailleurs l peut avoir ici des valeurs négatives, puisque la base du triangle ABC peut surpasser sa hauteur.

Mais ces conditions ne suffisent pas; il faut, pour que le nouveau problème soit possible, que l'équation (8) ait au moins une racine positive. Or, si l est positif, les racines de (8) ne peuvent être toutes deux positives, puisque l'on devrait avoir à la fois les deux inégalités contradictoires

$$l > 2R, \qquad l < R;$$

mais elle aura une racine positive quand $2R > l > 0$ et le nouveau problème n'admettra qu'une seule solution.

Si l est négatif et supérieur à $R(1 - \sqrt{5})$, les deux racines de (8) seront positives et le problème aura deux solutions.

On voit donc que la différence entre la hauteur et la base ne peut varier que depuis $2R$ jusqu'à $-1,236R$, qui est un minimum, et l'on vérifie facilement ces résultats sur la figure.

Le tableau suivant résume la discussion précédente :

Valeurs de l.	1er Problème. $R + y + 2x = l.$	2e Problème. $R + y - 2x = l.$
$l = 3,236.R,$	1 solution.	0 solution.
$3,236R > l > 2R,$	2	0 . . . . .
$2R > l > 0,$	1.	1.
$0 > l > -1,236R,$	0	2 . . . . .
$l = -1,236R.$	0.	1 . . . . .

Solution géométrique. — Supposons le problème résolu et soit ABC le triangle isocèle inscrit dans lequel $AI + BC = l$; portons à partir du point A, sur la tangente EAE', les longueurs

AE, AE' égales à $\frac{1}{2}l$; joignons EB, puis, des points B et C, abaissons des perpendiculaires sur AE, nous aurons

$$BC = FF', \quad \text{donc} \quad AI = EF + EF' = 2EF;$$

par conséquent, dans le triangle rectangle EBF, l'un des côtés de l'angle droit est double de l'autre. Il suit de là que, si nous prenons $AD = l$, les triangles EBF, EAD seront semblables et les trois points E,B,D en ligne droite. De là résulte la construction suivante :

Sur la tangente en A, on prend $AE = \frac{l}{2}$, puis $AD = l$ sur le diamètre du point A; on joint DE qui coupe généralement la circonférence en deux points B et B': ce sont les sommets des deux triangles ABC, AB'C' satisfaisant à la question.

Cherchons la valeur que doit avoir l pour que DE soit tangente au cercle, c'est-à-dire ait la position D_1E_1 : les deux triangles semblables AD_1E_1, OKD_1 donnent la proportion

$$\frac{AE_1}{OK} = \frac{D_1E_1}{OD_1}, \quad \text{ou} \quad \frac{\frac{1}{2}l}{R} = \frac{\frac{1}{2}l\sqrt{5}}{l-R},$$

d'où

$$l = R(1 + \sqrt{5}) = 3,236.R.$$

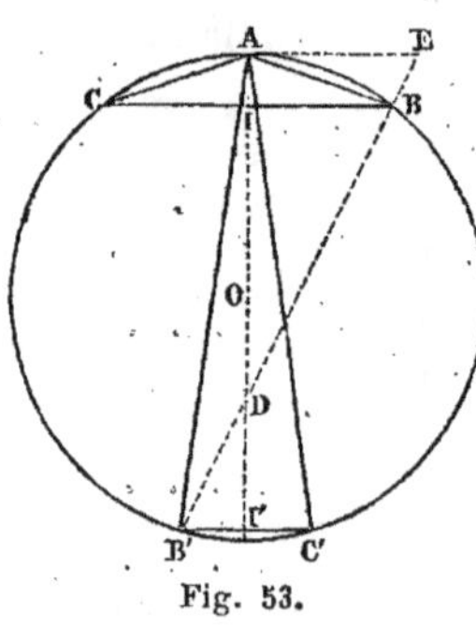

Fig. 53.

Si l est plus grand que 3,236R, la droite DE est extérieure au cercle et il n'y a plus de solution; si l est moindre, le problème admet deux solutions.

Quand l est moindre que 2R, le point D (*fig.*53) est à l'intérieur de la circonférence et la construction précédente fournit le triangle ABC pour lequel $AI + BC = l$, puis le triangle AB'C' pour lequel $AI' - B'C' = l$; en effet: $DI' = 2B'I' = B'C'$; donc

$$l = AD = AI' - DI' = AI' - B'C'.$$

Si la base du triangle doit dépasser sa hauteur d'une quantité l, il faudra prendre (*fig. 54*) $AD = l$, sur le prolongement de AO, puis $AE = \frac{1}{2} l$ sur la tangente et joindre ED, les deux triangles ABC, A′B′C′ répondront à la question. En effet,

$$DI = 2\,BI = BC;$$

donc

$$DI - AI = BC - AI,$$

ou

$$l = BC - AI.$$

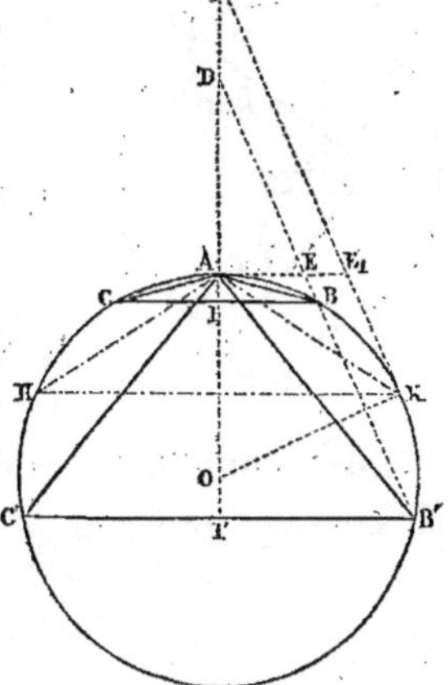

Fig. 54.

Pour que la droite DE soit tangente au cercle, c'est-à-dire ait la position D_1E_1, il faut que

$$\frac{AE_1}{OK} = \frac{D_1E_1}{OD_1}, \quad \text{ou} \quad \frac{\frac{1}{2}l}{R} = \frac{\frac{1}{2}l\sqrt{5}}{l+R},$$

ce qui revient à

$$l = R\,(\sqrt{5} - 1) = 1{,}236.\,R.$$

Si l dépasse cette valeur, le problème est impossible ; il admet deux solutions si l est moindre. Nous retrouvons donc par la géométrie tous les résultats de la solution algébrique.

304. PROBLÈME XI. — *En un point* A *d'un billard circulaire* O *repose une bille. On propose de trouver le point* B *de la bande où il faut frapper la bille afin qu'elle revienne au point de départ après avoir touché la bande une seconde fois.*

Solution. — La direction AB doit être telle que la bille se réfléchisse suivant une direction BC perpendiculaire au diamètre AO.

En effet, supposons le problème résolu et soit ABC (*fig.* 55) la route suivie par la bille; soit, de plus, α l'angle OAB et β l'angle ABO, à cause de la loi de la réflexion on a

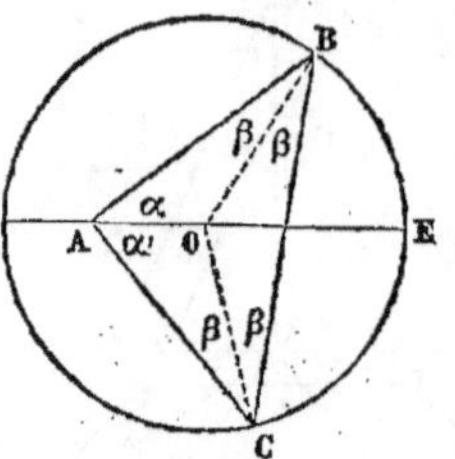

Fig. 55.

$$ABO = OBC,$$

et, comme le triangle OBC est isocèle, on a

$$OBC = OCB = OCA.$$

Il résulte de là que les triangles ABO, ACO, ont deux côtés égaux chacun à chacun (AO commun, OB=OC) et un angle égal (ABO=ACO=β); par conséquent les angles

$$BAO = \alpha, \quad \text{et} \quad OAC = \alpha',$$

opposés aux côtés égaux, OB, OC, sont ou bien égaux, ou bien supplémentaires. Or α et α' ne peuvent être supplémentaires; il faudrait en effet, pour cela, que les trois points C, A, B, fussent en ligne droite, ce qui ne peut avoir lieu quand la bille n'est pas au centre. On doit donc avoir $\alpha = \alpha'$ et les points B et C sont symétriques par rapport au diamètre AO. La question du jeu de billard revient par conséquent à ce problème de géométrie : trouver une direction AB telle que, si l'on fait l'angle CBO=ABO, le côté BC soit perpendiculaire sur AO.

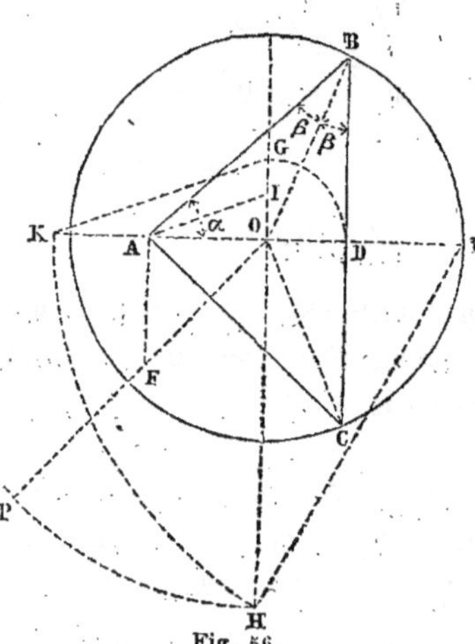

Fig. 56.

Posons $AO = a$, $OD = x$, nous aurons (*fig.* 56), d'après le théorème sur la bissectrice,

$$\frac{AB}{BD} = \frac{a}{x},$$

et comme les triangles AOB et BOD donnent

$$AB^2 = a^2 + R^2 + 2ax,$$
$$BD^2 = R^2 - x^2,$$

la proportion précédente fournit l'équation

$$(1) \qquad \frac{a^2 + R^2 + 2ax}{R^2 - x^2} = \frac{a^2}{x^2};$$

nous en déduisons

$$\frac{a^2 + R^2 + 2ax - (R^2 - x^2)}{R^2 - x^2} = \frac{a^2 - x^2}{x^2},$$

c'est-à-dire

$$\frac{a^2 + 2ax + x^2}{R^2 - x^2} = \frac{a^2 - x^2}{x^2},$$

ou

$$\frac{(a+x)^2}{R^2 - x^2} = \frac{(a+x)(a-x)}{x^2}.$$

Le facteur $a + x$ est commun aux deux membres : on peut le supprimer et l'équation se réduit au second degré

$$\frac{a+x}{R^2 - x^2} = \frac{a-x}{x^2},$$

ou

$$2ax^2 + R^2 x - aR^2 = 0.$$

On en déduit

$$x = \frac{-R^2 \pm \sqrt{R^4 + 8a^2 R^2}}{4a},$$

ce que l'on peut écrire

$$x = \frac{R}{4} \times \frac{-R \pm \sqrt{R^2 + 8a^2}}{a}.$$

Discussion. — Les valeurs de x sont toujours réelles, mais cela ne suffit pas pour qu'elles fournissent une solution du problème ; il faut qu'elles soient comprises entre $+$ R et $-$ R.

D'abord, pour que R surpasse la racine positive, il faut que le résultat de la substitution de R à x soit positif et de plus que R surpasse la demi-somme des racines ; comme on a à la fois

$$aR^2 + R^3 > 0 \quad \text{ou} \quad a + R > 0,$$

et

$$R > -\frac{R^2}{4a},$$

ces conditions sont toujours remplies ; par conséquent la racine positive fournit une solution quelle que soit la position du point A dans le cercle.

De même, pour que la racine négative prise en valeur absolue soit moindre que R, il faut que le résultat de la substitution de $-$R soit positif et que $-$R soit moindre que la demi-somme des racines, ce qui fournit les deux inégalités

$$aR^2 - R^3 > 0 \quad \text{ou} \quad a > R,$$

$$-R < -\frac{R^2}{4a} \quad \text{ou} \quad a > \frac{R}{4}.$$

Comme la première inégalité entraîne la seconde, on voit que la racine négative fournira une solution du problème seulement dans le cas où le point A est à l'extérieur du cercle.

Ainsi, suivant que le point A est à l'intérieur du cercle ou à l'extérieur, la question admet une solution ou bien deux ; mais il s'agit, dans le second cas, non plus de résoudre le problème du jeu de billard, mais la question de pure géométrie que nous lui avons substituée ; il s'agit de frapper le cercle en un point tel que le rayon réfléchi ait une direction perpendiculaire à OA, la réflexion pouvant se faire aussi bien sur la partie convexe du cercle que dans sa concavité.

On voit d'ailleurs directement que la racine négative de l'équation du second degré doit correspondre au cas où la réflexion s'opère sur la convexité du cercle; car, si l'on considère la *fig.* 57 et si l'on pose

on a
$$AO = a, \qquad OD' = y,$$

$$\frac{AB'}{B'D'} = \frac{AO}{D'O} = \frac{a}{y},$$

$$AB'^2 = a^2 + R^2 - 2ay,$$

$$B'D'^2 = R^2 - y^2,$$

et par conséquent

(2)
$$\frac{a^2 + R^2 - 2ay}{R^2 - y^2} = \frac{a^2}{y^2};$$

comme cette équation ne diffère de la première que par le changement de x en $-y$, la racine négative de (1) répond à la réflexion sur la partie convexe du cercle.

Variations de x quand A *se déplace.* — Si l'on déplace le point A à partir du centre, de façon à faire varier a d'une manière continue, x' et x'' passeront graduellement par une série de valeurs dont quelques-unes sont remarquables.

1° Quand A est au centre, c'est-à-dire quand $a = 0$, on trouve

$$x' = 0;$$

ceci montre qu'alors on doit lancer la bille perpendiculairement au diamètre sur lequel elle était primitivement; or on peut dire qu'elle était sur un diamètre quelconque : le problème admet donc une infinité de solutions, ce qui revient à dire qu'une bille placée au centre d'un billard circulaire revient toujours au centre quand on l'a lancée contre la bande.

Si a augmente, il est facile de voir que x' augmente aussi, car on a

$$\frac{4x'}{R} = \sqrt{\frac{R^2}{a^2} + 8} - \frac{R}{a},$$

ce que l'on peut écrire

$$\frac{4x'}{R} = \frac{\left(\sqrt{\frac{R^2}{a^2}+8} - \frac{R}{a}\right)\left(\sqrt{\frac{R^2}{a^2}+8} + \frac{R}{a}\right)}{\sqrt{\frac{R^2}{a^2}+8} + \frac{R}{a}},$$

c'est-à-dire

$$\frac{4x'}{R} = \frac{8}{\sqrt{\frac{R^2}{a^2}+8} + \frac{R}{a}},$$

et, sous cette forme, on voit que x' croît en même temps que a, car le dénominateur diminue.

2° Si $a = R$ on trouve

$$x' = \frac{R}{2},$$

et ABC (*fig.* 56) est un triangle équilatéral; d'ailleurs $x'' = -R$.

3° Quand a augmente à partir de R, x' continue à croître et x'' diminue en valeur absolue, car on a

$$-\frac{4x''}{R} = \frac{R}{a} + \sqrt{\frac{R^2}{a^2}+8},$$

et l'on voit que, pour $a = \infty$,

$$x' = \frac{R\sqrt{2}}{2}, \quad x'' = -\frac{R\sqrt{2}}{2},$$

ce qui revient à dire que BC (*fig.* 57) est un des côtés du carré inscrit dans le cercle et B'C' est le prolongement du côté parallèle.

Ainsi, en résumé, quand a varie d'une manière continue de 0 à ∞, le point D se déplace d'une manière continue; sa distance au centre varie de 0 à 0,707 R; tandis que le point D' se rapproche du centre depuis —R jusqu'à la distance —0,707 R.

Construction géométrique. — On peut construire avec la

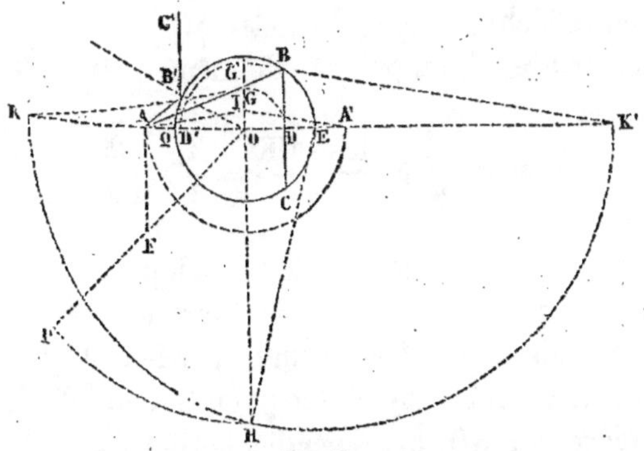

Fig. 57.

règle et le compas les valeurs de x' et de x'' (*fig.* 56 et 57) :
comme on a

$$\sqrt{8\,a^2} = 2\,a\,\sqrt{2},$$

on voit que cette ligne est égale au double de l'hypoténuse OF du triangle rectangle et isocèle FAO. Ainsi

et

$$\sqrt{8\,a^2} = 2\,OF = OP = OH,$$

$$\sqrt{R^2 + 8\,a^2} = \sqrt{OH^2 + OE^2} = EH.$$

Si donc on rabat, par un arc de cercle décrit du point E comme centre, EH en EK, l'on aura

$$OK = EK - OE = \sqrt{R^2 + 8\,a^2} - R,$$

et la question revient à construire

$$x' = \frac{R}{4} \times \frac{OK}{a},$$

qui est une quatrième proportionnelle aux trois lignes OA, OK et $\dfrac{R}{4} = OI$.

Pour cela il suffit de joindre AI et de mener par le point K la droite KG parallèle à AI; on obtient ainsi le point G, et en rabattant OG en OD par un arc de cercle, on obtient le point D, où le rayon réfléchi coupe le diamètre AO.

Pour construire x'', on procède de même : on a (*fig.* 57)

$$- x'' = \frac{R}{4} \times \frac{R + OK}{a} = \frac{R}{4} \times \frac{OK'}{a};$$

la quatrième proportionnelle aux trois lignes OA, OI et OK' s'obtiendra en prenant le point A' symétrique de A par rapport à O, en joignant A'I et menant par le point K' la parallèle K'G' à A'I. On rabat ensuite le point G' en D' par un arc de cercle et élève sur AO la perpendiculaire A'C', c'est le rayon réfléchi B'C' de la seconde solution.

Sur la *fig.* 57 on a construit les deux solutions qui correspondent au point A situé en dehors du cercle.

305. PROBLÈME XII. — *On donne un demi-cercle de rayon R terminé par le diamètre* AB *et un point P sur ce diamètre situé à une distance a du centre ; on demande de mener par ce point* P *une droite qui divise le demi-cercle en deux parties telles que, si l'on fait tourner la figure autour du diamètre* AB, *les volumes engendrés par chacune des parties soient équivalents* (1).

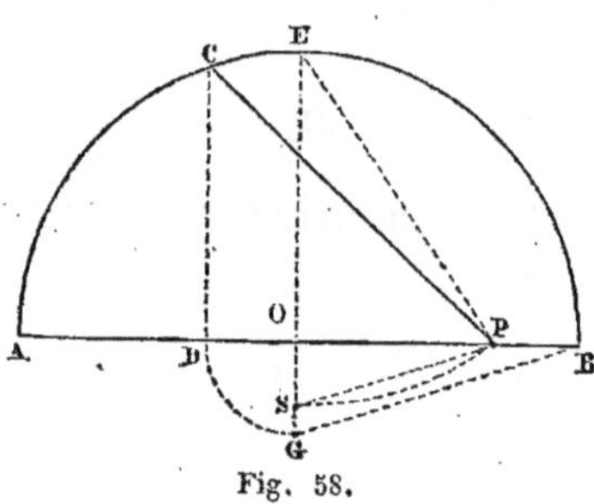

Fig. 58.

Solution. — Soit PC la droite cherchée et x la distance OD du centre à l'ordonnée CD du point C; nous avons, d'après l'énoncé,

$$\text{vol. } CAP = \text{vol. sect}^r \text{ sphér. } COA + \text{vol. tri. } COP = \tfrac{1}{2} \text{ sphère.}$$

<hr>

(1) Donné au concours pour l'École militaire de Saint-Cyr en 1869.

D'ailleurs,

$$\text{vol. COA} = 2\pi R\,(R-x) \times \tfrac{1}{3}R = \tfrac{2}{3}\pi R^2(R-x),$$

$$\text{vol. COP} = \tfrac{1}{3}\pi\,CD^2\,(a+x) - \tfrac{1}{3}\pi\,CD^2\,x = \tfrac{1}{3}\pi\,a\,(R^2-x^2);$$

l'équation du problème est donc

$$\tfrac{2}{3}\pi R^2\,(R-x) + \tfrac{1}{3}\pi\,a\,(R^2-x^2) = \tfrac{2}{3}\pi R^3\,;$$

elle se réduit à

$$ax^2 + 2R^2x - aR^2 = 0.$$

Résolvant cette équation du second degré on trouve

$$x = \frac{-R^2 \pm \sqrt{R^4 + a^2R^2}}{a} = \frac{R}{a}\left(-R \pm \sqrt{a^2 + R^2}\right);$$

la seule racine qui convienne au problème est

$$x' = \frac{R}{a}\left(-R + \sqrt{a^2 + R^2}\right),$$

car la racine négative, qui donnerait un point D situé à droite de O, est plus grande que R en valeur absolue, puisque le rapport $\dfrac{R}{a}$ est plus grand que l'unité.

Pour construire cette racine x', on élève en O la perpendiculaire OE sur AB et on joint PE; on a

$$PE = \sqrt{a^2 + R^2},$$

si donc, du point E comme centre avec EP pour rayon, on décrit un arc de cercle, on aura

$$OS = PE - OE = \sqrt{a^2 + R^2} - R.$$

Tout se réduit à obtenir

$$x' = \frac{R}{a} \times OS,$$

c'est-à-dire une quatrième proportionnelle à a, R et OS: on joindra donc PS, on tracera BG parallèle à SP et l'on aura $OG = x'$, car les triangles semblables OSP, OBG donnent la proportion

$$\frac{OP}{OB} = \frac{OS}{OG}, \quad \text{ou} \quad \frac{a}{R} = \frac{OS}{OG}.$$

Il suffira, pour obtenir le point D, de décrire du point O comme centre avec OG pour rayon un quart de cercle.

Si $a = R$, on a $x = R(\sqrt{2} - 1)$, ce qui se construit immédiatement en rabattant EB sur le diamètre EO.

Si $a = 0$, $x = 0$ et la ligne cherchée est OE.

GÉNÉRALITÉS SUR LES PROBLÈMES DU SECOND DEGRÉ.

306. On voit, par les exemples précédents, que les problèmes dont la solution dépend d'équations du second degré donnent toujours lieu à une discussion :

1° Il faut chercher la condition de réalité des racines en écrivant que la quantité soumise au radical est positive. On résout cette inégalité par rapport à l'une des données du problème et l'on obtient les limites entre lesquelles peut varier cette donnée, les autres restant fixes, pour que le problème soit possible.

2° Si le problème exige que l'inconnue soit positive, on aura recours, pour écrire cette condition, aux relations entre les coefficients et les racines (n°s 242, 243); les inégalités ainsi obtenues devront être compatibles avec la précédente.

3° Souvent, pour que le problème soit possible, il faut que les inconnues soient inférieures à une quantité donnée et cette condition, évidente *à priori*, n'a pu être introduite dans la mise en équation : par exemple, $2x$ représentant la longueur d'une corde inscrite dans un cercle de rayon R, x doit être moindre que R. — On résoudra facilement cette inégalité en s'appuyant sur les propriétés du trinôme du second degré. Nous avons vu, en effet (n° 261), qu'elles permettent de comparer un nombre donné aux racines d'une équation du second degré sans résoudre cette équation. — Cette méthode est préférable à la résolution directe de l'inégalité en isolant le radical et élevant au carré ses deux membres : en effet, cette élévation au carré n'est permise que si les deux membres sont positifs; de là divers cas à examiner, ce qui rend souvent la discussion longue et difficile.

4° Si une *seule* des racines convient au problème, dans le sens précis de son énoncé, il faudra *interpréter la solution étrangère*, c'est-à-dire rechercher l'énoncé du problème mis en équation en même temps que le proposé et qui admet la solution rejetée précédemment. (Problèmes I, III, V...)

Il ne faut pas oublier, en effet, qu'une même équation est souvent la traduction algébrique de plusieurs énoncés différents; c'est ce qui arrive toutes les fois qu'on a élevé au carré les deux membres pour chasser les radicaux, ou bien encore lorsque l'énoncé renferme des restrictions analogues à celles-ci : l'inconnue doit être plus grande ou plus petite qu'une certaine quantité; la ligne cherchée doit tomber dans telle ou telle partie de la figure. Ces conditions ne peuvent se traduire en algèbre et l'équation que l'on déduit de l'énoncé est exactement la même que si ces suppositions n'avaient pas lieu.

5° Quand il s'agit d'un problème de géométrie, on peut souvent vérifier directement sur la figure les résultats de la discussion précédente et construire simplement les valeurs des inconnues.

(a) Si ces expressions, *toujours homogènes,* sont de la forme

$$x = a \pm \sqrt{b^2 + c^2} \quad \text{ou} \quad x = a \pm \sqrt{b^2 - c^2},$$

la ligne qui représente le radical sera, dans le premier cas, l'hypoténuse d'un triangle rectangle dont b et c sont les côtés et, dans le second, le côté de l'angle droit d'un triangle dont b est l'hypoténuse et c l'autre côté de l'angle droit. Il n'y aura donc plus qu'à ajouter à a ou à retrancher de a la ligne ainsi obtenue, ce que l'on exprime graphiquement à l'aide d'arcs de cercle.

(*b*) Si l'expression de la ligne inconnue est de la forme

$$x = a \pm \sqrt{bc},$$

on obtiendra $\sqrt{bc}$ en construisant une moyenne proportionnelle entre b et c.

(*c*) Si l'on a

$$x = \frac{a^2 \pm \sqrt{b^4 + c^4}}{d},$$

on écrira d'abord

$$\sqrt{b^4 + c^4} = \sqrt{b^2 \left(b^2 + \frac{c^4}{b^2} \right)} = b \sqrt{b^2 + \left(\frac{c^2}{b} \right)^2};$$

puis on construira l'expression $\frac{c^2}{b}$, qui est une troisième proportionnelle entre b et c; un triangle rectangle fournira ensuite une ligne k égale à $\sqrt{b^2 + \left(\frac{c^2}{b} \right)^2}$ et l'on n'aura plus qu'à construire

$$x = \frac{a^2 \pm bk}{d} :$$

Il suffira donc de chercher une moyenne proportionnelle l entre b et k, ce qui donnera

$$l^2 = bk \quad \text{et, par suite,} \quad x = \frac{a^2 \pm l^2}{d}.$$

Un nouveau triangle rectangle fournira une ligne m telle que

$$m^2 = a^2 \pm l^2 :$$

il ne restera donc plus qu'à construire

$$x = \frac{m^2}{d},$$

c'est-à-dire une troisième proportionnelle entre d et m.

EXERCICES

Problèmes du second degré à une ou plusieurs inconnues.

1. Une personne achète un certain nombre de mètres d'étoffe pour 80 fr., si elle en avait acheté 4 de plus pour la même somme, chaque mètre lui eût coûté 1 fr. de moins. — Combien de mètres d'étoffe a-t-elle achetés?

$$R.\ 16^m.$$

2. Une réunion de plusieurs personnes contracte une dette de 14400 fr.; deux d'entre elles meurent insolvables et chacune des autres est obligée de payer 100 fr. de plus qu'elle n'aurait fait sans cela. — Quel est le nombre des sociétaires?

$$R.\ 18.$$

3. Quel est le nombre qui, ajouté à sa racine carrée, donne 210?

$$R.\ 196.$$

4. Un marchand achète une étoffe et la revend 24 fr.; de cette manière il gagne autant pour cent que l'étoffe lui a coûté. — Quel est le prix d'achat?

$$R.\ 20\ fr.$$

5. Un négociant dépense 675 fr. pour l'acquisition de pièces de vin qu'il revend chacune 48 fr.; le gain total ainsi obtenu est égal au prix d'une pièce. — Quel est le prix d'acquisition de chacune des pièces?

$$R.\ x = 45\ fr.$$

6. Dans quel système de numération le nombre 95 (base 10) est-il désigné par 137?

$$R.\ 8.$$

7. Un nombre est représenté dans le système dont la base est 10 par 35,8333..... et dans un autre système par 55,5. — Quelle est la base de ce nouveau système?

$$R.\ 6.$$

8. On peut payer 247979 fr. ou bien avec un nombre exact de pièces d'or anglaises appelées souverains, ou bien avec un nombre

exact de pièces d'or allemandes (pièces de 20 marks) surpassant le premier de 250 unités. On sait aussi que 100 souverains valent 50 fr. de plus que 100 pièces d'or allemandes. — Quelles sont, en francs, les valeurs de ces deux sortes de pièces ?

$$R.\ 25^f,15 \quad \text{et} \quad 24^f,65.$$

9. Deux mobiles partis d'un même point avec des vitesses différentes se meuvent uniformément et dans le même sens sur un contour fermé long de 120 mètres. On demande de déterminer ces vitesses sachant que l'intervalle de temps écoulé entre deux rencontres successives diminue de 5 heures ou augmente de 16 heures suivant que l'on double la première vitesse ou la deuxième. — Généraliser le problème.

$$R.\ V = 25^m, \quad v = 19.$$

10. Quelle est la base du système de numération dans lequel le nombre 803 (base 10) peut être exprimé par 30203 ?

$$R.\ 4.$$

11. Quelle est la base du système de numération dans lequel le nombre 2704 (base 10) s'écrit 20304 ?

$$R.\ 6.$$

12. Dans quel système de numération le nombre 16000 (base 10) s'écrit-il 1003000 ?

$$R.\ 5.$$

13. Dans quel système de numération le nombre qui s'écrit 0,1664 dans la base 10 est-il représenté par 0,0404 ?

$$R.\ 5.$$

14. Étant donnés un cercle O de rayon R et un point A en dehors, à la distance d du centre, mener par ce point une sécante ABC, telle que la corde BC comprise dans le cercle soit égale au rayon.

$R.\ x$ désignant le plus grand segment AC, on trouve

$$x = \frac{R + \sqrt{4d^2 - 3R^2}}{2}.$$

15. On donne un rectangle ABCD dont les dimensions sont AB $= a$, AD $= b$; tracer à l'intérieur deux parallèles B'C' et D'C'

aux côtés BC, CD qui soient équidistantes de ces côtés et telles que le rectangle AB'C'D' ainsi formé soit la moitié de ABCD. Calculer $AB' = x$ et interpréter la solution négative.

$$R. \quad x = \frac{1}{2}\left(a - b \pm \sqrt{a^2 + b^2}\right).$$

16. On donne un demi-cercle AOB et un point P sur le diamètre AB à une distance d du centre. On demande à quelle distance x de AB il faut mener une corde parallèle à AB pour que cette corde soit vue du point P sous un angle droit. — Construction.

$$R. \quad x^2 = \frac{R^2 - d^2}{2}.$$

17. On donne un triangle équilatéral ABC dans lequel $AB = a$ et un point F sur la base BC à la distance b du sommet B. Tracer une parallèle DE à BC, telle que le segment DE intercepté dans l'angle A soit vu du point F sous un angle droit, c'est-à-dire que l'angle DFE soit droit. — Discussion.

$$R. \quad x = -\frac{a}{2} \pm \sqrt{\frac{a^2}{4} + 2b\,(a - b)}.$$

18. La distance des centres de deux cercles égaux est 30^{cm}, leur rayon est 25^{cm}; trouver le côté du carré inscrit dans l'espace commun aux deux cercles. — Généraliser la question.

$$R. \quad 17^{cm},0156.$$

19. Un arpenteur est placé en un point O de la diagonale AC d'un carré ABCD; il mesure les distances $OA = a = 59^m,16$, $OB = b = 78^m$ du point O aux extrémités A et B du côté AB. Calculer le côté AB du carré. — Interpréter la solution négative et construire les racines.

$$R. \quad x = 24^m.$$

20. Quatre lumières ayant même intensité sont placées aux sommets d'un carré ABCD dont le centre est O et le rayon R. Trouver sur l'apothème de ce carré le point M qui soit éclairé avec la même intensité que si les lumières étaient réunies au centre du carré.

$$R. \quad OM = x = \pm R.$$

21. Six lumières d'égale intensité sont placées aux sommets d'un hexagone régulier dont le centre est O. Trouver sur l'apothème de cet hexagone un point M éclairé par ces lumières avec la même intensité que si ces lumières étaient toutes les six placées au centre.

$$R.\ OM = x = R\sqrt{\frac{\sqrt{5}-1}{2}} = 0{,}786\,R.$$

22. On donne un triangle ABC; mener une parallèle DE à la base BC et tellement située, qu'en abaissant DD' et EE' perpendiculaires sur BC la surface totale du cylindre engendré par DED'E', lorsque le triangle tourne autour de BC, soit égale au cercle engendré par AH, hauteur abaissée sur BC. — Discussion.

R. Soit y la distance de DE à BC, on trouve

$$y = \frac{h}{2} \times \frac{b \pm \sqrt{b^2 - 2bh + 2h^2}}{b-h}.$$

23. Dans un triangle ABC rectangle en A, mener une parallèle DE au côté AC, de telle sorte que le volume engendré par BDE soit égal à la moitié du volume engendré par ABC lorsque la figure tourne autour du côté AC. On posera

$$AC = b, \quad AB = c, \quad AD = x.$$

$$R.\ x = \frac{c}{2}, \quad 1{,}366 \times c, \quad -0{,}366 \times c.$$

24. Étant donné un cercle O de rayon R, mener une demi-corde CD perpendiculaire au diamètre AB et telle que le volume engendré par le triangle OCD tournant autour de AB soit égal au volume engendré par le segment du cercle CMA.

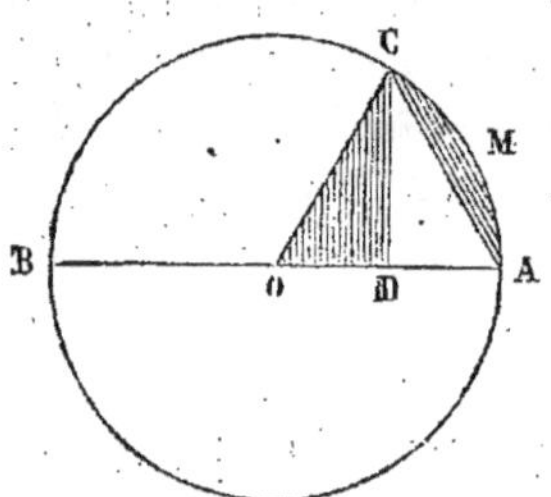

Fig. 59.

$$R.\ OD = x = R, \quad \text{ou} \quad R(\sqrt{2}-1).$$

25. Couper une sphère par un plan tel que la somme des surfaces de la calotte sphérique et de son cercle de base soit égale à une surface donnée.

R. La distance au centre est donnée par l'équation

$$x^2 + 2Rx + m^2 - 3R^2 = 0.$$

26. On donne une sphère O et un diamètre CD (*fig.* 60); à quelle distance du centre faut-il mener un plan AB perpendiculaire à CD pour que le volume du cône ABD, soit double du volume de la tranche sphérique à ACB?

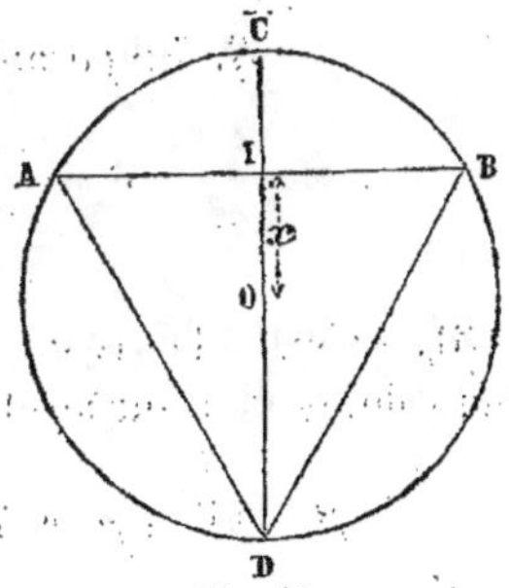

$$R. \quad x = \frac{R}{3}\left(-2 + \sqrt{13}\right) = 0,535 R.$$

Fig. 60.

27. Couper une sphère par un plan de manière que l'aire de la calotte soit égale à la surface latérale du cône ayant pour sommet le centre de la sphère et pour base le cercle de section.

$$R. \quad x' = R, \quad x'' = \frac{3}{5}R.$$

28. Un plan coupe une sphère de rayon R suivant un cercle de rayon a; à quelle distance du centre faut-il lui mener un plan parallèle pour que la tranche sphérique comprise entre les deux plans soit m fois plus grande que le cône ayant le nouveau cercle pour base et pour sommet le centre du premier. — Cas particulier où $m = 3$.

R. Posant $h^2 = R^2 - a^2$, on arrive à l'équation

$$2(m-1)x^2 - 2hx + 4R^2 - 2mR^2 + 2a^2 = 0.$$

$$\text{Si } m = 3, \quad x' = \frac{1}{2}h, \quad x'' = -h.$$

29. On connaît le volume V d'un tronc de cône, sa hauteur h et la différence d des rayons de ses bases; calculer ces deux rayons R et r. — Discussion.

R. En posant $V = \frac{\pi h}{3}m^2$, on trouve $\quad R = \dfrac{3d + \sqrt{12m^2 - 3d^2}}{6}.$

Si $m^2 > d^2$, $r = \dfrac{-3d + \sqrt{12m^2 - 3d^2}}{6}$ et le problème est possible dans le sens précis de l'énoncé. — Si $m^2 < d^2 < 4m^2$ la valeur précédente de R et celle de r changée de signe conviennent à la question suivante : Dans un double cône de hauteur h et de volume V la somme des rayons des bases est d; calculer ces rayons.

30. Calculer les rayons x et y d'un tronc de cône à base cir-

culaire, connaissant son volume, sa hauteur et son apothème.

R. En posant $V = \dfrac{\pi h}{3} m^2$, on trouve

$$x = \frac{\sqrt{a^2 - h^2}}{2} + \frac{1}{2} \sqrt{\frac{4m^2 - a^2 + h^2}{3}}.$$

31. Calculer le rayon x et la hauteur y d'un cône, connaissant son volume et sa surface totale.

R. Si l'on pose $V = \dfrac{\pi}{3} m^3$, $S = \pi s^2$, on trouve

$$x^2 = \frac{s^3 \pm \sqrt{s^6 - 8m^6}}{4s}.$$

32. On donne un rectangle OAPB dont les dimensions sont OA $= a$, OB $= b$; trouver sur OA et OB ou sur leurs prolongements deux points M et N tels, qu'en les joignant au sommet P opposé à A le triangle PMN soit équilatéral. — Discussion et construction géométrique tirée des formules.

$$R.\ \ OM = x = -a \pm b\sqrt{3}.$$

33. On donne un angle droit AOB et un point P situé sur la bissectrice à une distance du sommet O égale à d. — Trouver sur les côtés AO, BO deux points M et N tels, qu'en joignant PM, PN le triangle PMN soit équilatéral. — Construction.

$$R.\ \ OM = x = \frac{d\sqrt{2}}{2}\left(-1 \pm \sqrt{3}\right).$$

34. Les bases d'un trapèze sont a et b, il est circonscrit à un cercle O de rayon R. Calculer les segments déterminés sur les bases par les deux points de contact.

$$R.\ \ x = \frac{a}{2} \pm \sqrt{\frac{a^2}{4} - \frac{aR^2}{b}},$$

$$y = \frac{b}{2} \pm \sqrt{\frac{b^2}{4} - \frac{bR^2}{a}}.$$

35. Sur les côtés CA, CB d'un triangle ABC (*fig.* 61) on prend

$CG = CF = d$ et l'on joint FG. On demande de transformer le triangle isocèle CFG en un autre triangle CED équivalent par une droite ED telle que l'on ait AD = BE.

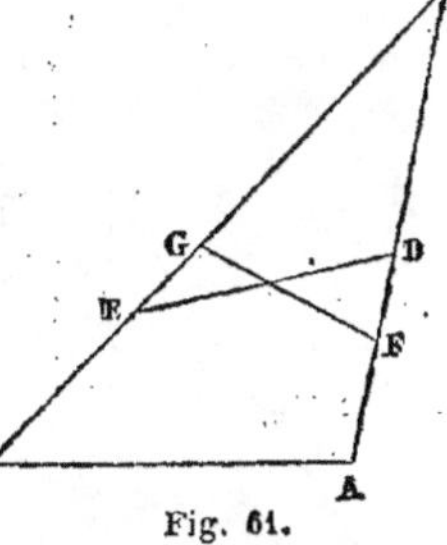

Fig. 61.

R. Si $BC = a$, $AC = b$, $AD = BE = x$, on trouve

$$x = \frac{a+b}{2} \pm \sqrt{\left(\frac{a-b}{2}\right)^2 + d^2}.$$

Les deux racines conviennent-elles? — Construction géométrique qui les fournit.

36. On donne un cercle de rayon R et un point intérieur A situé à la distance d du centre; mener par le point A une corde qui soit divisée par ce point en moyenne et extrême raison.

R. Soient x et y les deux segments additifs déterminés par le point A sur la corde cherchée, on trouve

$$x^2 = \frac{R^2 - d^2}{2}(\sqrt{5} + 1), \qquad y^2 = \frac{R^2 - d^2}{2}(\sqrt{5} - 1);$$

le problème n'est possible que si

$$d > R(\sqrt{5} - 2) \quad \text{ou} \quad d > 0{,}236.R.$$

Si le point A est extérieur, il faut distinguer deux cas : 1° c'est la corde qui est moyenne proportionnelle entre la sécante entière et la partie extérieure; 2° c'est la partie extérieure qui est moyenne proportionnelle entre la sécante entière et la corde.

Dans le premier cas on trouve, pour la partie extérieure,

$$y = \sqrt{d^2 - R^2} \times \frac{-1 + \sqrt{5}}{2}$$

et le problème n'est possible que si

$$d < r\sqrt{5}.$$

Dans le second, on a

$$y^2 = (d^2 - R^2) \times \frac{-1 + \sqrt{5}}{2}$$

et le problème n'est possible que si

$$d < r(2 + \sqrt{5}).$$

37. Une pièce de terre ABEF (*fig.* 62) est limitée par trois routes AE, EF, FD; tracer parallèlement à EF une droite CD telle que le trapèze CDEF soit équivalent au quadrilatère ABEF.

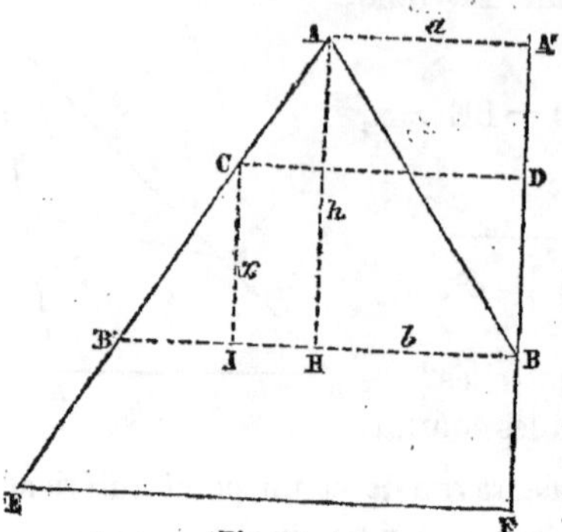

On donne les parallèles à EF

$$\mathrm{AA'} = a, \quad \mathrm{BB'} = b$$

et leur distance

$$\mathrm{AH} = h.$$

Calculer la distance $\mathrm{CI} = x$ de la parallèle inconnue CD à la droite donnée BB'. Construire la racine qui convient au problème.

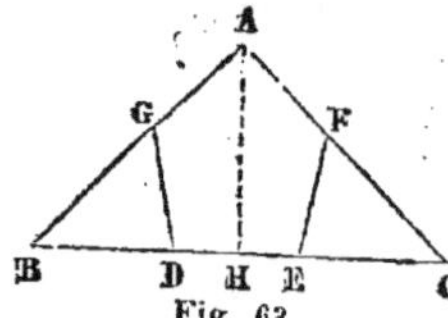

Fig. 62.

$$R. \quad x = h \times \frac{b \pm \sqrt{ab}}{b - a}.$$

38. Trouver les côtés d'un triangle sachant que ses côtés et sa surface sont trois nombres entiers consécutifs.

R. Soit x le plus petit côté, on arrive à l'équation

$$3x^3 + 3x^2 - 19x - 51 = 0,$$

dont la racine réelle est $x = 3$.

39. On donne un triangle isocèle ABC dont la base BC est égale à $2b$ et le côté AB égal à c. On demande de trouver sur BC deux points D et E et sur les côtés AB, AC (*fig.* 63) deux autres points G et F, tels que le pentagone DEFAG soit équilatéral. — Discussion.

R. Si l'on pose $\mathrm{DH} = x$, $c^2 - b^2 = h^2$, l'équation du problème est

$$(c - 4b)\, x^2 - 4h^2 x + ch^2 = 0.$$

Fig. 63.

Pour discuter la question, il faut considérer successivement les cas où l'on a

$$c < 4b, \quad c > 4b, \quad c = 4b.$$

CHAPITRE V

Maximum et minimum.

307. Définitions. — I. *Quand une quantité varie sous certaines conditions qui limitent ses accroissements, on appelle* maximum *de cette quantité la plus grande valeur qu'elle puisse atteindre.*

II. *Quand une quantité varie sous certaines conditions qui limitent ses décroissements, on appelle* minimum *de cette quantité la plus petite valeur qu'elle puisse prendre.*

Exemples : 1° Considérons (*fig.* 64) un cercle de rayon donné et un rectangle ABCD inscrit dans ce cercle ; la surface de ce rectangle varie avec sa hauteur et ne peut prendre des valeurs très-grandes puisque le rectangle est compris dans l'intérieur du cercle donné. Si la hauteur du rectangle est voisine de 2R, la surface ABCD est très-petite ; si cette hauteur est très-petite, la base étant presque égale à 2R, la surface ABCD est encore très-petite ; ainsi la surface croît depuis zéro d'une manière continue, puis décroît jusqu'à zéro. Entre ces deux limites extrêmes il doit y avoir une position $A_1B_1C_1D_1$ du rectangle pour laquelle sa surface est *maximum*.

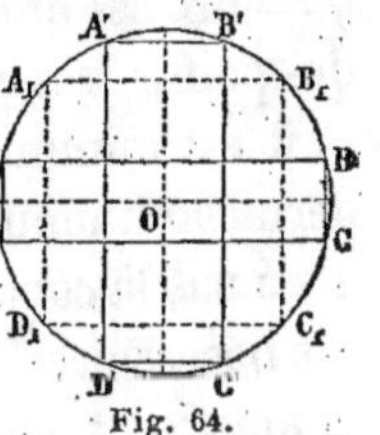

Fig. 64.

2° Soit (*fig.* 68) un cône circonscrit à une sphère de rayon donné ; le volume de ce cône varie avec sa hauteur et ne peut prendre des valeurs très-petites puisqu'il enveloppe toujours la sphère. Si la hauteur du cône est très-grande, le volume est très-grand, la base étant toujours plus grande qu'un grand cercle de la sphère ; si le sommet S se rapproche de la surface sphérique, le volume du cône est encore très-grand puisque sa base augmente au delà de toute limite, la hauteur restant toujours supérieure à 2R ; entre ces positions extrêmes, il y en a une pour laquelle le volume du cône est *minimum*.

308. *Remarque I.* — Considérons un mobile décrivant une courbe ondulée ABCD..... rapportée à un axe OX sur lequel on a choisi une origine O ; *l'ordonnée* MM′ du point mobile varie avec la distance OM′ de sa projection M′ au point O, c'est-à-dire varie en même temps que *l'abscisse* OM′. On dit que l'ordonnée de la courbe est *fonction* de son abscisse considérée comme variable indépendante. Cette or-

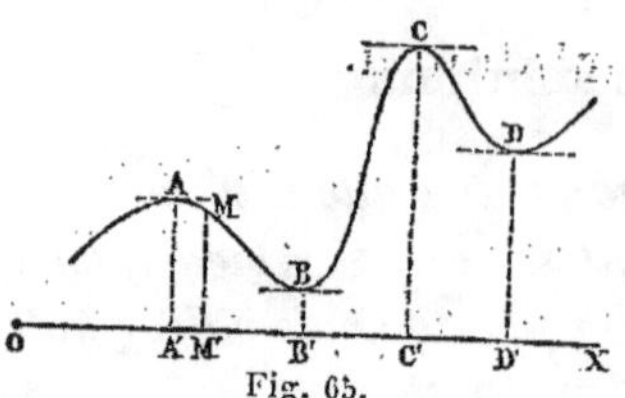

donnée passe successivement par des valeurs *maxima* et *minima*. Ainsi pour $x = $ OA′, $y = $ AA′ et cette ordonnée est maximum parce qu'elle est plus grande que toutes les ordonnées qui la précèdent ou qui la suivent immédiatement ; pour $x = $ OB′, $y = $ BB′ est minimum, car elle est moindre que les ordonnées des points très-voisins ; pour $x = $ OC′, y est encore maximum et il est minimum pour $x = $ OD′. On peut remarquer que ce dernier minimum DD′ est plus grand que le maximum AA′ et il n'y a pas là contradiction, parce qu'une valeur maximum n'est pas nécessairement supérieure à toutes les valeurs que prend la fonction : elle surpasse seulement les valeurs qui la précèdent et celles qui la suivent immédiatement.

On peut dire, par conséquent, d'une manière plus générale : *Une fonction passe par un maximum lorsqu'elle cesse de croître pour commencer à décroître, et elle passe par un minimum lorsqu'elle cesse de décroître pour commencer à croître.*

309. *Remarque II.* — La valeur de x pour laquelle une fonction de x est maximum ne change pas lorsque l'on multiplie ou lorsque l'on divise cette fonction par une quantité constante. — Soit, par exemple, le produit

$$y = 3x(10 - x);$$

il sera maximum pour la même valeur de la variable x que le produit

$$y_1 = x(10 - x).$$

§ Ier. — MAXIMUM ET MINIMUM DÉPENDANTS DU SECOND DEGRÉ.

310. *Règle pour résoudre les problèmes de maximum ou de minimum.* — La recherche des maxima et des minima d'une fonction fait partie de l'algèbre supérieure; à l'aide des éléments on ne peut résoudre qu'un nombre très-restreint de pareilles questions; on les considère comme des cas particuliers de problèmes plus généraux qui consistent à faire acquérir à la fonction proposée une valeur particulière; si ce problème général conduit à une équation qui dépend du second degré, on pourra trouver les limites entre lesquelles on doit faire varier cette valeur particulière pour que le problème soit possible et en déduire le maximum ou le minimum de la fonction. — Soit, par exemple, à inscrire dans un cercle le plus grand rectangle possible : on se proposera d'abord d'inscrire dans ce cercle un rectangle de surface donnée m^2, ce qui est un problème du second degré, puis on verra quelle condition m^2 doit remplir pour que les racines de l'équation obtenue soient réelles. Cette condition donnera le maximum cherché.

Il résulte de là que, pour résoudre ces problèmes, il faut : 1° *former la quantité à rendre maximum ou minimum;* 2° *l'exprimer au moyen d'une seule variable et l'égaler à une quantité donnée;* 3° *résoudre l'équation du second degré ou bien l'équation bicarrée ainsi obtenue et discuter ses racines. En écrivant que ces racines sont réelles ou bien, quelquefois, qu'elles sont positives, on obtient des inégalités qui fournissent le maximum ou le minimum cherché.*

Les problèmes résolus aux n°s 290,... 293,... 298,... 303 présentent des applications de la règle précédente; la condition de maximum ou de minimum se trouvait amenée tout naturellement par la discussion des formules obtenues. Voici d'autres exemples :

311. PROBLÈME I. — *Décomposer une somme en deux parties dont le produit soit le plus grand possible.*

Solution. — Soit S la somme donnée, x et S $- x$ les deux parties ; la quantité à rendre maximum est

$$x \times (S - x) ;$$

l'égalant à une quantité donnée m^2, on obtient l'équation

$$x^2 - Sx + m^2 = 0,$$

d'où

$$x = \frac{S}{2} \pm \sqrt{\frac{S^2}{4} - m^2}.$$

Pour que le problème soit possible, il faut que l'on ait

$$m^2 < \frac{S^2}{4} ;$$

le maximum de m^2 est donc $\frac{S^2}{4}$; alors on a

$$x = \frac{S}{2}, \quad S - x = \frac{S}{2},$$

de là ce théorème : *Pour qu'un produit de deux facteurs dont la somme est constante soit maximum, il faut que les deux facteurs soient égaux.*

Remarque. — Ceci suppose que les facteurs ne sont pas assujettis à d'autre condition que celle d'avoir une somme constante ; s'il existe entre eux une autre relation, le maximum de leur produit aura lieu lorsque leur différence sera le plus petite possible.

En effet, puisque $x + y = S$, nous pouvons poser

$$x = \frac{S}{2} - d, \quad y = \frac{S}{2} + d,$$

et il viendra, en faisant le produit de ces deux parties,

$$xy = \frac{S^2}{4} - d^2 :$$

donc le maximum de xy correspondra au minimum de d.

Considérons, par exemple, deux circonférences intérieures, mais non concentriques, et proposons-nous de mener par le centre O de la grande circonférence une sécante telle que le rectangle $AC \times BC$ soit maximum.

La somme $AC + BC = 2R$ est constante ; comme on ne peut faire en sorte que $AC = BC$, le maximum du produit aura lieu lorsque la différence $BC - AC$ sera le plus petite possible, c'est-à-dire lorsque la sécante passant par les deux centres aura la position $A_1C_1B_1$.

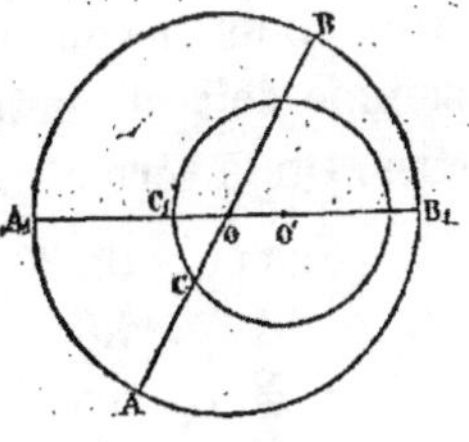
Fig. 66.

312. PROBLÈME II. — *Décomposer un produit en deux facteurs dont la somme soit un minimum.*

Solution. — Soit p^2 le produit donné et x l'un des facteurs ; l'autre sera $\dfrac{p^2}{x}$ et la somme à rendre minimum sera

$$\frac{p^2}{x} + x = \frac{p^2 + x^2}{x} ;$$

l'égalant à une quantité donnée m, on obtient

$$\frac{p^2 + x^2}{x} = m, \quad \text{ou} \quad x^2 - mx + p^2 = 0 ;$$

on tire de cette équation

$$x = \frac{m}{2} \pm \sqrt{\frac{m^2}{4} - p^2}.$$

Pour que les racines soient réelles il faut que l'on ait

$$\frac{m^2}{4} > p^2, \quad \text{ou} \quad m > 2p ;$$

donc le minimum de m est égal à $2p$: on a alors

$$x = \frac{2p}{2} = p$$

et les deux facteurs du produit sont égaux. De là ce théorème :
Pour que la somme de deux nombres, dont le produit est

constant, soit minimum, il faut que les deux nombres soient égaux chacun à la racine carrée de ce produit.

Ainsi, pour décomposer le nombre 36 en deux facteurs dont la somme soit minimum, il faut prendre 6 pour chacune des parties. On le vérifie sur le tableau suivant :

Facteurs de 36.	Somme de ces facteurs.
1 et 36	37
2 ... 18	20
3 ... 12	15
4 ... 9	13
6 ... 6	12
9 ... 4	13
12 ... 3	15

Le problème n'admet pas de maximum, car on peut prendre pour facteurs

360 et 0,1,　3600 et 0,01,　36000 et 0,001,…;

leur somme augmente au delà de toute limite.

313. PROBLÈME III. — *Inscrire dans un triangle le plus grand rectangle possible.*

Solution.—Soit ABC le triangle donné ayant b pour base et h pour hauteur ; soit MNPQ (*fig.* 67) un rectangle inscrit dans

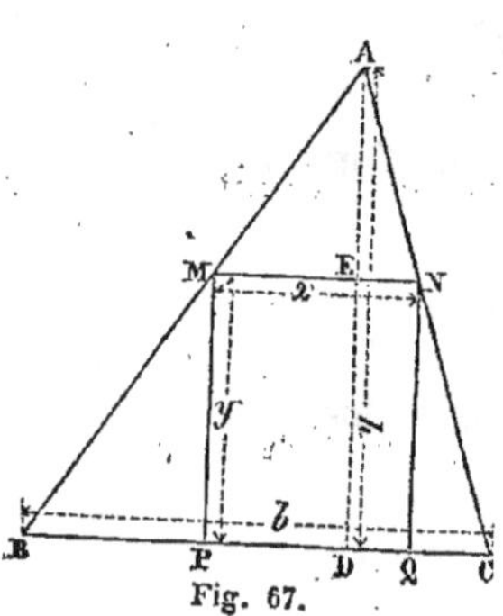
Fig. 67.

ce triangle, x sa base et y sa hauteur. La quantité à rendre maximum est xy ; pour l'évaluer en fonction d'une seule variable, il faut écrire que la droite MN est parallèle à la base du triangle ; les deux triangles ABC, AMN étant semblables, on a

$$x = \frac{b(h-y)}{h}.$$

La surface à rendre maximum est donc

$$\frac{b}{h} \times (h-y) \times y.$$

On peut laisser de côté le facteur constant $\frac{b}{h}$ et chercher seulement le maximum du produit

$$(h - y) \times y\,;$$

comme la somme de ses facteurs est constante et égale à h, le maximum aura lieu lorsque

$$h - y = y, \quad \text{ou} \quad y = \frac{h}{2}\,;$$

la valeur de x correspondante est

$$x = \frac{b}{h} \times \left(h - \frac{h}{2}\right) = \frac{b}{h} \times \frac{h}{2} = \frac{b}{2}.$$

Ainsi, de tous les rectangles inscrits dans un même triangle, le plus grand $M_1N_1P_1Q_1$ a pour base la moitié de la base et pour hauteur la moitié de la hauteur du triangle ; sa surface est donc moitié de celle du triangle proposé. — Ce rectangle ne sera donc un carré que si les dimensions du triangle sont égales.

314. Problème IV. — *Circonscrire à une sphère le cône dont la surface totale soit minimum.*

Solution. — Si nous posons (*fig.* 68)

$$SO = y, \quad AC = x, \quad AS = z,$$

nous aurons

$$\text{surf. totale} = \pi xz + \pi x^2\,;$$

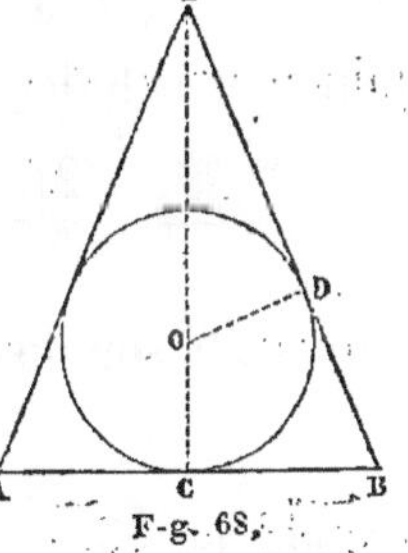

nous supprimerons (n° 309) le facteur constant π et nous chercherons le maximum de $xz + x^2$, ou de $x(x + z)$. Les deux facteurs x et $x + z$ s'expriment facilement en fonction de la seule variable y. En effet, les deux triangles ASC, DSO étant semblables donnent

$$\frac{AS}{OS} = \frac{AC}{OD} = \frac{SC}{SD}, \quad \text{ou} \quad \frac{z}{y} = \frac{x}{R} = \frac{R + y}{\sqrt{y^2 - R^2}}.$$

nous en tirerons d'abord

$$x = \mathrm{R}\,\frac{\mathrm{R}+y}{\sqrt{y^2-\mathrm{R}^2}} = \mathrm{R}\,\sqrt{\frac{\mathrm{R}+y}{y-\mathrm{R}}},$$

puis

$$\frac{x+z}{y+\mathrm{R}} = \frac{x}{\mathrm{R}}, \quad \text{d'où} \quad x+z = (y+\mathrm{R})\frac{x}{\mathrm{R}}$$

et, en substituant à x sa valeur en fonction de y,

$$x+z = (y+\mathrm{R})\,\sqrt{\frac{\mathrm{R}+y}{y-\mathrm{R}}}.$$

L'expression $x(x+z)$ à rendre maximum peut donc s'écrire

$$\frac{\mathrm{R}\,(y+\mathrm{R})^2}{y-\mathrm{R}};$$

et il suffira, comme R est un facteur constant (n° 309), de chercher le maximum de

$$\frac{(y+\mathrm{R})^2}{y-\mathrm{R}}.$$

Égalant cette expression à une quantité donnée m, nous aurons l'équation

$$y^2 + (2\mathrm{R}-m)\,y + \mathrm{R}^2 + \mathrm{R}m = 0;$$

qui a pour solution

$$y = \frac{-2\mathrm{R}+m+\sqrt{(2\mathrm{R}-m)^2-4(\mathrm{R}^2+\mathrm{R}m)}}{2}$$

La quantité soumise au radical se réduisant à

$$m^2 - 8\mathrm{R}m,$$

le problème n'est possible que si m est supérieur à 8R. Le minimum de la surface totale du cône correspond donc à $m = 8\mathrm{R}$, et l'on a alors

$$y = 3\mathrm{R}, \quad x = \mathrm{R}\,\sqrt{2}, \quad z = 3\mathrm{R}\sqrt{2}.$$

Ainsi la hauteur du cône de surface totale minimum est le double du diamètre de la sphère.

315. Problème V. — *Circonscrire à une sphère un cône de volume minimum.*

Solution. — Avec les notations précédentes, la fonction à rendre minimum est

$$\frac{1}{3}\pi x^2 (R + y),$$

ou bien, en remplaçant x^2 par son expression au moyen de y,

$$\frac{1}{3}.\pi R^2 \frac{(R+y)^2}{y-R}.$$

En laissant de côté le facteur constant $\frac{1}{3}\pi R^2$ (n° 309), il n'y a plus qu'à chercher le minimum de l'expression

$$\frac{(R+y)^2}{y-R}$$

et nous venons de voir que ce minimum a lieu pour $y = 3R$. Ainsi, *le cône circonscrit dont la hauteur est égale au double du diamètre de la sphère possède, en même temps, le plus petit volume et la plus petite surface totale.*

316. Problème VI. — *Étant donnés un angle droit XOY et un cercle C tangent à ses deux côtés, mener à ce cercle une tangente telle que la surface AOB soit minimum.*

Solution. — Soit $OA = x$, $OB = y$. La surface à rendre minimum est $\frac{1}{2}xy$. Pour l'exprimer au moyen d'une seule variable, écrivons que la droite AB est tangente au cercle C; nous avons

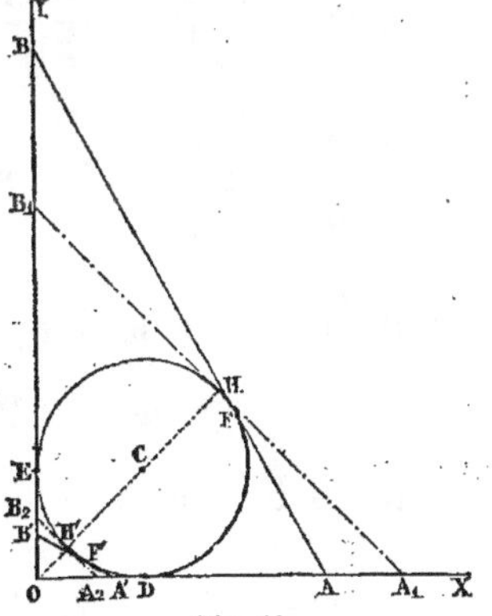

$$AB = BF + FA = BE + DA = y - R + x - R = x + y - 2R;$$

d'autre part, comme

$$AB^2 = x^2 + y^2,$$

la relation entre x et y est

$$x^2 + y^2 = (x + y - 2R)^2,$$

et les deux équations du problème sont

(1) $$xy = 2m^2,$$

(2) $$2R(x + y) = xy + 2R^2.$$

L'équation (2) peut s'écrire, en tenant compte de (1),

(3) $$x + y = \frac{m^2 + R^2}{R}$$

et la question revient à trouver deux lignes connaissant leur somme et leur produit : ces deux inconnues sont les racines de l'équation du second degré

$$X^2 - \frac{m^2 + R^2}{R} X + 2m^2 = 0,$$

c'est-à-dire

$$X = \begin{Bmatrix} x \\ y \end{Bmatrix} = \frac{m^2 + R^2}{2R} \pm \sqrt{\left(\frac{m^2 + R^2}{2R}\right)^2 - 2m^2},$$

ou

$$X = \begin{Bmatrix} x \\ y \end{Bmatrix} = \frac{m^2 + R^2 \pm \sqrt{m^4 - 6R^2 m^2 + R^4}}{2R}.$$

Pour que le problème soit possible, il faut que l'on ait

$$m^4 - 6R^2 m^2 + R^4 > 0,$$

ou bien, en décomposant le trinôme en deux facteurs,

$$\left[m^2 - R^2(3 + \sqrt{8})\right]\left[m^2 - R^2(3 - \sqrt{8})\right] > 0.$$

Cette inégalité sera satisfaite si l'on donne à m^2 des valeurs non comprises entre les racines du trinôme, c'est-à-dire : 1° des valeurs comprises entre 0 et $R^2(3 - 2\sqrt{2})$; 2° des valeurs supérieures à $R^2(3 + 2\sqrt{2})$. Le maximum des valeurs de la première série est $R^2(3 - 2\sqrt{2})$ et le minimum de celles de la seconde est $R^2(3 + 2\sqrt{2})$. Nous verrons plus loin à quel problème répond le maximum $R^2(3 - 2\sqrt{2})$; ne considérons pour l'instant que le minimum $R^2(3 + 2\sqrt{2})$: les valeurs de x et de y correspondant à ce minimum sont égales et l'on a

$$x = y = \frac{m^2 + R^2}{2R} = R(2 + \sqrt{2}).$$

Ainsi, le triangle de la surface minimum est le triangle rectangle isocèle OA_1B_1; son hypoténuse est perpendiculaire à l'extrémité du rayon OCH.

Le maximum $R^2(3 - 2\sqrt{2})$ correspond aux triangles obtenus en menant des tangentes telles que A'B' en différents points de l'arc DH'E. Soient, en effet, $OA' = x$, $OB' = y$; on a

$$A'B' = EB' + DA' = R - x + R - y = 2R - x - y,$$

et les équations de ce nouveau problème sont

$$xy = 2m^2, \quad x^2 + y^2 = (2R - x - y)^2;$$

elles ne diffèrent donc pas de celles du problème précédent et, en discutant le trinôme soumis au radical, on doit trouver aussi bien le maximum des triangles de la seconde série que le minimum de ceux de la première.

317. Problème VII. — *Deux mobiles* M *et* M' *se meuvent d'un mouvement uniforme sur deux droites rectangulaires* OY, OX; *l'un se rapproche du sommet* O, *l'autre s'en éloigne; leurs vitesses sont* v *et* v' *et ils passent au même instant aux points* A *et* A' *donnés par les distances* $OA = a$, $OA' = a'$. *On demande l'époque à laquelle la distance qui les sépare sera minimum et la valeur de cette plus courte distance.*

Solution. — Soit t le temps compté à partir de l'époque à laquelle les mobiles sont en A et en A'; on aura

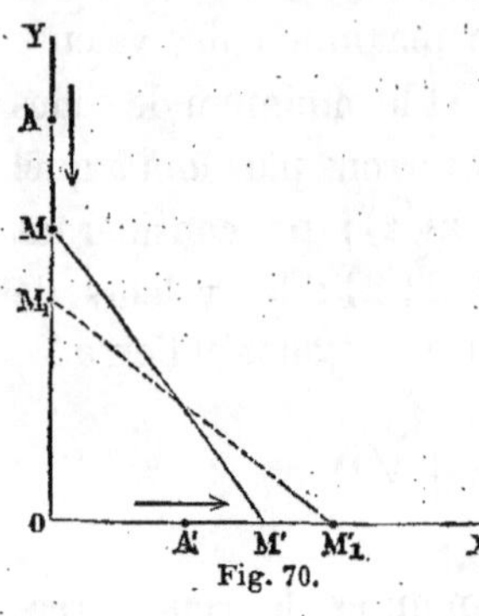

$$OM = a - vt,$$
$$OM' = a' + v't,$$

puis, comme le triangle OMM' est rectangle,

$$MM'^2 = OM^2 + OM'^2,$$
$$\text{ou } MM'^2 = (a - vt)^2 + (a' + v't)^2.$$

Cherchons d'abord l'époque à laquelle les deux mobiles seront séparés par une distance d : cette époque t sera donnée par l'équation du second degré

$$(a - vt)^2 + (a' + v't)^2 = d^2,$$

ou

$$(v^2 + v'^2)\, t^2 - 2(av - a'v')\, t + a^2 + a'^2 - d^2 = 0;$$

on en tire

$$t = \frac{av - a'v' \pm \sqrt{(av - a'v')^2 - (a^2 + a'^2 - d^2)(v^2 + v'^2)}}{v^2 + v'^2}.$$

Comme la quantité sous le radical se réduit à

$$d^2(v^2 + v'^2) - (av' + va')^2,$$

on voit que le problème n'est possible que si

$$d^2(v^2 + v'^2) > (av' + va')^2,$$

ou

$$(1) \qquad\qquad d^2 > \frac{(av' + va')^2}{v^2 + v'^2};$$

le minimum de d^2 est donc

$$\frac{(av' + va')^2}{v^2 + v'^2}.$$

Si l'on représente par δ la distance minimum $M_1 M'_1$ et par θ la valeur correspondante de t, on aura

$$\delta = \frac{av' + va'}{\sqrt{v^2 + v'^2}}, \qquad \theta = \frac{av - a'v'}{v^2 + v'^2}.$$

Lorsque la relation (1) entre les données sera satisfaite, l'équation du second degré aura deux racines réelles et l'on aura deux solutions pour le problème proposé. On pouvait le prévoir, car la distance MM' peut prendre la valeur assignée, d, d'abord un peu avant que les mobiles soient à leur distance minimum, puis un peu après cette époque.

Application. — Si $v = 4^m$, $v' = 3^m$, $a = 30^m$, $a' = 10^m$,

$$\theta = \frac{120 - 30}{16 + 9} = \frac{90}{25} = \frac{18}{5} = 3 + \frac{3}{5} = 3,6,$$

$$\delta = \frac{90 + 40}{\sqrt{25}} = \frac{130}{5} = 26^m.$$

318. Problème VIII. — *De tous les triangles rectangles de même hauteur h abaissés sur l'hypoténuse, quel est celui qui a le plus petit périmètre?*

Solution. — Soient x et y les côtés de l'angle droit, z l'hypoténuse du triangle et $2p$ son périmètre; les équations du problème sont

(1)
$$x + y + z = 2p,$$
(2)
$$xy = hz,$$
(3)
$$x^2 + y^2 = z^2.$$

De la première on tire

$$x + y = 2p - z, \quad \text{ou} \quad (x + y)^2 = (2p - z)^2;$$

puis, ajoutant à la troisième le double de la seconde, il vient

$$x^2 + y^2 + 2xy = z^2 + 2hz, \quad \text{ou} \quad (x + y)^2 = z^2 + 2hz;$$

égalant les deux expressions de $(x+y)^2$, on a l'équation en z

$$(2p-z)^2 = z^2 + 2hz,$$

qui donne pour valeur de l'hypoténuse

$$z = \frac{2p^2}{h+2p}.$$

On en déduit

$$x+y = 2p - \frac{2p^2}{h+2p} = \frac{2ph+2p^2}{h+2p} = 2p\,\frac{h+p}{h+2p},$$

$$xy = hz = \frac{2hp^2}{h+2p} :$$

donc x et y sont les racines de l'équation du second degré

$$X^2 - 2p\,\frac{h+p}{h+2p}\,X + \frac{2hp^2}{h+2p} = 0.$$

Résolvant cette équation, on obtient pour les valeurs de x et de y

$$X = \begin{Bmatrix} x \\ y \end{Bmatrix} = p\,\frac{h+p}{h+2p} \pm \sqrt{p^2\left(\frac{h+p}{h+2p}\right)^2 - \frac{2hp^2}{h+2p}},$$

et, comme la quantité soumise au radical se réduit à

$$\frac{p^2}{(h+2p)^2}(p^2 - h^2 - 2hp),$$

on trouve

$$X = \frac{p}{h+2p}\left(h + p \pm \sqrt{p^2 - h^2 - 2ph}\right).$$

Pour que le problème soit possible, on ne doit attribuer à p que des valeurs satisfaisant à l'inégalité

$$p^2 - 2ph - h^2 > 0,$$

que l'on met sous la forme

$$\left[p - h(1+\sqrt{2})\right]\left[p - h(1-\sqrt{2})\right] > 0.$$

On peut donc donner à p une première série de valeurs comprises entre $-\infty$ et $h(1-\sqrt{2})$, puis une seconde série de valeurs depuis $h(1+\sqrt{2})$ et $+\infty$; donc $h(1-\sqrt{2})$ est le maximum de p et $h(1+\sqrt{2})$ son minimum. — Ne nous occupons que du minimum

$$p_1 = h(1+\sqrt{2})$$

et cherchons les valeurs de x et de y qui répondent à ce minimum : alors

$$x = y = \frac{h(1+\sqrt{2}) \times h(2+\sqrt{2})}{h(3+2\sqrt{2})} = h\frac{4+3\sqrt{2}}{3+2\sqrt{2}},$$

ou bien, en multipliant les deux termes par $3-2\sqrt{2}$,

$$x = y = h\sqrt{2}.$$

Ainsi, *de tous les triangles rectangles de même hauteur, celui qui a le périmètre le plus petit est le triangle isocèle.*

Remarque I. — Le maximum trouvé plus haut convient au problème qui aurait pour équations (2) et (3)

$$x + y = z - 2p,$$

et qui n'est plus un problème de géométrie.

Remarque II. — Soit à chercher, entre tous les triangles rectangles de même périmètre, celui dont la hauteur abaissée sur l'hypoténuse est la plus grande; alors p est donné et il faut trouver les valeurs de h qui satisfont à l'inégalité

$$h^2 + 2ph - p^2 < 0$$

que l'on met sous la forme

$$\left[h - p(\sqrt{2}-1)\right]\left[h - p(-1-\sqrt{2})\right] < 0.$$

On voit alors que la plus grande valeur de h est

$$h_1 = p(\sqrt{2}-1);$$

les valeurs correspondantes de x et de y sont égales et ont pour valeur commune

$$x = y = p\,\frac{\sqrt{2}}{\sqrt{2}+1} = p\,\frac{\sqrt{2}(\sqrt{2}-1)}{(\sqrt{2}+1)(\sqrt{2}-1)} = p\,(2-\sqrt{2}).$$

On retrouve ces résultats par la géométrie : on sait que, pour *construire un triangle rectangle connaissant son périmètre et la hauteur abaissée sur l'hypoténuse*, on prend sur les côtés d'un angle droit (*fig.* 71) $OC = OD = p$; on élève en ces points des perpendiculaires qui déterminent le centre du cercle O' exinscrit au triangle cherché ABO; du point O comme centre avec la hauteur OK pour rayon, on décrit aussi une circonférence; l'hypoténuse AB doit être tangente à la fois aux

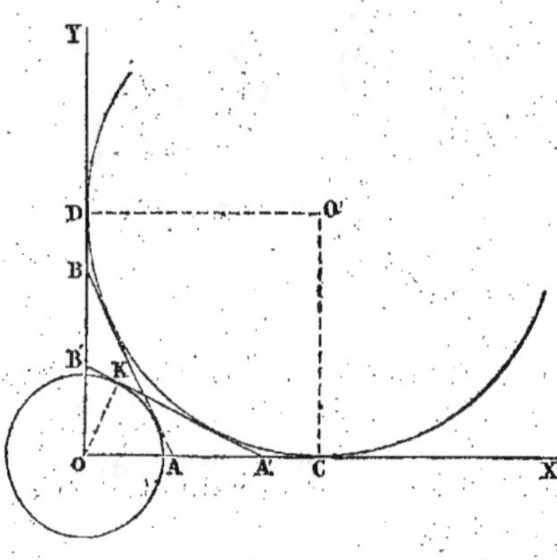

Fig. 71.

deux circonférences O et O'. En général le problème a donc deux solutions, mais elles ne sont pas distinctes, car les triangles OAB, OA'B' sont égaux puisque $OA = OB'$, $OA' = OB$.

Le problème sera possible si les deux circonférences sont extérieures l'une à l'autre; cherchons la condition pour qu'elles soient tangentes : il faut que l'on ait $OO' = h + p$ et comme

$$OO' = \sqrt{2p^2} = p\sqrt{2},$$

la condition précédente revient à

$$h + p = p\sqrt{2} \quad \text{ou} \quad h = p(\sqrt{2}-1).$$

Si h a une plus grande valeur, les circonférences se coupent et il n'y a plus de solution.

319. PROBLÈME IX. — *De tous les cylindres inscrits dans une sphère, quel est celui dont la surface totale est la plus grande?*

Solution. — Soit x le rayon de base du cylindre, y sa demi-hauteur et R le rayon de la sphère circonscrite; l'expression à rendre maximum est

$$4\pi xy + 2\pi x^2;$$

en l'égalant à une quantité donnée, $2\pi m^2$, on a pour première équation du problème

(1)
$$2xy + x^2 = m^2;$$

d'ailleurs x et y sont liés par la relation

(2)
$$x^2 + y^2 = R^2$$

et il s'agit de résoudre les équations (1) et (2). De (1) on tire

(3)
$$y = \frac{m^2 - x^2}{2x},$$

et, en substituant dans (2), on obtient l'équation bicarrée

(4)
$$5x^4 - 2(m^2 + 2R^2)x^2 + m^4 = 0,$$

dont les racines sont

$$x^2 = \frac{m^2 + 2R^2 \pm 2\sqrt{-m^4 + m^2R^2 + R^4}}{5}.$$

Pour qu'elles soient réelles, il faut que l'on ait

$$m^4 - m^2R^2 - R^4 < 0,$$

ou bien, en décomposant le premier membre de cette inégalité en deux facteurs,

$$\left[m^2 - \frac{R^2(1 + \sqrt{5})}{2}\right]\left[m^2 - \frac{R^2(1 - \sqrt{5})}{2}\right] < 0;$$

on ne peut donc attribuer à m^2 que des valeurs comprises entre les racines du trinôme; par suite le maximum de m^2 est $\dfrac{R^2(1+\sqrt{5})}{2}$, ce qui revient à dire que le maximum de la surface totale du cylindre est

$$\pi R^2(1+\sqrt{5})=3{,}236 \times \pi R^2.$$

Pour cette valeur de m^2 on a

$$x^2=\frac{R^2(5+\sqrt{5})}{10}=0{,}7236\,R^2, \quad \text{ou} \quad x=0{,}851\,R,$$

$$y^2=\frac{R^2(5-\sqrt{5})}{10}=0{,}2764\,R^2, \qquad \text{ou} \quad y=0{,}526\,R.$$

Supposons que l'on ait

$$m^2<\frac{R^2(1+\sqrt{5})}{2} \quad \text{ou} \quad m^2<1{,}618\,R^2,$$

et examinons si les deux racines positives que donne l'équation (4) conviennent toujours au problème proposé. Il faut, pour qu'elles conviennent, que les valeurs correspondantes de y soient positives, c'est-à-dire que

$$m^2>x^2;$$

nous allons donc chercher la condition qui doit être remplie pour que les deux racines de l'équation (4) soient supérieures à m^2. Or, nous avons vu (n° 261) qu'il faut pour cela : 1° que le résultat de la substitution de m^2 à x^2 dans l'équation (4) soit positif; 2° que m^2 soit plus grand que la demi-somme des racines, c'est-à-dire que l'on ait à la fois

$$5m^4-2(m^2+2R^2)m^2+m^4>0,$$

$$m^2>\frac{m^2+2R^2}{5}.$$

La première condition se réduit à

$$m^2>R^2,$$

et, quand elle est remplie, la seconde l'est également.

Ainsi, lorsque

$$1,618\mathrm{R}^2 > m^2 > \mathrm{R}^2,$$

le problème admet deux solutions ; et lorsque $m^2 < \mathrm{R}^2$, il n'y a plus qu'une seule solution, parce que la valeur de x^2 correspondant au signe $+$ du radical rend y négatif.

On se rend compte facilement de ce résultat : supposons que les deux bases du cylindre soient d'abord confondues avec le grand cercle horizontal de la sphère et que y croisse ensuite d'une manière continue jusqu'à devenir égal à R. La surface totale du cylindre était d'abord égale à $2\pi\mathrm{R}^2$ et par suite m^2 était égal à R^2 ; elle augmente ensuite jusqu'à un maximum $3,236\pi\mathrm{R}^2$, et à partir de là cette surface totale diminue jusqu'à zéro, ce qui a lieu lorsque la hauteur du cylindre est égale au diamètre de la sphère.

Si donc on donne à la surface $2\pi m^2$ une valeur comprise entre $2\pi\mathrm{R}^2$ et $3,236\pi\mathrm{R}^2$, deux cylindres répondront à la question, l'un plus aplati que le cylindre maximum, l'autre plus allongé. — Si, au contraire, $2\pi m^2$ est moindre que $2\pi\mathrm{R}^2$, il n'y aura plus qu'un seul cylindre ayant pour surface totale le nombre donné.

Remarque. — Nous avons vu plus haut que m^2 devait être supérieur à $\dfrac{\mathrm{R}^2(-1+\sqrt{5})}{2}$; le minimum de m^2 est donc $-0,618\mathrm{R}^2$; mais la question proposée n'admet pas de minimum et ce résultat répond à ce problème voisin du premier :

De tous les cylindres inscrits dans une sphère, quel est celui pour lequel la somme des bases diminuée de la surface latérale est égale à une surface donnée ?

Les équations de ce problème sont en effet

$$x^2 - 2xy = m^2, \quad x^2 + y^2 = \mathrm{R}^2,$$

et l'élimination de y entre ces deux équations fournit la même équation du quatrième degré ; on doit donc obtenir en la discutant le maximum du premier énoncé et le minimum qui répond au second.

320. PROBLÈME X.— *Trouver le maximum ou le minimum de la fraction*

$$\frac{ax^2 + bx + c}{a'x^2 + b'x + c'}.$$

Solution. — Cherchons quelle valeur il faut attribuer à x pour faire acquérir à cette fraction une valeur particulière y et posons

$$(1) \qquad y = \frac{ax^2 + bx + c}{a'x^2 + b'x + c'};$$

les valeurs de x correspondantes sont données par l'équation du second degré

$$(a - a'y)x^2 + (b - b'y) x + c - c'y = 0,$$

qui a pour racines

$$x = \frac{b'y - b \pm \sqrt{(b'y - b)^2 - 4(a'y - a)(c'y - c)}}{2(a - a'y)}.$$

La quantité soumise au radical peut s'écrire

$$(b'^2 - 4a'c')y^2 - 2(bb' - 2ac' - 2ca')y + b^2 - 4ac,$$

ou bien

$$Ay^2 - 2By + C,$$

en posant, pour abréger,

$$A = b'^2 - 4a'c',$$
$$B = bb' - 2ac' - 2ca',$$
$$C = b^2 - 4ac.$$

Nous ne pourrons donc attribuer à y que des valeurs qui rendent positif ce trinôme du second degré.

$$\text{I}^{\text{er}} \text{ CAS.} \quad A > 0.$$

Les racines y' et y'' du trinôme $Ay^2 - 2By + C$ peuvent être réelles et inégales, ou bien égales, ou bien imaginaires.

1° Si elles sont réelles et inégales, on a

$$Ay^2 - 2By + C = A(y - y')(y - y'')$$

et l'on ne peut donner à y que des valeurs non comprises entre y' et y''; le maximum de la première série des valeurs de y est donc y'' et le minimum de la seconde série est y'.

2° Si les racines sont réelles et égales, on a

$$Ay^2 - 2By + C = A(y - y')^2$$

et, le trinôme restant toujours positif quelle que soit la valeur attribuée à y, on pourra faire acquérir à la fraction une valeur quelconque; il n'y aura donc ni maximum ni minimum.

On pouvait le prévoir; en effet, dans ce cas, on a

ou $$B^2 = AC,$$

$$(bb' - 2ac' - 2ca')^2 = (b^2 - 4ac)(b'^2 - 4a'c'),$$

ce qui peut s'écrire, après réduction,

$$a^2c'^2 + c^2a'^2 - 2aca'c' = abb'c' + a'bb'c - acb'^2 - a'c'b^2,$$

ou

$$(ac' - ca')^2 = (ab' - ba')(bc' - cb').$$

Or nous avons vu que dans ce cas les deux trinômes du second degré $ax^2 + bx + c$ et $a'x^2 + b'x + c'$ ont un facteur commun (n° 250): on peut donc le supprimer et l'équation proposée se réduit à

$$y = \frac{Mx + N}{M'x + N'}.$$

Sous cette forme simple, on voit que le problème est toujours possible; on trouvera toujours pour x une valeur et une seule faisant acquérir à la fraction une valeur donnée.

3° Si les racines du trinôme en y sont imaginaires, ce trinôme est égal au produit de A par une somme de deux carrés : il ne sera donc jamais négatif et l'on pourra attribuer à y une valeur arbitraire ; il n'y aura donc ni maximum ni minimum.

II° CAS.   A $= 0$.

La valeur de x se réduit à

$$x = \frac{b'y - b \pm \sqrt{C - 2By}}{2(a - a'y)} ;$$

pour que ces racines soient réelles, il faut que

$$C > 2By.$$

1° Si B est positif, on déduit de cette inégalité

$$y < \frac{C}{2B} ;$$

donc $\dfrac{C}{2B}$ sera un maximum.

2° Si B est négatif et égal à $-B'$, on a

$$y > \frac{C}{-2B'}$$

et $-\dfrac{C}{2B'}$ est un minimum.

3° Si B était nul, la quantité soumise au radical se réduirait à C et il n'y aurait ni maximum ni minimum. Il est facile de voir que le coefficient C est alors toujours positif : en effet, des égalités

$$b'^2 = 4a'c', \quad b^2 b'^2 = 4(ac' + ca')^2,$$

on tire

$$b^2 = \frac{4(ac' + ca')^2}{4a'c'} = \frac{(ac' + ca')^2}{a'c'}$$

et

$$b^2 - 4ac = \frac{(ac' + ca')^2}{a'c'} - 4ac = \frac{(ac' - ca')^2}{a'c'} ;$$

d'ailleurs $a'c' = \dfrac{b'^2}{4}$; on a donc

$$C = b^2 - 4ac = \frac{4(ac' - ca')^2}{b'^2} = 4\left(\frac{ac' - ca'}{b'}\right)^2;$$

le coefficient C étant un carré parfait est nécessairement positif et, quel que soit y, on trouvera toujours pour x, dans le calcul actuel, une valeur réelle.

IIIᵉ CAS. $A < 0$.

1° Si les racines du trinôme $Ay^2 - 2By + C$ sont réelles et inégales, on a

$$Ay^2 - 2By + C = A(y - y')(y - y'')$$

et l'on ne peut donner à y que des valeurs comprises entre y' et y''; donc le maximum de y est y' et son minimum est y''.

2° Si les racines sont réelles et égales, ce trinôme devient

$$A(y - y')^2;$$

il est toujours de même signe que A, c'est-à-dire négatif, et les valeurs de x sont imaginaires pour toutes les valeurs attribuées à y, sauf pour la valeur $y = y'$.

Il résulte de là que la fraction proposée (1) est alors indépendante de x; ses deux termes ont un facteur commun du second degré et c'est après la suppression de ce facteur que l'on a

$$y = y'.$$

Pour cela, il faut et il suffit que les coefficients des deux termes soient proportionnels et que l'on ait

$$\frac{a}{a'} = \frac{b}{b'} = \frac{c}{c'} = y';$$

on voit bien que ces conditions suffisent, puisque l'on tire de ces proportions

$$a = a'y', \quad b = b'y', \quad c = c'y',$$

et, par consequent,

$$ax^2 + bx + c = (a'x^2 + b'x + c')y';$$

donc on aura toujours dans ce cas, quel que soit x,

$$\frac{ax^2 + bx + c}{a'x^2 + b'x + c'} = y',$$

et, si l'on se propose de faire acquérir à cette fraction une valeur quelconque y autre que y', on doit trouver pour y des valeurs imaginaires.

Dans la note ci-dessous nous démontrons que ces conditions sont nécessaires.

NOTE. Le trinôme placé sous le radical étant

$$(b'^2 - 4a'c')y^2 - 2[bb' - 2ac' - 2ca']y + b^2 - 4ac,$$

posons

$$P = (bb' - 2ac' - 2ca')^2 - (b^2 - 4ac)(b'^2 - 4a'c'),$$

et ordonnons P par rapport à b; il vient

$$P = 4a'c'b^2 - 4b'(ac' + ca')b + 4(ac' - ca')^2 + 4acb'^2,$$

d'où

$$Pa'c' = 4a'^2c'^2b^2 - 4a'c'b'(ac' + ca')b + b'^2(ac' + ca')^2$$
$$+ 4a'c'(ac' - ca')^2 - b'^2(ac' - ca')^2,$$

ce que nous pouvons écrire

$$Pa'c' = [2a'c'b - b'(ac' + ca')]^2 + (4a'c' - b'^2)(ac' - ca')^2.$$

Cela posé, si $b'^2 - 4a'c' < 0$, $a'c'$ est positif; or le second membre est essentiellement positif: donc P est positif et les racines du trinôme sont réelles.

De plus, si $P = 0$ et $b'^2 - 4a'c' < 0$, le second membre est nul, et comme les deux termes dont il se compose sont essentiellement positifs, il faut que chacun d'eux soit nul séparément, ce qui donne

$$ac' - ca' = 0, \quad 2ba'c' - b'(ac' + ca') = 0,$$

ou

$$ac' - ca' = 0, \quad 2ba'c' - 2b'ac' = 0,$$

ou enfin

$$\frac{a}{a'} = \frac{c}{c'}, \quad \frac{b}{b'} = \frac{a}{a'}.$$

Ces conditions sont donc une conséquence nécessaire de l'hypothèse faite au n° 2 du IIIe cas.

3° Si les racines du trinôme étaient imaginaires, la quantité soumise au radical serait égale au produit de A par une somme de deux carrés; elle serait donc toujours négative et x serait toujours imaginaire, quelle que soit la valeur de y. Ce cas ne peut se présenter, car il est bien clair que la fraction prend des valeurs réelles pour toute valeur réelle de x; on peut d'ailleurs vérifier que, si l'on a $A < 0$, l'équation

$$Ay^2 - 2By + C = 0$$

a toujours ses racines réelles. (*Voir note.*)

321. APPLICATIONS. I. — *Chercher, s'il y a lieu, le maximum ou le minimum de la fraction*

$$y = \frac{x^2 - 5x + 6}{x^2 - 5x + 4};$$

étudier, de plus, les variations de cette fraction quand x prend toutes les valeurs comprises entre $+\infty$ et $-\infty$ et représenter ces variations par une courbe figurative.

1° *Recherche du maximum et du minimum.* — On trouve pour la valeur de x correspondante à une valeur particulière y de la fraction

$$x = \frac{5}{2} \pm \frac{\sqrt{9y^2 - 10y + 1}}{2(y-1)};$$

et comme les racines du trinôme soumis au radical sont

$$y' = 1, \quad y'' = \frac{1}{9},$$

on a

$$9y^2 - 10y + 1 = 9(y-1)\left(y - \frac{1}{9}\right);$$

on ne peut donc donner à y que des valeurs en dehors de ces racines, c'est-à-dire

1° des valeurs comprises entre $-\infty$ et $\frac{1}{9}$,

2° des valeurs comprises entre 1 et $+\infty$.

On voit que $\dfrac{1}{9}$ est le maximum des valeurs de la première série et 1 le minimum des valeurs de la seconde.

Cherchons les valeurs correspondantes de x :

1° Pour $y = \dfrac{1}{9}$, le radical est nul et, comme le dénominateur $2(y-1)$ ne l'est pas, on a

$$x = \frac{5}{2}.$$

2° Si nous faisons $y = 1$ dans l'expression générale de x, le numérateur et le dénominateur s'annulent en même temps, et nous trouvons

$$x = \frac{5}{2} \pm \frac{0}{0};$$

cette indétermination tient à l'existence du facteur $\sqrt{y-1}$ qui est commun aux deux termes de la fraction ; pour lever cette indétermination, nous écrirons

$$x = \frac{5}{2} \pm \sqrt{\frac{9(y-1)\left(y - \dfrac{1}{9}\right)}{(y-1)^2}} = \frac{5}{2} \pm \sqrt{\frac{9\left(y - \dfrac{1}{9}\right)}{y-1}}$$

et sous cette forme nous voyons que, pour

$$y = 1, \quad x = \pm \infty.$$

2° *Variations de y.* — Étudions maintenant la manière dont varie y quand x croît de $-\infty$ à $+\infty$.

Si x est très-grand, la fraction y se présente sous la forme $\dfrac{\infty}{\infty}$, et, pour trouver sa véritable valeur, il faut diviser ses deux termes par x^2, ce qui donne

$$y = \frac{1 - \dfrac{5}{x} + \dfrac{6}{x^2}}{1 - \dfrac{5}{x} + \dfrac{4}{x^2}},$$

et, pour $x = \pm \infty$, y se réduit à l'unité.

Il est clair que y sera nul pour les valeurs de x qui sont racines de l'équation

$$x^2 - 5x + 6 = 0,$$

c'est-à-dire pour

$$x = 2, \quad x = 3.$$

Au contraire y sera infini pour des valeurs de x égales aux racines de l'équation

$$x^2 - 5x + 4 = 0,$$

c'est-à-dire pour

$$x = 1, \quad x = 4.$$

Pour la suite de la discussion, il est commode de mettre en évidence les facteurs binômes qui correspondent à ces racines et d'écrire

$$y = \frac{(x-2)(x-3)}{(x-1)(x-4)}.$$

Si nous faisons varier x entre $-\infty$ et $+1$, le numérateur de y sera positif, puisque ces valeurs de x ne seront pas comprises dans l'intervalle des racines du numérateur; de même le dénominateur sera positif et y sera positif; en donnant à x quelques valeurs particulières, on trouve que y croît depuis 1 jusqu'à ∞, valeur qu'il atteint pour $x = 1$. La courbe MM'M'' (*fig.* 72) qui représente la marche de la fonction dans cet intervalle est comprise dans l'angle AIC' formé par les parallèles à OX et à OY menées à une distance de chacun de ces axes égale à l'unité; de plus elle s'approche indéfiniment de chacun des côtés de cet angle sans jamais l'atteindre; on dit que ces droites AA' et CC' sont *asymptotes* à cette branche de courbe.

Faisons varier x entre 1 et 2, le numérateur reste positif, puisque ces valeurs de x ne sont pas comprises entre ses racines, mais le dénominateur est négatif : y est donc négatif et a une valeur absolue très-grande quand x surpasse l'unité d'une quantité très-petite. — Pour $x = 2$, $y = 0$. — Pour x compris entre 2 et 3, le numérateur et le dénominateur sont négatifs : donc y est positif ; il devient nul pour $x = 3$ et négatif pour des valeurs de x comprises entre 3 et 4. De plus, y est très-grand en valeur absolue quand x est très-voisin de 4.

La courbe NN'N'', qui représente la marche de y dans l'intervalle $x = 1$, $x = 4$, est comprise dans les deux parallèles AA', BB' à l'axe des y menées par les points qui correspondent à ces limites. — Cette branche de courbe a ces droites pour asymptotes et rencontre l'axe OX aux points 2 et 3 ; elle s'élève un peu au-dessus de cet axe dans cet intervalle et son point le plus haut, pour lequel $y = \dfrac{1}{9}$, correspond à $x = \dfrac{5}{2}$.

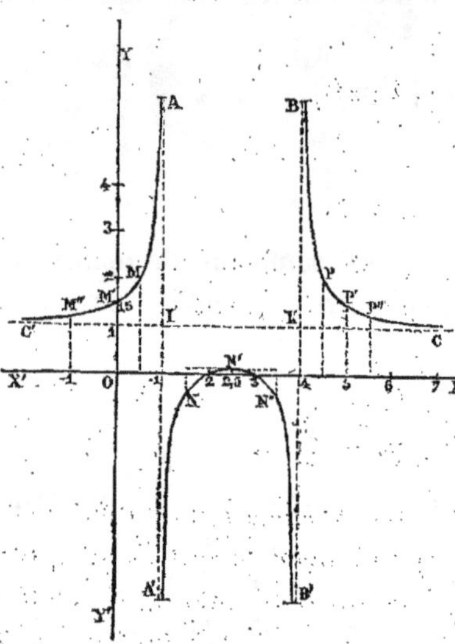

Fig. 72.

Donnons maintenant à x des valeurs supérieures à 4 : alors y est positif, car les deux termes de la fraction sont positifs, la valeur de x étant en dehors des deux racines ; si x est de très-peu supérieur à 4, y est très-grand et, si $x = \infty$, y tend vers 1. La courbe figurative PP'P'' de la marche de la fonction dans cet intervalle est donc située tout entière dans l'angle BKC et a pour asymptotes les droites BB' et CC'.

322. II. *Chercher le maximum et le minimum de l'expression*

$$y = \frac{x^2 - 6x + 5}{x^2 + 1};$$

étudier de plus les variations de y quand x passe de $-\infty$ à $+\infty$ et les représenter par une courbe.

Solution. — L'équation du second degré qui donne x lorsque l'on attribue à y une valeur particulière est

$$(y-1)x^2 + 6x + y - 5 = 0;$$

ses racines sont

$$x = \frac{-3 \pm \sqrt{-y^2 + 6y + 4}}{y-1}.$$

Pour que x soit réel, il faut que y satisfasse à l'inégalité

$$y^2 - 6y - 4 < 0,$$

ou

$$\left[y - (3 + \sqrt{13})\right]\left[y - (3 - \sqrt{13})\right] < 0.$$

Il résulte de là que les seules valeurs que l'on puisse attribuer à y sont comprises entre $-0{,}605$ et $6{,}605$. On a donc

maximum $\quad y_1 = 6{,}605 \qquad$ pour $\quad x_1 = -0{,}535,$

minimum $\quad y_2 = -0{,}605 \qquad$ pour $\quad x_2 = 1{,}869.$

Étudions maintenant les variations de y lorsque x passe de $-\infty$ à $+\infty$ (fig. 73).

Si l'on égale à zéro le numérateur de y, on a l'équation du second degré

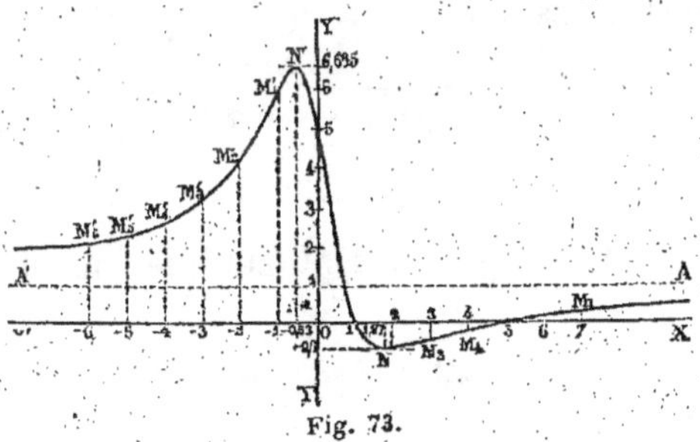

Fig. 73.

$$x^2 - 6x + 5 = 0,$$

dont les racines sont 1 et 5, et comme le dénominateur

$x^2 + 1$ est toujours positif quand x est négatif et très-grand la fraction y reste toujours positive ; elle a l'unité pour limite et reste toujours supérieure à 1 ; x variant de $-\infty$ à $-0,535$, y croît de 1 à 6,605, puis décroît à partir de cette valeur ; pour $x = 0$, on a $y = 5$.

Pour $x = 1$, $y = 0$; entre $x = 1$ et $x = 5$, y est négatif et passe par sa valeur minimum pour $x_2 = +1,869$; alors $y_2 = -0,605$. Enfin, si x est supérieur à 5, y redevient positif et s'approche de plus en plus de l'unité pour des valeurs de x de plus en plus grandes.

La courbe figurative de la marche de la fonction a donc pour asymptote la droite AA' parallèle à OX et située à une distance égale à l'unité.

323. III. *Étudier les variations de la fonction*

$$y = x^4 - 25x^2 + 144,$$

et chercher les valeurs maximum ou minimum qu'elle peut prendre.

Solution. — Si nous résolvons l'équation

$$x^4 - 25x^2 + 144 - y = 0,$$

nous en tirerons

$$x^2 = \frac{25 \pm \sqrt{625 - 4(144 - y)}}{2} = \frac{25 \pm \sqrt{49 + 4y}}{2}.$$

Pour que x^2 soit réel, il faut que l'on ait

$$49 + 4y > 0 \quad \text{ou} \quad y > -\frac{49}{4} ;$$

il faut de plus que x^2 soit positif : c'est ce qui aura lieu si $y < 144$, car le produit des deux valeurs de x^2 sera positif ainsi que leur somme 25. Ainsi $y = 144$ est un maximum et correspond à $x = 0$, tandis que $y = -\dfrac{49}{4}$ est un minimum et correspond à

$$x = \pm \frac{5}{\sqrt{2}} = \pm 3,5355.$$

Si l'on a $-\dfrac{49}{4} < y < 144,$

quatre valeurs de x correspondront à une même valeur de y, tandis que, si y est supérieur à 144, deux valeurs de x seulement pourront faire acquérir à la fonction la valeur donnée.

Ces remarques, jointes à ce qui a été dit (pages 373 et 374), permettent de tracer avec exactitude la courbe figurative de la marche de la fonction proposée (*fig.* 74).

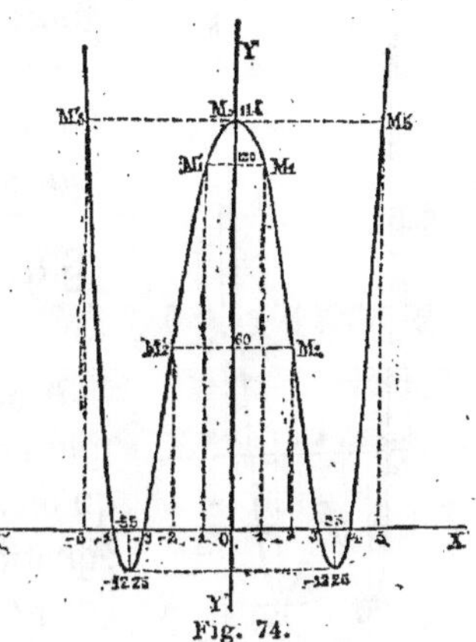
Fig. 74.

324. III. *Étudier les variations de la fonction*

$$y = x^4 - 8x^2 - 9,$$

et chercher les valeurs maximum ou minimum qu'elle peut prendre.

Solution. — Si nous résolvons l'équation

$$x^4 - 8x^2 - 9 - y = 0,$$

nous aurons

$$x^2 = 4 \pm \sqrt{25 + y}.$$

Pour que x^2 soit réel, il faut que l'on ait

$$25 + y > 0 \quad \text{ou} \quad y > -25:$$

donc $y = -25$ est une valeur minimum que la fonction acquiert pour $x = \pm 2$. Il faut de plus que x^2 soit positif, ce qui a lieu à la fois pour les deux racines si

$$-9 - y > 0, \quad \text{ou} \quad y < -9;$$

donc $y = -9$ est un maximum qui correspond à $x = 0$.

Si l'on a $-25 < y < -9$, quatre valeurs de x correspondront à une même valeur de y; si l'on a $y > -9$, deux valeurs de x feront acquérir à la fonction la valeur proposée.

Ces remarques, jointes à ce qui a été dit (p. 374), permettent de tracer la courbe figurative correspondante (*fig.* 75).

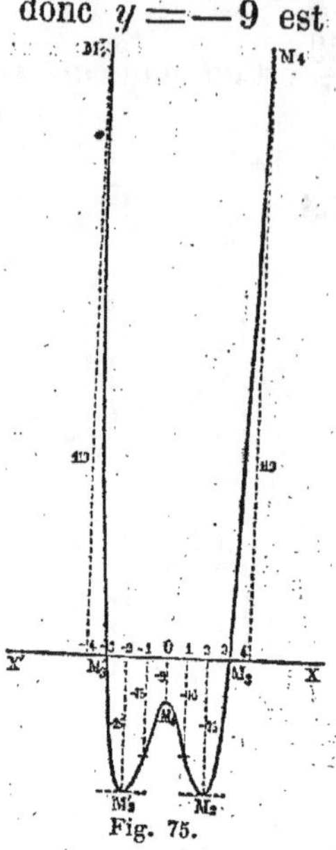
Fig. 75.

§ II. — THÉORÈMES GÉNÉRAUX SUR LES MAXIMUM ET LES MINIMUM.

Beaucoup de problèmes de maximum ou de minimum conduisent, lorsqu'on applique la règle du n° 310 à des équations du 3e ou du 4e degré que l'on ne sait pas résoudre à l'aide des éléments d'algèbre. On parvient souvent, à l'aide des théorèmes qui suivent, à résoudre ces problèmes.

325. PROPOSITION I. — *Le maximum d'un produit de plusieurs facteurs positifs dont la somme est constante a lieu lorsque tous les facteurs sont égaux.*

DÉMONSTRATION. — Soit x, y, z, u,... les m parties d'une somme S; elles satisfont à la condition

$$x + y + z + u + \cdots = S.$$

Je dis que le maximum du produit $x.y.z.u...$ aura lieu lorsque chacun des facteurs sera égal à $\dfrac{S}{m}$. Pour cela, il suffit de faire voir que, si deux facteurs x et y sont différents, on peut trouver un produit plus grand que le produit déjà formé. En effet, si nous remplaçons chacun des facteurs x et y par leur demi-somme $\dfrac{x+y}{2}$, nous aurons toujours

$$\frac{x+y}{2} + \frac{x+y}{2} + z + u... = S;$$

mais, comme nous avons vu (n° 311) que

$$\frac{x+y}{2} \times \frac{x+y}{2} > xy,$$

nous aurons, en multipliant par $z.u.v...$, les deux membres de cette inégalité

$$\frac{x+y}{2} . \frac{x+y}{2} . z.u.v... > xyzu...$$

Le produit ne pourra donc être maximum que si les facteurs sont tous égaux.

326. *Remarque.* — Pour que la conclusion précédente soit exacte, il faut que les facteurs ne soient pas assujettis à d'autres conditions que celle-ci : *avoir une somme constante.* En effet, la démonstration précédente suppose que l'on peut faire varier deux facteurs quelconques pris au hasard sans que les autres varient en même temps.

Toutefois, si les relations qui lient les divers facteurs permettent qu'ils soient tous égaux entre eux, le produit sera encore maximum lorsqu'ils seront égaux. En effet, lorsqu'ils peuvent varier indépendamment les uns des autres, leur produit ne peut surpasser la limite $\left(\dfrac{S}{m}\right)^m$: donc, *à fortiori,* dans le cas actuel, cette limite ne peut être dépassée.

CONSÉQUENCE. — *La moyenne arithmétique entre m quantités est plus grande que leur moyenne géométrique,* ce qui revient à démontrer l'inégalité

$$\sqrt[m]{a.b.c.d...} < \frac{a+b+c+d+\cdots}{m}.$$

En effet, élevons à la puissance m les deux membres de cette inégalité et comparons les produits

$$a.b.c.d... \quad \text{et} \quad \left(\frac{a+b+c+d...}{m}\right)^m;$$

la somme des facteurs est la même de part et d'autre, mais dans le second produit les facteurs sont égaux, tandis qu'ils sont différents dans le premier : donc ce second produit est le plus grand.

327. APPLICATION. — *De tous les triangles de même périmètre, celui qui a la plus grande surface est le triangle équilatéral.* — En effet, la surface d'un triangle ayant pour côtés a, b, c et pour périmètre $2p$ est donnée par la formule

$$S^2 = p(p-a)(p-b)(p-c);$$

la somme des facteurs variables $p-a, p-b, p-c$ est constante et égale à

$$3p - (a+b+c) = 3p - 2p = p;$$

donc le maximum du produit aura lieu lorsque

$$p-a = p-b = p-c, \quad \text{ou} \quad a = b = c.$$

328. PROPOSITION II. — *Si le produit de plusieurs nombres positifs est constant, la somme de ces nombres est minimum lorsqu'ils sont tous égaux entre eux.*

Démonstration. — Soit $x.y.z.u.v\ldots = P$; quand les facteurs du premier membre sont égaux entre eux, chacun d'eux est égal à $\sqrt[m]{P}$ et leur somme est $m\sqrt[m]{P}$; je dis que cette valeur est le minimum de la somme $x+y+z+u+v+\ldots$. En effet, si l'on avait

$$x+y+z+u+v = S < m\sqrt[m]{P},$$

ou

$$\left(\frac{S}{m}\right)^m < P,$$

le maximum de leur produit serait $\left(\frac{S}{m}\right)^m$, c'est-à-dire moindre que P; leur produit serait donc, *à fortiori,* moindre que P, ce qui est contre l'hypothèse. Il est donc impossible que la somme des facteurs soit moindre que $m\sqrt[m]{\mathrm{P}}$ et c'est là sa valeur minimum.

Remarque. — Il est bon de noter le caractère de réciprocité qui lie cette proposition à la précédente, et le mode de démonstration que nous venons d'employer ; nous le retrouverons plus loin (n° 335).

329. Proposition III. — *Soit un produit $x^m.y^n.z^p$ de certaines puissances de plusieurs facteurs positifs; si la somme $x+y+z$ des premières puissances de ces facteurs est constante, le maximum du produit aura lieu lorsque les facteurs seront proportionnels à leurs exposants respectifs.*

Démonstration. — En effet, en divisant le produit $x^m.y^n.z^p$ par $m^m \times n^n \times p^p$, on obtient

$$\frac{x}{m} \times \frac{x}{m} \times \frac{x}{m} \cdots \times \frac{y}{n} \times \frac{y}{n} \times \cdots \times \frac{z}{p} \times \frac{z}{p} \times \cdots$$

et le maximum de ce nouveau produit a lieu pour les mêmes valeurs de x, y et z que le produit proposé. — Comme la somme des facteurs qu'il renferme

$$\frac{x}{m} + \frac{x}{m} + \cdots + \frac{y}{n} + \cdots + \frac{z}{p} + \cdots$$

est constante et égale à

$$m\frac{x}{m} + n\frac{y}{n} + p\frac{z}{p} = x+y+z = \mathrm{S},$$

le maximum aura lieu lorsque les facteurs seront tous égaux, c'est-à-dire lorsque

$$\frac{x}{m} = \frac{y}{n} = \frac{z}{p}.$$

Remarque. — Les facteurs qui ont ici pour somme S ne sont pas assujettis seulement à cette condition; les m premiers doivent être égaux entre eux, les n suivants aussi, etc..., mais ces relations ne les empêchent pas d'être tous

pour

$$\frac{x}{m} = \frac{y}{n} = \frac{z}{p},$$

le maximum a donc lieu dans ce cas.

Ex. Soit à décomposer le nombre 18 en trois parties x, y, z telles que $x^2 \times y \times z^3$ soit maximum. Il faut que l'on ait

$$\frac{x}{2} = \frac{y}{1} = \frac{z}{3} = \frac{x+y+z}{6} = \frac{18}{6} = 3;$$

donc

$$x = 6, \quad y = 3, \quad z = 9,$$

et le produit maximum est

$$6^2 \times 3 \times 9^3 = 36 \times 3 \times 729 = 78\,732.$$

§ III. — APPLICATION DE CES THÉORÈMES AUX PROBLÈMES DE MAXIMUM QUI DÉPASSENT LE SECOND DEGRÉ.

330. PROBLÈME I. — *De tous les triangles isocèles inscrits dans un cercle, quel est celui de surface maximum ?*

Solution. — Soit x la base BC du triangle isocèle (*fig. 52*), y la distance OI du centre du cercle à cette base, R le rayon du cercle; on a

$$x^2 + y^2 = R^2, \quad x \times (R + y) = S,$$

et il revient au même de chercher le maximum de S^2, c'est-à-dire de

$$x^2 (R + y)^2 = (R^2 - y^2) \times (R + y)^2,$$

ou bien de

$$(R + y)^3 \times (R - y);$$

comme la somme des premières puissances des facteurs

$$R + y + R - y = 2R$$

est constante, le maximum du produit aura lieu lorsque les facteurs seront proportionnels aux exposants, c'est-à-dire lorsque

$$\frac{R+y}{3}=R-y,$$

ou

$$y=\frac{R}{2};$$

alors $x=\sqrt{R^2-\dfrac{R^2}{4}}=\dfrac{R}{2}\sqrt{3}.$

Ainsi, de tous les triangles inscrits dans un cercle, le plus grand est le triangle équilatéral.

331. PROBLÈME II. — *De tous les cônes inscrits dans une sphère, quel est celui dont le volume est maximum?*

Solution. — En désignant par x le rayon de la base du cône, par y la distance du centre de la sphère à cette base et par R le rayon de la sphère, on a

$$x^2+y^2=R^2, \quad \frac{1}{3}\pi x^2(R+y)=V$$

et, en substituant dans l'expression de V à x^2 sa valeur R^2-y^2, il vient

$$V=\frac{1}{3}\pi(R^2-y^2)(R+y)=\frac{1}{3}\pi(R+y)^2(R-y).$$

Cette équation est du troisième degré et la méthode suivie jusqu'ici est en défaut; mais la proposition III (n° 329) donne immédiatement la solution. En effet, si nous laissons de côté le facteur constant $\frac{1}{3}\pi$, nous voyons que, dans le produit

$$(R+y)^2\times(R-y),$$

la somme des premières puissances des facteurs

$$R+y+R-y=2R$$

est toujours la même ; donc le maximum aura lieu lorsque

$$\frac{R+y}{2} = \frac{R-y}{1}, \quad \text{ou} \quad R+y = 2R - 2y ;$$

on tire de cette équation

$$3y = R, \quad y = \frac{R}{3}.$$

332. PROBLÈME III. — *Parmi tous les cônes circonscrits à un cylindre donné, quel est celui dont le volume est minimum ?*

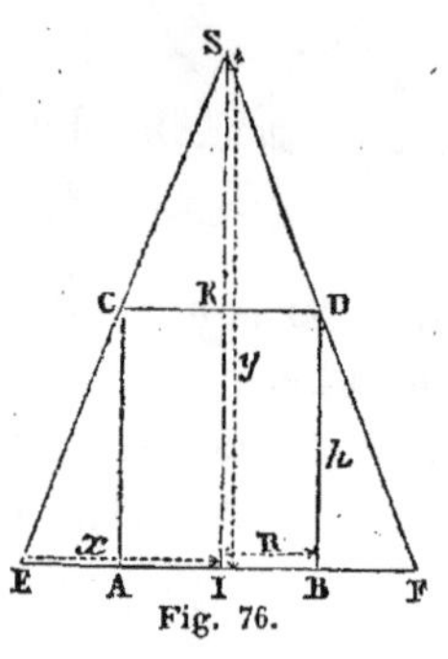
Fig. 76.

Solution. — Soit R (*fig.* 76) le rayon du cylindre ABCD, h sa hauteur, x le rayon du cône, y sa hauteur ; la fonction à rendre maximum est

$$\frac{1}{3} \pi x^2 y$$

et les triangles semblables SIE, CAE donnent la proportion

$$\frac{y}{h} = \frac{x}{x-R}, \quad \text{ou} \quad y = \frac{hx}{x-R} ;$$

la fonction à rendre minimum est donc

$$\pi \frac{h}{3} \frac{x^3}{x-R},$$

ou, en laissant de côté le facteur constant $\pi \dfrac{h}{3}$,

$$\frac{x^3}{x-R}.$$

Pour trouver le minimum de cette fraction nous chercherons le maximum de la fraction inverse

$$\frac{x-R}{x^3} = \frac{1}{x^2} - \frac{R}{x^3}.$$

Si nous posons

$$\frac{1}{x} = z,$$

nous aurons à chercher le maximum de

$$z^2 - Rz^3 = z^2(1 - Rz),$$

ou bien, en multipliant par R^2 cette fonction, ce qui n'altère pas la valeur de z pour laquelle a lieu le maximum,

$$R^2 z^2 (1 - Rz) = (Rz)^2 (1 - Rz).$$

Ici la somme des premières puissances des facteurs est constante, donc le maximum aura lieu lorsque

$$\frac{Rz}{2} = 1 - Rz, \quad \text{ou} \quad 3Rz = 2, \quad z = \frac{2}{3R},$$

par suite

$$x = \frac{3R}{2}, \quad y = 3h.$$

333. PROBLÈME IV. — *Étant donnée une feuille de carton carrée ABCD, on trace quatre lignes parallèles et à ces côtés et équidistantes. Si l'on coupe les carrés tels que AA'EM et si l'on relève les quatre rectangles tels que A'D'MN, on obtient une boîte. — Quelle doit être la distance AM pour que le volume de la boîte soit le plus grand possible?*

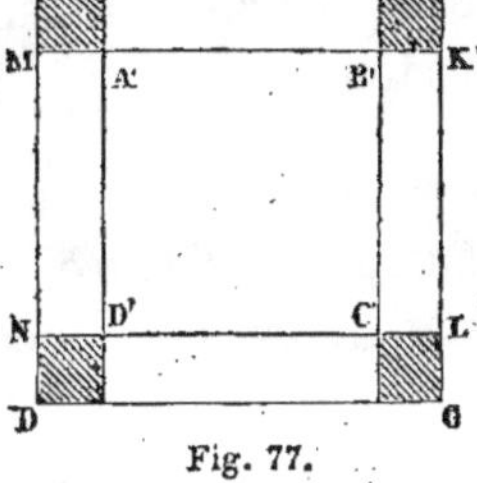

Fig. 77.

Solution.—Posons (*fig.* 77) AB $= 2a$, AM $= x$; la surface du carré A'B'C'D' est

$$(2a - 2x)^2 = 4(a - x)^2,$$

et le quart du volume de la boîte est

$$x(a - x)^2.$$

Comme la somme des premières puissances des facteurs de ce

produit est constante, le maximum du produit a lieu lorsque

$$\frac{x}{1} = \frac{a-x}{2},$$

c'est-à-dire lorsque

$$3x = a, \quad \text{ou} \quad x = \frac{a}{3}.$$

Le volume maximum est

$$4 \times \frac{a}{3} \times \left(\frac{2}{3} a\right)^2 = \frac{16}{27} a^3.$$

334. PROBLÈME V.—*De tous les cylindres de même surface totale, quel est celui dont le volume est le plus grand?*

Solution. — Soit x le rayon de base, y la hauteur, $2\pi S'$ la surface totale, on a

$$2\pi x^2 + 2\pi xy = 2\pi S^2,$$

ou

$$(1) \qquad x^2 + xy = S^2$$

et la fonction à rendre maximum est, abstraction faite du facteur π,

$$V = x^2 y;$$

éliminant y entre ces deux équations, on aurait une équation du troisième degré et la méthode ordinaire est en défaut. On arrive facilement à la solution, en cherchant le maximum du carré du volume, c'est-à-dire de

$$x^4 y^2 = (xy)^2 \times x^2;$$

et comme, en vertu de (1), la somme des premières puissances des facteurs xy et x^2 est constante, le maximum du volume correspond (n° 329) au cas où l'on a

$$\frac{xy}{2} = x^2, \quad \text{ou} \quad y = 2x;$$

alors

$$x = \frac{S}{3}\sqrt{3}, \quad y = \frac{2S\sqrt{3}}{3}.$$

Pour ce cylindre maximum on a donc

$$V = \frac{2\pi S^3 \sqrt{3}}{9}, \quad \text{ou} \quad S = \sqrt[3]{\frac{9V}{2\pi\sqrt{3}}}.$$

Ainsi, *de tous les cylindres de même surface totale, celui du cylindre maximum a une hauteur égale au diamètre de la base.*

Remarque. — Représentons (*fig.* 78) par une courbe les variations du volume V des cylindres de même surface totale S quand $\frac{y}{x}$ passe par toutes les valeurs depuis 0 jusqu'à ∞ ; c'est-à-dire construisons une courbe dont les abscisses soient $\frac{y}{x}$ et les ordonnées les valeurs correspondantes de V ; le point le plus haut de cette courbe, celui pour lequel la tangente sera horizontale, correspondra à l'abscisse $\frac{y}{x} = 2$. — Si nous donnons à S diverses valeurs S, S′, S″, S‴,… rangées par ordre de grandeur croissante, nous obtiendrons une série de courbes C, C′, C″, C‴,… de plus en plus élevées au-dessus de l'axe des x et dont les points le plus haut D, D′, D″, D‴ correspondent tous à la même valeur $\frac{y}{x} = 2$.

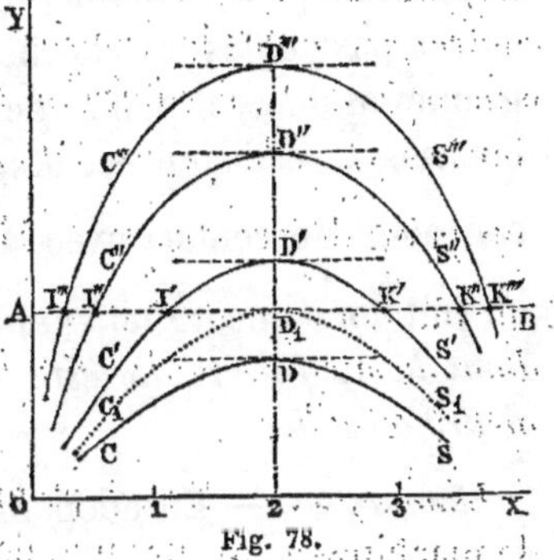

Fig. 78.

835. PROBLÈME VI.— *De tous les cylindres de même volume quel est celui dont la surface totale est minimum? (Problème inverse.)*

Solution. — Il est facile de voir que le minimum de la surface totale a lieu encore lorsque le diamètre de la base est égal à la hauteur. En effet, ayant construit la série des courbes figuratives C, C′, C″, C‴ qui précèdent, proposons-nous de trouver le rapport des dimensions du cylindre de volume V et de surface S′; après avoir pris sur l'axe OY une longueur OA proportionnelle à V, nous mènerons une parallèle AB à l'axe OX et nous chercherons les points de rencontre I′ et K′ de AB avec la courbe C′; les abscisses de ces points feront connaître la forme des deux cylindres cherchés. On voit que, V restant fixe, on ne peut se donner S arbitrairement, car AB ne rencontre pas toutes les courbes C et, si l'on veut avoir la valeur minimum de S, il suffira de chercher quelle est, de toutes les courbes C, celle qui est tangente à AB: c'est la courbe C_1 et son point de contact avec AB correspond à l'abscisse $\frac{y}{x} = 2$;

on voit donc que *de tous les cylindres de même volume, celui dont la surface totale est minimum a pour hauteur le diamètre de sa base.*

Remarque. — En adoptant cette forme pour les cylindres de machines à vapeur on a, pour une même dépense de vapeur à chaque coup de piston, le minimum de surface exposée au refroidissement par suite du contact de l'air extérieur; la condensation de la vapeur, toutes choses égales d'ailleurs, est donc alors un minimum.

Autre solution. — Il est impossible qu'un cylindre D de volume V ait une surface totale $2\pi s^2$ moindre que $2\pi \left(\frac{9V}{2\pi\sqrt{3}}\right)^{\frac{2}{3}}$; en effet, l'inégalité

$$s^2 < \left(\frac{9V}{2\pi\sqrt{3}}\right)^{\frac{2}{3}} \text{ entraîne } V > \frac{2\pi s^3 \sqrt{3}}{9}.$$

Mais, de tous les cylindres de surface totale $2\pi s^2$, le plus grand a un volume égal à $\frac{2\pi s^3 \sqrt{3}}{9}$, c'est-à-dire un volume moindre que V ; donc, *à fortiori*, le cylindre D a un volume moindre que V, ce qui est contre l'hypothèse.

Cette *démonstration par l'absurde*, analogue à celle du n° 328, montre bien que la dernière proposition est une conséquence forcée de la précédente et met en évidence le caractère de réciprocité des deux énoncés. La démonstration par les courbes figuratives a l'avantage d'être directe.

§ IV. — MÉTHODE DES INDÉTERMINÉES.

336. On peut souvent, en introduisant des coefficients indéterminés, trouver, à l'aide des éléments d'algèbre, le maximum d'un produit de plusieurs facteurs

$$X^m Y^n Z^p$$

dans lequel X, Y, Z sont des binômes du premier degré ne dépendant que d'une seule variable x.

Soit

$$X = ax + b,$$

$$Y = a'x + b',$$

$$Z = a''x + b''.$$

La somme $X + Y + Z$ n'est pas constante puisqu'elle dépend de la variable x, mais, si l'on multiplie X, Y, Z par des coefficients $\alpha, \alpha', \alpha''$, on aura

$$\alpha X + \alpha' Y + \alpha'' Z = (a\alpha + a'\alpha' + a''\alpha'') x + b\alpha + b'\alpha' + b''\alpha''$$

et si l'on détermine $\alpha, \alpha', \alpha''$, de telle sorte que

(1)
$$a\alpha + a'\alpha' + a''\alpha'' = 0,$$

la somme des facteurs $\alpha X, \alpha' Y, \alpha'' Z$ sera constante.

Ceci posé, comme le produit $X^m . Y^n . Z^p$ est maximum pour la même valeur de x que

$$(\alpha X)^m . (\alpha' Y)^n . (\alpha'' Z)^p,$$

et que, pour les valeurs que l'on attribue aux indéterminées,

$$\alpha X + \alpha' Y + \alpha'' Z = \text{const.},$$

le maximum de ce produit aura lieu lorsque les facteurs seront proportionnels aux exposants, c'est-à-dire lorsque l'on aura

$$(2) \qquad \frac{\alpha X}{m} = \frac{\alpha' Y}{n} = \frac{\alpha'' Z}{p} = \frac{b\alpha + b'\alpha' + b''\alpha''}{m + n + p}.$$

Les équations (1) et (2) permettent de déterminer α, α', α'' et la valeur de x pour laquelle le maximum a lieu : on élimine les indéterminées α, α', α'', en écrivant les équations (2) sous la forme

$$\frac{\dfrac{\alpha}{m}}{X} = \frac{\dfrac{\alpha'}{n}}{Y} = \frac{\dfrac{\alpha''}{p}}{Z};$$

on voit ainsi que α, α', α'' sont proportionnels aux dénominateurs

$$\frac{m}{X}, \ \frac{n}{Y}, \ \frac{p}{Z};$$

on peut donc les remplacer par ces fractions dans l'équation (1), ce qui donne l'équation

$$\frac{am}{X} + \frac{a'n}{Y} + \frac{a''p}{Z} = 0,$$

ou

$$\frac{am}{ax + b} + \frac{a'n}{a'x + b'} + \frac{a''p}{a''x + b''} = 0,$$

qui détermine la valeur de x pour laquelle le maximum a lieu.

Toutes les fois que cette équation ne sera pas d'un degré supérieur au second, la méthode précédente fournira une solution élémentaire du problème de maximum; elle s'applique donc toujours à un produit de trois facteurs.

Remarque. — Il faut s'assurer que les valeurs de αX, $\alpha'Y$, $\alpha''Z$ données par les équations précédentes sont bien positives, car cette condition doit être remplie pour que nous ayons ici le droit d'appliquer le théorème du n° 329.

APPLICATIONS DE LA MÉTHODE DES INDÉTERMINÉES.

337. PROBLÈME I. — *De tous les cylindres inscrits dans une sphère, quel est celui qui a le plus grand volume?*

Solution. — En désignant par x la moitié de la hauteur, on trouve pour la quantité à rendre maximum

$$x \times (R^2 - x^2) = x \times (R + x)(R - x).$$

Comme la somme de ces facteurs n'est pas constante, multiplions-les respectivement par les indéterminées α, β, γ et cherchons le maximum de

$$\alpha x \times \beta(R + x) \times \gamma(R - x).$$

Pour que la somme des facteurs de ce nouveau produit soit constante, il faut que

$$(1) \qquad \alpha + \beta - \gamma = 0$$

et, cette condition étant remplie, le maximum a lieu quand

$$(2) \qquad \alpha x = \beta(R + x) = \gamma(R - x),$$

ou

$$\frac{\alpha}{\dfrac{1}{x}} = \frac{\beta}{\dfrac{1}{R + x}} = \frac{\gamma}{\dfrac{1}{R - x}};$$

on aura donc, en remplaçant dans l'équation (1) les numérateurs α, β, γ par les dénominateurs qui leur sont proportionnels,

$$\frac{1}{x} + \frac{1}{R + x} - \frac{1}{R - x} = 0,$$

ou

$$3x^2 = R^2, \qquad x = \frac{R}{\sqrt{3}} = \frac{R}{3}\sqrt{3}.$$

Comme, pour cette valeur de x, $R + x$ et $R - x$ sont positifs, α, β, γ qui leur sont proportionnels sont de même signe et l'on est en droit d'appliquer la méthode précédente.

On pouvait, du reste, se passer ici de la méthode des indéterminées en cherchant le maximum de $V^2 = x^2 (R^2 - x^2)^2$: comme la somme des premières puissances des facteurs de ce produit est constante, le maximum correspond (n° 329) à la valeur de x pour laquelle

$$\frac{x^2}{1} = \frac{R^2 - x^2}{2}; \qquad \text{d'où } x = \frac{R}{3}\sqrt{3}.$$

338. PROBLÈME II. — *Étant données, dans un trapèze isocèle, la longueur des côtés égaux et celle de l'une des bases, déterminer l'autre base de telle sorte que la surface du trapèze soit maximum.*

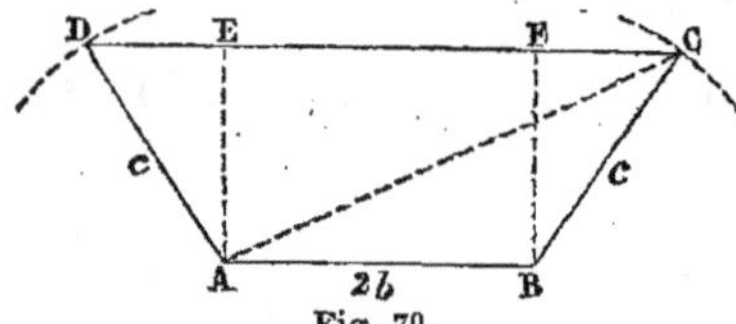

Fig. 79.

Solution.— Soit (*fig. 79*) $AB = 2b$, $AD = BC = c$, $CD = 2x$. La surface du trapèze est

$$(b + x)\,AE \quad \text{et son carré est} \quad (b + x)^2 \times AE^2;$$

or, dans le triangle rectangle ADE l'on a

$$AE^2 = AD^2 - DE^2 = c^2 - (x - b)^2;$$

donc la quantité à rendre maximum est

$$(b + x)^2 (c - b + x) (c + b - x),$$

ou bien, en multipliant par les indéterminées α, β, γ,

$$\left[\alpha(b + x) \right]^2 \times \beta(c - b + x) \times \gamma(c + b - x);$$

la somme des premières puissances des facteurs devient constante, si l'on a

$$\alpha + \beta - \gamma = 0$$

et le maximum aura lieu pour

$$\frac{\alpha(b+x)}{2} = \beta(c-b+x) = \gamma(c+b-x).$$

L'élimination des indéterminées se fait immédiatement et l'on a, pour calculer x, l'équation

$$\frac{2}{b+x} + \frac{1}{c-b+x} - \frac{1}{c+b-x} = 0,$$

qui, développée, donne

$$2\left[c^2 - (x-b)^2\right] + (b+x)(c+b-x-c+b-x) = 0,$$

$$c^2 - (x-b)^2 + (b^2 - x^2) = 0,$$

$$2x^2 - 2bx - c^2 = 0.$$

Les racines sont réelles et de signes contraires ; nous ne prendrons que la racine positive

$$x = \frac{b + \sqrt{b^2 + 2c^2}}{2};$$

elle est supérieure à b, mais plus petite que $b+c$; en effet, si l'on substitue ce dernier nombre dans l'équation, on obtient un résultat positif ; donc chacune des quantités

$$\frac{b+x}{2}, \quad c+x-b, \quad c+b-x$$

est positive et les coefficients α, β, γ qui leur sont proportionnels sont de même signe ; la méthode est donc applicable.

ALGÈBRE.

Il est facile de voir que cette valeur de x correspond au cas où le trapèze est inscrit dans un demi-cercle ; en effet, l'équation du second degré qui précède peut s'écrire

$$2x \times (x - b) = c^2,$$

ce qui revient à

$$CD \times DE = AD^2 ;$$

donc le triangle DAC est rectangle en A, et les côtés égaux sont perpendiculaires aux diagonales.

Dans le cas particulier où $c = 2b$, le trapèze maximum est un demi-hexagone régulier et

$$x = \frac{b + \sqrt{9b^2}}{2} = 2b.$$

339. Problème III. — *Étant donnée une feuille de carton rectangulaire ABCD (fig. 80), on trace à l'intérieur quatre lignes A'B', B'C', C'D', A'D' parallèles à ses côtés et équidistantes. — On enlève les quatre carrés tels que AA'EM et l'on relève les quatre rectangles tels que A'D'MN perpendiculairement au plan de A'B'C'D'; on obtient ainsi une boîte ayant la forme d'un parallélipipède rectangle dépourvu de sa base supérieure. Quelle doit être la distance AM pour que le volume de cette boîte soit maximum?*

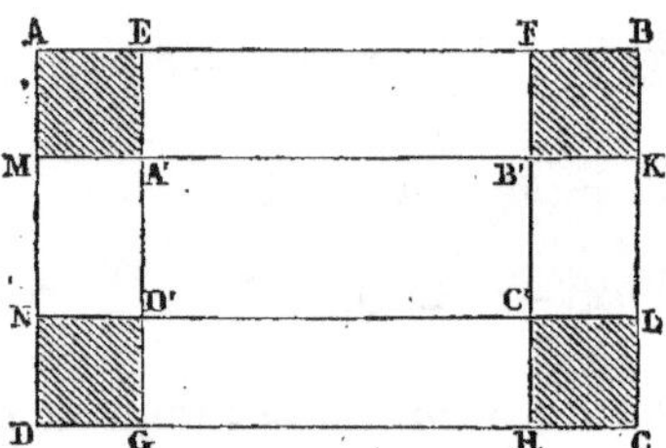

Fig, 80.

Solution. — Soit

$$AB = 2a, \quad AD = 2b, \quad AM = x ;$$

la surface de la base A'B'C'D' est

$$(2a - 2x)(2b - 2x) = 4(a - x)(b - x).$$

La moitié du volume de la boîte est donc

$$2x(a - x)(b - x)$$

et c'est l'expression qu'il faut rendre maximum. La somme des facteurs

$$ax + (a - x) + (b - x) = a + b;$$

elle est bien constante, mais, a étant supposé plus grand que b, il est impossible de rendre égaux les facteurs de ce produit et le théorème (328) n'est pas applicable ici.

Prenons la méthode des indéterminées : multiplions par α, β, γ les trois facteurs et cherchons le maximum du produit

$$\alpha x \times \beta (a - x) \times \gamma (b - x).$$

Si nous déterminons α, β, γ de telle sorte que

$$(1) \qquad \alpha - \beta - \gamma = 0,$$

la somme des facteurs sera constante et le maximum du produit aura lieu lorsque

$$\alpha x = \beta (a - x) = \gamma (b - x),$$

ce qui revient à

$$\frac{\alpha}{\dfrac{1}{x}} = \frac{\beta}{\dfrac{1}{a - x}} = \frac{\gamma}{\dfrac{1}{b - x}}$$

et, en substituant dans l'équation (1) à α, β, γ les quantités proportionnelles, on trouve pour déterminer x l'équation

$$\frac{1}{x} - \frac{1}{a - x} - \frac{1}{b - x} = 0,$$

ou

$$3x^2 - 2(a + b)x + ab = 0;$$

les racines de cette équation sont positives et égales à

$$x = \frac{a + b \pm \sqrt{a^2 - ab + b^2}}{3},$$

mais il faut choisir celle qui est moindre que b; or, si l'on remplace x par b dans l'équation, on trouve pour résultat

$$b^2 - ab,$$

quantité négative; donc b est compris entre x' et x'' et la racine

$$x'' = \frac{a + b - \sqrt{a^2 - ab + b^2}}{3}$$

est la seule qui convienne à la question.

Le volume maximum de la boîte est

$$\frac{4}{27} \left\{ 2\sqrt{(a^2 - ab + b^2)^3} + (a + b)(5ab - 2a^2 - 2b^2) \right\}$$

et, si l'on suppose $a = b$, on retrouve le résultat obtenu au n° 333,

$$V = \frac{16}{27} a^3.$$

340. PROBLÈME IV. — *De tous les cônes droits inscrits dans une sphère, quel est celui dont la surface totale est maximum?*

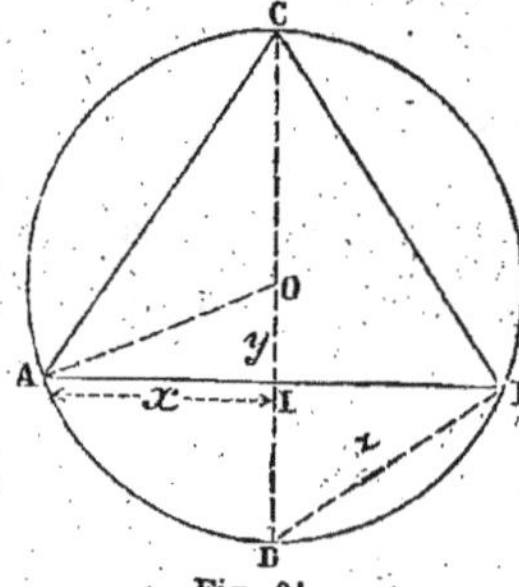

Fig. 81.

Solution. — Soit R le rayon de la sphère O (*fig.* 81), x le rayon de la base du cône, y la distance de cette base au centre. — La fonction à rendre maximum est

$$x^2 + x\sqrt{x^2 + (R + y)^2}$$

et comme

$$x^2 = R^2 - y^2,$$

cette fonction peut s'écrire

$$R^2 - y^2 + \sqrt{R^2 - y^2} \times \sqrt{2R^2 + 2Ry},$$

ou bien

$$(R + y)\left[R - y + \sqrt{2R(R - y)}\right].$$

On arrive plus facilement à trouver le maximum de cette expression en exprimant y au moyen de la corde BD, que nous appellerons z. Comme on a

$$z^2 = 2R(R - y),$$

on en déduit

$$R - y = \frac{z^2}{2R} \quad \text{et} \quad R + y = 2R - \frac{z^2}{2R} = \frac{4R^2 - z^2}{2R};$$

l'expression précédente se réduit donc, en négligeant les facteurs constants, à

$$(4R^2 - z^2)(z^2 + 2Rz)$$

ou bien à

$$z(2R + z)^2(2R - z).$$

En multipliant les facteurs de ce produit par les indéterminées α, β, γ, on obtient

$$\alpha z \times \left[\beta(2R + z)\right]^2 \times \gamma(2R - z)$$

et si l'on détermine α, β, γ de telle sorte que

$$\alpha + \beta - \gamma = 0,$$

la somme de ces premières puissances des facteurs étant constante, le maximum aura lieu lorsque

$$\frac{\alpha z}{1} = \frac{\beta(2R + z)}{2} = \frac{\gamma(2R - z)}{1}$$

et en éliminant, comme il a été déjà indiqué, les inconnues auxiliaires, on trouve

$$\frac{1}{z} + \frac{2}{2R + z} - \frac{1}{2R - z} = 0,$$

ce qui conduit à l'équation du second degré

$$2z^2 - Rz - 2R^2 = 0.$$

La seule racine qui convienne au problème est

$$z = \frac{R}{4} \times \left(1 + \sqrt{17}\right) = 1,2808\,R,$$

et l'on trouve

$$y = \frac{7 - \sqrt{17}}{16}\,R = 0,1798\,R,$$

$$x = 0,9837\,R.$$

341. Problème V. — *Un triangle isocèle ACB inscrit dans un cercle (fig. 82) tourne autour de la tangente XY parallèle à sa base : quelles doivent être ses dimensions pour que le volume qu'il engendre soit le plus grand possible ?*

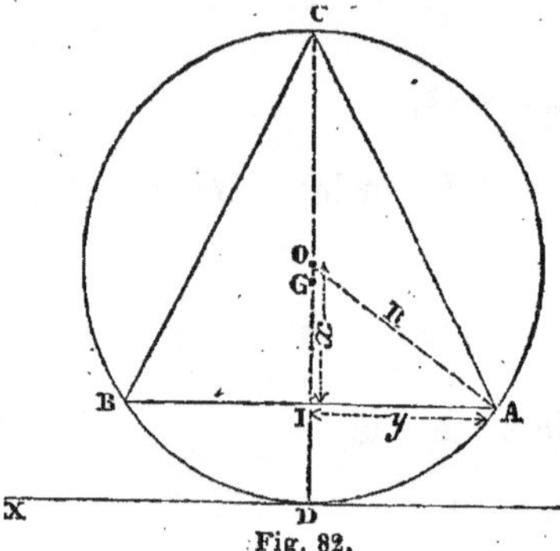

Fig. 82.

Solution. — Le volume engendré par un triangle tournant autour d'un axe situé dans son plan et ne rencontrant pas sa surface s'obtient en multipliant la surface du triangle par la circonférence que décrit son centre de gravité G. On aura donc, en désignant par y la demi-base du triangle, par x la distance OI du centre de figure O à cette base,

$$V = 2\pi . DG . IC . y$$

et comme

$$y = \sqrt{R^2 - x^2}, \qquad IC = R + x,$$

$$DG = \frac{R + x}{3} + R - x = \frac{4R - 2x}{3},$$

on aura

$$V = \frac{4}{3}\pi(2R - x)(R + x)\sqrt{R^2 - x^2},$$

et il suffira de chercher le maximum de V^2, ou de

$$(R + x)^3 (R - x) (2R - x)^2.$$

Il revient au même de chercher le maximum de

$$\left[\alpha(R + x)\right]^3 \left[\beta(R - x)\right] \left[\gamma(2R - x)\right]^2$$

et si l'on détermine α, β, γ de telle sorte que

$$\alpha - \beta - \gamma = 0,$$

le maximum aura lieu lorsque

$$\frac{\alpha(R + x)}{3} = \frac{\beta(R - x)}{1} = \frac{\gamma(2R - x)}{2}.$$

L'élimination des indéterminées α, β, γ conduit à l'équation

$$\frac{3}{R + x} - \frac{1}{R - x} - \frac{2}{2R - x} = 0;$$

elle n'est que du second degré et se réduit à

$$3x^2 - 5Rx + R^2 = 0.$$

Les deux racines de cette équation sont positives; il ne faut prendre que celle qui est inférieure à R. Or, en substituant R dans l'équation, on trouve pour résultat $-R^2$: donc R est compris entre les deux racines et l'on doit rejeter la racine correspondante au signe $+$ du radical.

La distance du centre à la base AB est donc, dans le cas du volume maximum,

$$x = \frac{5R - \sqrt{25R^2 - 12R^2}}{6} = \frac{R}{6}\left(5 - \sqrt{13}\right) = 0,2324\,R.$$

§ IV. — Méthode des racines égales.

342. Rappelons la règle donnée au n° 310 pour trouver le maximum ou le minimum d'une fonction $f(x)$ d'une seule variable x: on l'égale à une quantité donnée m et l'on *discute* les racines de l'équation $f(x) = m$ ainsi obtenue, ce qui revient à étudier les changements que subissent les racines de cette équation quand m varie d'une manière continue; cette discussion, qui fournit les valeurs extrêmes de m, dépasse souvent les limites de l'algèbre élémentaire; aussi le nombre des questions que cette méthode permet de résoudre est assez restreint; mais la remarque suivante étend beaucoup sa portée.

343. Proposition. — *L'équation $f(x) - m = 0$ acquiert toujours deux racines égales quand on donne à m une des valeurs maxima ou minima de la fonction $f(x)$.*

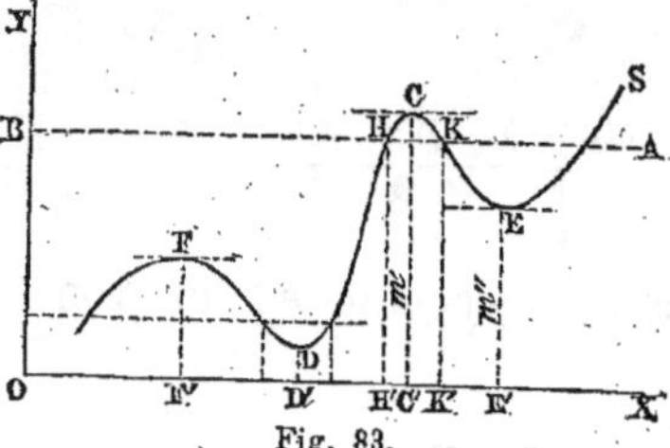

Fig. 83.

Démonstration. — Représentons (*fig.* 83) par une courbe FDCS la marche de la fonction $y = f(x)$: quand on donne à y une valeur particulière m et que l'on résout l'équation $f(x) - m = 0$, on cherche les valeurs de x pour lesquelles y acquiert cette valeur m. Au point de vue géométrique, cela revient donc à chercher les points de rencontre de la courbe S avec la parallèle AB menée à la distance m de l'axe OX. Si m diffère très-peu d'un maximum $m' = CC'$, on trouvera pour x deux valeurs OH', OK' très-peu différentes; elles deviennent égales et ont OC' pour valeur commune quand $m = m'$. — Ainsi, quand une fonction entière de x d'un degré quelconque acquerra pour $x = \alpha$ une valeur maxima m', l'équation $f(x) - m' = 0$ aura deux racines égales à α; son premier membre sera donc divisible par $(x - \alpha)^{2*}$.

De là cette règle :

Pour trouver le maximum d'une fonction entière, on divise

(*) En effet, si l'équation $f(x) - m = 0$ admet les racines α' et α'', on aura $f(\alpha') - m = 0$, $f(\alpha'') - m = 0$. La première égalité (n° 64) montre que $f(x) - m$ est divisible par $x - \alpha'$, la seconde que ce polynôme admet aussi le facteur $x - \alpha''$; il en résulte que $f(x) - m$ est divisible par le produit $(x - \alpha')(x - \alpha'')$ et, si $\alpha' = \alpha''$, par $(x - \alpha)^2$.

la différence $f(x) - m$ par $x^2 - 2\alpha x + \alpha^2$ et l'on continue l'opération jusqu'à ce que l'on ait obtenu un reste du premier degré de la forme $Mx + N$; on exprime que ce reste est identiquement nul quel que soit x en posant

$$M = 0, \quad N = 0$$

et l'on résout ces deux équations qui déterminent α et m.

APPLICATIONS.

844. I. *Problème de la boîte à base rectangle* (n° 339).

Solution. — La fonction à rendre maximum étant

$$x(a-x)(b-x) = x^3 - (a+b)x^2 + abx,$$

nous effectuerons la division

$$
\begin{array}{l|l|l|l}
x^3 \quad -a\ \bigg| x^2 \quad +ab\ \bigg| x \quad -m\ \bigg| x^2 \quad -2\alpha x + \alpha^2 \\
\quad\ -b\ \bigg| \quad\ -\alpha^2 \bigg| \quad a\alpha^2 \bigg| x \quad -a \\
\quad +2\alpha\ \bigg| \ -2a\alpha \bigg| \quad b\alpha^2 \bigg| \quad -b \\
\qquad\qquad -2b\alpha \bigg| \ -2\alpha^3 \bigg| \quad +2\alpha \\
\qquad\qquad +4\alpha^2 \bigg|
\end{array}
$$

et nous résoudrons les deux équations

$$3\alpha^2 - 2\alpha(a+b) + ab = 0,$$
$$m = (a+b)\alpha^2 - 2\alpha^3,$$

qui fournissent les valeurs déjà trouvées.

845. II. *De tous les triangles isocèles circonscrits à un cercle, trouver celui qui a la plus petite surface.*

Solution. — Soit x la demi-base du triangle, $R + y$ sa hauteur; l'expression à rendre minimum se réduit à

$$\frac{x^3}{x^2 - R^2},$$

l'égalant à m, on a l'équation

$$x^3 - m(x^2 - R^2) = 0,$$

et l'on fait la division

$$
\begin{array}{l|l|l|l}
x^3 \quad -m & x^2 & x \quad +\dfrac{mR^2}{2} & x^2-2\alpha x+\alpha^2 \\[2mm]
\overline{+2\alpha} & \overline{-\alpha^2} & -2\alpha^3 & x+2\alpha \\[1mm]
 & +4\alpha^2 & +m\alpha^2 & -m \\[1mm]
 & -2m\alpha & &
\end{array}
$$

Comme le reste doit être nul, on a les deux équations

$$3\alpha^2 - 2\alpha m = 0,$$
$$mR^2 + m\alpha^2 - 2\alpha^3 = 0;$$

on tire de la première

$$m = \frac{3\alpha}{2};$$

substituant dans la seconde, on trouve

$$x = R\sqrt{3}, \quad y + R = 3R, \quad m = \frac{3}{2}R\sqrt{3};$$

le triangle maximum est donc équilatéral.

346. III. *De tous les cylindres de même volume, quel est celui qui a la plus petite surface totale?*

Solution. — Des équations

$$x^2 y = V^3, \qquad x^2 + xy = m,$$

on déduit, en éliminant y, l'équation du troisième degré

$$x^3 - mx + V^3 = 0;$$

on est donc conduit à faire la division

$$
\begin{array}{l|l|l}
x^3 \qquad -m & x \quad +V^3 & x^2-2\alpha x+\alpha^2 \\[2mm]
+2\alpha x^2 \;-\alpha^2 & -2\alpha^3 & x+2\alpha \\[1mm]
+4\alpha^2 & &
\end{array}
$$

et à résoudre les deux équations

$$3\alpha^2 - m = 0, \qquad \mathrm{V}^3 - 2\alpha^3 = 0;$$

elles donnent

$$\alpha = \frac{\mathrm{V}}{\sqrt[3]{2}} = \frac{\mathrm{V}\sqrt[3]{4}}{2}, \quad m = \frac{3\,\mathrm{V}^2}{\sqrt[3]{4}} = \frac{3\,\mathrm{V}^2\sqrt[3]{2}}{2}, \quad y = \mathrm{V}\sqrt[3]{4}$$

et l'on retrouve que, parmi tous les cylindres de même volume, celui de surface totale minimum a pour hauteur le diamètre de sa base (n° 335).

EXERCICES

1. Sachant que $ax + by = c$, trouver le minimum de $x^2 + y^2$.

$$R. \quad \frac{c^2}{a^2 + b^2} \text{ pour } x = \frac{ac}{a^2 + b^2}, \quad y = \frac{bc}{a^2 + b^2}.$$

2. On donne (*fig.* 84) deux parallèles AB, CD dont la distance est b et sur ces lignes deux points fixes M et N; on porte sur AB à partir du point M une distance ME égale à une longueur donnée a. Quel point I de MN faut-il joindre au point E pour que la somme des surfaces des triangles MEI, NFI soit un minimum?

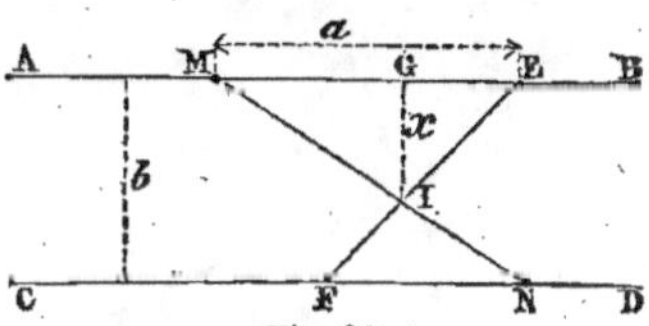

Fig. 84.

$$R. \quad x = \frac{b\sqrt{2}}{2}, \quad \text{surf. minimum} = ab(\sqrt{2} - 1).$$

3. Étant donné (*fig.* 85) un rectangle ABCD, dans lequel AB $= a$, AD $= b$, mener par le sommet A une sécante AEF telle que la somme BE + DF soit minimum.

$R.$ Le minimum est $2\sqrt{ab}$ quand BE $= \sqrt{ab}$.

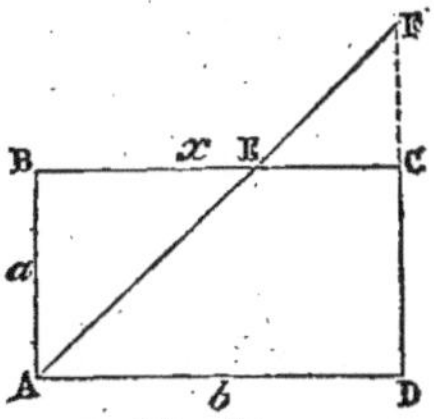

Fig. 85.

4. Étant donné un triangle rectangle ABC dont les côtés sont b et c, on veut en détacher un autre triangle rectangle ADE qui soit la $m^{\text{ième}}$ partie du

premier. Comment tracer la ligne DE pour que sa longueur soit minimum? Construction quand $m = 2$.

$$R. \quad DE = \sqrt{\frac{2bc}{m}}, \quad AD = AE = \sqrt{\frac{bc}{m}}.$$

5. Étant donnés l'épaisseur e d'une enveloppe sphérique et son volume, calculer le rayon intérieur x. Si l'épaisseur est constante, trouver le minimum du volume.

$$R. \quad \text{Le minimum, qui est } \frac{4}{3}\pi e^3, \text{ correspond à } x = 0.$$

6. De tous les cônes de même surface totale, trouver celui de volume maximum.

$R.$ Soit x le rayon de base, y la hauteur, πS^2 la surface donnée, $\frac{\pi}{3} m^3$ le volume du cône; le maximum de m^3 est

$$\frac{S^3\sqrt{2}}{4} \quad \text{quand } x = \frac{S}{2}, \quad y = S\sqrt{2}.$$

7. Une figure (*fig.* 86) plane est formée par quatre triangles isocèles égaux entre eux et assemblés de manière que leurs bases forment les côtés d'un carré, chaque triangle étant placé du côté opposé au carré par rapport à la base. Si le périmètre $AA'BB'CC'DD'A$ de cette figure est constant et égal à $8p$, quel est le maximum de la surface totale de cette figure?

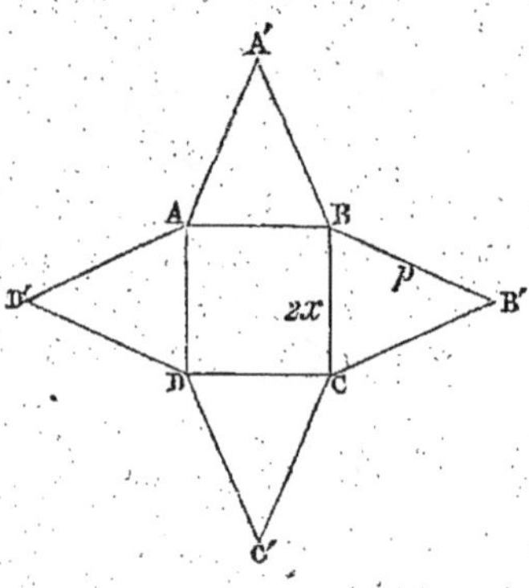

Fig. 86.

$R.$ Le maximum de la surface est

$$4p^2(1 + \sqrt{2})$$

et le côté du carré est

$$2x = 2p\sqrt{2 + \sqrt{2}}.$$

On trouve également un minimum, à quel problème répond-il?

8. Étant donné un triangle équilatéral ABC dont le côté est $2a$ et le point D milieu de la base BC, à quelle distance x de

cette base faut-il lui mener une parallèle EF pour que le périmètre $2p$ du triangle DEF soit minimum?

$R.$ Le minimum de p est $\frac{3}{2}a$ et répond à $x = \dfrac{a\sqrt{3}}{2}$.

9. On donne un demi-cercle de rayon R décrit sur le diamètre AB; trouver sur la demi-circonférence un point C tel qu'en le joignant aux points A et B la somme

$$m.AC + n.BC = 2S$$

soit maximum.

$R.$ Soient x et y les distances du centre aux deux cordes AC et BC; le maximum de S est $R\sqrt{m^2 + n^2}$ et correspond à

$$x = \frac{mR}{\sqrt{m^2 + n^2}}, \qquad y = \frac{nR}{\sqrt{m^2 + n^2}}.$$

10. On donne (*fig.* 87) deux parallèles XY, X'Y' dont la distance est AB et sur AB on marque un point fixe M tel que

$$AM = a, \qquad BM = b.$$

On demande de trouver la position MC que devra prendre le côté d'un angle droit tournant autour du point M pour que la surface du triangle MCD soit minimum.

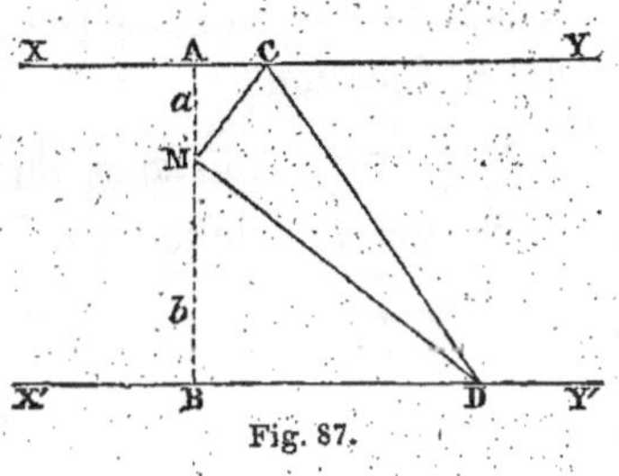

Fig. 87.

$$R. \quad AC = x = a.$$

11. On donne (*fig.* 88) un point A situé à une distance $AB = d$ d'une droite XY et une droite CD de longueur $2a$ qui se meut sur XY. Quelle doit être sa position pour que le périmètre du triangle ACD soit minimum?

$R.$ Soit x la distance du pied B de AB au milieu O de CD, on trouve, en posant $AC + AD = 2p$,

$$x^2 = p^2 - \frac{p^2 d^2}{p^2 - a^2};$$

le minimum de p^2 est $a^2 + d^2$, alors $x = 0$ et le triangle ACD est isocèle.

12. On donne (*fig.* 89) deux points A et B d'un même côté d'une droite XY; leurs distances AA', BB' à cette droite sont

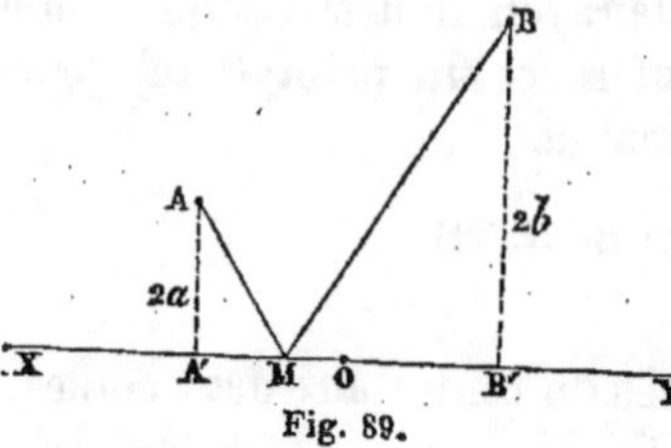

Fig. 89.

$$AA' = 2a, \qquad BB' = 2b,$$

et la distance A'B' des pieds des perpendiculaires AA' et BB' est $2d$. Trouver le point M de XY pour lequel $AM + BM = 2l$.

Calculer le minimum de $2l$, construire la solution algébrique trouvée et la comparer à la solution donnée en géométrie. — On trouvera un maximum et un minimum; à quel problème correspond le maximum? — Comment ces deux problèmes ont-ils été mis à la fois en équation?

R. Soit x la distance du point M au milieu O de A'B'; on trouve que le minimum de l est $\sqrt{(a+b)^2 + d^2}$ et correspond à

$$x = d\,\frac{a-b}{a+b}.$$

13. Étant donnés (*fig.* 90) deux cercles concentriques dont les rayons sont R et r, on propose d'inscrire entre ces deux cercles un rectangle ABCD dont la surface soit m^2. L'une des dimensions du rectangle doit être parallèle au diamètre FE, tandis que les côtés perpendiculaires AD, BC sont deux cordes, l'une du petit cercle, l'autre du grand. — Maximum de m^2. Construction.

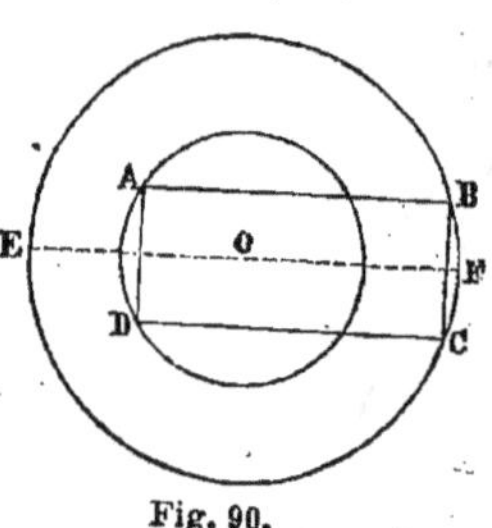

Fig. 90.

R. Le maximum est $2Rr$ et correspond à

$$\tfrac{1}{2} AD = x = \frac{Rr}{\sqrt{R^2 + r^2}}.$$

14. Trouver le minimum de l'expression

$$y = \frac{(a+x)(b+x)}{x}.$$

R. Pour $x = \sqrt{ab}, \quad y = (\sqrt{a} + \sqrt{b})^2.$

15. Trouver le maximum et le minimum de la fraction

$$\frac{x^2 - 2x + a^2}{x^2 + 2x + a^2},$$

dans laquelle a est plus grand que 1.

R. Maximum $= \dfrac{a+1}{a-1}, \quad$ minimum $= \dfrac{a-1}{a+1}.$

16. Trouver la plus grande et la plus petite valeur que puisse acquérir l'expression

$$\frac{2x - 3}{x^2 + 4}.$$

R. Maximum $\dfrac{1}{4}$, pour $x = 4$; minimum -1, pour $x = -1$.

17. Lorsque x varie de $-\infty$ à $+\infty$, la fraction

$$\frac{x^2 + 34x - 71}{x^2 + 2x - 7}$$

n'acquerra jamais une valeur comprise entre 5 et 9.

18. Chercher le maximum et le minimum de la fraction

$$y = \frac{2x - 7}{2x^2 - 2x - 5}.$$

R. Maximum $\dfrac{1}{11}$, minimum 1.

19. Montrer que la fraction $\dfrac{x^2 - x + 1}{x^2 + x + 1}$ est toujours comprise entre 3 et $\dfrac{1}{3}$ quel que soit x.

20. Trouver le maximum et le minimum de la fraction

$$y = \frac{3x^2 + x - 2}{x^2 - 4x + 3},$$

tracer la courbe figurative de la marche de cette fonction de x.

R. Maximum $= -8,241$ pour $x = 1,42$,
Minimum $= -0,758$ pour $x = 0,27$.

21. Démontrer que la fraction

$$y = \frac{x^2 - 2x + 1}{x^2 - 1}$$

n'admet ni maximum ni minimum. — Tracer la courbe figurative de la marche de cette fonction de x.

22. Les lettres α et β désignant deux nombres donnés positifs ou négatifs, on propose de déterminer les deux coefficients a et b de manière que α et β soient la plus grande et la plus petite des valeurs que prend l'expression

$$\frac{ax^2 + 2x + b}{x^2 + 1},$$

quand on y fait varier x de $+\infty$ à $-\infty$.

On examinera si le problème est toujours possible. (Concours général, classe de seconde, 1863.)

$$R. \quad \begin{Bmatrix} a \\ b \end{Bmatrix} = \frac{\alpha + \beta \pm \sqrt{(\alpha - \beta)^2 - 4}}{2}.$$

23. Partager une somme a en trois parties x, y, z telles que la première soit double de la seconde et que le produit xyz soit maximum.

$$R. \quad x = \frac{4}{9}a, \quad y = \frac{2}{9}a, \quad z = \frac{a}{3}.$$

24. Quand $x + y + z = 12$, trouver le maximum de x^3y^2z.

$$R. \quad 6912.$$

25. Faire voir : 1° que la fraction $\dfrac{x^m}{(x+d)^{m+p}}$ passe par un maximum pour

$$x = d\,\frac{m}{p};$$

2° que la fraction

$$\frac{x^{m+p}}{(x-d)^m}$$

passe par un minimum pour

$$x = d\,\frac{m+p}{p}.$$

26. Dans un cône donné de hauteur h inscrire le plus grand cylindre possible.

$$R. \text{ La hauteur du cylindre est } \frac{h}{3}.$$

27. On circonscrit à un hémisphère une infinité de cônes dont les bases reposent sur le plan du grand cercle qui limite la surface sphérique. — Quel est le cône de volume minimum ?

$$R. \text{ Sa hauteur est } R\sqrt{3}.$$

28. De tous les trapèzes isocèles inscrits dans un demi-cercle, trouver celui qui a la plus grande surface.

$$R. \text{ C'est un demi-hexagone régulier.}$$

29. De toutes les pyramides régulières à base carrée ayant la même arête latérale l, déterminer celle dont le volume est maximum. — Calculer en fonction de l la hauteur h et le côté c de la base de cette pyramide.

$$R. \quad h = \frac{1}{3}\, l\sqrt{3}, \qquad c = \frac{2}{3}\, l\sqrt{3}.$$

30. Pour trouver la contenance d'un tonneau cylindrique on introduit par la bonde une règle divisée en ayant soin de disposer cette règle suivant la diagonale du demi-cylindre compris entre la cercle de la bonde et l'un des fonds.

De tous les tonneaux cylindriques ayant cette même diagonale d, à partir de la bonde, trouver celui dont la capacité est la plus grande.

$$R. \text{ Diamètre du fond} \ldots = \frac{1}{3}\, d\sqrt{6},$$

$$\text{Demi-longueur du tonneau} = \frac{1}{3}\, d\sqrt{3},$$

$$\text{Volume du tonneau} \ldots = \frac{1}{9}\, \pi d^3 \sqrt{3}.$$

31. Chacune des bases d'un cylindre droit est terminée par un hémisphère ; on donne la surface $2\pi S^2$ de ce solide. Quels doivent être le rayon x du cylindre et sa hauteur y pour que le volume soit maximum ?

$$R. \quad x = \frac{a\sqrt{2}}{2}, \qquad y = 0.$$

32. Le volume du solide précédent étant donné et égal à πV^3, trouver le maximum de la surface.

$$R.\ x = V\sqrt[3]{\frac{3}{4}}, \quad y = 0.$$

33. La somme de trois nombres positifs est 20 et le troisième est égal au double du premier plus trois fois le second; quel est le maximum du produit xyz?

$$R.\ x_1 = 3{,}233, \quad y_1 = 2{,}575, \quad z_1 = 14{,}192, \quad x_1 y_1 z_1 = 118{,}15.$$

34. Partager 12 en trois parties telles que deux d'entre elles diffèrent de 1. Que leur produit soit maximum.

$$R.\ x_1 = 3{,}521, \quad y_1 = 4{,}521, \quad z_1 = 3{,}958, \quad x_1 y_1 z_1 = 63{,}0.$$

35. De tous les triangles isocèles inscrits dans un cercle quel est celui qui a le plus grand périmètre? Appliquer la méthode des racines égales.

$$R.\ \text{C'est le triangle équilatéral.}$$

LIVRE IV

PROGRESSIONS ET LOGARITHMES

CHAPITRE Ier

Progressions arithmétiques.

§ Ier. — PRINCIPES.

347. DÉFINITION. — *Une progression arithmétique est une suite de termes tels que chacun d'eux est égal au précédent augmenté d'une quantité constante appelée* raison *de la progression.*

La progression est *croissante* ou *décroissante* suivant que la raison est positive ou négative.

Exemples : 1° Les nombres 1, 6, 11, 16, 21,... forment une progression arithmétique croissante dont la raison est 5; pour l'indiquer, on sépare ces nombres par un point et l'on place le signe $\div$ en avant de la ligne qui les contient :

$$\div 1 . 6 . 11 . 16 . 21 . 26 . \ldots$$

2° La suite

$$\div 25 . 22 . 19 . 16 . 13 . \ldots$$

forme une progression décroissante dont la raison est 3.

348. PROPOSITION I. — *Dans une progression arithmétique un terme de rang quelconque est égal au premier augmenté* *d'autant de fois la raison qu'il y a de termes avant lui; ou bien encore, un terme quelconque est égal au dernier diminué d'autant de fois la raison qu'il y a de termes après lui.*

Démonstration. — Soit la progression arithmétique

$$\div a . b . c . d \ldots . . h . k . l,$$

dont la raison est r et le nombre des termes est n ; on a, d'après la définition,

$$2^e \text{ terme,} \quad b = a + r,$$
$$3^e \text{ terme,} \quad c = b + r = a + 2r,$$
$$4^e \text{ terme,} \quad d = c + r = a + 3r,$$
$$\cdots\cdots\cdots\cdots\cdots$$
$$\cdots\cdots\cdots\cdots\cdots$$
$$(1) \qquad n^{\text{ième}} \text{ terme,} \quad l = k + r = a + (n-1)r.$$

On déduit de cette dernière égalité

$$a = l - (n-1)r,$$

ce qui démontre la deuxième partie de l'énoncé.

349. CONSÉQUENCE. — *Dans une progression arithmétique la somme de deux termes équidistants des extrêmes est égale à la somme des extrêmes.*

En effet, considérons dans la progression précédente deux termes c et h qui aient, l'un p termes avant lui, l'autre p termes après ; nous aurons

$$c = a + pr,$$
$$h = l - pr$$

et, par suite, en ajoutant membre à membre ces deux égalités,

$$c + h = a + l.$$

350. PROPOSITION II. — *La somme des termes d'une progression arithmétique est égale à la somme des extrêmes multipliée par la moitié du nombre des termes.*

Démonstration. — En désignant par S la somme des termes de la progression précédente, nous avons

$$S = a + b + c + \ldots + h + k + l,$$

ou bien, en renversant l'ordre des termes,

$$S = l + k + h + \ldots + c + b + a.$$

Si nous ajoutons membre à membre ces deux égalités, nous aurons

$$2S = (a+l) + (b+k) + \ldots + (k+b) + (l+a);$$

mais, d'après la conséquence qui précède, les sommes entre parenthèses sont toutes égales à $(a+l)$ et, comme il y en a n, nous pouvons écrire

d'où
$$2S = (a+l) \times n,$$

(2)
$$S = \frac{(a+l) \times n}{2}.$$

Remarque. — En remplaçant l par sa valeur, $a+(n-1)r$, dans la formule (2), on obtient

$$S = [2a + (n-1)r] \times \frac{n}{2}.$$

Sous cette forme, on voit que, si a et r sont deux nombres entiers, il en sera de même pour S. En effet, si n est pair, $\frac{n}{2}$ est entier ; si n est impair, $n-1$ sera pair, ainsi que $2a + (n-1)r$; le numérateur de S sera donc toujours divisible par 2.

Applications. — 1° Trouver la somme des n premiers nombres de la suite naturelle, c'est-à-dire

$$S = 1 + 2 + 3 + \ldots + n.$$

La formule précédente donne immédiatement

$$S = \frac{(n+1)n}{2}.$$

2° Trouver la somme des n premiers nombres impairs, c'est-à-dire des n premiers termes de la suite

$$\div 1 . 3 . 5 . 7 \dots$$

La raison de cette progression est égale à 2; nous aurons donc, pour le terme de rang n,

$$l = 1 + (n-1) \times 2 = 2n - 1,$$

et, par suite,

$$S = (1 + 2n - 1) \times \frac{n}{2} = \frac{2n^2}{2} = n^2.$$

On peut vérifier cette propriété remarquable : ainsi

$$1 + 3 = 4 \quad= 2^2,$$
$$1 + 3 + 5 = 9 \quad= 3^2,$$
$$1 + 3 + 5 + 7 = 16 = 4^2.$$

3° Trouver la somme des 50 premiers termes de la progression

$$\div \frac{1}{3} , \frac{2}{3} . 1 \dots$$

La raison étant $\frac{1}{3}$, on a d'abord

$$l = \frac{1}{3} + \frac{49}{3} = \frac{50}{3},$$

puis

$$S = \left(\frac{1}{3} + \frac{50}{3} \right) \times \frac{50}{2} = 17 \times 25 = 425.$$

351. DÉFINITION. — *Insérer m moyens arithmétiques entre deux nombres donnés a et b, c'est former une progression* arithmétique de $m+2$ termes dont a et b sont les extrêmes.

Le théorème suivant permet de calculer la raison de cette progression.

352. PROPOSITION III. — *La raison de la progression for-mée en insérant m moyens arithmétiques entre deux nombres donnés a et b est égale à la différence $b-a$ des extrêmes divisée par le nombre des moyens à insérer plus un.*

Démonstration. — En effet, puisque le dernier terme b a $m+1$ termes avant lui, on a, x désignant la raison inconnue,

d'où
$$b = a + (m+1)x,$$

$$x = \frac{b-a}{m+1}.$$

Exemple. — Insérer 6 moyens arithmétiques entre 1 et 29. On aura

$$x = \frac{29-1}{7} = \frac{28}{7} = 4$$

et la progression cherchée sera

$$\div 1 \cdot 5 \cdot 9 \cdot 13 \cdot 17 \cdot 21 \cdot 25 \cdot 29.$$

353. CONSÉQUENCE. — *En insérant le même nombre de moyens entre tous les termes de la progression arithmétique, on obtient une suite de progressions partielles dont l'ensemble forme une progression unique.*

Soit encore la progression

$$\div a \cdot b \cdot c \cdot d \dots h \cdot k \cdot l.$$

dont la raison est r. Insérons m moyens entre a et b; la raison r_1 de cette petite progression sera

$$r_1 = \frac{b-a}{m+1}.$$

La raison r_2 de la progression suivante comprise entre b et c sera

$$r_2 = \frac{c-b}{m+1},$$

et ainsi de suite.

Or, tous les numérateurs $b-a$, $c-b$ sont égaux à r; donc

$$r_1 = r_2 = r_3 = \ldots = \frac{r}{m+1},$$

et, comme le dernier terme de chacune de ces petites progressions est le premier de la suivante, leur ensemble forme une progression unique.

§ II. — Solutions de quelques problèmes.

354. Dans toute progression figurent les cinq quantités a, l, r, n, s, entre lesquelles il existe seulement deux relations distinctes

$$(1) \qquad l = a + (n-1)r,$$

$$(2) \qquad S = \frac{(a+l)n}{2};$$

par conséquent, trois de ces cinq quantités étant connues, on peut calculer les deux autres. Comme le nombre des combinaisons de cinq quantités deux à deux est égal à 10, on obtient ainsi dix problèmes dont voici les inconnues :

$$al, \ ar, \ an, \ as,$$
$$lr, \ ln, \ ls,$$
$$rn, \ rs, \ ns.$$

Nous ne résoudrons que le suivant.

355. Problème I. — *Combien faut-il prendre de termes dans une progression arithmétique dont le premier terme est a et la raison est r pour que la somme de ces termes soit égale à S?*

Solution. — En éliminant l entre les équations (1) et (2), nous avons trouvé

(1)
$$2S = 2an + n(n-1)r.$$

équation du second degré par rapport à n, que l'on peut écrire

$$rn^2 + (2a-r)n - 2S = 0,$$

et l'on en déduit

$$n = \frac{r - 2a \pm \sqrt{(r-2a)^2 + 8r.S}}{2r}.$$

Discussion. — 1° *La raison est positive.* Les racines de cette équation sont alors toujours réelles et de signes contraires ; la racine négative ne peut convenir et la racine positive doit être entière : pour cela, il faut qu'en ajoutant au radical $r - 2a$ on ait un multiple de $2r$.

On voit bien d'ailleurs que S ne peut être choisi arbitrairement et que le problème, quand il est possible, ne doit admettre qu'une solution : en effet, dès que a et r sont donnés, S doit être égal à l'un des résultats obtenus en substituant les nombres 1, 2, 3,... dans l'expression

$$na + \frac{n(n-1)}{2}\, r\,;$$

de plus, comme cette expression croît indéfiniment avec n, elle ne pourra devenir égale à S que pour une seule valeur de n.

Application. — Si $a = 16$, $r = 8$, $S = 1840$, on trouve

$$2a - r = 32 - 8 = 24, \quad (2a-r)^2 = 576,$$

$$n' = \frac{-24 + \sqrt{576 + 117760}}{16} = \frac{-24 + 344}{16} = \frac{320}{16} = 20.$$

2° *La raison est négative.* Soit $r = -r'$, la valeur générale de n devient

$$n = \frac{2a + r' \pm \sqrt{(2a+r')^2 - 8r'S}}{2r'}.$$

La condition de réalité des racines est

$$(1) \qquad S < \frac{(2a+r')^2}{8r'};$$

le maximum de S est donc

$$S_1 = \frac{(2a+r')^2}{8r'}$$

et correspond à la valeur de n

$$n_1 = \frac{2a+r'}{2r'}.$$

Lorsque la condition (1) se trouve remplie, les deux valeurs de n seront réelles et positives; mais il faudra de plus qu'elles soient entières pour être acceptables et l'on se rend compte comme plus haut de ces conditions multiples.

On voit facilement, d'ailleurs, que le problème peut admettre, dans ce cas, deux solutions : en effet, la progression étant décroissante, après avoir trouvé un certain nombre de termes positifs dont la somme soit égale à S, on peut retrouver cette même somme en prolongeant la progression au delà de zéro; il suffit que les termes positifs ajoutés à l'ancien groupe soient détruits par les termes négatifs ainsi introduits.

Application. — Si $a = 21$, $r = -2$, $S = 120$,

$$2a+r' = 44, \quad (2a+r')^2 = 1936,$$

$$n = \frac{44 \pm \sqrt{1936 - 1920}}{4} = \frac{44 \pm 4}{4},$$

$$n' = 12, \quad n'' = 10.$$

La solution $n'' = 10$ fournit la progression

$$\div 21.19.17.15.13.11.9.7.5.3,$$

et $n = 12$ donne la suivante :

$$\div 21.19.17.15.13.11.9.7.5.3.1 - 1,$$

dans laquelle la somme des termes est aussi égale à 120, parce que les termes ajoutés $+1$ et -1 se détruisent. — On voit de plus que la somme des termes de cette progression, à partir de 21 ne peut dépasser 121.

356. Problème II. — *Dans les deux progressions arithmétiques*

$$\div 2 . 5 . 8 . 11 \ldots,$$
$$\div 3 . 7 . 11 . 15 \ldots,$$

renfermant chacune 100 termes, combien y a-t-il de termes communs ?

Solution. — Le terme dont le rang est x dans la première progression est

$$2 + 3(x-1) = 3x - 1;$$

le terme dont le rang est y dans la seconde est

$$3 + 4(y-1) = 4y - 1;$$

pour que ces deux termes soient identiques il faut que l'on ait

$$3x = 4y.$$

La question revient donc à trouver les nombres entiers et moindres que 100 satisfaisant à cette équation. On en tire

$$x = y + \frac{y}{3};$$

par conséquent y doit être de la forme

$$y = 3k$$

et, par suite, x doit être de la forme

$$x = 4k,$$

k étant un nombre entier quelconque. Mais, comme x ne peut dépasser 100, k ne peut recevoir que les valeurs 1, 2, 3,..., 25 et l'on voit qu'il y a 25 termes communs aux deux progressions proposées.

357. Problème III. — *Trouver la somme des carrés des n premiers termes de la suite naturelle des nombres.*

Solution. — Il faut calculer la somme

$$S = 1 + 2^2 + 3^2 + 4^2 + \ldots + n^2.$$

Pour cela, formons le tableau suivant :

$$1^3 = 1^3,$$
$$2^3 = (1+1)^3 = 1^3 + 3 \times 1^2 \times 1 + 3 \times 1 \times 1^2 + 1^3,$$
$$3^3 = (2+1)^3 = 2^3 + 3 \times 2^2 \times 1 + 3 \times 2 \times 1^2 + 1^3,$$
$$4^3 = (3+1)^3 = 3^3 + 3 \times 3^2 \times 1 + 3 \times 3 \times 1^2 + 1^3,$$
$$\ldots\ldots\ldots\ldots\ldots\ldots\ldots\ldots\ldots\ldots\ldots\ldots$$
$$\ldots\ldots\ldots\ldots\ldots\ldots\ldots\ldots\ldots\ldots\ldots\ldots$$
$$n^3 = [(n-1)+1]^3 = (n-1)^3 + 3(n-1)^2$$
$$+ 3(n-1) + 1^3,$$
$$(n+1)^3 = \ldots = n^3 + 3n^2 \times 1 + 3n \times 1^2 + 1^3.$$

Si l'on ajoute membre à membre ces égalités, les termes $2^3, 3^3, \ldots, n^3$ se détruiront et il restera

$$(n+1)^3 = 3(1^2 + 2^2 + 3^2 + \ldots + n^2)$$
$$+ 3(1 + 2 + 3 + \ldots + n) + n + 1.$$

La somme X des carrés cherchée sera donnée par l'équation

$$(n+1)^3 = 3X + 3(1 + 2 + 3 + \ldots + n) + (n+1);$$

et, comme nous savons que

$$1 + 2 + 3 \ldots + n = \frac{n(n+1)}{2},$$
$$X = \frac{1}{3}\left[(n+1)^3 - \frac{3}{2}n(n+1) - (n+1)\right].$$

Nous pouvons mettre $n+1$ en facteur commun ; il vient alors

$$X = \frac{n+1}{3}\left[(n+1)^2 - \frac{3}{2}n - 1\right],$$

ou

$$X = \frac{n+1}{6}\left[2(n+1)^2 - 3n - 2\right] = \frac{n+1}{6}(2n^2 + n);$$

par conséquent

$$X = \frac{n(n+1)(2n+1)}{6}.$$

358. APPLICATION I. — *Trouver le nombre de boulets sphéri-ques de même calibre contenus dans une pile à base carrée ayant 13 boulets à l'un des côtés de cette base.*

Pour former une pile de boulets à base carrée ABCDA‴ (*fig.* 91), on dispose d'abord une première couche de bou-lets ABCD reposant sur le sol. Cette cou-che (*fig.* 92) est formée de files de bou-

Fig. 91.

lets tangents entre eux : il y a autant de files tangentes entre elles qu'il y a de boulets dans chaque file et les centres des boulets de ABCD sont sur les côtés de carrés concentriques. Sur cette première cou-che on en dispose une seconde A′B′C′D′ dont le côté renferme un boulet de moins que la pre-mière ; chaque boulet de cette tranche repose sur 4 boulets de ABCD. — Sur cette seconde couche on en dispose une troisième..... et ainsi de suite jusqu'à la dernière qui ne renferme qu'un seul boulet.

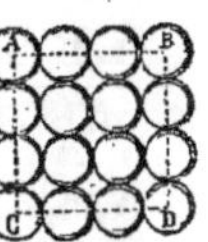
Fig. 92.

Il résulte de cette disposition que les nombres de boulets contenus dans les tranches successives sont, en commençant par le haut (*fig.* 92),

$$1, \quad 2^2, \quad 3^2, \quad 4^2, \quad 5^2, \dots,$$

et que le nombre de boulets contenus dans une pile ayant n boulets au côté de sa base est égal à la somme des carrés des nombres entiers depuis 1 jusqu'à n.

Ici $n = 13$; on aura par conséquent

$$X = \frac{13 \times 14 \times 27}{6} = 13 \times 7 \times 9 = 819.$$

359. APPLICATION II. — *Calculer la limite de la somme des prismes inscrits dans une pyramide.*

Soit SABC une pyramide ayant b pour base et h pour

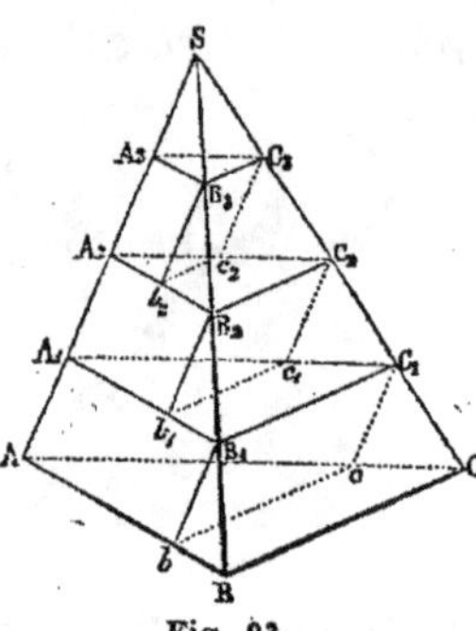

Fig. 93,

hauteur. Divisons cette hauteur en n parties égales et menons des plans parallèles à la base par les points de division; nous obtiendrons les sections $A_1 B_1 C_1$, $A_2 B_2 C_2$, $A^3 B_3 C_3$,... semblables à la base; par les points $B_1 C_1$ menons les parallèles $B_1 b$, $C_1 c$ à l'arête SA, nous formerons ainsi le prisme $A b c A_1 B_1 C_1$ inscrit dans la pyramide. Opérant de même pour les sections suivantes, nous obtiendrons les prismes $A_1 b_1 c_1 A_2 B_2 C_2$, $A_2 b_2 c_2 A_3 B_3 C_3$,.., que nous appellerons pour abréger P_1, P_2, P_3 et c'est la somme de leurs volumes qu'il faut calculer.

Comme les sections faites dans une pyramide par des plans parallèles sont entre elles comme les carrés de leurs distances au sommet, nous aurons

$$\frac{A_1 B_1 C_1}{ABC} = \left(\frac{n-1}{n}\right)^2, \quad \text{d'où} \quad A_1 B_1 C_1 = b \times \frac{(n-1)^2}{n^2},$$

$$\frac{A_2 B_2 C_2}{ABC} = \left(\frac{n-2}{n}\right)^2, \quad \text{d'où} \quad A_2 B_2 C_2 = b \times \frac{(n-2)^2}{n^2},$$

$$\cdots \cdots \cdots \cdots \cdots, \qquad \cdots \cdots \cdots \cdots \cdots,$$

et, par suite, les volumes des prismes $P_1, P_2, P_3, \ldots$ seront

$$P_1 = A_1 B_1 C_1 \times \frac{h}{n} = bh \frac{(n-1)^2}{n^3}$$

$$P_2 = A_2 B_2 C_2 \times \frac{h}{n} = bh \frac{(n-2)^2}{n^3},$$

$$P_3 = A_3 B_3 C_3 \times \frac{h}{n} = bh \frac{(n-3)^2}{n^3},$$

$$\cdots\cdots\cdots\cdots\cdots,$$

$$P_{n-1} = \cdots\cdots = bh \times \frac{1^2}{n^3}.$$

Leur somme sera

$$S = \frac{bh}{n^3}\left[1^2 + 2^2 + \ldots + (n-2)^2 + (n-1)^2\right]$$

$$= \frac{bh}{6} \frac{(n-1)(2n-1)}{n^2}.$$

Pour voir ce que devient cette somme quand n augmente indéfiniment, divisons par n chacun des facteurs du numérateur; il vient

$$S = \frac{bh}{6} \times \frac{n-1}{n} \times \frac{2n-1}{n} = \frac{bh}{6}\left(1 - \frac{1}{n}\right)\left(2 - \frac{1}{n}\right)$$

et comme, pour n infini, on a

$$\lim. \left(1 - \frac{1}{n}\right) = 1, \quad \lim. \left(2 - \frac{1}{n}\right) = 2,$$

il viendra

$$\lim. S = \frac{bh}{6} \times 2 = \frac{bh}{3},$$

et l'on retrouve ainsi l'expression du volume de la pyramide.

EXERCICES

1. Faire voir que les carrés des expressions

$$x^2 - 2x - 1, \quad x^2 + 1, \quad x^2 + 2x - 1$$

sont en progression arithmétique.

2. Si a^2, b^2, c^2 sont en progression arithmétique,

$$\frac{1}{b+c}, \quad \frac{1}{c+a}, \quad \frac{1}{a+b}$$

le sont aussi.

3. Trouver le 10e terme, puis le 150e terme de la progression

$$\div 3 . 5 . 7 . 9 \ldots$$

$R.$ 21 et 301.

4. Trouver le 47e terme, puis le 60e de la suite

$$\div 100 . 98 . 96 \ldots$$

$R.$ 8 et —18.

5. Insérer 6 moyens arithmétiques entre 23 et 65.

$R.$ La raison est 6.

6. Insérer 3 moyens arithmétiques entre 117 et 477.

$R.$ La raison est 90.

7. Insérer 35 moyens entre 1 et 100.

$R.$ La raison est $2 + \frac{3}{4}$.

8. Trouver le dernier terme et la somme des termes des progressions arithmétiques suivantes :

1. $\div 1 . 5 . 9 \ldots$ limitée à 10 termes.

$R.$ 37 et 190.

2. $\div 2 . 4 . 6 \ldots$ $\ldots . 16 \ldots$

$R.$ 32 et 272.

3. $\div 2.7.12\ldots,$ limitée à 101 termes.

      $R.$ 502 et 25452.

4. $\div 3.9.15\ldots,$ »   11   «

      $R.$ 63 et 363.

5. $\div 17 \cdot \frac{49}{3} \cdot 15 + \frac{2}{3}\ldots,$ »   51   «

      $R. -\dfrac{49}{3},\ 17.$

6. $\div 50.49.48\ldots,$ »   101   «

      $R. -50,\ 0.$

7. $\div 13 \cdot 12 + \frac{1}{3} \cdot 11 + \frac{2}{3}\ldots,$ »   40   «

      $R. -13,\ 0.$

9. Le premier terme d'une progression est $n^2 - n + 1$, la raison est 2; trouver la somme des n premiers termes.

$$R.\ n^3.$$

10. Trouver la somme des termes de la suite

$$\frac{n-1}{n},\quad \frac{n-2}{n},\quad \frac{n-3}{n},\ldots,$$

renfermant n fractions.

$$R.\ \frac{n-1}{2}.$$

11. Trouver la somme des n premiers termes de la suite

$$(a+b)^2,\quad (a^2+b^2),\quad (a-b)^2,\ldots.$$
$$R.\ n[a^2 + b^2 - (n-3)ab].$$

12. Trouver la somme des n premiers termes de la suite

$$\frac{a-b}{a+b},\quad \frac{3a-2b}{a+b},\quad \frac{5a-3b}{a+b},\ldots.$$
$$R.\ \frac{n}{a+b}\left[na - \frac{(n+1)b}{2}\right].$$

13. Les angles d'un polygone sont en progression arithmétique

dont la raison est 5°, le plus petit angle a 120°; calculer le nombre de côtés de la figure.

$$R.\ 9.$$

14. Diviser 48 en 9 parties telles que chacune d'elles surpasse de $\frac{1}{2}$ celle qui la précède.

$$R.\ \ 3\frac{1}{3},\quad 3\frac{5}{6},\quad 4\frac{1}{3},\dots$$

15. Trouver, quand $a = 1$, la véritable valeur de la fraction

$$x = \frac{1 - (n+1)a^n + na^{n+1}}{(1-a)^2}.$$

$$R.\ \ n\frac{n+1}{2}.$$

16. Résoudre les équations

$$x_1 + 2x_2 + 3x_3 + \dots + nx_n = a_1,$$
$$x_2 + 2x_3 + 3x_4 + \dots + nx_1 = a_2,$$
$$x_3 + 2x_4 + 3x_5 + \dots + nx_2 = a_3,$$
$$\cdot\ \cdot\ \cdot\ \cdot\ \cdot\ \cdot\ \cdot\ \cdot\ \cdot\ \cdot\ ,$$
$$x_n + 2x_1 + 3x_2 + \dots + nx_{n-1} = a_n.$$

$R.$ Ajoutant toutes les équations, on a

$$\Sigma x = \frac{2\,\Sigma a}{n(n+1)}.$$

Si l'on soustrait la seconde de la première, on trouve l'équation

$$\Sigma x - n x_1 = a_1 - a_2,$$

de laquelle on tire x_1, et l'on obtient les autres inconnues d'une manière analogue.

17. Une table de multiplication contient tous les produits jusqu'à 12 fois 12. Trouver la somme des nombres qu'elle renferme. Généraliser la question en supposant que cette table se termine à n^2.

$$R.\ \frac{n^2(n+1)^2}{4}.$$

18. Une personne doit se libérer d'une dette en payant pendant une année 1 fr. la première semaine, 3 fr. la seconde, 5 fr. la troisième, etc. On demande quel sera le dernier payement et le montant de la dette.

$$R.\ 103^f,\quad 2704^f.$$

19. Pendant le siége d'une ville on a mis en réserve une certaine quantité de farine pour la distribuer entre n personnes et l'on donne à chacune d'elles un décalitre par semaine; la provision doit durer ainsi un temps déterminé. Pendant cette distribution, il meurt une personne chaque semaine et la provision dure ainsi deux fois plus de temps qu'on ne l'avait cru d'abord. — On demande le nombre de décalitres de farine mis ainsi en réserve.

$$R.\ \frac{n(n+1)}{2}\ \text{décalitres, qui devaient durer}\ \frac{n+1}{2}\ \text{semaines.}$$

20. Le premier terme d'une progression arithmétique est 5, le nombre des termes est 30 et la somme de ses termes est 1455; trouver la raison.

$$R.\ 3.$$

21. La somme des 11 premiers termes d'une progression arithmétique est 22 et la raison est $\frac{3}{5}$; trouver le premier terme.

$$R.\ -1.$$

22. Les extrêmes d'une progression arithmétique sont 4 et 85, la raison est 3; trouver le nombre des termes.

$$R.\ 28.$$

23. Étant donnés les termes M et N de rang m et n dans une progression arithmétique, calculer le terme P de rang p.

$$R.\ P = \frac{M(p-n)+N(m-p)}{m-n}.$$

24. S_1, S_2, S_3 représentent les sommes des n premiers termes de 3 progressions arithmétiques commençant par l'unité et dont les raisons sont respectivement 1, 2, 3; montrer que $S_1 + S_3 = 2S_2$.

25. $S_1, S_2, S_3, \ldots, S_p$ représentent les sommes de p progressions arithmétiques ayant chacune n termes; les premiers termes sont respectivement 1, 2, 3,... et les raisons sont 1, 3, 5, 7,...; montrer que

$$S_1 + S_2 + \ldots + S_p = (np + 1)\frac{np}{2}.$$

26. Trouver une progression arithmétique dans laquelle 7 et 5 soient respectivement les 5e et 7e termes.

$$R. \div 11.10.9.8.7.6.5.$$

27. Quelle relation doit-il exister entre les nombres a, b, c pour qu'ils puissent être les termes de rangs p, q, r d'une progression arithmétique ?

$$R. \; (q - r)\, a + (r - p)\, b + (p - q)\, c = 0.$$

28. Si m et n sont, dans une progression arithmétique, les termes de rang $p + q$ et de rang $p - q$, trouver le $p^{\text{ième}}$ et le $q^{\text{ième}}$ terme.

$$R. \text{ Le } p^{\text{ième}} \text{ est } \frac{m + n}{2}, \quad \text{le } q^{\text{ième}} \text{ est } m - (m - n)\frac{p}{2q}.$$

29. Trouver la somme des n termes de la série

$$1^2 + 3^2 + 5^2 + 7^2 + \ldots$$

$$R. \; \frac{1}{3} n(2n + 1)(2n - 1).$$

30. Trouver la somme des n premiers termes de la série

$$2^2 + 5^2 + 8^2 + \ldots$$

$$R. \; \frac{1}{2} n(6n^2 + 3n - 1).$$

31. Trouver la somme des n premiers termes de la suite

$$1.2 + 2.3 + 3.4 + 4.5 + \ldots$$

$$R. \; \frac{n}{3} (n + 1)(n + 2).$$

32. Trouver la somme des n premiers termes de la suite

$$3.8 + 6.11 + 9.14 + \ldots$$

$$R. \; 3n(n + 1)(n + 3).$$

CHAPITRE II

Progressions géométriques.

§ 1er. — Principes.

360. Définition. — *Une* progression géométrique *est une suite de termes tels que chacun d'eux est égal au précédent multiplié par une quantité constante appelée* raison.

La progression est *croissante* ou *décroissante* suivant que la raison est plus grande ou plus petite que l'unité.

Ainsi les nombres

$$2,\ 6,\ 18,\ 54,\ \ldots$$

forment une progression géométrique croissante dont la raison est 3, tandis que les nombres

$$1,\ \ \frac{1}{3},\ \ \frac{1}{9},\ \ \frac{1}{27},\ \ \ldots$$

forment une progression décroissante dont la raison est $\frac{1}{3}$.

Pour indiquer que plusieurs nombres forment une progression géométrique, on les sépare par deux points (:) et l'on place en avant de la ligne qui les contient le signe $\div$. Ex.

$$\text{(1)} \qquad \div a : b : c : d : \ldots : h : k : l.$$

On désigne habituellement par q la raison d'une progression géométrique.

361. Proposition I. — *Dans une progression géométrique, un terme de rang quelconque est égal au premier multiplié par une puissance de la raison marquée par le nombre des termes qui le précèdent.*

Démonstration. — On a dans la progression (1)

$$b = aq,$$
$$c = bq = aq^2,$$
$$d = cq = aq^3,$$
$$\cdots \cdots \cdots$$

et, par analogie, l étant le terme de rang n,

$$l = aq^{n-1}.$$

On déduit de cette dernière formule l'expression du premier terme en fonction du dernier et du nombre des termes :

$$a = \frac{l}{q^{n-1}}.$$

362. CONSÉQUENCE I. — *Dans une progression géométrique croissante, les termes augmentent indéfiniment et peuvent dépasser tout nombre donné, quelque grand qu'il soit.*

En effet, les puissances d'une quantité q supérieure à l'unité croissent en même temps que l'exposant, et, si m augmente indéfiniment, q^m peut dépasser tout nombre donné N, quelque grand qu'il soit.

Cette assertion n'est pas évidente si q est très-voisin de l'unité, est égal à 1,01 par exemple. La démonstration suivante donne en même temps le moyen de calculer rapidement une valeur de m satisfaisant à l'inégalité

$$q^m > N.$$

Démonstration. — Puisque q est supérieur à 1, posons

$$q = 1 + \alpha;$$

nous aurons

$$q^2 = (1 + \alpha)^2 = 1 + 2\alpha + \alpha^2 > 1 + 2\alpha,$$
$$q^3 > (1 + 2\alpha)(1 + \alpha) > 1 + 3\alpha,$$
$$q^4 > (1 + 3\alpha)(1 + \alpha) > 1 + 4\alpha,$$
$$\cdots \cdots \cdots \cdots \cdots \cdots \cdots,$$
$$q^m > 1 + m\alpha.$$

Si donc on détermine m de manière à satisfaire à la condition

$$1 + m\alpha \geqslant N,$$

c'est-à-dire, si l'on prend

$$m \geqslant \frac{N-1}{\alpha},$$

cette valeur de m rendra *à fortiori* q^m supérieur au nombre N.

Application. — Quel est le rang d'un terme qui surpasse 1000 dans la progression

$$\div 1 : 1,01 : 1,01^2 : 1,01^3 : \ldots ?$$

Ici l'on a

$$a = 1, \quad q = 1,01, \quad N = 1000,$$

et il faut calculer x de manière à satisfaire à l'inégalité

$$1,01^{x-1} > 1000 ;$$

on remplira cette condition en donnant à $x - 1$ une valeur égale ou supérieure à

$$\frac{1000 - 1}{0,01} = 99900.$$

Ainsi le $99901^{\text{ième}}$ terme dépassera certainement 1000, mais ce ne sera pas le premier de la série qui remplira cette condition.

363. Conséquence II. — *Dans une progression géométrique décroissante, les termes finissent par devenir plus petits que tout nombre donné, si petit qu'il soit.*

Démonstration. — Puisque q est moindre que 1, posons

$$q = \frac{1}{1 + \alpha} ;$$

nous aurons

$$l = a \times \left(\frac{1}{1+\alpha}\right)^{n-1} = \frac{a}{(1+\alpha)^{n-1}};$$

or nous venons de voir que $(1+\alpha)^{n-1}$ tend vers l'infini quand n augmente au delà de toute limite : donc l tend vers zéro quand n prend des valeurs de plus en plus grandes.

364. CONSÉQUENCE III. — *Le produit de deux termes équidistants des extrêmes est égal au produit des extrêmes.*

Démonstration. — Considérons dans la progression (1) deux termes c et h qui ont, l'un p termes avant lui, l'autre p termes après lui ; nous aurons, d'après ce qui précède,

$$c = aq^p, \qquad h = \frac{l}{q^p}$$

et, en multipliant membre à membre ces deux égalités,

$$c \times h = a \times l.$$

Exercices. — Quel est le dernier terme de chacune des progressions suivantes :

$$\div 3 : 6 : 12 : ..., \quad \text{limitée à 6 termes?} \quad R. \ 96,$$

$$\div \frac{3}{2} : 1 : \frac{2}{3} : ..., \quad \text{»} \quad 6 \text{ termes?} \quad R. \ \frac{16}{81},$$

$$\div 1 : 3 : 9 : 27 : ..., \quad \text{»} \quad 9 \text{ termes?} \quad R. \ 6561,$$

$$\div 81 : -27 : 9 : ..., \quad \text{»} \quad 8 \text{ termes?} \quad R. \ \frac{1}{27}.$$

365. PROPOSITION II. — *Pour trouver la somme des termes d'une progression géométrique croissante on divise par la raison moins 1 la différence obtenue en retranchant le premier terme du produit du dernier par la raison.*

Démonstration. — Je dis que l'on a

$$s = \frac{lq - a}{q - 1};$$

en effet,

$$s = a + b + c + \ldots + h + k + l;$$

multiplions par q les deux membres de cette égalité, nous aurons

$$sq = aq + bq + cq + \ldots + hq + kq + lq,$$

ou bien

$$sq = b + c + d + \ldots + k + l + lq;$$

et, en retranchant s de sq, nous aurons

ou

$$sq - s = lq - a,$$

par suite

$$s(q - 1) = lq - a,$$

$$s = \frac{lq - a}{q - 1};$$

ou, en remplaçant l par sa valeur,

$$s = \frac{aq^n - a}{q - 1} = \frac{a(q^n - 1)}{q - 1}.$$

Exercices. — Trouver la somme des termes de chacune des progressions géométriques croissantes qui suivent :

1°	$\div 1 : 4 : 16$	limitée à 8 termes.	R.	21845.
2°	$\div 3 : 6 : 12$	» 16 termes.	R.	196605.
3°	$\div 4 : 12 : 36$	» 10 termes.	R.	118096.
4°	$\div 5 : 20 : 80$	» 8 termes.	R.	109225.

366. PROPOSITION III. — *Pour trouver la somme des termes d'une progression géométrique décroissante on divise par l'excès de l'unité sur la raison la différence obtenue en retranchant du premier terme le produit du dernier par la raison.*

Démonstration. — Je dis que l'on a

$$s' = \frac{a - lq}{1 - q}.$$

En effet, reprenons la démonstration précédente : comme sq est maintenant inférieur à s, il faudra retrancher sq de s; nous aurons donc, en désignant par s' la somme des termes de la progression décroissante,

$$s' - s'q = a - lq,$$

ou

$$s'(1 - q) = a - lq,$$

et, par suite,

$$s' = \frac{a - lq}{1 - q},$$

ou, en remplaçant l par sa valeur,

$$s' = \frac{a - aq^n}{1 - q} = \frac{a(1 - q^n)}{1 - q}.$$

Exercices. — Trouver la somme des termes de chacune des progressions géométriques décroissantes qui suivent :

$1^o \ \div \ \dfrac{1}{3} : \dfrac{1}{6} : \dfrac{1}{12} : \dots$ 8 termes. $R. \ \dfrac{85}{128}.$

$2^o \ \div \ \dfrac{1}{2} : \dfrac{1}{3} : \dfrac{2}{9} : \dots$ 6 termes. $R. \ 1 + \dfrac{179}{486}.$

$3^o \ \div \ \dfrac{8}{5} : \dfrac{8}{3} : \dfrac{40}{9} : \dots$ 6 termes. $R. \ 49 + \dfrac{49}{1215}.$

$4^o \ \div \ 3 : 2 : \dfrac{4}{3} : \dots$ n termes. $R. \ 9 \times \left[1 - \left(\dfrac{2}{3} \right)^n \right].$

$5^o \ \div \ \dfrac{2}{3} : \dfrac{1}{2} : \dfrac{3}{8} : \dots$ n termes. $R. \ \dfrac{8}{3} \times \left[1 - \left(\dfrac{3}{4} \right)^n \right].$

Remarques. — Pour $q = 1$, les valeurs précédentes de s et de s' se présentent sous la forme $\dfrac{0}{0}$; mais cette indétermination n'est qu'apparente, car, la progression se réduisant à

$$\div a : a : a : \dots : a,$$

la somme de n termes doit être égale à na.

Cette indétermination tient à l'existence du facteur $1 - q$ commun aux deux termes de la fraction

$$s' = \frac{a(1 - q^n)}{1 - q}.$$

On a, en effet (n° 67),

$$1^n - q^n = (1 - q)(1 + q + q^2 + \cdots + q^{n-1})$$

et, après suppression du facteur $1 - q$, on obtient

$$s' = a(1 + q + q^2 + \cdots + q^{n-1}).$$

En faisant $q = 1$ dans ce résultat, la somme des termes entre parenthèses devient égale à n et l'on retrouve

$$s' = na.$$

367. Proposition IV. — *Si la progression géométrique est décroissante et prolongée à l'infini, la limite de la somme de ses termes est égale au premier terme divisé par l'excès de l'unité sur la raison.*

Démonstration. — En effet, à mesure que le nombre des termes augmente, l tend vers zéro (n° 363) : donc la limite de s' est

$$s'' = \frac{a}{1 - q}.$$

On arrive encore à cette conclusion en remplaçant l par sa valeur en fonction de a et de n; on a

$$s' = \frac{a - aq^n}{1 - q},$$

ce que l'on peut écrire

$$s' = \frac{a}{1 - q} - \frac{aq^n}{1 - q}.$$

La première fraction est indépendante de n, tandis que le numérateur de la seconde tend vers zéro quand n augmente indéfiniment; nous savons, en effet (n° 362), que les puissances d'une quantité q inférieure à l'unité peuvent devenir moindres que toute quantité donnée. On aura donc, à la limite,

$$s'' = \lim. s' = \frac{a}{1-q}.$$

Exemples. — Trouver la somme des termes des progressions suivantes prolongées indéfiniment :

$$\div\ 1 : \frac{1}{3} : \frac{1}{9} : \dots \qquad\qquad R.\ \frac{3}{2}.$$

$$\div\ 9 : 6 : 4 : \dots \qquad\qquad R.\ 27.$$

$$\div\ \frac{3}{2} : 1 : \frac{2}{3} : \dots \qquad\qquad R.\ \frac{9}{2}.$$

$$\div\ \frac{2}{5} : \frac{3}{5^2} : \frac{9}{2 \times 5^3} : \dots \qquad\qquad R.\ \frac{4}{7}.$$

$$\div\ \frac{10}{11} : \left(\frac{10}{11}\right)^2 : \left(\frac{10}{11}\right)^3 : \dots \qquad R.\ 10.$$

$$\div\ 1 : \frac{1}{x^2} : \frac{1}{x^4} : \dots \qquad\qquad R.\ \frac{x}{x^2-1}.$$

APPLICATION I. — Chercher la fraction ordinaire génératrice d'une fraction décimale périodique.

1° Soit la fraction périodique simple $f = 0{,}3737\dots$; on peut l'écrire

$$f = \frac{37}{100} + \frac{37}{100^2} + \frac{37}{100^3} + \dots;$$

par conséquent, f est la limite de la somme des termes d'une progression géométrique décroissante ayant pour raison $\frac{1}{100}$ et pour premier terme $\frac{37}{100}$. On aura donc

$$f = \frac{\dfrac{37}{100}}{1 - \dfrac{1}{100}} = \frac{\dfrac{37}{100}}{\dfrac{99}{100}} = \frac{37}{99},$$

résultat trouvé déjà en arithmétique.

2° Considérons maintenant la fraction périodique mixte

$$f = 0,\ 32\,745\,745\ldots;$$

nous pouvons l'écrire

$$f = \frac{32}{100} + \frac{745}{100 \times 1000} + \frac{745}{100 \times 1000^2} + \frac{745}{100 \times 1000^3} + \ldots,$$

ou bien encore

$$f = \frac{32}{100} + \frac{745}{100 \times 1000}\left(1 + \frac{1}{1000} + \frac{1}{1000^2} + \ldots\right).$$

La quantité entre parenthèses est la somme des termes d'une progression géométrique décroissante prolongée à l'infini ; elle se réduit donc à

$$\frac{1}{1 - \dfrac{1}{1000}} = \frac{1000}{999},$$

et, par suite, on a

$$f = \frac{32}{100} + \frac{745}{100 \times 999},$$

ou bien, en réduisant au même dénominateur les deux fractions,

$$f = \frac{32 \times 999 + 745}{100 \times 999}.$$

Si l'on remplace maintenant au numérateur 999 par $1000 - 1$, on obtient

$$f = \frac{32\,000 - 32 + 745}{100 \times 999} = \frac{32\,745 - 32}{99\,900},$$

et l'on retrouve ainsi la règle de l'arithmétique.

APPLICATION II. — *Les deux aiguilles d'une montre sont sur midi. A quelle heure se rencontreront-elles de nouveau?*

Prenons pour unité de temps l'heure et pour unité de longueur le tour du cadran. — Au bout d'une heure l'aiguille des minutes sera revenue sur midi et l'aiguille des heures aura parcouru $\frac{1}{12}$ du cadran; l'aiguille des minutes sera donc obligée de faire ce $\frac{1}{12}$ du cadran, mais pendant ce temps l'aiguille des heures qui va 12 fois moins vite fera $\frac{1}{12}$ de ce douzième ou $\frac{1}{144}$ du cadran. L'aiguille des minutes sera donc obligée de parcourir cette dernière fraction du cadran, et pendant ce temps l'aiguille des heures fera $\frac{1}{12^3}$; ainsi de suite.

On voit donc que la grande aiguille doit faire, à partir de midi, pour rencontrer la petite, un chemin égal à la somme

$$1 + \frac{1}{12} + \frac{1}{12^2} + \frac{1}{12^3} + \cdots$$

Or, les termes de cette somme forment une progression géométrique décroissante à l'infini dont la raison est $\frac{1}{12}$; la limite de cette somme est

$$\frac{1}{1 - \frac{1}{12}} = \frac{1}{\frac{11}{12}} = \frac{12}{11}.$$

Comme la vitesse de l'aiguille des minutes, c'est-à-dire le chemin qu'elle parcourt en une heure, est égale à 1, le temps qu'elle mettra à parcourir $\frac{12}{11}$ du cadran est

$$1^{\text{h}} \times \frac{12}{11} = 1^{\text{h}} 5^{\text{m}} 27^{\text{s}} + \frac{3}{11}.$$

368. DÉFINITION. — *Insérer m moyens géométriques entre* *deux nombres donnés a et b, c'est former une progression géométrique de $m + 2$ termes dont a et b sont les extrêmes.*

Si l'on connaissait la raison de cette progression, il serait facile d'insérer ces moyens.

369. PROPOSITION V. — *La raison d'une progression géométrique de $m + 2$ termes dont a et b sont les extrêmes s'obtient en extrayant du quotient de ces deux nombres une racine dont l'indice est égal au nombre des moyens à insérer plus 1.*

DÉMONSTRATION. — En effet, désignons par x la raison de la progression cherchée; elle renferme $m + 1$ termes avant b; par conséquent

d'où
$$b = a \times x^{m+1},$$

$$\frac{b}{a} = x^{m+1},$$

et, par suite,

$$x = \sqrt[m+1]{\frac{b}{a}}.$$

Exemples :

1. Insérer 3 moyens géométriques entre 3 et 48.

$$R.\ 6, \quad 12, \quad 24.$$

2. Insérer 3 moyens géométriques entre 4 et 64.

$$R.\ 8, \quad 16, \quad 32.$$

3. Insérer 7 moyens géométriques entre 16 et $\frac{1}{16}$.

$$R.\ q = \frac{1}{2}.$$

4. Insérer 3 moyens géométriques entre $\frac{1}{2}$ et 128.

$$R.\ 2, \quad 8, \quad 32.$$

5. Insérer 4 moyens géométriques entre $\frac{1}{3}$ et 81.

$$R.\ 1,\quad 3,\quad 9,\quad 27.$$

370. Conséquence. — *Si, entre les différents termes d'une progression géométrique, on insère le même nombre de moyens géométriques, on obtient une suite de progressions dont l'ensemble forme une progression unique.*

Soit, en effet, q la raison de la progression dont a et b sont les extrêmes; nous aurons, d'après ce qui précède,

$$q_1 = \sqrt[m+1]{\frac{b}{a}};$$

nous obtiendrons de même, pour les raisons des progressions qui correspondent aux intervalles b et c, c et d,...,

$$q_2 = \sqrt[m+1]{\frac{c}{b}}, \quad q_3 = \sqrt[m+1]{\frac{d}{c}},....$$

Or, puisque les nombres $a, b, c, d,...$ sont en progression géométrique, on a

$$\frac{b}{a} = \frac{c}{b} = \frac{d}{c} = ...;$$

donc,

$$q_1 = q_2 = q_3 = ...$$

De plus, comme le dernier terme de chacune des petites progressions est le premier de la suivante, leur ensemble forme une progression géométrique unique.

371. Proposition VI. — *Pour obtenir le produit des termes d'une progression géométrique, il faut élever le produit des extrêmes à une puissance marquée par le nombre des termes et extraire la racine carrée du résultat.*

DÉMONSTRATION. — En effet, il faut calculer le produit

$$P = a \times b \times c \times \ldots \times h \times k \times l,$$

ou bien, en renversant l'ordre des facteurs,

$$P = l \times k \times h \times \ldots \times c \times b \times a.$$

Multipliant ces deux égalités membre à membre, il vient

$$P^2 = (a \times l)(b \times k)(c \times h) \ldots (h \times c)(k \times b)(l \times a);$$

et comme chacun des produits al, bk, ch,... est égal au produit des extrêmes, nous aurons

$$P^2 = (al)^n, \quad \text{d'où} \quad P = \sqrt{(al)^n}.$$

Remarque. — Il est facile de voir que, si a et q sont des nombres commensurables, P est aussi commensurable; en effet, substituant à l sa valeur, il vient

$$P^2 = (a^2 q^{n-1})^n = a^{2n} \times q^{n(n-1)}.$$

Si n est pair, le second membre est évidemment un carré; si n est impair, $n-1$ sera pair et les exposants des facteurs du second membre sont encore pairs; donc, dans tous les cas, P est commensurable.

§ II. — Solutions de quelques problèmes.

372. Entre les cinq quantités a, l, n, q, s, qui figurent dans toute progression géométrique, il n'existe que les deux relations distinctes

$$(1) \qquad l = aq^{n-1},$$

$$(2) \qquad s = \frac{lq - a}{q - 1};$$

donc, étant données trois quelconques d'entre elles, on peut se proposer de trouver les deux autres. Comme le nombre des combinaisons que l'on peut faire avec cinq quantités prises deux à deux est égal à 10, on peut sur les progressions géométriques se proposer dix problèmes, dont les inconnues sont

$$a,l; \quad a,n; \quad a,q; \quad a,s;$$
$$l,n; \quad l,q; \quad l,s;$$
$$n,q; \quad n,s; \quad q,s.$$

Nous ne résoudrons que les deux suivantes :

373. Problème I. — *Calculer a et l dans une progression géométrique, connaissant s, q et n.*

Solution. — Éliminant l entre les équations (1) et (2), il vient

$$s = \frac{aq^n - a}{q-1} = \frac{a(q^n - 1)}{q-1},$$

d'où

$$a = s \times \frac{q-1}{q^n - 1};$$

en substituant à a cette valeur dans l'équation (2), il vient

$$l = s\,\frac{q-1}{q^n - 1}\,q^{n-1}.$$

374. Problème II. — *Calculer q et s connaissant a, l, n.*

Solution. — On tire d'abord de (1)

$$q = \sqrt[n-1]{\frac{l}{a}},$$

et, en substituant dans (2),

$$s = \frac{l\sqrt[n-1]{\dfrac{l}{a}} - a}{\sqrt[n-1]{\dfrac{l}{a}} - 1} = \frac{l\sqrt[n-1]{l} - a\sqrt[n-1]{a}}{\sqrt[n-1]{l} - \sqrt[n-1]{a}}.$$

375. Problème III. — *On joint les milieux A', B', C', D' des côtés d'un carré ABCD, puis les milieux du carré A'B'C'D',*

*et ainsi de suite indéfiniment (fig. 94); on demande la limite
de la somme des surfaces de tous ces carrés.*

Solution. — Soit a le côté du premier carré; les surfaces des carrés ainsi
formés sont

$$a^2, \quad \frac{a^2}{2}, \quad \frac{a^2}{4}, \quad \frac{a^2}{8}, \cdots$$

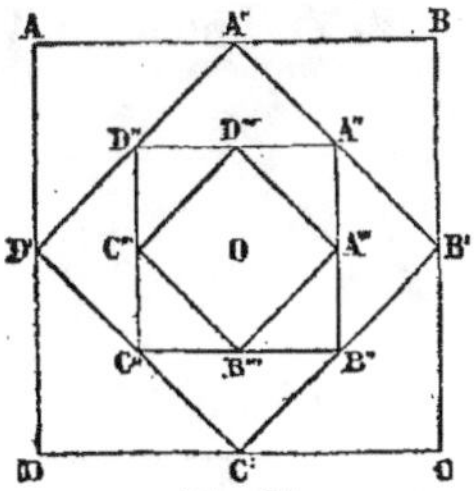

et leur somme peut s'écrire

$$s = a^2\left(1 + \frac{1}{2} + \frac{1}{4} + \frac{1}{8} + \cdots\right);$$

on aura donc

$$s = a^2 \times \frac{1}{1 - \dfrac{1}{2}} = 2a^2.$$

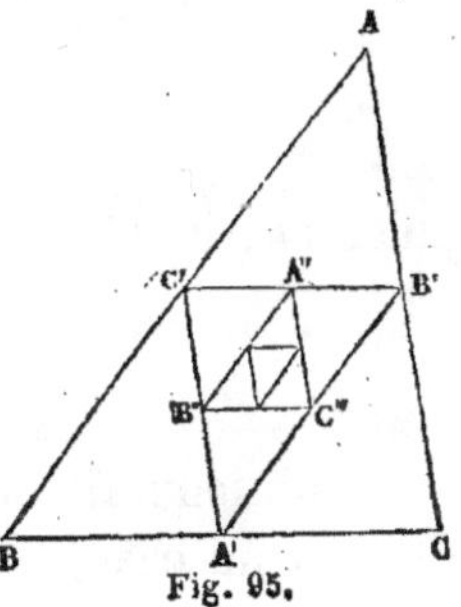

Fig. 94.

376. PROBLÈME IV. — *On joint les milieux* A′, B′, C′ *des
côtés d'un triangle* ABC, *puis les mi-
lieux des côtés du triangle* A′B′C′, *et
ainsi de suite indéfiniment (fig. 95).
Quelle est la limite de la somme des
surfaces de tous ces triangles?*

Solution. — Soit S la surface du triangle ABC, celle du second sera $\dfrac{S}{4}$, celle
du troisième $\dfrac{S}{4^2}$, etc....; il faut donc calculer la somme

$$S + \frac{S}{4} + \frac{S}{4^2} + \frac{S}{4^3} + \cdots,$$

ou

$$S\left(1 + \frac{1}{4} + \frac{1}{4^2} + \cdots\right).$$

Elle est égale à

$$S \times \frac{1}{1 - \dfrac{1}{4}} = \frac{4}{3}S.$$

Fig. 95.

Ainsi, la somme de tous les triangles intérieurs A'B'C', A"B"C",... est égale au tiers de ABC.

377. PROBLÈME V. — *Dans un triangle rectangle ABC on*

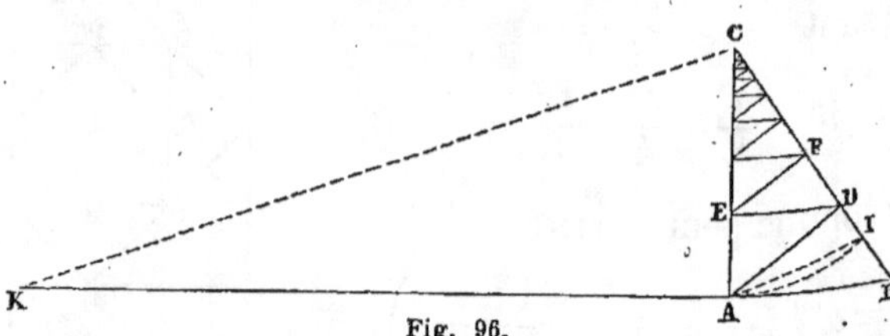

Fig. 96.

abaisse la perpendiculaire AD sur l'hypoténuse BC (fig. 96), puis DE perpendiculaire sur AC, puis EF sur BC et ainsi de suite indéfiniment. Vers quelle limite tend la longueur de la ligne brisée ADEF...?

Solution. — Soit a l'hypoténuse BC du triangle, $AC = b$, $AB = c$; les triangles semblables ABD, ABC donnent

$$AD = c \times \frac{b}{a};$$

puis, les triangles ADE, ABC étant aussi semblables, on a

$$DE = AD \times \frac{b}{a}.$$

On obtiendrait de même, en comparant les triangles DEF, EFG,... au triangle primitif,

$$EF = DE \times \frac{b}{a}, \quad FG = EF \times \frac{b}{a},\dots$$

Les côtés de la ligne brisée forment donc une progression géométrique décroissante dont la raison est $\frac{b}{a}$, et la limite de leur somme est

$$\frac{c\,\dfrac{b}{a}}{1 - \dfrac{b}{a}} = \frac{bc}{a-b}.$$

Pour construire cette expression il suffit, du point C pris pour centre, de rabattre le côté CA en CI sur CB, de joindre AI et de mener par le point C la parallèle CK à AI; AK sera la ligne cherchée, puisque l'on a

$$\frac{AK}{CI} = \frac{AB}{BI}, \quad \text{c'est-à-dire} \quad \frac{AK}{b} = \frac{c}{a-b},$$

d'où

$$AK = \frac{bc}{a-b}.$$

378. PROBLÈME VI. — *Dans un tétraèdre ABCD (fig. 97), on joint les centres de gravité des faces, ce qui donne un second tétraèdre A'B'C'D'; on joint de même les centres de gravité des faces du tétraèdre A'B'C'D', ce qui donne un troisième tétraèdre A"B"C"D", et ainsi de suite indéfiniment. Trouver la limite de la somme des volumes de tous ces tétraèdres.*

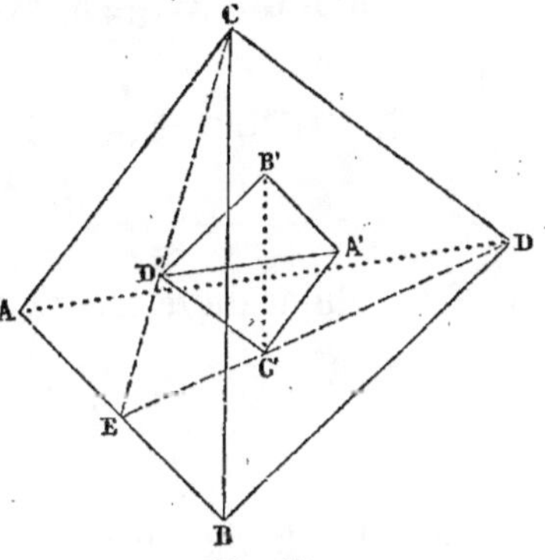

Fig. 97.

Solution. — Je dis d'abord que les tétraèdres ABCD, A'B'C'D' sont semblables et inversement placés. En effet, dans le triangle DEC, on a

$$EC' = \frac{DE}{3}, \quad ED' = \frac{EC}{3},$$

donc

$$C'D' = \frac{CD}{3},$$

et ces dernières lignes sont parallèles.

On verrait de même que toutes les arêtes de A'B'C'D' sont respectivement égales aux tiers des arêtes correspondantes de ABCD et leur sont parallèles. Il résulte de là que les deux polyèdres ont leurs faces semblables et leurs angles solides homologues égaux; ces deux polyèdres sont donc semblables et l'on aura

$$\frac{ABCD}{A'B'C'D'} = \frac{DC^3}{D'C'^3} = \frac{3^3 \times D'C'^3}{D'C'^3} = 27.$$

Ainsi

$$A'B'C'D' = \frac{1}{27} ABCD;$$

de même

$$A''B''C''D'' = \frac{1}{27} A'B'C'D' = \frac{1}{27^2} ABCD,$$

$$A'''B'''C'''D''' = \frac{1}{27} A''B''C''D'' = \frac{1}{27^3} ABCD,$$

$$\dots\dots\dots\dots\dots\dots\dots\dots\dots\dots\dots\dots$$

Soit V le volume du tétraèdre ABCD, la somme cherchée sera

$$S = V + \frac{V}{27} + \frac{V}{27^2} + \cdots,$$

et comme les termes forment une progression géométrique décroissante à l'infini ayant pour raison $\frac{1}{27}$, nous aurons

$$S = V \times \frac{1}{1 - \frac{1}{27}} = \frac{27\,V}{26};$$

par conséquent, la somme de tous les tétraèdres intérieurs est $\frac{1}{26}$ du tétraèdre proposé.

379. PROBLÈME VII. — *Trouver la somme*

$$S = q + 2q^2 + 3q^3 + \dots + nq^n.$$

Solution. — Comparons cette somme à celle des termes de la progression géométrique

$$s = q + q^2 + q^3 + \cdots + q^n,$$

nous aurons

$$S - s = q^2 + 2q^3 + 3q^4 + \cdots + (n-1)q^n,$$

et, par suite,

$$\frac{S - s}{q} = q + 2q^2 + 3q^3 + \cdots + (n-1)q^{n-1},$$

c'est-à-dire

$$\frac{S - s}{q} = S - nq^n.$$

On déduit de là

(1)
$$S = \frac{s}{1 - q} - \frac{nq^{n+1}}{1 - q},$$

et comme

(2)
$$s = \frac{q(1 - q^n)}{1 - q},$$

il vient, après la substitution,

(3)
$$S = \frac{q(1 - q^n)}{(1 - q)^2} - \frac{nq^{n+1}}{1 - q}.$$

Si dans la formule (1) on remplace $\dfrac{q^{n+1}}{1 - q}$ par sa valeur tirée de (2)

$$\frac{q^{n+1}}{1 - q} = \frac{q}{1 - q} - s,$$

on trouve

(4)
$$S = s\left(n + \frac{1}{1 - q}\right) - \frac{nq}{1 - q},$$

qui nous sera utile.

380. PROBLÈME VIII. — *Trouver la somme*

$$S' = aq + (a+b)q^2 + (a+2b)q^3 + \ldots + [a+(n-1)b]q^n.$$

Solution. — On peut l'écrire

$$S' = a(q + q^2 + \ldots + q^n) + b[q^2 + 2q^3 + \ldots + (n-1)q^n],$$

ou

$$S' = as + b(S - s),$$

et l'on obtient, en substituant à S sa valeur (4),

$$S' = s\left[a + (n-1)\,b + \frac{b}{1-q}\right] - nb\,\frac{q}{1-q}.$$

381. PROBLÈME IX. — *Trouver la somme*

$$S'' = a + (a+b)q + (a+2b)q^2 + \ldots + [a+(n-1)b]q^{n-1}.$$

Solution. — Comme

$$S'' = \frac{S'}{q},$$

nous aurons

$$S'' = \frac{s}{q}\left[a + (n-1)b + \frac{b}{1-q}\right] - \frac{nb}{1-q},$$

ou

$$S'' = \frac{1-q^n}{1-q}\left[a + (n-1)b + \frac{b}{1-q}\right] - \frac{nb}{1-q}.$$

Application. — Trouver la somme des n premiers termes
de la suite

$$1 + \frac{3}{2} + \frac{5}{4} + \frac{7}{8} + \ldots$$

Ici :

$$a = 1, \quad b = 2, \quad q = \frac{1}{2},$$

$$S = \frac{1 - \left(\frac{1}{2}\right)^n}{\frac{1}{2}}\left[1 + 2(n-1) + 4\right] - 4n,$$

$$S = \left(2 - \frac{1}{2^{n-1}}\right)(2n+3) - 4n,$$

$$S = 4n + 6 - 4n - \frac{2n+3}{2^{n-1}} = 6 - \frac{2n+3}{2^{n-1}}.$$

382. Problème X. — *Construire un triangle* ABC *(fig. 98),*

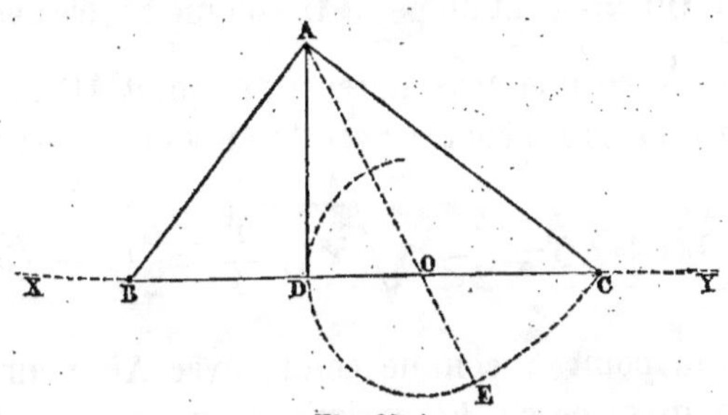

Fig. 98.

connaissant *la hauteur* AD $= h$ *et sachant que cette hauteur,* les côtés AB, AC *qui la comprennent et le troisième côté* BC *forment, dans cet ordre, une progression géométrique.*

Solution. — Soit x la raison de la progression, on a

$$AD = h, \quad AB = hx, \quad AC = hx^2, \quad BC = hx^3.$$

Le double de la surface du triangle est

$$BC \times AD = h^2 x^3;$$

mais on a également

$$AB \times AC = h^2 x^3;$$

donc l'angle A est droit : ainsi

$$BC^2 = AB^2 + AC^2, \quad \text{ou} \quad h^2 x^6 = h^2 x^2 + h^2 x^4;$$

l'équation qui détermine x est, par conséquent,

$$x^4 - x^2 - 1 = 0;$$

on en tire

$$x^2 = \frac{1}{2}(1 + \sqrt{5}),$$

et, par suite,

$$AC = \frac{h}{2}(1 + \sqrt{5}).$$

Construction géométrique. — Soient XY la direction que l'on veut donner à la base BC du triangle et DA la hauteur donnée; on prend $OD = \frac{AD}{2}$ et du point O comme centre avec OD pour rayon on décrit une circonférence; on joint AO que l'on prolonge jusqu'à sa rencontre avec la circonférence; on a ainsi

$$AE = DO + AO = \frac{h}{2} + \sqrt{h^2 + \frac{h^2}{4}} = \frac{h}{2}(1 + \sqrt{5}) = AC.$$

Si donc du point A comme centre avec AE pour rayon on décrit un arc de cercle EC jusqu'à sa rencontre avec XY, on aura le sommet C; la perpendiculaire AB élevée sur AC déterminera le troisième sommet B du triangle.

EXERCICES

1. Montrer que si, dans une progression géométrique, on retranche chaque terme du précédent, les différences ainsi obtenues sont également en progression géométrique.

2. Le quatrième terme d'une progression géométrique est 9, le septième est 15; trouver la progression.

$$R. \div \frac{27}{5} : \frac{27}{5}\sqrt[3]{\frac{5}{3}} : \frac{27}{5}\sqrt[3]{\frac{25}{9}} : 9 : 9\sqrt[3]{\frac{5}{3}} : \dots$$

3. Étant donnés les termes M et N de rang m et n dans une progression géométrique, calculer le terme P de rang p.

$$R.\ P = \sqrt[m-n]{\frac{M^{p-n}}{N^{p-m}}}.$$

4. Si m et n représentent les termes de rang $p + k$ et de

rang $p-k$ d'une progression géométrique, on demande de calculer le $p^{\text{ième}}$ et le $k^{\text{ième}}$ terme.

R. Le $p^{\text{ième}}$ terme $= \sqrt{mn}$, le $k^{\text{ième}} = m \sqrt[2k]{\left(\dfrac{n}{m}\right)^p}$.

5. Étant donnée la progression géométrique

$$1 : \frac{11}{12} : \left(\frac{11}{12}\right)^2 : \ldots,$$

assigner le rang d'un terme certainement plus petit que $\dfrac{1}{1000}$.

R. 10989, mais le $81^{\text{ième}}$ terme est déjà inférieur.

6. Assigner le rang du terme de la progression géométrique

$$\div \frac{5}{4} . \frac{25}{16} : \frac{125}{64} : \ldots$$

qui sera certainement plus grand que 10.

R. 36, mais le $10^{\text{ième}}$ terme est déjà supérieur à 10.

7. Trouver la limite de la somme des termes des progressions suivantes prolongées jusqu'à l'infini :

$$\div \frac{1}{4} : -\frac{1}{8} . \frac{1}{16} : -\frac{1}{32} : \ldots \qquad R. \; \frac{1}{6}.$$

$$\div \frac{1}{3} : -\frac{2}{9} . \frac{4}{27} : -\frac{8}{81} : \ldots \qquad R. \; \frac{1}{5}.$$

$$\div \frac{\sqrt{2}+1}{\sqrt{2}-1} : \frac{1}{2-\sqrt{2}} : \frac{1}{2} : \ldots \qquad R. \; 4+3\sqrt{2}.$$

8. Prouver que dans une progression géométrique la somme d'un nombre impair de termes divise toujours exactement la somme de leurs carrés.

9. La somme des termes d'une progression géométrique décroissante et prolongée indéfiniment est double de la somme de ses n premiers termes ; faire voir que la raison est égale à

$$\sqrt[n]{\frac{1}{2}}.$$

10. Si $a, b, c, d,\ldots$ sont $n+1$ quantités en progression géométrique, montrer que les inverses des quantités a^2-b^2, b^2-c^2, $c^2-d^2,\ldots$ sont également en progression géométrique; trouver de plus la somme de ces termes.

$$R. \quad \frac{1}{b^{2n-2}} \times \frac{a^{2n}-b^{2n}}{(a^2-b^2)^2}.$$

11. Si le moyen arithmétique inséré entre a et b est double du moyen géométrique compris entre les mêmes nombres, on a

$$\frac{a}{b} = \frac{2+\sqrt{3}}{2-\sqrt{3}}.$$

12. Faire voir que, si le second terme d'une progression arithmétique est moyen proportionnel entre le premier et le quatrième, le sixième terme sera moyen proportionnel entre le quatrième et le neuvième.

13. La différence de deux nombres est 48 et leur moyenne arithmétique surpasse la moyenne géométrique de 18. Calculer ces deux nombres.

$$R. \text{ 49 et 1.}$$

14. Le premier terme d'une progression géométrique est 3, la raison est 2 et le nombre des termes est 10; trouver le dernier terme, la somme et le produit de tous les termes.

$$R. \text{ 1536,} \quad 3069, \quad 4608^5.$$

15. S_n désignant la somme des n premiers termes d'une progression géométrique, trouver les sommes

$$S_1 + S_2 + S_3 + \ldots + S_n.$$

$$R. \quad \frac{aq(q^n-1)}{(q-1)^2} - \frac{na}{q-1}.$$

16. Soit P le produit de n quantités en progression géométrique, S leur somme et S' la somme de leurs inverses; faire voir que

$$P^2 = \left(\frac{S}{S'}\right)^n.$$

17. La somme de trois nombres en progression géométrique est 7 et la somme de leurs inverses est $\frac{7}{4}$; trouver ces nombres.

$$R.\ 1,\ 2,\ 4.$$

18. Montrer que, dans une progression géométrique décroissante prolongée indéfiniment, chacun des termes est toujours dans un rapport constant avec la somme de tous les termes qui suivent. — Quelle doit être la raison pour que chaque terme soit égal à p fois la somme de tous les termes suivants?

$$R.\ q = \frac{1}{p+1}.$$

19. La somme des termes d'une progression prolongée à l'infini est 2 et la somme des carrés de ses termes est égale à $\frac{4}{3}$; calculer le premier terme et la raison.

$$R.\ a = 1, \qquad q = \frac{1}{2}.$$

20. Soient

$$S = 1 + Q + Q^2 + Q^3 + \cdots$$

et

$$S = 1 + q + q^2 + q^3 + \cdots$$

les sommes des termes de deux progressions décroissantes prolongées à l'infini; faire voir que la limite de la somme

$$1 + Qq + Q^2q^2 + Q^3q^3 + \cdots \text{ est } \frac{Ss}{S+s-1}.$$

21. Si l'on pose

$$S = 1 + \frac{3}{2} + \frac{5}{4} + \frac{7}{8} + \frac{9}{16} + \cdots \text{ à l'infini,}$$

$$S' = 1 - \frac{3}{2} + \frac{5}{4} - \frac{7}{8} + \frac{9}{16} - \cdots \text{ à l'infini,}$$

on aura

$$S = 27\,S'.$$

22. Étant donnée une sphère de rayon R, on y inscrit un cylindre équilatéral, puis une sphère dans ce cylindre, et ainsi de suite indéfiniment. On demande : 1° la somme des surfaces de toutes ces sphères ; 2° la somme de leurs volumes.

$$R.\ 8\pi R^2,\qquad \frac{8}{21}(4+\sqrt{2})\pi R^3.$$

23. Trouver trois nombres en progression géométrique et tels que, le terme du milieu étant 60, la somme des extrêmes soit 125.

$$R.\ 45,\quad 60,\quad 80.$$

24. Trois nombres sont en progression géométrique ; leur produit est 13824, leur somme est 126 ; calculer ces trois nombres.

$$R.\ 6,\quad 24,\quad 96.$$

25. Trouver quatre nombres en progression géométrique tels que la somme des deux termes moyens soit 18 et celle des extrêmes soit 27. — Généraliser la question.

$$R.\ 3,\quad 6,\quad 12,\quad 24.$$

26. Trouver trois nombres en progression géométrique tels que leur somme soit $a=19$ et la somme de leurs carrés $b=133$.

$$R.\ 4,\quad 6,\quad 9.\qquad \text{Condition de possibilité : } \frac{a^2}{3} < b < 3a^2.$$

27. La somme de quatre nombres en progression géométrique est 40, la somme de leurs carrés est 820 ; trouver ces nombres.

$$R.\ 1,\ 3,\ 9,\ 27.$$

28. Trouver quatre nombres en progression géométrique, connaissant leur somme $a=30$ et la somme de leurs carrés $b=340$. — Discussion.

$$R.\ \div 16:8:4:2,\qquad a^2 < 4b.$$

29. Trouver cinq nombres en progression géométrique, connaissant leur somme $a=62$ et la somme $b=1364$ de leurs carrés. — Discussion.

$$R.\ \div 32:16:8:4:2,\qquad b < a^2 < 5b.$$

CHAPITRE III

Logarithmes.

§ Ier. — DÉFINITION ET PROPRIÉTÉS DES LOGARITHMES.

383. DÉFINITION. — *Si l'on a deux progressions, l'une géométrique commençant par l'unité, l'autre arithmétique commençant par zéro et se correspondant terme à terme, le logarithme d'un terme de la première est le terme correspondant de la seconde.*

Soit q la raison de la première progression, r celle de la seconde, l'ensemble des deux progressions

$$(1) \qquad \begin{cases} \div 1 : q : q^2 : q^3 : q^4 : \ldots, \\ \div 0 \,.\, r \,.\, 2r \,.\, 3r \,.\, 4r \,.\ldots, \end{cases}$$

forme un système de logarithmes; $3r$ est le logarithme de q^3, $7r$ celui de q^7.

Remarque I. — Il existe une infinité de systèmes de logarithmes, car on peut associer une infinité de progressions répondant aux conditions ci-dessus. *Ex.:*

$$(2) \qquad \begin{cases} \div 1 : 2 : 4 : 8 : 16 : 32 : 64 : \ldots, \\ \div 0 \,.\, 1 \,.\, 2 \,.\, 3 \,.\, 4 \,.\, 5 \,.\, 6 \,.\ldots; \end{cases}$$

$$(3) \qquad \begin{cases} \div 1 : 4 : 16 : 64 : 256 : 1024 \ldots, \\ \div 0 \,.\, 3 \,.\, 6 \,.\, 9 \,.\, 12 \,.\, 15 \ldots. \end{cases}$$

On voit aussi qu'un même nombre peut avoir une infinité de logarithmes, puisque, en laissant invariable la progression géométrique, on peut écrire au-dessous une infinité de progressions arithmétiques lui correspondant terme pour terme.

Remarque II. — Si l'excès de q sur l'unité est égal à r, on obtient, en faisant successivement $r = 0,1$, $r = 0,01,\cdots$ les systèmes de logarithmes suivants :

$$(4) \quad \begin{cases} \div 1 : 1,1 : 1,1^2 : 1,1^3 : 1,1^4 : 1,1^5 : \ldots, \\ \div 0 . 0,1 . 0,2 . 0,3 . 0,4 . 0,5 \ldots; \end{cases}$$

$$(5) \quad \begin{cases} \div 1 : 1,01 : 1,01^2 : 1,01^3 : 1,01^4 : \ldots, \\ \div 0 . 0,01 . 0,02 . 0,03 . 0,04 . \ldots; \end{cases}$$

$$\cdots \cdots \cdots \cdots \cdots \cdots \cdots \cdots$$

Ces progressions sont très-faciles à calculer par de simples additions : par exemple, un terme quelconque de la progression géométrique (4) s'obtient en ajoutant au terme précédent sa dixième partie, que l'on obtient par un simple déplacement de la virgule. En effectuant ces calculs, on obtient rapidement les deux *tables de logarithmes* suivantes ; elles vont nous servir à montrer *la grande simplification que l'emploi des logarithmes apporte dans les calculs numériques*

TABLE DE LOGARITHMES POUR $q = 1,1$ et $r = 0,1$.

NOMBRES.	LOG.	NOMBRES.	LOG.
1,0000	0	3,4523	1,3
1,1000	0,1	3,7975	1,4
1,2100	0,2	4,1772	1,5
1,3310	0,3	4,5950	1,6
1,4641	0,4	5,0545	1,7
1,6105	0,5	5,5599	1,8
1,7716	0,6	6,1159	1,9
1,9487	0,7	6,7275	2,0
2,1436	0,8	7,4002	2,1
2,3579	0,9	8,1403	2,2
2,5937	1,0	8,9543	2,3
2,8531	1,1	9,8498	2,4
3,1384	1,2	10,8347	2,5

EXTRAIT D'UNE TABLE DE LOGARITHMES POUR $q = 1{,}01$ et $r = 0{,}1$.

NOMBRES.	LOG.	NOMBRES.	LOG.	NOMBRES.	LOG.
1,0000	0,00	1,1381	0,13	1,2953	0,26
1,0100	0,01	1,1495	0,14	1,3082	0,27
1,0201	0,02	1,1610	0,15	....	.....
1,0303	0,03	1,1726	0,16	....	.....
1,0406	0,04	1,1843	0,17	2,6780	0,99
1,0510	0,05	1,1961	0,18	2,7048	1,00
1,0615	0,06	1,2081	0,19	2,7319	1,01
1,0721	0,07	1,2202	0,20	....	.....
1,0829	0,08	1,2324	0,21	....	.....
1,0937	0,09	1,2447	0,22	9,7633	2,29
1,1046	0,10	1,2572	0,23	9,8609	2,30
1,1157	0,11	1,2697	0,24	9,9595	2,31
1,1268	0,12	1,2824	0,25	10,0591	2,32

L'invention des logarithmes est due à Néper (1).

PROPRIÉTÉS FONDAMENTALES DES LOGARITHMES.

384. On voit, à l'inspection des deux progressions, que dans un système de logarithmes quelconque le coefficient de r est égal à l'exposant de q et cette remarque conduit immédiatement aux propriétés fondamentales des logarithmes : ce sont les énoncés des quatre propositions suivantes :

385. PROPOSITION I. — *Le logarithme d'un produit est égal à la somme des logarithmes des facteurs de ce produit.*

Démonstration. — Soit, par exemple, à faire le produit de deux facteurs

$$q^n \times q^{n'}.$$

---

(1) *Néper*, baron de *Merchiston*, en Écosse, était un seigneur d'une des plus anciennes maisons d'Écosse ; né vers le milieu du XVIe siècle, il chercha principalement des méthodes expéditives pour simplifier les calculs numériques. C'est en travaillant dans cet ordre d'idées qu'il fut conduit, vers les dernières années de sa vie, à la découverte des logarithmes.— Il mourut, le 3 avril 1618, ayant à peine eu le temps de voir le succès de cette admirable invention.

Nous savons, d'après la règle de la multiplication des monômes, qu'il est égal à

$$q^{n+n'};$$

ce produit figurera donc dans la progression géométrique et au-dessous l'on trouvera son logarithme

$$(n+n')\,r = nr + n'r;$$

mais nr est le logarithme de q^n, $n'r$ est celui de $q^{n'}$: on aura donc

$$\log q^n \times q^{n'} = \log q^n + \log q^{n'}.$$

Si l'on avait un produit d'un nombre quelconque de facteurs faisant partie de la progression géométrique, on ferait voir de la même manière que

$$\log (q^n \, q^{n'} \, q^{n''} \, q^{n'''}) = \log q^n + \log q^{n'} + \log q^{n''} + \log q^{n'''}.$$

Applications. — I. Calculer le produit

$$x = 1,9487 \times 3,7975$$

de deux nombres contenus dans la table I.
On trouve

$$\log 1,9487 = 0,7, \qquad \log 3,7975 = 1,4;$$

donc

$$\log x = 2,1;$$

en cherchant ce nombre dans la colonne des logarithmes, on trouve, vis-à-vis, 7,4002 dans la colonne des nombres; on aura donc, avec 4 décimales exactes,

$$x = 7,4002.$$

II. Calculer

$$x = 1,3310 \times 1,7716 \times 3,4523.$$

On a

$$\log x = 0,3 + 0,6 + 1,3 = 2,2;$$

donc

$$x = 8,1403.$$

386. PROPOSITION II. — *Le logarithme d'un quotient est égal au logarithme du dividende moins le logarithme du diviseur.*

Démonstration. — Soit, par exemple, à effectuer le quotient

$$q^n : q^{n'}.$$

Nous savons, d'après la règle de la division des monômes, qu'il est égal à

$$q^{n-n'};$$

ce quotient fera donc partie de la progression géométrique et son logarithme sera

$$(n - n')\, r = nr - n'r.$$

Mais nr et $n'r$ sont respectivement les logarithmes de q^n et de $q^{n'}$: donc

$$\log \frac{q^n}{q^{n'}} = \log q^n - \log q^{n'}.$$

Applications. — I. Calculer le quotient

$$x = 9,8498 : 2,8531.$$

On a

donc

$$\log x = 2,4 - 1,1 = 1,3 ;$$

$$x = 3,4523.$$

II. Calculer l'expression

$$x = \frac{2,1436 \times 9,8498}{3,7975}.$$

On a

$$\log x = 0,8 + 2,4 - 1,4 = 3,2 - 1,4 = 1,8;$$

donc

$$x = 5,5599.$$

387. Proposition III. — *Le logarithme d'une puissance d'un nombre est égal au logarithme de ce nombre multiplié par l'exposant de la puissance.*

Démonstration. — Soit, par exemple, a un nombre faisant partie de la progression géométrique ; je dis que

$$\log a^m = m \log a.$$

En effet, a^m étant le produit de m facteurs égaux à a, on a

$$a^m = a.\, a.\, a \ldots a,$$

et, par conséquent (n° 385),

$$\log a^m = \log a + \log a + \ldots + \log a,$$

ou

$$\log a^m = m.\log a.$$

Applications. — I. Calculer avec la table I

$$x = 2,3579^2.$$

On a

$$\log x = 2 \times 0,9 = 1,8;$$

donc

$$x = 5,5599.$$

II. Calculer avec la table I

$$x = 2,1436^3.$$

On a

$$\log x = 3 \times 0,8 = 2,4;$$

donc

$$x = 9,8498.$$

388. PROPOSITION IV. — *Le logarithme de la racine d'un nombre faisant partie de la progression géométrique est égal au logarithme du nombre soumis au radical divisé par l'indice de ce radical.*

Démonstration. — Soit a un des termes de la progression géométrique; je dis que

$$\log \sqrt[m]{a} = \frac{\log a}{m}.$$

En effet, posons

$$x = \sqrt[m]{a},$$

nous aurons, par définition,

$$x^m = a;$$

les logarithmes des deux membres de cette égalité seront les mêmes. Nous aurons donc (n° 387)

$$m \log x = \log a,$$

d'où

$$\log x = \frac{\log a}{m}.$$

Applications. — I. Calculer avec la table I

$$x = \sqrt{8,1403}.$$

On a

$$\log x = \frac{1}{2} \times 2,2 = 1,1 ;$$

donc

$$x = 2,8531.$$

II. Calculer avec la même table

$$x = \sqrt[3]{7,4002}.$$

On a

$$\log x = \frac{1}{3} \times 2,1 = 0,7 ;$$

donc

$$x = 1,9487.$$

389. *Remarque I.* — Les quatre principes qui précèdent abrégent considérablement les calculs : ainsi une multiplication pénible se réduit à une addition, la recherche d'un quotient revient à une soustraction ; l'élévation aux puissances est ramenée à une multiplication facile et l'extraction des racines à une petite division.

390. *Remarque II.* — Mais ces abréviations importantes supposent que les nombres qui figurent dans les calculs fassent partie de la progression géométrique calculée à l'avance ; quant aux calculs sur d'autres nombres, on ne pourra les faire qu'approximativement, et l'on voit de suite que si r, ou $q-1$, diminuant de plus en plus, devient $0,01$, $0,001$, $0,0001$,..., les intervalles entre les termes de la progression géométrique seront de plus en plus petits,... ; on pourra donc prendre, sans erreur sensible (voir le n° 392), à la place du nombre qui figure dans le calcul proposé, l'un ou l'autre des deux termes de la progression géométrique entre lesquels il est compris.

Exemple : Soit à faire, en faisant usage de la table II, le produit

$$x = 1,0299 \times 1,1273.$$

On lui substituera le produit

$$x' = 1,0303 \times 1,1268,$$

dont les facteurs se trouvent dans la table II, et, en prenant

$$x = x' = 1,1610,$$

on ne commettra pas une erreur de plus de $0,0001$ puisque les erreurs de sens contraires commises sur les deux facteurs s'élèvent respectivement à 4 et à 5 unités de cet ordre décimal.

INTERPOLATION PAR PARTIES PROPORTIONNELLES.

391. Soient données deux séries de nombres se correspondant terme à terme comme les deux progressions ci-dessous :

$$A \quad B \quad C \quad D \quad E \quad F$$
$$a \quad b \quad c \quad d \quad e \quad f$$

avec un nombre A' considéré comme faisant partie de la première série et compris entre A et B; on demande de trouver le nombre a' qui lui correspond dans la seconde, avec cette condition que a' divise l'intervalle entre a et b dans le même rapport que A' divise celui entre A et B. Faire ce calcul, c'est *interpoler par parties proportionnelles;* on a évidemment

$$a' = a + (b - a)\,\frac{A' - A}{B - A}.$$

Applications. — I. Étant donné le nombre 10 qui ne figure pas dans la progression géométrique, trouver le nombre correspondant dans la progression arithmétique.

En se servant de la table I, on a

$$x = 2,4 + 0,1 \times \frac{0,1502}{0,985} = 2,4 + 0,016 = 2,416;$$

et avec la table II

$$x' = 2,31 + 0,01 \times \frac{0,0405}{0,099595} = 2,31 + 0,0041 = 2,3141,$$

Par extension, on dit que 2,416 et 2,3141 sont les logarithmes du nombre 10 dans les deux systèmes employés.

II. Étant donné le nombre 1,87 qui ne figure pas dans la progression arithmétique de la table I, calculer le nombre qui lui correspond dans la série géométrique.

$$x = 5,5599 + 0,556 \times \frac{0,07}{0,1} = 5,5599 + 0,3892 = 5,9491.$$

392. Proposition. — *En étendant aux nombres ainsi interpolés les propriétés démontrées aux n°s 385-388, on peut se servir, pour faire approximativement un calcul quelconque, de l'une des tables précédentes.*

Démonstration. — Soit, par exemple, à faire le produit A'B' de deux nombres A' et B' qui ne se trouvent pas dans la table I. Appelons A et B les deux nombres de cette table immédiatement inférieurs à A' et à B', a et b leurs logarithmes ; nous aurons

$$A' = A + \alpha, \qquad B' = B + \beta,$$

et, par suite, rigoureusement

$$(1) \qquad A'B' = AB + A\beta + B\alpha + \alpha\beta.$$

Calculons maintenant, en interpolant par parties proportionnelles, les logarithmes de A' et de B' :

$$\log A' = a + 0,1\,\frac{A' - A}{0,1.A} = a + \frac{\alpha}{A},$$

$$\log B' = b + \frac{\beta}{B};$$

appliquant le théorème sur le logarithme d'un produit, nous aurons

$$\log A'B' = a + b + \frac{\alpha}{A} + \frac{\beta}{B};$$

enfin revenons du logarithme au nombre, nous trouverons pour valeur approchée de A'B'

$$AB + 0,1\,.AB \times \frac{\dfrac{\alpha}{A} + \dfrac{\beta}{B}}{0,1},$$

c'est-à-dire

$$AB + A\beta + B\alpha.$$

Comparant cette valeur à celle que donne l'égalité (1), on

voit que l'erreur commise est très-petite et seulement $\alpha\beta$, c'est-à-dire égale au produit des différences entre les nombres proposés et les nombres les plus rapprochés qui figurent dans la table. — Il résulte de là que, si $r = q - 1$ est très-petit, égal à $\frac{1}{10^7}$, par exemple, on pourra effectuer rapidement et avec une grande exactitude un calcul quelconque. De plus, les calculs d'interpolation deviennent alors très-simples, puisque les différences sont très-petites et peuvent se prendre à vue.

Applications. — I. Trouver le logarithme de 19,487 et celui de 194,87 à l'aide de la table I.

On a

1° $\log 19{,}487 = \log 1{,}9487 + \log 10 = 0{,}7 + 2{,}416 = 3{,}116,$

2° $\log 194{,}87 = \log 1{,}9487 + \log 100 = 0{,}7 + 4{,}832 = 5{,}532.$

II. Calculer avec la table I la racine septième de 740,02.

On a (n° 388)

$$\log x = \frac{1}{7} \log 740{,}02 \, ;$$

d'ailleurs (n° 385)

$$\log 740{,}02 = \log 7{,}4002 + \log 100 = 2{,}1 + 2{,}416 \times 2,$$

donc

$$\log x = \frac{2{,}1 + 4{,}832}{7} = \frac{6{,}932}{7} = 0{,}9903 \, .$$

Revenant de ce logarithme au nombre, on trouve

$$x = 2{,}3579 + 0{,}2358 \times \frac{0{,}0903}{0{,}1} \, ,$$

ou

$$x = \sqrt[7]{740{,}02} = 2{,}3579 + 0{,}213 = 2{,}571$$

avec trois chiffres exacts.

LOGARITHMES NATURELS.

393. Le *logarithme naturel* d'un nombre est la limite des logarithmes obtenus pour ce nombre quand $r = q - 1$ tend vers zéro. — *Byrge* (1), mathématicien suisse, les calcula probablement le premier et les publia en 1620; dans sa table, il avait pris $r = q - 1 = 0{,}00001$.

Avec ce système de logarithmes, on a

$$\log 10 = 2{,}3026;$$

on trouve dans les tables de *Callet* ces logarithmes inscrits sous le nom de *logarithmes hyperboliques;* ils jouent un grand rôle en mathématiques. Dans ce système, le nombre qui a pour logarithme l'unité est

$$2{,}71828;$$

on le désigne généralement par e. On dit que e est la *base* du système de logarithmes naturels.

Mais c'est à *Néper* qu'il faut attribuer l'invention des logarithmes; en 1614, il publia une table des deux progressions

$$1 : 1 - \frac{1}{10^7} : \left(1 - \frac{1}{10^7}\right)^2 : \left(1 - \frac{1}{10^7}\right)^3 : \left(1 - \frac{1}{10^7}\right)^4 : \ldots,$$

$$0. \quad \frac{1}{10^7}. \quad \frac{2}{10^7}. \quad \frac{3}{10^7}. \quad \frac{4}{10^7} \ldots$$

On voit que la progression géométrique de Néper est décroissante, et c'est par une confusion regrettable que l'on appelle logarithmes *népériens* les logarithmes *naturels*.

---

(1) Just Byrge (ou Bürgi), né en 1552, mort à Cassel en 1632, fut longtemps attaché à l'observatoire du landgrave de Hesse-Cassel, Guillaume IV. — Il devrait être regardé comme l'inventeur des logarithmes s'il avait publié sa table aussitôt après l'avoir calculée. Byrge était un ouvrier horloger très-habile dans la construction des instruments de mathématiques et d'astronomie; il observa avec Képler et imagina le compas de réduction.

394. INCONVÉNIENT DES LOGARITHMES NATURELS. — Ces logarithmes se prêtent mal à notre système de numération : nous avons vu, par exemple, que pour passer du logarithme de 1,9487 au logarithme de 19,487, il faut ajouter au premier le logarithme de 10, qui est un nombre décimal compliqué, 2,3026. Le système dans lequel le logarithme de 10 serait 1, celui de 100 égal à 2, etc... serait de beaucoup préférable. Cette modification, entrevue par Néper, fut réalisée par Briggs, professeur de mathématiques à Londres (né en 1560, mort en 1630). — Briggs saisit le premier toute l'utilité de l'invention de Néper, qu'il popularisa dans ses leçons au collége de Gresham. — Il fit plusieurs voyages à Édimbourg pour conférer avec Néper sur sa mémorable découverte et se mit à calculer avec ardeur les tables de *logarithmes vulgaires*, qu'il publia en 1624. Nos tables modernes ne sont autre chose que des extraits des tables de Briggs qui renferment les logarithmes des nombres avec 14 décimales.

§ II. — LOGARITHMES VULGAIRES OU LOGARITHMES DE BRIGGS.

395. Les deux progressions de Briggs sont

$$\div 1 : 10 : 100 : 1000 : ...,$$

$$: 0.\ 1.\ 2.\ 3....$$

On dit que la *base* de ce système est égale à 10, parce que 10 est le nombre dont le logarithme est l'unité.

La progression géométrique

$$\div 1 : 10 : 100 : 1000 : 10000 : ...$$

ne renferme que des puissances de 10, mais il est facile d'y faire figurer un nombre quelconque; il suffit d'insérer un même nombre n de moyens entre deux termes consécutifs de cette progression : on obtient ainsi une progression unique (n° 370), dans laquelle les termes augmentent par degrés insensibles si n est suffisamment grand. En commettant une très-petite erreur, on pourra donc prendre un terme de la progression géométrique à la place du nombre qui figure dans le calcul que l'on veut effectuer. Si, d'autre part, on insère le même nombre n de moyens arithmétiques entre les termes de la seconde progression $\div 0.1.2.3\ldots$, on obtiendra (n° 353) une progression arithmétique répondant terme pour terme à la nouvelle progression géométrique. — On pourra donc appliquer à ces deux progressions tout ce qui a été dit plus haut, et les propriétés énoncées aux n°ˢ 385-388 simplifieront beaucoup tous les calculs numériques.

Les assertions précédentes sont démontrées dans ce qui suit :

396. Proposition I. — *On peut insérer entre deux termes de la progression géométrique un assez grand nombre n de moyens pour que la raison de la progression obtenue diffère de l'unité aussi peu que l'on veut.*

Démonstration. — Insérons en effet n moyens entre 1 et 10, nous aurons

$$q_1 = \sqrt[n+1]{\frac{10}{1}}\,;$$

je dis que l'on peut prendre n assez grand pour que

$$(1) \qquad \sqrt[n+1]{10} - 1 < \varepsilon,$$

ε étant aussi petit que l'on veut, égal à $\dfrac{1}{10^7}$, par exemple.

En effet, l'inégalité précédente revient à

$$\sqrt[n+1]{10} < 1 + \varepsilon,$$

ou bien, en élevant les deux membres à la puissance $n+1$,

$$10 < (1+\varepsilon)^{n+1};$$

or, quelque petit que soit ε, nous avons vu (n° 363) que l'on peut toujours prendre n suffisamment grand pour que cette inégalité soit satisfaite; comme on a

$$(1+\varepsilon)^{n+1} > 1 + (n+1)\varepsilon,$$

si l'on détermine n de façon que l'on ait

(2)
$$1 + (n+1)\varepsilon > 10,$$

à fortiori, pour cette valeur de n, on aura

$$(1+\varepsilon)^{n+1} > 10;$$

cette inégalité (2) donne

$$n+1 > \frac{10-1}{\varepsilon}, \quad \text{ou} \quad n+1 > \frac{9}{\varepsilon}.$$

Si l'on suppose $\varepsilon = 0{,}0000001$, l'inégalité précédente devient

$$n+1 > 9 \times 10^7;$$

donc, en prenant

$$n = 9 \times 10^7 - 1 = 89\,999\,999$$

ou supérieur à cette limite, la différence entre la raison et l'unité n'atteindra pas une unité du 7e ordre décimal.

397. CONSÉQUENCE. — *Quand on insère n moyens entre deux termes désignés de la progression géométrique, on peut choisir n assez grand pour que la différence entre deux termes consécutifs de la nouvelle progression soit moindre que toute quantité donnée.*

En effet, après cette insertion, la petite progression comprise entre 1 et 10, par exemple, sera

$$\div 1 : q_1 : q_1^2 : q_1^3 : \dots : q_1^p : q_1^{p+1} : \dots : 10;$$

la différence entre deux termes consécutifs sera donc

$$q_1^{p+1} - q_1^p = q_1^p(q_1 - 1);$$

or, nous venons de voir qu'en prenant n assez grand $q_1 - 1$ peut être rendu plus petit que toute quantité donnée; $q_1 - 1$ tend donc vers zéro à mesure que n augmente; d'autre part, q_1^p est inférieur à 10 donc le produit $q_1^p(q_1 - 1)$ pourra devenir aussi petit que l'on voudra. Si, par exemple, n est égal ou supérieur à

$$9 \times 10^7 - 1,$$

nous serons sûrs que la différence entre deux termes consécutifs sera moindre qu'une unité du sixième ordre décimal.

On pourra donc dire, en commettant une erreur moindre que $\dfrac{1}{10^6}$, qu'un nombre donné quelconque compris entre 1 et 10 fait partie de la progression géométrique.

398. Proposition II. — *Les seuls nombres entiers qui se trouveront dans la progression géométrique après l'insertion des moyens seront les puissances de 10.*

Démonstration. — En effet, supposons qu'en élevant q_1 à une certaine puissance p nous obtenions un nombre entier N, nous aurons

$$q_1^p = N,$$

ou bien, en remplaçant q_1 par sa valeur,

$$\sqrt[n+1]{10^p} = N;$$

en élevant les deux membres de cette égalité à la puissance $n + 1$, nous aurons

$$10^p = N^{n+1};$$

or, $10^p = 2^p \times 5^p$; donc le second membre N^{n+1} ne doit renfermer que les facteurs 2 et 5 affectés d'exposants égaux ; ceci ne peut avoir lieu que si N est de la forme

$$2^k \times 5^k = 10^k\,;$$

donc les seuls nombres entiers qui figurent dans la progression géométrique après l'insertion des moyens sont des puissances de 10 ; les nombres 3, 5, 7 ne s'y trouveront pas.

399. PROPOSITION III. — *Si, en insérant successivement des nombres différents de moyens n et n′ entre 1 et 10, 10 et 100...., on introduit un même nombre N parmi les termes de la progression géométrique, ce nombre N aura, dans les deux cas, le même logarithme.*

Démonstration. — En effet, insérons d'abord n moyens, les raisons des nouvelles progressions seront

$$q = \sqrt[n+1]{10}, \quad \text{et} \quad r = \frac{1}{n+1}\,;$$

si N est le $(p+1)^{\text{ième}}$ terme de la série, nous aurons

$$N = q^p, \quad (\log) N = \frac{p}{n'+1}.$$

En second lieu, insérons n' moyens, nous aurons pour les nouvelles raisons

$$q' = \sqrt[n'+1]{10}, \quad \text{et} \quad r' = \frac{1}{n'+1},$$

et si le même nombre N occupe le $(p'+1)^{\text{ième}}$ rang dans cette nouvelle série, nous aurons

$$N = q'^{p'}, \quad (\log)' N = \frac{p'}{n'+1}.$$

Il résulte de là l'égalité

$$q^p = q'^{p'}, \quad \text{ou} \quad \sqrt[n+1]{10^p} = \sqrt[n'+1]{10^{p'}}\,;$$

en élevant les deux membres de cette égalité à la puissance

$$(n+1) \times (n'+1)\,;$$

nous aurons

$$10^{p(n'+1)} = 10^{p'(n+1)},$$

et, par conséquent,

$$p(n'+1) = p'(n+1),$$

égalité qui peut s'écrire

$$\frac{p}{n+1} = \frac{p'}{n'+1};$$

or, ce sont là précisément les deux logarithmes trouvés pour le nombre N, donc, en procédant de l'une ou de l'autre manière, on trouvera toujours le même logarithme pour N.

400. *Remarque.* — L'insertion d'un grand nombre de moyens géométriques entre deux termes de la première progression n'exige pas nécessairement l'extraction d'une racine d'indice très-élevé. Cette insertion peut s'effectuer à l'aide de plusieurs racines carrées successives; il suffit que le nombre n de moyens à insérer soit égal à une puissance de 2 diminuée d'une unité, ou, plus brièvement, que l'on ait

$$n = 2^k - 1.$$

Insérons, par exemple, entre 1 et 10 un moyen, nous aurons

$$q_1 = \sqrt{10} = 3,16227,$$

$$r_1 = \frac{0+1}{2} = 0,500;$$

les deux progressions seront donc

$$\div 1 : 3,16227 : 10,$$

$$\div 0 \,.\, 0,500 \,.\, 1.$$

Insérons 3 moyens, nous aurons

$$q_2 = \sqrt[4]{10} = \sqrt[2]{\sqrt[2]{10}} = 1,77828,$$

$$r_2 = \frac{0+1}{4} = 0,250,$$

et les deux progressions seront

$$\div\!\!\div 1 : 1,7783 : 3,1623 : 5,6234 : 10,$$

$$\div 0 \cdot 0,25 \cdot 0,50 \cdot 0,75 \cdot 1.$$

Insérons 7 moyens, nous aurons alors

$$q_3 = \sqrt[8]{10} = \sqrt[2]{\sqrt[2]{\sqrt[2]{10}}} = 1,33352,$$

$$r_3 = \frac{0+1}{8} = 0,125,$$

et les deux progressions seront

$$\div\!\!\div 1:1,333:1,778:2,371:3,162:4,217:5,623:7,399:10,$$

$$\div 0 \cdot 0,125 \cdot 0,250 \cdot 0,375 \cdot 0,500 \cdot 0,625 \cdot 0,750 \cdot 0,875 \cdot 1,$$

chacun des termes de la première étant limité au chiffre des millièmes.

401. DÉFINITION. — *On appelle logarithme d'un nombre quelconque la limite commune des logarithmes des deux moyens proportionnels entre lesquels ce nombre reste toujours compris lorsque le nombre des moyens insérés croît indéfiniment.*

Expliquons, par exemple, ce qu'il faut entendre par logarithme du nombre 3 qui ne peut faire partie de la progression géométrique.

En insérant 3, 7, 15 moyens proportionnels entre 1 et 10, nous avons trouvé que les termes

$$1,778, \quad 2,371, \quad 2,738,\ldots$$

de la progression géométrique étaient inférieurs à 3; ils vont toujours en croissant et ont 3 pour limite : leurs logarithmes

$$0,25, \quad 0,375, \quad 0,437,\ldots,$$

qui vont en augmentant sont, tous inférieurs au logarithme de 3 et ont ce logarithme pour limite.

De même les moyens proportionnels

$$3,162, \quad 3,050, \quad 3,023,\ldots$$

obtenus en insérant 1, 63, 255,... moyens entre 1 et 10 sont supérieurs à 3; ils vont toujours en diminuant et ont 3 pour limite; leurs logarithmes

$$0,50, \quad 0,484, \quad 0,480,\ldots,$$

qui vont tous en diminuant, sont plus grands que le logarithme de 3 et ont ce logarithme pour limite.

Plus généralement, soient

$$n_1, \quad n_2 \quad n_3, \quad n_4,\ldots$$

les nombres de moyens de plus en plus grands insérés entre deux termes consécutifs des deux progressions; désignons par

$$P_1, \quad P_2, \quad P_3, \quad P_4,\ldots$$

les moyens géométriques immédiatement inférieurs au nombre donné N, et par

$$p_1, \quad p_2, \quad p_3, \quad p_4,\ldots$$

les termes correspondants dans la progression arithmétique, c'est-à-dire leurs logarithmes.

De même, appelons

$$Q_1, \quad Q_2, \quad Q_3, \quad Q_4,\ldots$$

les moyens géométriques immédiatement supérieurs à N, et

$$q_1, \quad q_2, \quad q_3, \quad q_4, \dots$$

leurs logarithmes; le logarithme de N sera la limite commune des deux suites

$$p_1, \quad p_2, \quad p_3, \dots$$

et

$$q_1, \quad q_2, \quad q_3, \dots$$

Il est facile de voir que ces deux suites de nombres tendent vers la même limite; en effet : 1° les premiers vont en augmentant et les seconds en diminuant; 2° tout nombre de la première ligne est moindre que son correspondant dans la seconde; 3° la différence entre ces deux nombres peut devenir aussi petite que l'on veut, puisque, en supposant N compris entre 1 et 10, on a

$$q_1 - p_1 = \frac{1}{n_1 + 1},$$

et cette différence tend vers zéro quand n_1 augmente indéfiniment.

CALCUL DU LOGARITHME VULGAIRE D'UN NOMBRE.

1re Méthode. — *Insertion de moyens géométriques.*

402. Si l'on demande de calculer le logarithme d'un nombre en particulier, le logarithme de 3, par exemple, il n'est pas nécessaire de calculer tous les termes des progressions géométriques obtenues successivement en insérant

$$7, \quad 15, \quad 31, \quad 63, \quad 127, \dots$$

moyens entre 1 et 10; il suffit de calculer dans ces progressions les termes qui comprennent le nombre donné. Le tableau

suivant indique les opérations à effectuer pour obtenir le logarithme de 3 à moins d'un millième près :

$$A = \sqrt{10} = 3,162, \qquad a = \frac{0+1}{2} = 0,500,$$

$$B = \sqrt{A} = 1,778, \qquad b = \frac{0+a}{2} = 0,250,$$

$$C = \sqrt{AB} = 2,371, \qquad c = \frac{a+b}{2} = 0,375,$$

$$D = \sqrt{AC} = 2,738, \qquad d = \frac{a+c}{2} = 0,437,$$

$$E = \sqrt{AD} = 2,942, \qquad e = \frac{a+d}{2} = 0,468,$$

$$F = \sqrt{AE} = 3,050, \qquad f = \frac{a+e}{2} = 0,484,$$

$$G = \sqrt{FE} = 2,996, \qquad g = \frac{e+f}{2} = 0,476,$$

$$H = \sqrt{FG} = 3,023, \qquad h = \frac{f+g}{2} = 0,480,$$

$$I = \sqrt{HG} = 3,009, \qquad i = \frac{h+g}{2} = 0,478,$$

$$K = \sqrt{GI} = 3,002, \qquad k = \frac{g+i}{2} = 0,477,$$

$$L = \sqrt{GK} = 2,999. \qquad l = \frac{g+k}{2} = 0,477.$$

Le nombre 3 étant compris entre A et 1, on insère un
moyen géométrique entre A et 1; on trouve le nombre B.
Comme 3 est compris entre A et B, on insère un moyen géométrique entre A et B; la raison de la nouvelle progression est

$$\sqrt{\frac{A}{B}}$$

et le moyen cherché est

$$B \times \sqrt{\frac{A}{B}} = \sqrt{AB} = C;$$

on insérera de même un moyen géométrique entre les nombres A et C, etc.

Cette insertion de moyens proportionnels est accompagnée de l'insertion d'un moyen par différence entre les termes correspondants de la progression arithmétique; on trouve ainsi que les logarithmes des nombres

$$A, B, C, \ldots, I, K, L$$

sont, à moins d'un millième près,

$$a, b, c, \ldots, i, k, l.$$

Puisque l et k ne diffèrent pas d'un millième, et que 3 est compris entre L et K, le logarithme de 3 sera intermédiaire entre l et k; ses premières décimales seront donc 0,477.

2ᵉ Méthode.

On peut également employer pour le calcul du logarithme d'un nombre la méthode suivante, qui a été indiquée par Néper et qui est exposée dans l'introduction de l'*Arithmétique logarithmique* de Briggs (1624). Elle s'appuie sur ce principe:

403. Principe. — *Le logarithme d'un nombre quelconque N, à moins de $\dfrac{1}{p}$, s'obtient en divisant le nombre de chiffres de N^p par le dénominateur p de la fraction d'approximation.*

Ainsi, pour obtenir le logarithme de 2 à moins de $\dfrac{1}{100}$, il suffit de chercher le nombre de figures de 2^{100}; ce nombre de figures étant 31, on en conclut que le logarithme de 2 à moins de 0,01 est 0,31.

En effet, on a

$$10^{30} < 2^{100} < 10^{31};$$

puisque 10^{30} est le plus petit nombre de 31 chiffres et 10^{31} le plus petit nombre de 32 chiffres ; les logarithmes de ces trois nombres seront rangés dans le même ordre ; on aura donc

$$30 < 100 \log 2 < 31,$$

ou

$$\frac{30}{100} < \log 2 < \frac{31}{100},$$

inégalités qui montrent bien que 0,31 est le logarithme de 2, à moins d'un centième par excès.

Plus généralement, soit n le nombre des chiffres de la puissance p du nombre N, on aura

$$10^{n-1} < N^p < 10^n,$$

et, par suite,

$$n - 1 < p \log N < n,$$

d'où

$$\frac{n-1}{p} < \log N < \frac{n}{p},$$

ce qui montre bien que $\dfrac{n}{p}$ est le logarithme de N, à moins de $\dfrac{1}{p}$.

404. *Remarque.* — Le nombre des figures de N^{100}, N^{1000},... n'est pas très-long à calculer. On s'appuie sur un théorème bien connu d'arithmétique : *Le produit de deux facteurs a autant de chiffres que le multiplicande et le multiplicateur ou un de moins.*

La première limite est certainement atteinte lorsque le produit des plus hautes unités dépasse 9 ; il suffit donc de connaître, dans les deux facteurs, les deux ou trois premiers chiffres à partir de la gauche pour obtenir le nombre exact des chiffres du produit.

Calcul du logarithme de 2. Cherchons, pour cela, combien 2^{100} a de chiffres : d'abord,

$$2^{10} = 1024;$$

donc, d'après le théorème précédent, le produit

$$1024 \times 1024 = 2^{20}$$

n'aura que 7 chiffres et commencera par 105,...; comme il est aisé de le voir. On verra de même que 2^{40} aura

$$7 + 7 - 1$$

ou 13 figures et commencera par 110.....; que 2^{80} aura

$$13 + 13 - 1$$

ou 25 figures et commencera par 121,...; enfin que $2^{100} = 2^{80} \times 2^{20}$ aura un nombre de figures égal à

$$25 + 7 - 1 \quad \text{ou} \quad 31.$$

Le logarithme de 2 à moins de 0,01 près sera 0,31.

La première colonne du tableau suivant renferme les exposants des puissances auxquelles on a élevé 2 ; les 4 premiers chiffres de ces puissances sont inscrits dans la seconde ; on les obtient facilement à l'aide de multiplications abrégées. La troisième colonne renferme les nombres de figures de ces puissances de 2 ; les nombres de figures qui correspondent aux exposants 10, 100, 1000, 10000, 100000 sont les valeurs approchées par excès de la partie décimale du logarithme de 2 ; et l'erreur est moindre qu'une unité du 1er, 2e,..., 5e chiffre décimal.

EXPOSANTS.	PUISSANCES de 2.	NOMBRES de fig. ou log.	
10	1024	4	log de 2
20	10486.....	7	log de 4
40	10995.....	13	log de 16
80	12089.....	25	log de 256
100	12676.....	31	log de 2
200	16069.....	61	log de 4
400	25823.....	121	log de 16
800	66680.....	241	log de 256
1000	10745.....	302	log de 2
2000	11481.....	603	log de 4
4000	13182.....	1205	log de 16
8000	17377.....	2409	log de 256
10000	19950.....	3011	log de 2
20000	39803.....	6021	log de 4
40000	15843.....	12042	log de 16
80000	25099.....	24083	log de 256
100000	99900.....	30103	log de 2

Ce procédé est assez rapide ; mais, à l'aide des *séries* et de la méthode des *différences*, on calcule une table de logarithmes d'une manière encore bien plus expéditive.

§ III. — DISPOSITION DES TABLES DE CALLET.

405. On a vu que le logarithme d'une puissance de 10 est un nombre entier égal au degré de cette puissance ; ainsi 2 est le logarithme de 100, celui de 1000 est 3, etc.

Tous les autres logarithmes sont des nombres incommensurables ayant une partie entière ou *caractéristique*, qui peut être nulle, et une partie décimale illimitée dont les cinq ou les sept premières figures sont inscrites dans les tables; on appelle quelquefois *mantisse* (*) cette partie décimale. Quant à la caractéristique, comme on peut la déterminer de suite à l'inspection du nombre, elle n'est pas inscrite dans les tables.

406. PRINCIPE Ier. — *La caractéristique du logarithme d'un nombre est égale au nombre des chiffres moins un de sa partie entière* (**).

Considérons, par exemple, le nombre 567; il est compris entre 100 et 10000; son logarithme sera donc compris entre 2 et 3; on trouve

$$\log 567 = 2,75358.$$

On verrait de même que

$$\log 15897 = 4,20129.$$

407. PRINCIPE II. — *Si deux nombres sont composés des mêmes chiffres et ne diffèrent que par la position de la virgule, leurs logarithmes ont la même partie décimale et ne diffèrent que par la caractéristique.*

Considérons, par exemple, les nombres

$$31416 \quad \text{et} \quad 314,16,$$

On a

$$31416 = 314,16 \times 100,$$

et, par suite, en appliquant le théorème (n° 385), on aura

$$\log 31416 = \log 314,16 + \log 100,$$

ou bien

$$\log 314,16 = \log 31416 - 2;$$

(*) Nous ne donnons cette indication qu'à titre de renseignement, car cette prétendue abréviation qui nous vient d'Allemagne nous paraît au moins inutile.

(**) Ces principes sont vrais seulement pour les logarithmes de Briggs.

ces deux logarithmes ont donc même partie décimale, et si

$$\log 31416 = 4{,}49715,$$

on aura

$$\log 314{,}16 = 2{,}49715.$$

Conséquence. — La recherche du logarithme d'un nombre décimal revient à celle du logarithme d'un nombre entier, aussi les tables ne renferment-elles que les logarithmes des nombres entiers ; voici leur disposition :

408. Première Chiliade. — La première table intitulée *Chiliade I* renferme la suite des nombres depuis 1 jusqu'à 1200 disposée dans les colonnes intitulées N. A côté et à droite de chacune de ces colonnes s'en trouve une autre intitulée *log*, elle renferme les huit premières décimales des logarithmes des nombres de la colonne précédente. Chaque logarithme est donc placé à droite et dans l'alignement du nombre auquel il appartient.

409. Seconde table. — La seconde table, qui s'étend de 1020 jusqu'à 108000 et qui renferme les logarithmes de ces nombres avec sept figures est plus compliquée : la colonne à gauche intitulée N contient la suite naturelle des nombres depuis 1020 jusqu'à 10800 ; dans la colonne suivante intitulée 0 se trouvent les parties décimales des logarithmes de ces nombres avec sept figures, de sorte que l'ensemble des colonnes N et 0 forme la suite de la première chiliade et fournit les logarithmes des nombres depuis 1020 jusqu'à 10800.

Si l'on observe la colonne marquée 0, on verra certains nombres isolés de trois chiffres chacun, qui vont toujours en augmentant d'une unité ; à leur droite sont des nombres de quatre chiffres ; en sorte que l'on pourrait croire que certains logarithmes n'ont que quatre décimales, tandis que d'autres en ont sept (*). Mais chaque nombre isolé est censé écrit au-dessous de lui-même vis-à-vis chacun des nombres de

---

(*) Une partie de cette rédaction a été empruntée à l'avertissement des tables de Callet.

quatre chiffres qui sont dans la même colonne. Par conséquent, lorsqu'on ne trouve, vis-à-vis d'un certain nombre, que
quatre chiffres dans la colonne 0, il faut écrire à gauche de ces
quatre chiffres le nombre isolé de trois chiffres, le plus prochain en montant.

Au delà de 10000, les nombres isolés ont quatre figures,
de telle sorte que de 10000 à 10800 les logarithmes sont
inscrits avec huit décimales.

Lorsque deux nombres sont décuples l'un de l'autre, la
partie décimale de leurs logarithmes est la même; ainsi l'ensemble des deux premières colonnes précédentes donne aussi
de 10 en 10 les logarithmes des nombres compris entre 10200
et 108000; l'on trouve ainsi

$$\log\ 6647 = 3{,}8226257 \qquad \log 66470 = 4{,}8226257$$
$$\log\ 6648 = 3{,}8226910 \qquad \log 66480 = 4{,}8226910$$

. . . .

Pour trouver les logarithmes des nombres intermédiaires,
il faut avoir recours aux colonnes marquées 1, 2, 3,..., 9.
Ces colonnes contiennent les quatre dernières décimales des
logarithmes des nombres terminés par les chiffres qui sont en
tête de ces colonnes. — Ainsi la colonne marquée 0 contient
les quatre dernières décimales des logarithmes des nombres
compris entre 10200 et 108000, qui sont terminés par un zéro,
et en outre les nombres isolés qui sont censés placés à la
gauche des chiffres que contiennent les autres colonnes.

La colonne marquée 1 contient les quatre derniers chiffres
des logarithmes de tous les nombres terminés par 1; la colonne
marquée 2 ceux de tous les nombres terminés par 2, etc.

On a, par ce moyen, une table à double entrée, dans laquelle
on consulte d'abord la première colonne intitulée N et, lorsqu'on y a trouvé les quatre premières figures du nombre dont
on veut trouver le logarithme, on suit de l'œil la ligne sur laquelle ils sont jusqu'à ce que l'on soit arrivé à la colonne en
haut de laquelle se trouve le dernier chiffre du nombre donné;

alors on a sous les yeux les quatre derniers chiffres du logarithme cherché. Quant aux trois premiers, ils sont exprimés par le nombre isolé qui se trouve dans la quatrième colonne, le plus prochain en montant.

Ex. Pour trouver le logarithme de 62447, on cherchera dans la colonne N le nombre 6244; dans la colonne 0, on trouve 795 pour les trois premières figures, puis on suit la ligne 6244 jusqu'à la colonne 7, dans laquelle on trouve les quatre dernières figures 5116; comme la caractéristique est 4, le logarithme demandé est

$$4,7955116.$$

410. *Remarque I.* — Lorsque la troisième décimale du logarithme doit changer dans le courant d'une ligne horizontale, on a laissé en blanc, dans cette ligne, les cases qui devraient renfermer les quatre dernières figures des logarithmes pour lesquels le changement a lieu. Ces quatre dernières décimales sont inscrites dans la ligne au-dessous et en face du nombre isolé suivant dans la colonne 0.

Ainsi l'on trouve

$$\log 87902 = 4,9439988,$$
$$\log 87903 = 4,9440037 \ (*).$$

411. *Remarque II.* — La dernière colonne intitulée *diff* contient les différences entre deux logarithmes consécutifs et les dixièmes de ces différences, c'est-à-dire le produit de ces mêmes différences par

$$\frac{1}{10}, \quad \frac{2}{10}, \quad \frac{3}{10}, \dots, \quad \frac{9}{10}.$$

(*) Les tables de Schrön (professeur à Iéna), publiées récemment en France, sont supérieures à celles de Callet; elles sont plus correctes et d'une lecture plus facile. Dans l'introduction, M. Houël appelle l'attention du lecteur sur la modification suivante: « Lorsque le changement du troisième (ou du quatrième) chiffre du loga-
» rithme a lieu dans le courant d'une ligne, on ne met les chiffres changés qu'en
» face de la ligne suivante, en indiquant par des astérisques les logarithmes de la
» première ligne pour lesquels le changement a eu lieu. »

Ainsi l'on trouve

$$\log 36503 = 4,5623286$$
$$\log 36502 = 4,5623167$$
$$\text{dif.} \quad = 0,0000119$$

Ces 119 unités du septième ordre décimal figurent dans la colonne intitulée *diff,* au-dessus d'une petite table qu'il serait facile de former, mais qu'il est plus commode d'avoir toute calculée. Cette table, que nous reproduisons ci-dessous et à gauche, indique d'une manière abrégée les résultats suivants :

119		
1	12	$119 \times 0,1 = 11,9$ unités du 7e ordre.
2	24	$119 \times 0,2 = 23,8$ »
3	36	$119 \times 0,3 = 35,7$ »
4	48	$119 \times 0,4 = 47,6$ »
5	60	$119 \times 0,5 = 59,5$ »
6	71	$119 \times 0,6 = 71,4$ »
7	83	$119 \times 0,7 = 83,3$ »
8	95	$119 \times 0,8 = 95,2$ »
9	107	$119 \times 0,9 = 107,1$ »

On a négligé dans cette table les unités du 8e ordre, en ayant soin de forcer le 7e lorsque le suivant était 5 ou plus grand que 5.

Comme de 10200 à 17400 ces tables de différences sont trop nombreuses, on les a disposées sur deux colonnes et même, dans les quatre premières pages, on n'a placé les tables des dixièmes de ces différences que de deux en deux ; si l'on veut prendre une fraction de l'une de ces différences qui n'est pas accompagnée de sa petite table, on prendra la moyenne des résultats fournis par les tables voisines. Ainsi les 0,7 de 384 s'obtiendront en prenant la moyenne des deux nombres

$$385 \times 0,7 = 270 \quad \text{et} \quad 383 \times 0,7 = 268 ;$$

cette moyenne est évidemment

$$269.$$

§ IV. — USAGE DES TABLES.

Nous avons vu que la recherche du logarithme d'un nombre décimal supérieur à 1 revient à celle du logarithme d'un nombre entier et nous verrons plus loin que l'on peut ramener les calculs sur les nombres moindres que 1 à des calculs sur les nombres supérieurs à l'unité. Il suffit donc, pour effectuer un calcul par logarithme, de savoir résoudre les deux problèmes suivants :

1° Un nombre entier quelconque étant donné, trouver son logarithme à l'aide des tables.

2° Un logarithme étant donné, trouver à l'aide des tables le nombre auquel il appartient.

Problème I.

412. *Étant donné un nombre, trouver son logarithme.*

1ᵉʳ CAS. — *Le nombre entier donné est moindre que 1200.* Son logarithme se trouve alors, avec huit décimales, dans la première chiliade et parmi les nombres qui sont dans les colonnes intitulées *log.* On trouvera ainsi

$$\log 231 = 2{,}36361198,$$
$$\log 1152 = 3{,}06145248.$$

413. **2ᵉ CAS.**—*Le nombre est compris entre 1020 et 10800.* Son logarithme se trouve dans la seconde partie de la table et parmi les nombres de la colonne intitulée 0. Si dans l'alignement du nombre on voit sept chiffres de front, on a tout de suite la partie décimale du logarithme cherché ; sinon il faut écrire à la gauche des quatre chiffres déjà trouvés les trois chiffres isolés inscrits plus haut vers la gauche de la même colonne 0.

Exemples : $\log 3281 = 3{,}5160062,$
                $\log 1764 = 3{,}2464986.$

414. **3ᵉ CAS.** — *Le nombre est compris entre 10200 et*

108000. On fera pour un instant abstraction du dernier chiffre et l'on cherchera dans la colonne N le nombre formé par les quatre premières figures ; on suivra la ligne horizontale correspondante de gauche à droite jusqu'à ce que l'on soit dans la colonne au haut de laquelle est inscrit le cinquième chiffre laissé de côté. Les quatre figures ainsi trouvées sont les quatre dernières décimales du logarithme cherché ; quant aux trois premières, on les trouvera en remontant le long de la marge de la colonne intitulée 0.

Exemple :   log 27205 = 4,4346487.

415. 4ᵉ cas. — *Le nombre est compris entre* 108000 *et* 1000000. On sépare par un point la dernière figure que l'on considère pour un instant comme exprimant des dixièmes ; puis on cherche comme ci-dessus le logarithme du nombre représenté par les cinq premières figures du nombre donné. On choisit alors, parmi les tables des différences, celle qui est la plus voisine de ce logarithme, et l'on y prend le nombre de dixièmes de la différence marqué par le sixième chiffre laissé de côté ; on ajoute ce nombre au logarithme trouvé précédemment et leur somme, précédée de la caractéristique convenable, est le logarithme du nombre donné.

Ex. I : Chercher le logarithme de 510873 :

$$\log 510870 = 5,7083104$$
$$\text{Pour} \quad 3 \ldots \ldots 26$$
$$\log 510873 = 5,7083130$$

En effet, la partie décimale du logarithme de 510873 est égale à celle du logarithme 51087,3. Or, on trouve dans la table

pour log 51087   7083104 ⎞
  » log 51088   7083189 ⎠ différence = 85.

Donc le logarithme de 51087,3 sera intermédiaire ; or, il est facile de voir, à l'inspection de la table, que *les accroissements des nombres sont sensiblement proportionnels aux accroisse-ments des logarithmes lorsque les nombres sont plus grands que 10000 et leurs accroissements très-petits.* Nous aurons donc la proportion

$$\frac{1}{0,3} = \frac{85}{y},$$

d'où

$$y = 0,3 \times 85 = 26,$$

85 et 26 représentant des unités du 7ᵉ ordre.

Ex. II : Soit encore à chercher le logarithme de 889598. On fera le tableau de calculs suivant :

$$
\begin{aligned}
&\text{Pour } 88959 \ldots \ldots \quad 9491899 \\
&\text{Pour } \ldots \ 8 \ldots \ldots \qquad\quad 39 \\
&\overline{} \\
&\log 889598 = 5,9491938
\end{aligned}
$$

416. *Remarque.* — Le principe sur lequel on s'appuie pour établir cette proportion se vérifie de suite en ouvrant les tables; lorsqu'un nombre augmente de 1, 2,... unités, son logarithme augmente de 1 fois, 2 fois,... la différence tabulaire.

Mais il est bon de remarquer que la proportionnalité ainsi admise entre les accroissements des nombres et ceux des logarithmes n'est pas rigoureuse; seulement l'erreur ainsi commise est moindre qu'une unité du 7ᵉ ordre décimal.

On a, en effet, en désignant par n, $n+1$, $n+2$, trois nombres entiers consécutifs,

$$\log(n+1) - \log n = \log\frac{n+1}{n} = \log\left(1 + \frac{1}{n}\right),$$

$$\log(n+2) - \log(n+1) = \log\frac{n+2}{n+1} = \log\left(1 + \frac{1}{n+1}\right);$$

la différence tabulaire comprise entre n et $n+1$ n'est donc pas rigoureusement égale à celle qui correspond à $n+1$ et

$n + 2$; mais, à partir de 10000, l'erreur est négligeable, puisque l'on a

$$\Delta = \log \left(1 + \frac{1}{10000} \right) = 0{,}00004343,$$

$$\Delta' = \log \left(1 + \frac{1}{10001} \right) = 0{,}00004342,$$

et l'erreur commise atteint à peine une unité du 8e ordre.

417. 5e CAS. — *Le nombre est composé de sept ou huit chiffres significatifs.* On sépare les cinq premiers à gauche et l'on cherche comme précédemment (3e cas) le logarithme du nombre ainsi formé; on multiplie ensuite la différence tabulaire correspondante par le nombre que forment les deux ou trois derniers chiffres négligés considérés comme des centièmes ou des millièmes. — La partie entière du produit sera le nombre d'unités du 7e ordre décimal qu'il faut ajouter au logarithme déjà trouvé.

Exemple I : Soit à calculer log 3456789 :

$$\text{Pour} \quad 34567 \ldots \ldots \ldots 5386617 \qquad \Delta = 126$$

$$126 \times 0{,}89 = \ldots \quad \underline{112}$$

$$x = 6{,}5386729$$

En effet, les log de 3456789 et de 34567,89 ayant les mêmes décimales, cherchons celles du log de 34557,89 : puisque

la mantisse de log 34568 est 53 86743

et celle de log 34567 est 53 86617

$$\overline{\text{Différence} \ldots \qquad 126 = \Delta,}$$

la mantisse de log 34567,89 sera intermédiaire et surpassera celle de log 34567 d'un nombre d'unités du 7e ordre donné par la proportion

$$\frac{1}{0{,}89} = \frac{126}{y},$$

d'où

$$y = 126 \times 0,89 = 112.$$

On peut éviter cette multiplication en faisant usage des petites tables de parties proportionnelles : Il est clair que

$$126 \times 0,89 = 126 \times 0,8 + 126 \times 0,09;$$

or, on trouve

$$126 \times 0,8 = 101,$$
$$126 \times 0,9 = 113,$$

et, par suite,

$$126 \times 0,09 = 11,3;$$

on disposera donc le calcul de la manière suivante :

$$
\begin{aligned}
\text{Pour } 34567 &\ldots 5386617 \\
8 &\ldots \quad 101 \\
9 &\ldots \quad\ 11 \\
\hline
\log 3456789 &= 6,5386729
\end{aligned}
$$

Exemple II : Soit à calculer log 35,895263.

Ce logarithme a la même mantisse que log 35 895,263 ; on a,

$$
\begin{aligned}
\text{Pour} \quad 35895 &\ldots 5550340 \quad \Delta = 121 \\
121 \times 0,263 &\ldots \quad\quad 32 \\
\hline
x &= 1,5550372
\end{aligned}
$$

On peut éviter cette multiplication en se servant des petites tables de différences ; on dispose ainsi le calcul :

$$
\begin{aligned}
\text{Pour} \quad 35895 &\ldots 5550340 \\
2 &\ldots \quad\quad 24 \\
6 &\ldots \quad\quad 7 \\
3 &\ldots \quad\quad 1 \\
\hline
x &= 1,5550372
\end{aligned}
$$

On voit, par cet exemple, que le 8e chiffre du nombre influe fort peu sur la 7ème décimale du logarithme; on peut généralement le négliger dans les calculs en ayant soin de forcer le 7e chiffre du nombre si le 8e est 5 ou supérieur à 5.

Exemple III : Soit encore à calculer log 7,5848268.

On cherchera la partie décimale de log 75848,27 :

$$
\begin{array}{rcl}
\text{Pour} \quad 75848 & \ldots & 8799441 \; . \\
2 & \ldots & 12 \\
7 & \ldots & 4 \\
\hline
x = & & 0,8799457
\end{array}
$$

Problème II.

418. *Étant donné un logarithme, trouver le nombre correspondant.*

1er CAS. — Si le logarithme donné est dans la première chiliade, le nombre cherché se trouve dans la colonne intitulée N et dans l'alignement du logarithme.

2e CAS. — Si le logarithme n'est pas dans cette première table, on cherchera ses trois premières figures dans la colonne 0 de la seconde table. Les ayant trouvées, on cherchera les quatre derniers chiffres du logarithme parmi les nombres de quatre chiffres qui sont dans la même colonne en descendant. Si l'on y trouve ces quatre dernières décimales, le nombre cherché sera dans la colonne N et sur leur alignement.

Soit, par exemple, à chercher le nombre x, sachant que

$$\log x = 0,3925211 :$$

on trouvera ainsi

$$x = 2,469.$$

3e CAS. — Si l'on ne trouve pas, dans la colonne marquée 0, les quatre dernières figures du logarithme donné, on s'arrêtera dans cette colonne à celles qui en approchent le plus *en moins;* on suivra la ligne sur laquelle on se sera arrêté, en la parcourant de gauche à droite et, si l'on trouve dans cette ligne les quatre dernières figures du logarithme donné, on suivra en montant ou en descendant la colonne dans laquelle on les aura trouvées; le chiffre que l'on verra à la tête ou au pied de cette colonne sera la cinquième figure du nombre cherché; les premières seront dans la colonne N et sur la même ligne que les quatre derniers chiffres du logarithme donné.

Soit, par exemple, à calculer le nombre x, sachant que

$$\log x = 3,5178159.$$

Je cherche 517 parmi les nombres isolés de la colonne 0; je parcours, en descendant, cette même colonne et je trouve que 7236 approche le plus en moins de 8159; je suis la ligne qui commence par 7236 et je trouve 8159 sur cette ligne, dans la colonne intitulée 7. Comme 8159 se trouve dans la ligne correspondant au nombre 3294, j'écris ce nombre et à sa droite le chiffre 7; j'obtiens ainsi

$$x = 3294,7.$$

4° CAS. — Le logarithme donné n'est pas dans la table. On cherche alors le logarithme de la table qui s'en approche le plus par défaut et on le retranche du logarithme donné; ensuite on multiplie par 100 la différence ainsi trouvée et l'on divise le produit par la différence tabulaire la plus prochaine. Le quotient limité à ses deux premiers chiffres représentera les deux dernières figures du nombre demandé; les cinq premières seront celles du nombre qui correspond au logarithme de la table.

Soit, par exemple, à calculer le nombre x, sachant que

$$\log x = 2,8386717.$$

On trouve dans la table

Pour log 68971 ...   8386665

Différence   52 $\Delta = 63$

En divisant 5200 par 63, on trouve 82 pour quotient,

$$\begin{array}{c|c} 5200 & 63 \\ 160 & \overline{82} \\ 34 & \end{array}$$

par conséquent

$$x = 689,7182.$$

En effet, lorsque le logarithme augmente de 63 unités du 7e ordre, le nombre augmente de 1 et devient 68972 au lieu d'être 68971 ; donc, lorsque le logarithme croîtra de 52 unités du 7e ordre seulement, le nombre 68971 augmentera de la fraction y donnée par la proportion

$$\frac{63}{52} = \frac{1}{y}, \quad \text{d'où} \quad y = \frac{52}{63}.$$

On réduit cette fraction en décimales, mais il est inutile d'aller au delà du chiffre des centièmes : nous avons vu, en effet, que la huitième figure d'un nombre n'avait pas une influence sensible sur la septième décimale du logarithme ; donc, inversement, lorsqu'on revient du logarithme au nombre, les sept premières décimales du logarithme déterminent seulement les sept premières figures du nombre.

Remarque. — La table des parties proportionnelles dispense de la division précédente. Voici comment on dispose le calcul :

$$\begin{array}{lll} & \log x = & 2,8386717 \\ \text{Pour} & 68971 \ldots & 665 \\ & 8 \ldots & 52 \\ & 3 \ldots & 50 \\ x = 689,7183 & & 2 \end{array}$$

On ne trouve pas 52 dans la table de différence qui correspond à 63, mais seulement 50, répondant à 0,8 ; donc 8 est le sixième chiffre du nombre cherché : pour avoir le septième, on retranche 50 de 52 et l'on multiplie le reste 2 par 10, ce qui donne 20. Comme on trouve 19 dans la petite table de différence en regard de 0,3, le septième chiffre est 3 et les sept premières figures du nombre sont 6897183; on place ensuite la virgule au troisième rang à partir de la gauche, parce que la caractéristique du logarithme est 2.

EXEMPLES DE CALCULS PAR LOGARITHMES.

I. *Calculer la surface du triangle ayant pour côtés*

$$a = 1026,53, \qquad b = 1231^m,62, \qquad c = 1384^m,78$$

à l'aide de la formule

$$S = \sqrt{p(p-a)(p-b)(p-c)}$$

dans laquelle

$$2p = a + b + c.$$

SOLUTION.

$$2p = 3642^m,93, \qquad \text{Calcul de S.}$$

$p =$	1821,465,	$\log p =$ 3,2604208,
$p - a =$	794,935,	$\log p - a =$ 2,9003317,
$p - b =$	589,845,	$\log p - b =$ 2,7707379,
$p - c =$	436,685,	$\log p - c =$ 2,6401683,

$$2 \log S = 11,5716587,$$
$$\log S = 5,7858293,$$
$$S = 610702^{mq}.$$

II. *Calculer la surface d'un trapèze connaissant les 4 côtés*

$$a = 2020^m,42, \qquad b = 1087,55, \qquad c = 1073,75, \qquad d = 987,64,$$

en appliquant la formule

$$S = \frac{a+b}{a-b} \sqrt{(p-a)(p-b)(p-b-c)(p-b-d)}.$$

SOLUTION.

$$\text{Log } S = \log(a+b) - \log(a-b)$$

$$+ \frac{1}{2} \left\{ \begin{array}{l} \log(p-a) + \log(p-b) \\ + \log(p-b-c) + \log(p-b-d) \end{array} \right\}$$

$$2p = 5169,36, \qquad a+b = 3107,97,$$

$$p = 2584,68, \qquad a-b = \ 932,87,$$

$$p-a = 564,26, \qquad \log(p-a) = \ 2,7514793,$$

$$p-b = 1497,13, \qquad \log(p-b) = \ 3,1752595,$$

$$p-b-c = 423,38, \qquad \log(p-b-c) = \ 2,6267303,$$

$$p-b-d = 509,49, \qquad \log(p-b-d) = \ 2,7071357,$$

$$\log(a+b) = 3,4924768, \qquad 2\log\sqrt{\ } = 11,2606048,$$

$$\log(a-b) = 2,9698211, \qquad \log\sqrt{\ } = \ 5,6303024,$$

$$\log\frac{(a+b)}{(a-b)} = \ 0,5226557,$$

$$\log S = \ 6,1529581,$$

$$S = 1422191^{mq}.$$

ERREUR COMMISE SUR UN NOMBRE CALCULÉ A L'AIDE DE SON LOGARITHME.

419. PROPOSITION. — *Lorsque le logarithme d'un nombre est connu à moins d'une unité du 7e ordre décimal, l'erreur relative que l'on commet en revenant de ce logarithme au nombre est moindre que le quart d'un millionième.*

DÉMONSTRATION. — Soit à déterminer x, sachant que

$$\log x = 4,7569108 (\pm 1);$$

le chiffre (± 1) veut dire que l'incertitude de ce logarithme est au plus d'une unité du 7e ordre décimal et que l'on ignore si l'erreur est par excès ou par défaut.

On trouve dans la table

$$\log 57136 = 4,7569098, \qquad \Delta = 76;$$

comme la différence entre ce logarithme et $\log x$ est 10, on a
$$x = 57136,13.$$

Calculons maintenant l'erreur relative de ce nombre : si l'incertitude du logarithme était de 76 unités du 7° ordre décimal, l'erreur commise sur le nombre serait d'une unité de l'ordre du 6 et l'on pourrait simplement affirmer que x est compris entre 57135 ou 57137 ; mais, l'incertitude sur le logarithme étant une unité du 7° ordre, l'erreur possible commise sur le nombre n'atteint pas $\dfrac{1}{76}$ ou 0,013 ; ainsi le nombre x est compris entre

$$57136,13 + 0,013 \quad \text{et} \quad 57136,13 - 0,013,$$

ou bien entre

$$57136,143 \quad \text{et} \quad 57136,117.$$

L'erreur relative correspondante est inférieure à

$$\frac{1}{76 \times 57126} = \frac{1}{4342336}$$

et à plus forte raison moindre que le quart de 0,000001.

Ainsi, *lorsque l'erreur absolue du logarithme est moindre que* $\dfrac{1}{10^7}$, *l'erreur relative du nombre auquel il correspond est plus petite que l'inverse du produit de la différence tabulaire par le nombre entier de 5 chiffres inscrit dans les tables.*

Parcourant les tables, on trouve :

N	Δ	N.Δ
11 000	395	4 345 000
30 000	145	4 350 000
40 000	87	4 350 000
90 000	49	4 410 000
100 000	44	4 400 000.

Ces produits étant tous supérieurs à 4000000, on peut dire que l'erreur relative commise sur le nombre est toujours inférieure au quart d'un millionième.

— Il est clair que cette erreur devient double, triple, ... si l'incertitude du logarithme est 1, 2, 3, ... unités du 7° chiffre.

§ V. — LOGARITHMES DES NOMBRES PLUS PETITS QUE L'UNITÉ.

420. Dans tout ce qui précède, nous avons supposé que les expressions calculées par logarithmes ne renfermaient que des nombres plus grands que 1 ; on ramène au cas précédent les calculs sur des nombres inférieurs à l'unité en multipliant les données et le résultat du calcul par une puissance convenable de 10.

Ex. I : Soit $x = 97829 \times 0{,}75697$:

en multipliant par 10 les deux membres de cette égalité, on a

$$10x = 97829 \times 7{,}5697,$$
$$\log\ 97829 = 4{,}9904676$$
$$\log\ 7{,}5697 = \underline{0{,}8790787}$$
$$\log\ 10x = 5{,}8695463$$
$$10x = 740536{,}1$$
$$x = 74053{,}61.$$

Ex. II : Soit $x = 9{,}7829 : 0{,}075697$; ce calcul revient au suivant :

$$x = 9{,}7829 : \frac{7{,}5697}{100} = \frac{9{,}7829 \times 100}{7{,}5697},$$

$$\log\ 9{,}7829 = 0{,}9904676$$
$$\log\ 100 = 2$$
$$-\log\ 7{,}5697 = \underline{0{,}8790787}$$
$$\log\ x = 2{,}1113889$$
$$x = 129{,}2376.$$

Ex. III : Soit

$$x = \sqrt[3]{\frac{0,3}{17}}.$$

Multipliant par 10 les deux membres de cette égalité, on a

$$10\,x = \sqrt[3]{\frac{30}{17}};$$

effectuant le calcul de $10\,x$ par logarithmes, on a

$$
\begin{aligned}
\log\ 30 &= 1,4771213 \\
-\log\ 17 &= 1,2304489 \\
\hline
2\log\ 10\,x &= 0,2466724 \\
\log\ 10\,x &= 0,1233362 \\
10\,x &= 1,328422 \\
x &= 0,1328422.
\end{aligned}
$$

421. *Logarithmes à caractéristiques négatives.* — On arrive plus facilement aux mêmes résultats à l'aide des logarithmes dont la caractéristique est négative et la partie décimale positive.

Reprenons le premier exemple qui précède : nous avions

$$\log 10\,x = \log 97829 + \log 7,5697$$

et, par suite,

$$\log x + \log 10 = \log 97829 + \log 7,5679$$

ou

$$\log x = \log 97829 + (\log 7,5697 - 1).$$

Convenons d'appeler $\log 0,75697$ la quantité

$$\log 7,5697 - 1 = 0,8790787 - 1,$$

que l'on écrit ainsi

$$\overline{1},8790787;$$

nous aurons

$$\log x = \log 97829 + \log 0,75697.$$

Le théorème sur le logarithme d'un produit peut donc, avec cette convention, s'appliquer aux nombres plus petits que 1; on a ainsi un tableau de calcul plus simple :

$$\log\ 97829 = 4,9904676$$
$$\log\ 0,75697 = \overline{1},8790787$$
$$\log\ x = 4,8695463$$
$$x = 74053,61.$$

— De même, dans le second exemple, nous avons trouvé

$$\log x = \log 9,7829 + \log 100 - \log 7,5697,$$

ou

$$\log x = \log 9,7829 - (\log 7,5697 - 2);$$

convenons d'appeler $\log 0,75697$ la quantité

$$\log 7,5697 - 2 = \overline{2},8790787,$$

nous aurons

$$\log x = \log 9,7829 - \log 0,075697;$$

avec cette convention, le théorème sur le logarithme d'un quotient s'applique aux nombres plus petits que l'unité et nous avons le tableau de calcul suivant, identique à celui de la page 617 :

$$\log 9,7829 = 0,9904676$$
$$\log 0,075697 = \overline{2},8790787$$
$$\log x = 2,1113889$$
$$x = 129,2376.$$

—Enfin, dans le troisième exemple, nous écrirons simplement

$$\log\ 0,3 = \overline{1},4771213$$
$$-\log\ 17 = 1,2304489$$
$$2\log\ x = \overline{2},2466724$$
$$\log\ x = \overline{1},1233362$$
$$x = 0,1328422.$$

Ainsi, pour généraliser les énoncés et les règles de calcul, on est conduit à la convention suivante : *Les nombres plus petits que l'unité ont des logarithmes à caractéristique négative et la valeur absolue de cette caractéristique est égale au rang, après la virgule, du premier chiffre significatif décimal;* la partie décimale est positive et égale à celle du logarithme du nombre entier composé des mêmes figures.

422. *Remarque I.* — On est conduit également à cette convention en généralisant le principe du n° 407 :

Si l'on divise un nombre A *par* 10^n, *on diminue de n unités la caractéristique de son logarithme :* ayant, par exemple,

$$\log 200000 = 5{,}3010300,$$

on aura

$$\log 2 = 5{,}3010300 - 5 = 0{,}3010300.$$

Mais, en établissant ce principe, nous avons supposé que le quotient $A : 10^n$ était plus grand que l'unité; levons cette restriction et convenons d'appliquer la règle dans tous les cas; nous aurons

$$\log 0{,}002 = \log 2 - 3 = 0{,}3010300 - 3 = \overline{3}{,}3010300.$$

423. *Remarque II.* — On arrive à la même conclusion en prolongeant les deux progressions vers la gauche; on obtient ainsi les deux suites

$$\div \ldots \frac{1}{1000} : \frac{1}{100} : \frac{1}{10} : 1 : 10 : 100 : 1000 : \cdots,$$

$$\div \ldots -3 . -2 . -1 . 0 . 1 . 2 . \quad 3 \cdots,$$

et les logarithmes des nombres

$$0{,}1, \quad 0{,}01, \quad 0{,}001 \ldots,$$

sont égaux respectivement à

$$-1, \quad -2, \quad -3, \ldots$$

On voit donc qu'un nombre tel que 0,2 compris entre 1 et 0,1 aura un logarithme négatif compris entre 0 et 1 et l'on peut dire que ce logarithme renferme une partie décimale positive et une partie entière égale à —1 ; on peut donc écrire

$$\log 0{,}2 = \overline{1}{,}3010300.$$

De même, un nombre tel que 0,02 compris entre 0,1 et 0,01 aura un logarithme négatif compris entre $\overline{1}$ et $\overline{2}$; on écrira par conséquent

$$\log 0{,}02 = \overline{2}{,}3010300.$$

Si, au contraire, on revient d'un logarithme négatif au nombre correspondant, la caractéristique négative donne immédiatement le rang, après la virgule, du premier chiffre significatif décimal ; ayant, par exemple,

$$\log x = \overline{5}{,}3010300,$$

on écrira de suite, en plaçant le chiffre 2 au 5ᵉ rang à partir de la virgule,

$$x = 0{,}00002.$$

OPÉRATIONS SUR LES LOGARITHMES A CARACTÉRISTIQUE NÉGATIVE.

424. 1° *Addition.* — On ajoute les parties décimales qui sont toujours positives, puis les parties entières en tenant compte des signes des caractéristiques. Ainsi l'on a

$$4{,}9904676 + \overline{1}{,}8790787 = 4{,}8695463,$$

et l'on dit, en faisant la *somme algébrique* des parties entières : 1 de retenue et $\overline{1}$, zéro ; 4 est donc la caractéristique du résultat.

De même, en faisant l'addition,

$$\begin{aligned}
&\overline{2}{,}9003316 \\
&\overline{3}{,}7707378 \\
&1{,}6401683 \\
\hline
&\overline{2}{,}3112377
\end{aligned}$$

arrivé à la somme des caractéristiques, on dira : 2 de retenue et $\overline{2}$, zéro ; $\overline{3}$ et $+1$ font $\overline{2}$; c'est la partie entière de la somme.

425. 2° *Soustraction*. — Soit à effectuer les soustractions partielles suivantes :

$$\overline{3},4567895 \qquad 2,4567895 \qquad \overline{5},4567895$$
$$1,6356789 \qquad \overline{6},6356789 \qquad \overline{2},6356789$$
$$\overline{5},8211106 \qquad 7,8211106 \qquad \overline{4},8211106$$

On soustraira facilement les parties décimales ; arrivé à la soustraction des caractéristiques on dira :

1re *opération*. 1 et 1 de retenue, 2 ; retranchés de $\overline{3}$, donnent $\overline{5}$ à la caractéristique du résultat.

2e *opération*. $\overline{6}$ et 1 de retenue font $\overline{5}$, et, par soustraction, $+5$; 5 et 2 font 7.

3e *opération*. $\overline{2}$ et 1 de retenue font $\overline{1}$, et, par soustraction, $+1$; en l'ajoutant à $\overline{5}$, on a $\overline{4}$ pour partie entière du résultat.

Il est toujours prudent de vérifier ces soustractions ; en ajoutant le résultat au logarithme inférieur on doit retrouver le premier.

426. 3° *Multiplication*. — Soit à faire le produit

$$\overline{1},4367894 \times 5,$$

on commencera la multiplication par la droite et, arrivé au chiffre des dixièmes, on dira : 5 fois 4, 20 et 1 de retenue 21 ; je pose 1 et retiens 2 ; 5 fois $\overline{1}$, font $\overline{5}$, qui, ajoutés aux retenues 2, donnent $\overline{3}$; ainsi

$$\overline{1},4367894 \times 5 = \overline{3},1839470.$$

427. 4° *Division*. — Soit à effectuer la division

$$\overline{6},2466724 : 2 ;$$

la caractéristique négative étant un multiple du diviseur, on prendra la moitié de chacune des parties du logarithme, ce qui donnera

$$\overline{6},2466724 : 2 = \overline{3},1233362.$$

Si l'on devait diviser ce même logarithme par 5, on ne pourrait plus procéder de cette manière; on ajouterait $\overline{4}$ à la caractéristique du logarithme et l'on dirait : le cinquième de $\overline{10}$ est $\overline{2}$; pour compenser, ajoutons 4 unités ou 40 dixièmes à la partie décimale, ce qui donnera 42 dixièmes dont la cinquième partie est 8; le cinquième de 24 est 4 pour 20, etc.....

Ceci revient à écrire

$$\frac{\overline{6},2466724}{5} = \frac{\overline{10},2466724 + 4}{5} = \frac{\overline{10}}{5} + \frac{4,2466724}{5}$$

et, en effectuant chacune des divisions indiquées, on a

$$\frac{\overline{6},2466724}{5} = \overline{2},8493345.$$

§ VI. — USAGE DES COMPLÉMENTS.

428. DÉFINITION. — On appelle *complément par rapport à 1 de la partie décimale d'un logarithme ce qu'il faut lui ajouter pour obtenir l'unité* (*).

On écrit de suite ce complément en lisant le logarithme dans la table :

429. RÈGLE. — *On retranche de 9 tous les chiffres à partir de la gauche, sauf le dernier à droite que l'on retranche de 10.*

Ainsi

$$\text{Comp}^\text{t}\ 0,4971499 = 0,5028501.$$

430. PROPOSITION. — *Au lieu de retrancher un logarithme,*

(*) L'usage des compléments fut introduit par Edmond Gunter (1626), professeur d'astronomie au collége de Gresham à Londres. C'est à Gunter qu'est due l'invention de la *Règle à calcul* ou *Règle logarithmique.*

il suffit d'ajouter d'abord le complément de sa partie décimale, puis sa caractéristique augmentée de $+1$ puis changée de signe.

Démonstration. — Soit à calculer le quotient $x = a : b$; nous aurons

$$\log x = \log a - \log b;$$

désignons par E la partie entière de $\log b$ et par f la partie décimale, nous pouvons écrire, en ajoutant et retranchant l'unité,

$$\log x = \log a - (E + f) = \log a - E - 1 + (1 - f),$$

ou

$$\log x = \log a - (E + 1) + \text{compl}^{t} \text{ de } f,$$

ce qui justifie l'énoncé.

Si la caractéristique de $\log b$ était négative et égale à $\overline{E}'$, nous aurions

$$\log x = \log a - (\overline{E}' + f) = \log a + E' - f,$$

ou bien, en ajoutant et retranchant l'unité,

$$\log x = \log a + E' - 1 + (1 - f),$$

ce que l'on peut écrire

$$\log a - (\overline{E}' + 1) + \text{compl}^{t} \text{ de } f;$$

ce qui justifie encore l'énoncé précédent.

Exemples :

$$1° \qquad\qquad x = \frac{\pi}{173},$$

$$\log x = 0,4971499 - 2,2380461$$
$$= 0,4971499 - 3 + (1 - 0,2380461),$$
$$\log x = 0,4971499 + \overline{3},7619539 = \overline{2},2591038,$$

$$\text{d'où} \quad x = 0,0181595.$$

$2°$
$$x = \frac{\pi}{0,00569},$$

$$\log x = 0,4971499 - \overline{3},7551123$$
$$= 0,4971499 + 3 - 0,7551123,$$

ce que l'on peut écrire

$$0,4971499 + 2 + (1 - 0,7551123),$$

ou

$$0,4971499 + 2,2448877 ;$$

on a donc

$$\log x = 2,7420376, \qquad x = 552,125.$$

Remarque. — Pour abréger, on dit souvent : *au lieu de retrancher un logarithme, il suffit d'ajouter son complément.*

431. *Avec les compléments on évite les soustractions.*
Le calcul des expressions fractionnaires de la forme

$$x = \frac{abc}{def}$$

exige les deux tableaux d'opérations qui suivent :

$$\log a = \ldots \ldots \qquad \log d = \ldots \ldots$$
$$\log b = \ldots \ldots \qquad \log e = \ldots \ldots$$
$$\log c = \underline{\ldots \ldots} \qquad \log f = \underline{\ldots \ldots}$$
$$\log \text{num}^{\text{r}} = \ldots \ldots \qquad \log \text{dén}^{\text{r}} = \ldots \ldots$$
$$\log \text{dén}^{\text{r}} = \underline{\ldots \ldots}$$
$$\log x = \ldots \ldots$$
$$x = \ldots \ldots$$

et l'on a dû effectuer deux additions et une soustraction ; avec les compléments, on n'a qu'une seule addition à faire :

$$\log x = \log a + \log b + \log c + \text{C}^{\text{t}}\log d + \text{C}^{\text{t}}\log e + \text{C}^{\text{t}}\log f.$$

Ex. I.
$$x = \frac{38067 \times 0{,}000507 \times 1{,}3596}{0{,}5498 \times 300 \times 0{,}0086735},$$

$$\log 38067 = 4{,}5805487$$
$$\log 0{,}000507 = \overline{4}{,}7050080$$
$$\log 1{,}3596 = 0{,}1334112$$
$$C^t \log 0{,}5498 = 0{,}2597953$$
$$C^t \log 300 = \overline{3}{,}5228787$$
$$C^t \log 0{,}0086735 = 2{,}0618056$$
$$\overline{\qquad\qquad\qquad\qquad}$$
$$\log x = 1{,}2634475$$
$$x = 18{,}34203.$$

II. Soit à calculer

$$x = \frac{0{,}0084321 \times \sqrt[3]{\dfrac{2}{15}}}{\sqrt[3]{8{,}37}};$$

Calcul de $\log \sqrt[3]{\dfrac{2}{15}} = y,$

$$\log 2 = 0{,}3010300$$
$$C^t \log 15 = \overline{2}{,}8239087$$
$$\overline{\qquad\qquad\qquad}$$
$$3y = \overline{1}{,}1249387$$
$$y = \overline{1}{,}7083129$$

Calcul de $\log \sqrt{8{,}37}.$

$$\log 8{,}37 = 0{,}9227255$$
$$\tfrac{1}{2} \log 8{,}37 = 0{,}4613627.$$

Calcul de $x.$

$$\log 0{,}0084321 = \overline{3}{,}9259357$$
$$\log \sqrt[3]{\dfrac{2}{15}} = \overline{1}{,}7083129$$
$$C^t \log \sqrt{8{,}37} = \overline{1}{,}5386373$$
$$\overline{\qquad\qquad\qquad}$$
$$\log x = \overline{3}{,}1728859$$
$$x = 0{,}00148897$$

III. Soit encore à calculer

$$x = \sqrt{\frac{\sqrt[7]{15{,}92} \times \sqrt[3]{0{,}0182}}{0{,}00526 \times (196)^5}}.$$

$$\frac{1}{7} \log 15,92 = 0,1717062$$

$$\frac{1}{3} \log 0,0182 = \overline{1},4200238$$

$$C^t \log 0,00526 = 2,2790143$$

$$C^t \log 196^5 = \overline{12,5387195}$$

$$2 \log x = \overline{10},4094638$$

$$\log x = \overline{5},2047319$$

$$x = 0,00001602256$$

Calculs auxiliaires.

$$\log 15,92 = 1,2019431$$

$$\log 0,0182 = \overline{2},2600714$$

$$\log 196 = 2,2922561$$

$$\log 196^5 = 11,4612805$$

§ VII. — INCERTITUDE D'UN RÉSULTAT CALCULÉ PAR LOGARITHMES.

432. Lorsqu'on effectue par logarithmes un calcul sur des données inexactes, on peut juger facilement de l'approximation du résultat. On met en regard des divers logarithmes l'erreur maximum ou l'incertitude qui peut affecter leurs dernières décimales. La somme de ces erreurs donnera l'erreur maximum de la somme ou de la différence de ces logarithmes, c'est-à-dire du logarithme du produit ou du quotient qu'il s'agit de calculer ; dans l'extraction des racines carrées, cubiques,.... l'erreur maximum du logarithme de la racine sera la moitié, le tiers, etc.... de celle du logarithme de la puissance ; en comparant l'incertitude du logarithme final à la différence tabulaire la plus voisine, on conclut l'incertitude du nombre correspondant, c'est-à-dire du résultat cherché.

Exemple I. — Calculer le rayon d'une sphère équivalente à un parallélipipède à base carrée : la hauteur de ce parallélipipède est 4ᵐ,529 et le côté de sa base est 1ᵐ,457, ces dimensions étant exactes à moins d'un demi-millimètre près.

Solution. — Soit x le rayon de cette sphère ; on aura l'équation

$$\frac{4}{3} \pi x^3 = 4,529 \times 1,457^2,$$

d'où

$$x = \sqrt[3]{\dfrac{4{,}529 \times 1{,}457^2}{\dfrac{4}{3}\pi}}\,;$$

et l'on dispose le calcul de la manière suivante :

	Logarithmes.	Incertitudes.
1,457	0,16346	15
4,529	0,65600	5
1,457²	0,32692	30
4,529	0.65600	5
$C^t \dfrac{4}{3}\pi$	$\overline{1},37791$	1
x^3	0,36083	36
x	0,12028	12

Comme la différence tabulaire est 33 dans la partie des tables où l'on cherche le nombre correspondant à ce dernier logarithme, le volume cherché sera 1,3191 avec 4 unités d'incertitude sur le 5ème chiffre ; ce qui revient à dire que le rayon est compris entre

$$1^m{,}3187 \quad \text{et} \quad 1^m{,}3195.$$

En effet, si l'incertitude sur log x était de 33 unités du 5e ordre décimal, l'incertitude sur x serait d'une unité de l'ordre du 9 ; comme elle est égale à 12, l'erreur possible commise sur x est

$$\frac{0{,}001 \times 12}{33} = \frac{0{,}004}{11} = 0{,}0004.$$

On voit qu'en faisant ce calcul avec une table à sept décimales on écrirait bien des chiffres inutiles.

Exemple II. — Un secteur circulaire appartient à un cercle de $1^m,423$ de rayon à $\frac{1}{1000}$ près, son angle au centre est de $37°52'$ à moins d'une minute près; calculer la surface et l'erreur possible du résultat.

$$S = \pi R^2 \times \frac{37°52'}{360°} = \pi R^2 \times \frac{2272}{21600},$$

$$S = \pi \times 1,423^2 \times \frac{2272}{21600}.$$

Calcul par logarithmes.	Incertitudes.
$\log \pi = 0,49715$	
$\log 1,423 = 0,15320$	± 31
$\log 1,423 = 0,15320$	± 31
$\log 2272 = 3,35641$	± 19
$C^t \log 21600 = \overline{5},66555$	
$\log S = \overline{1},82551$	± 81
$S = 0,0691$	± 11

Il y a incertitude d'une unité de l'ordre du 9.

Exemple III. — Calculer la surface de la Terre sachant que son rayon est égal à 6370^{km} avec une incertitude de 300^m.

Solution.
$$S = 4\pi R^2$$
$$\log 4 = 0,6020600$$
$$\log \pi = 0,4971499$$
$$\log R = 3,8041394 \pm 207$$
$$\log R = 3,8041394 \pm 207$$

$$\log S = 8,7074887 \pm 414 \qquad \Delta = 85$$

$$S = 5099000000^{kmq} \pm 50000^{kmq}.$$

Exemple IV. — Calculer le volume de la Terre avec les données précédentes.

Solution.

$$V = 1^{\text{kmc}} \times \frac{4}{3}\,\pi R^3,$$

$$\log \frac{4}{3}\,\pi = 0{,}6220886$$

$$3 \log R = 11{,}4124182 \pm 621$$

$$\log V = 12{,}0345068 \pm 621 \qquad \Delta = 401$$

$$V = 1082600000000$$

$$V = 1^{\text{kmc}} \times 10826 \times 10^8 \pm 1^{\text{kmc}} \times 15 \times 10^7.$$

Exemple V. — Calculer le rayon d'un boulet sphérique de 24 livres, ou pesant 12 kilogrammes; on sait que la densité de la fonte est 7,8 avec une incertitude d'une unité sur le dernier chiffre.

Solution. — Soit x le rayon exprimé en décimètres. On a

$$12^{\text{kg}} = 7^{\text{kg}}{,}8 \times \frac{4}{3}\,\pi x^3,$$

d'où

$$x^3 = \frac{12}{\dfrac{4}{3}\,\pi \times 7{,}8}$$

$$\log 12 = 1{,}0791812$$

$$\text{C}^{\text{t}} \log \frac{4}{3}\,\pi = \overline{1}{,}3779114$$

$$\text{C}^{\text{t}} \log 7{,}8 = \overline{1}{,}1079054 \pm 55325$$

$$3 \log x = \overline{1}{,}5649980 \pm 55325$$

$$\log x = \overline{1}{,}8549993 \pm 18441 \qquad \Delta = 60$$

$$x = 0^{\text{dm}}{,}71614 \pm 307 ;$$

donc x est compris entre

$$0^{\text{dm}}{,}71921 \text{ et } 0^{\text{dm}}{,}71307,$$

et l'on doit adopter pour le rayon du boulet la valeur

$$x = 71^{\text{mm}}{,}6 \pm 0^{\text{mm}}{,}3.$$

Une table à trois décimales eût suffi pour ce calcul.

433. *Sept décimales pour les calculs ordinaires sont superflues*. — Lorsqu'on effectue directement la mesure d'une grandeur, qu'il s'agisse de longueur, de volume ou de poids, on ne peut pas généralement compter sur plus de cinq chiffres. Ainsi une longueur de 400 mètres ne peut être mesurée que très-difficilement à moins d'un centimètre près; un poids de 5 ou 6 kilogrammes ne peut être évalué à moins d'un décigramme près qu'avec des balances exceptionnelles. De là résulte immédiatement que, dans les résultats des calculs effectués sur ces données approchées, on ne pourra pas compter, en général, sur plus de cinq chiffres et qu'une table à cinq décimales est bien suffisante.

Dans presque tous les calculs pratiques effectués avec les grandes tables, sur les sept figures décimales des logarithmes, il y en a trois complétement douteuses, par suite de l'incertitude du nombre auquel correspond le logarithme.

Les petites tables à 5 décimales de Lalande ou celles de M. Hoüel, qui sont plus commodes, suffisent presque toujours; nous pensons même qu'une petite table à quatre décimales, logarithmique et anti-logarithmique (*), collée sur les deux faces d'un carton, serait d'une grande utilité; elle remplacerait avec avantage, dans beaucoup de cas, le gros volume de Callet (**) et servirait peut-être à vulgariser l'emploi des logarithmes dans les calculs usuels.

(*) On trouvera ces deux tableaux pages 111 et 112 des tables de M. Hoüel.
(**) M. *Bourget*, ancien professeur de mathématiques à la Faculté des sciences de Clermont, directeur des Études à Sainte-Barbe, a publié une *Théorie élémentaire des approximations numériques* que nous recommandons à nos lecteurs. A l'appui de ce qui précède nous citerons le passage suivant emprunté à cet ouvrage :
« Faire usage des tables de logarithmes à plus de cinq décimales c'est, presque
» toujours, perdre un temps précieux et s'exposer sans profit aux erreurs faciles
» des longs calculs; bien plus, c'est vouloir prendre volontairement une idée
» fausse de l'exactitude du résultat final. »
L'astronome Jérôme de la Lande, dans la préface de ses petites tables à cinq
décimales, dit : « J'ai calculé quelques centaines d'éclipses, et je n'y ai presque
» jamais employé d'autres tables que celles que je publie, parce que mon expé-
» rience m'a fait voir que l'on n'a presque jamais dans l'observation une précision
» qui exige d'autres tables. »

EXERCICES

1. $37,48 \times 1,752 \times 406,5$. $R.\ 266928$.

2. $\dfrac{239 \times 827 \times 543}{76 \times 17}$. $R.\ 83069,32$.

3. $\dfrac{25,29 \times 2,71828}{73,01 \times 0,073 \times 84}$. $R.\ 0,153553$.

4. $\left(\dfrac{7}{3}\right)^{14}$. $R.\ 141798,1$.

5. $\sqrt[17]{(954)^{12}}$. $R.\ 126,8267$.

6. $\sqrt[5]{\left(\dfrac{23}{417}\right)^{3}}$. $R.\ 0,1757741$.

7. $\dfrac{\sqrt{0,122}}{\sqrt[3]{0,123}}$. $R.\ 0,702336$.

8. $\dfrac{\sqrt{357,1328}}{\sqrt[3]{35712,75}}$. $R.\ 0,5738615$.

9. $\dfrac{(1,025)^{13} - 1}{(1,025)^{13} + 1}$. $R.\ 0,1591383$.

10. $\dfrac{(1,0975)^{11} - (1,015)^{7}}{\sqrt[5]{24871,53}}$. $R.\ 0,220948$.

11. $\sqrt[11]{\dfrac{45}{16}\sqrt[7]{0,018}}$. $R.\ 0,943611$.

12. $\sqrt[4]{\dfrac{132 \times (7,356)^{9}}{\sqrt[2]{(3,25)^{5}}}}$. $R.\ 144,5972$.

13. $\left(\dfrac{\sqrt{\sqrt[4]{\dfrac{3}{4}}}}{\sqrt{0,5} \times \sqrt[3]{\dfrac{2}{3}}}\right)^{\frac{3}{5}}$. $R.\ 1,278717$.

14. Le logarithme de 2 est $0,30103$; quel est celui de 16^{20}?

$$R.\ 24,0824.$$

15. $20^x = 100.$ $\qquad\qquad R.\ x = 1,53728.$

16. $5^x = 800.$ $\qquad\qquad R.\ 4,15338.$

17. $a^x - a^{-x} = 2b.$ $\qquad R.\ x = \dfrac{\log\left(b + \sqrt{1 + b^2}\right)}{\log a}.$

18. $a^{bx} + a^{2x} = a^{6x}.$ $\qquad R.\ x = \dfrac{\log\left(1 + \sqrt{5}\right) - \log 2}{2\log a}.$

19. Sachant que $3^{x^2 - 4x + 5} = 1200,$ trouver x.

$$R.\ x' = 4,33. \qquad x'' = -0,33.$$

20. Calculer les inconnues x et y sachant que l'on a

$$\log x + \log y = \frac{5}{2} \quad \text{et} \quad \log x - \log y = \frac{1}{2}.$$

$$R.\ x = 31,623, \qquad y = 10.$$

21. $\begin{cases} x^y = y^x, \\ x^3 = y^2. \end{cases}$ $\qquad R.\ x = \dfrac{9}{4}, \quad y = \dfrac{27}{8}.$

22. $\begin{cases} x^y = y^x, \\ x^a = y^b. \end{cases}$ $\qquad R.\ x = \left(\dfrac{a}{b}\right)^{\frac{b}{a-b}}, \ y = \left(\dfrac{a}{b}\right)^{\frac{a}{a-b}}.$

23. Calculer les inconnues x et y sachant que l'on a

$$\log x - \log y = \log n \quad \text{et} \quad ax + by = c;$$

$$R.\ x = \frac{nc}{b + an}, \quad y = \frac{c}{b + an}.$$

24. $\begin{cases} a^x b^y = c, \\ my = nx. \end{cases}$ $\qquad R.\ \begin{aligned} x &= \dfrac{m \log c}{m \log a + n \log b}, \\ y &= \dfrac{n \log c}{m \log a + n \log b} \end{aligned}$

CHAPITRE IV

Opérations financières.

§ Ier. — PLACEMENTS A INTÉRÊTS COMPOSÉS PENDANT UN NOMBRE
EXACT D'ANNÉES.

434. DÉFINITION. — *Une somme est placée à intérêts composés, quand, à la fin de chaque année, les intérêts s'ajoutent au capital pour porter intérêt pendant les années suivantes.*

435. PROBLÈME I. — *Calculer ce que devient au bout de n années une somme a placée à intérêts composés.*

Solution. — Soit A le résultat de cette capitalisation au bout de n années, r l'intérêt annuel de 1 fr., on a

$$A = a(1+r)^n.$$

En effet, 1 fr. devient $1+r$ au bout d'un an; cette somme $1+r$ restant placée pendant la seconde année produira un intérêt égal à

$$(1+r) \times r,$$

et le capital obtenu à la fin de la seconde année sera

$$1+r+(1+r) \times r = (1+r) \times (1+r) = (1+r)^2.$$

L'intérêt de $(1+r)^2$ pendant la troisième année est

$$(1+r)^2 \times r,$$

et le capital obtenu à la fin de cette troisième année sera

$$(1+r)^2 + (1+r)^2 \times r,$$

ou

$$(1+r)^2 \times (1+r) = (1+r)^3,$$

et ainsi de suite.

Par conséquent, au bout de n années, le capital correspondant à 1 fr. sera

$$(1 + r)^n;$$

et si l'on a placé une somme a, on obtiendra

(1)
$$A = a \times (1 + r)^n.$$

Application. — Calculer ce que devient une somme de 20000 fr. placée pendant dix ans à 4,5 pour 100.

$$a = 20000, \qquad \log a = 4,3010300$$
$$n = 10, \qquad 10 \log 1,045 = 0,1911629$$
$$r = 0,045, \qquad \log A = 4,4921929$$
$$A = 31059^f,38$$

436. Problème II. — *Quelle somme a faut-il placer à intérêts composés pour obtenir au bout de n années un capital A? L'intérêt annuel de 1 franc est r.*

Solution. — La formule précédente donne immédiatement

(2)
$$a = \frac{A}{(1 + r)^n}.$$

Application. — $A = 40324$ fr., $n = 21$, $r = 0,04$.

$$\log A = 4,6055636 \qquad \log 1,04 = 0,01703334$$
$$C^t \log (1 + r)^{21} = \overline{1},6422999 \qquad 20 \log 1,04 = 0,3406668$$
$$\log a = 4,2478635 \qquad 21 \log 1,04 = 0,3577001$$
$$a = 17695^f,53.$$

437. Problème III. — *Pendant combien d'années faut-il placer à intérêts composés une somme a pour obtenir au bout de ce temps un capital A? L'intérêt de 1 fr. est r.*

Solution. — Il suffit de résoudre par rapport à n la formule (1) : comme l'inconnue n est ici en exposant, cette équation est ici une *équation exponentielle* dont la résolution exige l'emploi des logarithmes. En prenant les logarithmes des deux membres, on a

$$(3) \qquad \log A = \log a + n \log (1 + r),$$

d'où l'on déduit

$$(4) \qquad n = \frac{\log A - \log a}{\log (1 + r)}.$$

Application.

$$A = 40324^{f}, \quad a = 17695^{f},53, \quad r = 0,04.$$

$$n = \frac{4,6055636 - 4,2478635}{0,0170333},$$

$$n = \frac{0,3577001}{0,0170333} = 21.$$

438. Problème IV. — *A quel taux faut-il placer une somme a, pour obtenir un capital A au bout de n années?*

Solution. — En résolvant, par rapport à $\log (1 + r)$, l'équation (3), on obtient

$$\log (1 + r) = \frac{\log A - \log a}{n}.$$

Application.

$$a = 21319, \quad A = 42327,6, \quad n = 15.$$

$$\log 42327 = 4,6266237$$
$$\log 21319 = 4,3287668$$

$$15 \log (1 + r) = 0,2978569$$
$$\log (1 + r) = 0,0198571$$
$$1 + r = 1,04678$$
$$r = 0,0468 \text{ environ.}$$

Remarque. — Les tables I et II de l'*Annuaire du Bureau des* *longitudes* (*) simplifient beaucoup les calculs d'intérêts composés ; elles renferment les valeurs des expressions

$$(1+r)^n \quad \text{et} \quad \frac{1}{(1+r)^n}$$

pour des valeurs du taux comprises entre $2\frac{1}{2}$ et 6 et des valeurs de n comprises entre 1 et 34. — Les tables de Thoman, publiées par M. E. Pereire, sont plus complètes, elles s'étendent jusqu'à $n = 100$, le taux variant de 1 à 10 pour 100 et de huitième en huitième.

§ II. — LA DURÉE DU PLACEMENT RENFERME UN CERTAIN NOMBRE D'ANNÉES ET UNE FRACTION D'ANNÉE.

439. PROBLÈME I. — *Établir la relation qui existe entre* a, A, r *et le temps lorsque la somme a été placée pendant* n *années et une fraction* f *d'année.*

Solution. — Au bout des n années, la somme a est devenue

$$a(1+r)^n,$$

et ce capital doit être augmenté de ses intérêts pendant la fraction f d'année, c'est-à-dire de

$$a(1+r)^n \times r \times f;$$

nous aurons donc, en fin de compte, à l'époque $n + f$, un capital

$$a(1+r)^n + a(1+r)^n \times r \times f.$$

Pour le distinguer du précédent, nous le désignerons par A′, et nous aurons, en mettant $a(1+r)^n$ en facteur commun,

$$(5) \qquad A' = a(1+r)^n(1+fr).$$

En résolvant cette formule successivement par rapport à $a, 1+r$, et par rapport au temps, nous aurons les solutions des trois autres problèmes d'intérêts composés.

(*) Annuaire de 1876, pages 214-217.

Application I. — Que devient une somme de $41524^f,75$ placée à intérêts composés et à 5 pour 100 pendant 7 ans et 10 mois?

Ici $a = 41524^f,75$, temps $= 7^a + \dfrac{10}{12}$, $r = 0,05$.

On commence par calculer le facteur $1 + fr$; il est égal à

$$1 + \frac{10}{12} \times 0,05 = 1 + \frac{0,25}{6} = 1,041667.$$

On a donc, pour obtenir A′, le tableau de calcul suivant :

$$
\begin{aligned}
\log 41524,75 &= 4,6183070 \\
7 \log 1,05 \quad &= 0,1483251 \\
\log 1,041667 &= 0,0177289 \\
\hline
\log \text{A}′ \ldots\ldots &= 4,7843610 \\
\text{A}′ \ldots\ldots &= 60864^f,07
\end{aligned}
$$

Application II. — Une somme placée à intérêts composés et à 5 pour 100 pendant 18 ans et 3 mois a produit un capital de $48734^f,05$; quelle est cette somme ?

Elle est donnée par la formule

$$a = \frac{\text{A}′}{(1+r)^n (1+fr)},$$

dans laquelle

$$\text{A}′ = 48734,05, \quad r = 0,05, \quad n = 18, \quad f = \frac{1}{4}.$$

Voici le tableau des calculs à effectuer ;

$$
\begin{aligned}
\log 1,05 &= 0,02118930 & \log 48734,0 &= 4,6878325 \\
18 \log 1,05 &= 0,3814074 & \text{C}^t \log 1,05^{18} &= \overline{1},6185926 \\
fr = \frac{0,05}{4} &= 0,0125 & \text{C}^t \log 1,0125 &= \overline{1},9946050 \\
1 + fr &= 1,0125 & \log a \quad &= \overline{4,3010301} \\
& & a \quad &= 20000 \text{ fr.}
\end{aligned}
$$

Il ne nous reste plus qu'à résoudre la formule (5) par rapport au temps et par rapport à r.

440. PROBLÈME II. — *Pendant combien de temps faut-il placer à intérêts composés et au taux r une somme a pour obtenir un capital A'?*

Solution. — Il faut déterminer n et f; en prenant les logarithmes des deux membres de l'équation (5), on obtient

$$(6) \qquad \log A' = \log a + n \log (1 + r) + \log (1 + fr),$$

d'où, en résolvant par rapport à n comme si $1 + fr$ était connu,

$$n = \frac{\log A' - \log a}{\log (1 + r)} - \frac{\log (1 + fr)}{\log (1 + r)}.$$

Soit q la partie entière du premier quotient et R le reste de la division, nous aurons

$$n = q + \frac{R}{\log (1 + r)} - \frac{\log (1 + fr)}{\log (1 + r)};$$

le premier membre étant entier, le second doit l'être aussi et les deux fractions complémentaires doivent se détruire; par suite,

$$R = \log (1 + fr);$$

on déduit de là, en revenant du logarithme au nombre,

$$1 + fr = m,$$

d'où

$$f = \frac{m - 1}{r}.$$

441. *Applications.* — I. Soit

$$A' = 48734^f,04, \quad a = 20000^f, \quad r = 0,05,$$

nous aurons

$$\log A' = 4{,}6878324$$
$$\log a = 4{,}3010300$$
$$\log A' - \log a = 0{,}3868024$$
$$\frac{\log A' - \log a}{\log 1{,}05} = \frac{0{,}3868024}{0{,}0211893} = 18 + \frac{0{,}0053950}{0{,}0211893}$$
$$\log(1 + fr) = 0{,}0053950$$
$$1 + fr = 1{,}0125$$
$$f = \frac{0{,}0125}{0{,}05} = 0{,}25.$$

La durée du placement est donc 18 ans et 3 mois.

II. — Au bout de combien de temps une somme est-elle doublée quand on la place à intérêts composés et au taux 5 pour 100 ?

Ici $A' = 2a$; par suite

$$\log A' - \log a = \log 2$$

et le quotient à calculer est

$$\frac{\log 2}{\log 1{,}05} = \frac{0{,}3010300}{0{,}0211893} = 14 + \frac{0{,}0043798}{0{,}0211893}.$$

Ainsi,

$$\log(1 + fr) = 0{,}0043798;$$

par suite,

$$1 + fr = 1{,}010136,$$

d'où

$$f = \frac{0{,}010136}{0{,}05} = \frac{1{,}0136}{5};$$

réduisant en jours cette fraction d'année, on trouve

$$f = \frac{365^j \times 1{,}0136}{5} = 74^j,$$

c'est donc au bout de 14 ans 74 jours qu'une somme est doublée quand le taux est 5.

442. PROBLÈME III. — *A quel taux faut-il placer la somme a pour qu'elle produise un capital A' au bout d'un temps donné, $n^{ans} + f$? Les intérêts se capitalisent à la fin de chaque année.*

Solution. — On applique la méthode des approximations successives : résolvant l'équation (6) comme si $\log (1 + fr)$ était connu, on trouve

$$(7) \qquad \log (1 + r) = \frac{\log A' - \log a}{n} - \frac{\log (1 + fr)}{n},$$

équation dans laquelle le second terme

$$\frac{\log (1 + fr)}{n}$$

est assez petit par rapport au premier ; le négligeant on a pour première approximation

$$\log (1 + r_1) = \frac{\log A' - \log a}{n},$$

d'où l'on tire r_1, qui est approché par excès.

Pour corriger cette première valeur, au lieu de négliger le second terme dans l'équation (7), on le remplace par

$$\frac{\log (1 + fr_1)}{n},$$

et l'on obtient ainsi

$$\log (1 + r_2) = \log (1 + r_1) - \frac{\log (1 + fr_1)}{n} ;$$

d'où l'on tire r_2 qui est approché par défaut, puisque l'on a retranché un nombre trop grand.

Continuant ainsi, on obtiendra

$$\log (1 + r_3) = \log (1 + r_1) - \frac{\log (1 + fr_2)}{n},$$

d'où r_3, approché par excès ; puis

$$\log(1+r_4)=\log(1+r_1)-\frac{\log(1+fr_3)}{n},$$

d'où r_4, approché par défaut, etc...

Les décimales communes à deux valeurs consécutives approchées en sens contraires appartiendront à la valeur exacte du taux ; on connaîtra donc toujours le degré d'approximation obtenu.

443. *Application.* — Calculer le taux du placement quand $A'=48734^f,04$, $a=20000$, temps $=18^{ans}\frac{1}{4}$.

$$1^{re}\ Approximation :$$

$$\log(1+r_1)=\frac{0,3868024}{18}=0,0214890,$$

$$1+r_1=1,050725,$$

$$r_1=0,050725 \quad \text{(par excès)}$$

$$2^e\ Approximation :$$

$$fr_1=0,0126812,$$

$$1+fr_1=1,0126812,$$

$$\log(1+fr_1)=0,0054727,$$

$$\frac{\log(1+fr_1)}{18}=0,0003040,$$

$$\log(1+r_2)=0,0211850,$$

$$1+r_2=1,04999,$$

$$r_2=0,04999 \quad \text{(par défaut).}$$

$$3^e\ \textit{Approximation:}$$

$$fr_2 = 0,012\,497,$$
$$1 + fr_2 = 1,012\,497,$$
$$\log(1 + fr_2) = 0,005\,3937;$$
$$\frac{\log(1 + fr_2)}{18} = 0,000\,29965,$$
$$\log(1 + r_3) = 0,021\,1893,$$
$$1 + r_3 = 1,050000,$$
$$r_3 = 0,050000 \quad \text{(par excès).}$$

Comme r_2 et r_3 ne diffèrent pas d'une unité du 5e ordre décimal, le taux demandé est $r = 0,05$ avec une erreur moindre qu'un cent-millième.

§ III. — Capitalisation de l'intérêt plusieurs fois par an. Formules adoptées dans les calculs de banque.

444. Jusqu'ici nous avons supposé que l'intérêt s'ajoutait au capital à la fin de chaque année seulement ; mais cette capitalisation peut avoir lieu à la fin de chaque trimestre ou de toute autre fraction de l'année : ainsi la *rente française* se payant par trimestre, 8000 fr. placés en rente sur l'État, à 5 pour 100, rapporteront tous les trois mois 100 fr., qui pourront être ajoutés au capital primitif. De même, les *coupons* d'obligations des chemins de fer se payant tous les six mois, la capitalisation des intérêts peut être faite par semestre.

445. Problème I. — *Que devient 1 fr. au bout d'un an si l'intérêt se capitalise k fois par an (tous les mois, si $k = 12$), l'intérêt pour chaque période étant $\dfrac{r}{k}$?*

Solution. — Le capital produit par 1 fr. au bout d'un an est alors

$$\left(1 + \frac{r}{k}\right)^k,$$

et la démonstration est identique à celle du n° 435.

Ce résultat est toujours supérieur à $1+r$, mais la différence est fort petite, ainsi que le montrent les tableaux suivants :

Valeurs de 1 fr. placées pendant un an :

Au taux annuel de 5 p. 100 $\qquad (1^f,05)^1 = 1^f,05.$

— semestriel 2,5 $\qquad (1,025)^2 = 1,05063.$

— trimestriel 1,25 $\qquad (1,0125)^4 = 1,05090.$

— mensuel 0,44667 $\qquad (1,004167)^{12} = 1,05116.$

— quotidien 0,0137 $\qquad (1,000137)^{365} = 1,05127.$

Valeurs de 10000 fr. placées pendant un an :

Au taux annuel de 12 p. 100. . . . . $11200^f,00.$

— semestriel de 6. . . . . $11236^f,00.$

— trimestriel de 3. . . . . $11255^f,08.$

— mensuel de 1. . . . . $11268^f,25.$

Ainsi un banquier qui consacrerait 10000 fr. à des placements trimestriels lui rapportant chacun $1^f,25$ par 100 fr. et se succédant sans interruption ne retirerait de son argent que 509 fr.; un placement unique à 5 pour 100 lui eût rapporté 500 fr.

On gagne donc fort peu à renouveler plusieurs fois dans l'année le placement d'une même somme ; il suffit de quelques jours de chômage pour faire perdre l'équivalent de ce léger bénéfice. L'opinion contraire est cependant assez généralement répandue.

446. PROBLÈME II. — *L'intérêt se capitalisant après chaque fraction $\frac{1}{k}$ d'année, quel doit être cet intérêt pour que 1 fr. devienne $1+r$ au bout d'un an ?*

Solution. — Ce taux est

$$(8) \qquad r_1 = \sqrt[k]{1+r} - 1 ;$$

car, en ajoutant l'unité à r, et élevant le résultat à la puissance k, on a

$$(1+r_1)^k = \left(\sqrt[k]{1+r}\right)^k = 1+r.$$

CONSÉQUENCE. — Si l'on place 1 fr. dans les conditions précédentes, il devient au bout de la fraction $\dfrac{p}{k}$ d'année

$$(1+r_1)^p = \left(\sqrt[k]{1+r}\right)^p = (1+r)^{\frac{p}{k}}$$

et au bout de n années plus la fraction $\dfrac{p}{k}$ d'année, il produit un capital

$$\left(\sqrt[k]{1+r}\right)^{nk+p} = (1+r)^{n+\frac{p}{k}}.$$

Le capital produit par la somme a au bout de $n^{\text{ans}} + \dfrac{p}{k}$ est donc

$$(9) \qquad\qquad A' = a\,(1+r)^{n+\frac{p}{k}},$$

lorsque la capitalisation a lieu k fois par an, l'intérêt de 1 fr. étant toujours r fr. au bout de l'année.

C'est la formule déjà trouvée (n° 435) dans laquelle l'exposant n peut recevoir des valeurs fractionnaires; mais il ne faut pas oublier que les conventions faites pour l'accumulation des intérêts ont été changées.

En l'adoptant, on est conduit à des calculs plus simples pour déterminer le *taux* et le *temps* dans les questions d'intérêts composés et, comme les résultats sont peu différents de ceux que nous avons trouvés § II, on opère de cette dernière façon dans les calculs de banque.

447. *Applications*. — I. Cherchons au bout de combien de temps une somme a été doublée à 5 pour 100.

Ici l'on a

$$n + \frac{p}{k} = \frac{\log 2}{\log 1,05} = 14^{\text{ans}} + \frac{0,0043798}{0,0211893} = 14^{\text{ans}} 75^{\text{j}},$$

résultat qui ne diffère que d'un jour du résultat trouvé au n° 441, par une marche plus compliquée.

II. Cherchons le taux auquel on a placé 20000 fr. pour qu'ils soient devenus 48734^{f},04 en 18 ans 3 mois. (Problème déjà résolu au n° 443 par la méthode des approximations successives.)

La dernière formule donne immédiatement

$$\log (1 + r) = \frac{\log 48734^{\text{f}},04 - \log 20000}{18,25} = 0,02119,$$

d'où

$$1 + r = 1,05, \qquad r = 0,05.$$

§ IV. — ACCUMULATION DE CAPITAUX PAR VERSEMENTS ANNUELS, SEMESTRIELS, MENSUELS.

448. PROBLÈME I. — *Quel est le capital produit par n versements de a fr. effectués à la fin de chaque année? — Les intérêts composés sont comptés à raison de r fr. pour 1 fr. par an.*

Solution. — Le premier versement sera placé pendant $n - 1$ années et produira $a(1 + r)^{n-1}$; les suivants deviendront

$$a(1 + r)^{n-2}, \quad a(1 + r)^{n-3}, ..., \quad a(1 + r), \quad a;$$

leur somme sera donc

$$(10) \qquad C = a \frac{(1 + r)^n - 1}{r}.$$

L'expression

$$\frac{(1 + r)^n - 1}{r}$$

est toute calculée dans la table V de l'*Annuaire du Bureau des longitudes* (page 221) pour des valeurs du taux variant de $3\frac{1}{2}$ à 5 pour les valeurs de n de 1 à 33.

Application.

$$a = 2000, \quad n = 20, \quad r = 0,05.$$

On aura

$$C = 2000 \times \frac{(1,05)^{20} - 1}{0,05} = 40000^f (1,05^{20} - 1).$$

<table>
<tr><td colspan="2" align="center">Calculs auxiliaires.</td><td align="center">Calcul de C.</td></tr>
<tr><td>20 log 1,05 = 0,4237860</td><td></td><td>log 40000 = 4,6020600</td></tr>
<tr><td>1,05²⁰ — 1 = 1,653297</td><td></td><td>log (1,05²⁰ — 1) = 0,2183510</td></tr>
</table>

$$20 \log 1,05 = 0,4237860 \qquad \log 40000 = 4,6020600$$
$$1,05^{20} - 1 = 1,653297 \qquad \log(1,05^{20} - 1) = 0,2183510$$
$$\log C = 4,8204110$$
$$C = 66132^f.$$

449. *Remarque.* — Si les versements sont effectués au commencement de chaque année, le capital obtenu au bout de n années est

$$(11) \qquad C' = a(1 + r)\frac{(1 + r)^n - 1}{r},$$

puisque chaque placement porte intérêt pendant une année de plus. Cette formule est calculée dans les tables de M. E. Pereire (pages 30-35) pour des valeurs du taux variant de quart en quart de 1 à 6 et des valeurs de n de 1 à 100. Dans l'exemple ci-dessus on trouve

$$C' = 69438^f,5.$$

450. Problème II. — *Quel est le capital obtenu au bout de n années si l'on verse $\frac{a}{2}$ à la fin de chaque semestre, ou $\frac{a}{4}$ à la fin de chaque trimestre, ou $\frac{a}{12}$ à la fin de chaque mois?*

Solution. — En versant $\frac{a}{2}$ à la fin de chaque semestre on obtient le capital

$$(12) \qquad C'' = \frac{a}{r}\left[\left(1+\frac{r}{2}\right)^{2n} - 1\right],$$

si l'intérêt semestriel est $\frac{r}{2}$ par franc.

De même, en versant $\frac{a}{4}$ à la fin de chaque trimestre, on forme le capital

$$(13) \qquad C''' = \frac{a}{r}\left[\left(1+\frac{r}{4}\right)^{4n} - 1\right],$$

si l'intérêt trimestriel est $\frac{r}{4}$ pour 1 fr.

Enfin, les placements à la fin de chaque mois produiraient un capital

$$(14) \qquad C^{\text{iv}} = \frac{a}{r}\left[\left(1+\frac{r}{12}\right)^{12n} - 1\right].$$

Applications numériques. — Calculer les capitaux

$$C, \ C'', \ C''', \ C^{\text{iv}}$$

obtenus au bout de n années par des versements annuels, semestriels, trimestriels ou mensuels quand

$$a = 1\,000, \quad n = 10, \quad r = 0,06.$$

On trouve

$$C = 13180^{\text{f}},8, \quad C'' = 13435^{\text{f}},2,$$
$$C''' = 13567^{\text{f}},0, \quad C^{\text{iv}} = 13656^{\text{f}},6.$$

Remarque. — En prenant dans le calcul qui précède

$$\frac{r}{2}, \quad \frac{r}{4}, \quad \frac{r}{12}$$

pour les taux semestriels, trimestriels et mensuels, nous obtenons au bout de l'année un intérêt un peu plus grand que r.

Pour que l'intérêt annuel soit rigoureusement r, il faut avoir recours à la formule (8) et prendre pour les trois taux ci-dessus

$$\sqrt{1+r}-1, \quad \sqrt[4]{1+r}-1, \quad \sqrt[12]{1+r}-1.$$

On trouve ainsi, par des calculs analogues à ceux qui ont été détaillés plus haut, les formules

$$C_1'' = \frac{a}{2}\frac{(1+r)^n-1}{\sqrt{1+r}-1},$$

$$(15) \qquad C_1''' = \frac{a}{4}\frac{(1+r)^n-1}{\sqrt[4]{1+r}-1},$$

$$C_1^{\text{IV}} = \frac{a}{12}\frac{(1+r)^n-1}{\sqrt[12]{1+r}-1},$$

qui donnent des résultats fort peu différents des précédents.

451. Problème III. — *Résoudre la formule des accumulations de capitaux par rapport à l'une quelconque des trois quantités a, n, r.*

Solution. — 1° On a pour le chiffre du versement

$$(16) \qquad a = \frac{Cr}{(1+r)^n-1}.$$

2° Si n est l'inconnue, on tire d'abord

$$(1+r)^n = \frac{Cr+a}{a};$$

prenant ensuite les logarithmes des deux membres, on obtient

$$(17) \qquad n = \frac{\log(a+Cr)-\log a}{\log(1+r)}.$$

3° Si r est l'inconnue, l'équation

$$(1+r)^n - \frac{C}{a}r - 1 = 0$$

devient, en posant $1 + r = x$, ou $r = x - 1$,

$$(18) \qquad x^n - \frac{C}{a} x + \left(\frac{C}{a} - 1 \right) = 0;$$

elle est du $n^{\text{ième}}$ degré et ne peut être résolue que par tâtonnements ou essais successifs, que facilite beaucoup l'usage des tables d'intérêts composés.

452. Problème IV. — *Calculer le capital formé au bout de n années par des versements annuels qui varient en progression arithmétique.*

Solution. — Soit a le premier placement, $a + b$, $a + 2b$,… $a + (n - 1) b$ ceux qui suivent; le capital cherché X est égal à

$$a(1 + r)^{n-1} + (a + b)(1 + r)^{n-2} + \cdots + a + (n - 1) b,$$

ou bien, en posant $\dfrac{1}{1 + r} = q$,

$$\left(1 + r \right)^n \left\{ aq + \left(a + b \right) q^2 + \left(a + 2b \right) q^3 + \cdots \right.$$
$$\left. + \left[a + (n - 1) b \right] q^n \right\}.$$

La quantité entre parenthèses a déjà été calculée (n° 380); en posant

$$s = \frac{1}{r} \left(1 - \frac{1}{(1 + r)^n} \right),$$

nous aurons donc

$$X q^n = s \left(a + nb + \frac{b}{r} \right) - \frac{nb}{r},$$

ou

$$X q^n = s \left(a + \frac{b}{r} \right) - \frac{nb}{r(1 + r)^n}.$$

Substituant à s sa valeur et supprimant le facteur $(1 + r)^n$ commun aux dénominateurs dans les deux membres, il vient

$$(19) \qquad X = \frac{(1 + r)^n - 1}{r} \left(a + \frac{b}{r} \right) - \frac{nb}{r},$$

formule dans laquelle b est positif ou négatif suivant que les annuités croissent ou décroissent.

453. Problème V. — *Calculer le capital formé au bout de n années par des versements annuels en progression géométrique.*

Solution. — Soit a, ak, ak^2, ak^3,..., ak^{n-1} les placements successifs; ils deviennent

$$a(1+r)^{n-1}, \quad ak(1+r)^{n-2},.., \quad ak^{n-1}.$$

La somme des termes de cette progression géométrique qui a pour raison

$$\frac{k}{1+r}$$

est

(20)
$$Y = a\frac{(1+r)^n - k^n}{(1+r)-k}.$$

Il faut donner à k dans cette formule des valeurs plus grandes que 1 ou plus petites que 1, suivant que les payements annuels croissent ou décroissent.

§ V. — Valeur actuelle d'une dette non exigible immédiatement. — Escompte a intérêt composé. — Échéance commune.

454. Définition. — *La valeur actuelle d'une somme A, exigible seulement au bout de n années est la somme qu'un banquier devrait donner aujourd'hui en échange du titre.*

L'expression de la valeur actuelle d'une somme A est

$$A_1 = \frac{A}{(1+r)^n};$$

car, en plaçant aujourd'hui cette dernière somme à intérêt composé, on obtiendra au bout des n années

$$\frac{A}{(1+r)^n}(1+r)^n = A,$$

c'est-à-dire le capital nécessaire pour payer la dette.

455. *L'escompte* est la différence entre la valeur nominale d'une dette et sa valeur actuelle; la formule qui donne l'escompte est donc

$$e = A - \frac{A}{(1+r)^n} = A\left[1 - \frac{1}{1+r)^n}\right].$$

Pour abréger l'écriture, on pose souvent

$$\frac{1}{1+r} = q,$$

et les formules précédentes prennent cette forme très-simple :

$$(21) \qquad A_1 = Aq^n, \quad e = A(1-q^n).$$

456. Problème. — *On doit les sommes* A, A′, A″, *aux époques* t, t', t''; *à quelle époque doit-on payer une somme unique* B *pour se libérer complétement?*

Solution. — Soit x l'époque inconnue; la valeur actuelle de B doit être égale à la somme des valeurs actuelles de A, A′, A″,...; l'équation du problème est donc

$$(22) \qquad \frac{A}{(1+r)^t} + \frac{A'}{(1+r)^{t'}} + \frac{A''}{(1+r)^{t''}} + \cdots = \frac{B}{(1+r)^x}.$$

Cas particulier. — S'il n'y a que deux payements et si B = 2A, l'équation précédente se réduit à

$$q^x = \frac{1}{2}\left(q^t + q^{t'}\right).$$

Il est facile de voir que *l'époque inconnue est toujours plus rapprochée que la moyenne des époques des deux payements.*

En effet, posant $t' = t + 2d$, et mettant en facteur q^{t+d}, il vient

$$q^x = q^{t+d} \times \frac{1}{2} \left(q^d + \frac{1}{q^d} \right).$$

Or, nous avons vu (page 208) qu'une quantité augmentée de son inverse donne toujours une somme supérieure à 2 ; on a donc

$$q^x > q^{t+d};$$

et, comme q est inférieur à l'unité, il faut que

$$x < t + d.$$

Application. — On doit payer 12500 fr. dans 7 ans et 12500 fr. dans 43 ans. A quelle époque peut-on s'acquitter par un seul versement de 25000 fr. si l'on tient compte des intérêts à $4\frac{1}{2}$ pour cent ?

L'équation exponentielle qu'il faut résoudre est ici

$$2 \left(\frac{1}{1,045} \right)^x = \left(\frac{1}{1,045} \right)^7 + \left(\frac{1}{1,045} \right)^{43};$$

on trouve

$$\left(\frac{1}{1,045} \right)^7 = 0,7348283$$

$$\left(\frac{1}{1,045} \right)^{43} = 0,1506605$$

$$2 \times \left(\frac{1}{1,045} \right)^x = 0,8854888$$

$$\left(\frac{1}{1,045} \right)^x = 0,4427444$$

$$x = \frac{\log 0,4427444}{\log \dfrac{1}{1,045}} = \frac{\overline{1},6461531}{\overline{1},9808837} = \frac{3538569}{191163}$$

$$x = 18 \text{ ans } 6 \text{ mois.}$$

Remarque. — L'équation (22) donne la solution de tous les problèmes d'échéance commune; on peut y considérer B ou r comme des inconnues et calculer ainsi le montant du billet unique qui doit remplacer les premiers, ou bien le taux auquel on a compté l'intérêt quand on a fait cette substitution.

§ VI. — ANNUITÉS ET AMORTISSEMENT.

457. DÉFINITION. — *On appelle annuité la somme constante qu'il faut payer à la fin de chaque année pour éteindre une dette et ses intérêts composés.*

Payer ainsi une dette et ses intérêts par annuités s'appelle *amortir* la dette; cette opération financière, nommée *amortissement*, est une des plus usitées aujourd'hui : les moindres communes payent leurs emprunts par *annuités*.

458. PROBLÈME I. — *Calculer l'annuité a qu'il faut payer n fois pour éteindre une dette A, l'intérêt de 1 fr. étant r par an.*

Solution. — Il faut, pour l'équité, que la somme des valeurs actuelles des diverses annuités soit égale au montant A de la dette contractée aujourd'hui. En posant $q = \dfrac{1}{1+r}$, on a donc l'équation

$$A = aq + aq^2 + \cdots + aq^n = aq(1 + q + q^2 + \cdots + q^{n-1}),$$

et, comme les termes entre parenthèses forment une progression géométrique décroissante,

$$A = aq\frac{1-q^n}{1-q};$$

mais

$$\frac{q}{1-q} = \frac{1}{r} :$$

la relation cherchée entre A, a, r et n est donc

$$Ar = a(1 - q^n);$$

on peut l'écrire

$$(23) \qquad a - Ar = aq^n.$$

On voit que l'annuité est toujours supérieure à la rente du capital emprunté, mais qu'elle s'en rapproche de plus en plus à mesure que n augmente. Si n est infini, q^n est nul et $a = Ar$; c'est une *rente perpétuelle*.

L'excès $a - Ar$ de l'annuité sur la rente perpétuelle qu'il faudrait payer si l'on n'éteignait jamais la dette s'appelle *fonds d'amortissement*.

De l'égalité précédente on tire

$$(24) \qquad a = \frac{Ar}{1 - q^n} = Ar\,\frac{(1 + r)^n}{(1 + r)^n - 1};$$

c'est la formule des annuités avec laquelle on a dressé des tables numériques qui dispensent de tout calcul. Ces tables montrent que, A et n restant fixes, a croît avec r.

459. *Remarque.* — On peut aussi déduire cette formule de celle des accumulations de capitaux (n° 448). En effet, la personne qui prête aujourd'hui la somme A eût possédé au bout de n années

$$A(1 + r)^n,$$

et il faut, pour l'équité, qu'elle puisse avec les annuités qui lui seront payées reconstituer le même capital; or nous avons vu que le capital obtenu par n placements effectués à la fin de chaque année est

$$a\,\frac{(1 + r)^n - 1}{r};$$

on doit donc avoir la relation

$$(25) \qquad A(1 + r)^n = \frac{a}{r}\left[(1 + r)^n - 1\right],$$

qui permet de résoudre tous les problèmes sur les annuités.

On peut l'écrire

$$\frac{a}{A} = \frac{r(1+r)^n}{(1+r)^n - 1},$$

d'où

$$\frac{a}{A} - r = \frac{r}{(1+r)^n - 1}.$$

Cette quantité $\frac{a}{A} - r$ est le *taux d'amortissement*; ainsi le taux d'amortissement est l'excès de l'annuité sur la rente quand la dette est 1 fr. C'est de la grandeur de cette différence que dépend la rapidité de l'amortissement.

Applications. — I. *Un État emprunte 5 milliards; quelle annuité doit-il payer pour rembourser cette somme en 20 ans, le taux étant 5 pour 100?*

$$Ar = 5 \times 10^9 \times \frac{5}{10^2} = 25 \times 10^7.$$

Calculs auxiliaires.	*Calcul de l'annuité.*
$\log 1,05 = 0,0211893$	$\log Ar = 8,3979400$
$20 \log 1,05 = 0,4237860$	$20 \log 1,05 = 0,4237860$
$1,05^{20} = 2,653297$	$c^t \log 1,653297 = 1,7816491$
$1,05^{20} - 1 = 1,653297$	$\log a = 8,6033751$
	$a = 401213100^{fr}.$

Ainsi, à 100 fr. près, par excès, il faudrait payer, pour se libérer en 20 ans, 401 213 100 fr. chaque année. Les tables à 7 décimales sont ici insuffisantes pour calculer les francs et les centimes; mais d'aussi grands nombres se présentent rarement dans la pratique.

Dans cet exemple, la rente de 5 milliards étant de 250 millions, le fonds d'amortissement est égal à

$$401\,213\,100 - 250\,000\,000 = 151\,213\,100,$$

et le taux d'amortissement est égal à

$$\frac{401 \times 10^6}{5000 \times 10^6} - 0,05 = 0,08 - 0,05 = 0,03 ;$$

il est donc de 3 pour 100.

L'annuité restant fixe, la somme consacrée à payer la dette ira croissant chaque année, puisque l'on n'aura plus à payer l'intérêt des sommes déjà remboursées, et nous indiquons plus loin (n° 460) la loi de cet accroissement. On voit que ce mode de paiement par annuités permet de rembourser une très-forte somme sans trop surcharger les contribuables ; les augmentations d'impôt qu'ils subissent ainsi pendant de longues années sont plus faciles à percevoir.

II. — *Une ville s'est engagée à payer* 273884 *fr. pendant 50 ans pour rembourser un emprunt contracté au taux de 5 pour* 100. *Quelle est la somme empruntée ?*

L'expression à calculer est ici :

$$A = \frac{a}{r}\left[1 - \left(\frac{1}{1,05}\right)^{50}\right] = 5477680\left[1 - \left(\frac{1}{1,05}\right)^{50}\right].$$

Calculs auxiliaires.	*Calcul de la dette.*
$50 \log 1,05 = 1,0594650$	$\log 5477680 = 6,7385966$
$1,05^{50} = 11,4674$	$\log 10,4674 = 1,0198388$
$1,05^{50} - 1 = 10,4674$	$c^t \log 1,05^{50} = \overline{2},9405350$
	$\log A = 6,6989704$
	$A = 5000000$ fr.

460. Problème II. — *On paie une dette à l'aide d'annuités ; calculer la fraction de cette dette éteinte par chaque versement et ce qui reste dû à une époque quelconque.*

Solution. — Il est facile de voir que les sommes $S_1 S_2, \ldots S_p, \ldots S_n$, consacrées à l'amortissement aux époques $1, 2, \ldots p, \ldots n$, croissent en progression géométrique ; en effet, si l'on a remboursé S_p à la fin de la $p^{ème}$ année, on n'aura pas à servir la rente de cette portion du capital à la fin de l'année suivante, par suite

$$S_{p+1} = S_p + S_p \times r = S_p(1+r).$$

Or, on rembourse la première année

$$S_1 = a - Ar = aq^n,$$

l'on aura donc, pour les années suivantes,

$$S_2 = aq^n(1-r) = aq^{n-1}, \quad S_3 = aq^{n-2}, \ldots\ldots$$
$$S_p = aq^{n-p+1}, \ldots\ldots\ldots S_n = aq;$$

et ce dernier résultat pouvait être prévu puisque la dernière annuité remboursant le reste de la dette et les intérêts de ce reste, l'on a

$$a = S_n + S_n \times r = S_n(1+r) = \frac{1}{q} S_n.$$

Quant à la somme R_p due à la fin d'une année quelconque, p, on la trouve immédiatement, car elle doit être rachetée par les $n-p$ annuités qui suivent ; on a donc (n° 448)

$$R_p = \frac{a}{r}(1 - q^{n-p}).$$

Application. — *La compagnie du chemin de fer de Lyon a émis en 1868 (29 avril) 600000 obligations remboursables à 500 fr., en 91 années, et rapportant 15 fr. par an. Calculer les nombres d'obligations que la compagnie doit payer en 1873, en 1890 et en 1958.*

Calcul de l'annuité.

Calculs auxiliaires.	
$A = 500 \times 6 \times 10^5 = 3 \times 10^8$	$\log Ar = 6,9542425$
$Ar = 9 \times 10^6$	$\log (1,03)^{91} = 1,1681875$
$\log 1,03^{91} = 1,1681875$	$C^t \log 13,72948 = \overline{2},8623459$
$1,03^{91} = 14,72948$	$\log a = 6,9847759$
$1,03^{91} - 1 = 13,72948$	$a = 9655524\text{f}.$

$$Calcul\ de\ S_6.$$

$$\log a = 6,9847759$$
$$\log q^{86} = \overline{2},8959986$$
$$\log S_6 = 5,8807745 \quad S_6 = 759931^{f},6$$
$$S_6 : 500 = 1520$$

On remboursera 1520 obligations en 1873.

$$Calcul\ de\ S_{23}.$$

$$\log a = 6,9847759$$
$$\log q^{69} = \overline{1},1142314$$
$$\log S_{23} = 6,0990073 \quad S_{23} = 1256051\ \text{fr.}$$
$$S_{23} : 500 = 2512$$

On remboursera 2512 obligations en 1890.

$$Calcul\ de\ S_{91}.$$

$$\log a = 6,9847759$$
$$\log q = \overline{1},9871628$$
$$\log S_{91} = 5,9719387 \quad S_{91} = 9374300\,\text{fr.}$$
$$S_{91} : 500 = 18749$$

On remboursera 18749 obligations en 1958.

Ce sont précisément les nombres inscrits dans le tableau d'amortissement imprimé au verso de ces titres. Il est très-facile de calculer ce tableau de proche en proche, car les logarithmes de S_2, S_3,... S_n se déduisent les uns des autres à l'aide de soustractions.

La formule des annuités renferme quatre éléments variables A, a, n, r; nous l'avons résolue par rapport à A et a et il nous reste à traiter les deux questions suivantes :

    1° A, a, r étant connus, trouver n;

    2° A, a, n étant connus, trouver r.

461. Problème III. — *Pendant combien d'années faut-il payer une annuité a pour éteindre une dette A; l'intérêt de 1 fr. étant r par an?*

Solution. — Résolvant la formule (23) par rapport à q^n, on a

$$q^n = \frac{a - \mathrm{A}r}{a}, \quad \text{c'est-à-dire} \quad (1+r)^n = \frac{a}{a - \mathrm{A}r};$$

prenant les logarithmes des deux membres, on aura donc

$$n = \frac{\log a - \log(a - \mathrm{A}r)}{\log(1+r)}.$$

Application. — *On veut éteindre une dette de 5 millions en consacrant 600 mille francs par an au service des intérêts et de l'amortissement; en combien de temps sera-t-on libéré si le taux de l'intérêt est 5 pour 100?*

$$\mathrm{A}r = 250\,000^f \qquad\qquad \log a = 5,7781513$$
$$a - \mathrm{A}r = 350\,000^f \qquad \log(a - \mathrm{A}r) = 5,5440680$$
$$\overline{\qquad\qquad\qquad\qquad 0,2340833}$$

$$n = \frac{0,2340833}{0,02119} = 11.$$

Au bout de ces 11 ans la dette ne sera pas encore tout à fait éteinte et il est facile de trouver ce qui reste dû encore à cette époque. Pour cela, calculons la dette A', qui serait éteinte par 11 annuités de 600 000 fr.

Calculs auxiliaires.

$$(1,05)^{11} = 1,710339 \qquad\qquad \log 12 \times 10^6 = 7,0991812$$
$$\qquad\qquad\qquad\qquad\qquad \log 0,710339 = \overline{1},8514658$$
$$\qquad\qquad\qquad\qquad\qquad \mathrm{C^t} \log 1,05 = \overline{1},7669177$$
$$(1,05)^{11} - 1 = 0,710339 \qquad\qquad \overline{\log \mathrm{A}' = 6,6975647}$$
$$\qquad\qquad\qquad\qquad\qquad\qquad \mathrm{A}' = 4983847 \text{ fr.}$$
$$\frac{a}{r} = 12000000 \qquad\qquad \mathrm{A} - \mathrm{A}' = \quad 16153 \text{ fr.}$$

462. PROBLÈME IV. — *Une dette* A *a été éteinte par n annuités égales à* a; *quel est le taux de l'intérêt?*

Solution. — Posons

$$1 + r = x, \quad \text{ou} \quad r = x - 1,$$

l'équation des annuités devient

$$\frac{A}{a} x^{n+1} - \left(\frac{A}{a} + 1\right) x^n + 1 = 0.$$

La recherche du taux dépend donc d'une équation du degré $n+1$ qu'en général on ne sait pas résoudre; mais, si A, a et n sont des nombres, on peut trouver la valeur numérique de x par des tâtonnements méthodiques que facilitent beaucoup les tables d'intérêts composés.

Pour cela, on écrit l'équation des annuités sous la forme

$$r - \frac{a}{A}\left(1 - \frac{1}{(1+r)^n}\right) = 0$$

et l'on y remplace r successivement par 0,03, 0,04, 0,05, 0,06,..., qui sont les taux les plus usuels. Si le résultat de l'une de ces substitutions est nul, r sera précisément égal au nombre substitué; mais généralement il n'en sera pas ainsi et le premier membre prendra une valeur numérique différente de zéro. La grandeur de cet écart et son signe indiqueront le degré d'exactitude du nombre substitué et le sens de l'approximation.

I. *Sens de l'approximation obtenue.* — Pour toute valeur *trop grande* attribuée à r le premier membre de l'équation est *positif*; pour toute valeur *trop petite* il est *négatif*.

En effet, si l'on prend pour l'intérêt de 1 fr. un nombre R supérieur au véritable intérêt, l'annuité donnée ne sera pas suffisante pour éteindre la dette (n° 458); on aura donc

$$A(1+R)^n > a(1+R)^{n-1} + a(1+R)^{n-2} + \cdots a,$$

ou

$$A(1+R)^n > a\frac{(1+R)^n-1}{R},$$

ou

$$R > \frac{a}{A}\left(1-\frac{1}{(1+R)^n}\right).$$

De même, si l'on part d'un taux R' moindre que le véritable, l'annuité donnée se trouvera trop forte, c'est-à-dire éteindra la dette et au delà; on aura donc

$$R' < \frac{a}{A}\left(1-\frac{1}{(1+R')^n}\right).$$

II. *Choix de la première approximation.* — 1° Si n est très-grand (supérieur à 30), $\frac{1}{(1+r)^n}$ est assez petit; en le négligeant on obtient pour r la valeur approchée par *excès*

$$R = \frac{a}{A}.$$

Mais cette approximation est très-grossière quand n est compris entre 15 et 30 et, si n est inférieur à 15, elle ne peut donner d'indication utile.

2° Au lieu de négliger dans l'équation des annuités le terme $\frac{a}{A}\frac{1}{(1+r)^n}$ remplaçons dans cette équation le dénominateur $(1+r^n)$ par $1+nr$ qui est plus petit (n° 362), nous aurons

$$\frac{1}{(1+r)^n} < \frac{1}{1+nr}$$

et, par suite,

$$r > \frac{a}{A} - \frac{a}{A}\frac{1}{1+nr}, \quad \text{ou} \quad r > \frac{a}{A} - \frac{1}{n}.$$

Nous aurons donc pour valeur approchée de r par *défaut*

$$r' = \frac{a}{A} - \frac{1}{n}.$$

Comparant cette valeur plus exacte de r aux tables d'annuités, on voit que pour les taux usuels inférieurs à 9 la différence $r - r'$ est toujours assez faible; elle ne dépasse jamais 0,03 et a, dans une grande étendue des tables, une valeur beaucoup plus petite.

III. *Approximation à moins de 0,01 près.* — On essaiera d'abord r'; on substituera ensuite

$$r'' = r' + 0,01, \quad r''' = r' + 0,02, \quad r^{\mathrm{IV}} = r' + 0,03$$

et le premier de ces nombres qui rendra positif le premier membre de l'équation (1) sera une valeur de r approchée par *excès* à moins de 0,01 près, tandis que le précédent sera approché par *défaut* à moins de 0,01 près. Ainsi nous obtiendrons facilement deux valeurs de r, r'' et r''' par exemple, approchées en sens contraires à moins d'un centième près.

IV. *Approximations suivantes par interpolation.* — Soit e'' la valeur du premier membre de l'équation (1) quand $r = r''$, e''' sa valeur pour $r = r'''$; nous pouvons admettre, sans grande erreur que, dans l'intervalle $r''' - r''$, les variations du premier membre sont proportionnelles aux accroissements de r.

Soit y la correction qu'il faut faire subir à r'', nous dirons: quand r varie de r'' à r''', le premier membre varie de e'' à e'''; de combien r devra-t-il varier à partir de r'' pour que l'écart passe de e'' à 0? ceci revient à écrire la proportion

$$\frac{e'' + e'''}{e''} = \frac{0,01}{y},$$

qui donne

$$y = 0,01 \times \frac{e''}{e'' + e'''};$$

il suffit de calculer le chiffre des millièmes de y; l'approximation $r'' + y$ sera *toujours* par défaut. On calculera les écarts du premier membre pour

$$r = r'' + y, \quad \text{et} \quad r = r'' + y + 0,001$$

et, si le dernier est positif,

$$r'' + y \quad \text{et} \quad r'' + y + 0,001,$$

seront deux valeurs approchées, l'une par défaut, l'autre par excès à moins d'un millième près.

On obtiendrait de même, en partant de ces deux derniers résultats, le chiffre des dix millièmes, puis les chiffres suivants.

EXEMPLE NUMÉRIQUE. — Calculer le taux de l'intérêt si

$$A = 10000, \quad a = 1202^f,41, \quad n = 10.$$

Ici l'on a d'abord :

$$\frac{a}{A} = 0,12024, \qquad \frac{a}{A} - \frac{1}{n} = 0,0202 \quad \text{(par défaut)}.$$

Essai de 0,03.

$$(1,03)^{-10} = 0,744074, \qquad 1 - (1,03)^{-10} = 0,255926,$$

$$\frac{a}{A} \times 0,255926 = 0,0307728;$$

l'écart est — 0,0007728, donc 0,03 est approché *par défaut.*

Essai de 0,04.

$$(1,04)^{-10} = 0,6755642, \quad 1 - (1,04)^{-10} = 0,3244358,$$

$$\frac{a}{A} \times 0,3244358 = 0,0390105;$$

l'écart est + 0,0009895, donc 0,04 est approché *par excès.*

Interpolation par parties proportionnelles.

La somme des valeurs absolues des écarts étant

$$0,00077208 + 0,0009895 = 0,0017623,$$

$$y = 0,01 \times \frac{0,0007728}{0,0017623} = 0,004$$

et la nouvelle approchée est 0,034.

Essai de 0,034.

$$(1,034)^{-10} = 0,715805, \quad 1 - (1,034)^{-10} = 0,284195,$$

$$\frac{a}{A} \times 0,284195 = 0,0341719;$$

l'écart est — 0,0001719, donc 0,034 est approché *par défaut.*

Cet écart étant à peu près le quart du premier, nous augmenterons le taux seulement de 0,001 et essaierons 0,035.

Essai de 0,035.

$$(1,035)^{-10} = 0,708919, \quad 1 - (1,035)^{-10} = 0,291081,$$

$$\frac{a}{A} \times 0,291081 = 0,0349999;$$

l'écart étant nul, 0,035 est exactement l'intérêt de 1 fr.

— On avait donc compté l'intérêt à raison de $3\frac{1}{2}$ pour 100.

---

463. FORMULE DE BAILY. — Sir Francis Baily, mathématicien anglais, qui s'est beaucoup occupé de questions financières, a donné pour déterminer le taux la formule suivante qui est d'une grande exactitude.

Si l'on pose

$$c = \left(\frac{an}{\mathrm{A}}\right)^{\frac{2}{n+1}} - 1,$$

ou aura, avec une très-grande approximation,

$$r = c\,\frac{1 - \dfrac{n-1}{12}\,c}{1 - \dfrac{n-1}{12}\,2c}.$$

Cette formule donne toujours des résultats un peu trop grands, mais de 1 à 50 ans et pour les taux usuels la différence est très-petite ; sa démonstration exige la connaissance de la formule du binôme de Newton.

Exemple :

Pour $r = 0,05,$ $n = 10,$ $\dfrac{a}{\mathrm{A}} = 0,12950458,$

la formule de Baily donne

$$c = (1,2950458)^{\frac{2}{11}} - 1 = 0,04813,$$

$$r = 0,04813 \times \frac{0,9639}{0,9278} = 0,050003\,;$$

l'erreur relative du résultat est donc moindre que $\dfrac{1}{16700}.$

464. Méthode graphique pour déterminer le taux. — Traçons la courbe figurative de la fonction $y = (1 + r)^{-n}$ pour $n = 5$, quand r, considérée comme variable indépendante, varie d'une manière continue de 1 à 10, c'est-à-dire dans les limites des taux usuels.

Pour cela, portons sur l'axe OX des longueurs Oc', Od', Oe'… proportionnelles à $1, 2, 3,…$ et élevons aux points $c', d', e',…$ des perpendiculaires sur lesquelles nous prendrons

$$c'c_5 = (1,01)^{-5} = 0,952, \qquad d'd_5 = (1,02)^{-5} = 0,906,$$

$$e'e_5 = (1,03)^{-5} = 0,863…$$

en joignant par un trait continu tous les points $c_5, d_5, e_5, \ldots$
nous aurons en AB_5 la courbe figurative de la fonction

$$y = (1 + r)^{-5}.$$

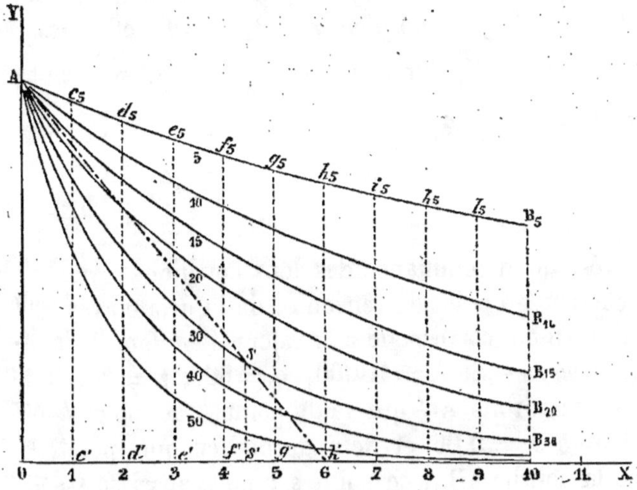

Fig. 11.

Opérant de la même manière pour $n = 10, 15, 20, \ldots 50$, nous
obtiendrons les courbes

$$AB_{10}, \quad AB_{15}, \quad AB_{20}, \ldots \quad AB_{50}$$

qui représentent la marche des fonctions

$$y = (1 + r)^{-10}, \quad y = (1 + r)^{-15}, \ldots \quad y = (1 + r)^{-50};$$

ces courbes passent toutes par le même point A tel que
$OA = 1$, puisque pour $r = 0$, $y = 1$ quel que soit n.

Ceci posé, il est facile de résoudre approximativement par
rapport à r l'équation des annuités; l'ayant mise sous la forme

$$\left(1 + r\right)^{-n} = 1 - \frac{A}{a} r,$$

on voit qu'elle résulte de l'élimination de y entre les équations

$$y = (1 + r)^{-n} \quad \text{et} \quad y = 1 - \frac{A}{a} r,$$

c'est-à-dire qu'elle se réduit à une identité pour les valeurs de r qui satisfont à la fois aux deux dernières équations. Or, la première représente l'une des courbes AB et l'autre, qui est du premier degré en r, une ligne droite : cette droite passe par le point A, puisque pour $r=0$, $y=1$; elle passe aussi par le point de OX pour lequel $r=\dfrac{a}{A}$, puisqu'en faisant $y=0$ dans l'équation on a

$$0=1-\frac{A}{a}r \quad \text{ou} \quad r=\frac{a}{A}.$$

La résolution simultanée des deux équations revient donc à la recherche du point de rencontre de la droite avec celle des courbes AB qui correspond à la valeur de n dont il s'agit.

Exemple. — Si $A=10000$, $a=600$, $n=30$, il suffira de tracer la droite Ah' qui va du point A au point h' correspondant à $r=0,06$ et de regarder en quel point, s, elle coupe la courbe AB_{30} ; ce point s a pour abscisse $Os'=4,4$, le taux est donc égal à $0,044$; comme le calcul rigoureux donne $r=0,04306$, cette méthode graphique fournit de suite le taux à moins de $0,001$ près par excès, ce qui est bien suffisant pour la pratique.

Les courbes figuratives de la fonction $y=(1+r)^{-n}$, tracées une fois pour toutes, serviront donc à trouver r dans tous les calculs numériques : on fixera avec une pointe un fil au point A ; on tendra ce fil sur la division $\dfrac{a}{A}$ de l'axe OX, on cherchera l'abscisse du point où il coupe la courbe AB_n ; cette abscisse donnera le taux.

Le même tracé permet de résoudre sans table de logarithmes l'équation des annuités par rapport à n. On tendra le fil sur la division $\dfrac{a}{A}$, c'est-à-dire de A en h' ; au point s' qui est connu, puisque le taux est donné, on élèvera une perpendiculaire coupant Ah' en s. — Il restera à chercher l'indice de la courbe à laquelle appartient ce point s : une interpolation graphique fournira n à moins d'une unité si le tracé a été fait à une échelle un peu grande et si les courbes sont un peu serrées. — On résoudrait graphiquement d'une manière analogue les deux autres problèmes d'annuités. Dans beaucoup de cas on obtient les inconnues avec une approximation suffisante, et même lorsqu'il s'agit de faire un calcul rigoureux, elles fournissent des indications fort utiles, parce qu'elles mettent sur la voie des erreurs commises.

§ VIII. — Valeur actuelle d'un contrat de rente. — Rentes limitées ou perpétuelles, immédiates ou différées.

465. Problème. — *Que vaut aujourd'hui une rente annuelle composée de n termes égaux chacun à a? On supposera : 1° que la rente est immédiate, c'est-à-dire que son premier terme est exigible à la fin de l'année (*); 2° qu'elle est différée de d années, c'est-à-dire que l'échéance de son premier terme n'aura lieu que dans un nombre d'années égal à $d + 1$.*

Solution. — Dans le premier cas, on a (formule 24)

$$v = \frac{a}{r}(1 - q^n).$$

Dans le second, on aura (n° 454)

$$v' = \frac{v}{(1 + r)^d} = v q^d,$$

466. *Remarque I.* — Si la rente est perpétuelle et immédiate, elle vaut aujourd'hui

$$V = \frac{a}{r},$$

si elle est perpétuelle et différée de d années, elle vaut

$$V' = \frac{a}{r(1 + r)^d} = \frac{a}{r} \times q^d,$$

En effet, pour $n = \infty$, on a $q^n = 0$.

(*) Cette contradiction dans les termes prête à la critique; cependant on dit tous les jours qu'une personne entre *immédiatement* en jouissance d'une propriété quand elle seule, à partir d'aujourd'hui, en percevra tous les revenus *futurs*.

467. *Remarque II. — La valeur actuelle de n annuités est la différence des valeurs actuelles de deux rentes perpétuelles l'une immédiate, l'autre différée de n années.*

En effet, la première étant $\dfrac{a}{r}$ et la seconde $\dfrac{a}{r}\,q^n$, on a

$$A = \frac{a}{r}\,(1 - q^n).$$

468. Problème II. — *Calculer la valeur actuelle d'une rente immédiate exigible pendant n années en supposant*

1° *La rente payée par termes semestriels de* $\dfrac{a'}{2}$,

2° . . . . *trimestriels de* $\dfrac{a'}{4}$,

3° . . . . *mensuels de* $\dfrac{a}{12}$.

Solution. — Le capital constitué par $2n$ versements semestriels ayant chacun une valeur égale à $\dfrac{a}{2}$ est (n° 449)

$$C'' = \frac{a}{r}\left[\left(1 + \frac{r}{2}\right)^{2n} - 1\right].$$

sa valeur actuelle s'obtiendra en le divisant par

$$\left(1 + \frac{r}{2}\right)^{2n};$$

nous aurons donc pour la valeur actuelle d'une rente semestrielle

$$V'' = \frac{a}{r}\left[1 - \left(1 + \frac{r}{2}\right)^{-2n}\right];$$

de même, pour celle d'une rente trimestrielle,

$$V''' = \frac{a}{r}\left[1 - \left(1 + \frac{r}{4}\right)^{-4n}\right],$$

et pour la rente mensuelle

$$V^{iv} = \left[1 - \left(1 + \frac{r}{12}\right)^{-12n}\right].$$

469. Problème III. — *Que vaut aujourd'hui une rente annuelle immédiate composée de n termes croissant en progression arithmétique?*

Solution. — Nous avons calculé (n° 452, formule 19) le capital X constitué par ces versements, sa valeur actuelle sera

$$X \times q^n;$$

nous aurons donc

$$V_1 = X q^n = s\left(a + \frac{b}{r}\right) - \frac{nb}{r(1+r)^n},$$

ou

$$V_1 = \frac{1}{r}\left[\left(a + \frac{b}{r}\right)(1 - q^n) - nb q^n\right].$$

470. Problème IV. — *Que vaut aujourd'hui une rente annuelle immédiate composée de n termes croissant en progression géométrique?*

Solution. — Nous avons calculé (n° 453, formule 20) le capital Y constitué par ces versements, sa valeur actuelle sera

$$Y q^n;$$

nous aurons donc

$$V_2 = \frac{a}{(1+r)^n} \times \frac{(1+r)^n - k^n}{(1+r) - k}.$$

EXERCICES

1. Que devient au bout de 9 ans un capital de 800 fr. placé à intérêts composés à 5 0/0 par an, l'intérêt se joignant au capital à la fin de chaque année?

R. 1 241^f,06.

2. Quelle somme faut-il placer à intérêts composés à 4 0/0 pendant 25 ans pour obtenir un capital de 10000 fr.?

$$R. \; 3751 \text{ fr.}$$

3. Une somme de $518^f,3$ placée à intérêts composés devient 600 fr. au bout de 3 ans. Calculer le taux de l'intérêt.

$$R. \; 5 \; 0/0.$$

4. Au bout de combien d'années une somme de 600 fr. placée à intérêts composés à 5 0/0 fournit-elle un capital de 5400 fr.?

$$R. \; 45 \text{ ans } 13 \text{ jours.}$$

5. Que devient une somme de 12000 fr. placée pendant 10 ans à intérêts composés au taux de 6 0/0, la capitalisation des intérêts ayant lieu tous les 6 mois?

$$R. \; 21673 \text{ fr.}$$

6. Un banquier emprunte de l'argent à 3 0/0, l'intérêt étant payable à la fin de l'année; il prête cet argent à 5 0/0 et fait payer l'intérêt à la fin de chaque trimestre. Sachant qu'il a gagné ainsi 441 fr. dans son année, combien a-t-il emprunté?

$$R. \; 27660 \text{ fr. environ.}$$

7. Une personne place un capital C à intérêts composés et ajoute à la fin de chaque année la $m^{\text{ième}}$ partie des intérêts produits pendant cette année. Quel est le capital obtenu de cette manière à la fin de la $n^{\text{ième}}$ année?

$$R. \; \text{C}\left(\left(1 + r + \frac{r}{m}\right)^n\right).$$

8. La France possédait 30461875 habitants en 1821 et 36039364 en 1856; calculer avec ces données l'époque à laquelle la France aura deux fois plus d'habitants qu'en 1821. On admettra que l'accroissement de la population *pendant* chaque année est toujours la même fraction de la population *au commencement de* cette année.

$$R. \; 144 \text{ ans après 1821, c.-à-d. en 1965.}$$

9. La population de la Prusse était, avant les annexions,

en 1834   13589927 hab.
en 1864   19252363 hab.

Calculer, dans la même hypothèse qu'au n° précédent, le nombre d'années au bout desquelles la population de la Prusse sera doublée.

R. 59 ans.

10. On achète 950 fr. le sol ensouché, mais nu, d'un bois taillis; au bout de 25 ans la coupe a produit 1265 fr. A quel taux a-t-on placé son argent?

R. 3',44.

11. Une personne âgée de 25 ans épargne 100 fr. chaque année et les place à 3 1/2 0/0. Quel sera le montant de ses économies quand elle aura 70 ans?

R. 10578 fr.

12. Un employé place 1000 fr. à la fin de chaque année; quel capital a-t-il ainsi créé au bout de 20 ans, le taux de l'intérêt composé étant 4 1/2?

R. 31371,4.

13. Une personne doit jouir pendant 21 ans du revenu d'une ferme qui rapporte net 1350 fr. par an; elle a besoin d'argent de suite et vend son titre : combien doit-elle toucher si l'on compte les intérêts à 5 0/0?

R. 17308 fr.

14. Que vaut aujourd'hui une annuité immédiate de 356 fr., par an, payable par semestre et continuée pendant 9 ans? l'intérêt est compté à raison de 6 0/0.

R. 2448 fr.

15. Que vaut aujourd'hui une annuité immédiate de 700 fr. continuée pendant 5 ans et payable par trimestre? L'intérêt annuel est compté à raison de 5 0/0.

R. 3080 fr.

16. Que vaut aujourd'hui une rente annuelle de 200 fr. dont le premier terme doit être payé dans 12 ans et qui doit être servie pendant 15 ans? On comptera l'intérêt composé à raison de 5 0/0.

R. 1156 fr.

17. On paie aujourd'hui 1600 fr. pour un certain nombre de termes d'une annuité de 240 fr. que l'on ne doit commencer à

toucher qu'au bout de 10 ans. Combien de termes doit-on toucher si le taux de l'intérêt est égal à 5?

$$R.\ 16.$$

18. On paie aujourd'hui 1000 fr. pour 10 annuités de 300 fr. A quelle époque doit-on toucher le premier terme si le taux de l'intérêt est 4?

$$R,\ 22\ \text{ans}\ 8\ \text{mois.}$$

19. On doit commencer à toucher une annuité a au bout de p années et l'on en jouira pendant les q années suivantes. On demande le montant, b, de l'annuité immédiate équivalente et comprenant q termes.

$$R.\ b = \frac{a}{(1+r)^p}.$$

20. Deux personnes A et B doivent se partager également une propriété qui produit a fr. de revenu net ($a=1000$) : A désire la posséder en totalité et offre à B de lui servir pendant n années une rente qui l'indemnisera ($n=20$). Quel est le montant b de cette annuité si l'on compte l'intérêt à raison de r fr. pour franc par an ($r=0,045$)?

$$R.\ \frac{a}{b} = 2\left\{1 - (1+r)^{-n}\right\};\quad b = 854\ \text{fr.}$$

21. Soit c et C les capitaux produits au bout de n années par n termes d'une même annuité a placés : 1° à intérêt simple, 2° à intérêts composés ; montrer que l'on a

$$\frac{c}{C} = \frac{nr}{2}\ \frac{2 + (n-1)r}{(1+r)^n - 1}.$$

22. Un héritage consiste dans une annuité composée de $3n$ termes que deux personnes A et B doivent se partager également. A la touche pendant n années et B pendant le reste du temps. A quel taux l'intérêt doit-il être compté pour que les parts soient égales? — *Application.* $n=12$.

$$R.\ 1 + r = \sqrt[n]{\frac{1+\sqrt{5}}{2}} = 1,041\ (\text{taux} = 4,1).$$

23. On emprunte 10000 fr. à 4 0/0 et on les rembourse par annuités croissant en progression géométrique ; la première est de

400 fr., la seconde de 600 fr., la troisième de 900 fr., etc..... Au bout de combien d'années la dette sera-t-elle payée ?

$R.$ 7 ans (environ).

24. Une rente perpétuelle est payable à la fin de chaque année ; son premier terme est a et les termes suivants décroissent en progression géométrique, chacun devenant m fois plus petit que celui qui le précède. Que vaut-elle aujourd'hui?

$$R. \quad \frac{am}{m(1+r)-1}.$$

25. Une personne emprunte une certaine somme A et paie à la fin de chaque année l'intérêt de ce qu'elle doit, plus une somme égale à cet intérêt, afin d'amortir sa dette. On demande : 1° ce qu'elle doit encore au bout de n années, r étant l'intérêt de 1 fr. 2° au bout de combien d'années la dette sera réduite à moitié si le taux annuel est 5?

$$R. \quad A(1-r)^n ; \quad 13 \text{ ans (environ)}.$$

26. Une personne lègue à deux hôpitaux quatre termes d'une annuité immédiate de 10000 fr. à condition que le partage aura lieu proportionnellement aux nombres des lits que renferme chacun d'eux. Il se trouve que les volontés du testateur seront remplies si le premier hôpital touche l'annuité pendant les deux premières années et le second pendant les deux suivantes. Quel est le taux de l'intérêt composé et les valeurs actuelles de chacun des legs, sachant que le premier hôpital renferme 441 lits et le second 400?

$$R. \quad 5 \text{ 0/0,} \quad 18594 \text{ fr.,} \quad 16865 \text{ fr.}$$

27. Une personne possède un capital A placé au taux r pour 1 fr. par an; elle dépense chaque année l'intérêt de ce capital A plus une somme fixe b; on demande au bout de combien de temps cette personne sera ruinée.

Application : A = 100000 fr., b = 900 fr., r = 0,05.

$$R. \quad x = \frac{\log(b+ar)-\log b}{\log(1+r)} = 38 \text{ ans.}$$

28. Une compagnie de chemin de fer émet des obligations à 400 fr. qui rapportent 20 fr. par an ; elle s'engage à payer chaque

année la 99ième partie des obligations émises et chacune au prix de 500 fr. On demande à quel taux la compagnie emprunte de l'argent.

R. 5^{f},28.

29. On a payé 340 fr. une action émise par une compagnie industrielle. Cette action rapporte 30 fr. par an et on touche cet intérêt pendant 50 ans. Au bout de ce temps la compagnie fait faillite et le souscripteur perd son capital, tandis qu'il eût pu le placer avec sécurité à 5 0/0. On demande s'il a gagné ou perdu dans cette affaire et combien.

R. Le gain s'élève à 2381 fr.

30. Les données étant les mêmes que dans le problème précédent, sauf la durée 50 ans de l'association, on demande pendant combien d'années la personne eût dû toucher les 30 fr. de revenu pour que la faillite ne lui causât ni gain ni perte.

R. 17 ans.

TABLE DES MATIÈRES

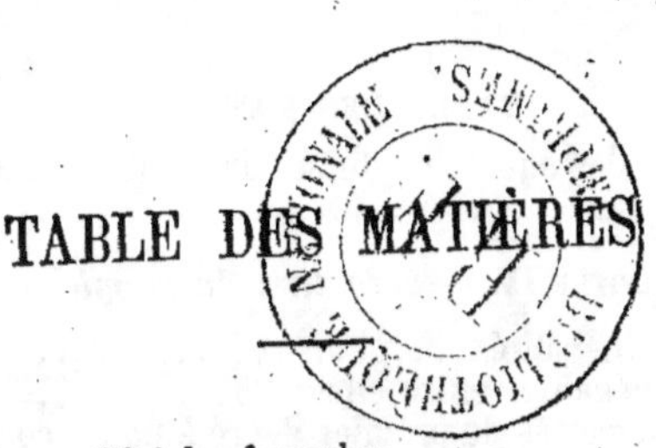

LIVRE I

CALCUL ALGÉBRIQUE.

LIVRE II

RÉSOLUTION DES ÉQUATIONS DU PREMIER DEGRÉ.

Chapitre III. — *Résolution de plusieurs équations à plusieurs inconnues.*

TABLE DES MATIÈRES.

LIVRE III

ÉQUATIONS DU SECOND DEGRÉ.

Chapitre I. — *Equations du second degré à une seule inconnue.*

Chapitre II. — *Equations qui se ramènent au second degré.*

LIVRE IV

PROGRESSIONS ET LOGARITHMES.

Chapitre I. — *Progressions arithmétiques.*

Chapitre II. — *Progressions géométriques.*

Chapitre III. — *Logarithmes.*

Chapitre IV. — *Opérations financières.*

FIN DE LA TABLE.

SAINT-CLOUD. — IMPRIMERIE DE Mᵐᵉ Vᵉ EUG. BELIN.